W0078262

Jan Trommelmans

DAS AUTO UND SEINE TECHNIK

Motorbuch Verlag Stuttgart

Einbandgestaltung: Siegfried Horn

Copyright © 1984 by Kluwer, Technische Boeken BV – Deventer. NL
Die Originalausgabe ist dort erschienen unter dem Titel
DE TECHNIEK VAN UW AUTO.
Die Übertragung ins Deutsche besorgte
Erwin Peters

ISBN 3-613-01288-X

1. Auflage 1992.
Copyright © by Motorbuch Verlag, Postfach 103743, 7000 Stuttgart 10.
Ein Unternehmen der Paul Pietsch Verlage GmbH & Co.
Sämtliche Rechte der Speicherung, Vervielfältigung und Verbreitung in deutscher Sprache sind vorbehalten.
Satz: VSD, 7143 Vaihingen/Enz.
Druck: Maisch & Queck, 7016 Gerlingen.
Bindung: E. Riethmüller, 7000 Stuttgart.
Printed in Germany.

Inhalt

Vorwort

Mehr noch als die äußere Form des Automobils, hat dessen Technik in den letzten Jahren eine rasch fortschreitende Entwicklung durchgemacht. Diejenigen, die sich aus beruflichen Gründen damit beschäftigen, müssen sich zunehmend mehr einsetzen, um den Anschluß nicht zu verpassen.

Auch der Kfz-Berufsschüler sieht sich mit einem ständig komplizierteren Lehrstoff konfrontiert.

Dieses Buch, in dem alle Aspekte der Grundtechnik und der modernen Kfz-Technik behandelt werden, kann ihm dabei weiterhelfen.

Der theoretisch-praktische Inhalt des Buches baut sich andererseits so auf, daß auch der Laie, der sich informieren oder einfache Arbeiten selbst verrichten will, sich bei der Lektüre nicht langweilen wird. Es eignet sich, auch aufgrund der zahlreichen Abbildungen, hervorragend zum Selbststudium.

Begonnen wird mit der Funktion des Viertakt-Benzinmotors. Auch der Wankelmotor und der Zweitaktmotor werden behandelt. Neben der prinzipiellen Funktion kommen auch die Einzelteile des Motors zur Sprache. Anschließend werden die verschiedenen Treibstoffsysteme mit Vergaser und Benzineinspritzung ausführlich behandelt, ebenso wie die Flüssiggas-Anlagen.

In jüngerer Zeit gibt es immer mehr Automobile mit Turbomotor, und es versteht sich, daß auch dieser nicht vergessen wurde.

Das Buch ist für alle jene gedacht, die sich gründlich mit der Kfz-Technik vertraut machen wollen.

J. Trommelmans

1. Einleitung

In diesem Kapitel werden die Funktion und die Konstruktion der rotierenden Teile von Viertaktmotoren eingehend behandelt.

1.1 Die theoretische Funktion des Viertaktmotors

Wie der Name es schon sagt, funktioniert dieser Motor in vier Takten oder Hüben. Der Reihe nach sind das: Ansaugen, Verdichten, Arbeiten und Ausschieben.

Ansaugen

Wenn das Einlaßventil sich öffnet, bewegt sich der Kolben von der höchsten Stelle im Zylinder zur niedrigsten. Wir sagen, daß der Kolben vom oberen Totpunkt (OT) zum unteren Totpunkt (UT) geht. Die Kolbenbewegung verursacht im Zylinder einen Unterdruck, so daß das Gemisch, das im Vergaser entstand, angesaugt wird. Das Gemisch besteht aus Luft und Benzin oder Luft und Flüssiggas. Beim Dieselmotor wird reine Luft eingesogen. Wenn der Kolben den UT erreicht, schließt sich das Einlaßventil, und die Kurbelwelle hat sich inzwischen um 180° gedreht.

Verdichten

Während Einlaß- und Auslaßventil geschlossen sind, bewegt sich der Kolben vom UT zum OT. Auf diese Weise wird das beim Ansaugen eingeströmte Gemisch im Brennraum komprimiert. Während des Verdichtungshubs dreht sich die Kurbelwelle um weitere 180°.

Arbeiten

Am Ende des Kompressionshubs springt zwischen den Zündkerzenelektroden ein Funke über, der das Gemisch zündet. Das führt zu einer enormen Drucksteigerung, so daß der Kolben wieder nach unten gedrückt wird. Während des Arbeitshubs sind Einlaß- und Auslaßventil geschlossen, und die Kurbelwelle dreht sich um weitere 180°.

Ausschieben

Wenn das Auslaßventil sich öffnet, bewegt sich der Kolben vom UT zum OT. Die verbrannten Gase werden aus dem Brennraum hinausgeschoben. Die Kurbelwelle dreht sich währenddessen um weitere 180°.

Sobald der Kolben den OT erreicht, schließt sich das Auslaßventil, und das Einlaßventil öffnet sich. Ein neuer Ansaughub setzt ein.

Aus dem Voraufgegangenen können wir ableiten, daß ein vollständiger Zyklus des Viertaktmotors 720°, zwei Umdrehungen der Kurbelwelle also, in Anspruch nimmt. Nur ein einziger der vier Hübe ist ein Arbeitshub. Gäbe es kein Schwungrad, so würde der Motor sehr unruhig laufen. Natürlich läuft ein Motor auch desto ruhiger, je mehr Zylinder er hat.

1.2 Einige Grundbegriffe

Bohrung

Das ist der Durchmesser eines Zylinders, den man in mm angibt.

Hub

Das ist der Abstand, den der Kolben im Zylinder zwischen dem oberen und dem unteren Totpunkt zurücklegt. Auch der Hub wird in mm angegeben.

Bohrung und Hub sind die wichtigsten Maße des Zylinders. In den Daten der Hersteller werden sie im allgemeinen zusammen genannt. Zum Beispiel bedeutet 77 x 86, daß die einzelnen Zylinder einen Durchmesser von 77 mm haben und daß die Kolben sich in einem Hub von 86 mm auf und ab bewegen.

Ist der Hub größer als die Bohrung, dann spricht man von einem Langhubmotor. Falls Hub und Bohrung gleich sind, spricht man zu Unrecht von einem 'quadratischen Motor'. Ist der Hub kleiner als die Bohrung, dann spricht man von einem Kurzhubmotor.

Hubraum

Der Hubraum (das Hubvolumen) ist der Inhalt eines Zylinders zwischen dem oberen und dem unteren Totpunkt. Mit anderen Worten: der Raum, den der Kolben freimacht, wenn er sich vom OT zum UT bewegt. Der Hubraum kann folgendermaßen berechnet werden:

$$V_h = \frac{\pi\, D^2 \times S}{4}$$

Darin ist:

V_h = Hubraum (Hubvolumen)
π = 3,14159…
D = Bohrung
S = Hub

Zylinderinhalt

Spricht man vom Zylinderinhalt, so ist damit das Hubvolumen aller Zylinder zusam-

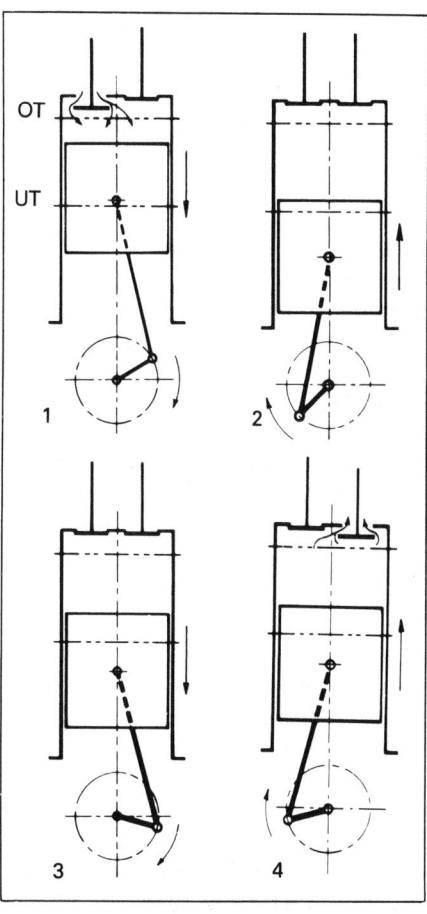

Abb. 1.1: Die Takte schematisch dargestellt

1. Ansaugen
2. Verdichten
3. Arbeiten
4. Ausstoßen
OT = Oberer Totpunkt
UT = Unterer Totpunkt

men gemeint. Bei einem Vierzylindermotor ist der Zylinderinhalt also gleich dem vierfachen Hubvolumen eines einzigen Zylinders.

Wir berechnen den Zylinderinhalt eines Vierzylindermotors mit einer Bohrung von 73 mm und einem Hub von 86 mm folgendermaßen:

$$\frac{\pi \, D^2 \times S}{4} \times 4 = \frac{3,14 \times 73 \times 73 \times 86}{4} \times 4$$

$$= 1439043,1 \text{ mm}^3 = 1,439 \text{ dm}^3$$

Abgerundet wird man in diesem Fall von einem 1400 cm³ oder einem 1,4-Liter-Motor sprechen.

Verdichtungsraum

Statt vom Verdichtungsraum spricht man zuweilen auch vom Brennraum oder Kompressionsraum. Es handelt sich dabei um den Zylinderraum über dem Kolben, der noch verbleibt, wenn der Kolben den OT erreicht hat. Die Bezeichnungen weisen darauf hin, daß das Gemisch in diesem Raum während der Verdichtung komprimiert wird, um anschließend mit Hilfe der Zündkerze zur Zündung gebracht zu werden.

Das Volumen des Verdichtungsraums wird im allgemeinen mit V_c angedeutet. Die Form des Verdichtungsraums ist sehr unregelmäßig, wir können seinen Inhalt bestimmen, indem wir mit einem Meßbecher Öl einfüllen. Natürlich muß der Kolben während dieses Messens auf dem oberen Totpunkt stehen.

Verdichtungsverhältnis

Das Verdichtungsverhältnis des Motors ist eine besonders wichtige Angabe; dieser Wert besagt, in welchem Verhältnis das angesaugte Gemisch komprimiert wird. Wenn der Hersteller in seinem Prospekt ein Verdichtungsverhältnis von 9:1 angibt, dann meint er damit, daß der Raum oberhalb eines Kolbens, der auf dem UT steht, 9mal so groß ist wie der Raum, den er im OT noch freiläßt. Theoretisch wird also die Menge des Gemischs, das sich im Zylinder befindet, wenn der Kolben auf dem UT steht, in einem Raum zusammengepreßt, der 9mal so klein ist. Wenn wir wissen, daß der Raum über dem Kolben im UT aus dem Volumen des Verdichtungsraums + dem Hubvolumen besteht, dann können wir das Verhältnis zwischen den beiden Räumen, das Verdichtungsverhältnis, wie folgt berechnen:

Abb. 1.2: Zweizylindermotor des Daihatsu Cuore; die Kurbelwelle hat gleichgerichtete Kröpfungen

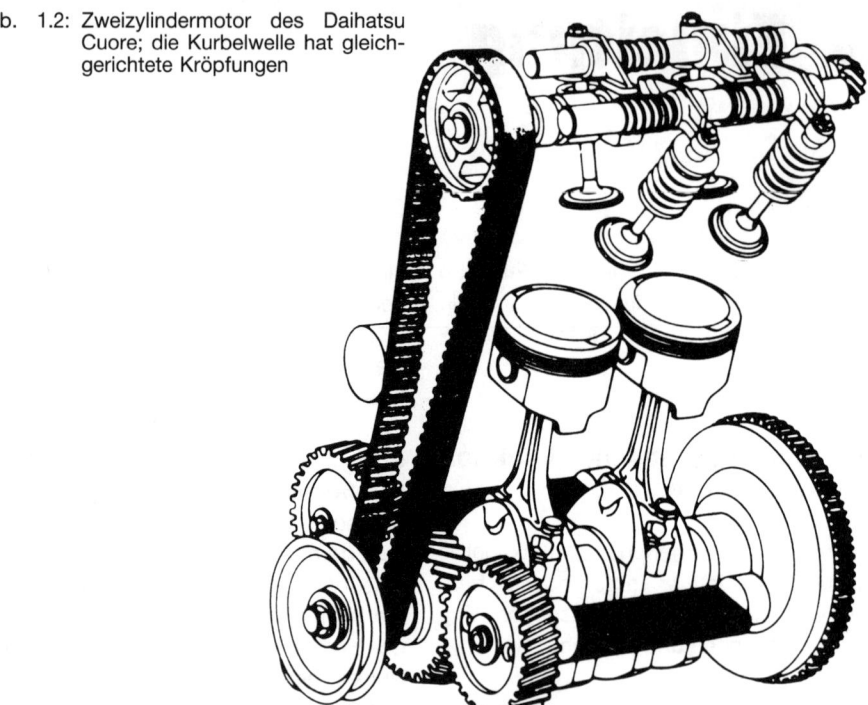

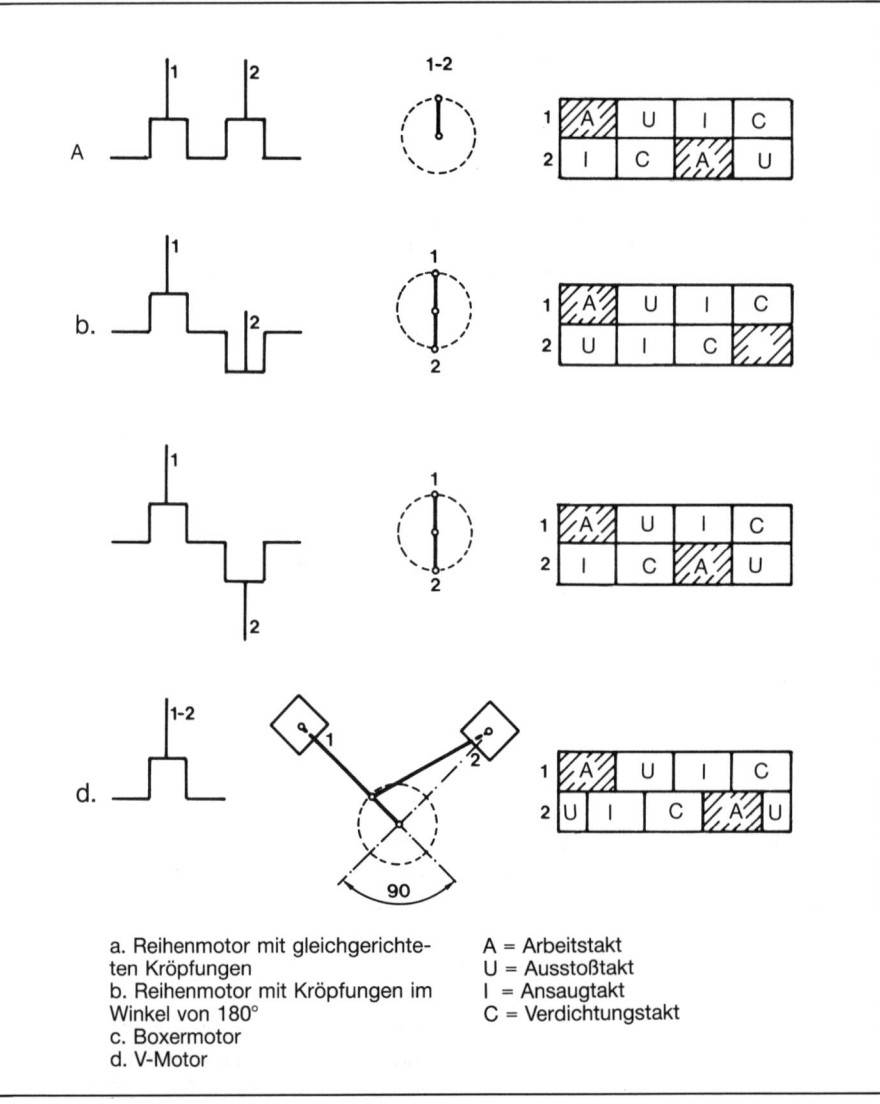

a. Reihenmotor mit gleichgerichteten Kröpfungen
b. Reihenmotor mit Kröpfungen im Winkel von 180°
c. Boxermotor
d. V-Motor

A = Arbeitstakt
U = Ausstoßtakt
I = Ansaugtakt
C = Verdichtungstakt

Abb. 1.3: Arbeitsdiagramme von Zweizylindermotoren

Abb. 1.4: Aufrißzeichnung eines Dreizylindermotors von Suzuki

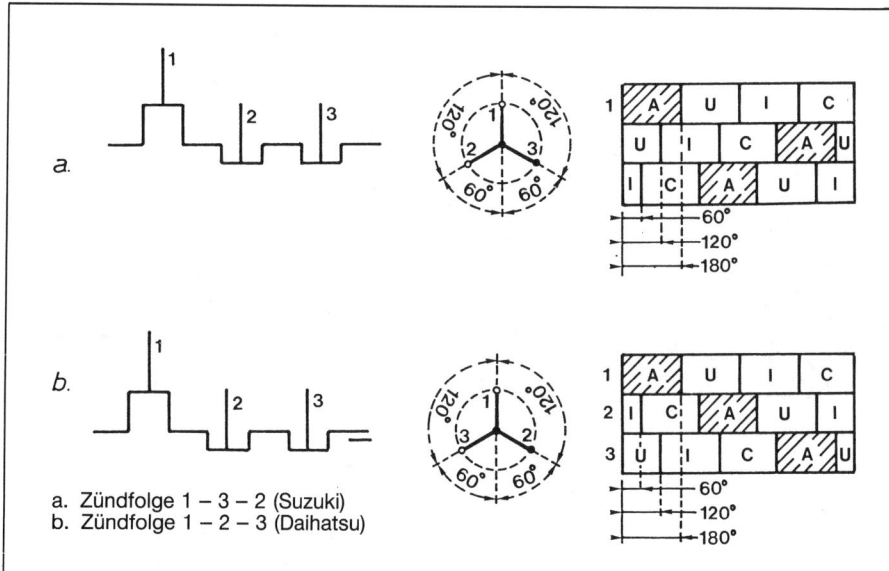

a. Zündfolge 1 – 3 – 2 (Suzuki)
b. Zündfolge 1 – 2 – 3 (Daihatsu)

Abb. 1.5: Arbeitsdiagramme von Dreizylindermotoren

Verdichtungsverhältnis = Hubraum + Volumen des Verdichtungsraumes, geteilt durch das Volumen des Verdichtungsraumes, also:

$$\frac{V_h + V_c}{V_c}$$

Verdichtungsverhältnis = V_c

Je höher das Verdichtungsverhältnis ist, desto besser wird die Verbrennung genutzt. Aus bestimmten Gründen kann man aber das Verdichtungsverhältnis nicht beliebig steigern. Einer dieser Gründe ist die Endtemperatur der Verdichtung. Diese Temperatur steigt mit dem Verdichtungsverhältnis. Je höher die Verdichtungs-Endtemperatur ist, desto beständiger muß der Kraftstoff gegenüber der Selbstzündung sein. Motoren, die mit einem hohen Verdichtungsverhältnis arbeiten, brauchen deshalb Benzin mit hoher Klopffestigkeit oder einer hohen Oktanzahl, also Super-Treibstoff. Dieselmotoren arbeiten mit einem erheblich höheren Verdichtungsverhältnis als Benzinmotoren. Der Kraftstoff wird erst unmittelbar vor dem Erreichen des OT eingespritzt, und dann führt die heiße Luft im Zylinder, meist im Zusammenwirken mit der Glühkerze, zur Zündung.

1.3 Zweizylindermotoren

Hinsichtlich der Kurbelwelle gibt es vier Möglichkeiten: gleichgerichtete Kröpfung, Kröpfung im Winkel von 180° mit nebeneinander liegenden Zylindern, Kröpfung im Winkel von 180° mit entgegengesetzt liegenden Zylindern (der sogen. Zweizylinder-Boxermotor) und schließlich die Zweizylinder-V-Form.

Gleichgerichtete Kröpfung
Wie wir beim Einzylinder-Viertaktmotor sahen, erfolgen die Arbeitshübe in einer Folge von 720° der Kurbelwellendrehung. Damit die Zündung bei einem Zweizylindermotor mit gleichgerichteter Kurbelwellenkröpfung gleichmäßig verteilt wird, zündet der zweite Zylinder 360° nach Zündung des ersten. Aus dem Arbeitsdiagramm ersieht man das Zusammenwirken zwischen den verschiedenen Takten.

Kröpfung im Winkel von 180° bei nebeneinanderliegenden Zylindern
Wie das Arbeitsdiagramm dieses Motors zeigt, erfolgt der zweite Arbeitshub 540° nach Einsatz des ersten. Ein ungleichmäßiger Motorlauf also, der ein schweres Schwungrad bedingt.

Boxermotor
Das Arbeitsdiagramm zeigt, daß die Arbeitshübe um 360° erfolgen. Die Kolben bewegen sich horizontal und gegenlaufend. Dies alles hat einen gleichmäßigen Motorlauf mit geringer Vibration zur Folge. Deshalb wird diese Motorkonstruktion schon seit vielen Jahren mit Erfolg angewendet.

V-Motor
Hier stehen die beiden Pleuel auf derselben Kröpfung. Der zweite Arbeitshub erfolgt, falls die Zylinder in einem Winkel von 90° zueinander stehen, 270° nach dem ersten.

1.4 Dreizylindermotoren

Bei einem Dreizylindermotor haben wir auf 720° bzw. zwei Kurbelwellendrehungen drei gleichmäßig verteilte Arbeitshübe. Diese folgen einander also nach jeweils 240°. Die aufeinanderfolgenden Kröpfungen bilden zueinander also Winkel von 240°. Die Arbeitsdiagramme zeigen, daß beim Dreizylindermotor insgesamt nur noch während 180° keine Arbeit geleistet wird. Die Reihenfolge, in der die Zündung erfolgt, ist 1–3–2 oder 1–2–3, was ebenfalls aus den Diagrammen abgeleitet werden kann.

1.5 Vierzylindermotoren

Reihenmotoren

In einem Vierzylindermotor erfolgen auf je zwei Umdrehungen vier Arbeitstakte. Das heißt, daß nach jeweils 180° ein neuer Arbeitstakt beginnt. Da ein Arbeitstakt 180° beansprucht, fällt das Ende des ersten Taktes mit dem Beginn des zweiten zusammen usw. Kurbelwellen für Vierzylindermotoren sind häufig fünffach gela-

Abb. 1.6: Aufrißzeichnung eines Vierzylinder-Suzuki-Motors

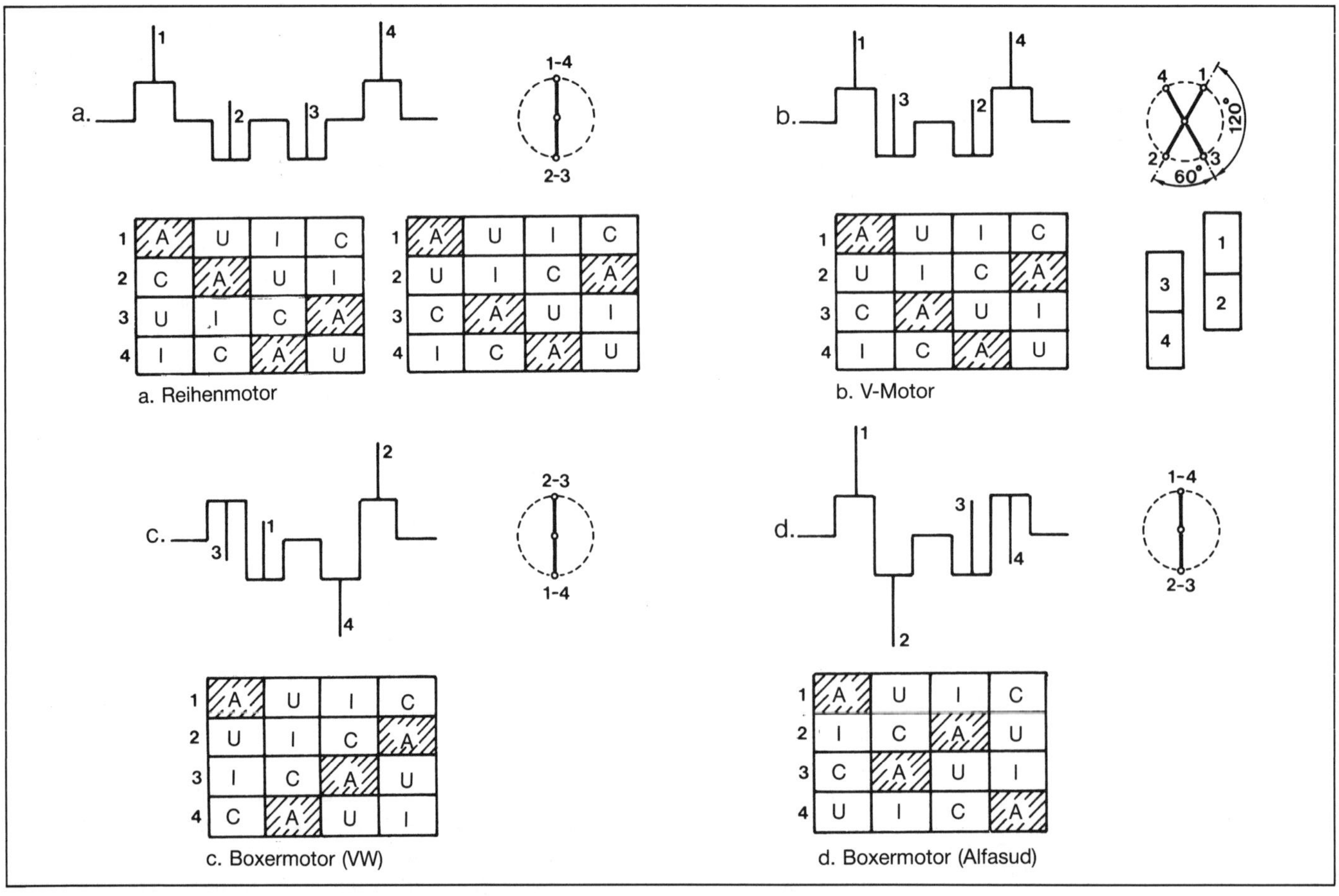

a. Reihenmotor

b. V-Motor

c. Boxermotor (VW)

d. Boxermotor (Alfasud)

Abb. 1.7: Arbeitsdiagramme von Vierzylindermotoren

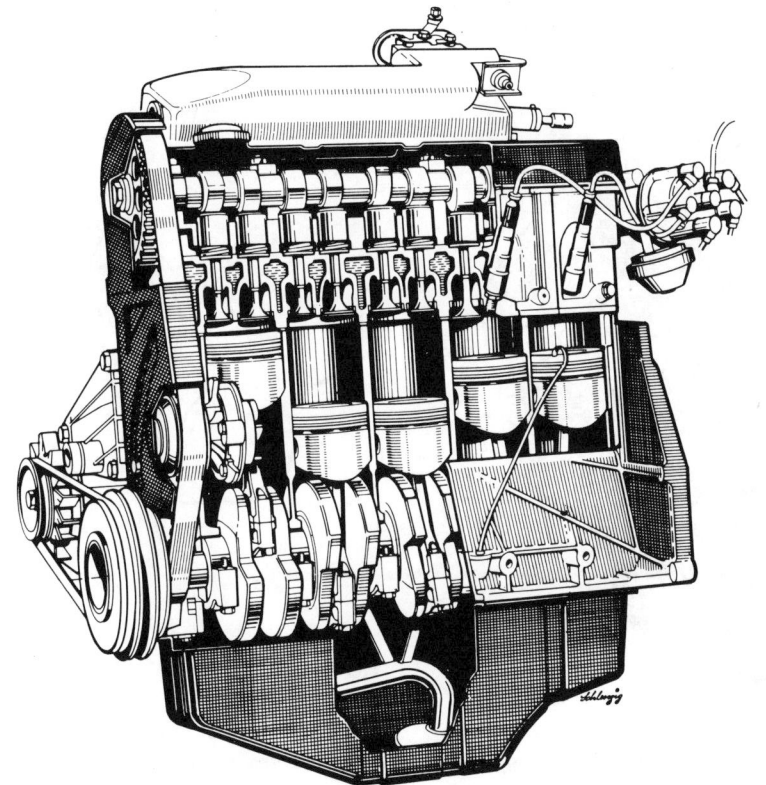

Abb. 1.8: Aufrißzeichnung des Audi-Fünfzylindermotors

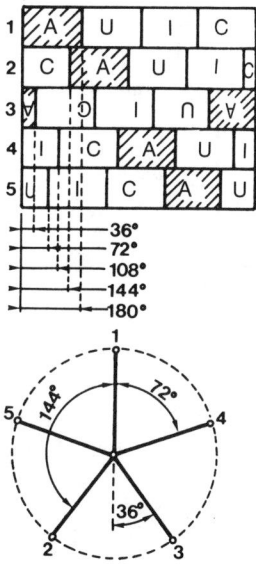

Abb. 1.9: Arbeitsdiagramm eines Fünfzylinder-
motors

1.6 Fünfzylindermotoren

Im Fünfzylindermotor erfolgt alle 144°
(720°:5=144°) ein Arbeitstakt. Im Gegensatz zu den zuvor besprochenen Motoren
überlappen die Arbeitstakte einander.
Beim Fünfzylindermotor beträgt die Überlappung 36°. Die Zündfolge ist 1–2–4–5–3
(Audi).

1.7 Sechszylindermotoren

Reihenmotoren

Beim Sechszylinder-Reihenmotor erfolgen die Arbeitstakte alle 120°
(720°:6=120°). Dabei führen die folgenden Kolben dieselbe Bewegung aus: 1
und 6, 2 und 5 sowie 3 und 4. Daraus läßt
sich die Zündfolge 1–5–3–6–2–4 ableiten,
die fast immer zur Anwendung kommt.

V-Motoren 60°

Bei der Kurbelwellenform unseres Bei-
spiels ist jedes Pleuel an einem eigenen
Kurbelzapfen befestigt. Als Zündfolge
wählen wir 1–4–2–5–3–6. Alle 120°
kommt es in einem Zylinder zur Zündung,
und die Arbeitstakte finden abwechselnd
im linken und rechten Zylinderblock statt.
120° nach dem Beginn des Arbeitstaktes
im ersten Zylinder beginnt der Arbeitstakt
im vierten. Beachten Sie, daß die Kurbelkröpfungen 1 und 4 um 60° versetzt sind,
während zwischen 4 und 2 ein Abstand
von 180° ist. Der Grund ist im Winkel von
60° zu suchen, in dem die Zylinder zueinander stehen.

V-Motoren 90°

Zur Verdeutlichung dieser Konstruktion
wählen wir den »Douvrin-Motor« von Peugeot, Renault und Volvo. An jedem Kurbelzapfen sind zwei Pleuel befestigt: 1
und 4, 2 und 5 sowie 3 und 6 zusammen.
Die Kurbelkröpfungen sind um 120° abge-
winkelt. Die Zündfolge ist 1–6–3–5–2–4,
und die Zündungen erfolgen abwechselnd
im rechten und linken Block. Da die Zylinder in einem Winkel von 90° zueinander
stehen, ist die Winkeldrehung zwischen
zwei Zündungen jeweils gleich 150° zwischen 1 und 6, 3 und 5 sowie 2 und 4,
aber gleich 90° zwischen 6 und 3, 5 und 2
sowie 4 und 1. Es handelt sich hier also
um einen Motor mit ungleichem Zündintervall.

NB: Sechszylindermotoren können auch
in Boxerform gebaut werden. Da diese

gert. Sie sind so konstruiert, daß der erste
und der vierte Kolben zusammen nach
oben oder unten gehen. Dasselbe gilt für
den zweiten und den dritten Kolben. Wenn
der erste und der vierte Kolben auf dem
OT stehen, befinden die anderen sich auf
dem UT. Der erste Zylinder liegt meist an
der Seite des Nockenwellenantriebs.
Wenn Sie wissen, daß zwei Kolben zwar
dieselbe Bewegung machen, aber nicht
dieselbe »Arbeit« verrichten können, dann
lassen sich auch nur zwei Arbeitsdiagram-

me zusammenstellen. Daraus geht hervor, daß beim Vierzylinder-Reihenmotor
auch nur zwei Zündfolgen möglich sind,
nämlich 1–2–4–3 und 1–3–4–2.

V-Motor

Bei diesem Motor liegen die Zylinder in
zwei Ebenen meist in einem Winkel von
60° zueinander. Jeder Zylinder hat einen
Kurbelzapfen. Die Zylinder der linken Mo-
torenseite liegen also nicht genau gegenüber denen der rechten Seite. Beim V-4
von Ford liegt der erste Zylinder vorn
rechts, vom Lenkrad aus gesehen. Die
Zylinder 1 und 4 haben, ebenso wie beim
Reihenmotor, dieselbe Stellung, und dasselbe gilt für die Zylinder 2 und 3.
Die Arbeitstakte erfolgen ungeachtet des
Winkels, in dem die Zylinder zueinander
stehen, dennoch regelmäßig nach jeweils
180°. Die Zündfolge ist 1–3–4–2.

Boxermotor

In den Abbildungen 1.7c und d sehen Sie
die Arbeitsdiagramme, die Form der Kurbelwellen sowie die Lage und Reihenfolge
der Zylinder beim VW und Alfasud. Der
VW hat die Zündfolge 1–4–3–2, Alfasud
dagegen 1–3–2–4. Diese Zündfolgen mö-
gen auf den ersten Blick unterschiedlich
erscheinen, aber in Wirklichkeit sind sie im
Verhältnis zum Schwungrad gleich.

Abb. 1.10: Der Sechszylinder-V-Motor von Douvrin für Peugeot, Renault, Volvo und den früheren De Lorean

selten sind, wollen wir darauf nicht weiter eingehen.

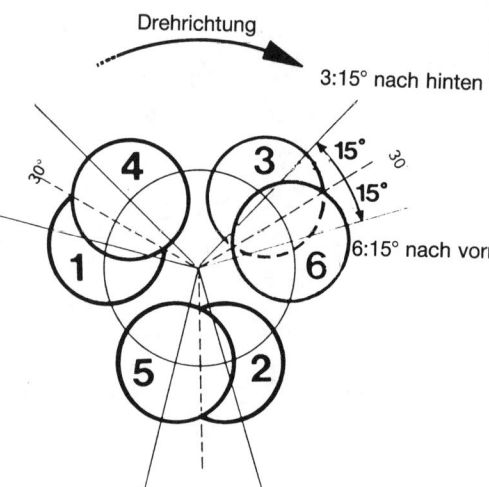

1.8 Achtzylindermotoren

Auch Achtzylinder können als Reihen-, V- oder Boxermotoren gebaut werden. Den-

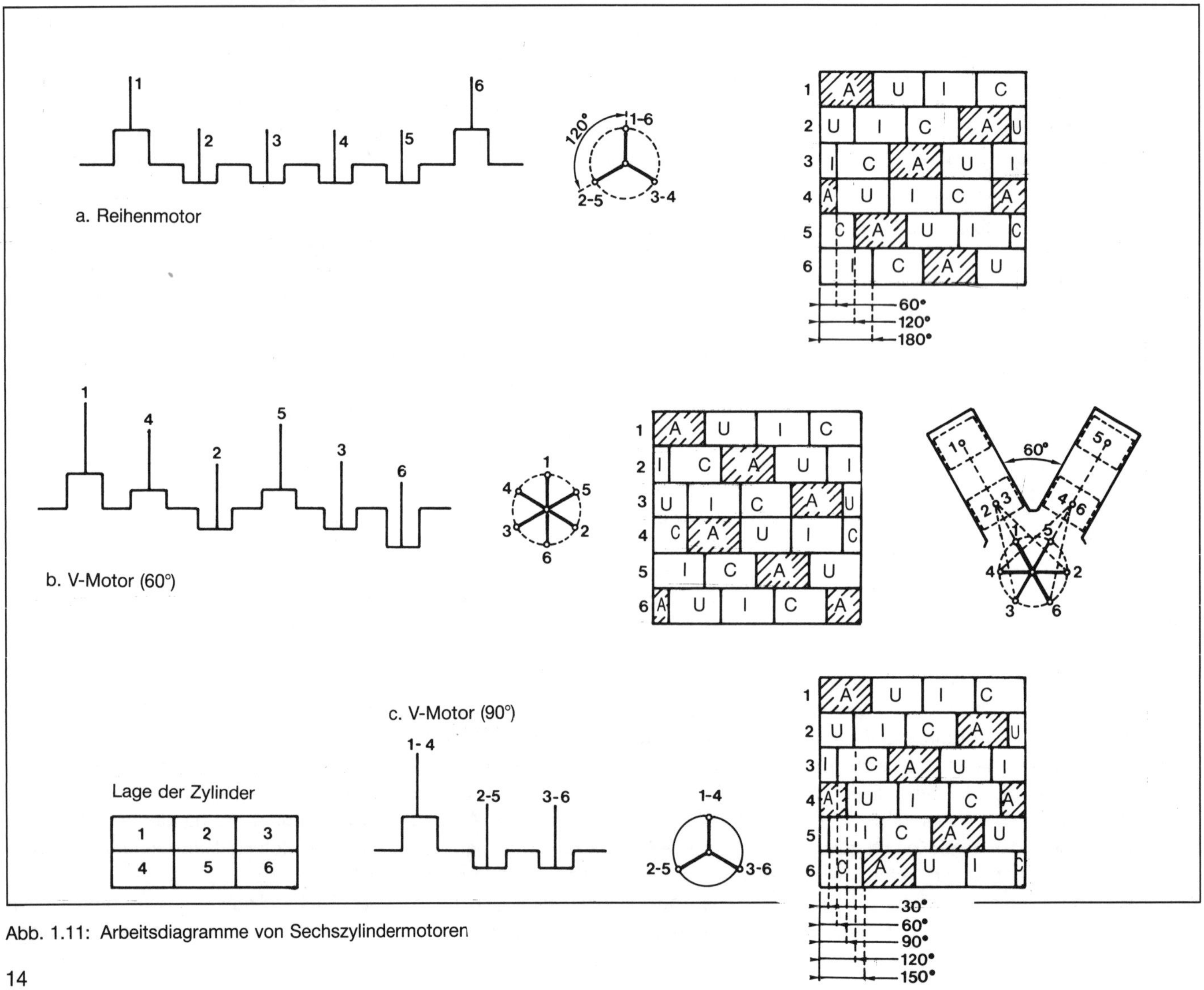

a. Reihenmotor

b. V-Motor (60°)

c. V-Motor (90°)

Lage der Zylinder

1	2	3
4	5	6

Abb. 1.11: Arbeitsdiagramme von Sechszylindermotoren

noch werden praktisch nur noch V-Motoren verwendet. Diese Bauform hat den Vorteil, daß der Motor nicht viel länger zu sein braucht, als ein Vierzylinder-Reihenmotor. Es gibt auch weniger Kurbelwellenprobleme. Bei den V-8-Motoren stehen die Zylinder im Winkel von 90° zueinander. Die Pleuel jeweils zweier einander gegenüberliegender Zylinder sind am selben Kurbelzapfen befestigt. Unter anderem, weil die Numerierung der Zylinder auch bei den Achtzylindern nicht einheitlich gehandhabt wird, gibt es verschiedene Zündfolgen, die sich aber auf wenige reduzieren lassen. Anhand des Arbeitsdiagramms wird das Zusammenwirken zwischen den verschiedenen Zylindern für die Zündfolge 1–5–4–8–6–3–7–2 gezeigt. Falls die Zündfolge unbekannt ist, kann

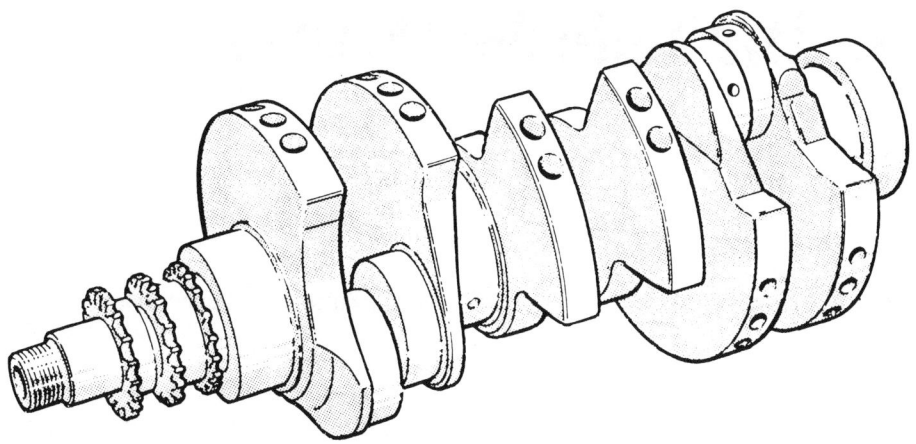

Abb. 1.11a: Kurbelwelle des V6-Turbomotors Peugeot, Renault, Volvo, dessen Zylinder auf 90° stehen. Die Arbeitstakte wirken auf die geteilten Kurbelzapfen.

man diese ermitteln, indem man die Kurbelwelle in der normalen Laufrichtung des Motors dreht und die Reihenfolge aufschreibt, in der sich z.B. die Ventile öffnen.

Abb. 1.12: Explosionszeichnung des 4,1-l-V8-Motors von General Motors

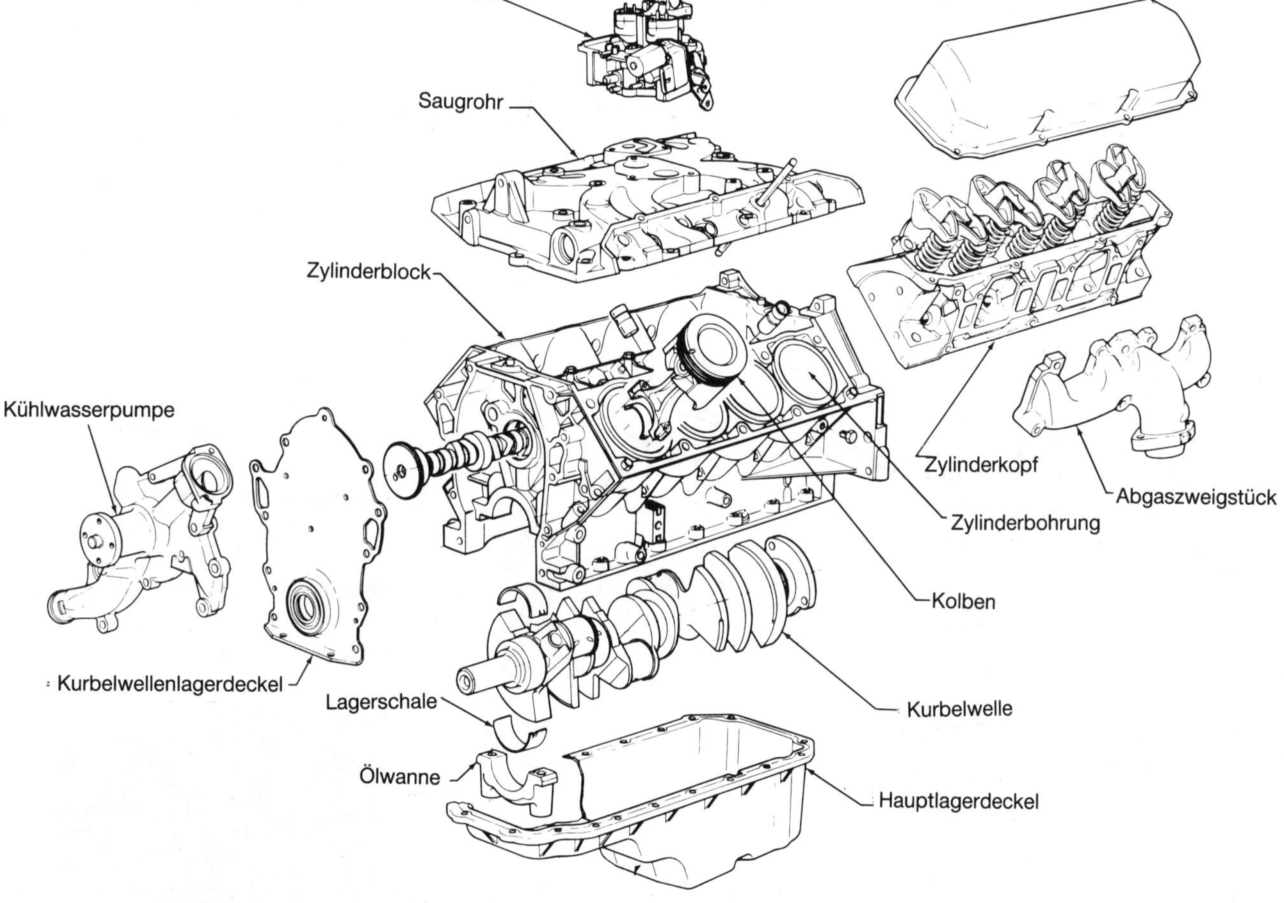

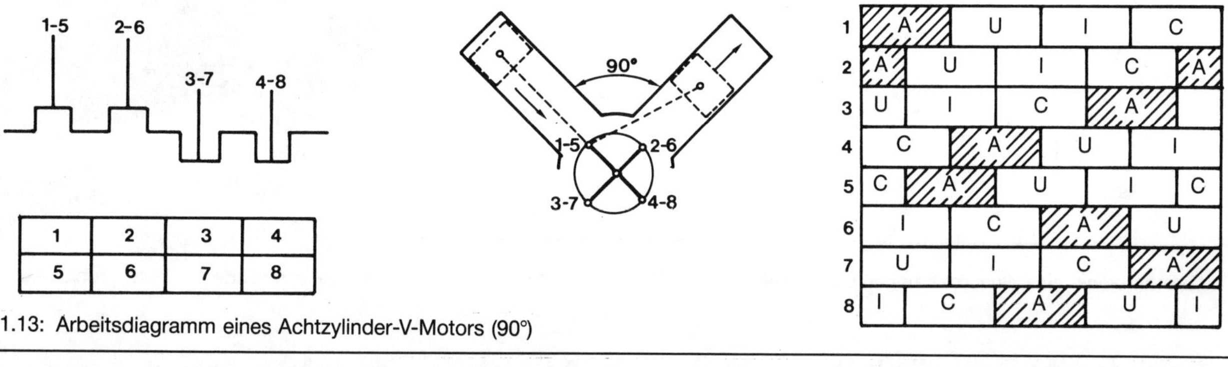

Einspritzvergaser

Saugrohr

Zylinderblock

Kühlwasserpumpe

Kurbelwellenlagerdeckel

Lagerschale

Ölwanne

Zylinderkopf

Abgaszweigstück

Zylinderbohrung

Kolben

Kurbelwelle

Hauptlagerdeckel

Abb. 1.13: Arbeitsdiagramm eines Achtzylinder-V-Motors (90°)

1	2	3	4
5	6	7	8

90°

1-5   2-6
3-7   4-8

1-5   2-6
3-7   4-8

1	A	U	I	C
2	A	U	I	C	A
3	U	I	C	A
4	C	A	U	I
5	C	A	U	I	C
6	I	C	A	U
7	U	I	C	A
8	I	C	A	U	I

2. Die Teile des Motors

2.1 Zylinderblock

Der Zylinderblock, auch Motorblock genannt, ist das größte Einzelteil des Motors, in und auf dem alle übrigen Motorteile befestigt sind. Beim flüssigkeitsgekühlten Motor ist der Zylinderblock doppelwandig. Zwischen der Innen- und der Außenwand befindet sich die Kühlflüssigkeit. Zylinderblöcke können aus Gußeisen gefertigt sein, aber immer mehr Hersteller bevorzugen Leichtmetall.

In der Außenwand des Motorblocks sehen wir runde Stopfen, die man auch als 'Frostschutzstopfen' bezeichnet, weil sie beim Gefrieren der Kühlflüssigkeit aus ihrem Sitz herausspringen können. Sie haben aber nicht den Zweck, den Zylinderblock beim Gefrieren der Kühlflüssigkeit zu schützen.

In Werkstätten bekommt man zuweilen Zylinderblöcke zu sehen, die trotz der Tatsache, daß ein oder mehr 'Frostschutzstopfen' herausgesprungen waren, Risse bekamen. Diese Stopfen dienen nur zum Abdichten der Löcher, durch die nach dem Guß der Formsand entfernt wurde.

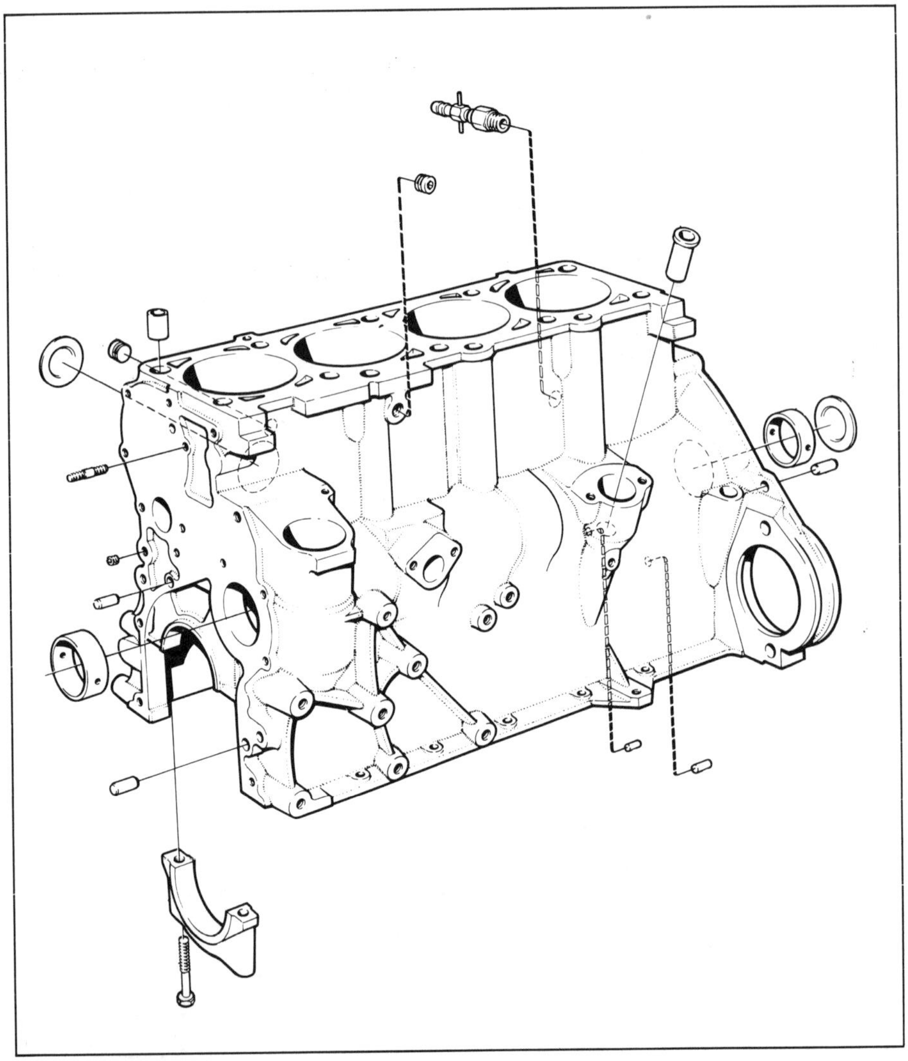

2.2 Trockene und nasse Büchsen

Die Hohlräume, in denen sich die Kolben auf und ab bewegen, bezeichnet man als Zylinder. Diese Zylinder können direkt in den Zylinderblock gebohrt sein, aber sie können auch aus eingesetzten Büchsen bestehen, und bei diesen kann es sich wiederum um trockene oder nasse Büchsen handeln. In den meisten Fällen preßt man trockene Büchsen in den Zylinderblock. Sie kommen nicht mit der Kühlflüssigkeit in Berührung, und sie sind dünnwandig. Nasse Büchsen können von Hand eingesetzt werden. Sie kommen unmittelbar mit der Kühlflüssigkeit in Berührung und haben dickere Wände als trockene Büchsen. Sie müssen schließlich selbst sehr widerstandsfähig sein.

Damit entlang der nassen Zylinderbüchsen keine Kühlflüssigkeit in die Ölwanne gelangt, verwendet man Dichtungen. Wenn der Zylinderkopf demontiert ist, muß man beim Drehen der Kurbelwelle bei einem Motor mit nassen Zylinderbüchsen darauf achten, daß die Büchsen nicht mit nach oben gehen.

Bei luftgekühlten Motoren bilden die Zylinder eine eigene Einheit; sie sind mit Kühlrippen versehen und werden auf dem Kurbelwellengehäuse befestigt. Die Oberfläche der Kühlrippen richtet sich nach dem Bedarf an Kühlung.

Abb. 2.1: Zylinderblock mit Zylinderbohrungen und Zubehör (Volvo)

Abb. 2.2: Zylinderbüchsen (trocken)

2.3 Zylinderkopf

Auf dem Zylinderblock ist mit Hilfe von Schrauben oder Muttern der Zylinderkopf befestigt. Ebenso wie der Zylinderblock hat auch der Kopf einen Kühlmantel. Zur gründlichen Abdichtung wird zwischen Zylinderblock und -kopf eine Zylinderkopfdichtung eingeklemmt. Im Zylinderkopf befinden sich die Brennkammern. Bei obengesteuerten Motoren befinden sich darin auch das Einlaß- und das Auslaßventil. Der Zylinderkopf kann aus Gußeisen oder Leichtmetall hergestellt sein.

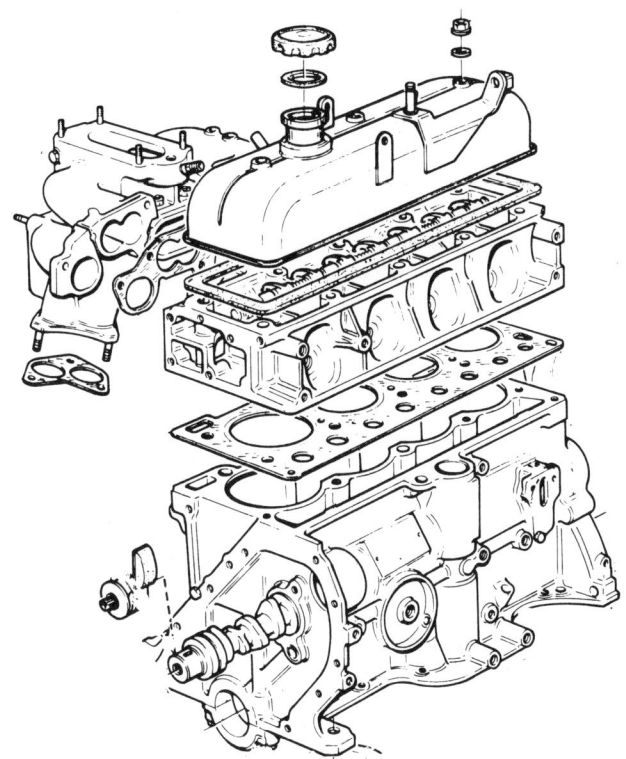

Abb. 2.4: Zylinderblock, geeignet zur Verwendung mit nassen Zylinderbüchsen, Kopfdichtung, Zylinderkopf, Ventildeckeldichtung, Ventildeckel mit Öleinfüllverschluß und kombiniertes Einlaß/Auslaßzweigrohr (Volvo)

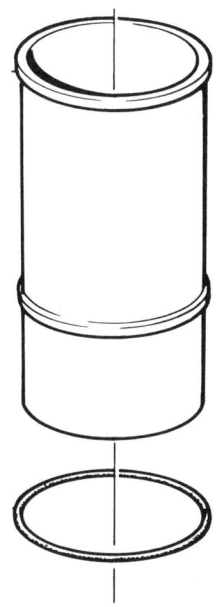

Abb. 2.3: Zylinderbüchse (naß) mit Dichtring (Volvo)

Will man einen Zylinderkopf demontieren, so muß man warten, bis der Kopf hinlänglich abgekühlt ist; sonst besteht die Gefahr der Verformung. Ehe man einen Zylinderkopf montiert, ist zu prüfen, ob die Paßflächen des Kopfes und des Blocks völlig eben sind. Grundsätzlich sollte man jeweils eine neue Zylinderkopfdichtung verwenden. Die Zylinderkopfschrauben oder -muttern sind mit Hilfe eines Drehmomentschlüssels in einer bestimmten Reihenfolge und in einem vom Hersteller vorgeschriebenen Spannmoment in Nm anzuziehen.

Befolgt man diese Vorschrift nicht genau, so verformen sich Zylinderblock und -kopf, und das Resultat dürfte eine undichte Zylinderkopfdichtung sein. Dasselbe wird der Fall sein, wenn das Nachziehen nicht vorschriftsmäßig erfolgt. Vergessen Sie dabei nicht, daß eine Schraube oder Mut-

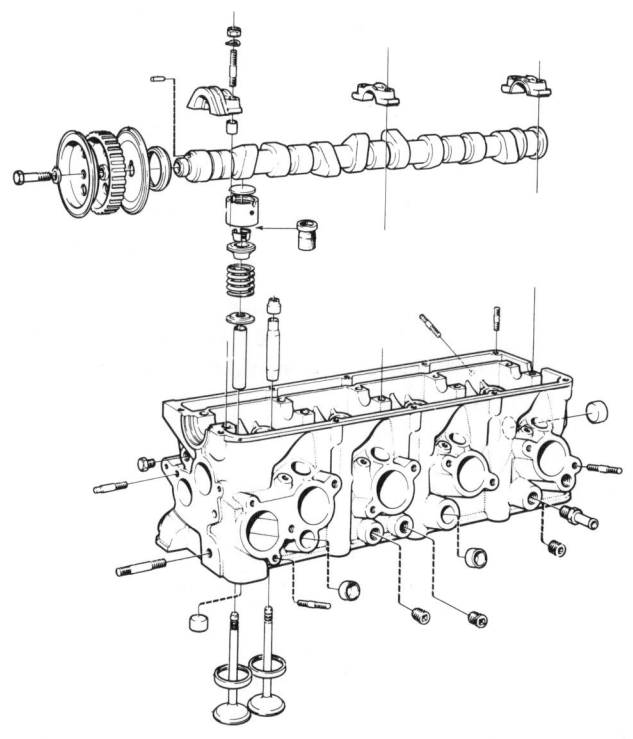

Abb. 2.5: Zylinderkopf und Zubehör eines Motors mit obenliegender Nockelwelle (Volvo)

ter um eine Vierteldrehung gelöst werden muß, ehe sie wieder angezogen wird.

2.4 Kurbelwelle

Die im unteren Teil des Zylinderblocks

gelagerte Kurbelwelle dient dazu, die Auf- und Abbewegungen der Kolben in eine Drehbewegung umzusetzen. Die Kurbelwelle wird gegossen oder geschmiedet. Bei Zweitaktmotoren verwendet man geteilte Kurbelwellen. Die Kurbelwelle besteht aus Wellenzapfen, Kurbelzapfen und Kurbelwangen. Mit den Wellenzapfen ist die Kurbelwelle im Zylinderblock gelagert, auf den Kurbelzapfen sind die Pleuel befestigt, und die Kurbelwangen verbinden die Kurbelzapfen mit den Hauptlagerzapfen. Die Kurbelwangen sind häufig mit Gegengewichten versehen. Die Hauptlagerzapfen und die Kurbelzapfen haben einen weichen Kern, aber eine gehärtete Oberfläche. Dadurch ist die Kurbelwelle einerseits gegen Verschleiß beständig, andererseits aber hinlänglich geschmeidig. Zwischen den Hauptlagerzapfen und den Kurbelzapfen verlaufen Ölkanäle. Manche Kurbelwellen sind hohl.

Schwingungen in der Kurbelwelle

Die Kurbelwelle ist besonders hohen Belastungen ausgesetzt; sie muß drei Arten von Schwingungen verarbeiten, nämlich zentrifugale Schwingungen, Biege- und Drehschwingungen. Alle diese Schwingungen müssen möglichst weitgehend unterdrückt werden. Sie verursachen nicht nur störende Geräusche, sondern beschädigen die Lager und können selbst zum Kurbelwellenbruch führen. Die Fliehkräfte werden ausgeglichen, indem man die Kurbelwelle statisch und dynamisch ausbalanciert. Durch Ausbohren von Material kann man ein statisches Gleichgewicht erhalten. Die Zweizylinderkurbelwelle, z.B. bei Reihenmotoren mit Kröpfungen unter 180°, ist im statischen Gleichgewicht. Zum Erhalt des dynamischen Gleichgewichts bringt man Gegengewichte an, wobei die Masse des Kurbelzapfenauges und eines Teils des Pleuels mit zu berücksichtigen ist.

Bei einer Vierzylinderkurbelwelle heben die Kräftepaare einander auf. Ist die Kurbelwelle nur dreifach gelagert, dann ist sie einer Biegung ausgesetzt, welche die Lager übermäßig beansprucht. Die Gegengewichte dienen hier nur zum Ausgleich der Biegekräfte. Darauf werden wir noch ausführlicher eingehen.

Ferner ist die Kurbelwelle auch infolge des Verbrennungsdrucks einer Biegung ausgesetzt. Die Folgen dessen lassen sich nur dadurch mildern, daß man eine stärkere und mehrfach gelagerte Kurbelwelle verwendet. Wir denken hier an die Kurbel-

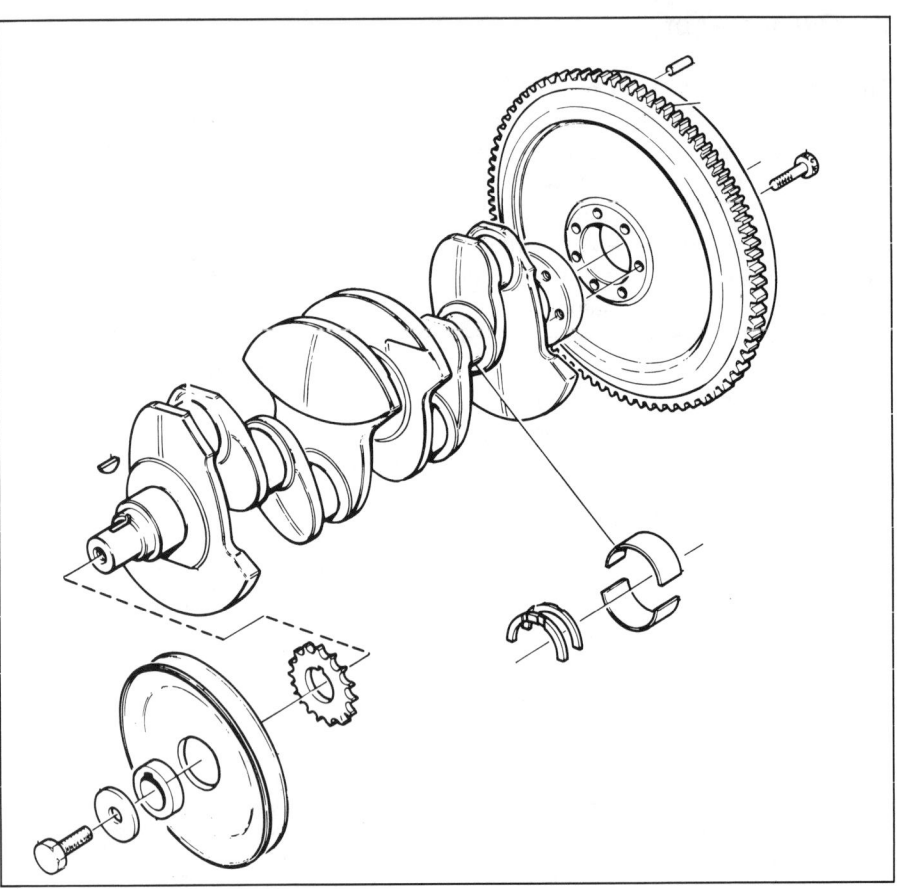

Abb. 2.6: Kurbelwelle mit Schwungrad, Hauptlagern, Kettenrad und Keilriemenscheibe (Volvo)

wellen der Kurzhubmotoren und die fünffach gelagerten Kurbelwellen.

Drehschwingungen

Wenn wir einen federnden Stab am einen Ende z.B. in einem Schraubstock festklemmen und das andere Ende drehen, um es anschließend loszulassen, dann sehen wir, daß der Stab zurückfedert. Er federt sogar über seine ursprüngliche Stellung hinaus, dann wieder zurück in entgegengesetzte Richtung usw. So entstehen Torsions- oder Drehschwingungen.

Auch die Kurbelwelle ist Drehschwingungen ausgesetzt. Das Schwungrad und der Widerstand, den der Antrieb erfährt, läßt sich mit dem Schraubstock vergleichen. Die Druckstöße auf die Kurbelzapfen der Kurbelwelle sorgen für die Torsion und die daraufhin erfolgenden Drehschwingungen. Diese können zum Kurbelwellenbruch führen, wenn die Schwingungen parallel zu den Arbeitshüben erfolgen, die einander somit verstärken. Dies ist bei einer langen Kurbelwelle eher zu erwarten, als bei einer kurzen.

2.5 Schwingungsdämpfer

Drehschwingungen wirkt man entgegen mittels vorn auf der Kurbelwelle montierten Schwingungsdämpfern. Der Dämpfer gemäß Abb. 2.7 besteht aus zwei Scheiben, S-S, die frei zwischen zwei Flanschen, F-F, montiert sind. Diese Flansche, die mit dem Reibungsmaterial W bekleidet sind, sitzen fest auf der Kurbelwelle. Federn (V) sorgen dafür, daß die Flansche konstant nach außen gedrückt werden. Treten keine Schwingungen auf, dann drehen sämtliche Teile sich gleich schnell mit, und das Ganze wirkt wie ein Schwungrad. Treten wohl Schwingungen auf und beschleunigt der vordere Teil der Kurbelwelle, dann folgen die Scheiben aufgrund der Trägheit den Beschleunigungen der Drehbewegungen nicht. Sie verschieben sich im Verhältnis zu den Flanschen entgegengesetzt zum Drehsinn der Kurbelwelle. Die Reibung, mit der dies gepaart geht, übt eine bremsende Wirkung aus, so daß die Schwingungen gedämpft werden. Bleibt der vordere Teil der Kurbelwelle infolge der Drehschwingungen zurück, dann schlüpfen die Scheiben

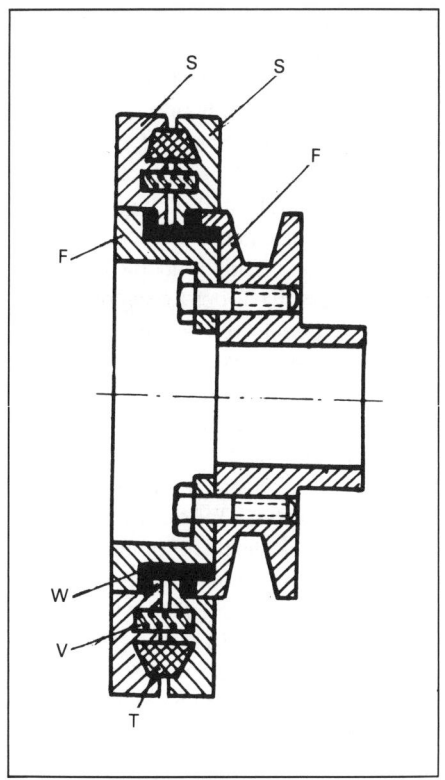

Abb. 2.7: Schwingungsdämpfer im Querschnitt

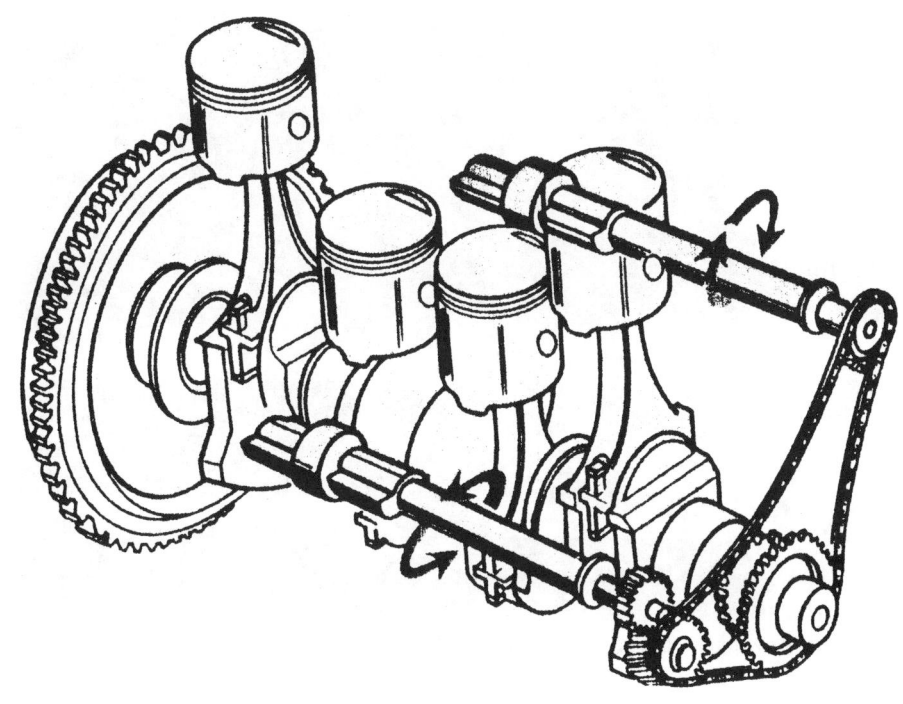

Abb. 2.8: Prinzip der Ausgleichswelle

Abb. 2.9: Hauptantrieb mit Ausgleichswelle (Mitsubishi)

nach vorn durch, und dadurch versuchen sie, die Kurbelwelle nach vorn mitzunehmen, so daß die Schwingungen wieder gedämpft werden. Der trapezförmige Gummiring T zwischen den beiden Scheiben dient dazu, die Zweckmäßigkeit des Dämpfers bei allen Drehzahlen zu garantieren. Das ist möglich, weil der Ring sich bei wachsender Drehzahl durch die Zentrifugalkraft dehnt und somit die Reibung der Scheiben S verstärkt.

Es sei noch darauf hingewiesen, daß ein Schwingungsdämpfer die Schwingungen nicht ausschalten kann, aber er kann sie wohl auf das zulässige Maß beschränken.

2.6 Schwungrad

Wie wir wissen, hat ein Einzylinder-Viertaktmotor alle 720° nur einen einzigen Arbeitstakt. Arbeit wird also nur während 180° bzw. einer halben Umdrehung geleistet. Während der restlichen 540° bzw. anderthalb Umdrehungen wird Arbeit verbraucht, und der Motor würde sich erheblich langsamer drehen, wenn auf der Kurbelwelle kein Schwungrad befestigt wäre. Während des Arbeitstaktes wird ein Teil der freigewordenen Energie vom

Schwungrad aufgenommen. Während des Ausschieb-, Ansaug- und Verdichtungstaktes wird sie wieder an die Kurbelwelle abgegeben. Das Schwungrad dient also vor allem dazu, den Motor gleichmäßig laufen zu lassen. Ein Einzylindermotor braucht deshalb ein schweres Schwungrad. Je mehr Zylinder der Motor hat, desto leichter kann das Schwungrad sein.

Auf dem Umfang des Schwungrades liegt ein Zahnkranz, in den das Ritzel des Anlassers eingreift. Das Schwungrad muß ausbalanciert sein, und zwar zusammen mit der Kurbelwelle.

2.7 Ausgleichswellen

Die Abb. 2.8 gibt den Hauptantrieb eines Motors mit Ausgleichswelle wieder. Da-

Abb. 2.10: Kolben mit Pleuelstangen auf der Kurbelwelle

2.8 Kolben

Der Kolben, dessen Kolbenringe für Abdichtung sorgen, überträgt den Verbrennungsdruck über den Kolbenbolzen auf das Pleuel.

Material

Früher stellte man die Kolben im allgemeinen aus Gußeisen her. Diese leiten jedoch die Wärme schlecht ab, und sie sind schwerer. Dadurch entstehen an den Totpunkten große Massenkräfte, denn dort kommen die Kolben zum Stillstand. Es bedarf einer größeren Arbeitsleistung, die Bewegungen eines schweren Kolbens jeweils abzubremsen und anschließend wieder zu beschleunigen. Leichtmetallkolben sind leichter und verursachen in dieser Hinsicht auch weniger Probleme. Außerdem leiten sie die Wärme schneller ab. Das macht es möglich, mit höheren Kompressionsverhältnissen zu arbeiten. Infolge der niedrigeren Temperatur des Kolbenbodens ist auch die Gefahr des Verrußens geringer. Dieser wirkt man auch entgegen, indem man den Kolbenboden

durch will man den Motor möglichst schwingungsfrei laufen lassen, um die Geräusche und die fühlbaren Schwingungen zu begrenzen. Erhöhter Komfort und geringerer Verschleiß sind die positiven Resultate dessen. Im Abschnitt 3.19 werden wir noch ausführlich auf diese Materie eingehen.

möglichst glatt macht.
Demgegenüber steht der größere Dehnungskoeffizient, aber dessen nachteilige Folgen werden durch angepaßte Legierungen und Kolbenkonstruktionen wieder ausgeglichen.

Aufbau

Die Oberseite des Kolbens bezeichnet man als Kolbenboden, die Seiten des Kolbens als Kolbenschaft oder Kolbenmantel. Der Kolbenboden kann unterschiedliche Formen haben: flach, gewölbt, hohl. Für Zweitaktmotoren verwendet man zuweilen auch spezielle Kolben mit nasenförmigen Kolbenboden. Bei Dieselmotoren, zuweilen auch bei Benzinmotoren, kann der Kolbenboden recht merkwürdige Formen haben, weil er einen großen Teil der Brennkammer darstellt. Bei Benzinmotoren bewähren sich hinsichtlich der Temperaturen die flachen und leicht gewölbten Kolben am besten. Im Kolbenschaft sind zwei einander gegenüberliegende Kolbenbolzenaugen angebracht, die meist jeweils eine Nute für eine Sicherungsfeder haben. Oben hat der Kolben eine Ringzone, in der die Kolbenringe sitzen. In der unteren Nute sind Bohrungen angebracht, die dazu dienen, das vom Ölabstreifring aufgenommene Öl zurück in die Ölwanne zu führen. Wie wir noch sehen werden, kommt es sehr darauf an, daß die Kolbenringnuten nicht ausgeleiert sind. Um das zu verhindern, stellt man auch Kolben mit eingesetzten stählernen Kolbenringnuten her.

Dehnungsausgleich

Bei der Kolbenkonstruktion ergeben sich vielerlei Probleme. Zwischen Kolben und Zylinder muß zur Dehnung genug Spiel sein, aber andererseits darf dieser Zwischenraum auch nicht zu groß sein. Der Kolben könnte zu stark kippen, und das hätte nicht nur einen erheblichen Motorlärm zur Folge, sondern auch einen übermäßigen Verschleiß der Kolbenringe.
Mißt man den Durchmesser eines Kolbens sehr genau nach, dann zeigt sich, daß dieser nach oben hin abnimmt. Dadurch erhält man zwischen Kolbenschaft und Zylinder eine Keilform, die der Schmierung förderlich ist. Andererseits kann sich der obere Teil des Kolbens stärker dehnen. Schließlich kommt der Kolbenboden ja in unmittelbare Berührung mit den hohen Verbrennungstemperaturen, die 1900 °C (2173 K) und mehr betragen können. Damit der Kolbenschaft sich dehnen kann, hat er auf einer Seite möglicherweise einen schrägen Schlitz. Dieser ist am Ende ausgebohrt, um einem Aus-

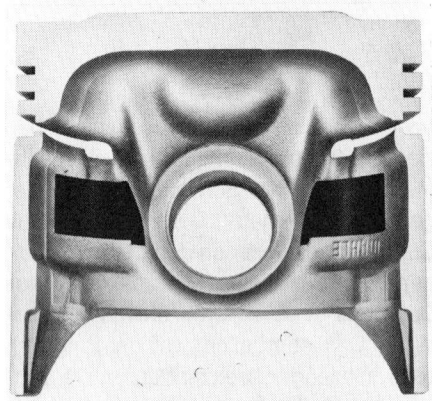

Abb. 2.11: Durchgesägter Kolben (Foto Mahle)

reißen vorzubeugen, und schräg angebracht, um zu verhindern, daß an der Zylinderwand infolge geringeren oder überhaupt keines Verschleißes eine Verdickung entsteht. Der Schlitz verursacht stellenweise eine Schwächung des Kolbens. Deshalb wird der Kolben, von wenigen Ausnahmen abgesehen, immer so montiert werden, daß der Schlitz sich gegenüber der Arbeitsseite des Motors befindet. Auf diese Arbeitsseite wird später noch näher eingegangen werden.
Betrachten wir den Kolben näher, so sehen wir, daß Kolbenboden und Kolbenschaft zum großen Teil durch eine horizontale Nute voneinander getrennt sind. Kolbenboden und -schaft sind an den Kol-

benbolzenaugen durch dasselbe Material und eingegossene Invarstreifen verbunden. Diese Streifen haben einen sehr geringen Dehnungskoeffizienten. Bei dieser Konstruktion haben die Temperatur und die Dehnung des oberen Kolbenteils nur sehr wenig Einfluß auf den Teil, der sich unterhalb der horizontalen Nute befindet. Zuweilen ist bei einem Kolben nur der leitende Teil des Schaftes erhalten. Weniger Gewicht, weniger Reibung, und auch die Probleme der Dehnung sind damit behoben.

Ein anderes Mittel, die Folgen der Dehnung bei Leichtmetallkolben zu begrenzen und dennoch das »Klappern« in den Zylindern im kalten Zustand zu vermeiden, sind Kolben, die in kaltem Zustand oval sind, bei Betriebstemperatur dagegen eine rein zylindrische Form haben. Das sind die sogen. Autothermik-Kolben. Je mehr sie auf Temperatur kommen, desto mehr biegt sich auch der nichtleitende Teil des Schaftes nach außen.

Damit der obere Kolbenring nicht zu heiß wird, was die Federkraft und die Lebensdauer nachteilig beeinflußt, haben manche Kolben oberhalb des obersten Kompressionsringes noch eine Nute. Diese erschwert die Wärmeableitung zum Kolbenring hin.

2.9 Kolbenbolzen

Mit Hilfe des Kolbenbolzens wird der Kolben schwenkbar am Pleuel befestigt. Der Kolbenbolzen ist zwecks Gewichtsersparnis hohl.

Halbschwebend

Wenn der Kolbenbolzen im kleinen Pleuelauge festgeklemmt wird, so bezeichnet man ihn als einen halbschwebenden Bolzen.

Bei manchen Motoren wird der Kolbenbolzen bereits im Werk in die Pleuelstange eingepreßt. Wird der Kolben später durch einen neuen ersetzt, so muß die ganze Einheit, also Kolben, Kolbenbolzen und Pleuel, ausgetauscht werden.

Freischwebend

Bei dieser Konstruktion kann der Kolbenbolzen sich sowohl im Kolben als auch im kleinen Pleuelauge frei drehen. Um zu verhindern, daß er sich in Längsrichtung verschieben und die Zylinderwände beschädigen kann, ist er mit Sicherungsringen (Seegerringen) auf beiden Seiten abgesichert.

2.10 Kolbenringe

Arten

Auf dem Kolben sind zwei verschiedene Arten von Kolbenringen montiert: Kompressionsringe und Ölabstreifringe. Die Kompressionsringe dienen dazu, die Kompressions- und Verbrennungsdruckverluste zwischen Kolben und Zylinder möglichst gering zu halten. Dabei werden die Kommpressionsringe durch den Ölfilm auf der Zylinderwand, dem Kolben und in den Kolbenringnuten unterstützt.

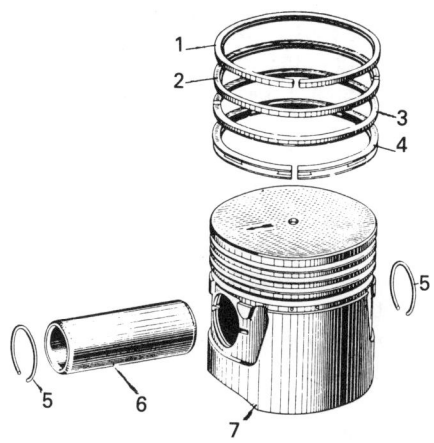

Abb. 2.12: Kolben mit Zubehör
1 Oberer Kolbenring 2 Mittlerer Kolbenring 3 Unterer Kolbenring 4 Ölabstreifring 5 Sicherungsfeder 6 Kolbenbolzen 7 Kolben

Funktion

Der obere Kolbenring wird beim laufenden Motor nicht nur durch seine eigene Federkraft nach außen gedrückt, sondern auch

Abb. 2.13: Mögliche Ausführungen des Ölabstreifringes

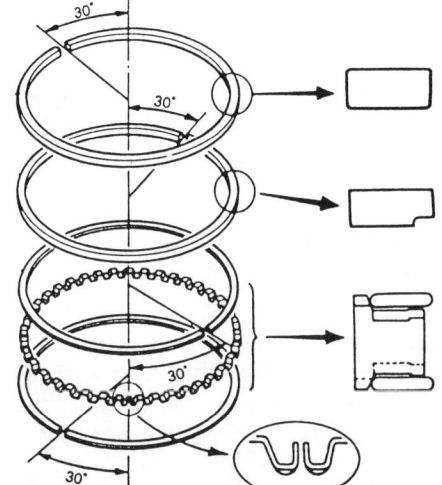

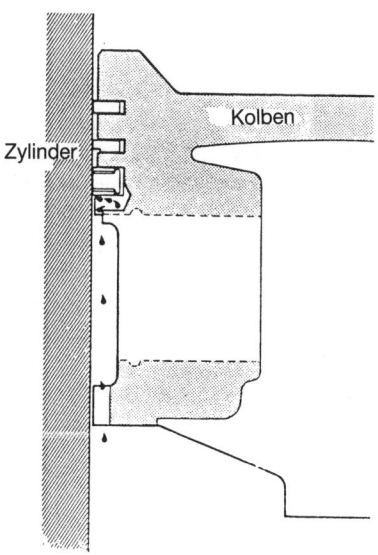

Abb. 2.14: Rückfluß des Öls

– und sogar vor allem – durch den Gasdruck hinter dem Ring. Federkraft und Gasdruck müssen zwar stark genug sein, aber sie dürfen nicht zu stark sein. Dann würde nämlich der Schmierölfilm durchbrochen, und das würde zu einem starken Verschleiß führen.

Man sollte annehmen, daß beim oberen Kolbenring nur die Fläche eine Rolle spielt, die über die Zylinderwand gleitet. Aber auch die Ober- und Unterseite des Kolbenrings erfüllen eine nicht zu unterschätzende Aufgabe. Während des Verdichtens, des Arbeitens und des Ausschiebens hilft auch die Unterseite des oberen Kolbenrings beim Abdichten. Während des Ansaugens ist es die Oberseite. Es versteht sich daher, daß die Unter- und Oberseiten der Kolbenringnuten völlig eben sein müssen, um ein übermäßiges Lecken oder »Durchblasen« zu verhindern. Sehr bewußt wurde hier das Wort 'übermäßig' gebraucht, denn Verluste an den Kolbenringen lassen sich nicht völlig vermeiden. Sie hängen auch mit der Drehzahl zusammen. Oberhalb einer bestimmten Drehzahl beginnen die Ringe zu schweben.

Der Umstand, daß bei einem verschlissenen Motor ein großer Druck in der Ölwanne entsteht, ist darauf zurückzuführen, daß viel mehr durchgeblasene Gase in die Ölwanne gelangen, als das Ventilationssystem der Wanne abführen kann.

Formen

Außer einer rechteckigen Form, kann der Querschnitt des Kolbenrings noch viele andere Formen haben, je nach Zweck und Lage auf dem Kolben. Es würde zu weit führen, wollten wir hier alle Formen von Kolbenringen besprechen, und deshalb wollen wir uns auf die wichtigsten beschränken. Bei Zweitakt- und Dieselmotoren begegnen uns mehr kegelförmige Kolbenringe, die sich nicht so leicht verklemmen. Zuweilen ist einer der Kolbenringe mit einer scharfen Aussparung versehen, wodurch eine Abstreifseite entsteht. Dieser Ring wird deshalb oberhalb des Ölabstreifringes montiert. Bei anderen Ringen ist die Aussparung weniger scharf. Das hat den Zweck, eine gewisse Torsion und Vorspannung zu erhalten, durch die der Ring besser abdichtet.

Es versteht sich, daß man beim Montieren von Kolbenringen gewissenhaft nach Vorschrift vorgehen muß.

Chromring

Der obere Kolbenring ist hohen Temperaturen ausgesetzt, er kommt mit Verbrennungsgasen und Kohleresten von der Verbrennung in Berührung, so daß dieser Kolbenring am stärksten verschleißt. Deshalb verwendet man hier zuweilen Chromringe; die chromgehärtete Oberfläche ist sehr hart und nahezu unverschleißbar. Durch die Verwendung eines Chromringes wird auch der Zylinderverschleiß eingeschränkt. Ein einziger Chromring je Zylinder reicht aus.

Kolbenringschloß

Damit man die Kolbenringe montieren

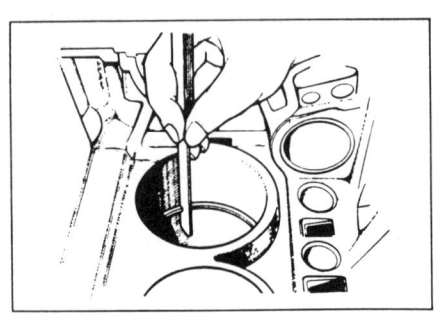

kann, sie federkräftig machen und ihnen im Zylinder Raum zum Dehnen geben kann, ohne den Kolben zu blockieren, sind sie mit einem Schloßspiel versehen. Der Kolbenring eines Zweitaktmotors darf sich auf dem Kolben nicht drehen können, denn sonst könnte das Schloß am Einlaß- oder Auslaßkanal hängenbleiben, was zum Bruch führen würde. Deshalb hat die Kolbenringnute einen Sicherungsstift.

Verschlissene Zylinder

Wenn der Zylinder verschlissen ist, was Kompressionsverlust und übertriebenen Ölverlust zur Folge hat, sollte man entweder den Zylinder ausbohren oder aber neue Laufbüchsen einsetzen. Im ersten Fall müssen Kolbenringe mit einem Übermaß eingesetzt werden. Will man die Zylinder nicht ausbohren lassen, so können – als Behelf – speziell zu diesem Zweck entwickelte Kolbenringe eingesetzt werden. Zum Abdichten eines zu großen Vertikalspiels des Kolbenrings in seiner Nute gibt es ferner dünne Ausgleichsringe. Diese werden immer oberhalb des Kolbenrings – keinesfalls darunter – angebracht. Die Unterseite spielt beim Abdichten schließlich immer eine größere Rolle, als die Oberseite.

Ölabstreifringe

Zur Schmierung des Kolbens, der Kolbenringe und des Zylinders muß der Konstrukteur eine Zwischenlösung suchen. Einerseits müssen diese Teile hinlänglich geschmiert sein, andererseits darf nicht zuviel Öl in die Brennkammer eindringen. Schließlich soll der Motor ja möglichst wenig Öl verbrauchen. Die Ölabstreifringe sorgen dafür, daß das überflüssige Öl von der Zylinderwand in die Ölwanne zurückfließt und daß nur eine minimale Ölmenge in die Brennkammer gelangt. Deshalb haben sie eine spezielle Form; sie sind mit Schlitzen versehen, durch die das Öl über Bohrungen im Ölabstreifschlitz wieder in die Ölwanne gelangt.

Die Ölabstreifringe befinden sich unterhalb der Kompressionsringe auf dem Kolben; manche Kolben haben zwei Ölabstreifringe.

Ausmessen des Kolbenringspiels

Die Abbildung zeigt, wie das Schloßspiel gemessen wird. Es ist darauf zu achten, daß der Kolbenring senkrecht zur Zylinderwand liegt. Das kann man realisieren, indem man den Ring mit einem umgekehrten Kolben in den Zylinder drückt.

2.11 Pleuelstange und Lager

Die Pleuelstange verbindet den Kolben mittels des Kolbenbolzens mit der Kurbelwelle. Da die Pleuelstange einerseits dem großen Verbrennungsdruck standhalten muß, also sich nicht durchbiegen darf, und andererseits so leicht wie möglich sein muß, bevorzugt man einen I-förmigen Querschnitt.

Aufbau der Pleuelstange

Am oberen Ende der Pleuelstange befindet sich das kleine Pleuelauge. Bei einem freischwebenden Kolbenbolzen ist darin eine bronzene Büchse angebracht. Bei einem halbschwebenden Kolbenbolzen ist das Auge mit einem Schlitz und einer Klemmschraube versehen.

Das große Pleuelauge verbindet die Pleuelstange mit der Kurbelwelle. Außer bei Zweitaktmotoren ist das große Pleuelauge stets zweigeteilt. Der abnehmbare Teil ist der Pleuelstangendeckel. Im großen Pleuelauge befinden sich die Lagerschalen. Früher wurde das Lagermaterial di-

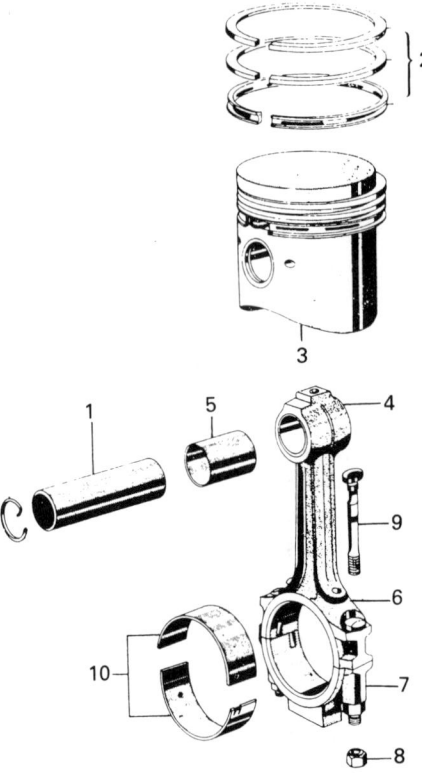

Abb. 2.16: Kolben mit Pleuelstange in Einzelteilen
1 Kolbenbolzen, Sicherungsring
2 Kolbenringe 3 Kolben
4 kleines Pleuelauge 5 Lagerbüchse 6 großes Pleuelauge
7 Pleuellagerdeckel 8 Pleuellagerdeckelmutter
9 Pleuellagerdeckelbolzen 10 Pleuellagerschalen

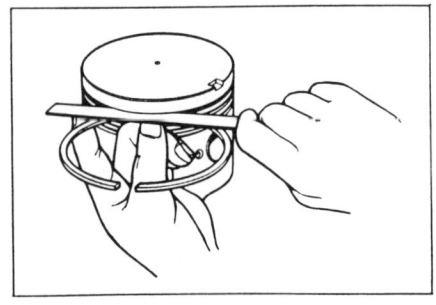

Abb. 2.15: Schloßspiel des Kolbenrings messen

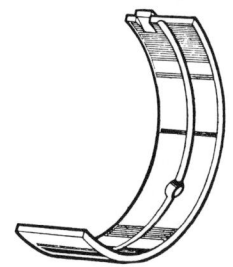

Abb. 2.17: Pleuellagerschale mit Ölnute

rekt in das Auge eingegossen. Bei Zweitaktmotoren finden wir Nadel- oder Rollenlager vor. Diese Motoren müssen ja schließlich mit einer äußerst geringen Schmierung auskommen.

In manchen Fällen ist das große Pleuelauge schräg geteilt. Das macht man, um Kolben und Pleuel zusammen über der Oberseite des Motors montieren und demontieren zu können. In diesem Falle erübrigt sich also die Demontage der Kurbelwelle.

Lagerschalen

Lagerschalen haben gegenüber eingegossenem Lagermaterial den Vorteil, daß

sie sich leichter durch neue ersetzen lassen und daß sie den Folgen der Pleuelbelastung gegenüber beständiger sind. Deshalb ist die Schicht des sogen. Weißmetalls in den Lagerschalen auch sehr dünn. Es gibt Lager, in denen diese Schicht dünner als 0,05 mm ist. Versuche haben eindeutig nachgewiesen, daß Lager eine kürzere Lebensdauer haben, wenn das Weißmetall dicker als 0,15 mm ist.

Das Weißmetall ist auf einer stählernen Grundschale angebracht. Im Grunde beschreiben wir das alles jetzt etwas zu einfach. Die Bezeichnung Weißmetall erstreckt sich schließlich über eine ganze Reihe von Legierungen, die je nach den Eigenschaften des Motors gewählt werden. So kann das Weißmetall sich aus Blei, Zinn und Kupfer zusammensetzen. Je nach den Eigenschaften des Lagers und der Belastung, die es auszuhalten hat, setzt es sich aus verschiedenen Schichten mit unterschiedlichem Aufbau zusammen.

Eine Lagerschale kann mit einer Bohrung

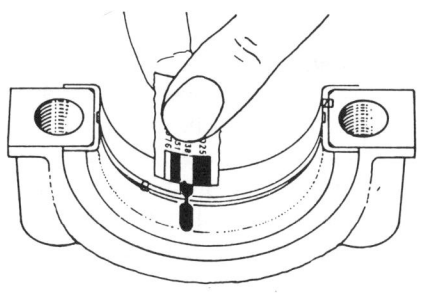

Abb. 2.18: Messen des Lagerspiels; man klemmt einen Meßdraht zwischen Lagerschale und Zapfen und vergleicht den geplätteten Draht mit einer Kontrollkarte

und einer Nute zur Ölzufuhr versehen sein. Die Lippe verhindert, daß das Lager sich im Pleuel mit der Kurbelwelle dreht.

Nicht feilen

Legen wir eine Lagerschale in die Pleuelstange, so bemerken wir, daß sie etwas über den oberen Rand des Pleuelauges hinausragt. Das ist wegen der Vorspannung des Lagers von einigen Zehntel Millimetern, womit ein besseres Klemmen im Pleuel bewirkt wird. Die herausragenden Teile dürfen also keinesfalls weggefeilt werden.

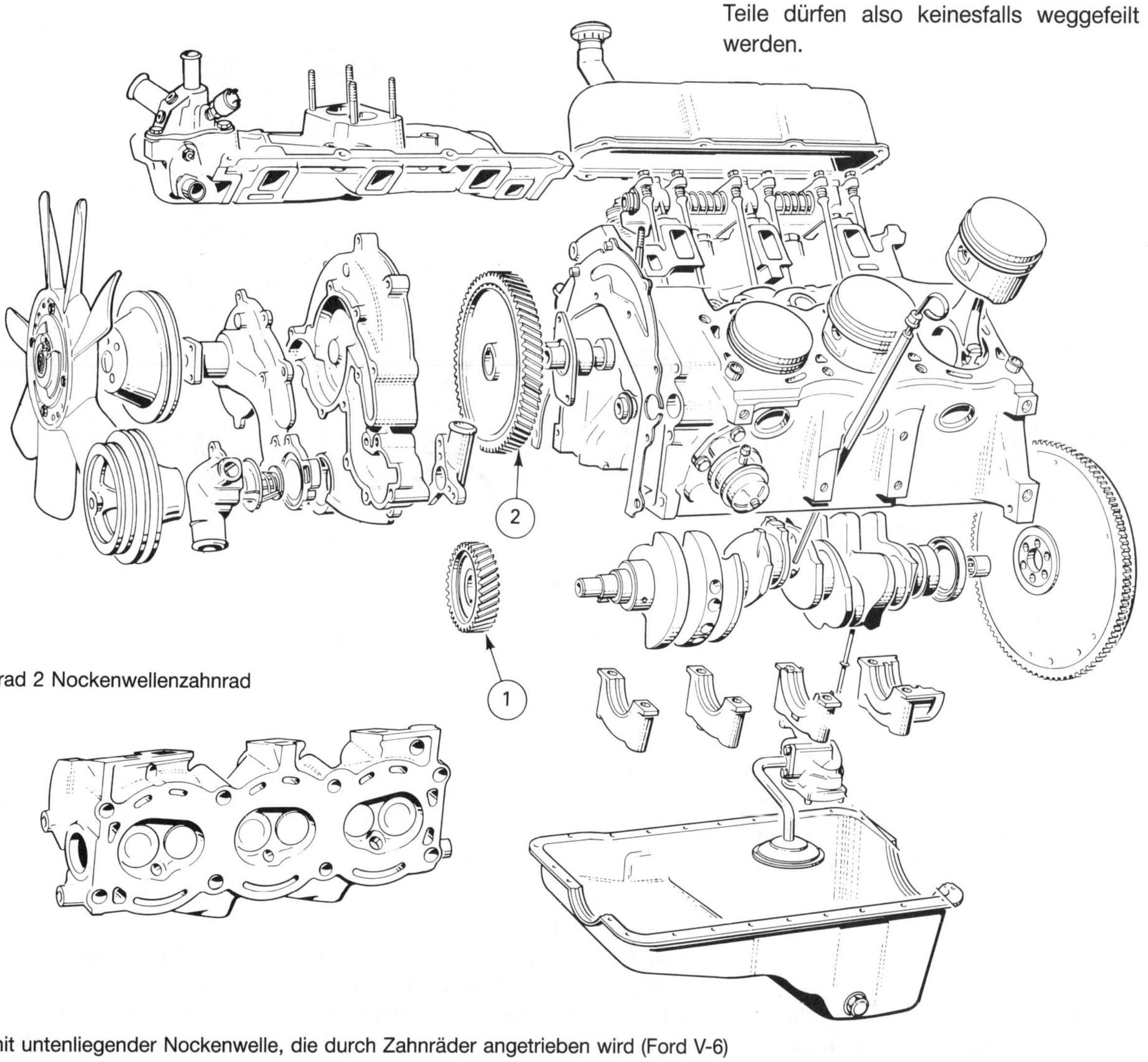

1 Kurbelwellenzahnrad 2 Nockenwellenzahnrad

Abb. 2.19: Motor mit untenliegender Nockenwelle, die durch Zahnräder angetrieben wird (Ford V-6)

Ölverbrauch

Auch ein zu großes Lagerspiel verursacht erhöhten Ölverbrauch. In diesem Fall spritzt zuviel Öl vom Lager auf die Zylinderwand. Der Ölabstreifring kann diese Menge nicht verarbeiten, und so gelangt das Öl schließlich in den Brennraum.

Lagerbelastung

Die Lagerbelastung, und damit auch der Lagerverschleiß, wird in nicht geringem Maße durch den Fahrstil bestimmt. Je niedriger die Motordrehzahl, desto weniger leistet die Ölpumpe. Die Lagerbelastung ist bei schwerer Motorbelastung und niedriger Drehzahl am größten, da die Fliehkraft klein ist und der Gasdruck durch die bessere Zylinderfüllung größer ist. Die große Belastung fördert den Kontakt von Metall zu Metall, was zu einem außergewöhnlich großen Verschleiß führt. Es kommt also darauf an, den Motor auf Touren zu halten und bei zunehmender Belastung rechtzeitig in einen kleineren Gang zu schalten. Auf diese Weise können die Massenkräfte einen hinlänglichen Gegendruck für die Verbrennungskraft bilden, so daß der Ölfilm nicht so leicht durchbrochen wird.

Übersteigt die Motordrehzahl das maximal Zulässige, dann werden andererseits die auftretenden Massenkräfte zu groß werden, was zu Lagerschäden führt.

2.12 Nockenwelle

Die Nockenwelle sorgt dafür, daß sich die Ventile im richtigen Augenblick öffnen. Dazu hat diese Welle eine Reihe von Nokken. Oftmals sitzt auf dieser Welle auch ein Zahnrad zum Antrieb des Stromverteilers und der Ölpumpe. Auch die Benzinpumpe wird direkt oder indirekt durch die Nockenwelle angetrieben.

Lage

Beim konventionellen Motor liegt die Nokkenwelle im Zylinderblock. Der moderne Motor hat eine obenliegende Nockenwelle. Wie wir noch sehen werden, bietet diese Konstruktion verschiedene Vorteile. Manche Motoren haben zwei obenliegende Nockenwellen, manche sogar deren vier.

Antrieb

Die Nockenwelle wird über Zahnräder, Kette oder gezahnten Keilriemen durch

Abb. 2.20: Untenliegende Nockenwelle, durch Kette angetrieben, mit Kettenspanner, Ventilstößel und Stößelstange (Volvo)

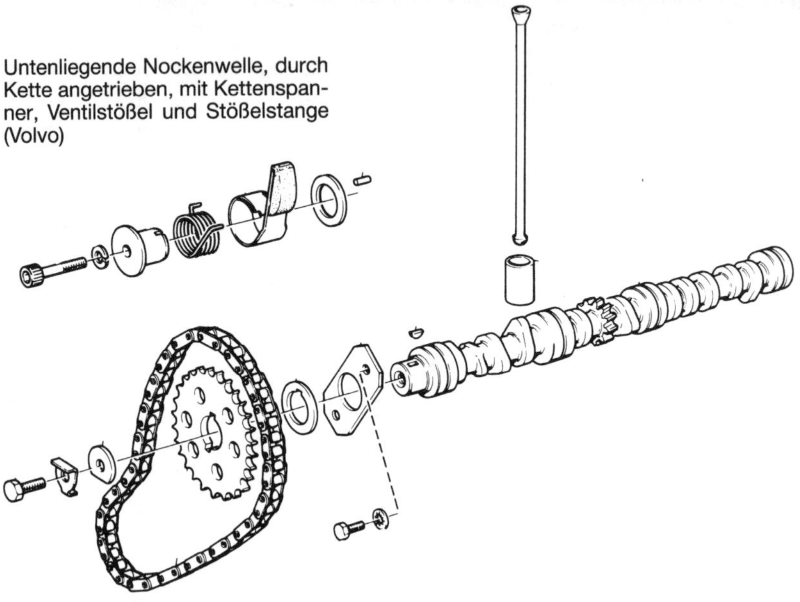

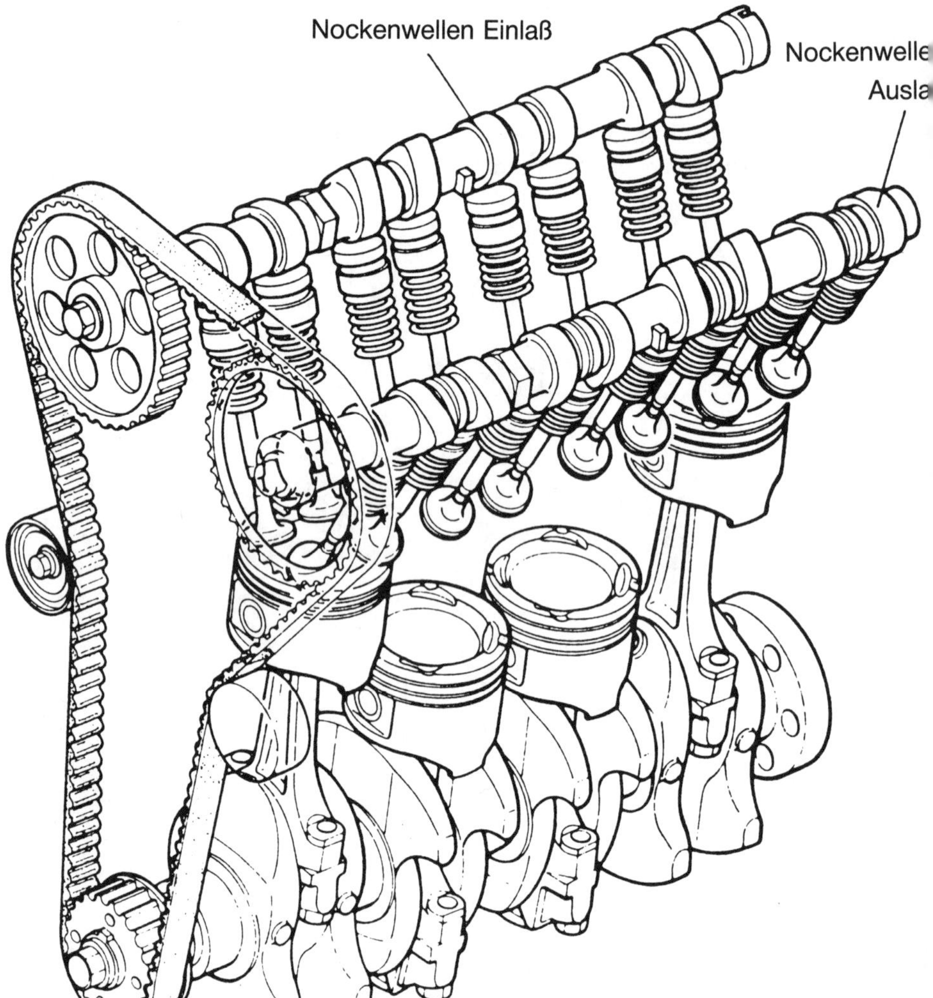

Nockenwellen Einlaß

Nockenwelle Ausla

Abb. 2.21: Zwei obenliegende Nockenwellen, durch Zahnriemen angetrieben (Lancia)

die Kurbelwelle angetrieben. Um den Zahnradantrieb möglichst geräuschlos zu machen, wird entweder eine schraubenförmige Verzahnung angewandt oder man verwendet Zahnräder aus verschiedenartigen Werkstoffen.

Ketten als Übertragung haben gegenüber dem Zahnkeilriemen den Vorteil, daß sie eine längere Lebensdauer haben und daß ein Bruch so gut wie ausgeschlossen ist. Sie sind aber nicht so geräuschlos. Eine Kette dehnt sich allmählich. Bei einem guten Motor wird diese Dehnung durch einen Kettenspanner aufgefangen. Dieser kann mechanisch oder hydraulisch arbeiten. Bei längeren Ketten kommen auch Kettenführungen zur Anwendung.

Beim Riemenantrieb ist zu beachten, daß der Riemen nach einer bestimmten Kilometerzahl erneuert wird. Bei den meisten Motoren werden die Ventile den Kolben berühren, wenn der Antriebsriemen bricht; die Reparatur ist dann sehr kostspielig. Auch bei der Riemenübertragung wird ein Riemenspanner verwendet.

Verhältnis

Wie im Voraufgegangenen bereits dargelegt, öffnen sich die Ein- und Auslaßventile nur einmal, während der Kolben zweimal durch den OT geht. Beim Viertaktmotor dreht sich die Kurbelwelle doppelt so schnell wie die Nockenwelle; das Zahnrad auf der Nockenwelle hat daher auch doppelt so viele Zähne, wie das Zahnrad auf der Kurbelwelle.

Markierungen

Die Ein- und Auslaßventile müssen sich zu einem genau festgelegten Zeitpunkt der Kolbenstellung öffnen. Bei der Behandlung des Ventildiagramms werden wir darauf noch ausführlicher eingehen. Die Zahnräder der Kurbelwelle und der Nockenwelle müssen also in einer bestimmten Stellung zueinander stehen, wenn die Zahnräder ineinandergeschoben bzw. Kette oder Keilriemen montiert werden. Zum Festlegen dieser Stellungen sind die Zahnräder mit Markierungen versehen. Wie diese Markierungen zu verstehen sind, wird durch den Konstrukteur bestimmt; eine allgemeine Regel dafür gibt es nicht.

Sind keine Markierungen vorhanden, so kann die Einstellung mit Hilfe des Ventildiagramms ermittelt werden. Auf jeden Fall ist die Einstellung »nach Augenmaß« nicht möglich.

2.13 Ventilmechanismus

Wie wir wissen, werden die Ein- und Auslaßleitungen beim Vierzylindermotor je Zylinder durch ein Ventil abgeschlossen. Manche Motoren haben je Zylinder zwei Ein- und Auslaßventile oder nur einen Auslaß und zwei Einlässe.

Meist hat das Einlaßventil einen größeren Durchmesser als das Auslaßventil. Auf diese Weise wird der Ansaugwiderstand verringert, was eine bessere Zylinderfüllung bewirkt.

Das Ventil besteht aus dem Ventilteller und dem Ventilschaft. Der Ventilteller hat eine kegelförmige Paßfläche, die auf dem Ventilsitz im Zylinderkopf oder Motorblock ruht und somit für den Verschluß sorgt. Der Ventilschaft bewegt sich in der Ventilführung hin und her. Er hat eine Aussparung zum Montieren der Ventilkeile. Diese Keile halten den Ventilteller an seinem Platz. Im Motorenbau spricht man von Kopf- oder Seitenventilen; auch eine Kombination beider ist möglich. Seitenventile kommen aber im Automobilbau kaum noch vor, so daß wir sie ferner außer Betracht lassen wollen.

Kopfventile

Bei der Kopfventilkonstruktion ist das Ventil mit nach oben gerichtetem Schaft im Zylinderkopf montiert. Die Form der Brennkammer ist günstiger als beim Seitenventilmotor. Liegt die Nockenwelle im Zylinderblock, dann wird das Ventil über Ventilstößel, Ventilzugstange und Kipphebel durch die Nockenwelle geöffnet. Ein kompliziertes und schweres Bedienungssystem, das jeweils erneut in Bewegung versetzt werden muß. Das kostet zwangsläufig Treibstoff. Kopfventilmotoren mit untenliegender Nockenwelle können daher auch keine hohen Drehzahlen erreichen. Zwar erfolgt das 'zwangsläufige' Öffnen durch Nockenwelle, Stößel, Stange und Kipphebel, aber das Ventil kann nur durch die Ventilfeder wieder geschlossen werden. Diese muß jeweils die ganze Masse von Kipphebel, Ventilzugstange und Ven-

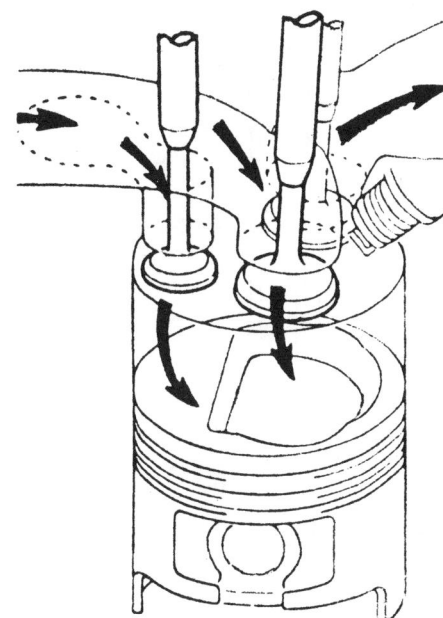

Abb. 2.22: 3 Ventile je Zylinder: 1 Auslaßventil und 2 Einlaßventile mit unterschiedlichen Durchmessern. Alle Ventile werden durch eine gemeinsame obenliegende Nockenwelle bedient. Das größte der beiden Einlaßventile öffnet sich 14° vor dem OT, das kleinste 2° vor dem OT. Beide Ventile schließen sich gleichzeitig (System Toyota)

tilstößel zurückdrücken. Bei höheren Drehzahlen ist das nicht mehr rechtzeitig möglich. Das Ventil wird sich zu spät schließen, und zu einem gegebenen Zeitpunkt wird es sogar zu schweben beginnen. Der Einsatz stärkerer Federn ist keine sinnvolle Lösung, denn dadurch lassen sich die Ventile auch schwerer öffnen, und das kostet wieder zusätzlichen Treibstoff. Auch der Verschleiß wird zunehmen. Als Lösung bietet sich ein leichteres Bedie-

Abb. 2.23: Zylinderkopf mit vier Ventilen je Zylinder (BMW)

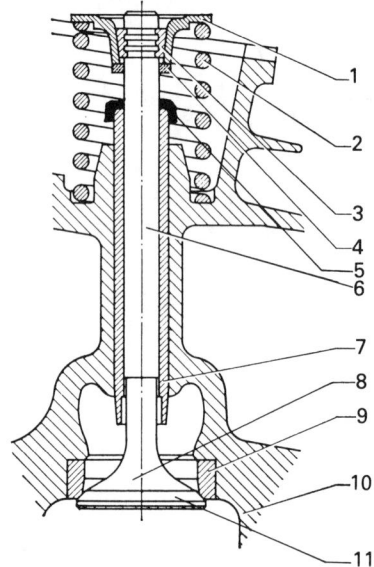

Abb. 2.24: Einzelteile des Ventilmechanismus im Querschnitt
1 Federteller 2 Ventilfeder 3 Ventilkeil
4 Abschlußring (nicht immer vorhanden) 5 Ölkappe (nicht immer vorhanden) 6 Ventilschaft 7 Ventilschaftführung
8 Ventilteller 9 Ventilsitz 10 Zylinderkopf 11 Schließfläche

nungssystem an. Das erhält man durch die obenliegende Nockenwelle. Im Motor mit obenliegender Nockenwelle sind die Vorteile der Seiten- und Kopfventile vereinigt: direkt betätigte Ventile, eventuell über Hebel oder Kipphebel, ein leichterer Ventilmechanismus, bessere Zylinderfüllung, günstigerer Verbrennungsverlauf, höhere Drehzahlen, intensivere Beschleunigung und geräuschloseres Arbeiten. Noch bessere Resultate erhält man, wenn Ein- und Auslaßventile in einem Winkel angebracht werden, betätigt durch 1, 2 oder 4 obenliegende Nockenwellen. Diese Konstruktion führt zu einer besseren Form der Brennkammer und einer vorteilhafteren Spülung der Gase.

Die Vorteile von 4 schräg und quer eingestellten Ventilen statt derer 2 sind: größere Ventil-Gesamtoberfläche und daher besseres Strömen der Gase, günstigere Form der Brennkammern, bei einem hohen Verdichtungsverhältnis braucht man keine Kolben mit erhöhtem Kolbenboden zu montieren und durch das geringere Ventilgewicht lassen diese sich bei hoher Drehzahl schneller öffnen und schließen. Der Motor kann also gewissermaßen schneller »atmen«, was wiederum die Leistung steigert.

Ventilschaftführungen

Wie der Name schon sagt, ist es die Aufgabe der Ventilschaftführung, den Schaft bei seiner Auf- und Abbewegung zu führen. Diese Führung kann aus einer einfachen Bohrung oder aus einer Büchse bestehen. Letzteres ist üblich. Zur Gewährleistung einer guten Wärmeübertragung, die vor allem bei den Ventilen wichtig ist, werden die Führungsbüchsen eingepreßt. Dabei muß umsichtig vorgegangen werden. Der Außendurchmesser muß innerhalb der vorgeschriebenen Toleranzen liegen, vor allem bei Zylinderköpfen aus Alu. Wenn das Spiel zwischen dem Zylinderschaft und der Führung zu groß ist, kann das ein verbranntes Ventil, Ölverbrauch oder Zufuhr von Falschluft zur Folge haben. Das Ventil kann verbrennen, weil es aufgrund der schlechten Führung nicht richtig auf seinem Sitz ruht. Die Wärme kann dadurch nicht ausreichend über den Ventilsitz zur Kühlflüssigkeit abfließen. Der Ölverbrauch ist darauf zurückzuführen, daß zwischen dem Ventilschaft und der verschlissenen Führung durch den Unterdruck während des Ansaugtaktes Öl in die Brennkammer gesaugt wird. Auf gleiche Weise kann auch Falschluft in den Zylinder gesaugt werden.

Bei langwährendem Ölverbrauch entlang der Ventilführungen kann sich darin eine Rußschicht bilden, durch die das Spiel verringert wird; das Ventil kann hängenbleiben und verbrennen. Dieselbe Gefahr besteht, wenn der Ventilschaft in der Führung zuwenig Spiel hat.

Um einem Ölverbrauch über die Ventilschaftführungen vorzubeugen, werden Gummidichtungen eingesetzt. Damit sich oberhalb der Ventilschaftführungen kein Öl ansammeln kann, was den Ölverbrauch erhöhen würde, ist eine Abschrägung angebracht. Ventilführungen gibt es zu Reparaturzwecken auch in Übermaßen. Manche Hersteller bieten Ventile mit einem Übermaß-Ventilschaft an.

Ventilfedern

Die Ventile werden, wie bereits gesagt, ausschließlich durch den Druck der Ventilfedern geschlossen. Weitaus die meisten Motoren sind mit Schraubenfedern versehen, einige auch mit Haarnadel-Ventilfedern.

Die Feder muß ausreichenden Druck leisten, um die Ventile auch bei hoher Motordrehzahl rechtzeitig zu schließen und einem Schweben vorzubeugen. Ferner muß sie gegen Ermüdung beständig sein. Bei Ventilfedern muß auch die Eigenschwingungszahl berücksichtigt werden. Wenn die Anzahl der Ventilöffnungen mit der Eigenschwingungszahl der Feder oder einem Vielfachen dieser Zahl übereinstimmt, kommt es zu Resonanzerscheinungen. Die Feder schwingt weiter, und dadurch kann das Ventil zu schweben beginnen und die Feder brechen. Um dem vorzubeugen, verwendet man häufig:

– Federn, deren Windungen am einen Ende näher beieinander liegen. Bei der Montage solcher Federn ist darauf zu achten, daß das Ende, an dem die Windungen einander am nächsten sind, bei Kopfventilmotoren auf den Zylinderkopf gerichtet sind.

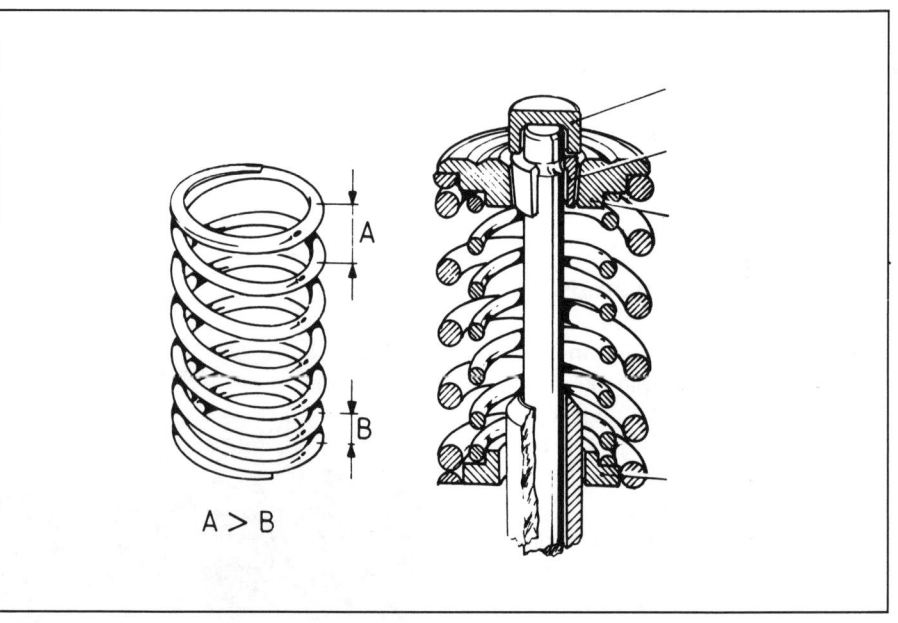

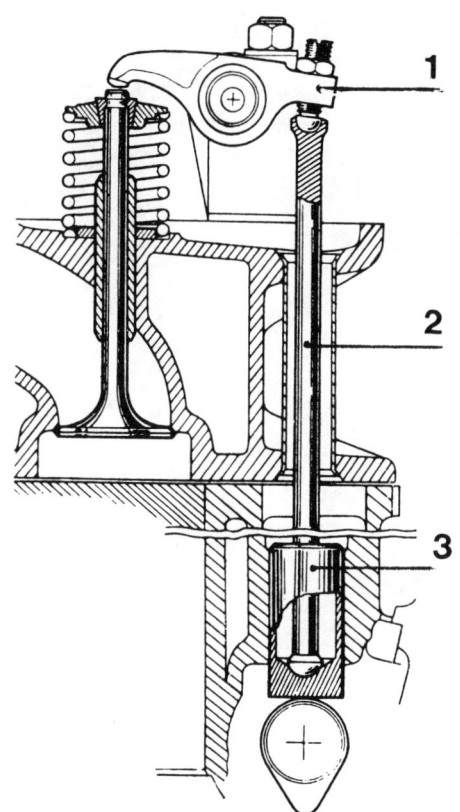

Abb. 2.26: Kopfventilkonstruktion
1 Kipphebel 2 Ventilstößelstange
3 Ventilstößel

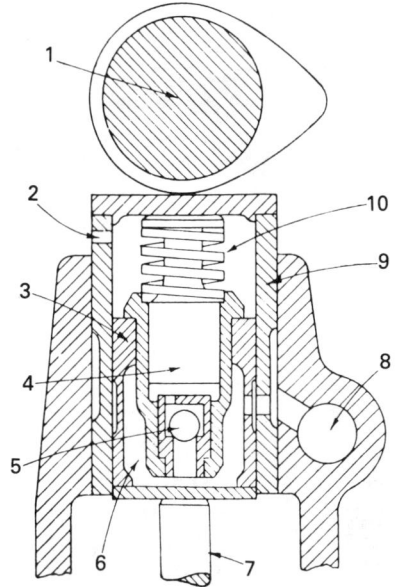

Abb. 2.27: Ventilbetätigung mittels hydraulischem Ventilstößel im Querschnitt
1 Obenliegende Nockenwelle
2 Luftöffnung 3 Zylinder 4 Plunger
5 Kugelventil 6 Ölkammer 7 Ventilschaft 8 Ölzufuhr
9 Ventilstößelgehäuse 10 Feder

— Schraubenfedern mit an beiden Enden verkleinertem Durchmesser.
— Kegelförmige Schraubenfedern.
— Federkäfige mit Schwingungsdämpfern.
— Doppelte Federn.

Man sollte die Federn bei jeder sich bietenden Gelegenheit überprüfen. Das kann man mit einem Federtester machen. Damit wird die Feder auf einen bestimmten Abstand zusammengedrückt, woraufhin man die Federspannung ablesen kann. Das Ergebnis kann dann mit den Daten des Herstellers verglichen werden. Einen vergleichenden Federtest kann man vornehmen, indem man eine neue und eine alte Feder durch ein Blech getrennt in einen Schraubstock klemmt und diesen dann leicht spannt. Die schwächere Feder wird am stärksten zusammengedrückt.

Ventilfederteller

Die Ventilfeder ist eingeschlossen zwischen dem Zylinderkopf und einem Ventilteller. Der Teller wird durch Keile am Ende des Ventilschaftes befestigt.

Der normale Ventilstößel

Der Ventilstößel ruht auf der Nockenwelle;

er muß möglichst leicht sein. Deshalb ist er hohl.

Bei einigen Motoren steht der Ventilstößel nicht mitten auf dem Nocken. Dadurch dreht sich der Stößel beim Anheben jeweils ein wenig, was einen gleichmäßigen Verschleiß zur Folge hat. Der Stößel kann auch leichter angehoben werden.

Zwischen dem Ventilstößel und dem Kipphebel befindet sich die Ventilstößelstange. Diese kann hohl oder massiv sein.

Hydraulische Ventilstößel

Hydraulische Ventilstößel sind zwar nichts Neues, aber erst in den letzten Jahren kommen sie häufig zur Verwendung. Sie machen den Motor nicht nur geräuschärmer, sondern senken auch die Wartungskosten, weil sich das Einstellen der Ventile erübrigt. Man verwendet sie sowohl bei unten- als auch bei obenliegenden Nockenwellen. Die Abbildung zeigt einen hydraulischen Ventilstößel im Querschnitt. In der Praxis begegnen uns unterschiedliche Formen, deren Funktion aber im Prinzip gleich ist.

Ein hydraulischer Ventilstößel wird durch das Motorschmiersystem geölt. Der Öldruck öffnet das Kugelventil nach oben. Der Öldruck gelangt so unter den Plunger (Kolben). Dadurch und durch die Feder wird das Spiel im Ventilmechanismus aufgehoben. Drückt der Nocken das Ventilstößelgehäuse nach unten, so wird das

Kugelventil auf seinen Sitz gedrückt, so daß das Öl unter dem Plunger eingeschlossen ist. Die Dehnung des Ventilmechanismus bei der Erwärmung wird durch das Abfließen einer geringen Ölmenge zwischen Plunger und Plungergehäuse ausgeglichen.

Hat sich der Nocken über dem Stößelgehäuse weggedreht, dann drückt die Feder den Plunger und das Plungergehäuse auseinander. Ein eventueller Ölmangel durch zuviel Verlust zwischen Plunger und Gehäuse oder absinkende Motortemperatur wird durch den Motoröldruck ausgeglichen.

Bei einem Motor mit hydraulischen Ventilstößeln, der längere Zeit stillgestanden hat, kann die Funktion des Ventilmechanismus kurzfristig hörbar werden, bis der Ölverlust ergänzt ist. Auf den Motor hat das keinerlei nachteiligen Einfluß.

Kipphebel

Betrachtet man einen Kipphebel näher, so fällt auf, daß die Welle nicht genau in der Mitte liegt, sondern mehr auf den Ventilstößel zu. Dadurch wird das Öffnen des Ventils zwar erschwert, aber die Feder kann das Ventil leichter schließen. Insbesondere bei höheren Motordrehzahlen ist dies ein Vorteil. Das Ventil wird nicht so leicht zu schweben beginnen.

Ventilsitze

Der schräge Teil des Zylinderkopfes, auf dem die Schließfläche des Ventils ruht, nennt man Ventilsitz. Die Fläche, die mit dem Ventil in Berührung kommt, ist die Ventilsitzberührungsfläche. Den genauen Winkel der Berührungsfläche bestimmt der Konstrukteur. Im allgemeinen beträgt dieser Winkel 45°, zuweilen auch 60°. Es kann vorkommen, daß Ventil und Sitz nicht den gleichen Winkel haben, aber diese Abweichung kann nur geringfügig

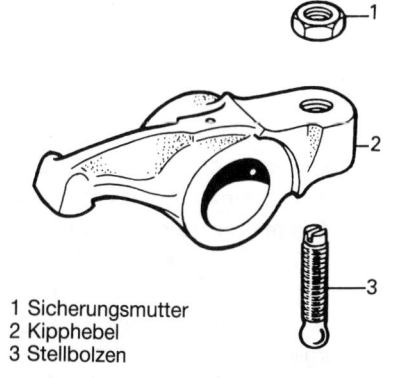

1 Sicherungsmutter
2 Kipphebel
3 Stellbolzen

Abb. 2.28: Konventioneller Kipphebel

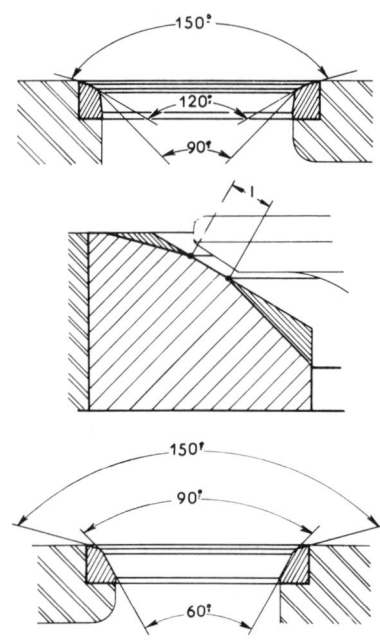

Abb. 2.29: Ventilsitzwinkel, wie sie vom Hersteller vorgeschrieben sein können
1 Ventilsitzberührungsfläche, auf der das Ventil ruht

Abb. 2.30: Einstellen des Ventilspiels in konventioneller Weise mit Stellbolzen und Sicherungsmutter

sein. Auch die Breite der Berührungsfläche ist vorgeschrieben. Auf einer zu breiten Fläche können sich leicht Verbrennungsreste absetzen, was zu verbrannten Ventilen führen kann. Ist die Berührungsfläche zu schmal, dann kann die Wärme nicht schnell genug abgeleitet werden, was wiederum zur Verformung und Verbrennung des Ventils führen kann.

Der Ventilsitz kann direkt in den Zylinderkopf, oder bei Seitenventilen in den Zylinderblock, eingeschliffen sein. Es gibt auch eingesetzte Ventilsitze. Sie können eingeschraubt oder eingepreßt werden. Eingesetzte Ventilsitze haben den Vorteil, daß sie aus einem besseren Material hergestellt werden können, als der Zylinderkopf. Wir denken hierbei z.B. an die Stellit-Sitze. Zylinderköpfe aus Leichtmetall sind immer mit eingesetzten Ventilsitzen versehen.

Ventiltemperatur

Bei der Verbrennung des komprimierten Gasgemischs entstehen im Zylinder Temperaturen von gut 1900 °C (2173 K). Leider läßt sich die enorme Menge der freigewordenen Wärme nur zu einem geringen Teil in nützliche Arbeit umsetzen. Im Zusammenhang mit der Ventiltemperatur sollte man wissen, daß ungefähr 30% der Wärmeenergie den Motor über den Auspuff verlassen. Die Temperatur des Auslaßventiltellers kann somit auch 800 °C

(1073 K) betragen und bei einem stark belasteten Motor sogar bis auf 1000 °C (1273 K) ansteigen. Natürlich hat das Einlaßventil weniger auszuhalten. Die heißen Auslaßgase gehen nicht hindurch, und es wird durch das einströmende Gasgemisch ständig gekühlt.

Ein überhitztes Ventil verformt sich. Dadurch liegt der Ventilteller nicht mehr präzise auf, so daß dessen Wärme unzulänglich in die Kühlflüssigkeit oder die Kühlrippen abgeleitet wird. Schließlich steigert sich die Ventiltemperatur derartig, daß das Material an der Stelle, an welcher der Ventilteller am dünnsten ist, wegschmilzt. Man spricht dann von einem verbrannten Ventil.

Mittel zum Herabsetzen der Ventiltemperatur sind: eine gute Formgebung des Kühlmantels, sich drehende Ventile und hohle Ventile mit Natriumfüllung. Wenn sich die Ventile beim Anheben jeweils ein wenig drehen, liegt nicht nur deren Höchsttemperatur etwas niedriger, sondern die Wärme wird auch besser über den Ventilteller verteilt, wobei die höchste Temperatur in der Mitte liegt. Bei hohlen Ventilen erhält man die niedrigere Ventiltellertemperatur durch den Entzug von Wärme zum Verdampfen der Füllung. Das verdampfte Natrium wird im kälteren Ventilschaftabschnitt wieder verflüssigt. Es ist ein Kreislaufprozeß, bei welchem dem Ventilteller Wärme entzogen wird; diese

Wärme fließt über den Ventilschaft und dessen Führung wieder ab. Man erkennt ein mit Natrium gefülltes Ventil am dickeren Ventilschaft.

Weshalb Ventilspiel?

Es wurde bereits gesagt, daß Ventile verbrennen, wenn die Wärme des Ventiltellers nicht oder unzulänglich zur Kühlflüssigkeit abgeleitet wird. Deshalb kommt es nicht nur auf eine gute Verschlußfläche an, sondern der Ventilteller muß auch lang genug auf dem Ventilsitz ruhen. Mit ansteigender Ventiltemperatur wird das Ventil länger. Ohne Ventilspiel kann der Längenzuwachs in einem vollmechanischen Ventilsystem nicht aufgefangen werden, und dadurch bleibt das Ventil geöffnet. Ist das Ventilspiel zu klein, so öffnet sich das Ventil zu früh und es schließt sich zu spät, wodurch nicht genug Wärme abfließen kann, und das kann wieder zum Verbrennen des Ventils führen.

Fachleute wissen, daß die Ventile eines Motors, mit dem vernünftig gefahren wird, nicht so schnell aus dem Takt kommen. Anders verhält es sich, wenn man immer hohe Geschwindigkeiten entwickelt. Durch die hohen Temperaturen hämmern die Ventile dann hart auf die Sitze. Infolgedessen senken sich die Ventilteller tiefer in die Sitze, und das Spiel wird kleiner. Unter anderem deshalb und weil man weiß, daß man es mit der Kilometerzahl, nach der

Abb. 2.31: Ventilspiel einstellen; der Stößel wird mit einem Spezialwerkzeug heruntergedrückt und die Zwischenscheibe wird ersetzt

das Ventilspiel nachgestellt werden muß, nicht immer so genau nimmt, empfehlen manche Hersteller, das Ventilspiel ein wenig größer einzustellen, wenn mit Vollgas gefahren wird.

Durch das zu große Ventilspiel wird der Motor nicht nur lauter, sondern die Zylinder werden auch schlechter gefüllt. Die Ventile öffnen sich schließlich etwas später und schließen sich früher, und sie werden nicht so hoch angehoben.

Gefahr des zu mageren Gemischs
Durch die ständig steigenden Kraftstoffpreise kann man auf den Gedanken kommen, den Vergaser so einzustellen, daß dem Motor weniger Benzin zugeführt wird. Die werksseitige Einstellung zugrundelegend, wird der Motor dann zuwenig Kraftstoff bekommen; man spricht dann von einem zu mageren Gemisch. Die Folge ist eine höhere Motortemperatur. Man bekommt schließlich nicht nur eine geringere innere Kühlung durch die Einlaßgase, sondern auch eine träger verlaufende Verbrennung. Das fördert das Verbren-

nen der Ventile.

Ventilspiel einstellen
Die meisten Ventile müssen kalt eingestellt werden, aber das ist keine allgemeingültige Regel. Die Vorschriften des Herstellers sind genau zu beachten. Dasselbe gilt für das vorgeschriebene Ventilspiel und die Reihenfolge der Einstellung. Das Spiel wird mit Hilfe einer Fühlerlehre eingestellt, und zwar bei geschlossenem Ventil und wenn der beteiligte Kipphebel, Stößel oder Nocken nicht auf 'Aktion' steht, d.h. wenn sich der Kipphebel oder Nocken des einzustellenden Ventils nicht schon auf das Ventil zu bewegt. Sicherheitshalber wendet man deshalb beim Vierzylinder-Reihenmotor häufig die folgende Methode an: man stellt die Ventile des ersten Zylinders ein, wenn die des vierten auf kippen stehen (Einlaß öffnen, Auslaß schließen). Die Ventile des zweiten Zylinders werden eingestellt, wenn die des dritten auf kippen stehen; die des dritten Zylinders, wenn die des zweiten auf kippen stehen; schließlich noch die

des vierten Zylinders, wenn die des ersten auf kippen stehen.

Einzustellende Ventile des Zylinders:	Ventile des Zylinders, die auf kippen stehen:
1	4
3	2
4	1
2	3

Diese Verfahrensweise läßt sich aus der Kurbelwellenform des Vierzylinder-Reihenmotors ableiten.

Der aufmerksame Leser wird bemerkt haben, daß die Quersumme der voraufgegangenen Tabelle jeweils 5 ist und daß die Zahlen der linken Spalte von oben nach unten in der Zündfolge 1–3–4–2 stehen. Das ist nicht unbedingt notwendig, aber man braucht den Motor nicht um zu viele Takte zu drehen. Die »Regel von 5« läßt sich natürlich ebenso auf die Zündfolge 1–2–4–3 anwenden. Die Kubelwellenform ist immer dieselbe.

Konstrukteure hochtouriger Motoren mit einer großen Gradzahl von Voröffnung und Nachschließen bevorzugen die folgende Methode:

Stellen Sie das Auslaßventil des 1. Zylinders ein, wenn das des 4. ganz geöffnet ist.

Stellen Sie das Einlaßventil des 1. Zylinders ein, wenn das des 4. ganz geöffnet ist.

Stellen Sie das Auslaßventil des 3. Zylinders ein, wenn das des 2. ganz geöffnet ist.

Stellen Sie das Einlaßventil des 3. Zylinders ein, wenn das des 2. ganz geöffnet ist.

Stellen Sie das Auslaßventil des 4. Zylinders ein, wenn das des 1. ganz geöffnet ist.

Stellen Sie das Einlaßventil des 4. Zylinders ein, wenn das des 1. ganz geöffnet ist.

Stellen Sie das Auslaßventil des 2. Zylinders ein, wenn das des 3. ganz geöffnet ist.

Stellen Sie das Einlaßventil des 2. Zylinders ein, wenn das des 3. ganz geöffnet ist.

Wenn dabei die Ventile von vorn nach hinten von 1 bis 8 numeriert werden, werden Sie feststellen, daß die Quersumme der betreffenden Zylinder jeweils 9 ist, wenn die äußeren Ventile Auslaßventile sind.

Bei Reihenmotoren sind das erste und das letzte Ventil oftmals Auslaßventile;

dann hat der Motor jeweils abwechselnd an beiden Seiten nach innen zwei Einlaß- und zwei Auslaßventile. Eine allgemeingültige Regel ist dies aber nicht.

Andere Konstrukteure wenden die folgende Methode an: Stellen Sie den Kolben des ersten Zylinders in OT-Verdichtung. Die Ventile des vierten Zylinders werden jetzt auf Kippen stehen. Die folgenden Ventile können jetzt eingestellt werden: Einlaß erster Zylinder, Auslaß erster Zylinder, Einlaß zweiter Zylinder, Auslaß dritter Zylinder. Stellen Sie anschließend den Kolben des vierten Zylinders in OT-Verdichtung. Die Ventile des ersten Zylinders werden jetzt auf Kippen stehen. Dann können die folgenden Ventile eingestellt werden: Einlaß vierter Zylinder, Auslaß vierter Zylinder, Auslaß zweiter Zylinder, Einlaß dritter Zylinder. Die Zündfolge bei diesem Verfahren ist 1–3–4–2.

Ferner kann man die folgende Methode zum Einstellen der Ventile anwenden. Drehen Sie den Motor in normaler Drehrichtung, bis sich das Einlaßventil des ersten Zylinders schließt. Das ist am dann auftretenden Spiel fühlbar. Anschließend weiterdrehen, bis die OT-Markierungen einander gegenüber stehen. Ein- und Auslaßventil des ersten Zylinders können dann eingestellt werden. Anhand einer auf der Keilriemenscheibe angebrachten Markierung (gegenüber der Werksmarkierung um 180° verschoben) den Motor um eine halbe Umdrehung weiterdrehen. Jetzt können die beiden Ventile des in der Zündfolge nächsten Zylinders eingestellt werden. Nach weiteren 180° kann das dritte Ventilpaar eingestellt werden. Bei einem Sechszylindermotor mit regelmäßigem Zündintervall muß die Kurbelwelle jeweils um 120° gedreht werden.

Bei obenliegender Nockenwelle gibt es natürlich keine Probleme hinsichtlich der Ermittlung der richtigen Einstellposition, weil die Stellung der Nocken im Verhältnis zum Ventilschaft, Kipphebel oder Hebel deutlich zu sehen ist.

Das Einstellen des Ventilspiels erfolgt in den meisten Fällen durch ein System von Einstellschraube und Kontermutter oder mit Hilfe von Zwischenscheiben unterschiedlicher Dicke.

Das Ventilspiel

Da das Auslaßventil wärmer wird als das Einlaßventil, wird das Spiel des ersteren häufig etwas größer sein. Ein- und Auslaß können auch mit gleichgroßem Spiel arbeiten. Das ist dann ein Hinweis darauf, daß für das Auslaßventil ein anderes Material verwendet wurde.

2.14 Ölwanne

Die Ölwanne befindet sich unterhalb des Zylinderblocks. Abgesehen von wenigen Ausnahmen ist die Ölpumpe darin untergebracht. Die Ölwanne kann aus Stahlblech oder aus Leichtmetall hergestellt sein. Im letzteren Fall ist darauf zu achten, daß die Ölablaßschraube nicht zu fest angezogen werden darf, weil sonst das Gewinde beschädigt werden könnte. Gewindebohrer mit Übermaßen und dazu passende Ölablaßschrauben bietet der Kfz-Zubehörhandel an. Grundsätzlich sollte man immer eine neue Dichtung verwenden.

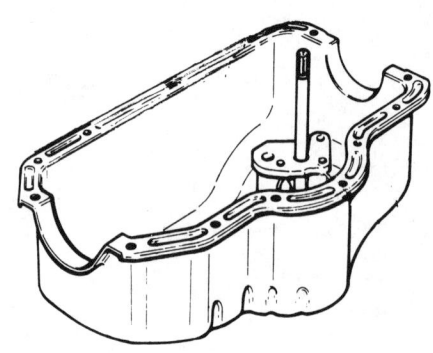

Abb. 2.32: Ölpumpe in der Ölwanne (Volvo)

3. Einzelne Begriffe und Merkmale

Zum Verständnis der Funktion des Motors und seiner Daten bedarf es einigen Wissens um die Grundlagen der Mechanik; diese sollen in diesem Kapitel zur Sprache kommen.

3.1 Masse

Jeder konkrete Gegenstand hat eine Masse (Abk. *m*). Je nach dem Ort auf der Erde hat er ein bestimmtes Gewicht, das von der Anziehungskraft der Erde abhängig ist. Diese Anziehungskraft ist nicht überall gleich. Masse und Gewicht sind also zwei verschiedene Größen desselben Gegenstandes.

Die Einheit der Masse ist das Kilogramm (kg), eine Grundeinheit des internationalen Einheitensystems. Das Kilogramm ist die Masse des Prototyps aus Platin-Iridium, das durch die Dritte Allgemeine Konferenz für Maße und Gewichte zur Norm für die Einheit der Masse erklärt wurde.

Ein Körper wird durch seine Masse gekennzeichnet. Zwei lackierte Kugeln, die eine aus Holz, die andere aus Eisen, erscheinen äußerlich völlig gleich. Wirkt auf beide eine gleichgroße Kraft (*F*) ein, so bekommt die hölzerne Kugel eine viel stärkere Beschleunigung (*a*) als die eiserne. Daher

$$\text{Masse} = \frac{\text{Kraft}}{\text{Beschleunigung}} \quad \text{oder} \quad m = \frac{F}{a}$$

3.2 Kraft

Eine Kraft (*F*) ist jede Ursache, die den Ruhe- oder Bewegungszustand eines Körpers ändert oder zu ändern versucht. Eine Kraft ist auch jegliche Ursache der Verformung eines Körpers. So sprechen wir von Reibungskraft, Schwerkraft, Muskelkraft. Die Kraft ist eine vektoriale Größe. Die Elemente sind: Angriffspunkt, Richtung, Wirkungslinie und Größe. Eine Kraft setzt stets das Vorhandensein zweier Körper voraus: des Körpers, der die Kraft ausübt, und des Körpers, auf den die Kraft einwirkt.

Aus der voraufgegangenen Formel können wir ableiten, daß:

Die Einheit der Kraft ist das Newton (abgek. N; nach Isaac Newton, 1642–1727). Ein Newton ist die Kraft, die einem Körper mit einer Masse von 1 kg eine Beschleunigung von 1 Meter je Sekundenquadrat verleiht.

$$1 \text{ N} = 1 \text{ kg} \times 1 \text{ m/s}^2$$

3.3 Arbeit

Eine Kraft verrichtet Arbeit (*W*), wenn der Angriffspunkt sich bewegt. Der Begriff Arbeit umfaßt also zwei Faktoren: die ausgeübte Kraft und die zurückgelegte Strecke durch den Angriffspunkt.

Arbeit = Kraft x zurückgelegte Strecke.

Einheit der Arbeit ist das Joule (abgek. J; nach J.P. Joule, 1818–1889). Ein Joule ist die Arbeit, die verrichtet wird, wenn der Angriffspunkt einer Kraft von 1 Newton sich um 1 Meter in die Richtung der Kraft bewegt.

$$1 \text{ J} = 1 \text{ Nm}$$

3.4 Leistung

Der Wert einer Maschine hängt nicht nur von der Arbeit ab, die diese verrichten kann, sondern auch von der Zeit, innerhalb derer diese Arbeit verrichtet wird. Von zwei Maschinen hat diejenige die größere Leistung (*P*), die dieselbe Arbeit innerhalb kürzerer Zeit verrichten kann.

$$\text{Leistung} = \frac{\text{Arbeit}}{\text{Zeit}}$$

Die Leistung besagt also, wieviel Arbeit ein Motor innerhalb einer bestimmten Zeit verrichten kann.

Einheit der Leistung ist das Watt (abgek. W; nach James Watt, 1736–1819). Ein Watt ist die erbrachte Leistung, wenn die Arbeit von 1 Joule in 1 Sekunde geliefert wird.

$$\text{Einheit der Leistung} = \frac{\text{Einheit der Arbeit}}{\text{Einheit der Zeit}}$$

$$\text{oder } W = \frac{J}{s}$$

1 Kilowatt = 1000 Watt

3.5 Bestimmen der Motorleistung

Die Motorleistung kann auf viererlei Weise festgelegt werden:

– DIN (Deutsche Industrie Norm)
– SAE (Society of Automotive Engineers)
– SMMT (Society of Motor Manufacturers and Traders)
– CUNA (Commissione Technica di Unificazione Nell Autoveicolo).

Von diesen sind DIN und SAE die wichtigsten. Bei SAE gibt es den J816b- und den J245-Testcode zum Bestimmen der Netto- oder der Brutto-Motorleistung. Die Nettoleistung wird vom vollständigen Motor geliefert, die Bruttoleistung von einem Motor, bei dem Ventilator, Kühlsystem und Auspuff fehlen.

Zwischen SAE-brutto und DIN gibt es kein festes Verhältnis. SAE-brutto liegt um ungefähr 13% höher als DIN. Auch zwischen der SAE-netto- und der DIN-Testmethode gibt es einen Unterschied. Die Prüfraumtemperatur beträgt bei DIN 20 °C (293 K) und der Luftdruck 101,3 kPa; bei SAE 29,4 °C (302,4 K) und 99,433 kPa.

Will man eine in DIN ausgedrückte Motorleistung in SAE-netto umrechnen, so ist die folgende Formel anzuwenden:

$$\text{SAE-netto} = 0{,}953 \times \text{DIN}$$

Spricht man von Motorleistung, so ist damit die Leistung am Schwungrad gemeint. Da die Messung durch eine Bremsvorrichtung erfolgt, spricht man hier von Bremsleistung; manche nennen das auch Effektivleistung. Natürlich entscheidet vor allem der Zylinderinhalt über die Motorleistung, aber auch die Drehzahl und der Füllungsgrad spielen eine wesentliche Rolle.

3.6 Hubraumleistung

Die Hubraumleistung ermittelt man, indem man die maximale Motorleistung durch das Hubvolumen in dm³ teilt. Damit wird also die Leistung je dm³ Zylinderinhalt angegeben. Manche legen zum »Frisieren« Wert auf diese Angabe. Die Hubraumleistung verläuft nicht parallel zur Zunahme des Zylinderinhalts. Meist sind es die kleinen Motoren, welche die größte Hubraumleistung erbringen. Sie laufen oft hochtourig, um eine ansehnliche Leistung zu liefern.

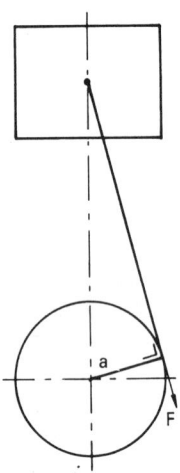

Abb. 3.1: Schematische Wiedergabe des Drehmoments

3.7 Drehmoment

Neben der Leistung ist auch das Drehmoment ein ausschlaggebendes Merkmal für die Eigenschaften des Motors. So braucht man einen Motor mit großem Drehmoment bei niedrigerer Drehzahl nicht so schnell herunterzuschalten.

Bekanntlich wird die Hin- und Herbewegung des Kolbens über die Pleuelstange in eine Kreisbewegung der Kurbelwelle umgesetzt. Die auf den Kolben einwirkende Verbrennungskraft wird über das Pleuel auf die Kurbelwelle übertragen, die sich dadurch dreht. In der Abbildung ist die Kraft F durch einen Pfeil dargestellt. Sie wirkt im Abstand von a von der Kurbelwellenmitte; a kann dabei als Hebel angesehen werden. Multiplizieren wir F mit a, so erhalten wir das Drehmoment, das in Newtonmeter (Nm) ausgedrückt wird. Das vom Motor erzeugte Drehmoment wird im Motor durch F beeinflußt, anders gesagt, durch den Verbrennungsdruck. Je größer dieser wird, desto mehr wächst auch das Drehmoment.

Das Motordrehmoment kann auch durch Verzögerungen im Getriebe und in der Hinterachse vergrößert werden. Aus dem Voraufgegangenen ergibt sich, daß das Drehmoment für die Zugkraft maßgebend ist.

Das durchschnittliche Drehmoment errechnet sich folgendermaßen:

$$P_e = \frac{2 \times \pi \times M \times n}{60 \times 1000} \text{ oder } M = \frac{P_e \times 60 \times 1000}{2 \times \pi \times n}$$

3.8 Leistung und Drehmoment näher betrachtet

Die Abbildung zeigt eine Leistungs- und Drehmomentkurve. Deren Verlauf zeigt deutlich, daß Leistung und Drehmoment bis auf eine gewisse Höhe mit der Drehzahl ansteigen. Wir sehen auch, daß die Leistung noch eine Weile ansteigt, obwohl das Drehmoment wieder abnimmt. Maximale Leistung und maximales Drehmoment erscheinen nicht gleichzeitig.

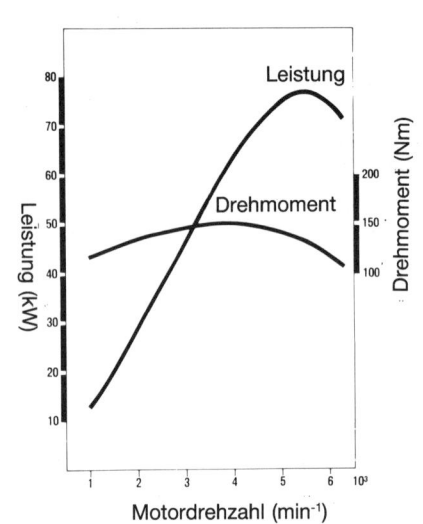

Abb. 3.2: Leistungs-/Drehmomentskurve des Honda Prelude

Anfangs steigt das Drehmoment mit der Drehzahl. Das geschieht nicht geradlinig, und nach einer bestimmten Drehzahl senkt sich die Linie. In dem Augenblick, in dem das Drehmoment am größten ist, ist auch die Zylinderfüllung am besten, und demzufolge ist der größte durchschnittliche Verbrennungsdruck erreicht. Der Motor dreht sich dann mit der Tourenzahl, die zum Ventildiagramm am besten paßt. Der geringste Kraftstoffverbrauch je kWh

Darin ist:
P_e Bremsleistung in kW;
M durchschnittliches Drehmoment in Nm;
n Motordrehzahl pro Minute.

Die Zugkraft eines Automobils ist gleich:

$$\frac{\text{Drehmoment} \times \text{Getriebeverzögerung} \times \text{Hinterachsverzögerung} \times \text{Gesamtleistung}}{\text{Radius der Antriebsräder}}$$

liegt ungefähr beim größten Drehmoment. Das Absinken der Drehmomentkurve ist darauf zurückzuführen, daß die zum Füllen verfügbare Zeit kürzer wird, während der Ansaugwiderstand wächst. Auch die Kolbenringe erfahren zunehmend mehr Schwierigkeiten mit Leckgasen.

Der Umstand, daß die Leistung doch noch eine Weile zunehmen kann, ist auf die Steigerung der Drehzahl zurückzuführen. Es werden mehr Arbeitstakte je Zeiteinheit geleistet.

Wie wir wissen, ist 'Leistung = Arbeit : Zeit'. Es kommt aber der Augenblick, in dem die immer unzulänglicher werdende Zylinderfüllung sich auch durch höhere Drehzahlen nicht mehr kompensieren läßt, so daß die Leistung zurückgeht.

Die Werksdaten bezüglich der Höchstleistung und des maximalen Drehmoments beziehen sich auf einen vollbelasteten Motor (Drosselklappe ganz geöffnet). Das heißt, daß die angegebenen Werte unter normalen Betriebsbedingungen paktisch nicht erreicht werden können. Die meisten Motoren würden es auch nicht aushalten, immer an der Grenze der Leistungsfähigkeit laufen zu müssen.

3.9 Druck

Wie wir wissen, ist die durch eine Kraft zustandegebrachte Verformung eines festen Stoffes um so größer, je kleiner die Fläche A/F ist, auf die sie einwirkt. Das Verhältnis ist demnach kennzeichnend für die Verformung, die eine Kraft verursacht. Der Druck P, der auf eine Fläche A durch die Kraft F ausgeübt wird, führt zu folgender Formel:

$$P = \frac{F}{A}$$

Die Einheit von Druck und Spannung ist das Pascal (Abgek. Pa; nach Blaise Pascal, 1623–1662). Ein Pascal ist der Druck oder die Spannung, bei dem bzw. bei der auf eine Fläche von 1 qm eine Kraft von 1 Newton ausgeübt wird.

$$1\ Pa\ = 1\ \frac{N}{m^2}$$

$$1\ Bar\ = 100\,000\ Pa = 100\ kPa$$

$$1\ mbar = 100\ Pa$$

– Der Druck auf eine Flüssigkeit pflanzt sich in allen Richtungen unverändert fort. Dies ist das Pascalsche Gesetz, das auch für Gase gilt.
– Der Druck auf eine Flüssigkeit pflanzt sich im gleichen Verhältnis zur Fläche fort. Man denke an die Wirkung einer hydraulischen Presse oder einer Hebebrücke.

3.10 Verhältnis zwischen Bohrung und Hub

Der Hubraum ist das wesentlichste Merkmal eines Verbrennungsmotors; er wird bestimmt durch den Zylinderdurchmesser und den Hub. In diesem Zusammenhang wurde bereits auf langhubige, quadratische und kurzhubige Motoren hingewiesen. Man kann den gleichen Hubraum also auf unterschiedliche Weise erhalten. Vorteile kurzhubiger Motoren sind:

– die Möglichkeit, Ventile mit größerem Durchmesser einzubauen, wodurch man eine bessere Zylinderfüllung erhält;
– wenn die Drehzahl im Vergleich zum Langhubmotor gleich ist, dann ist die durchschnittliche Kolbengeschwindigkeit niedriger; die Lagerbelastung ist dann durch die geringeren Massenkräfte ebenfalls geringer;
– man kann den Motor niedriger bauen.

Da die höheren Drehzahlen den kleineren Hub im allgemeinen nicht kompensieren, liegt die Kolbengeschwindigkeit niedriger. Der Kurzhubmotor muß auf hoher Drehzahl laufen, und demzufolge muß man viel schalten. Die Vorteile des Langhubmotors sind:

– Mehr Möglichkeit zu größeren Verdichtungsverhältnissen;
– Die Fläche der Brennkammer und somit auch die warmeableitende Fläche ist kleiner als beim Kurzhuber. Das führt zu einer besseren Nutzung, vor allem im Bereich niedriger Drehzahlen;
– Der Langhuber verfügt bei einer relativ niedrigen Drehzahl über eine größere Zugkraft.

3.11 Primäre und sekundäre Kolbenbewegungen

Zum Verständnis des unter 3.13 besprochenen Ventildiagramms muß man einiges über die Kolbenbewegungen und -geschwindigkeiten wissen.

Auch wenn die Kurbelwelle sich mit unveränderter Tourenzahl dreht, hat der Kolben dennoch eine sehr unregelmäßige Geschwindigkeit. Im Bereich des OT und des UT steht der Kolben sogar ganz still. Zwischen dem OT und dem UT wird er zunächst schneller und dann wieder langsamer. Wer daraus ableiten wollte, daß der Kolben in der 90°Stellung des Kurbelzapfens die höchste Geschwindigkeit hat, liegt falsch. Die größte Kolbengeschwindigkeit wird **vor** der Horizontalstellung des Kurbelzapfens erreicht.

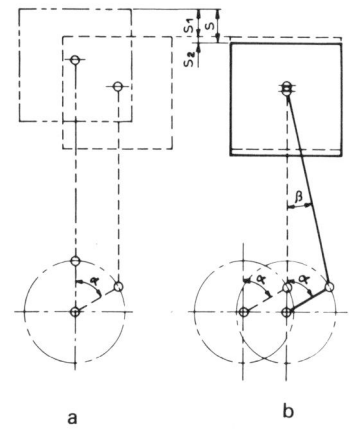

a   b

Abb. 3.3: Schematische Darstellung der Kolbenbewegung

a. Kolbenweg infolge des Kreislaufs (Winkel α). Dies ist die primäre Kolbenbewegung S_1.

b. Kolbenweg infolge des Pleuelstangenfehlers. Dies ist die sekundäre Kolbenbewegung S_2.

Die Abwärtsbewegung des Kolbens hat zwei Ursachen, nämlich die vertikale und die horizontale Bewegung des Kurbelzapfens während der Kurbelwellendrehung. Die Kolbenbewegung aufgrund der Vertikalbewegung bezeichnet man als primäre Kolbenbewegung. Die Bewegung aufgrund der Horizontalbewegung bezeichnet man als sekundäre Kolbenbewegung. Letztere wird durch die Schrägstellung des Pleuels verursacht. Da diese sich ändert, ändert sich auch die sekundäre Bewegung. Während der ersten 90°, welche die Kurbelwelle zurücklegt, legt der Kol-

ben mehr als die Hälfte des Abwärtshubes zurück. Die primäre und die sekundäre Kolbenbewegung müssen schließlich zusammengestellt werden. Während der folgenden 90° geschieht das Umgekehrte. Die primäre Bewegung muß um die sekundäre Bewegung vermindert werden. Da der Kolben während der ersten 90°, um die der Kurbelzapfen sich dreht, eine längere Strecke zurücklegt, als während der folgenden 90°, erreicht der Kolben während der ersten 90° eine höhere Geschwindigkeit, als während der folgenden. Anders gesagt: innerhalb der gleichen Zeit durchläuft der Kurbelzapfen zwar die gleichen Winkel, aber der Kolben nicht die gleichen Strecken. Aus dem Voraufgegangenen können wir auch ableiten, daß – wenn wir die Kurbelzapfen eines Vierzylindermotors horizontal einstellen – die vier Kolben in den Zylindern zwar gleich hoch stehen, aber bereits an der Mitte der Hublänge vorbei sind.

3.12 Durchschnittliche Kolbengeschwindigkeit

Wenn Hersteller etwas über die Kolbengeschwindigkeit sagen, dann meinen sie damit die durchschnittliche Geschwindigkeit. Diese wird mit Hilfe der folgenden Formel errechnet:

$$\frac{S \times n \times 2}{60} = \ldots\ m/s$$

Darin ist: S Hublänge in Meter;
             n Umdrehungszahl je Minute.

Aus der Formel ergibt sich, daß durch eine Verkürzung des Hubes auch die Kolbengeschwindigkeit abnimmt.

Beispiel:
Wir berechnen die durchschnittliche Kolbengeschwindigkeit eines Motors mit einem Hub von 66 mm und einer Drehzahl von 4500 U/min:

$$\frac{0{,}066 \times 4500 \times 2}{60} = 9{,}9\ m/s$$

3.13 Ventildiagramm

Im ersten Kapitel wurde die theoretische Funktion des Viertaktmotors dargelegt. Da wir inzwischen etwas mehr Einblick in die Motorfunktion bekommen haben, dürfte die praktische Funktion des Viertaktmotors und des Ventildiagramms keine Schwierigkeiten mehr verursachen.

Voröffnung Einlaß

Wie wir wissen, verringert sich die Kolbengeschwindigkeit am Ende des Ausschiebtaktes erheblich. Die Abgase, die vom Kolben hinausgeschoben werden, verzögern sich aber nur wenig. Dadurch entsteht am Ende des Ausschiebtaktes im Zylinder ein Unterdruck. Dieser wird dazu genutzt, neues Gemisch anzusaugen. Das Einlaßventil öffnet sich also nicht auf dem OT, sondern einige Grade vorher. Es handelt sich also um einen Voröffnungseinlaß. Auch die Druckwellen in den Ein- und Auslaßleitungen können so die Zylinderfüllung bei einer bestimmten Drehzahl verbessern.

Nachschließen Einlaß

Während des Ansaugtaktes nimmt die Kolbengeschwindigkeit anfangs rasch zu, und während des unteren Teiles dieses Taktes verlangsamt sich der Kolben sehr. Beim Beschleunigen des Kolbens kann der Gasstrom dem Kolben kaum folgen. Während des Ansaugtaktes gibt es einen ständigen Unterdruck. Am Ende des Ansaugtaktes ist der Strömungsdruck so groß geworden, daß das Einlaßventil auch nach dem UT noch 50° und mehr offenbleiben kann. Je schneller der Motor läuft, desto größer ist der Strömungsdruck und desto mehr Kurbelwellengrade kann das Einlaßventil geöffnet bleiben. Es schließt sich in dem Augenblick, in dem einerseits kein Gemisch mehr in den Zylinder strömt, andererseits aber auch keines ausgeschoben wird. Da das Einlaßventil sich nach dem UT schließt, sprechen wir hier von einem Nachschließen des Einlasses.

Voröffnung Auslaß

Da das Auslaßventil noch eine Weile nach dem OT geöffnet bleibt, nutzt man die Saugwirkung der schnellströmenden Abgase, um eventuell in der Brennkammer zurückgebliebene Abgase mit nach außen zu saugen. Ja mehr noch, durch die Voröffnung des Einlaßventils wird bereits am Ende des Ausschiebtaktes neues Gemisch angesaugt.

Es gibt also eine Periode, in der Einlaß- und Auslaßventil gleichzeitig geöffnet sind. Man spricht hier von einer Ventilüberlappung. Motoren mit sportlichem Charakter arbeiten mit einer großen Ventilüberlappung. Der Vorteil der besseren Spülung und Füllung der Zylinder zeigt sich dann in der höheren Drehzahl.

Im abgebildeten Ventildiagramm sehen wir, daß sich das Einlaßventil 24° vor dem OT öffnet und 78° nach dem UT schließt. Das Auslaßventil öffnet sich 68° vor dem UT und schließt sich 36° nach dem OT. Die Ventilüberlappung beträgt 60°. Das Einlaßventil ist insgesamt während 282° geöffnet, das Auslaßventil während 284°. Es sei darauf hingewiesen, daß sowohl das Ventilspiel, die Dehnung der Kette oder des Keilriemens als auch der Verschleiß des Ventilmechanismus das Öffnen und Schließen der Ventile beeinflussen.

Variable Ventilüberlappung

Um Drehmoment und Leistung zu erhöhen, weniger Kraftstoffverbrauch und weniger schädliche Abgase zu erhalten, nutzen einige Hersteller die Möglichkeit einer variablen Ventilüberlappung. Eine spezielle Konstruktion macht es möglich, die Nockenwelle(n) um eine gewisse Gradzahl zu verdrehen. Die optimale Stellung wird auf elektronischem Wege in einer Funktion der Motorbelastung (Einlaßunterdruck), Drehzahl und Stellung der Nockenwelle berechnet. Die kinetische Energie der Ein- und Auslaßgase spielt schließlich für den Wert der Ventilüberlappung eine wesentliche Rolle.

Die variable Überlappung kann nur bei einem Motor mit zwei obenliegenden Nockenwellen realisiert werden.

Bei Alfa-Romeo wird bei wachsender Drehzahl und Belastung nur die Nockenwelle verfrüht, welche die Einlaßventile bedient.

Die Motorbelastung wird dabei durch einen Luftmengenmesser gemessen. Dieser gibt ein elektrisches Signal an eine Regeleinheit ab, die mittels eines Relais den Magnetschalter 1 betätigt, wenn das Einlaß-Luftvolumen den eingestellten Wert überschreitet. Ventil 8 schiebt sich dann nach rechts. Dadurch schiebt sich dann auch der kleine Plunger mit der Ölrückführbohrung 2 nach rechts. Die Ölrückführung wird unterbrochen. Das Öl fließt nunmehr entlang A nach B. Dadurch bewegt sich 5 entgegen 10 nach rechts. Weil 5 außen mit geraden und innen mit schrägen Keilnuten versehen ist, verdreht sich 11, ebenfalls mit schrägen Keilnuten versehen. Da 11 mit der Nockenwelle verbunden ist, verstellt diese sich entgegen der Drehrichtung und öffnet die Einlaßventile früher.

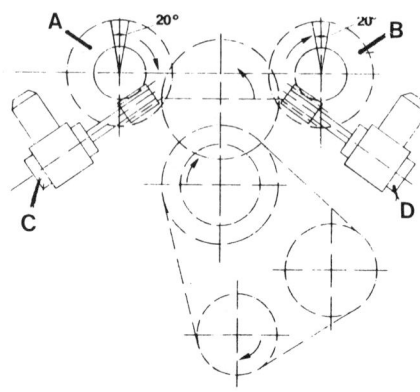

Abb 3.5: Variable Ventilüberlappung (Ford)
A Zahnrad der Nockenwelle für Auslaßventile
B Zahnrad der Nockenwelle für Einlaßventile
C,D Elektrische Servomotoren zum Drehen der Nockenwellen

Steuerung

Bei der Behandlung der Nockenwelle (2.12) wurde bereits darauf hingewiesen, daß diese zur richtigen Einstellung der Ventilsteuerung benutzt werden kann, wenn die Markierung fehlt. Wenn die Nockenwelle z.B. zur Öffnung des Einlasses der ersten Zylinders richtig steht, dann steht sie auch automatisch richtig für den Rest. Man benötigt also nur einen Teil des Ventildiagramms. Das kann dann eventuell auf dem Schwungrad markiert werden. Die mit einem Gradbogen versehene Kurbelwelle ist eine andere Möglichkeit. Um die ganze Arbeit zu einem guten Ende zu bringen, muß das Ventilspiel richtig eingestellt sein.

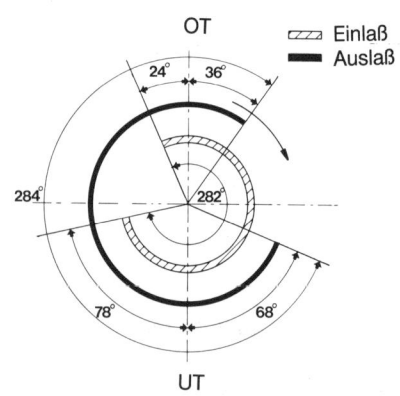

Abb. 3.4: Ventildiagramm des Opel 1,3 S Motors

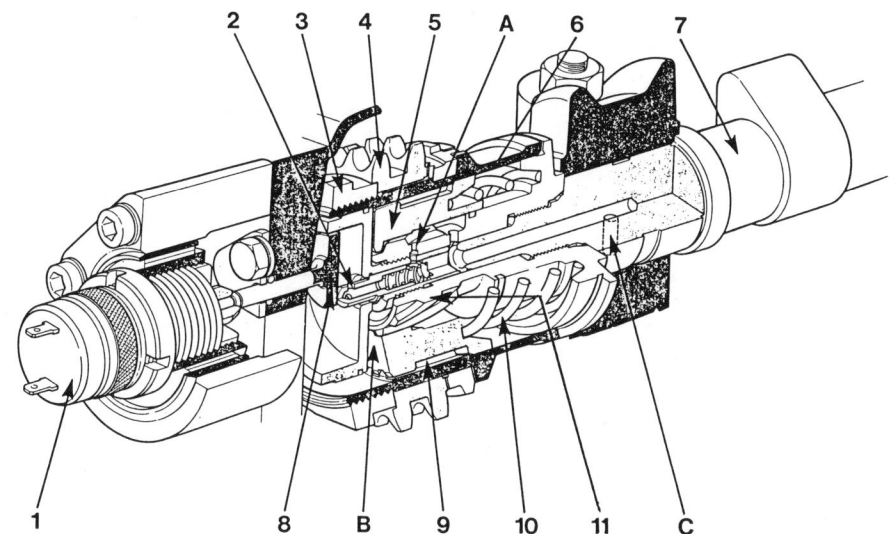

Abb. 3.6: Variabler Ventilüberlappungsmechanismus von Alfa-Romeo

1 Magnetschalter
2 Ölrückführbohrung
3 Befestigungsmutter Nockenwellenzahnrad
4 Nockenwellenzahnrad
5 Kolben
6 Gehäuse
7 Nockenwelle 8 Stößelventil

8 Stößelventil
9 Druckraum 10 Feder
10 Feder
11 Antrieb mit Schrägzahnung
A Öldurchgang
B Druckkammer
C Ölzufuhr

3.14 Vorzündung

Das in der Brennkammer befindliche Gemisch braucht eine bestimmte Zeit zur Verbrennung. Inzwischen dreht sich die Kurbelwelle weiter. Da man nun die größte Leistung erhält, wenn der höchste Verbrennungsdruck unmittelbar nach dem OT auftritt, muß das Gemisch vor dem OT gezündet werden. Der richtige Zündzeitpunkt hängt vom Oktangehalt des Benzins, von der Motordrehzahl und der Motorbelastung ab.

Bei Superbenzin dauert die Verbrennung länger. Deshalb muß der Zündzeitpunkt vorverlegt werden.

Dasselbe gilt, wenn die Drehzahl zunimmt. Während der Verbrennung dreht sich die Kurbelwelle dann um eine größere Anzahl von Graden, wodurch der maximale Verbrennungsdruck ohne Vorverlegung erst nach dem OT zustande käme. Die Gradzahl der Vorzündung wird durch Fliehkraftversteller im Verteilergehäuse automatisch an die Motordrehzahl angepaßt.

Ein schwerbelasteter Motor hat eine im Verhältnis zur Ventilöffnung niedrige Drehzahl und eine gute Zylinderfüllung. Durch diese starke Füllung gibt es einen hohen Enddruck. Dieser hat eine schnellere Ver-

brennung zur Folge, weil die Flammfront sich im dichteren Gemisch leichter ausbreiten kann. Die gute Zylinderfüllung verursacht auch einen niedrigeren Unterdruck. Dieser wird dazu genutzt, die Zündung über einen Unterdruckregler im Verteilergehäuse verspätet erfolgen zu lassen.

Auch während des Beschleunigens verringert sich der Unterdruck und nimmt die Unterdruckverfrühung ab.

Eine leichte Belastung, also eine kleine Drosselklappenöffnung, führt zu einer schlechten Zylinderfüllung, großem Unterdruck und verfrühter Zündung.

Bei zuviel Vorzündung klopft der Motor; er wird zu heiß und die Leistung geht zurück. Auch bei zuwenig Vorzündung nimmt die Leistung ab, während die Temperatur ansteigt.

3.15 Druck-Volumen-Diagramm (p-V-Diagramm)

Das Druck-Volumen-Diagramm gibt den Verlauf des Gasdrucks im Verhältnis zur Kolbenbewegung wieder. Ausgehend vom Punkt A auf der Linie, die den OT darstellt, sehen wir, daß während des Ansaugtaktes ständig ein Unterdruck vor-

herrscht. Allerdings wird der Unterdruck kleiner, je mehr sich der Kolben dem UT nähert, weil er sich allmählich langsamer bewegt. Dennoch herrscht im UT (B) noch immer ein Unterdruck vor. Dieser hält sogar noch eine Weile an, wenn sich der Kolben schon wieder aufwärts bewegt. Also strömt noch neues Gemisch ein, auch unter dem Einfluß des Strömungsdrucks, wie wir zuvor beim Ventildiagramm bereits feststellten. Der Druck steigt bis zu 100 kPa an, und dann beginnt das eigentliche Verdichten, das im Punkt C mit der Vorzündung endet. Der Kolben muß in diesem Augenblick noch eine kurze Strecke der Aufwärtsbewegung zurücklegen, und der Gasdruck steigert sich rasch. Dieser steigert sich auch nach dem OT noch bis Punkt D. Inzwischen hat der Arbeitstakt bereits eingesetzt. Der Kolben bewegt sich abwärts, und der Gasdruck nimmt ab. Da sich das Auslaßventil (V.U.) vor dem UT öffnet und bereits ein großer Teil des verbrauchten Gases entweicht, beträgt der Gasdruck im UT nur noch wenig über 100 kPa. Während des Ausschiebtaktes nimmt der Druck weiter ab.

Wir wissen, daß das Ausströmen der Abgase nach dem OT noch kurze Zeit weitergeht, aber daß sich das Einlaßventil bereits vor dem OT öffnet.

3.16 Betriebskosten

Die Betriebskosten sagen etwas über den Nutzeffekt oder die Rentabilität aus; in der Wirtschaft wäre das die Antwort auf die Frage, wieviel Ertrag ein investiertes Kapital erbringt. Auch in den Verbrennungsmotor investieren wir schließlich Kapital, denn der Kraftstoff kostet ja Geld.

Auch wenn in der Natur nichts verlorengeht, so beweist das Sankey-Diagramm doch, daß vom Kapital, daß in der Form von Kraftstoff investiert wird, an den Rädern nur wenig übrigbleibt. Man kann den schließlich erzielten Nutzeffekt berechnen, indem man die erhaltene Leistung durch das investierte Kapital dividiert, und das wird in % ausgedrückt.

Durch die Verbrennung des Kraftstoffs entsteht Wärme. Nur ein geringer Teil dieser wird in effektive Leistung umgesetzt. Ein großer Teil (36%) verschwindet mit den Abgasen. Ein nahezu gleich großer Teil geht über die Kühlung verloren (33%). Durch Reibungs- und Strahlungswärme gehen 7% verloren.

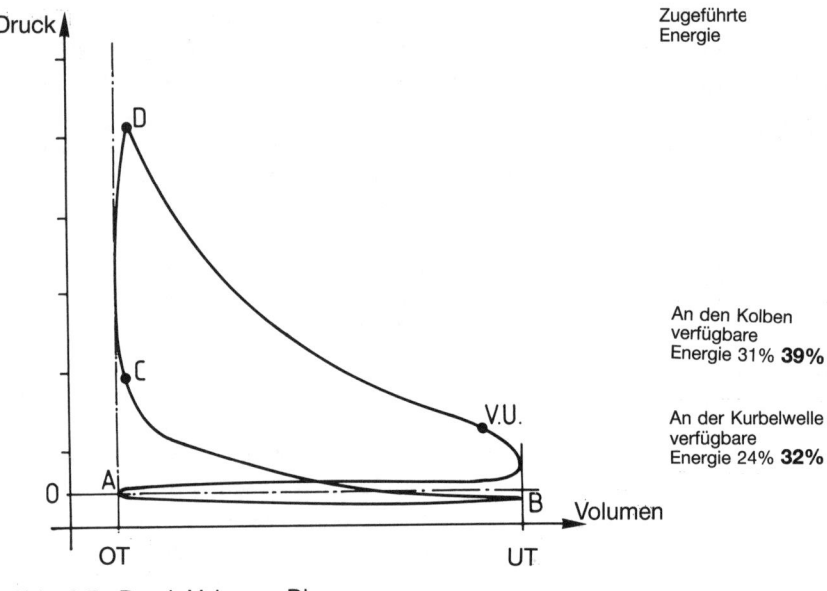

Abb. 3.7: Druck-Volumen-Diagramm

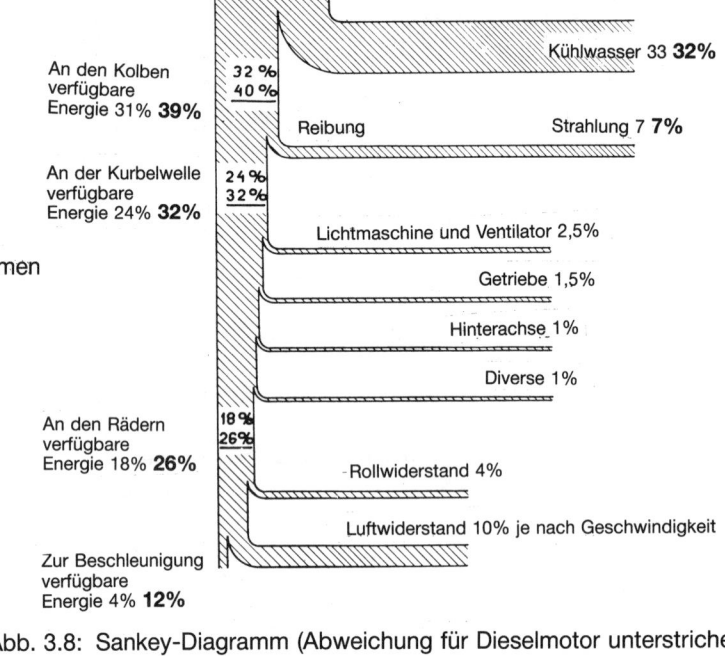

Zugeführte Energie

An den Kolben verfügbare Energie 31% **39%**

An der Kurbelwelle verfügbare Energie 24% **32%**

An den Rädern verfügbare Energie 18% **26%**

Zur Beschleunigung verfügbare Energie 4% **12%**

100 %

Auslaßgas 36 **29%**

Kühlwasser 33 **32%**

Reibung   Strahlung 7 **7%**

Lichtmaschine und Ventilator 2,5%

Getriebe 1,5%

Hinterachse 1%

Diverse 1%

Rollwiderstand 4%

Luftwiderstand 10% je nach Geschwindigkeit

Abb. 3.8: Sankey-Diagramm (Abweichung für Dieselmotor unterstrichen)

An der Kurbelwelle stehen also nur noch 24% der zugeführten Energie zur Verfügung. Nach Abzug der Verluste in und zum Antrieb der Lichtmaschine, des Getriebes, des Differentials usw. bleiben an den Rädern noch 18% der Energie übrig, die wir dem Motor als Kraftstoff zugeführt haben. Zieht man davon noch die Energie zur Überwindung des Roll- und Luftwiderstandes ab, so bleiben zur Beschleunigung kaum mehr als 4% übrig.

Beim Diagramm wurde von einer maximalen Zylinderfüllung ausgegangen. Wir wissen aber, daß diese in der Praxis unter anderem durch die Belastung und den Zustand des Motors beeinflußt wird. Bei einer schweren Belastung, also niedriger Drehzahl und völlig geöffneter Drosselklappe, ist der Füllungsgrad am besten. Je schlechter die Zylinderfüllung, desto geringer der Wirkungsgrad. Ein Motor im Leerlauf hat daher auch einen geringen Wirkungsgrad. Der Wirkungsgrad ist ferner von der Motorkonstruktion abhängig. Dabei denken wir an die Form der Brennkammer, die Position der Ventile, das Ventildiagramm usw. ...

Ein Motor, der noch nicht auf Betriebstemperatur ist, hat einen geringeren Wirkungsgrad. Dasselbe ist der Fall, wenn dem Motor eine zu fette Mischung zugeführt wird, weil dann unverbrannte Kraftstoffteilchen mit den Abgasen verschwinden. Die Tatsache, daß ein schlecht gewarteter Motor und nicht zuletzt eine schlechte Fahrweise den Wirkungsgrad noch weiter herabsetzen, bedarf wohl keiner besonderen Erwähnung.

Die beim Sankey-Diagramm unterstrichenen Zahlen beziehen sich auf einen Dieselmotor. Die Zahlen sind günstiger, als die eines Benzinmotors. Hinzu kommt noch, daß der Füllungsgrad bei einem Diesel auch noch viel günstiger ist. Schließlich braucht man ja bei ihm keinen Vergaser.

3.17 Zylinderverschleiß

Der Zylinder verschleißt in ovaler und konischer Form. Der Verbrennungsdruck, der auf den Kolben und den Kolbenbolzen einwirkt, läßt sich in zwei Kräfte unterteilen, deren eine senkrecht auf die Zylinderwand und deren andere auf die Pleuelstange einwirkt. Durch die Kraft wird der Kolben während des Arbeitstaktes gegen die Zylinderwand, vor allem gegen die Arbeitsseite, gedrückt. Es handelt sich um den Gleitbahndruck, der die wesentlichste Ursache des ovalen Zylinderverschleißes ist. Die Kraft, die während des Steigens auf den Kolben ausgeübt wird, ist viel kleiner, und daher ist auch der Gleitbahndruck viel geringer.

Das Verhältnis zwischen Pleuelstange und Kurbelkröpfung hat ebenfalls einen Einfluß auf den Gleitbahndruck.

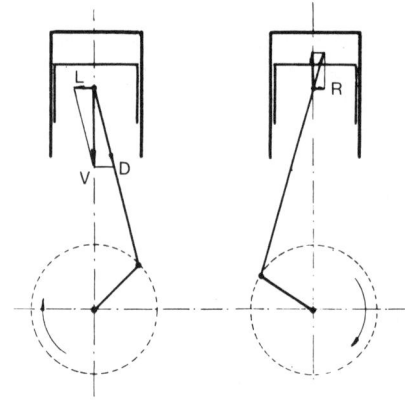

Abb. 3.9: Auf die Zylinderwand einwirkende Kräfte

Die höchsten Temperaturen treten im oberen Teil des Zylinders auf. Dieser Abschnitt unterliegt deshalb am meisten der Verformung, und er ist für das Schmieröl nur schwer erreichbar. Infolge der hohen Temperatur wird der Ölfilm auch leicht durchbrochen. Das wird noch begünstigt durch die hohen Verbrennungsdrücke, die in diesem Teil des Zylinders hinter den Kolbenringen wirken, sowie durch die niedrige Kolbengeschwindigkeit (beschränkte hydrodynamische Schmierung). Bei der Behandlung der Kolbenringe wurde bereits gesagt, daß Kohlereste

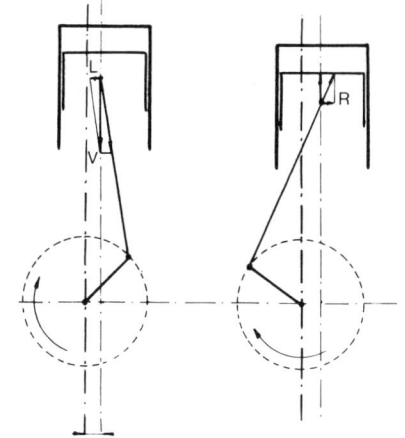

Abb. 3.10: Auf die Zylinderwand einwirkende Kräfte, falls der Kolben nicht über der Kurbelwellenmitte sitzt (versetzt)

den Verschleiß erheblich fördern können. Alle diese Ursachen tragen dazu bei, daß ein Zylinder oben stärker verschleißt als unten.

Zur Erhöhung der Beständigkeit gegen mechanischen und chemischen Ver-schleiß werden manche Zylinder verchromt.

3.18 Versetzte Zylinder und Kolben

Bei einem versetzten Kolben ist der Kolbenbolzen ein wenig zur Arbeitsseite hin versetzt, um das Geräusch zu reduzieren, das durch die Verkantung des Kolbens am OT verursacht wird. Durch das Versetzen des Kolbens wird der Gleitbahndruck an der Arbeitsseite des Zylinders vergrößert. Das wiederum läßt sich vermeiden, indem man auch die Kurbelwelle arbeitsseitig versetzt.

3.19 Ausgleichswellen

Aus der 'Schwingungssicht' betrachtet ist der Vierzylinder kein idealer Motor. Einige Konstrukteure haben das Problem durch den Einbau von Ausgleichswellen gelöst. Hier sehen wir die Lösung von Mitsubishi, die zugleich das Spiel der Kräfte im Motor verdeutlicht. Es handelt sich um die Schwingungen, die unabhängig vom Gasdruck auftreten.

Kern des ganzen Schwingungsproblems bilden die Massenkräfte im Kolben-Pleuel-Kurbelwellen-Mechanismus, die den Motor sich hin und her bewegen lassen. Massenkräfte treten nur bei der Beschleunigung oder Verzögerung von Massen auf. Nicht also bei gleichbleibender Geschwindigkeit.

Im Abschnitt 3.11 wurde bereits dargelegt, daß der sich vertikal bewegende Kolben sich keineswegs gleichmäßig schnell bewegt. Infolgedessen entstehen im OT und UT vertikale Massenkräfte, die man als primäre Massenkräfte bezeichnet.

Aufgrund dieser Kräfte möchte der Motor sich vertikal auf und ab bewegen. Und durch dieselben primären Massenkräfte unterliegt die Kurbelwelle eines Vierzylinders auch einer Biegung, und zwar aus folgendem Grund: beim Vierzylinder-Reihenmotor bewegen sich die beiden äußeren Kolben aufwärts, während die beiden

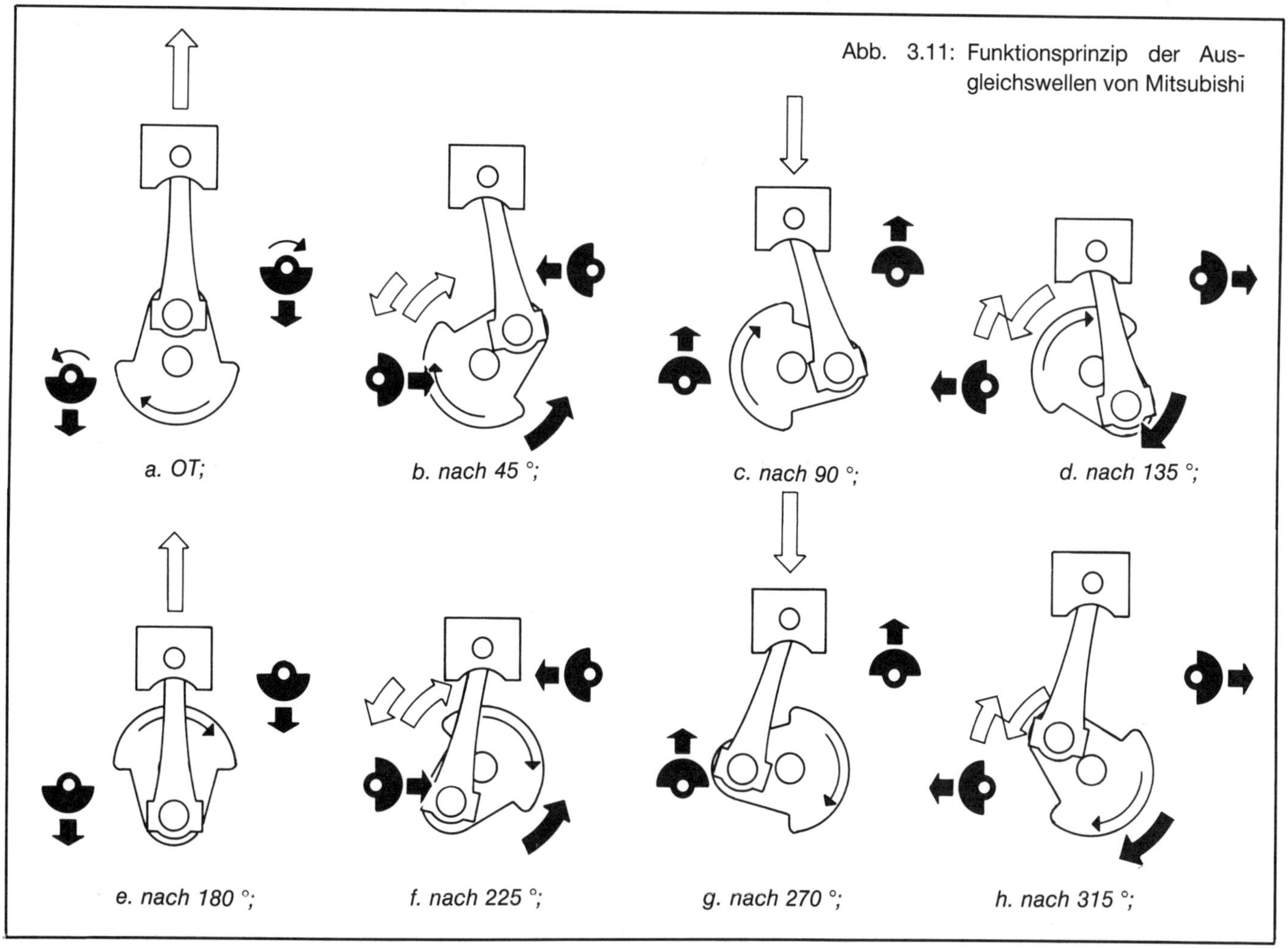

Abb. 3.11: Funktionsprinzip der Ausgleichswellen von Mitsubishi

a. OT;   b. nach 45 °;   c. nach 90 °;   d. nach 135 °;

e. nach 180 °;   f. nach 225 °;   g. nach 270 °;   h. nach 315 °;

mittleren nach unten gehen.

Da die Kolbenbeschleunigung/-verzögerung im oberen Teil des Zylinders größer als im unteren ist (siehe 3.11), ist die Massenkraft des aufwärts strebenden Kolbens auch größer als die des Kolbens, der sich abwärts bewegt. Beim Vierzylinder-Reihenmotor gehen zwei Kolben gleichzeitig nach unten und zwei zugleich nach oben.

Der Effekt verdoppelt sich also. Diese Differenz in der Massenkraft verursacht eine Schwingung, die durch Gegengewichte auf der Kurbelwelle oder durch eine Ausgleichswelle kompensiert werden kann.

Die Ausgleichswelle ist eine Welle, die an sich eine Unwucht hat.

Diese Unwucht kompensiert zum Teil die Differenz der Massenkräfte.

Zur Eliminierung der vertikalen oder primären Unwucht und ebenso der sekundären Massenkräfte, die ihre Richtung viermal je Umdrehung ändern, verwendet Mitsubishi zwei Ausgleichswellen, die sich doppelt so schnell drehen wie die Kurbelwelle. Die rechte Ausgleichswelle sitzt höher als die linke. Die Kurbelwelle dreht sich nach rechts, ebenso wie die rechte Ausgleichswelle.

Vertikale Unwucht wird durch die geraden weißen Pfeile angedeutet und die Unwucht, die ein Kippmoment verursacht, durch gebogene weiße Pfeile. Die schwarzen Pfeile geben die kompensierende Unwucht der Ausgleichswellen an.

Da die Unwucht während einer Umdrehung nicht konstant ist, die kompensierende Kraft der Ausgleichswellen dagegen wohl, verbleibt dennoch eine kleine Schwingungskraft.

4. Weitere Benzinmotoren*

4.1 Zweitaktmotor

Aufbau

Sowohl hinsichtlich seines Aufbaus als auch im Bezug auf die Funktion weicht der Zweitaktmotor erheblich vom Viertakter ab. Der Zweitaktmotor hat je Umdrehung einen Arbeitstakt und hat in seiner einfachsten Ausführung keine Nockenwelle, keinen Ventilmechanismus und keine Schmieranlage. Es handelt sich also um einen sehr einfachen Motor, bestehend aus Zylinder, Zylinderkopf, Kurbelwelle, Kolben, Pleuelstange und einem luftdichten Kurbelgehäuse. Das Kurbelgehäuse enthält weder Öl noch eine Ölpumpe, und es muß absolut luftdicht sein. Beim einfachen Zweitaktmotor fehlt jegliche Schmieranlage; der Motor muß mit einer bestimmten Ölmenge auskommen, die mit dem Benzin vermischt wird. Der Zylinder hat eingegossene Kanäle zur Zufuhr neuen Gasgemischs in das Kurbelgehäuse, zum Überströmen dieses Gases in den Raum oberhalb des Kolbens sowie einen Kanal zur Abfuhr der Abgase.

Die Einlaßöffnung befindet sich im unteren Teil des Zylinders. Sie gibt den Zugang zum Kurbelgehäuse frei, wenn der Kolben sich in der Nähe des OT befindet. Die Überströmkanäle, auch Spülkanäle genannt, stellen die Verbindung zwischen Kurbelgehäuse und Zylinder dar. Die Mündungen werden vom Kolben kurz vor Erreichen des UT freigegeben. Ferner gibt es noch die Auslaßöffnungen, deren Oberseite durch den sich abwärts bewegenden Kolben früher freigegeben wird, als die der Spülöffnungen.

Im Zweitaktmotor sorgt der Kolben während der Auf- und Abbewegungen also selbst für das Öffnen und Schließen der Einlaß- und Auslaßkanäle. Der Kolben erfüllt also zugleich die Funktion der Ventile.

Funktion

Hinsichtlich der Funktion ist die Bezeich-

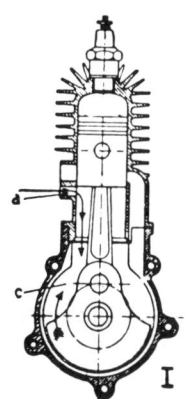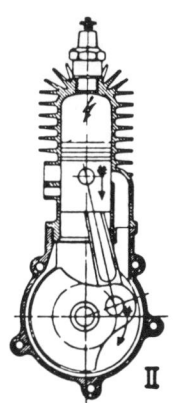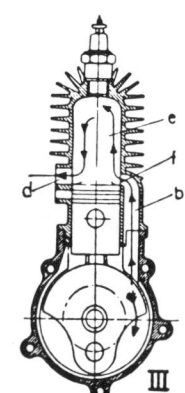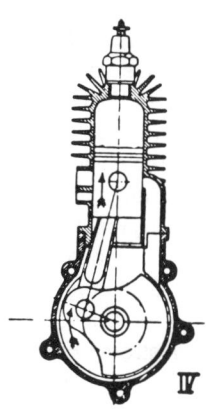

Abb. 4.1: Grundfunktion des Zweitaktmotors

I Einlaß
Kolben im OT; Einlaß frischer Mischung durch Einlaßöffnung a in das Kurbelgehäuse c.

II Zündung
Kolben geht abwärts und schließt die Einlaßöffnung; das frische Gemisch wird im Kurbelgehäuse und Spülkanal b zusammengedrückt.

III Spülung
Kolben im UT; Auslaßöffnung d wurde zuerst freigegeben, danach die Spülöffnung b, wodurch die frische Mischung die Abgase hinausschiebt.

IV Verdichtung
Kolben geht aufwärts und schließt alle Öffnungen.

nung des Motors ein wenig irreführend. Der Zweitakter arbeitet nämlich zwischen dem OT und dem UT nicht mit deutlich abgegrenzten Takten, wie das beim Viertakter der Fall ist. Im Zweitaktmotor spielt das Kurbelgehäuse eine ebenso wichtige Rolle, wie das Ganze oberhalb des Kolbens. Die Abb. 4.1 verdeutlicht die Funktion.

Wenn der Kolben nach oben geht, entsteht im Kurbelgehäuse ein Unterdruck. Sobald der Kolben die Einlaßöffnung freigibt, strömt daher neues Gasgemisch in das Kurbelgehäuse. Wenige mm vor Erreichen des OT funkt die Zündkerze, und der Motor bekommt einen Arbeitsimpuls. Der Kolben wird nach unten gedrückt, verursacht im Kurbelgehäuse einen leichten Überdruck und beginnt zu einem be-

stimmten Augenblick mit der Freigabe der Auslaßöffnung und gleich darauf mit der Freigabe der Spülöffnung. Zuerst wird das verbrannte Gemisch durch den Eigendruck ausströmen und danach durch das aus dem Kurbelgehäuse überströmende Einlaßgas weiter hinausgetrieben. Das Überströmen dauert solange, bis der wieder aufwärts strebende Kolben zuerst die Spülöffnung und danach die Auslaßöffnung verschließt.

Vor- und Nachteile

Der größte Vorteil des Zweitaktmotors ist seine einfache Bauweise. Andererseits liegt der Nutzeffekt niedriger, vor allem bei hohen Drehzahlen. Die Perioden von Ein- und Auslaß dauern nur kurz. Die Auslaßöffnung schließt sich früher als die Spü-

* Diese Motorentypen werden nur der Vollständigkeit halber besprochen. Ihre praktische Bedeutung, vor allem als Gemischmotoren für Pkw, ist jedoch so gering, daß wir auf eine detaillierte Besprechung verzichten.

löffnung. Am Ende der Spülung verbleibt noch eine reichliche Menge Einlaßgas im Kurbelgehäuse. Der Zweitaktmotor mit Kurbelgehäusespülung wird nur äußerst selten eine Zylinderfüllung von mehr als 50% erreichen. Bezüglich der Spülung oberhalb des Kolbens versucht man zu vermeiden, daß die Einlaßgase sich mit den verbrannten Gasen mischen. Zwar soll das verbrannte Gas völlig hinausgetrieben werden, aber dabei soll keine unverbrannte Mischung mit ausströmen. In der Praxis erweist sich dies als selten oder überhaupt nicht möglich, womit sich auch der niedrige Verbrennungsdruck erklärt. Bei niedrigen Drehzahlen ist die Spülung schlecht, und man hört, wie der Motor zuweilen aussetzt. Bei höheren Drehzahlen strömt Einlaßgas mit hinaus. Resonanz und Widerstand im Auspuff spielen dabei eine wesentliche Rolle.

Unter Berücksichtigung all dessen läßt sich behaupten, daß die Leistung eines einfachen Zweitaktmotors im Verhältnis zum Viertaktmotor je Hubraum nur etwa 1,3x so groß ist. Ferner ist auch an die mangelhafte Schmierung zu denken.

Schmierung

Die meisten Zweitaktmotoren müssen mit einer sogen. Mischungsschmierung auskommen. Das Benzin wird dabei mit einem bestimmten Öltyp in einem bestimmten Verhältnis gemischt. Im allgemeinen ist dieses Verhältnis 1 Liter Öl auf 20 bis 25 Liter Benzin, je nachdem, ob das Öl wohl oder nicht vorvermischt ist. Das Benzin-Ölgemisch wird im Vergaser zerstäubt und gelangt über den Spülkanal in die Brennkammer. Dort verbrennt das Öl ebenfalls, und das hat den Nachteil, daß Auslaßöffnung und Auspuff von Zeit zu Zeit entkohlt werden müssen.

Wenn der Zweitaktmotor eine lange Lebensdauer haben soll, dann muß das vorgeschriebene Mischungsverhältnis absolut eingehalten werden. Zuwenig Öl verursacht Probleme bei starker Belastung, und zuviel Öl hat weniger Zugkraft und eine stärkere Kohlebildung zur Folge.

Motoren der höheren Preisklasse oder mit größerem Zylinderinhalt sind mit einer Ölpumpe versehen. Meist zerstäubt diese das Öl in der Einlaßleitung, wo es mit dem Benzinnebel vermischt wird. Bei anderen Systemen fließt das Öl zuerst in die Lager, wird dort herausgeschleudert und dann mit dem Kraftstoff vermischt. Es handelt sich also nicht um einen Ölkreislauf, wie beim Viertaktmotor. Der Öltank muß regel-

Abb. 4.2: Kolben eines Zweitaktmotors mit Einlaßöffnung.

mäßig nachgefüllt werden.

4.2 Wankelmotor

Eine alte Geschichte

Spricht man von einem Kreiskolbenmotor, dann meint man den Wankelmotor. Dem 1902 in Lahr geborenen Felix Wankel war es gelungen, die Idee des Drehkolbenmotors in einen brauchbaren Motor umzusetzen. Im Jahre 1924 richtete Wankel sich eine kleine Werkstatt ein und erforschte die Grundlagen für die noch heute gültigen Abdichtungserkenntnisse. 1951 nahm er Verbindung zu NSU auf, und 1954 gelang der Entwurf des Motors mit rotierendem Kolben. 1963 brachte NSU als erster

Fahrzeughersteller ein Auto mit dem Wankelmotor heraus, den NSU Spider. 1967 folgte der NSU Ro 80. Heute bietet Mazda verschiedene Kreiskolben-Autos an, im Export den Mazda RX-7.

Die Idee, der Wankel Gestalt gab, war nicht neu. Schon 1588 beschrieb der Italiener Ramelli eine von außen her angetriebene Kreiskolbenmaschine. Später wurden nach einem ähnlichen Prinzip noch Dutzende von Patenten erteilt. Auch James Watt, der Erfinder der Dampfmaschine, experimentierte damit. Die großen Probleme, die der praktischen Anwendung des Kreiskolbenmotors im Weg standen, waren die Abdichtung, die Schmierung und die Kühlung. Wankels großes Verdienst war es, für diese Probleme Lösungen gefunden zu haben.

Funktion

Die Abbildungen machen deutlich, weshalb dieser Motor als Kreiskolbenmotor bezeichnet wird. Er weicht hinsichtlich seiner Konstruktion völlig vom traditionellen Hubkolbenmotor ab. Der sich auf und ab bewegende Kolben wurde durch einen 'dreieckigen' Drehkörper ersetzt, auch als als Rotor oder Läufer bezeichnet. Dieser Rotor sitzt drehbar auf einer Exzenterwelle und kreist in einem 8förmigen Gehäuse, das mit Kühlflüssigkeitskanälen versehen ist. In den Flanken des Rotors sind Aushöhlungen angebracht, die den Verbrennungsraum vergrößern. Ferner ist der Rotor mit einer inneren ringförmigen Verzahnung versehen. Diese greift in ein zentrales, mit dem Gehäuse verbundenes, aber

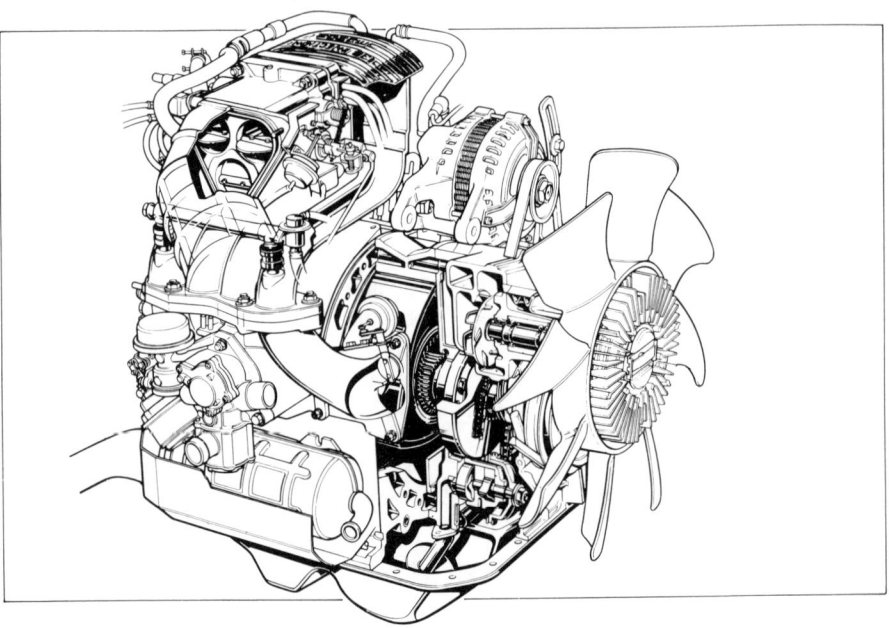

Abb. 4.3: Schnittzeichnung eines Wankelmotors mit zwei Kreiskolben (Mazda)

stillstehendes Zahnrad ein, wodurch die kreisende Bewegung erzwungen wird. Die Eckpunkte A, B und C des Rotors berühren immer das Rotorgehäuse.

Der Rotor dreht sich rechts herum. In der Abb. 4.4 I hat sich A gerade an der Einlaßöffnung vorbeigedreht. Betrachten wir den Rotor in den Abb. 4.4 II, III und IV, dann sehen wir bei 2, 3 und 4, daß der Raum zunehmend größer wird und daß neues Gemisch einströmt, bis C die Einlaßöffnung schließt. Dann beginnt das Verdichten. Der Raum, der durch die Seite A-B des Rotors und die Innenwand des Rotorgehäuses gebildet wird, wird bei 5–6 und 7 immer kleiner. Das komprimierte Gasgemisch wird gezündet (Abb. 4.4 III), und durch den Verbrennungsdruck bekommt der Rotor einen Arbeitsimpuls. Das sich dehnende Gas nimmt zunehmend mehr Raum ein, was bei 8–9 und 10 zu sehen ist. In der Abb. 4.4 II ist C dabei, die Auslaßöffnung freizugeben. In den Abb. 4.4 III und IV verkleinert sich das Volumen durch den sich drehenden Rotor bei 11 und 12, und das verbrannte Gas wird hinausgeschoben. Anschließend kann wieder der Luft-/Benzingemisch angesaugt werden.

Nachbetrachtung

– Der Wankelmotor ist ein Viertaktmotor. Er hat eine Einlaß-, Verdichtungs-, Arbeits- und Auslaßperiode.
– Je Umdrehung erhält der Rotor drei Arbeitsimpulse. Die Drehzahl der Exzenterwelle ist dreimal so groß, wie die des Rotors. In Graden ausgedrückt heißt das, daß die drei Arbeitsimpulse auf 3 x 360 = 1080° der Exzenterwelle und auf 360° des Rotors stattfinden. Betrachtet man die Bewegung der Welle im Verhältnis zum Rotor, dann dreht der Exzenter sich zweimal im Rotor.

Zur Berechnung der Zähnezahl des Hohlrades im Rotor wissen wir also, daß sie gleich der Hälfte der dreifachen Zähne-

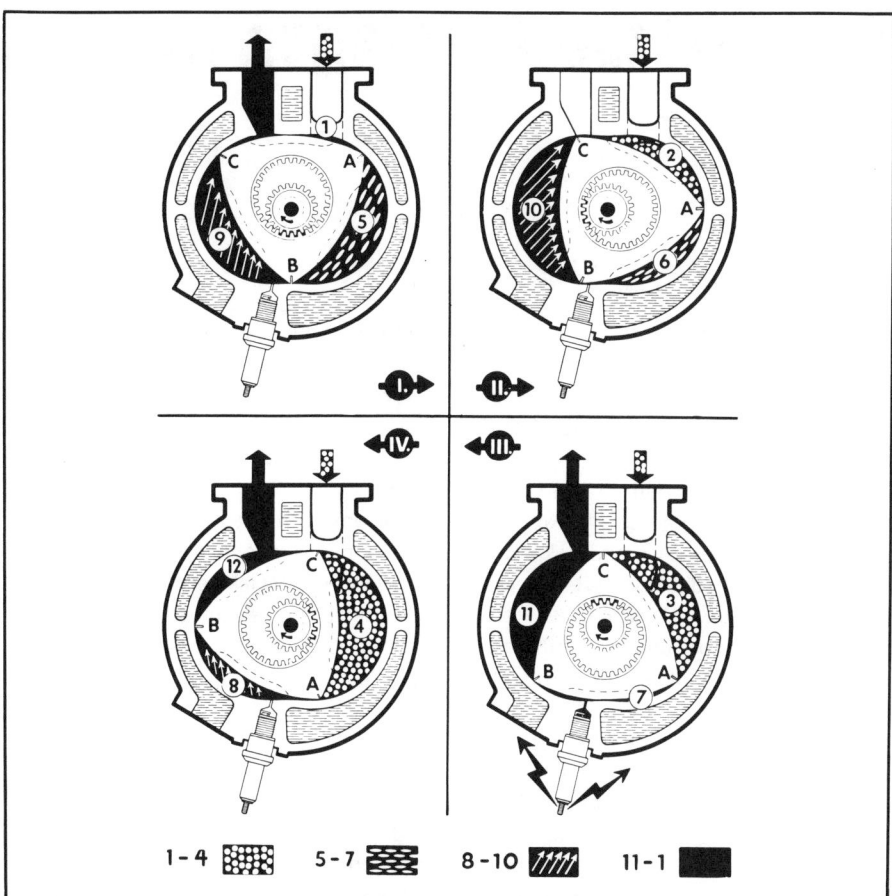

Abb. 4.4: Prinzipielle Funktion des Wankelmotors

1–4 Einlaß; 5–7 Kompression; 8–10 Arbeit; 11–12 Auslaß

zahl des stillstehenden Zahnrades sein muß. Einfacher gesagt: Das Hohlrad hat 1½ mal so viele Zähne, wie das stillstehende Zahnrad.

$$\frac{Z_r}{Z_s} = \frac{3}{2} \quad Z_r = \frac{Z_s \cdot 3}{2} \quad Z_s = \frac{Z_r \cdot 2}{3}$$

Im normalen Kolbenmotor spielt der ganze Prozeß sich im Zylinder ab, so daß die Einlaßgase eine Kühlfunktion haben. Im Wankelmotor dagegen spielt sich jede Phase des Prozesses in einem anderen bestimmten Raum ab. Im Grunde gibt es also eine Einlaßkammer (kalt), eine Kompressionskammer (warm), eine Expansionskammer (heiß) und eine Auslaßkammer (noch heißer). Dennoch verursacht dies keine unüberwindbaren Probleme. Normalerweise würde eine einzige Zündkerze ausreichen, aber um einen guten Verbrennungsverlauf zu gewährleisten, baut man meist zwei Zündkerzen ein. Die Hauptkerze startet die Verbrennung, und die Nebenkerze sorgt dafür, daß die Verbrennung möglichst perfekt verläuft.

5. Kraftstoffanlagen mit Vergaser

5.1 Allgemeines

Ehe wir uns mit diesen Anlagen beschäftigen, sei zuvor einiges über das Benzin gesagt.

Das Erdöl, wie es aus dem Boden kommt, kann nicht ohne weiteres als Kraftstoff verwendet werden. Es enthält eine Vielzahl von Stoffen, die durch Raffinierung von einander getrennt werden. Der Transport des Erdöls zur Raffinerie erfolgt mit dem Schiff oder durch eine Pipeline. Früher wurde es in Fässern, engl. »barrel«, mit je 159 Liter Inhalt befördert, und aus jener Zeit hat sich die Bezeichnung Barrel in der Ölindustrie als Maß für den Ölpreis behauptet.

Erdöl ist je nach Herkunft eine dunkelbraune, gelbe oder bläuliche klebrige Flüssigkeit, die leichter als Wasser ist. Es hat einen unangenehmen stechenden Geruch und besteht vornehmlich aus Kohlenwasserstoffen, das heißt aus Verbindungen von Wasserstoff und Kohlenstoff.

In der Raffinerie werden die Kohlenwasserstoffe durch Destillation voneinander getrennt und auf chemischem Wege zu Produkten mit unterschiedlichen Eigenschaften verarbeitet, darunter Propan, Butan, Benzin, Naphtalin, Kerosin, leichtes und schweres Heizöl, Asphalt u.ä. Das Autogas, siehe Kap. 7.1, ist eine Mischung von Propan und Butan.

Das rohe Erdöl wird nach dem Vorwärmen von einer Anzahl wasserlöslicher Salze befreit. Das gereinigte Öl geht durch einen Wärmeaustauscher und anschließend durch Röhrenöfen. Darin verdampft es bereits teilweise, ehe es in die Destillationskolonnen gelangt. Je höher der Dampf darin steigt, desto mehr kühlt er ab. Verschiedene Bestandteile kondensieren bei einer bestimmten Temperatur und an einer bestimmten Stelle. Dort werden sie abgeleitet. Zuerst kondensieren die schweren Dämpfe, danach die leichteren. Die leichtesten kondensieren überhaupt nicht und werden als Gas abgeleitet. Durch die beschriebene atmosphärische Destillation erhält man Benzin einer

schlechten Qualität. Die Oktanzahl des schweren Benzins ist für die modernen Verbrennungsmotoren viel zu niedrig.

Zur Erhöhung und Verbesserung der Benzinmenge wendet man ein spezielles Verfahren an: das Kracken. Es handelt sich dabei um eine thermische Behandlung, bei der die Temperatur soweit gesteigert wird, daß die Molekularstruktur der Kohlenwasserstoffe, eventuell mit Hilfe eines Katalysators (der das Kracken beschleunigt), gespalten wird.

Oktanzahl

Benzin ist eine sehr flüchtige und leicht entzündbare klare Flüssigkeit, die gefärbt wird, wenn sie für nichtindustrielle Zwecke verwendet wird.

Die Oktanzahl ist ein Maßstab für die Klopffestigkeit des Benzins. Die Motorkonstruktion entscheidet weitgehend über die benötigte Oktanzahl des Kraftstoffs. Je höher das Verdichtungsverhältnis, desto höher muß die Oktanzahl sein. Im Lauf der Jahre sind die Oktanzahlen daher mit steigenden Verdichtungsverhältnissen mitgestiegen. Wir haben jetzt Normalbenzin mit einer Oktanzahl 92 und Superbenzin, dessen Oktanzahl um 98 schwankt. Superbenzin ist teurer, weil die Produktionskosten höher sind.

Welche Bedeutung hat es nun, wenn die Zahlen 92 und 98 zur Andeutung von Normal- und Superbenzin verwendet werden?

Der Klopffestigkeitswert wird in einem genormten Testmotor mit veränderlicher Kompressionskammer gemessen. (C.R.F.-Motor des Cooperative Fuel Research Committee.) In diesem Motor macht man einen Vergleich zwischen dem zu untersuchenden Benzin und Standardmischungen aus iso-Oktan und Heptan. Iso-Oktan ist ein sehr klopffester Kraftstoff, dem man 100 als Wert gab. Dem Heptan, das praktisch keine Klopffestigkeit hat, gab man den Wert 0. Benzin mit der Oktanzahl 90 hat also die gleiche Klopffestigkeit, wie eine Mischung aus 90% iso-Oktan und 10% Heptan. Die Oktanzahl 90

bedeutet also keineswegs, daß dieses Benzin zu 90% aus Oktan bestünde.

Es gibt zwei Prüfverfahren, nämlich das der Research-Oktanzahl (ROZ) und das der Motor-Oktanzahl (MOZ). Die Oktanzahl wird praktisch immer nach dem ROZ-Verfahren angegeben. Bei diesem Verfahren liegt die Oktanzahl höher, weil die Prüfbedingungen leichter sind. Niedrigere Drehzahl und niedrigere Einlaßtemperatur.

Verbrennungswärme

Das ist die Wärmemenge, die bei vollständiger Verbrennung eines Kraftstoffs entsteht. Man drückt den Verbrennungswert aus in kJ/kg oder kJ/m³. (kJ = Kilojoule)

Mischverhältnis

Kraftstoff braucht zur Verbrennung Sauerstoff; er muß daher mit der entsprechenden Luftmenge vermischt werden. Das ist mehr Luft, als theoretisch zu einer maximalen Kraftstoffnutzung erforderlich wäre. Die Mischung Luft-Kraftstoff ist schließlich niemals so, daß man die ideale Lösung erreichte. Die beste Kraftstoffnutzung erhält man mit einem kleinen Luftüberschuß. Auf diese Weise hat man die Gewißheit, daß jedes Kraftstoffteilchen wirklich verbrennt.

Zur Erzielung der Höchstleistung eines Motors wäre weniger als die theoretische Luftmenge erforderlich. Die Ursache der höheren Leistung liegt in der besseren Zylinderfüllung und der höheren Verbrennungsgeschwindigkeit. Die Mischung ist infolge des Vorhandenseins von mehr Kraftstoff kühler und beansprucht also während des Ansaugens weniger Raum. Schließlich führt das zu einem höheren Enddruck bei der Verdichtung. Da mehr Kraftstoffteilchen vorhanden sind, breitet sich die Flammenfront schneller aus.

Theoretisch läuft der Motor mit einem Gewichtsteil Benzin und 15 Gewichtsteilen Luft. Das hat folgenden Grund: Zur Verbrennung von 1 dm³ Benzin braucht man 9000 dm³ Luft. Ein dm³ Benzin wiegt 0,776 kg und 1000 dm³ Luft wiegen 1,293 kg.

9000 dm³ Luft wiegen 11,637 kg. Im Verhältnis bedeutet das:

$$\frac{0,776}{11,637} = \frac{1}{15}$$

Man bezeichnet dies als normales Gemisch.

Soll das Fahrzeug stark beschleunigen oder fährt man mit hoher Geschwindigkeit, dann werden die Verhältnisse 1 : 13 oder gar 1 : 12. Das ist dann ein fettes Gemisch. Der Vergaser muß diese unterschiedlichen Mischungsverhältnisse liefern können. Unter normalen Bedingungen soll er für ein mageres Gemisch sorgen, aber wenn es nötig ist auch für ein fettes. Infolge der unvollständigen Verbrennung hat das fette Gemisch einen dürftigen Kraftstoffnutzeffekt. Die Abgase enthalten viel Kohlenmonoxid, ein sehr giftiges Gas.

Ist das Benzin-Luftverhältnis mehr als 1 : 17, so spricht man von einem mageren Gemisch. Es verbrennt langsamer, überhitzt den Motor, die Ventile können verbrennen, die Leistung sinkt und der Motor läßt die Flamme in den Vergaser zurückschlagen.

Selbstzündungstemperatur

Das ist die Temperatur, bei der das Kraftstoff-Luftgemisch sich von selbst entzündet. Der Dieselmotor arbeitet selbstzündend, aber der Benzinmotor soll erst durch den Zündkerzenfunken zur Verbrennung des Gemischs übergehen.

Flammpunkt

Benzin brennt besser, wenn es verdampft ist. Die Temperatur, bei der unter den vorgeschriebenen Bedingungen soviel Dampf gebildet wurde, daß man diesen durch eine Flamme zum Brennen bringen kann, bezeichnet man als Flammpunkt. Bei Benzin ist das ungefähr -20 °C (253 K). Es ist daher gefährlich, Benzin irgendwo zu lagern. Dieselkraftstoff ist in dieser Hinsicht weniger gefährlich, weil der Flammpunkt oberhalb 75 °C (348 K) liegt.

Normale Verbrennung

Die normale Verbrennung verläuft folgendermaßen: An den Zündkerzen springt ein Funke über, und das Gemisch in der Umgebung beginnt zu brennen. Die Flammenfront breitet sich aus, was in der Brennkammer zum Anstieg von Temperatur und Druck führt. Das Gas, das noch nicht entflammt ist, man nennt es Endgas,

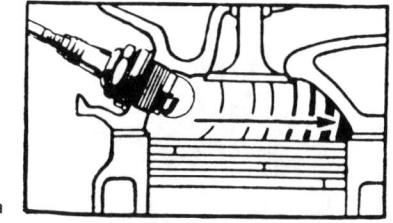

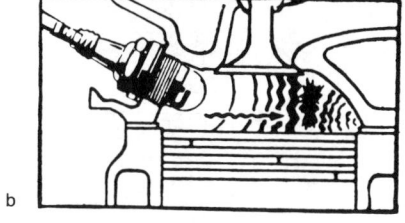

Abb. 5.1: Verlauf der Verbrennung

a. Regelmäßig
b. Klingeln

kommt dadurch unter einen höheren Druck, und seine Temperatur steigt an. Wenn die Flammenausbreitung durch die ganze Brennkammer schnell genug erfolgt, wird das Endgas durch die an der Zündkerze gebildete und sich normal ausbreitende Flammenfront entzündet. Dabei sollte man wissen, daß das Tempo, mit dem sich die Flammenfront ausbreitet, von verschiedenen Faktoren abhängt, wie Temperatur, Verbrennungsdruck, Zusammenstellung des Gemischs und Strömung der Gase.

Der Verbrennungsprozeß verläuft auch nicht gleichmäßig schnell. Anfangs träge, und am schnellsten zu etwa dem Zeitpunkt, an dem der Verbrennungsdruck am höchsten ist. Die Kraftstoffteilchen sind dann so verteilt, daß sie die Flammenfront am besten weiterleiten können. Das Durchschnittstempo steigt mit der Drehzahl des Motors, weil die Gaswirbelung bei hoher Drehzahl am besten ist. Bei Benzinmotoren liegt die Geschwindigkeit zwischen 10 und 30 m/s.

Klopfende Verbrennung

Das Klopfen des Motors erkennt man im allgemeinen an einem hohen metallischen Klingeln. Dieses abnormale Geräusch wird durch heftige Schwingungen verursacht, die durch plötzliche Drucksteigerungen und höhere Verbrennungsdrücke entstehen; dies als Folge eines abnormalen Verbrennungsverlaufs.

Verläuft die Ausbreitung der Flammenfront normal, also schnell genug, dann bekommt das Endgas keine Gelegenheit, die Selbstentzündungstemperatur zu erreichen. Das geschieht dagegen wohl,

wenn die Flammenfront zu langsam fortschreitet. Das Endgas zündet dann spontan und bildet eine zweite Flammenfront. Die Auswirkung dieser Verbrennung und die Wechselwirkung der beiden Flammenfronten ist so enorm, daß Teile des Motors dadurch in Schwingung versetzt werden, was das bekannte 'Klingeln' zur Folge hat. Bei der klopfenden Verbrennung entstehen auch abnormal hohe Temperaturen, was nicht nur einen Leistungsverlust zur Folge hat, sondern auch Schädigungen des Kolbens, der Kolbenringe und der Ventile verursachen kann. Der Verbrennungsprozeß ist auch zu früh vollendet. Eingebrannte oder gar durchgebrannte Kolben sind die bekannte Folge dessen.

Klopfende Verbrennung kann gefördert werden durch:

– Die Verbrennung von Kraftstoff mit zu niedriger Oktanzahl. Dieser Kraftstoff ist weniger klopffest. Die Klopffestigkeit wird durch den Zusatz von Blei- oder Methylverbindungen erhöht. Diese machen die Abgase zugleich auch giftiger.

– Zu mageres Gemisch. Es verursacht nicht nur eine schlechtere Innenkühlung, sondern leitet die Flammenfront auch nur langsam weiter. Das Endgas bekommt viel Zeit zur Temperatursteigerung und zum Erreichen der Selbstzündungstemperatur.

– Frühzündung. Sie verursacht eine zusätzliche Erhöhung des Verdichtungsverhältnisses.

– Schlechte Kühlung oder zu hohe Betriebstemperatur.

– Eine Zündkerze mit zu hohem Wärmewert, wodurch die Wärme nur schwer abfließen kann.

– Verkohlung. Eine Ölkohleschicht ist nicht nur ein schlechter Wärmeleiter, sondern sie verkleinert auch den Kompressionsraum, und dadurch steigert sich der Verdichtungsdruck. Ferner kann die Ölkohleablagerung zum Nachdieseln führen.

– Auch die Motorkonstruktion kann die Klopfneigung fördern. Wir denken dabei an die Form der Brennkammer und der Einlaßleitungen, die Gaswirbelungen, die Anbringung der Zündkerze, die Ventiltemperatur und die Form des Kühlmantels im Zylinderkopf.

Nachdieseln

Wird die Zündung ausgeschaltet und läuft der Motor danach noch weiter, man nennt dies nachdieseln, dann ist dies die Folge von Selbstentzündung. Selbstentzündung ist also etwas anderes als Klopfen. Beim Klopfen wird ein Teil des Gemischs durch den Funken der Zündkerzen gezündet. Bei der Selbstentzündung zünden nicht die Kerzen, sondern das Gemisch zündet aufgrund eines zu heißen Teils in der Brennkammer selbst, z.B. durch Ölkohleablagerung, zu heiße Zündkerzen, schlecht schließende Ventile u.ä. Man muß den Motor so schnell wie möglich zum Stehen bringen, indem man das Gaspedal mit einem raschen Tritt auf Vollgas stellt. Das einströmende Gemisch kühlt den Motor dann hinlänglich.

5.2 Kraftstoffbehälter und Leitungen

Der Kraftstoffbehälter ist aus Stahlblech gepreßt und innen verzinnt. Auch Kunststoffbehälter gibt es. Oftmals ist an der niedrigsten Stelle eine Ablaßschraube angebracht. Diese kann man dazu benutzen, hin und wieder Kondenswasser und eventuelle Verunreinigungen abzulassen. Sie kann auch gute Dienste leisten, wenn einmal versehentlich der falsche Kraftstoff getankt worden sein sollte.

Auch Wasser kann unten abgelassen werden, weil das spezifische Gewicht des Benzins (750 kg/m³) unter dem des Wassers liegt. Der Kraftstoffbehälter hat immer eine Entlüftung über den Tankverschluß oder ein Entlüftungsrohr. In diesem Rohr kann ein Sicherheitsventil angebracht sein, welches das Ausfließen von Kraftstoff bei einem Umkippen des Fahrzeugs verhindert. Falls die Entlüftung verstopft ist, kann es geschehen, daß die Kraftstoff-Förderpumpe den Tank – je nach dessen Form – teilweise platt saugt.

Ferner enthält der Kraftstoffbehälter auch die Schwimmereinheit, die den jeweiligen Inhalt an die Kraftstoffanzeige auf dem Armaturenträger meldet.

Kraftstoffleitungen können ganz oder teilweise aus Stahl sein. Im letzteren Fall besteht die Verbindung zum Vergaser aus einem gewebeverstärkten Gummischlauch. Sollte dieser nach der Demontage erneut aufgeschoben werden, so muß er aus Sicherheitsgründen immer mit einer Schlauchklemme gesichert werden. Achten Sie auch darauf, daß zwischen Befestigungsbügeln und Kraftstoffleitungen kein unmittelbarer Kontakt bestehen darf, da sonst die Gefahr von Schwingungen und Durchscheuern besteht.

Abb. 5.2: Kraftstoffbehälter mit Schwimmerelement

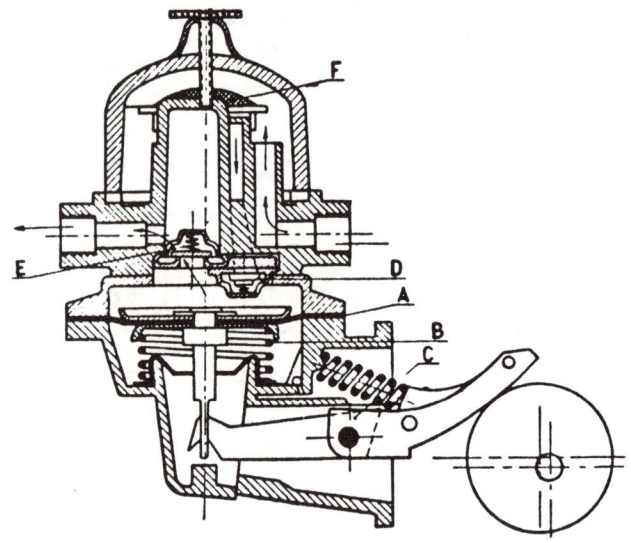

Abb. 5.3: Funktion des «Roll-over»-Ventils

Liegt eine Kraftstoffleitung an einer zu warmen Stelle, so kann dadurch eine 'Dampfsperre' eintreten. Eine sich bildende Benzindampfblase wird die Kraftstoffzufuhr ganz oder teilweise unterbrechen. Kühlt man die Kraftstoffleitung mit einem nassen Lappen ab, dann kondensiert der Dampf wieder zur Flüssigkeit.

In der Leitung zwischen Kraftstoff-Förderpumpe und Vergaser ist häufig ein Kraftstoffilter angebracht, und zwar so, daß sich darin eine gewisse Menge Luft befindet, die aber die Bezinzufuhr nicht beeinträchtigt. Die Luft soll verhindern, daß die Schwimmernadel durch den Druck der Förderpumpe zu schwingen beginnt und frühzeitig verschleißt. Die Luft dient gewissermaßen als Puffer, und dadurch wird das Benzin nur allmählich in das Schwimmergehäuse fließen.

5.3 Mechanische Kraftstoff-Förderpumpe

Wenn der Kraftstoffbehälter niedriger als der Vergaser liegt, bringt man zwischen beiden eine Förderpumpe an. Diese kann mechanisch oder elektrisch sein.

Der Hebel der mechanischen Förderpumpe wird durch einen Exzenter der Nockenwelle betätigt. Dieser Hebel ist auf einer Welle befestigt und drückt den inneren

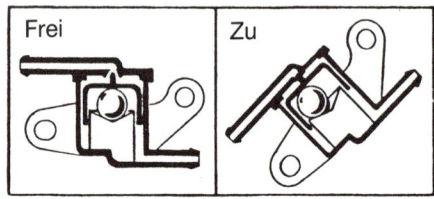

1 Innerer Betätigungshebel
2 Membranfeder
3 Membrane
4 Druckventil
5 Filtergehäuse
6 Saugventil
7 unterer Gehäuseteil
8 Hebel für Handbetätigung

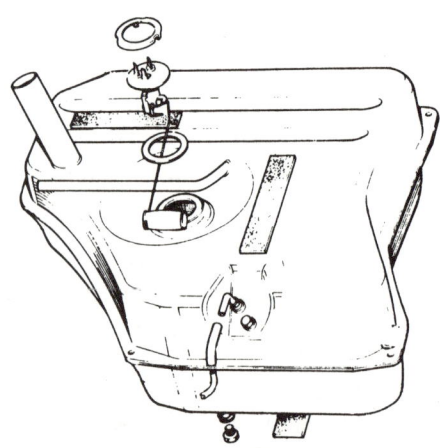

Abb. 5.4: Mechanische Kraftstoff-Förderpumpe mit Einzelteilen:

Betätigungshebel nach unten. Dieser zieht den Membranstift mit der daran befestigten Membrane nach unten. Dadurch entsteht oberhalb der Membrane ein Unterdruck. Das Druckventil schließt sich, und das Saugventil öffnet sich. In den Raum über der Membrane fließt Benzin; das Benzin im Kraftstoffbehälter steht schließlich unter normalem Luftdruck. Zu beachten ist, daß das Benzin im Filtergehäuse nach oben fließen muß, ehe es durch das Filter kann. Auf diese Weise kann eventuell vorhandener Schmutz absinken.

Inzwischen hat sich die Nockenwelle weitergedreht. Die Feder drückt den Hebel ständig gegen die Nockenwelle an, wodurch die Pumpe geräuschärmer arbeitet. Die Membranfeder kann die Membrane nach oben drücken. Das Druckventil öffnet sich, und das Saugventil schließt sich. Die Membrane bewegt sich solange nach oben, bis die Schwimmernadel im Vergaser die weitere Benzinzufuhr sperrt. In diesem Augenblick ist der Benzinpegel in der Schwimmerkammer auf dem höchsten Stand. Wie weit sich die Membrane nach oben bewegt, hängt also vom Benzinverbrauch ab. Normal beträgt der Hub der Membrane ungefähr 1 mm. Soll die Schwimmerkammer vollgepumpt werden, dann beträgt der Hub 5 mm oder mehr. Die Pumpe paßt die Fördermenge also automatisch an den Verbrauch an. Die Membrane wird schließlich nur soweit nach unten gezogen, wie sich durch die verbrauchte Kraftstoffmenge nach oben bewegen konnte.

Die Abbildung zeigt auch einen Hebel zur Handbedienung. Bewegt man diesen auf und ab, so kann man die Schwimmerkammer vollpumpen ohne den Motor zu starten.

Da die Membranfeder auf das Benzin drückt, ist sie auch für den Förderdruck entscheidend. Dieser beträgt etwa 25 kPa.

Die Dicke der Dichtung zwischen Förderpumpe und Motorblock spielt hinsichtlich der Förderleistung eine Rolle. Setzt man eine dickere Dichtung ein, dann ist der Hebel weiter von der Nockenwelle entfernt, und der Membranhub ist kleiner.

Das untere Pumpengehäuse hat unten eine kleine Öffnung, um den Raum unterhalb der Membrane zu entlüften und eingedrungenes Benzin abfließen zu lassen. Durch die Öffnung, mit der das untere Pumpengehäuse mit der Ölwanne des Motors verbunden ist, dringen Öldämpfe

ein. Diese sorgen für die Schmierung der Hebelscharniere.

5.4 Elektrische Kraftstoff-Förderpumpe

Die Abb. 5.5 zeigt das Funktionsprinzip und die Teile der elektrischen Kraftstoff-Förderpumpe. Die Pumpe ist geladen, weil die Schwimmernadel eine weitere

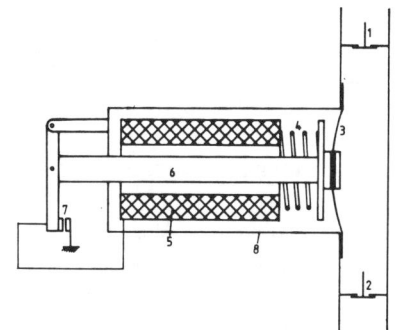

Abb. 5.5: Funktion einer elektrischen Kraftstoff-Förderpumpe, schematisch wiedergegeben
1 Saugventil
2 Druckventil
3 Membrane
4 Membranfeder
5 Spule
6 Kern (Membran-Zugstange)
7 Kontakte
8 Gehäuse

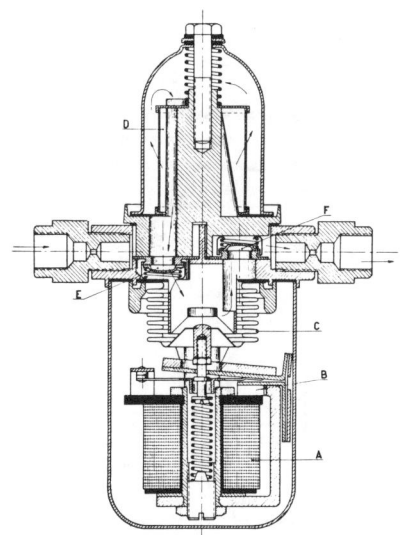

Abb. 5.6: Ausführung einer elektrischen Kraftstoff-Förderpumpe
A Spule
B Gestänge mit Unterbrecher
C Balgen
D Filter
E Saugventil
F Druckventil

Benzinzufuhr sperrt. In dieser Membranstellung sind auch die Unterbrecherkontakte 7 geöffnet. Wird Benzin verbraucht, dann drückt die Feder 4 die Membrane nach rechts, wodurch sich die Unterbrecherkontakte 7 schließen. Durch die Spule 5 fließt ein Strom, und diese fungiert dadurch als Elektromagnet. Der Kern 6 mit der Membrane wird nach links gezogen, und die Unterbrecherkontakte 7 öffnen sich wieder. Benzin wird angesaugt, und der Vorgang kann sich wiederholen.

Die Abb. 5.5 zeigt die tatsächliche Ausführung, bei der die Membrane durch einen Balgen ersetzt ist.

Die elektrische Förderpumpe hat den Vorteil, daß die Schwimmerkammer vollgepumpt werden kann, ohne daß der Motor dazu laufen muß. Andererseits ist ihre Konstruktion komplizierter, als die einer mechanischen Förderpumpe.

5.5 Vergaser

Zweck
Der Vergaser soll dem Wunsch des Fahrers und dem Bedarf des Motors entsprechend das richtig zusammengesetzte Benzin-Luftgemisch in der erforderlichen Menge liefern.

Lufttrichter
Das richtig zusammengesetzte Gemisch soll nicht nur die richtige Luft- und Benzinmenge enthalten, sondern beide Bestandteile sollen auch gründlich miteinander vermischt sein. Deshalb wird das Benzin im Vergaser in ganz winzige Tröpfchen zerteilt oder zerstäubt. Auf diese Weise kann das Benzin im Vergaser und in den Einlaßleitungen bereits genügend Wärme aufnehmen, um großenteils zu verdampfen. Das ist wichtig, denn nur verdampftes Benzin brennt. In flüssigem Zustand würde das Benzin nicht brennen.

Als Folge der Benzinverdampfung kann bei strenger Kälte und bei noch kaltem Motor im und um den Vergaser herum eine störende Eisbildung auftreten. Die Wärme, welche die feinen Benzinteilchen verschlucken, wird an erster Stelle den Leerlaufbohrungen, der Hauptdüse und dem Vergasergehäuse in der Umgebung der Düse entzogen. Dadurch kann dessen Temperatur soweit absinken, daß der Wasserdampf der Luft am Gehäuse kondensiert und dort Eis bildet. Deshalb sind manche Vergaser mit einem Kühlflüssigkeitsumlauf versehen.

Prinzip

Im Prinzip besteht der Vergaser aus der Schwimmerkammer, dem Saugrohr, der Drosselklappe, dem Lufttrichter, der Hauptdüse und dem Austrittsarm. Um den Benzinpegel gleichbleibend zu halten, verwendet man den Schwimmer mit der Schwimmernadel. Die Hauptdüse ist eine

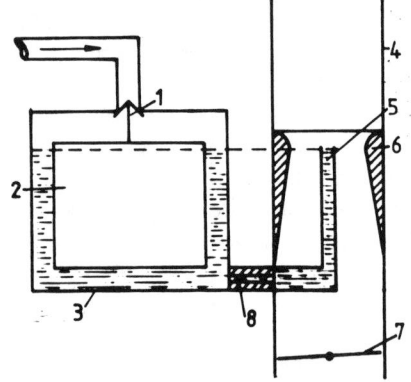

Abb. 5.7: Prinzip des Fallstromvergasers
1 Schwimmernadel
2 Schwimmer
3 Schwimmerkammer
4 Saugrohr
5 Austrittsarm
6 Lufttrichter
7 Drosselklappe
8 Hauptdüse

genau festgelegte Bohrung, meist in einer kleinen Schraube angebracht, mit der die Menge des gelieferten Benzins bestimmt wird. Die Zahl auf der Hauptdüse deutet ungefähr den Durchmesser an, der in Hundertstel mm angegeben wird. Es handelt sich um einen Durchflußwert.

Pressen oder saugen wir Luft durch ein Rohr, das eine Verengung hat, so stellen wir fest, daß die Luftbeschleunigung an der Enge größer ist. Die Luftbeschleunigung geht mit einem Druckabfall gepaart. Dieser ist dort am größten, wo die Verengung am stärksten ist. Daniel Bernoulli hat diese Erscheinung, auf der die Funktion des Vergasers beruht, als erster nachgewiesen.

Das Funktionsprinzip des Vergasers dürfte jetzt wohl klar sein. Während des Ansaugtaktes entsteht in den Zylindern Unterdruck. Dadurch wird Luft durch das Saugrohr und die Verengung gesaugt. In der Verengung kommt es zur Luftbeschleunigung und zum Unterdruck, der Benzin aus dem Austrittsarm saugt. Durch die große Luftgeschwindigkeit und die Form des Lufttrichters wird das Benzin zerstäubt, in winzige Tröpfchen verteilt

und mit Luft gemischt. Infolge der plötzlichen Änderung der Durchflußöffnung entstehen aber auch unerwünschte Luftwirbelungen.

Natürlich hat auch die Stellung der Drosselklappe einen Einfluß auf die angesaugte Benzinmenge. Die Drosselklappenöffnung regelt im Grunde die Luftmenge, die den Vergaser durchströmt. Dieser Luft wird im Vergaser eine bestimmte Benzinmenge beigemischt. Je weiter die Drosselklappe geöffnet ist, desto mehr Luft wird angesaugt und desto größer ist der Unterdruck, so daß wieder mehr Benzin aus dem Austrittsarm gesaugt wird. Es wäre aber falsch, daraus zu folgern, daß das Mischverhältnis ungeachtet der Drosselklappenstellung in einem einfachen Vergaser, wie in der Abb. 5.6 gezeigt, immer richtig bleiben würde. Das richtige Mischungsverhältnis könnte man hier nur bei einer ganz bestimmten Motordrehzahl bekommen. Durch die Luftwirbelung hätte ein größerer Unterdruck ein fetteres und ein kleinerer Unterdruck ein magereres Gemisch zur Folge.

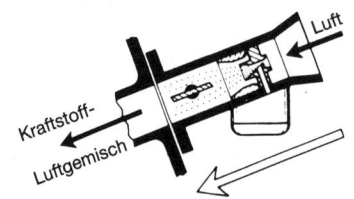

a) Schrägstromvergaser

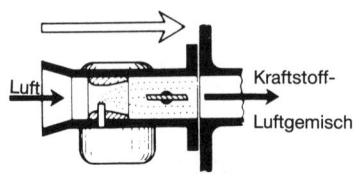

b) Flachstromvergaser

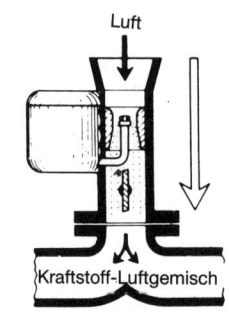

c) Fallstromvergaser

Abb. 5.8: Vergaserstellung

Die Größe des Unterdrucks hängt nicht nur von der Stellung der Drosselklappe ab, sondern auch von der Motordrehzahl.

So ist der Unterdruck bei einer großen Drosselklappenöffnung und einer niedrigen Drehzahl, also bei einer guten Zylinderfüllung, sehr niedrig. Es wird weniger Luft angesaugt, und demnach ist die Luftgeschwindigkeit gering.

Will man unter allen Bedingungen mit entsprechendem Mischverhältnis fahren, so braucht man schon etwas mehr, als nur einen einfachen Austrittsarm mit Hauptdüse und Lufttrichter. Wie die einzelnen Vergaserhersteller dieses Problem in jeweils eigener Weise lösen, sehen wir bei der Besprechung der verschiedenen Vergasertypen.

Bauarten

– Je nach Stellung des Saugrohres und des Austrittsarms unterscheiden wir Fallstromvergaser, Steigstromvergaser und Flachstromvergaser. Der Steigstromvergaser hat sich von diesen drei am wenigsten bewährt. Der Fallstromvergaser garantiert eine bessere Mischung von Luft und Benzin und führt zu einer besseren Zylinderfüllung. Die Mischung ist besser, weil die Strömungsrichtungen von Luft und Benzin entgegengesetzt sind. Die Füllung ist besser, weil der Durchmesser der Einlaßleitungen größer sein kann. Die Luftgeschwindigkeit kann geringer sein, weil sich der Luft-Benzinstrom abwärts bewegt. Der Flachstromvergaser hat noch den zusätzlichen Vorteil, daß die Einlaßleitung weggelassen werden kann.

– Ferner kann der Motor gespeist werden durch einen einzelnen Vergaser, zwei oder mehr gesonderte Einzelvergaser, zusammengebaute Einzelvergaser und Registervergaser mit mechanisch oder unter Druck betätigter zweiter Stufe.

– Es gibt Vergaser mit veränderlichen Lufttrichtern, die sogen. Konstant-Vakuumvergaser mit zwei oder drei Lufttrichtern. Letzteres hat den Vorteil, daß der Vergaser schneller auf Veränderungen in der Motorbelastung und auf die Gashebelstellung reagiert.

5.6 Schwimmerkammer

Zur Einhaltung des richtigen Mischungsverhältnisses muß der Benzinpegel im Austrittsrohr, und demzufolge auch in der Schwimmerkammer, möglichst gleichmäßig sein. Deshalb hat die Schwimmerkammer einen Schwimmer und eine Schwim-

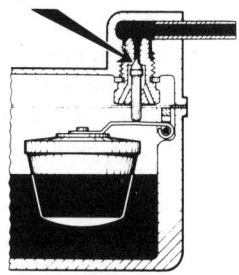

Schwimmernadelventil geschlossen

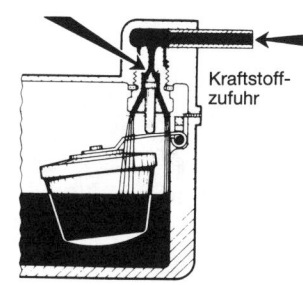

Schwimmernadelventil geöffnet

Kraftstoff-zufuhr

Abb. 5.9: Funktion der Schwimmerregelung

mernadel mit Ventilsitz. Ist der maximale Benzinstand erreicht, dann sperrt die Nadel die weitere Zufuhr.

Der Schwimmer muß möglichst leicht sein, und deshalb stellt man ihn aus Kunststoff oder dünnem Messingblech her. Ferner muß der Schwimmer sehr empfindlich sein, aber er darf sich durch Beschleunigen oder Abbremsen, die Lage des Fahrzeuges auf der Straße und den Zustand der Straße nicht beeinflussen lassen. Ein Schwimmer, der nicht in einem scharnierenden Gelenk hängt, muß deshalb möglichst groß sein. Ein an einem Hebel aufgehängter Schwimmer ist kleiner, aber er kann sich nur auf und ab bewegen, und durch den Hebel wird der Druck auf die Nadel vergrößert. Der Hebel kann ein gebogenes Stück zur Regelung des Benzinpegels haben und einen Anschlag, der verhindert, daß der Schwimmer bei leerer Schwimmerkammer den Boden berührt. Durch einen verbeulten Schwimmer steigt der Benzinpegel.

Das wird ebenfalls beeinflußt durch:

– die spezifische Masse des Benzins (aufwärts wirkende Kraft = Masse der bewegten Flüssigkeit);

– den Durchmesser der Schwimmernadel;

– den Förderpumpendruck;

– die Straßenlage. Nur bei einer kreisförmigen Schwimmerkammer beeinflußt die Straßenlage den Benzinpegel im Austrittsarm nicht. Die Schwimmervorrichtung muß dann wohl doppelt ausgeführt sein. Die nicht kreisförmige Schwimmerkammer sollte vor dem Saugrohr angebracht sein. Bei der Bergauffahrt wird das Gemisch dann automatisch fetter, und die Wölbung der Straße hat einen geringeren Einfluß;

– den Abstand zwischen Schwimmernadel und Schwimmer oder Schwimmerhebel. Je größer dieser Abstand wird, desto höher ist der Benzinpegel. Es

dauert dann schließlich länger, ehe der Schwimmer die Nadel berührt und nach oben drückt.

Durch die vom Vergaser aufgenommene Wärme verdampft das Benzin, vor allem nach dem Ausschalten des Motors. Deshalb muß die Schwimmerkammer ventiliert werden, was durch direkte Verbindung zur Außenluft möglich ist. Eine bessere Lösung ist es, zwischen der Schwimmerkammer und dem Raum im Saugrohr über der Starterklappe und unter dem Luftfilter ein Belüftungsröhrchen anzubringen. Diese Ausführung hat den Vorteil, daß in der Schwimmerkammer der gleiche Druck wie unter dem Luftfilter sein wird, selbst bei verstopftem Filter.

5.7 Kaltstartsysteme

Der kalte Motor dürfte mit dem Luft-Benzingemisch, das normalerweise im Vergaser entsteht, kaum oder gar nicht zum Laufen zu bringen sein. Ein Teil des Benzins wird an den kalten Einlaßleitungen und Zylinderwänden haften bleiben. Das Benzin, das sich dort nicht wieder kondensiert, wird nur teilweise verdampfen. Der Teil, der nicht verdampft, kann sich auch nicht an der Verbrennung beteiligen. Damit dennoch eine ausreichende Benzinmenge verdampft, so daß der Motor zu laufen beginnt, muß mehr Benzin zugeführt werden als sonst; der Vergaser muß ein fettes Gemisch liefern. Das heißt nicht, daß für die Verbrennung selbst ein fetteres Gemisch erforderlich wäre. Das Benzin verbrennt immer im Verhältnis von einem Gewichtsteil Benzin zu fünfzehn Gewichtsteilen Luft, gleich ob die Luft kalt oder warm ist. Die zusätzliche Benzinmenge, die in den Verbrennungsraum gelangt, geht unverbrannt wieder zum Auspuff hinaus.

Das fette Gemisch erhält man in den meisten Fällen durch eine Starterklappe, welche in geschlossenem Zustand die Luftzu-

fuhr im Saugrohr größtenteils sperrt. Wird der Motor gestartet, dann entsteht im Saugrohr ein großer Unterdruck. Die Saugkraft am Zerstäuber ist stärker als normal, und es wird weniger Luft angesaugt. Das führt zu einer besonders fetten Mischung.

Mit steigender Motortemperatur ist ein weniger fettes Gemisch erforderlich, und die Starterklappe muß allmählich geöffnet werden. Bleibt die Starterklappe zu lange geschlossen, so wird der Motor aussetzen. Man sagt dann, daß der Motor 'abgesoffen' ist. Durch den Benzinüberschuß in der Brennkammer werden die Zündkerzen naß, und dadurch fällt die Zündung aus. Um dies zu verhindern, ist in der Starterklappe zuweilen ein kleines Ventil angebracht, das offengesaugt wird, wenn der Unterdruck zu stark wird. Ein anderes Mittel besteht darin, die Starterklappenachse nicht zentral anzubringen. Soll das Schließen der Starterklappe Erfolg zeitigen, so muß der Unterdruck des Motors in ausreichendem Maße bis zum Austrittsarm vordringen können. Deshalb muß das Drosselventil ein wenig geöffnet werden. Oftmals geschieht dies automatisch durch eine Verbindungsstange zwischen Drosselventil und Starterklappe.

Die Abb. 5.10 zeigt ein völlig anderes System der Starterklappenvorrichtung. Die Starterklappe ist hier durch eine Regelscheibe ersetzt, die mit Öffnungen und einer Nute versehen ist. Soll diese Startvorrichtung hundertprozentig funktionieren, dann muß das Drosselventil geschlossen sein. Durch den Unterdruck unter der Drosselklappe wird über die Öffnungen und die Nute in der Scheibe Benzin angesaugt. Das Benzin strömt über die Nute in der Scheibe in das Saugrohr. Ist der Motor ein wenig aufgewärmt und ist ein weniger fettes Gemisch erforderlich,

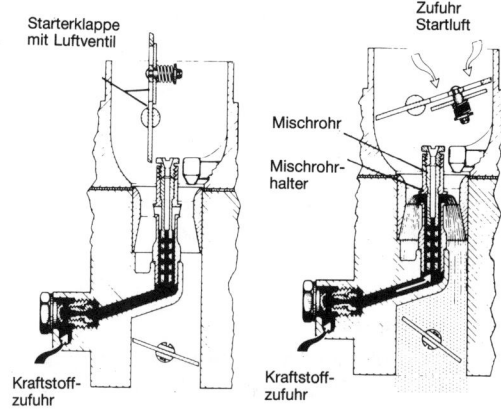

Starterklappe mit Luftventil

Zufuhr Startluft

Mischrohr

Mischrohr-halter

Kraftstoff-zufuhr

Kraftstoff-zufuhr

Abb. 5.10: Starterklappe mit Luftventil

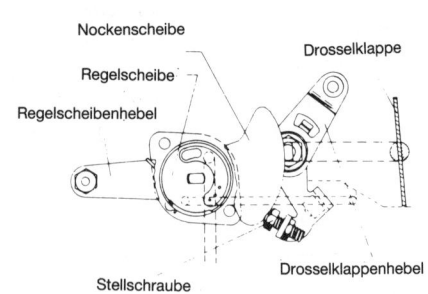

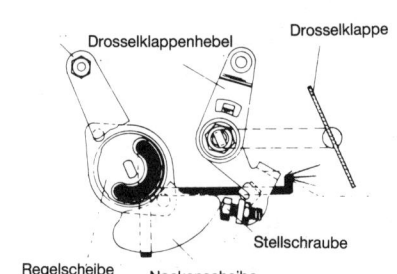

Abb. 5.11: Funktion des Startvergasers. Links: ausgeschaltet, Rechts: eingeschaltet

so wird die Regelscheibe verdreht, so daß über einen kleineren Durchlaß weniger Benzin zugeführt wird. Bei ausgeschalteter Startvorrichtung sind die Zu- und Abführkanäle geschlossen.

Automatische Kaltstartsysteme

Während der Aufwärmperiode des Motors gibt es für eine bestimmte Motortemperatur nur eine ganz bestimmte Idealstellung der Starterklappe. Da die wenigsten Fahrer sich dessen bewußt sein dürften, hat man eine automatische Starterklappe entwickelt.

Dabei wird die Starterklappe oder -scheibe durch eine Spiralfeder aus Bimetall verdreht. Die Feder besteht aus zwei Metallen mit unterschiedlichen Dehnungskoeffizienten.

In kaltem Zustand hält die Feder die Starterklappe geschlossen. Wird die Feder wärmer, dann entspannt sie sich allmählich und öffnet die Klappe unter dem Einfluß eines Vakuumkolbens oder einer Membrane. Die Feder kann durch Luft, die durch die Abgase angewärmt wurde, erwärmt werden oder durch Wärme, die man von einem elektrischen Widerstandsdraht oder vom Kühlwasser bekommt, oder durch eine Kombination von Erwärmung durch Kühlwasser und einen Widerstandsdraht. Jedes der genannten Systeme hat Vor- und Nachteile. Die Kombination der Erwärmung durch Wasser zuzüglich elektrischer Erwärmung hat den Vorteil, daß die Startfunktion früh genug ausgeschaltet wird, während sich die Startvorrichtung bei einem kurzen Aufenthalt nicht wieder vollständig schließt.

Automatische Starteinrichtung mit Membrane

Unterdruck bewegt die Membrane entgegen dem Federdruck nach unten und öffnet die Starterklappe, wenn die sich entspannende Bimetallfeder dies zuläßt. Das

Abzweigen des Unterdrucks unterhalb der Drosselklappe hat zur Folge, daß die Klappe sich bei einem unter Startbedingungen laufenden Motor beim Gasgeben wieder etwas schließt. Das liegt daran, daß der Unterdruck dann kurzfristig nachläßt. Die kurzfristige Anreicherung des Gemischs trägt dazu bei, daß der Motor nicht aussetzt, sondern mehr anzieht. Andererseits führt die Unterdruckwirkung auch dazu, daß die geschlossene Starterklappe sich bei großem Unterdruck ein wenig öffnet. Die zusätzliche Luft verhindert, daß der Motor durch ein allzu fettes Gemisch aussetzt.

Die Einstellung des Öffnungs- und Schließmoments der automatischen Starterklappe erfolgt durch Regelung der Federspannung. Je stärker die Feder gespannt ist, desto später öffnet sich die Klappe und desto früher schließt sie sich auch wieder.

Die Achse der Starterklappe befindet sich

nicht in der Klappenmitte, damit die Klappe sich leichter öffnen läßt.

Bei sehr vielen Automobilen muß man zum Starten des kalten Motors zunächst einmal auf den Gashebel treten, damit die automatische Starterklappe sich schließt. Eine allgemeingültige Regel ist dies jedoch nicht.

Eine andere Methode zur automatischen Öffnung der Starterklappe besteht in der Verwendung eines Wachsthermostaten, der an den Kühlwasserkreislauf angeschlossen ist. Mit steigender Kühlwassertemperatur dehnt sich das Wachs, wodurch eine Membrane oder ein Plunger die Starterklappe über ein Gestänge öffnet.

5.8 Leerlaufsystem

Bei geöffneter Drosselklappe saugt der Unterdruck, der durch die Luftbeschleunigung im Lufttrichter entsteht, das Benzin aus dem Hauptdüsensystem. Bei geschlossener Drosselklappe wird zuwenig Luft angesaugt, und die Luftbeschleunigung ist zu gering um das Hauptdüsensystem arbeiten zu lassen. Das erforderliche Gemisch wird dann durch die Leerlaufvorrichtung geliefert. Dieses braucht nur für soviel Verbrennungskraft zu sorgen, daß der unbelastete Motor weiterläuft.

Im Leerlauf wird der Motor mit einem fetten Gemisch gespeist. Ein Verhältnis von 1:12 bis 1:13 ist erforderlich. Die Zylinder

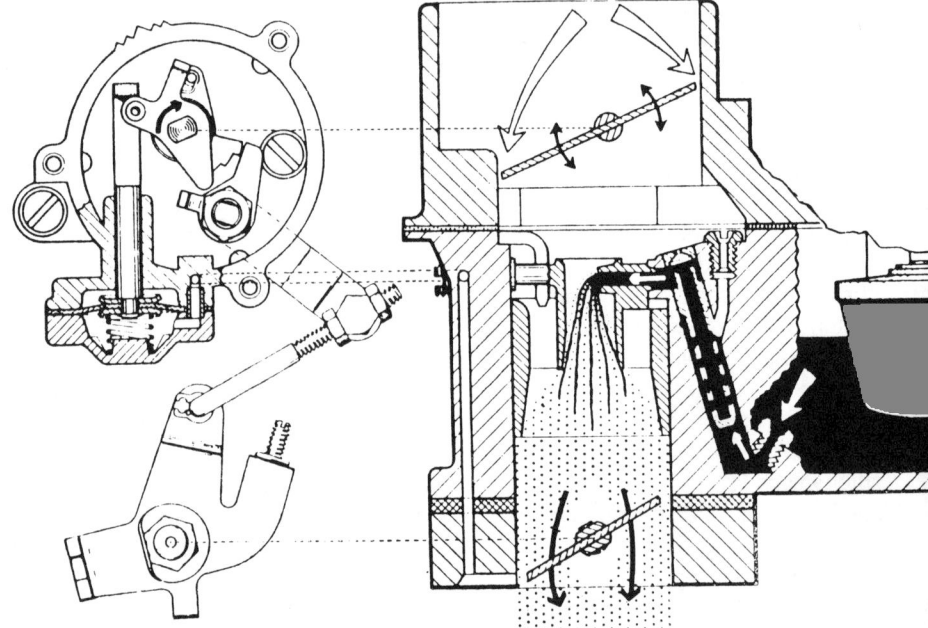

Abb. 5.12: Automatische Starterfunktion mit Membrane

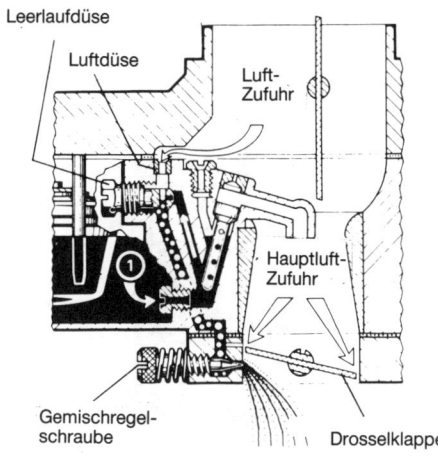

Leerlaufdüse
Luftdüse
Luft-Zufuhr
Hauptluft-Zufuhr
①
Gemischregel-schraube
Drosselklappe

Abb. 5.13: Leerlaufsystem mit Gemischregelung

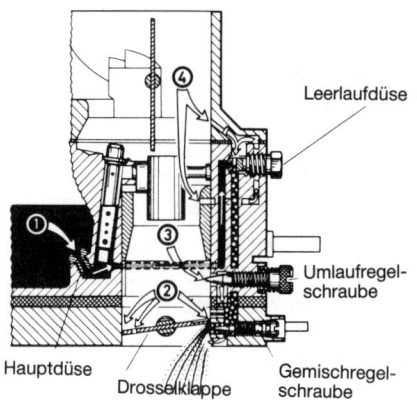

④
Leerlaufdüse
①
③
Umlaufregel-schraube
②
Hauptdüse
Drosselklappe
Gemischregel-schraube

Abb. 5.14: Leerlaufsystem mit Umlaufre-
gelung (Gemischregelung gesichert)

drehzahl dennoch allmählich und geschmeidig gesteigert werden kann, sind
eine oder mehrere Übergangsbohrungen
angebracht. Solange diese über der Drosselklappe liegen, strömt Luft hindurch.
Wenn die Drosselklappe sich öffnet,
strömt ein Gemisch hindurch. Obwohl in
diesem Augenblick mehr Kraftstoff in das
Saugrohr gelangt, wird das Gemisch dennoch nicht fetter, da die Drosselklappe
weiter geöffnet ist. Wird sie noch weiter
geöffnet, dann übernimmt das Hauptdüsensystem die Arbeit des Leerlaufsystems.

Leerlaufsystem mit Umlaufregelung
Früher wurde die Leerlaufdrehzahl immer
durch eine Anschlagschraube an der
Drosselklappe eingestellt. Zum Erhalt
sauberer Abgase sind nunmehr viele
Vergaser mit einer Umlaufvorrichtung versehen. Die Leerlaufvorrichtung ist dann
mit zwei oder mehr Schrauben zum Regeln der Mischungsverhältnisse versehen.
Diese Schrauben werden im Werk eingestellt und versiegelt; man sollte deshalb
nicht mehr daran herumdrehen.
Regelmöglichkeiten der Leerlaufdrehzahl:
1. Durch die Drosselklappen-Anschlag-
schraube (bei älteren Vergasern).
2. Durch die Umlaufregelschraube. Diese
Schraube ist versiegelt, siehe Abb.
5.14.
3. Durch die Hilfs-Gemischregulier-
schraube. Die Gemischregulierschrau-

be ist versiegelt, siehe Abb. 5.15. Der
CO-Gehalt kann durch die Emulsionsregelschraube geregelt werden.
Aus dem Voraufgegangenen läßt sich ableiten, daß man gut daran tut, zunächst
einmal die Daten des Herstellers zu stu-
dieren, ehe man an der Leerlaufeinstel-
lung etwas zu ändern versucht.

Leerlaufabschlußventil
Dieses Ventil soll verhindern, daß der Motor nach dem Ausschalten noch 'nachdie-
selt'. Beim Ausschalten der Zündung wird
auch der Strom durch ein Relais unterbrochen. Dadurch verschwindet das Magnetfeld, und das Abschlußventil sperrt die
Benzinzufuhr für den Leerlauf unter dem
Einfluß einer Feder.

bekommen eine schlechtere Füllung. Bei
niedriger Drehzahl ist das 'Atmen' des
Motors durch die Ventilüberlappung nicht
effizient. So werden sich u.a. die Einlaßventile für die Leerlaufdrehzahl nicht
schnell genug schließen. Da die Ventilüberlappung ja nicht extra für die Leerlaufdrehzahl berechnet ist, vermischen sich
dann die Einlaßgase mit den Abgasen.
Zum Ausgleich dieser Verschmutzung bedarf es einer fetteren Mischung. Im Leerlauf ist die Luftgeschwindigkeit so gering,
daß die am weitesten vom Vergaser entfernten Zylinder bei normalen Mischungsverhältnissen ein viel zu mageres Gemisch bekämen. Beim Leerlauf ist auch
mit einer niedrigeren Motortemperatur und
Kraftstoffkondensation zu rechnen.
Der Unterdruck, der hinter der Drosselklappe herrscht, wenn diese geschlossen
ist, saugt über die Leerlaufdüse Benzin
und über die Leerlaufluftdüse Luft an. Es
erfolgt eine Vormischung. Entlang der Gemischregulierschraube strömt das Gemisch in das Saugrohr, wo es nochmals
mit der Luft vermischt wird, die entlang der
Drosselklappe strömt. Durch Eindrehen
der Gemischregulierschraube reduziert
man die Menge des vorbereiteten Gemischs. Da die Luftmenge, die entlang der
Drosselklappe einströmt, gleich ist, wird
dem Motor schließlich ein magereres Gemisch zugeführt.
Öffnet sich die Drosselklappe, dann geht
der Unterdruck hinter dieser zurück, wodurch nicht mehr genug Gemisch angesaugt wird, um den Motor normal weiter-
laufen zu lassen. In diesem Augenblick ist
auch im Zerstäuber noch zuwenig Unterdruck vorhanden, um das Hauptdüsensystem in Gang zu setzen. Damit die Motor-

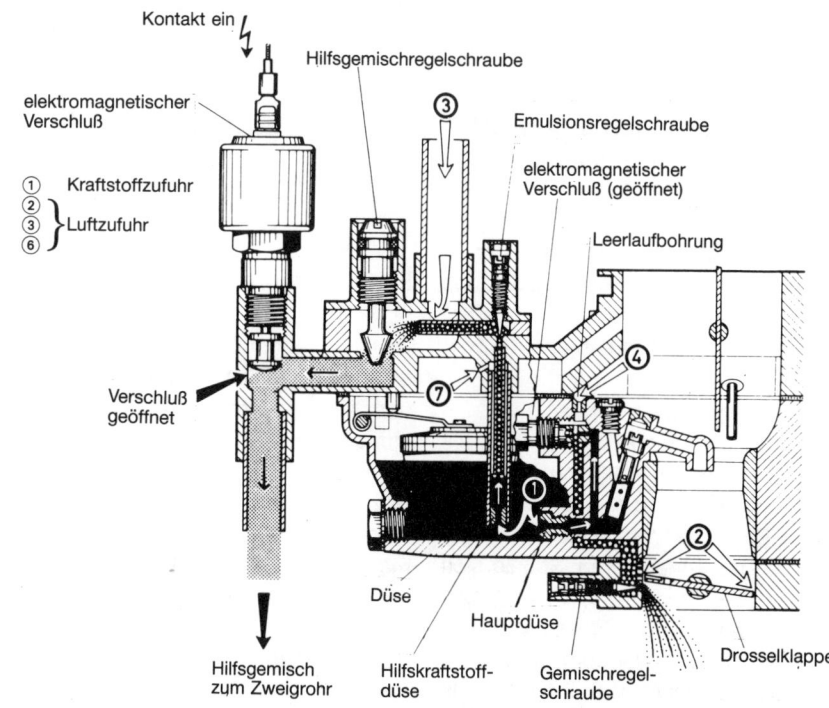

Kontakt ein
Hilfsgemischregelschraube
elektromagnetischer Verschluß
③
Emulsionsregelschraube
elektromagnetischer Verschluß (geöffnet)
Leerlaufbohrung
① Kraftstoffzufuhr
②
③ } Luftzufuhr
⑥
Verschluß geöffnet
④
⑦
Hilfsgemisch zum Zweigrohr
Düse
Hauptdüse
Hilfskraftstoff-düse
Gemischregel-schraube
Drosselklappe
①
②

Abb. 5.15: Leerlaufsystem mit Hilfsgemischregelung (Gemischregelschraube gesichert)

5.9 Beschleunigungspumpe

Um die Geschwindigkeit rasch erheblich zu steigern, bedarf es einer richtigen Zylinderfüllung und eines Gemischs, das fetter als normal ist. Das erreicht man durch den Tritt aufs Gaspedal. Ein Beweis der richtigen Zylinderfüllung ist die plötzliche Verminderung des Unterdrucks.

Mit den Mischungsverhältnissen verhält sich's anders. Ohne Beschleunigungspumpe würde der Motor während des Beschleunigens mit einer zu mageren Mischung gespeist und 'stottern'. Das aus dem Hauptdüsensystem angesaugte Benzin, das schwerer als Luft ist, wird schließlich nicht so stark beschleunigt wie die Luft. Die Beschleunigungspumpe ergänzt den Mangel, der durch die zurückbleibenden Benzinteilchen verursacht wird. Je länger und je gebogener die Einlaßleitungen sind, desto mehr Leistung muß die

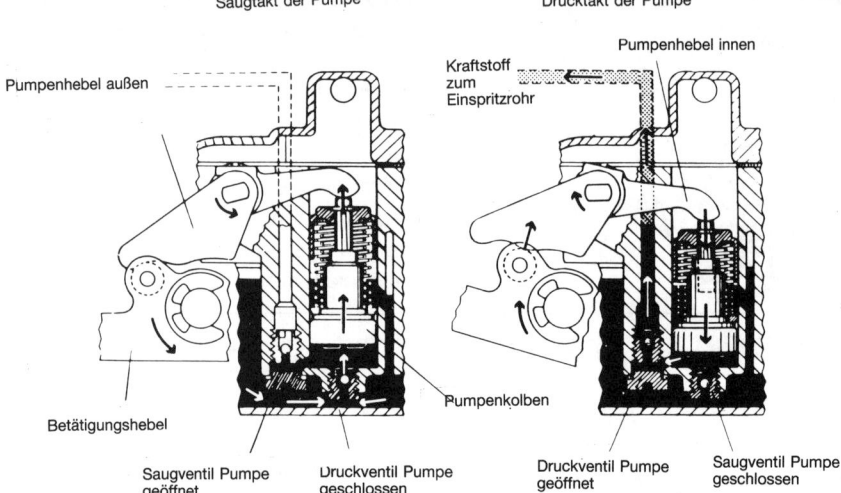

Abb. 5.17: Funktion einer Beschleunigerpumpe mit Kolben

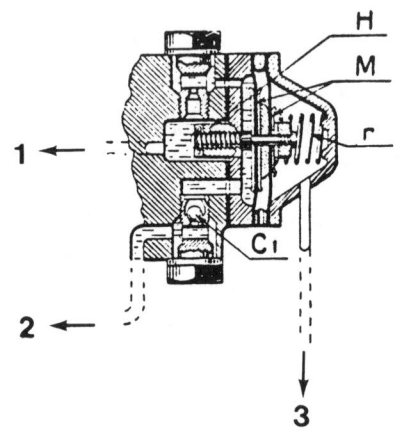

Abb. 5.16: Mit Unterdruck arbeitende Beschleunigerpumpe

1. Zur Beschleunigerdüse
2. Zur Schwimmerkammer
3. Mündet hinter Drosselklappe
H. Mittelventil
M. Doppelmembrane r. Feder

Beschleunigerpumpe erbringen.

Die Pumpe kann sowohl mechanisch als auch mit Unterdruck arbeiten und mit einem Kolben oder einer Membrane versehen sein. Die mechanische Kolbenpumpe funktioniert folgendermaßen: Sobald sich die Drosselklappe schließt, bewegt sich der Kolben nach oben, öffnet das Saugventil, und der Zylinderraum unter dem Kolben füllt sich mit Benzin. Tritt man aufs Gaspedal, dann bewegt sich der Kolben abwärts, öffnet das Druckventil und spritzt

eine zusätzliche Benzinmenge in den Lufttrichter.

Bei der mit Unterdruck arbeitenden Pumpe werden beide Membranen durch den Unterdruck, der normalerweise hinter der Drosselklappe und somit auch in der Unterdruckkammer hinter der Membrane vorherrscht, nach hinten gezogen. Über das Einlaßventil wird Benzin angesaugt. Wird Gas gegeben und verringert sich der Unterdruck, so wird das Benzin durch die Feder hinter den Membranen zum Hauptdüsensystem oder zur Beschleunigerpumpe gepreßt.

Bei mechanischen Pumpen und Unterdruck-Beschleunigerpumpen richtet sich die Dauer des Einspritzens nach den Abmessungen der Düsen. Je kleiner diese sind, desto länger dauert die Einspritzung. Die Menge des eingespritzten Kraftstoffs richtet sich nach der Länge des Hubes.

5.10 Anreicherungssysteme

Der Vergaser soll die Möglichkeit bieten, einerseits möglichst sparsam zu fahren und andererseits auch eine Höchstleistung herausholen zu können. Zwei völlig unterschiedliche Faktoren. Sparsam fährt man, wenn der gesamte Kraftstoff verbrennt. Um dessen sicher zu sein, braucht man einen Luftüberschuß. In der Praxis hat man ein Mischungsverhältnis von 1:16, da die Nachteile des Fahrens mit einem zu mageren Gemisch zu groß sind. Weil man zum Erhalt der Höchstleistung ein fettes Gemisch braucht, sind die Vergaser mit einem Vollastanreicherungssy-

stem versehen, das von einer bestimmten Geschwindigkeit oder Belastung an eine zusätzliche Benzinmenge liefert. Das mechanisch betätigte Anreicherungsventil öffnet sich nur bei einer bestimmten Stellung der Drosselklappe. Das kann selbst durch die Unterseite des Kolbens der Beschleunigerpumpe geschehen. Das Anreicherungsventil kann gleichzeitig Auslaßventil der Beschleunigerpumpe sein.

Es ist aber besser, das Anreicherungsventil mit Hilfe des Einlaßunterdrucks zu

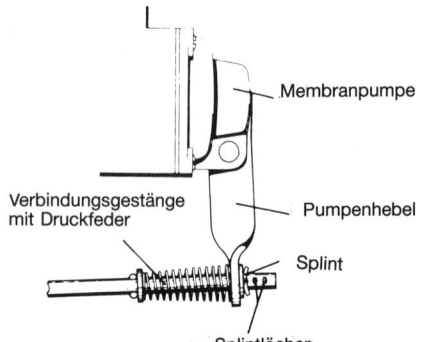

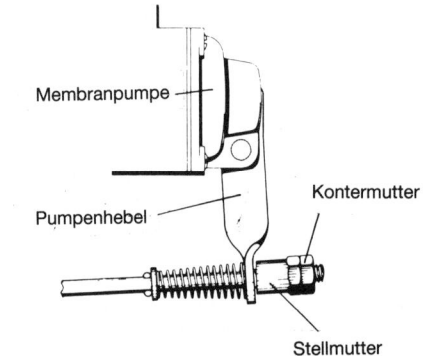

Abb. 5.18: Einstellmöglichkeiten des Hubes einer Membran-Beschleunigerpumpe

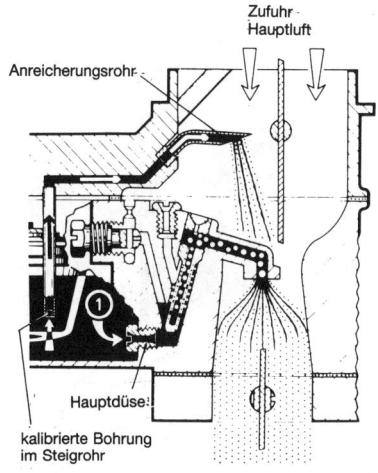

Abb. 5.19: Einfaches Anreicherungssystem mit Steigrohr eines Solex-Vergasers

betätigen. Auf diese Weise wird das Ventil auch bei höherer Belastung in niedrigerer Geschwindigkeit korrekt funktionieren. Sowohl bei niedriger als auch bei hoher Geschwindigkeit verringert sich der Einlaßunterdruck, sobald der Motor belastet wird; der Unterdruck erhöht sich bei niedrigerer Belastung. Das Anreicherungsventil schließt sich bei großem Unterdruck und öffnet sich, wenn der Unterdruck gering ist.

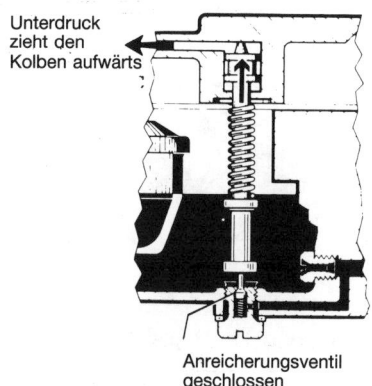

① Kraftstoffzufuhr

Abb. 5.20: Anreicherungssystem, das mit Unterdruck arbeitet

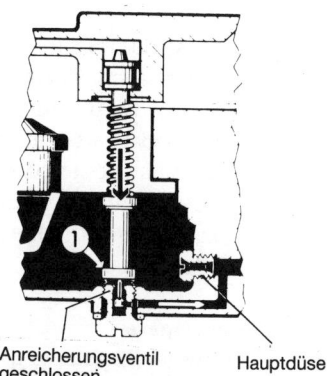

5.11 Hauptdüsensysteme

Das Voraufgegangene zeigt, daß das Luft-Benzingemisch bei wachsender Drehzahl immer fetter würde, sofern eine einfache Düse verwendet wird. Die Anreicherung ist eine Folge der Luftwirbelungen im Zerstäuber. Ein Mittel dazu, das Gemisch praktisch konstant zu halten, bietet die Verwendung zweier Düsen, nämlich einer

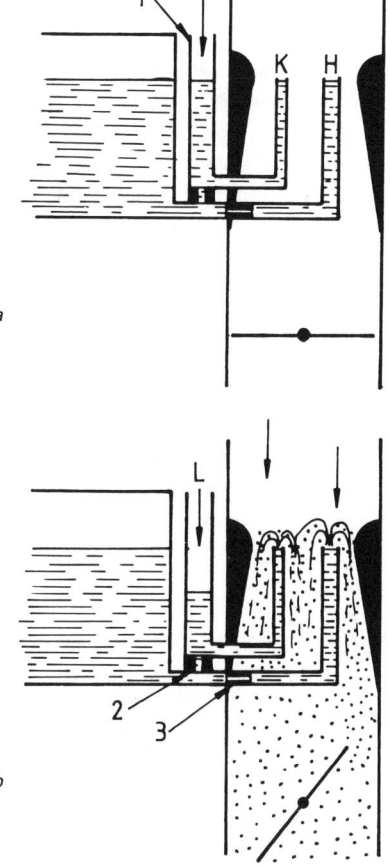

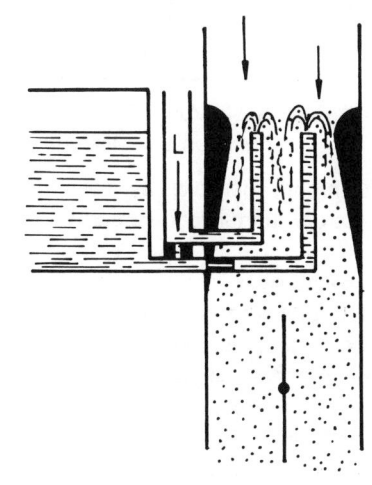

Abb. 5.21: Bavery-Prinzip
  a. Drosselklappe geschlossen
  b. Halbgas c. Vollgas

Hauptdüse und einer Ausgleichsdüse (Bavery-Prinzip). Die Hauptdüse H erhält ihr Benzin direkt aus der Schwimmerkammer, aber die Ausgleichsdüse K erhält es aus dem Kompensationsrohr 1. Ist das Gasventil geschlossen, dann ist der Benzinpegel in H und K gleich hoch. Geben Sie Gas, dann sinkt der Benzinpegel im Kompensationsrohr. Über die Ausgleichsdüse wird mehr Benzin verbraucht, als es der Ausgleichszufluß 2 durchläßt. Der Benzinpegel sinkt um so mehr, je mehr Gas gegeben wird. In einem bestimmten Augenblick ist er soweit abgesunken, daß durch K nicht nur Benzin, sondern auch Luft, Bremsluft genannt, mit angesaugt wird. Je mehr Liter Luft der Motor pro Minute ansaugt, desto mehr Bremsluft wird mit angesaugt. Der Unterdruck im Zerstäuber übt durch das Spiel der Bremsluft keinen Einfluß mehr auf den Ausgleichszufluß aus. Wird noch mehr Luft angesaugt, dann wird die Ausgleichsdüse ein zunehmend magereres Gemisch liefern, während das der Hauptdüse immer fetter wird. Beide zusammen liefern das richtige Mischungsverhältnis.

Luftkorrekturdüse

Eine andere Methode, das Benzin-Luftgemisch der Hauptdüse konstant zu halten, bietet die Luftkorrekturdüse, wie sie u.a. von Solex verwendet wird. Die Abbildung zeigt deren Bau und Lage in einem Teil eines Solex-Vergasers. Das Mischrohr 2 mit Bremsluftbohrungen steht im Mischrohrhalter 3; oben auf dem Halter befindet sich die Luftdüse 1.
Die Luftkorrekturdüse bekommt ihr Benzin durch die Hauptdüse 4 aus der Schwim-

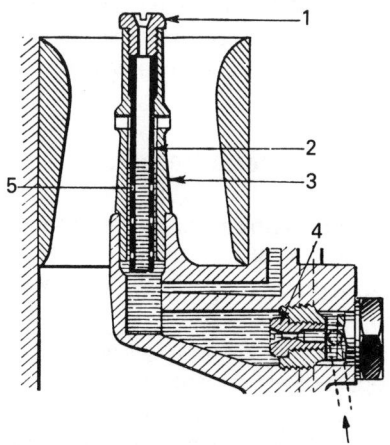

Abb. 5.22: Luftkorrekturdüse
  1 Luftdüse 2 Mischrohr
  3 Halter 4 Hauptdüse
  5 Bremsluftbohrungen

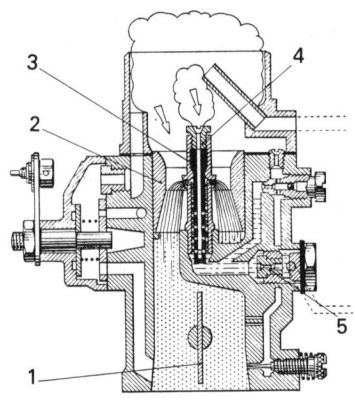

Abb. 5.23: Funktion eines Solex-Vergasers
1 Drosselklappe 2 Lufttrichter
3 Mischrohr 4 Luftdüse
5 Hauptdüse

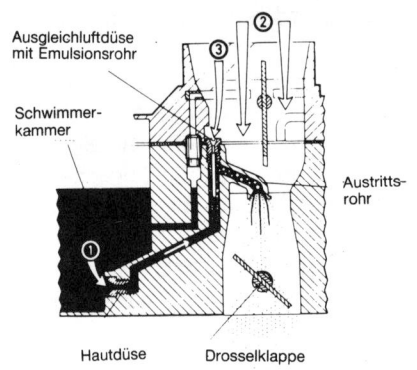

Abb. 5.24: Solex-Vergaser mit abweichender Mischrohrstellung
1 Kraftstoffzufuhr
2 Hauptluftzufuhr
3 Zufuhr Ausgleichsluft

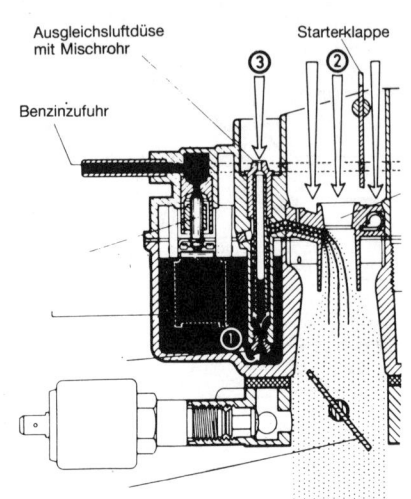

Abb. 5.25: Zenith-Vergaser, der nach dem Bremsluftprinzip arbeitet

merkammer. Bei einem bestimmten Unterdruck wird ebenso viel Benzin zugeführt wie verbraucht. Steigt der Unterdruck, dann wird zeitweilig mehr Benzin verbraucht. Der Benzinpegel im Mischrohr sinkt. Dadurch werden zuerst die Bremsluftbohrungen 5 frei, durch die nicht nur Benzin angesaugt wird, sondern auch Bremsluft. Mit weiter steigendem Unterdruck sinkt auch der Benzinpegel, es werden mehr Bremsluftbohrungen frei und es wird mehr Bremsluft angesaugt. In der Abb. 5.22 ist das Drosselventil ganz geöffnet, und sämtliche Korrekturluftbohrungen stehen über dem Benzinpegel im Mischrohr. Durch das Ansaugen von Bremsluft wird der Unterdruck auf das Benzin in der Düse abgebremst. Auf diese Weise erhält man im 'Sparbereich' des Motors ein nahezu konstantes Gemisch.

Beim in Abb. 5.23 gezeigten Solex-Vergaser ist das Mischrohr anders aufgestellt. Das Prinzip der Luftkorrekturdüse begegnet uns auch in anderen Vergasern.

5.12 Mehrfache Vergaser

Es gibt einige Unklarheit im Bezug auf die Begriffe:
–Einzelvergaser,
–Doppelvergaser,
–Register- oder Stufenvergaser,
–doppelter Registervergaser.
Die Abbildung zeigt die Obenansichten der verschiedenen Ausführungen, die hier beschrieben werden.

Einzelvergaser
Der Einzelvergaser hat einen Lufttrichter

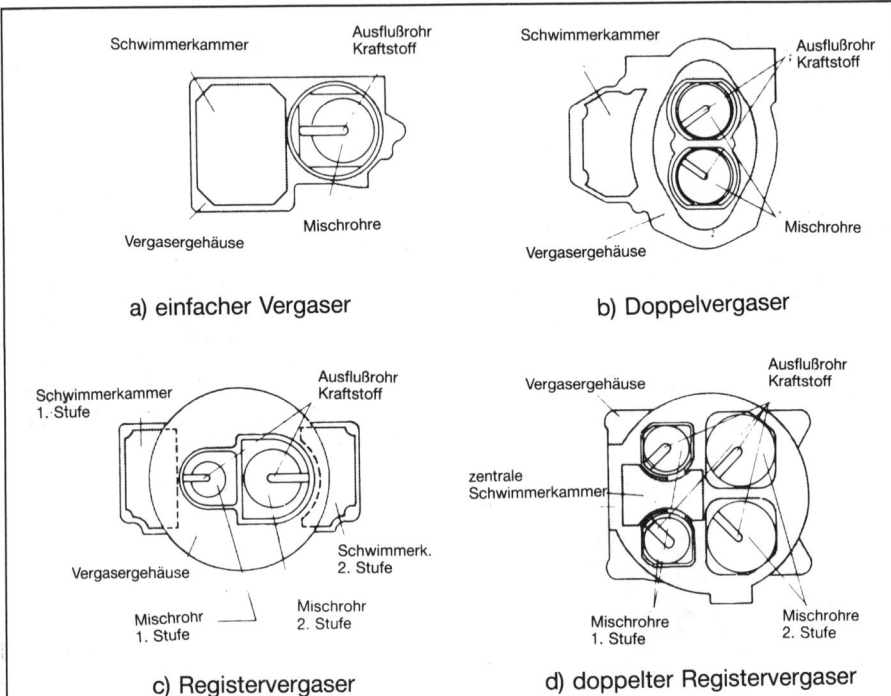

Abb. 5.26: Ausführungen von Vergasern. Die einzelnen Typen werden nach Anzahl und Funktion der Mischrohrbohrungen unterschieden.

(Mischrohr), der alle Zylinder mit dem Kraftstoff/Luftgemisch versorgt.

Doppelvergaser
Der Doppelvergaser hat zwei Lufttrichter mit gleichem Durchmesser, die **verschiedene** Zylinder mit dem Kraftstoff/Luftgemisch versorgen. Die beiden Drosselklappen öffnen sich gleichzeitig (synchron).

Registervergaser
Der Registervergaser hat zwei Lufttrichter, die zwar unterschiedliche Durchmesser haben, die aber **beide dieselben** Zylinder

versorgen. Der kleinste Lufttrichter gehört zur ersten Stufe (daher auch die Bezeichnung Stufenvergaser), die bis zu einem bestimmten Energiebedarf arbeitet. Wird dem Motor mehr Leistung abgefordert, so öffnet sich das Drosselventil der 2. Stufe, aber das führt dann zu einem erheblich größeren Kraftstoffverbrauch.

Doppelter Registervergaser
Die Kombination zweier Registervergaser, die jeweils verschiedene Zylinder mit dem Kraftstoff/Luftgemisch versorgen.

N.B. Die Anzahl der Schwimmerkammern eines Vergasers läßt keinen Schluß darauf zu, um welchen Vergasertyp es sich hier handelt. Es kann durchaus sein, daß ein doppelter Registervergaser nur eine einzige Schwimmerkammer hat.

Außerdem kommt es auch vor, daß zwei oder mehr Einzelvergaser montiert sind. In diesem Fall ist die richtige Koppelung des Gasgestänges besonders wichtig.

5.13 Vergaser mit konstantem Unterdruck

Diese Vergaser sind so gebaut, daß der Luftdurchlaß variiert, so daß die Saugwirkung an der Kraftstoffaustrittsöffnung mehr oder weniger konstant ist.

Der ursprünglich bekannteste Vergaser dieses Typs ist der SU-Vergaser. Von ihm abgeleitet wurde der Zenith-Stromberg-Vergaser, aber wir wollen uns zunächst einmal dem von Ford verwendeten Vergaser mit veränderlichem Luftquerschnitt zuwenden.

Motorcraft V.V.-Vergaser

Das Doppel-V, mit dem Ford diesen Vergaser bezeichnet, geht auf die Abkürzung Variable Venturi (veränderlicher Lufttrichter) zurück. Gerade dieser veränderliche Lufttrichter kennzeichnet den Unterschied zu den zuvor besprochenen Vergasern mit festem Lufttrichter. Den veränderlichen Luftdurchlaß erhält man durch eine Luftklappe. In der Luftklappe befindet sich eine konische Nadel, die je nach Stellung der Luftklappe mehr oder weniger Benzin aus der Schwimmerkammer durch die Hauptdüsen fließen läßt. Mit Hilfe der Luftklappe ändert sich die Größe des Lufttrichters je nach benötigter Luftmenge, wobei zugleich die Benzingmenge angepaßt wird. Dieses System bietet den Vorteil, daß immer eine hohe Einlaßluftgeschwindigkeit gehandhabt bleibt, und zwar unabhängig von der Luftmenge.

Dadurch wird eine gute Zerstäubung bei allen Drehzahlen und Motorbelastungen gewährleistet. Durch die Funktion der Luftklappe ist der Unterdruck an der Hauptdüse bei allen Drehzahlen und Belastungen ausreichend. Bei diesem Vergaser gibt es daher keine Vollasteinrichtung. Der Unterdruck betätigt eine Regelmembrane, die für die Funktion der Luftklappe sorgt. Daher richtet sich die Stellung der Luftklappe nicht nur nach der der Drosselklappe, sondern auch nach der Motorbela-

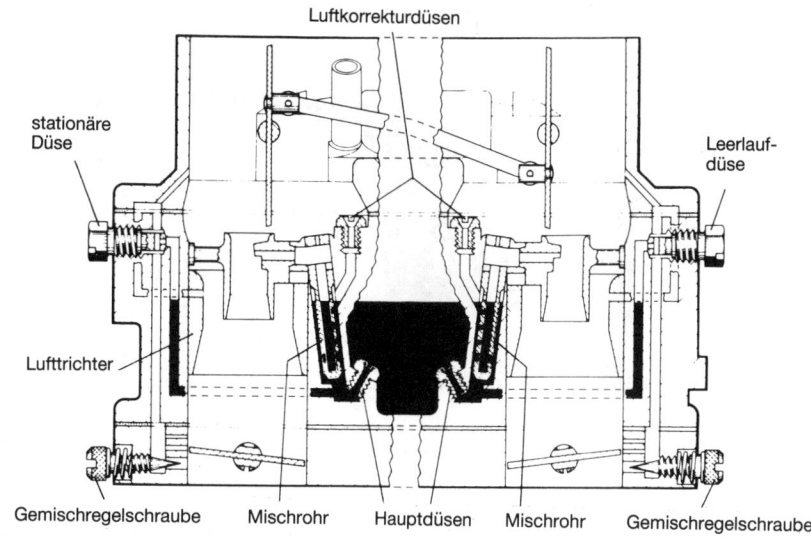

Abb. 5.27: Lage der Düsen bei einem doppelten Solex-Fallstromvergaser

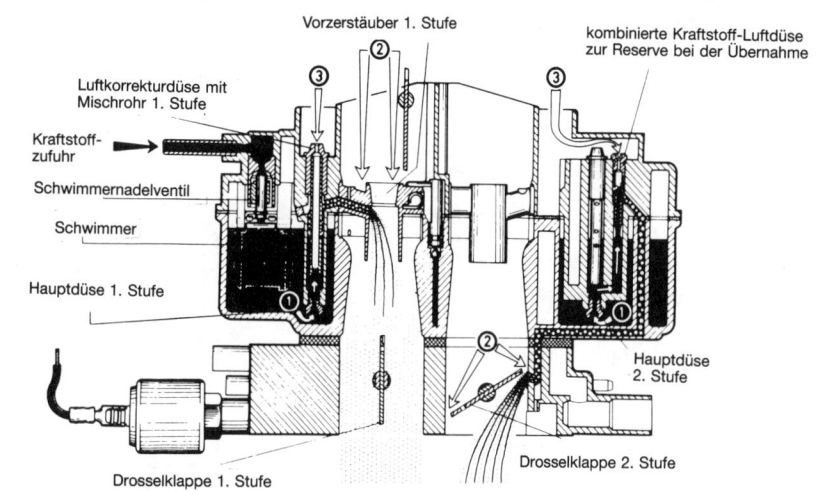

Abb. 5.28: Funktion der Hauptdüsensysteme beim Zenith-Registervergaser 2B2 beim Übergang auf die zweite Stufe. Bei einer kleinen Öffnung der Drosselklappe der 2. Stufe wird durch den auftretenden Unterdruck Kraftstoff (1) über die Hauptdüse der 2. Stufe angesaugt und zur kombinierten Kraftstoff-Luftdüse zur Übernahmereserve geführt. Das dort gebildete Gemisch strömt unter der leicht geöffneten Drosselklappe ein und bildet dort mit der Luft, die entlang der Drosselklappe strömt, ein Übergangsgemisch, das bestehen bleibt, bis das Hauptsystem der 2. Stufe zu arbeiten beginnt.

stung. Beim neuen Motorcraft V.V.-Vergaser gibt es 9 Systeme, die dafür sorgen, daß das richtige Benzin/Luftgemisch in den Motor gelangt. Jedes der 9 Systeme wollen wir kurz behandeln.

1. Kraftstoffeinlaßsystem

Dieses ist konventionell und funktioniert genau wie bei anderen Vergasern mit einem Schwimmer, einer Schwimmerwelle und einem Nadelventil.

2. Schwimmerkammer-Ventilationssystem

Um den Benzindampf in der Schwimmer-

kammer sinnvoll nutzen zu können, ist der V.V.-Vergaser mit einem Ventilationskanal versehen, durch den Benzindampf aus der Schwimmerkammer in den Lufttrichter gesaugt wird.

3. Luftregulierung

Die Luftklappe (E in Abb. 5.29) regelt die Luftmenge, die zwischen Leerlauf und maximaler Drehzahl einströmen kann. Infolgedessen ist die Luftgeschwindigkeit an dieser Stelle fast immer gleich groß, was zu einer guten Vernebelung führt. Die Luftklappe steht direkt mit der Unetrdruck-

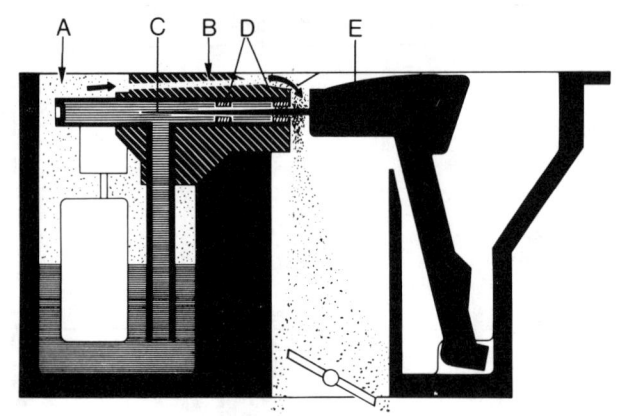

Abb. 5.29: Ford V.V.-Vergaser. Schwimmerkammerventilationssystem und Hauptdüsensystem

A Benzindampf
B Ventilationskanal
C Konische Regelnadel Luftregulierung
D Hauptdüse
   und sekundäre Düse
E Luftklappe

membrane in Verbindung.
Kein Unterdruck – Feder schließt Luftklappe;
Hoher Unterdrucker – Membrane öffnet Luftklappe.

4. Hauptdüsensystem

Die Luftklappe ist direkt mit einer Düsennadel verbunden.
Die Nadel läuft horizontal in einer primä-

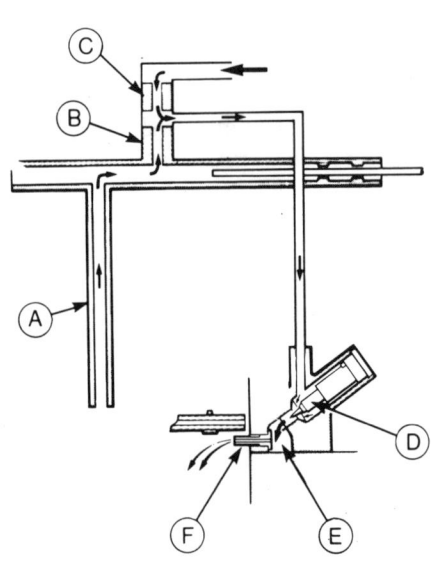

Abb. 5.30: Leerlaufsytem des Ford V.V.-Vergasers
   A Hauptansaugrohr
   B Leerlaufbezindüse
   C Leerlaufluftdüse
   D Gemischregelschraube
   E By-pass-Luftkanal
   F Sonisches Rohr

ren und einer sekundären Düse und läßt, je nach Stellung der Luftklappe, mehr oder weniger Benzin durch.

5. Leerlaufsystem

Das Hauptdüsensystem liefert 30% des Kraftstoffs zum Leerlauf. Die übrigen 70% gelangen durch ein Umlaufsystem in den Motor, hier sonisch stationär bezeichnet. Der Kraftstoff wird aus dem Hauptansaugrohr durch eine Leerlauf-Benzindüse angesaugt und durch eine kalibrierte Luftbohrung mit Luft vermischt. Dieses fette Gemisch gelangt über eine Gemischregelschraube 'D' in ein sonisches Röhrchen. Da endet auch der Nebenluftkanal.

6. Drosselklappenbetätigung

Da die V.V.-Vergaser der verschiedenen Motoren im Prinzip gleich sind, und um die

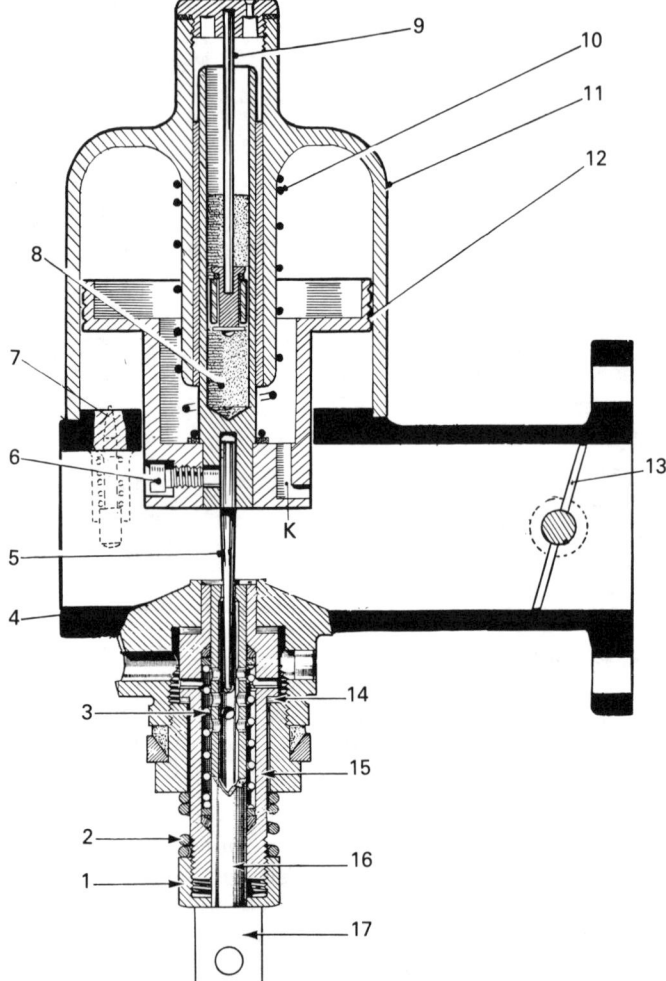

Abb. 5.31: SU-Vergaser im Querschnitt

1 Stellmutter	7 Kolbenhebestift	13 Drosselklappe
2 Feder	8 Öl	14 Zwischenring
3 Feder	9 Stange mit Dämpfkolben	15 Düsenrohrhalter
4 Saugrohr	10 Feder	16 Düsenrohr
5 Regelnadel	11 Kolbengehäuse	17 Düsenkopf
6 Halteschraube Regelnadel	12 Kolben	

Regelbarkeit des Motors im unteren Drehzahlbereich zu fördern, erfolgt die Drosselklappenbetätigung durch einen progressiv wirkenden Rollen-Nocken-Mechanismus.

7. Beschleunigung

a. Im Unterdruckkanal zwischen dem Lufttrichter und der Membrane, welche die Luftklappe betätigt, gibt es eine Verengung. Infolgedessen reagiert die Luftklappe mit Verzögerung, wodurch zeitweilig mehr Benzin zufließt. Das reicht zum normalen Beschleunigen.

b. Beim Treten des Gaspedals beginnt die normale Beschleunigerpumpe zu arbeiten. Diese arbeitet nur auf Unterdruck. Die Beschleunigerpumpe hat eine Lüftungsdüse und eine Leckbohrung.

8. Starterklappenfunktion

Die Starterklappe funktioniert als gesonderter Startvergaser. Die Kraftstoffmenge wird durch die Stellung einer konischen Regelnadel in einer Düse bestimmt. Eine Bimetallfeder und eine Unterdruckmembrane entscheiden über die Stellung der Regelnadel. Die Bimetallfeder regelt auch einen Teil der Luftzufuhr. Das Gemisch gelangt hinter der Drosselklappe in das Einlaßzweigrohr. Zusätzliche Luft kommt entlang der Drosselklappe. Starker Unterdruck schaltet die Starterklappe aus.

9. Elektromagnetisch betätigtes Ventil gegen Nachdieseln

Bei den meisten Vergasern mit veränderlichen Luftquerschnitten findet sich diese Vorrichtung. Eine Spannung von 7 Volt hält das Ventil geöffnet.

SU-Vergaser

Dieser Vergaser mit konstantem Unterdruck ist einfach konstruiert. Er enthält nur ein einziges Zerstäuberrohr, in dem sich eine Regelnadel auf und ab bewegt. Die Nadel ist unter einem Kolben befestigt. Der Kolben bewegt sich in einem Gehäuse auf und ab und bildet zugleich im Saugrohr den veränderlichen Lufttrichter. Der Raum oberhalb des Kolbens steht durch den Kanal K mit dem Saugrohr in Verbindung. Bei stehendem Motor senkt sich der Kolben unter dem Einfluß der Feder 10 und seines Eigengewichtes. Damit die Luft zwischen dem Kolbenrohr und dem Kolben entweichen kann, hat der Kolben an der Stelle seines kleinsten Durchmessers eine vertikale Nute. Beim Starten und im Leerlauf ist der Unterdruck gering, und

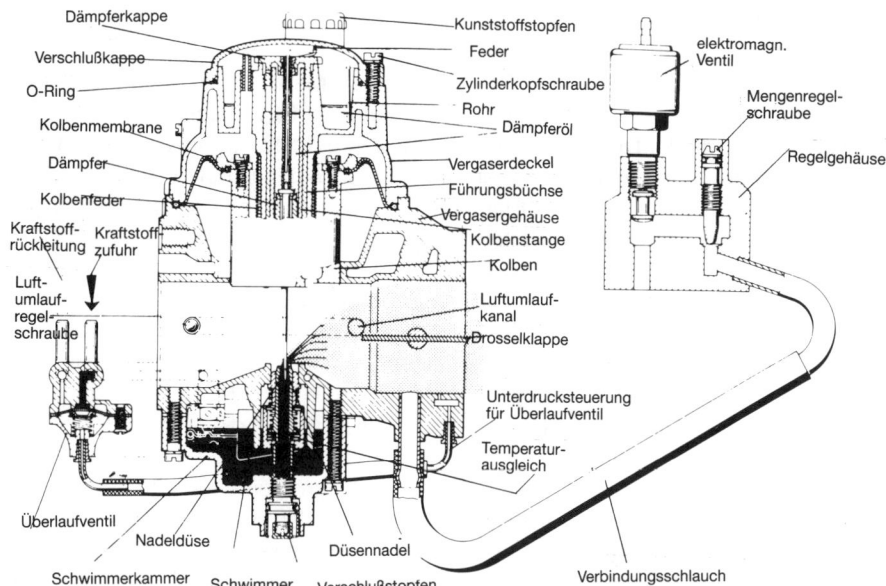

Abb. 5.32: Schematischer Querschnitt des Stromberg-Vergasers 175 CDTU

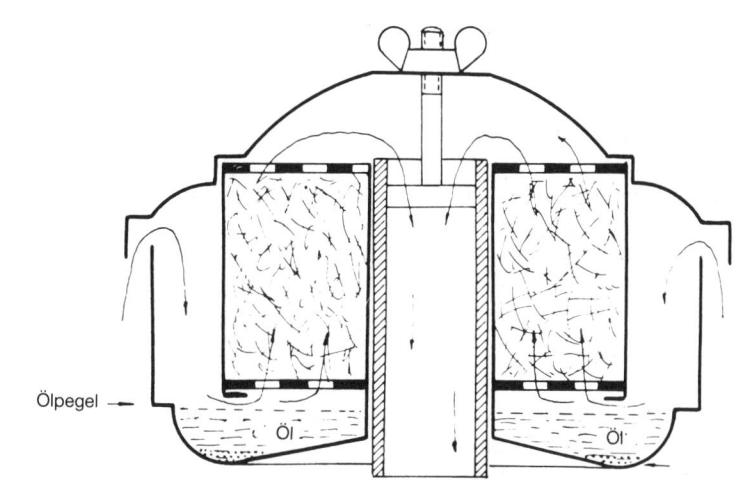

Abb. 5.33: Naßfilter mit Ölbad im Querschnitt

der Kolben verharrt in der niedrigsten Stellung. Beim Gasgeben wächst der Unterdruck im Saugrohr, und durch den Kanal K auch über dem Kolben. Der Kolben mit der Nadel steigt. Die Düse kann mehr Benzin liefern, aber der Unterdruck an der Düse wird wieder behoben, weil die Luftgeschwindigkeit durch die höhere Kolbengeschwindigkeit wieder abnimmt.

Zum Starten eines kalten Motors wird das Zerstäuberrohr nach unten gezogen, damit mehr Benzin angesaugt werden kann. Der Dämpferkolben und die Ölfüllung sollen beim Beschleunigen einerseits verhindern, daß sich der Kolben (12) zu schnell nach oben bewegt. Wenn der Kolben sich nicht sofort an die Drosselklappenstellung anpaßt, entsteht am Zerstäuber zeitweilig ein starker Unterdruck, um zusätzliches

Benzin anzusaugen. Andererseits verhindert der Dämpfer, daß der Kolben (12) durch seine Masse zu hoch nach oben springt, was ein magereres Gemisch zur Folge hat. Der Dämpfer läßt wohl ein schnelles Absinken des Kolbens zu. Die horizontalen Nuten im Kolben sollen durch die entlang der Seiten angezogenen und in den Nuten wirbelnden falschen Luft verhindern, daß noch mehr unerwünschte Luft eingesaugt wird.

Zenith-Stromberg-Vergaser

Dieser Vergaser, den u.a. Volvo verwendet, läßt sich weitgehend mit dem SU-Vergaser vergleichen. Der Führungsteil des Kolbens im Gehäuse wurde jedoch durch eine Membrane ersetzt. Das schließt Luftverluste aus, ebenso die Schwierigkeiten durch Verschiebung ei-

nes verschmutzten Kolbens.
Die Starterfunktion beruht auf dem Verdrehen einer Starterstange mit einer Fläche. Diese hebt den Kolben und die Regelnadel an, aber die Luftzufuhr wird dadurch nicht vergrößert. Manche Vergaser dieses Typs haben aber eine andere Startervorrichtung, nämlich mit einer Starterscheibe.

Konstruktion

Der Stromberg-Vergaser 175 CDTU ist ein Flachstromvergaser, dessen Ansaugrohr einen Durchmesser von 1,75» (= 45 mm) hat.
Dieser Vergaser besteht aus vier zusammengeschraubten Hauptteilen, nämlich Schwimmerkammer, Vergasergehäuse, Vergaserdeckel und Startvergaser.

5.14 Luftfilter

Auch wenn es weitgehend von den vorherrschenden Bedingungen abhängt, so läßt sich doch behaupten, daß ohne Luftfilter auf 100 km Strecke etwa 3 bis 4 Gramm Staub in den Motor gelangen würden. Das würde die Lebensdauer des Motors natürlich erheblich verkürzen.

Trockenfilter

Bei ihm besteht das Filterelement im allgemeinen aus Papier. Dieses ist harmonikaähnlich gefaltet, damit eine möglichst große Oberfläche entsteht, und es ist mit Silikon beschichtet, damit es kein Wasser aufnimmt. Um das Filterelement eng an das Filtergehäuse anzulegen und so zu verhindern, daß ungefilterte Luft in den Motor gelangt, ist das Filtermaterial in weichem Stoff eingelegt.

Naßfilter

Hier besteht das Filtermaterial aus ölbefeuchteten Metall- oder Kunststofffasern. Innerhalb des Filterelements muß die Luft ständig ihre Richtung ändern, wodurch die Staubabscheidung gefördert wird. Der Staub bleibt dann an der Ölbeschichtung hängen.

Naßfilter mit Ölbad

Bei diesem Filter muß die Luft über ein Ölbad streichen, ehe sie durch ein Naßfilterelement in den Motor gelangt. Über dem Ölbad ändert die Luft ihre Richtung. Infolge der Zentrifugalkraft landen die Staubteilchen größtenteils im Öl. Das Ölbadfilter hat also eine Doppelfunktion, wobei sich als zusätzlicher Vorteil ergibt, daß das nasse Filterelement weniger verschmutzt wird.

Wartung

Ein Trockenfilter muß nach der vorgeschriebenen Fahrstrecke ausgetauscht werden. Das Naßfilter muß gereinigt und anschließend erneut mit Öl angefeuchtet werden. In staubiger Umgebung empfiehlt es sich, das Filterelement hin und wieder zu drehen, so daß vor dem Lufteinlaß immer eine saubere Seite liegt. Beim Ölbadfilter muß auch das Ölbad gereinigt werden. Beachten Sie die Ölmarkierung. Zuviel Öl hat die gleiche Wirkung, wie eine betätigte Starterklappe. Leistung und Verbrauch werden dadurch negativ beeinflußt. Aus demselben Grund darf auch ein trockenes Filterelement nur durch den vorgeschriebenen Typ ersetzt werden. Achten Sie ferner darauf, daß Filtergehäuse und -deckel gut befestigt sind.
Schließlich sei noch darauf hingewiesen, daß ein Filter auch geräuschdämpfend

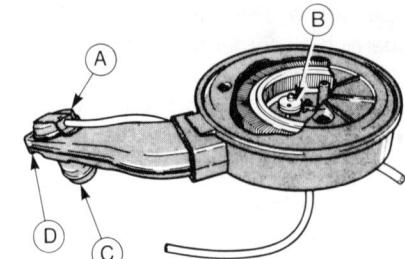

Abb. 5.35: Trockenluftfilter mit Element und thermostatisch geregelter Warmluftklappe
A Membranengehäuse
C Warmlufteinlaß
B Temperatursensor
D Kaltlufteinlaß

und bei Flammenrückschlag löschend wirkt.

Zufuhr warmer Luft

Damit bei niedrigen Außentemperaturen noch eine normale Benzinverdampfung gewährleistet und Eisbildung im Vergaser verhindert wird, sollte der Motor nach Möglichkeit leicht vorgewärmte Luft ansaugen. Das läßt sich auf einfache Weise bewerkstelligen, indem man das Einlaßrohr des Luftfilters in Richtung des Auslaßzweigrohres verdreht oder eine Klappe auf 'Winter' stellt.
Zum Erhalt einer konstanten Einlaßtemperatur sind manche Motoren mit einem Thermostat versehen. Im Luftstrom des Luftfilters befindet sich ein temperaturempfindliches Ventil (1). Dieses ist durch eine Leitung (2) und ein Rückschlagventil mit dem Einlaßzweigrohr verbunden. Wird kalte Luft angesaugt, dann sperrt Ventil (1) die Luftzufuhr, die Membrane (3) wird nach oben gesaugt, und die Scharnierklappe (4) dreht sich, so daß erwärmte Luft angesaugt werden kann. Falls die angesaugte Luft zu warm ist, öffnet sich Ventil (1) teilweise, so daß sowohl kalte als auch erwärmte Luft angesaugt werden kann. Unterdruckschwankungen sind durch die verzögerte Ventilwirkung ohne Einfluß.

5.15 Zweigrohre

Einlaßzweigrohr

Beim Einlaßzweigrohr handelt es sich keineswegs um einen beliebigen Satz von Rohren. Seine Form und die Flächen sollen dem hereinströmenden Gemisch mög-

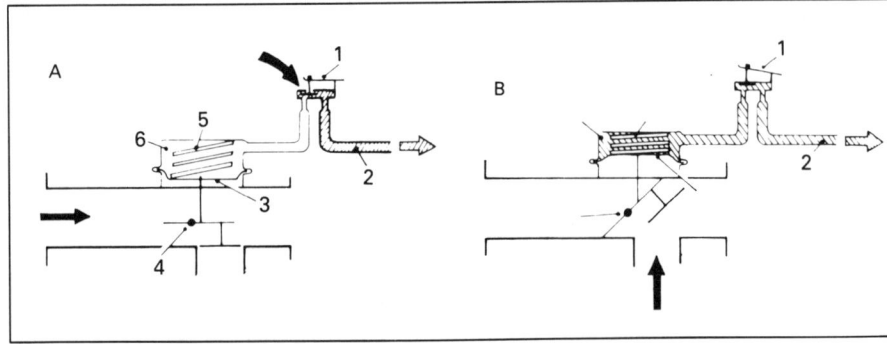

Abb. 5.34: Schematische Wiedergabe einer thermostatisch geregelten Luftklappe

1 Thermostatventil	3 Membrane	5 Feder
2 Leitung	4 Klappe	6 Gehäuse

A nicht erwärmte Luft
B erwärmte Luft

lichst wenig Widerstand bieten. Bei der Füllung der Zylinder spielt das Einlaßzweigrohr eine nicht zu unterschätzende Rolle. So muß der Konstrukteur dafür sorgen, daß alle Zylinder mit der gleichen Gemischmenge gefüllt werden. Die Einlaßrohre müßten daher für alle Zylinder gleich lang sein. In dieser Hinsicht verursachen V-Motoren die wenigsten Probleme.

Rennfahrer wissen aber auch, daß man zur Vermeidung von Benzinniederschlägen (vor allem) starke Biegungen der Rohre vermeiden muß, daß die Innenseite möglichst glatt und daß der Durchmesser an die Motorleistung angepaßt sein muß. Je mehr Vergaser, desto besser 'atmet' der Motor. Ein Vergaser je Zylinder ist die Ideallösung. Dann braucht man auch kein Einlaßzweigrohr mehr (siehe Kap. 10). Abb. 5.36a zeigt ein einfaches Einlaßzweigrohr mit scharfen Biegungen.

Das Zweigrohr der Abb. b, das für einen Doppelvergaser geeignet ist, ist wegen seiner weniger scharfen Biegungen viel besser. Am Zweigrohr der Abb. c werden zwei Doppelvergaser angebracht. Zur Vermeidung der Benzinkondensierung und zur Förderung der Verdampfung ist das Zweigrohr auch mit dem Kühlsystem verbunden. Beim Achtzylinder-V-Motor verwendet man einen Einlaßblock, wie die Abb. d ihn zeigt.

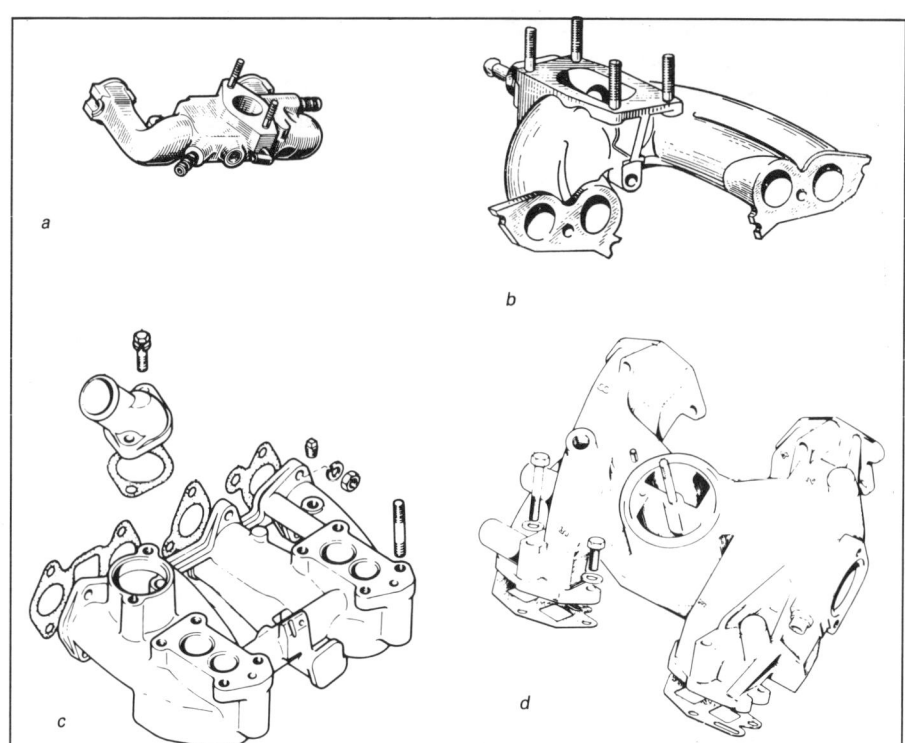

Abb. 5.36: Verschiedene Einlaßzweigrohre

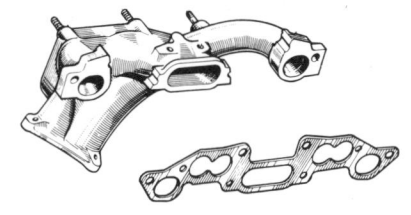

Abb. 5.37: Mögliche Ausführung des Auslaßzweigrohres

Auslaßzweigrohr und Auspufftopf

Auch das Auslaßzweigrohr ist kein einfaches Rohrsystem. Je schneller die Abgase ausströmen können, desto besser. Das ist nicht nur eine Frage des Strömungswiderstandes. Man muß schließlich auch das Voröffnen und Nachschließen der Auslaßventile berücksichtigen. Betrachten wir als Beispiel einen Vierzylinder mit der Zündfolge 1–2–4–3. Im Augenblick, in dem sich das Auslaßventil des zweiten Zylinders öffnet, ist das des ersten noch offen. Da die Auslaßperiode von Zylinder 2 erst beginnt, strömt das Gas hier mit

größerem Druck aus, als dies zu diesem Zeitpunkt bei 1 der Fall ist. Hat das Zweigrohr nicht die richtige Form und den entsprechenden Durchmesser, dann können die Abgase von 2 die von 1 zurückdrücken. Bei einer wohldurchdachten Konstruktion geschieht aber das Umgekehrte: 2 hilft, die Restabgase von 1 abzusaugen. Man denke hierbei an die Funktion von Wasserstrahlpumpen.

Statt die Abgase direkt in ein gemeinsames Rohr strömen zu lassen, ist es besser, je Zylinder ein Ablaßrohr zu haben, das erst in einiger Entfernung vom Motorblock paarweise zusammengeführt wird. Die Gefahr der Gegenwirkung ist dann praktisch ausgeschlossen, und der Druck

in der Auspuffanlage vermindert sich.

Der höllische Lärm eines ohne Auspuff laufenden Motors entsteht dadurch, daß die mit großem Druck schnell entweichenden Abgase die Luft zum Schwingen bringen. Der Auspufftopf muß daher Druck und Geschwindigkeit der Abgase so reduzieren, daß diese sich den Werten der Außenluft nähern. Dazu gibt es verschiedene Mittel, aber die meisten Auspufftöpfe bieten den ausströmenden und schon zum Teil gekühlten Abgasen Gelegenheit zur weiteren Abkühlung und Dehnung, und durch Hindernisse, wie durchbohrte Rohre oder Umleitbleche, wird die Ausströmgeschwindigkeit weiter abgebremst.

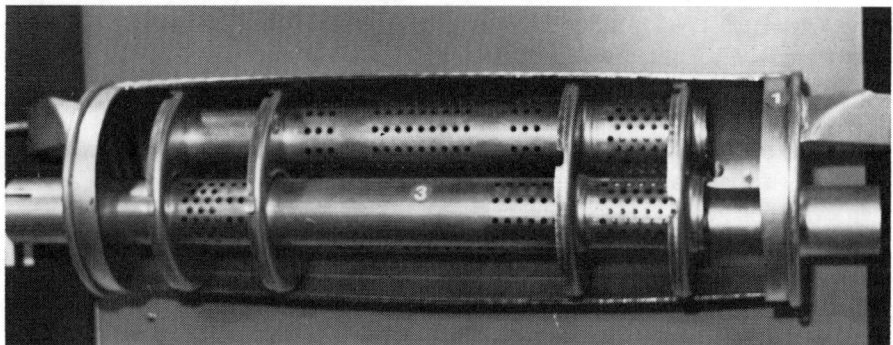

Abb. 5.38: So kann der Schalldämpfer von innen aussehen

5.16 Systeme zur Verringerung des Ausstoßes von Schadstoffen

Der Katalysator

Das Wort Katalysator stammt aus dem Griechischen, wo Katalysis = Auflösung bedeutet. In der Chemie versteht man unter Katalysatoren Stoffe, die chemische Reaktionen beschleunigen oder verzögern, ohne sich dabei selbst zu verändern.

Die Abgase enthalten als Schadstoffe: CO (Kohlenmonoxid), No_x (Stickstoffoxide) und HC (unverbrannter Kohlenwasserstoff), während der Benzinmotor daneben noch Bleiverbindungen produziert und beim Diesel die Rauchintensität eine nicht zu unterschätzende Umweltbelastung darstellt.

No_x und CO können bei bestimmten Wetterverhältnissen zur Bildung von Smog beitragen. (Das Wort ›Smog‹ wurde durch Zusammenziehen von engl. ›smoke‹ (Rauch) und ›fog‹ (Nebel) gebildet.) Bei einem verhältnismäßig mageren Luft/Kraftstoffgemisch sind die CO- und HC-Verhältnisse in den Abgasen niedrig. Wird das Gemisch zu mager, dann steigt der HC-Gehalt wieder durch das Ausfallen von Verbrennungen.

Bei einem niedrigen HC- und CO-Gehalt ist der No_x-Gehalt aber gerade hoch, dies infolge der hohen Temperatur im Brennraum und des Sauerstoffüberschusses. Die Bedingungen zur Bildung von No_x sind gerade: ausreichende Reaktionszeit, genügend Sauerstoff und eine Temperatur von wenigstens 2000°C.

Die Verwendung bleifreien Benzins macht die Abgase schon erheblich weniger umweltbelastend, ändert aber nichts an der Erzeugung von CO, No_x und HC.

Um deren schädlichen Einfluß zu beschränken, kann man einen Dreiwegekatalysator verwenden. Dieser funktioniert nur mit bleifreiem Benzin. Einen Katalysator kann man als Auspufftopf verstehen, in dem Edelmetalle, wie Platin, Rhodium oder Palladium angebracht sind. Sobald die Abgase damit in Berührung kommen, erfolgt eine sehr schnelle chemische Reaktion, bei der die Abgase zu 90% gereinigt werden. Das geschieht aber zu Lasten eines höheren Verbrauchs und einer geringeren Leistung.

Der Dreiwegekatalysator wirkt auf die drei Schadstoffe ein:

– HC wird durch Oxidation mit Sauerstoff umgesetzt in CO^2 und H_2O. (CO^2 ist unschädliches Kohlendioxidgas und H_2O ist Wasserdampf).

– CO wird zu CO^2 verbrannt.

– No_x wird durch CO zersetzt.

N verläßt den Auspuff als reiner Stickstoff.

Freiwerdender Sauerstoff verbrennt CO zu CO^2 und strömt als ungiftiges Kohlendioxid aus.

Die reinigende Reaktion beginnt erst, wenn im Katalysator eine Temperatur von 300°C herrscht. Die Funktion des Katalysators ist optimal beim idealen Luft/Kraftstoffverhältnis von 1:14,7 (stöchio-metrisches Verhältnis).

Lufteinblassystem

Durch das Lufteinblassystem wird Luft in das Einlaßzweigrohr eingeblasen, unmittelbar hinter dem Auslaßventil. Das hat den Zweck, die Menge der Kohlenwasserstoffe (HC) und der Kohlenmonoxide (CO) in den Abgasen zu verringern. Durch Hinzufügen von Luft (Sauerstoff) zu den Abgasen, bewirkt man eine teilweise Oxidation des CO und ein Nachverbrennen des HC. Die ausströmenden Abgase verursachen beim Schließen des Auslaßventils einen Unterdruck. Dadurch öffnet sich ein Einrichtungsventil, wodurch Luft vom Luftfilter aus angesaugt wird. Das Ventil verhindert, daß Abgase in den Luftfilter strömen können.

Verzögerungsventil

Schließt sich das Drosselventil beim Bremsen oder Schalten plötzlich, dann entsteht ein großer Unterdruck und ein zu fettes Gemisch, dessen Folge eine unvollständige Verbrennung ist. Dem kann man durch ein Verzögerungsventil gegensteuern. Wird der Unterdruck größer als der Federdruck, dann bewegt die Membrane sich abwärts und öffnet das Ventil, wodurch eine zusätzliche Luftmenge in das Einlaßzweigrohr einströmen kann.

Verzögerung an der Drosselklappe

Ein anderes Mittel dazu, die Gemischanreicherung durch plötzliches Schließen der Drosselklappe zu verringern, also die unverbrannten Kohlenwasserstoffe (HC) zu reduzieren, besteht darin, das Schließen der Drosselklappe zu verzögern.

Das kann mittels eines sogen. Schließdämpfers geschehen. Das verzögerte Schließen der Drosselklappe kann elektronisch gesteuert werden. Dazu erhält das elektronische Modul Drehzahlinformation von der Zündspule. Oberhalb beispielsweise 1800 U/min. wird das elektromagnetische Ventil erregt. Dadurch kann der Unterdruck aus dem Einlaßzweigrohr auf die Membrane einwirken, was ein verzögertes Schließen der Drosselklappe zur Folge hat. Sinkt die Drehzahl unterhalb 1800, dann bleibt die Drosselklappe noch zwei Sekunden lang geöffnet.

Der Schließdämpfer kann auch vollpneumatisch funktionieren, wobei sich oberhalb einer bestimmten Drehzahl (Unterdruck) ein Ventil öffnet, wodurch in der Unterdruckdose ein Unterdruck entsteht. Das hat ein um vier bis sechs Sekunden verzögertes Schließen der Drosselklappe zur Folge.

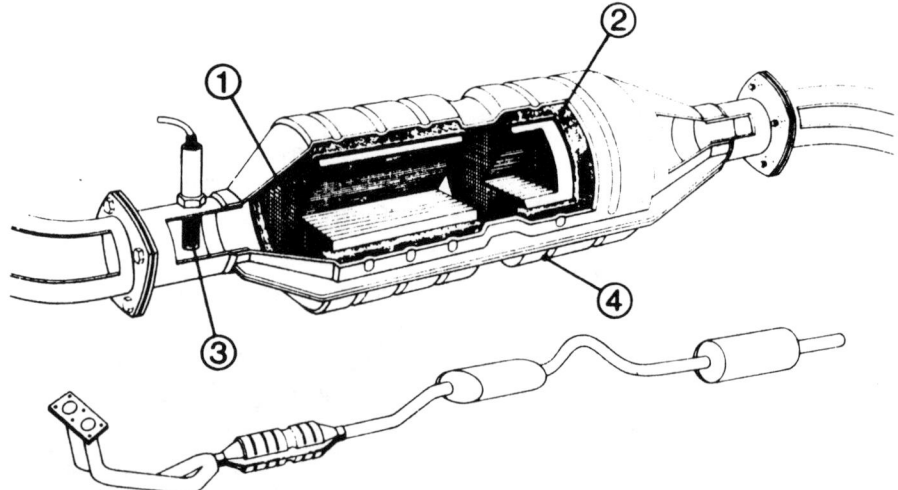

Abb. 5.39:
Abgaskatalysator mit Sauerstofffühler

1 Keramischer ›Schwamm‹ mit Platin
2 Stahldrahtdämpfer

3 Sauerstofffühler
4 Katalysatorgehäuse

6. Benzineinspritzung

6.1 Einleitung*

In diesem Kapitel besprechen wir einige Systeme zur Benzineinspritzung. Die Bosch-Systeme, K-Jetronic und L-Jetronic, werden zur Zeit am häufigsten verwendet. Mitsubishi entwickelte auf der Basis der Bosch-Patente ein eigenes System. Ferner soll das Tubantor-System, ein niederländisches Produkt, noch zur Sprache kommen.

Im Verhältnis zum Vergaser hat die Benzineinspritzung folgende Vorteile:

- größeres Drehmoment bei niedriger Drehzahl;
- geringeren Benzinverbrauch;
- korrekte Zusammenstellung des Benzin-Luftgemischs;
- konstante Mischverhältnisse;
- weniger schädliche Abgase;
- alle Zylinder erhalten gleich viel Kraftstoff;
- der Motor reagiert schneller und viel 'elastischer'.

Bei der elektronisch gesteuerten Benzineinspritzung ist es möglich, die Motortemperatur, die Temperatur der angesaugten Luft, den Luftdruck usw. genau in die Berechnung einzubeziehen. Als erstes Einspritzverfahren besprechen wir die K-Jetronic von Bosch.

6.2 K-Jetronic Benzineinspritzsystem

Bei diesem System erfolgt die Dosierung und das Zerstäuben des benötigten Benzins kontinuierlich. Deshalb verwendet man in den deutschsprachigen Ländern für dieses Einspritzverfahren die Abkürzung K, während man in den englischsprachigen die Abkürzung CI (Continuous Injection) gebraucht.

Das System funktioniert mechanisch, aber es hat keine mechanische Verbindung zum Motor. Die Abbildung zeigt die diversen Einzelteile der Anlage, die folgendermaßen funktioniert:

Die elektrische Kraftstoffpumpe saugt Benzin aus dem Tank und pumpt dieses über den Akkumulator und das Filter zum Kraftstoffregler und zum Kaltstartventil. Im Verteiler befinden sich so viele Kammern mit Membranen, wie der Motor Zylinder hat. Wir sehen, daß in den oberen Kammern Federn angebracht sind, welche auf die Membranen einwirken. Die Druckkraft der Federn selbst ist geringer als der Druck in den unteren Kammern.

Der Druckregler hält den Druck in der unteren Hälfte der Kammern konstant. Vom Zuleitungskanal aus wird der Regeldruck über eine kalibrierte Bohrung abge-

zweigt. Der Druck wirkt auf die Oberseite des Dosierkolbens ein. Der Unterdruck des Motors führt zum Ansaugen der Luft über den Druckfühler. Dadurch bewegen sich die Stauklappe und der Dosierkolben nach oben. Der Kolben gibt die Verteilungsschlitze weiter frei. Mit durch die Federn geben die Membranen nach.

Das Benzin wird durch die Düsen eingespritzt. Die Menge, die eingespritzt wird, richtet sich nach der Stellung des Dosierkolbens, genauer gesagt nach der Stellung der Stauklappe, und somit nach der angesaugten Luftmenge. Mit wachsendem Kraftstoffbedarf geben die Membra-

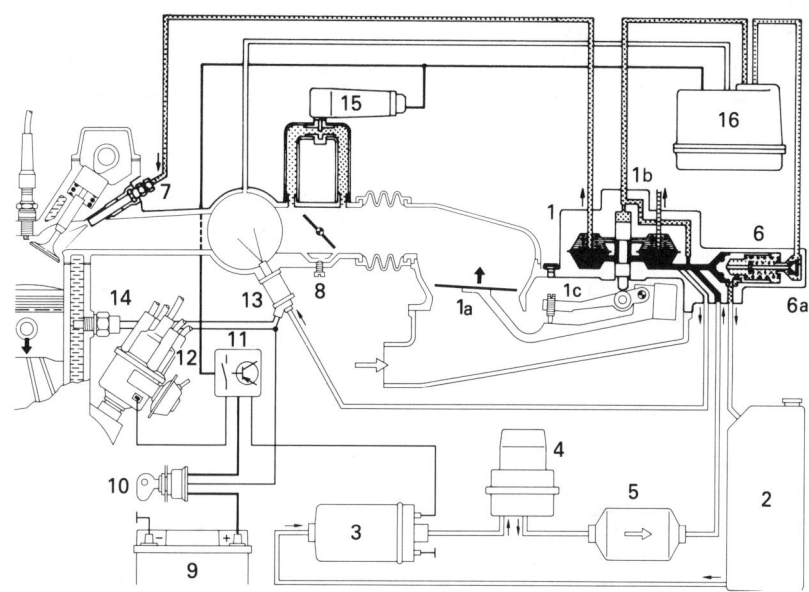

Abb. 6.1: Funktion der K-Jetronic in schematischer Wiedergabe

1 Gemischregler
1a Luftströmungsmesser
1b Kraftstoffregler/verteiler
1c Stellschraube Luftströmungsmesser (C0%)
2 Kraftstoffbehälter
3 elektrische Kraftstoffpumpe
4 Akkumulator
5 Filter
6 Systemdruckregler
6a Überdruckventil
7 Einspritzdüse

8 Stellschraube Leerlaufdrehzahl
9 Akku
10 Zündschloß
11 Steuerrelais
12 Stromverteiler (Systemdruckpumpe)
13 Kaltstartventil
14 Thermozeitschalter
15 Zusatzluftschieber (Warmlauf)
16 Warmlaufregler mit Vollastmembrane

---

* Sämtliche Abbildungen der K-, L- und D-Jetronic mit zugehörigen Einzelteilen wurden von der Firma Robert Bosch GmbH zur Verfügung gestellt.

nen mehr nach. Um die Kraftstoffmenge, die durch die Verteilungsschlitze strömt, während des Einspritzens im richtigen Verhältnis zu den vom Dosierkolben freigegebenen Schlitzöffnungen zu halten, muß an den Schlitzöffnungen ein konstanter Druckunterschied gewahrt bleiben. Also zwischen den unteren und den oberen Membrankammern. In der oberen Kammer wird der Druck daher auch unter dem Einfluß der Federn und dem Nachgeben der Membranen um 0,1 bar (10 kPa) niedriger gehalten als in der unteren Kammer, in der der Systemdruck vorherrscht.

Zur Gewährleistung eines schnellen Kaltstarts wird durch ein Kaltstartventil eine zusätzliche Benzinmenge in das Einlaßzweigrohr eingespritzt. Ein Thermozeitschalter bestimmt das Ein- und Ausschalten der Düse. Der Zusatzluftschieber versorgt den Motor während des Warmlau-

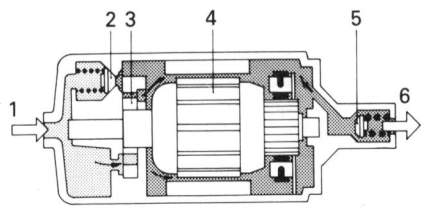

Abb. 6.2: Systemdruckpumpe im Längsschnitt

1 Ansaugöffnung
2 Überdruckventil
3 Rollenpumpenteil
4 Motoranker
5 Druckventil (Rückschlagventil)
6 Drucköffnung

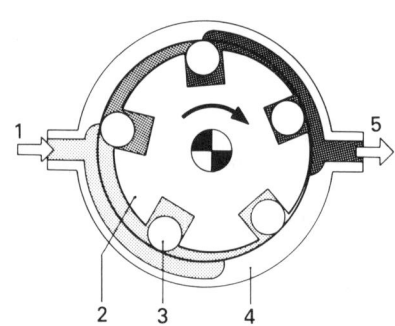

Abb. 6.3: Funktion der elektrischen Rollenpumpe (Systemdruckpumpe) in schematischer Wiedergabe

1 Ansaugöffnung
2 Pumpenscheibe
3 Rollen
4 Pumpengehäuse
5 Drucköffnung

fens bei geschlossener Drosselklappe mit einer zusätzlichen Luftmenge, so daß dieser mit einer erhöhten Leerlaufdrehzahl läuft.

Der Warmlaufregler sorgt dafür, daß dem Motor während des Warmlaufens mehr Benzin zugeführt wird, so daß er mit einem fetteren Gemisch läuft. Bei Vollast sorgt der Warmlaufregler ebenfalls für ein fetteres Gemisch.

Benzinpumpe (3)

Diese liefert den erforderlichen Druck für das Einspritzsystem. Die Pumpe wird elektrisch angetrieben und ist mit Dauermagneten versehen. Der Pumpenteil gehört zum Rollenzelltyp. Der Pumpenmechanismus besteht aus einer exzentrisch aufgestellten Kammer, in der eine Scheibe rotiert. Diese ist entlang des Umfangs mit fünf Aushöhlungen versehen, in denen sich Rollen befinden. Durch die Zentrifugalkraft werden die Rollen gegen die Kammerwand gedrückt. Die Saugkraft wird durch Vergrößerung der Kammer und der Pumpdruck durch Reduzierung des Kammervolumens bewerkstelligt.

Bemerkenswert ist es, daß wir es hier mit einer sogen. nassen Pumpe zu tun haben. Der Anker dreht sich im Benzin, das hier zugleich die Aufgabe des Kühlmittels und die des Schmiermittels erfüllt.

Das Rückschlagventil hält die Leitungen unter Druck, sobald der Motor abgeschaltet wird. Übersteigt der Druck 500 kPa, z.B. infolge einer schlechten Druckregler-

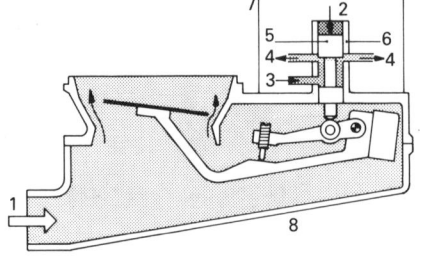

Abb. 6.4: Kraftstoffregler mit Luftströmungsmesser

1 Luftzufuhr
2 Regeldruck
3 Kraftstoffzufuhr
4 dosierte Kraftstoffabfuhr
5 Dosierkolben
6 Verteilerzylinder mit Schlitzen
7 Kraftstoffregler
8 Luftströmungsmesser

funktion, dann öffnet sich das Überdruckventil.

Manche Automobile haben eine elektrische Ansaugpumpe im Kraftstoffbehälter. In Zusammenwirkung mit dem Inneren des Tanks wird damit stets die richtige Kraftstoffzufuhr zur Pumpe gewährleistet, auch dann, wenn man mit nur noch wenig Kraftstoff im Tank eine scharfe Kurve fährt.

Akkumulator (4)

Dieser besteht aus zwei Kammern, die durch eine Membrane voneinander getrennt sind. Vor der Membrane ist eine Zwischenwand angebracht, die mit einem Blattfederventil zur Zufuhr des Benzins und einer kalibrierten Bohrung für die Abfuhr versehen ist.

Solange die Pumpe sich dreht, wird die Membrane bis zum Anschlag gegen eine Feder gedrückt. Nachdem der Motor abgeschaltet ist, unterhält der Akkumulator durch die Wirkung der Feder einen Restdruck, einen Überdruck, der einem 'Vapour-Lock' (Dampfblasenverschluß) beim Starten eines warmen Motors vorbeugt. Der Akkumulator dämpft zugleich das Pumpgeräusch.

Benzinfilter (5)

Dieses hat einen Papiereinsatz und am Ausgang ein Sieb, um evtl. abgelöste Papierteilchen aufzufangen.

Dieser sorgt, wie schon gesagt, dafür, daß je nach Menge der angesaugten Luft auch die richtige Kraftstoffmenge zu den Düsen gelangt. Der Verteiler besteht aus den Verteilerkammern mit Membrane mit einem zentral gekerbten Verteilungszylinder, in dem sich der Verteilerkolben auf und ab bewegt; der Kolben öffnet die Kerben mehr oder weniger, je nach Stellung des Stauklappenhebels.

Im Verteilerzylinder befinden sich ebenso viele Kerben, wie es Zerstäuber gibt. Der Luftstromdruck 1 drückt die Stauklappe nach oben, und somit auch den Dosierkolben. Der Regeldruck 2 wirkt gegen 1 auf den Kolben ein. Das Gegengewicht hebt das Eigengewicht der Stauklappe mit Hebel auf; Straßenlage und Straßenzustand beeinflussen somit nicht die Stellung der Stauklappe. Kennzeichnend ist es, daß die Höhe, in der sich die Stauklappe bewegt, durch die spezifische Form der Stauklappe und des Lufttrichters, sich parallel zur durchströmenden Luftmenge verhält.

Mit Hilfe der Regelschraube 1c kann das

Gemisch innerhalb bestimmter Grenzen magerer oder fetter eingestellt werden.

Systemdruckregler (6)

Dieser besteht aus einem Kolben (3) und einem Ventil (4). Beide sind durch eine Feder belastet. Steht der Motor still, so wird der Systemdruck durch den Kolben

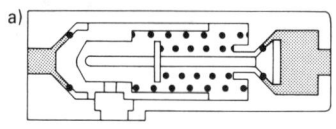

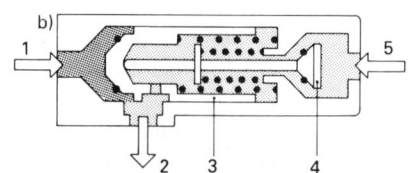

Abb. 6.6: Systemdruckregler
  a. im Ruhezustand
  b. in Funktion
  1 Systemdruckzufuhr
  2 Rückführöffnung
  3 Systemdruckkolben
  4 Regeldruckventil
  5 Anschluß zum Warmlauf-
     regler (Regeldruckzufuhr)

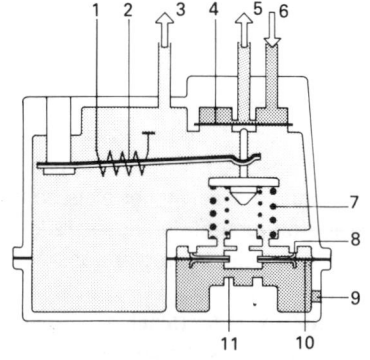

Abb. 6.7: Warmlaufregler (Regeldruck-
     regler) mit Vollastanreicherungs-
     vorrichtung
  1 Heizdraht
  2 Bimetall
  3 Unterdruckanschluß
     (Einlaßzweigrohr)
  4 Membranventil
  5 Rückführleitung
  6 Regeldruckleitung
  7 Feder
  8 Anschlag Vollastmembrane
  9 Entlüftungsöffnung
  10 Membrane
  11 unterer Anschlag
  * Die Anreicherungsvorrichtung
    3 und 8 bis 11 ist nicht bei allen
    Modellen vorhanden

(3) abgeschlossen. Arbeitet die Kraftstoffpumpe, dann wird sich der Kolben (3) beim Erreichen des Systemdrucks nach rechts bewegen, so daß das überschüssige Benzin aus dem Kraftstoffverteiler zum Kraftstoffbehälter zurückfließen kann, ebenso wie das Benzin, das vom Warmlaufregler kommt.

Ein Systemdruck von 480 kPa ist normal.

Warmlaufregler

Wie bereits zuvor gesagt wurde, richtet sich die Menge des eingespritzten Kraftstoffs nach dem Dosierkolben. Die Stellung dieses Dosierkolbens ist u.a. vom Regeldruck abhängig. Der Regeldruck wird durch den Warmlaufregler bestimmt. Wenig Gegendruck sorgt dafür, daß der Motor ein fetteres Gemisch bekommt. Bei kaltem Motor drückt der Bimetallstreifen auf die Schraubenfeder, so daß das Membranventil durch den Benzindruck nach unten gedrückt wird. Dadurch wird die Rückflußleitung weiter freigegeben, und der Regeldruck sinkt ab. Da dieser Druck auf den Dosierkolben einwirkt, wird dieser unter dem Luftstromdruck auf die Stauklappe steigen. Den Düsen wird mehr Benzin zugeführt, was ein fetteres Gemisch zur Folge hat.

Vom Augenblick des Einschaltens der Zündung an fließt ein Strom durch den Heizdraht um das Bimetall, wodurch dieses ebenso wie durch die Motortemperatur erwärmt wird und sich aufwärts bewegt. Der Regeldruck nimmt zu, wodurch weniger Kraftstoff eingespritzt wird. Bei warmem Motor beträgt der Regeldruck ca. 370 kPa und bei kaltem Motor ungefähr 50 kPa.

Wie wir wissen, ist der Unterdruck bei Vollast und ganz geöffneter Drosselklappe gering. Dann wird ein fettes Gemisch benötigt. Das kommt mit Hilfe des Unterdruckanschlusses über der Membrane im Druckregler zustande. Die Membrane bewegt sich abwärts. Die Feder drückt weniger auf die Ventilmembrane, so daß der Durchlaß zur Rückflußleitung größer wird, der Regeldruck sinkt und weniger Benzin eingespritzt wird.

Kaltstartventil (13)

Durch das elektromagnetischen Kaltstartventil wird während des Startens eine zusätzliche Benzinmenge in das Einlaßzweigrohr gespritzt. Beim Starten wird die Einspritzdauer mit Hilfe eines Thermozeitschalters bestimmt. Wie lange das Startventil offengehalten wird, richtet sich nach

der Startdauer und der Motortemperatur. Dauert das Starten länger als 8 bis 15 Sekunden, dann schaltet der Thermozeitschalter das Kaltstartventil aus, um einem 'Absaufen' des Motors vorzubeugen. Auch oberhalb 35 °C ist das Kaltstartventil ausgeschaltet.

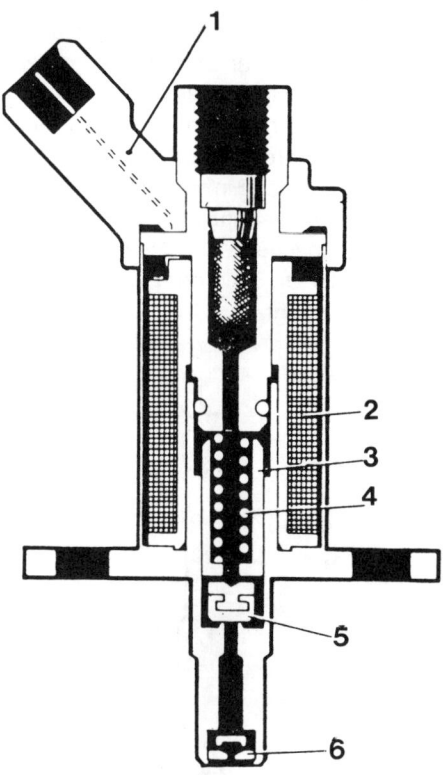

Abb. 6.8: Kaltstartventil
  1 elektrischer Anschluß
  2 Spule
  3 Kern (Anker)
  4 Feder
  5 Abdichtventil
  6 Einspritzstück (Drehdüse)

Zusatzluftschieber (15)

Bei einem kalten Motor im Leerlauf muß die Drehzahl erhöht werden, um einem Stillstand infolge des hohen Reibungswiderstandes vorzubeugen. Andererseits ist zum Ausgleich der Kondensationsverluste, die die kalten Zylinderwände und die Brennkammer verursachen, mehr Kraftstoff erforderlich. Deshalb ist der Luftschieber, der die Drosselklappe überbrückt, im kalten Zustand geöffnet. Die hindurchströmende Luftmenge wird auch durch die Stauklappe gemessen, was eine höhere Stellung des Dosierungskolbens und mehr Kraftstoffeinspritzung zur Folge hat. Wenn die Zündung eingeschaltet wird, erwärmt sich die Bimetallfeder elektrisch, und die Luftdurchflußöffnung schließt sich allmählich, so daß die Drehzahl abnimmt und damit die eingespritzte Kraftstoffmenge geringer wird.

Mit Hilfe der Schraube (8) wird die Leerlaufdrehzahl eingestellt. Die Zusammensetzung des Gemischs wird dadurch nicht beeinflußt.

Düse (7)

Die Düse, welche für kleine Mengen berechnet ist, muß das Benzin in fein verteilter Form im Einlaßzweigrohr nahe dem Einlaßventil zerstäuben. Das geschieht auch ununterbrochen, solange der Motor läuft. Sobald das Einlaßventil sich öffnet, wird das Benzin-Luftgemisch eingesaugt. Die Federspannung des Ventils sorgt dafür, daß der Druck in der Einspritzleitung 330 kPa beträgt.

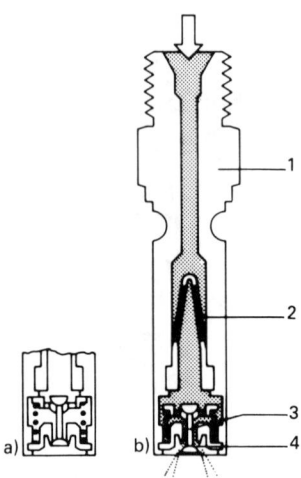

Abb. 6.9: Einspritzdüse
     a. im Ruhezustand
     b. in Funktion
     1 Zerstäubergehäuse
     2 Filter
     3 Ventil
     4 Ventilsitz

Thermozeitschalter (14)

Dieser Schalter ist auf dem Zylinderkopf oder dem Motorblock befestigt, er sitzt in der Kühlflüssigkeit und enthält einen Satz Kontakte, von denen einer auf einem Bimetall befestigt ist. Damit die Kontakte beim Starten nicht zu lange geschlossen bleiben, wird ein Bimetall durch zwei Heizdrähte angewärmt. Bei -20 °C öffnen sich die Kontakte nach 8 s, bei 0 °C nach 3 und bei 20 °C nach 1 s. Wenn der Motor warm ist, sind die Kontakte ständig geöffnet.

Druckwerte

– Systemdruck: 480 kPa
– Druck in den oberen Kammern des Ver-

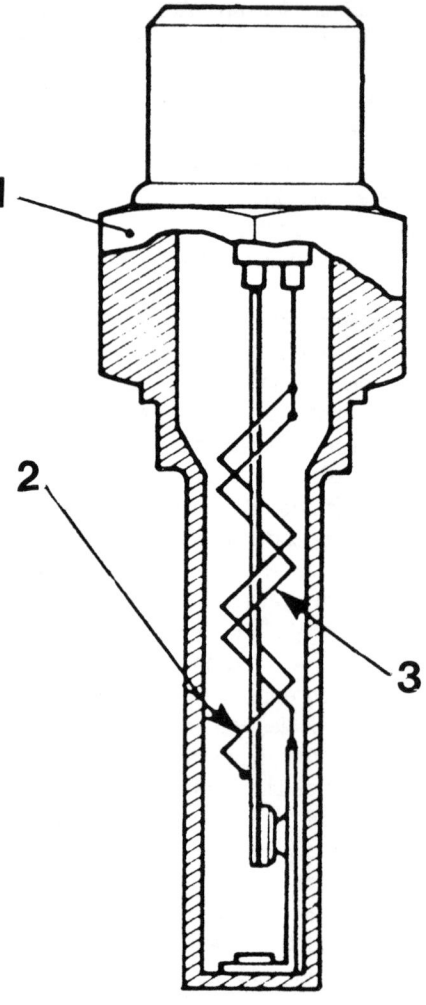

Abb. 6.10: Thermozeitschalter
     1 Thermozeitschalter
     2 Heizdraht
     3 Heizdraht

Wenn die Kontakte sich öffnen, wird 2 ausgeschaltet, während 3 eingeschaltet bleibt, solange der Start dauert.

teilers: 470 kPa
– Einspritzdruck: 330 kPa
– Regeldruck: 50–370 kPa
Diese Richtwerte sind je nach Motor unterschiedlich.

Elektrischer Teil

Die schematische Schaltung der K-Jetronic in Abb. 6.10 gibt den Ruhezustand wieder.

Starten (bei kaltem Motor): Das Kaltstartventil arbeitet, weil der Thermozeitschalter eingeschaltet ist. Der Motor läuft, wodurch das Steuerrelais über 1 betätigt wird. Dieses Relais schaltet die Kraftstoff-Förderpumpe, den Warmlaufregler (Regeldruck-

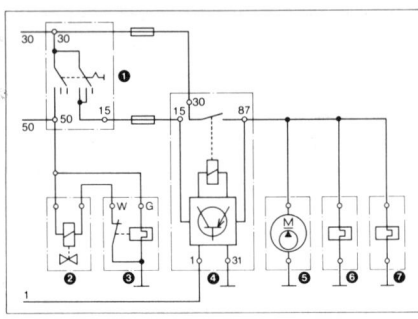

Abb. 6.11: Schema der elektrischen Schaltung der K-Jetronic
     1 Zündschloß
     2 Kaltstartventil
     3 Thermozeitschalter
     4 Steuerrelais
     5 elektrische Kraftstoffpumpe
     6 Warmlaufregler
     7 Zusatzluftschieber

regler) und den Zusatzluftschieber ein.

Laufender Motor: Läuft der Motor, dann schaltet der Thermozeitschalter das Kaltstartventil nach der eingestellten Zeit oder nach Erreichen der eingestellten Kühlflüssigkeitstemperatur aus.

Stehengebliebener Motor: Ist der Motor warm und bleibt er stehen, dann kommen über den Anschluß 1 keine Impulse von der Zündspule. Das Steuerrelais schaltet die Kraftstoffpumpe, den Zusatzluftschieber und den Warmlaufregler aus.

Nachrüstungssatz für Bosch-K-Jetronic

Durch das Unterbrechen der Kraftstoffeinspritzung beim Abbremsen des Motors kann der Benzinverbrauch bis zu 5% reduziert werden. Bosch liefert einen Nachrüstungssatz, durch den dieser Verbrauchsvorteil auch für ältere K-Jetronic-Systeme genutzt werden kann. Der Satz besteht aus einem Ausschaltventil, einem Drehzahl-Relais und einem Schalter, der an der Drosselklappe angebracht wird. Das Ventil wird durch ein Solenoid betätigt, wodurch die Außenluft gesperrt wird und das Ventil sich unter dem Einfluß des Unterdrucks in der Einlaßleitung öffnet. Dadurch kommt die Stauscheibe in den Ruhezustand, und die Kraftstoffeinspritzung wird vollständig unterbrochen.

Das Ausschaltventil funktioniert nur, wenn das Gaspedal oberhalb einer bestimmten

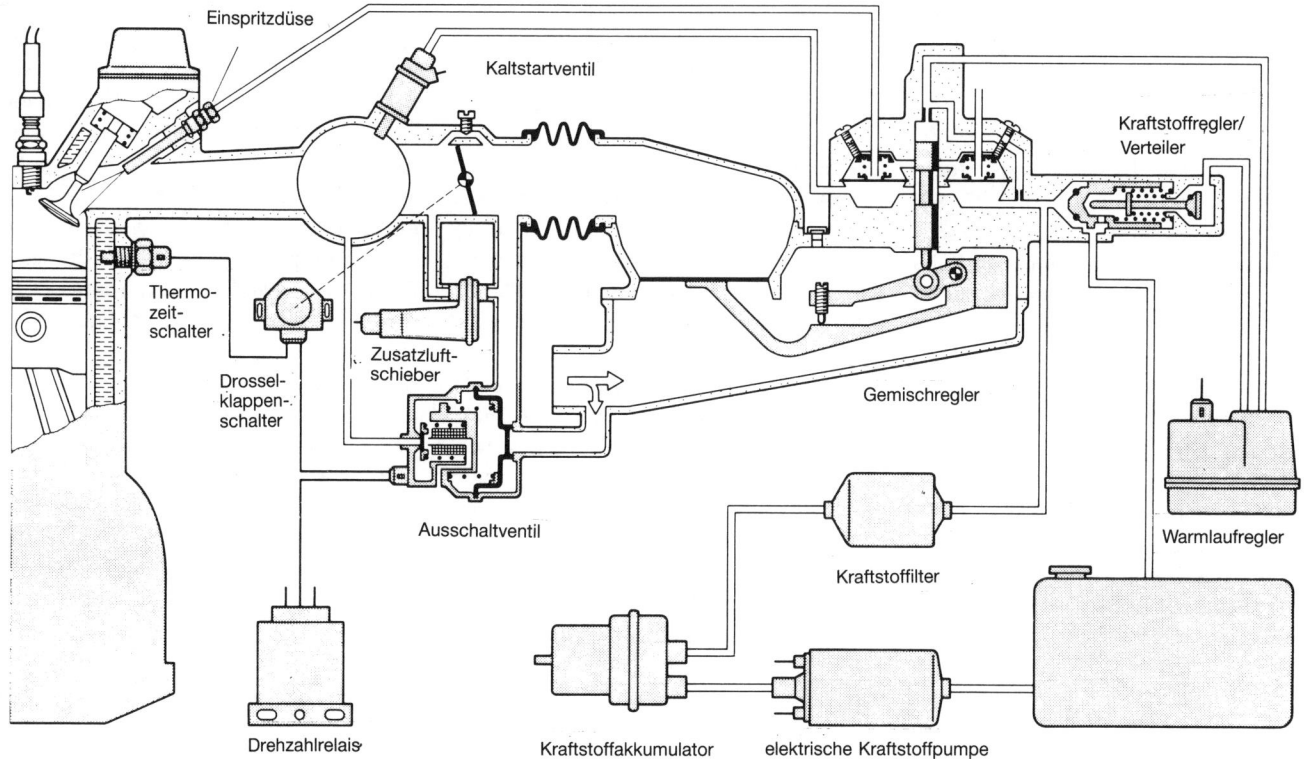

Abb. 6.12: K-Jetronic mit Ausschaltventil

Motordrehzahl losgelassen wird. Ist die Temperatur der Kühlflüssigkeit unterhalb 35 °C, dann wird die Kraftstoffeinspritzung nicht ausgeschaltet, damit der Motor rascher warm wird.

Bei neuen Kraftfahrzeugen ist die K-Jetronic standardmäßig mit dem Ausschaltventil ausgerüstet.

6.3 L-Jetronic, elektronisch gesteuertes Benzineinspritzsystem

Bei diesem Einspritzsystem von Bosch erfolgt die Betätigung der Zerstäubernadel durch eine elektronisch gesteuerte Magnetwicklung. Der Kraftstoff wird nicht kontinuierlich eingespritzt. Die Öffnungszeit der Zerstäuber variiert zwischen zwei und zehn Millisekunden. Diese Öffnungszeit, und demnach die Menge des eingespritzten Benzins, wird hauptsächlich als Funktion der angesaugten Luftmenge und der Motordrehzahl bestimmt. Der Luftströmungsmesser informiert die elektronische Steuereinheit über die Menge der angesaugten Luft. Das Öffnen der Kontakte im Unterbrecher oder die magnetischen Impulse für die Zündung bestimmen den Beginn des Einspritzens und die Einspritzfrequenzen. Wir kommen darauf gleich noch zurück. Ebenso wie das K-Jetronic-Sy-

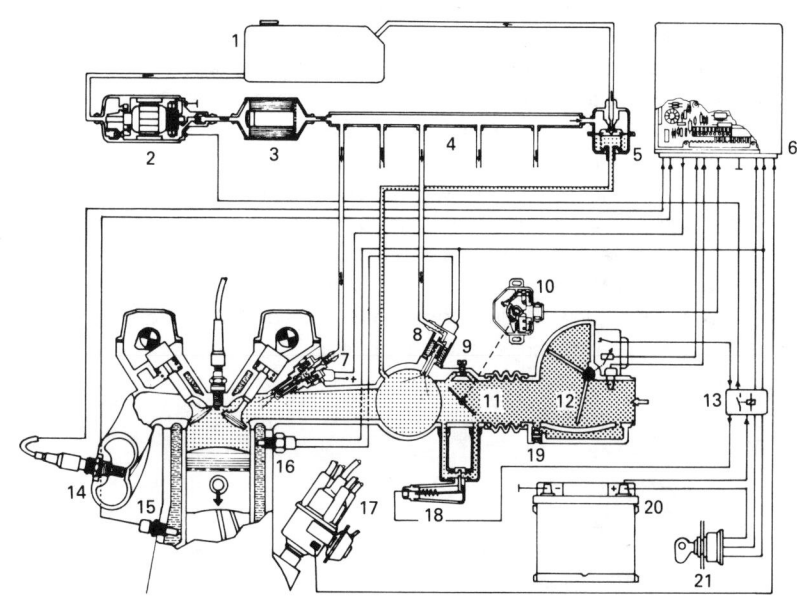

Abb. 6.13: Funktion der L-Jetronic in schematischer Wiedergabe.

1 Kraftstoffbehälter	12 Luftströmungsmesser
2 Elektrische Kraftstoffpumpe	(Rollenpumpe)
3 Kraftstoffilter	13 Kombinationsrelais
4 Verteilerrohr vorhanden)	14 Lambda Sonde (nicht immer
5 Einspritzdruckregler	15 Kühlflüssigkeitstemperaturfühler
6 elektronische Steuereinheit	16 Thermozeitschalter
7 Einspritzventil	17 Stromverteiler
8 Kaltstartventil	18 Zusatzluftschieber
9 Leerlaufregelschraube	19 Leerlaufgemischregelschraube (CO%)
10 Drosselklappenschalter	20 Akku
11 Drosselklappe	21 Zündschloß

stem können wir das L-System in drei große Teile gliedern: den Luft- und Benzinteil und den elektrischen Teil.

Luftteil

Dazu gehört der Luftströmungsmesser und ein kalibrierter Kanal mit Regelschraube, die es möglich macht, die Zusammensetzung des Leerlaufgemischs (CO) zu regeln. Die hindurchströmende Luftmenge wird durch den Luftströmungsmesser nicht aufgenommen. Ferner gehören die Stellschraube für die Leerlaufdrehzahl und der Zusatzluftschieber ebenfalls zum Luftteil.

Der zwischen dem Luftfilter und der Drosselklappe angebrachte Strömungsmesser enthält eine Stauklappe, eine Ausgleichsklappe, eine Dämpfkammer und einen Lufttemperaturfühler.

Der Strömungsmesser mißt die vom Motor angesaugte Luftmenge. Er gibt ein elektrisches Signal ab, das für die elektronische Steuereinheit bestimmt ist. Die Kompensationsklappe im Dämpfraum soll verhindern, daß die Stauklappenbewegungen infolge der Unterdruckwellen, welche durch das Ansaugen der diversen Zylinder verursacht werden, abgebremst werden.

Der Zusatzluftschieber hat, ebenso wie bei der K-Jetronic, die Aufgabe, bei kaltem Motor eine erhöhte Leerlaufdrehzahl zu ermöglichen und dem Stehenbleiben des Motors vorzubeugen. Der Luftdurchlaß wird bei kaltem Motor durch ein drehbares Ventil, das durch ein Bimetall betätigt wird, freigegeben. Nach dem Einschalten der Zündung wird das Bimetall durchgehend erwärmt. Es verformt sich und verdreht das Ventil dadurch so, daß die Luftzufuhr abgeschlossen wird. Bei einer Motortemperatur oberhalb 60 °C ist die Öffnung völlig geschlossen.

Benzinteil

Die elektrische Kraftstofförderpumpe zeigt viel Übereinstimmung mit der der K-Jetronic. Es handelt sich um die bekannte Walzenpumpe. Der Benzindruck (200–250 kPa) wird durch einen Druckregler geregelt. Das überschüssige Benzin fließt zurück in den Kraftstoffbehälter. Der Regler regelt den Benzindruck je nach dem Druck im Einlaßzweigrohr. Er besteht aus zwei durch Membrane voneinander getrennten Kammern. Die Membranstellung wird durch den Einlaßunterdruck und eine Feder bestimmt. In dem Augenblick, in dem der Benzindruck die Membrane entgegen dem Federdruck bewegen kann, drückt ein kleines Kugelventil nicht mehr auf den Sitz, und es fließt Benzin zurück in den Kraftstoffbehälter. Die Differenz zwischen dem Einspritzdruck und dem Unterdruck in der Einlaßleitung ist dadurch stets gleich. Die Menge des eingespritzten Kraftstoffs richtet sich also nur nach der Öffnungszeit der Düsen. Die Einspritzventile haben eine Magnetwicklung im Gehäuse. Sobald diese erregt wird, geht die Nadel etwa 0,15 mm vom Sitz weg. Das Benzin wird durch die kalibrierte ringförmige Öffnung unmittelbar vor dem Einlaßventil zerstäubt. Sobald die Erregung endet, drückt die Feder die Nadel wieder auf den Sitz. Oben hat das Einspritzventil einen Filter.

Beim L-Jetronic-System sind alle Einspritzventile parallel montiert, und sie werden gleichzeitig erregt. Zum Erhalt einer möglichst gleichmäßigen Verbrennung wird bei 720° der Kurbelwelle zweimal Kraftstoff eingespritzt. Die eingespritzte Menge ist jeweils gleich der Hälfte der erforderlichen Menge. Durch diese Art der Einspritzung konnte die elektronische Steuereinheit vereinfacht werden. Der Augenblick der Einspritzung richtet sich nach dem Öffnen der Kontakte oder den magnetischen Impulsen für die Zündung, je nach Zündungssystem. Die Frequenz, in der die Signale empfangen werden, muß also durch die Steuereinheit halbiert werden.

Der Beginn der Einspritzung ändert sich entsprechend der Zündverfrühung.

Kaltstartventil

Ebenso wie bei der K-Jetronic kann der zusätzliche Kraftstoff, der zum Kaltstart benötigt wird, durch ein Kaltstartventil geliefert werden. Dieses wird durch die Magnetwicklung geöffnet und durch einen Thermozeitschalter gesteuert.

Ein anderes Verfahren zum Erhalt zusätzlichen Kraftstoffs für den Kaltstart besteht darin, während des Startens die Einspritzdauer der Einspritzventile aufgrund von Signalen des Startschalters und eines Motortemperaturfühlers zu verlängern.

Beim L-Jetronic-System kann auf eine spezielle Vorrichtung, in der das Gemisch beim Beschleunigen fetter gemacht würde, verzichtet werden. Die angesaugte Luftmenge strömt an der Stauklappe vorbei, ehe sie die Zylinder erreicht. Das auf der Stauklappenwelle befestigte Potentiometer kann also das Signal für mehr Kraftstoffeinspritzung an die Steuereinheit weiterleiten, ehe die Luft die Zylinder erreicht. Bei einem plötzlichen Tritt auf das Gaspedal wird die Stauklappe unter dem Einfluß des zunehmenden Luftstromes kurzfristig an der »Vollgasstellung« vorbeischwingen. Das führt zu einer größeren Kraftstoffzufuhr.

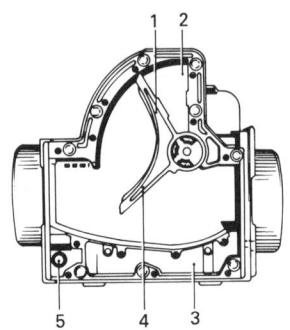

Abb. 6.14: Luftströmungsmesser der L-Jetronic
  1 Kompensationsklappe
  2 Dämpfungsraum
  3 Umlaufraum
  4 Stauklappe
  5 Leerlaufgemisch-
    regelschraube (CO%)

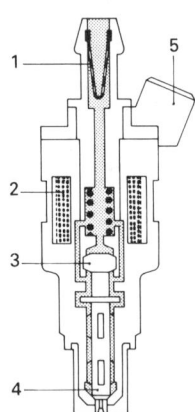

Abb. 6.15: Einspritzventil der L-Jetronic
  1 Filter
  2 Magnetwicklung
  3 Magnetanker
  4 Düsennadel
  5 elektrischer Anschluß

Elektrischer Teil

Dieser umfaßt:
Potentiometer.
Der Gleitkontakt, welcher auf der Welle des Luftströmungsmessers befestigt ist, bewegt sich über eine Bahn mit unterschiedlichen Widerstandswerten. Je nach der Winkelstellung der Klappe gibt das

Potentiometer ein entsprechendes elektrisches Signal an die Steuereinheit ab, mit Hilfe dessen die richtige Einspritzdauer bestimmt wird.
Thermozeitschalter.
Auch bei der L-Jetronic wird das Kaltstartventil durch das Startsystem und den Thermozeitschalter in Funktion versetzt. Die Funktion des Schalters wurde bei der K-Jetronic beschrieben.

Temperaturfühler

Dieser informiert die Steuereinheit über die Kühlwassertemperatur. Die Zusammensetzung des Gemischs wird dieser Temperatur angepaßt. Im Temperaturfühler befindet sich ein Widerstand mit negativem Temperaturkoeffizienten. Mit steigender Kühlwassertemperatur nimmt der Widerstand ab, wodurch dann auch die Einspritzdauer zurückgeht.

Drosselklappenschalter

Dieser ist auf dem Ende der Drosselklappe montiert und wird durch sie betätigt. Über den Schalter werden die erforderlichen Signale zum Anreichern des Gemischs im Leerlauf und bei Vollast weitergeleitet.
Der Schalter hat zwei starre Kontakte und dazwischen einen beweglichen. Der bewegliche Kontakt wird durch eine Nocke auf der Drosselklappenwelle betätigt. Im Leerlauf ist der bewegliche Kontakt mit dem einem der starren Kontakte verbunden und bei Vollast mit dem anderen. Zwischen Leerlauf und Vollast sind die Kontakte nicht geschlossen.

Lufttemperaturfühler

Die elektronische Steuereinheit wird durch einen Fühler im Luftströmungsmesser auch über die Temperatur der angesaugten Luft informiert, um die einzuspritzende Kraftstoffmenge darauf abzustimmen. Kalte Luft bedeutet mehr Luft und somit mehr einzuspritzenden Kraftstoff. Warme Luft bedeutet weniger Luft und weniger einzuspritzenden Kraftstoff.

Elektronische Steuereinheit

Es würde den Rahmen dieses Buches sprengen, wollten wir die Steuereinheit vollständig beschreiben. Dennoch ist einiger Einblick in ihre Funktion ganz vorteilhaft.
Die aus etwa 80 Teilen bestehende Steuereinheit hat die Aufgabe, die Einspritzzeit anhand von Informationen zu bestimmen, welche durch verschiedene

Aufnahmeelemente, wie Fühler, Ventilschalter und Luftströmungsmesser, geliefert werden. Einspritzmoment und -frequenz werden durch das Öffnen der Kontakte im Verteiler oder durch magnetische Impulse bestimmt.
Das Impulsdiagramm kommt folgendermaßen zustande:
– Das Zündsignal des Verteilers wird in einen Rechteckimpuls umgesetzt, das heißt in einen Impuls von gleichmäßiger Stärke.
– Die Anzahl der Impulse wird um die Hälfte vermindert, daß heißt daß die Anzahl der Einspritzungen die Hälfte der Anzahl der Zündimpulse ist.
– Die Einspritzzeit, also die Dauer des Impulses, wird jetzt anhand der Stellung des Luftströmungsmessers, der Temperaturfühler und des Drosselklappenschalters durch die elektronische

Regeleinheit berechnet.

6.4 LH-Jetronic-Benzineinspritzsystem

Dessen Funktionsprinzip ist dem der L-Jetronic zwar gleich, aber einige wesentliche Details sind unterschiedlich:
– Die elektronische Steuereinheit ist hier mit einem Mikrocomputer ausgestattet, der die empfangenen Signale noch genauer verarbeiten kann.
– Statt der Luftmengenmessung wird bei der LH-Jetronic die Luftmasse mit Hilfe eines geheizten Platindrahtes gemessen.
– Dies alles hat den Vorteil, daß die Reaktionsdauer nach dem Messen der Luftmasse kürzer ist, was zu reineren Abgasen führt.

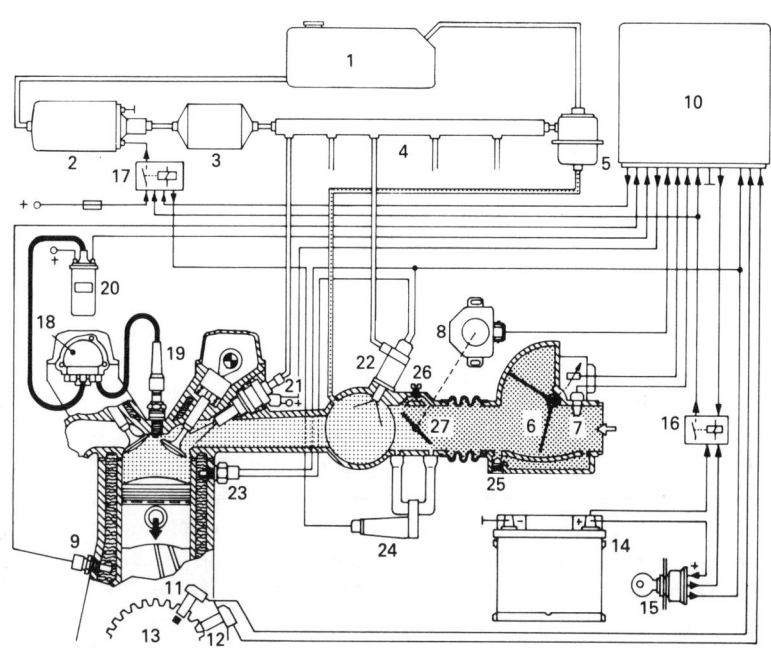

Abb. 6.16: Funktion der Motronic in schematischer Wiedergabe

1 Kraftstofbehälter	15 Zündschloß
2 elektrische Kraftstoffpumpe	16 Hauptrelais
3 Kraftstoffilter	17 Pumpenrelais
4 Verteilerrohr	18 Stromverteiler
5 Einspritzdruckregler	19 Zündkerze
6 Luftströmungsmesser	20 Zündspule
7 Lufttemperaturfühler	21 Einspritzventil
8 Drosselklappenschalter	22 Kaltstartventil
9 Kühlflüssigkeitstemperaturfühler	23 Thermozeitschalter
10 elektronische Regeleinheit	24 Zusatzluftschieber
11 Zündsensor	25 Leerlaufgemischregelschraube (CO%)
12 Drehzahlsensor	26 Leerlaufregelschraube
13 Schwungrad	27 Drosselklappe
14 Akku	

6.5 Motronic-Einspritzsystem

Das Motronic-System regelt sowohl die Einspritzung als auch die Zündung auf elektronischem Wege. Der Einspritzteil basiert auf dem der L-Jetronic, und er unterscheidet sich in seinen Einzelteilen nur geringfügig davon. Das Gehirn der Motronic ist die elektronische Regeleinheit mit einem digital funktionierenden Mikrocomputer. Im Bezug auf die Zündung berechnet der Computer jeweils die Vorzündung zwischen zwei Zündmomenten in einer Funktion der Motordrehzahl und der Motorbelastung. Dabei wird ein gespeichertes Zündfeld berücksichtigt, welches entsprechend der Temperatur der angesaugten Luft, der Motortemperatur und der Drosselklappenstellung angepaßt wird. Der Mikrocomputer wird so bei kaltem Motor und niedriger Startdrehzahl eine kleinere Vorzündung einstellen, als bei einer hohen Startdrehzahl. Beim Anlassen eines kalten Motors gibt er mehr Vorzündung als beim Anlassen eines warmen Motors.

Die Schließwinkelregelung erfolgt anhand eines vorprogrammierten Schließwinkelfeldes in Funktion der Motordrehzahl und der Batteriespannung. Zum Aufnehmen der Kurbelwellenstellung und der Drehzahl verwendet man jeweils einen induktiven Sensor.

Eines der Mittel zur Reduzierung des Kraftstoffverbrauchs besteht darin, die Leerlaufdrehzahl möglichst niedrig und stabil zu halten. Dabei darf der Motor bei zunehmender Belastung nicht abgewürgt werden. Das erreicht man dadurch, daß man statt des Zusatzluftschiebers einen Servomotor einbaut, welcher den Bypass-Kanal über der Drosselklappe mittels eines Drehschiebers mehr oder weniger freigibt. Dies zur ständigen Korrektur der eingestellten Leerlaufdrehzahl. Der Drehschieber wird durch den Servomotor in einer Funktion der Motortemperatur und der Drehzahl betätigt.

6.6 D-Jetronic-Benzineinspritzsystem

Der Vollständigkeit halber soll hier noch das D-Jetronic-System zur Sprache kommen, auch wenn es nur den Zweck hat, etwas mehr Verständnis für das Thema an sich zu vermitteln und die Unterschiede zu den vorbeschriebenen Systemen zu ver-

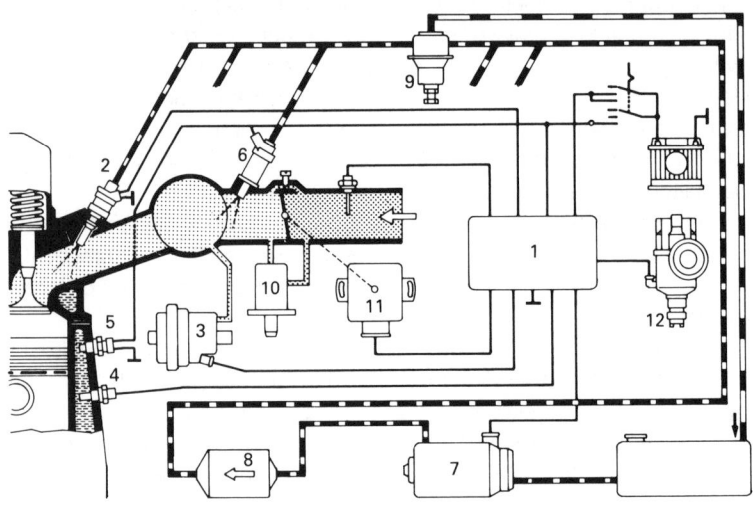

Abb. 6.16: Funktion der D-Jetronic in schematischer Wiedergabe

1 elektronische Steuereinheit
2 Einspritzventil
3 Druckfühler
4 Temperaturfühler
5 Thermozeitschalter
6 Kaltstartventil

7 elektrische Kraftstoffpumpe
8 Kraftstoffilter
9 Einspritzdruckregler
10 Zusatzluftschieber
11 Drosselklappenschalter
12 Stromverteiler

deutlichen. Die Firma Bosch brachte mit der D-Jetronic die erste elektronisch gesteuerte Kraftstoffeinspritzung als Serienprodukt heraus. Das war 1967 beim Volkswagen. Die Abb. 6.14 zeigt die verschiedenen Einzelteile der D-Jetronic. Der Druckfühler spielt eine wesentliche Rolle; er mißt den Unterdruck im Einlaßzweigrohr und leitet den Wert als elektrisches Signal der Steuereinheit zu, welche daraus die Motorbelastung ableitet und demzufolge auch die einzuspritzende Kraftstoffmenge. Im Fühler befinden sich eine Membrane, zwei Barometerdosen, Teillastanschlag, Vollastanschlag, zwei Blattfedern, eine Wicklung und ein Anker. Je nach dem Unterdruck im Einlaßzweigrohr werden die Barometerdosen mehr oder weniger zusammengedrückt, wodurch der Anker sich in der Wicklung bewegt. So werden die Druckschwankungen in elektrische Signale umgesetzt.

Beim D-Jetronic-System erfolgt die Einspritzung bei einem Vierzylindermotor jeweils für zwei Zylinder gleichzeitig; bei einem Sechszylindermotor jeweils für drei. Das Steuersignal, welches den Einspritzmoment für jede Gruppe bestimmt, kommt beim Vierzylindermotor von zwei Steuerkontakten, die unten im Unterbrechergehäuse sitzen.

Die Einspritzdauer wird auch hier vor-

nehmlich durch die Drehzahl (Steuerkontakte) und die Belastung (Druckfühler) bestimmt. Die Druck- und Temperaturfühler liefern der Steuereinheit die nötige Infomation zum Anpassen der Einspritzdauer, so daß:

– bei niedriger Kühlwassertemperatur und ebenfalls bei niedriger Lufttemperatur mehr Benzin eingespritzt wird;
– bei niedrigem Luftdruck weniger Benzin eingespritzt wird, aber bei hohem Luftdruck und niedriger Lufttemperatur mehr Benzin eingespritzt wird.

Der Drosselklappenschalter soll das Gemisch im Leerlauf ein wenig fetter machen, beim Beschleunigen für zusätzliche Benzineinspritzung sorgen und beim Abbremsen mit Hilfe des Motors helfen.

Der Benzindruckregler ist mittels einer Einstellschraube regelbar.

6.7 Lambda-Sonde

Bosch entwickelte eine Sonde zu dem Zweck, die Abgase möglichst sauber zu machen. Die Sonde mißt den Sauerstoffgehalt der Abgase, und das Ausgangssignal wird zur Regelung des Luft-Kraftstoffverhältnisses verwendet; also zur Steuerung der Einspritzung. Die Abbildung zeigt den Aufbau der Lambda-Son-

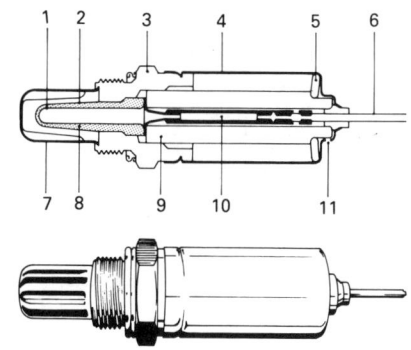

Abb. 6.17: Lambda-Sonde

1 Elektrode (+)
2 Elektrode (-)
3 Gehäuse (-)
4 Schutzhülse (Luftseite)
5 Tellerfeder
6 elektrischer Anschluß
7 Schutzkappe (Abgasseite)
8 Sondenkeramik
9 Stützkeramik
10 Kontaktteil
11 Entlüftungsöffnung

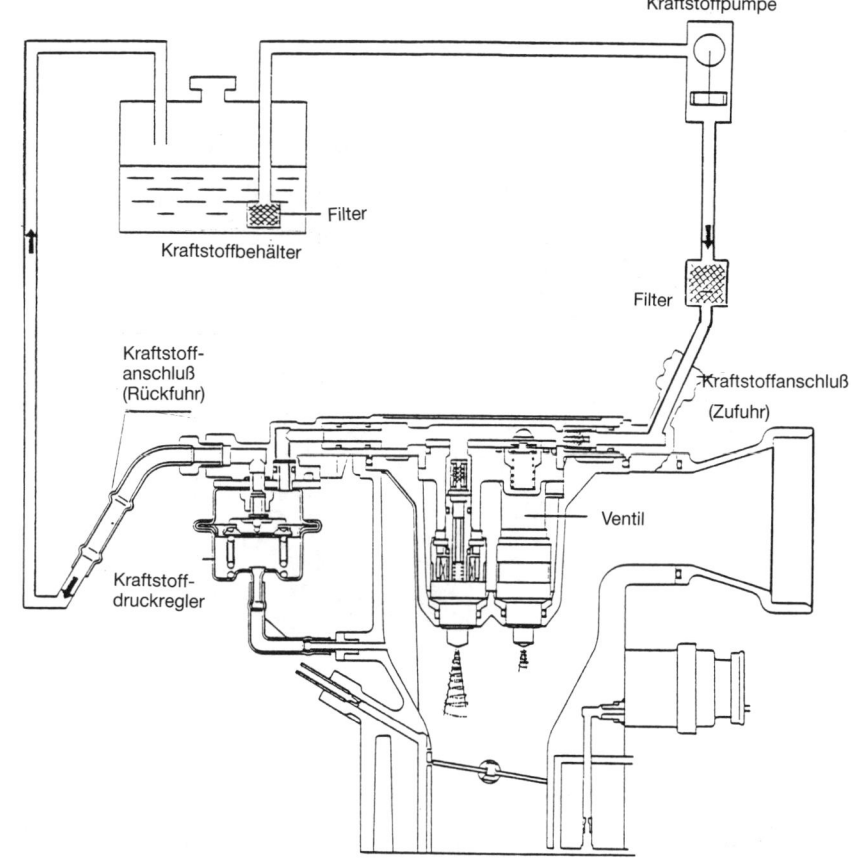

Abb. 6.18: Schematische Darstellung der Funktion des E.C.I.-Systems bei Mitsubishi

de, deren wichtigster Bestandteil die Sonde selbst ist, die aus einem keramischen Material, genauer gesagt Zirkoniumdioxid, besteht. Die Innen- und Außenflächen sind mit Elektroden versehen, die aus einer dünnen gasdurchlässigen Platinschicht bestehen. Die Außenseite der Sonde befindet sich in den Abgasen, und das Innere steht mit der Außenluft in Verbindung. Zirkoniumdioxid wird bei ca. 300 °C für Sauerstoffionen leitend. Ist der Sauerstoffgehalt auf beiden Seiten der Sonde unterschiedlich, so entsteht aufgrund der Eigenschaften der verwendeten Materialien an beiden Grenzflächen eine elektrische Spannung, mit Hilfe deren die Benzineinspritzung angepaßt werden kann.

Die Lambda-Sonde kann in dieser Form nur verwendet werden, wenn der Motor mit bleifreiem Benzin läuft. Die neueren Ausführungen der Lambda-Sonde sind aber bleibeständig.

6.8 Elektronisch gesteuerte Einspritzung (E.C.I.)

Die international übliche Abkürzung E.C.I. steht für Electronic Controlled Injection, zu Deutsch »Elektronisch gesteuerte Einspritzung«. Es handelt sich um eine digital-elektrische zentrale Benzineinsprit-

zung, durch die der Motor unter allen Fahrbedingungen und bei jeder Motorbelastung mit einem optimalen Luft-Benzingemisch versorgt werden soll. Das E.C.I.-System steht in der Mitte zwischen einem Vergasersystem und dem zuvor behandelten Benzineinspritzsystem.

Im E.C.I.-Vergaser befinden sich zwei Einspritzventile, die durch eine elektrische Benzinpumpe über ein Filter mit Benzin versorgt werden.* Die Einspritzventile spritzen abwechselnd und wirbelnd Benzin ein. Ein digitaler Computer führt der Wicklung des Einspritzventils Strom zu. Durch das so erzeugte Magnetfeld wird die Einspritznadel angehoben, so daß der Kraftstoff eingespritzt werden kann. Die Menge des eingespritzten Kraftstoffs wird durch die Anzahl der Einspritzungen und deren Dauer bestimmt.

Übersteigt der Kraftstoffdruck auf die Düsen 250 kPa, dann sorgt der Kraftstoffdruckregler dafür, daß der überschüssige Kraftstoff durch das geöffnete Ventil zum Kraftstoffbehälter zurückfließen kann. Zugleich sorgt der Druckregler für ein konstantes Gleichgewicht zwischen dem Luftdruck im Düsengehäuse und dem Benzin-

druck.

Anhand der Abbildung können Sie sich ein Bild von der allgemeinen Funktion machen. Ein im Luftfilter untergebrachter Luftströmungsfühler mißt die Menge der angesaugten Luft und setzt die erhaltenen Daten in elektrische Impulse um. Diese werden dem Computer zugeführt, der sie verarbeitet, wobei er die Daten der übrigen Fühler- oder Aufnahmeelemente noch berücksichtigt: Einlaßluft-Temperaturfühler, Kühlflüssigkeits-Temperaturfühler, Drosselklappenöffnungs-Aufnahmeelement, Luftdruckfühler, Leerlaufdrehzahlschalter, regelbarer Widerstand (Handeinstellung für das Luft-Kraftstoffgemisch im Leerlauf), Zündschalter, Zündspule (Signal für Motordrehzahl).

Schließlich sind es die vom Computer ausgegebenen Daten (Output), welche die Kraftstoffeinspritzungen der Einspritzventile bestimmen, ebenso wie die Funktion der elektrischen Kraftstoff-Förderpumpe. Zugleich begrenzen die Ausgangsimpulse des Computers die Höchst-

---

* Die Einspritzung des Mitsubishi-E.C.I.-Systems beruht auf Patenten von Bosch.

67

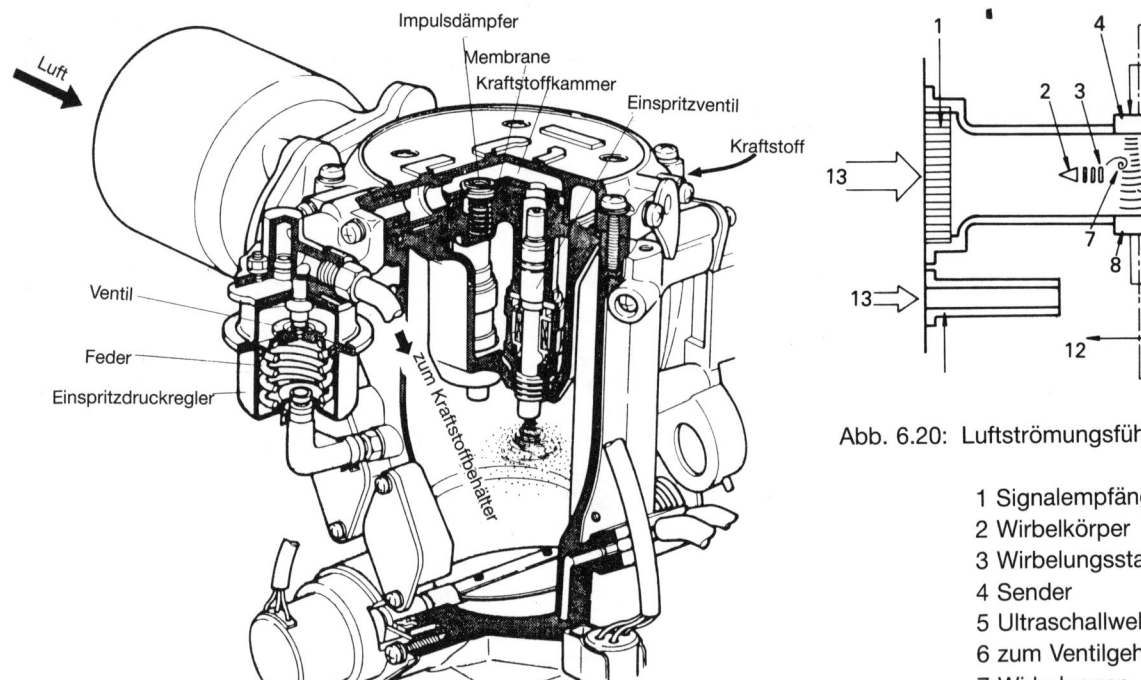

Abb. 6.19: Schnittzeichnung eines E.C.I.-Einspritzvergasers

Abb. 6.20: Luftströmungsfühler (Mitsubishi)

1 Signalempfänger
2 Wirbelkörper
3 Wirbelungsstabilisierungsblech
4 Sender
5 Ultraschallwellensender
6 zum Ventilgehäuse
7 Wirbelungen
8 Empfänger
9 modulierte Ultraschallwellen
10 Verstärker
11 Umsetzer
12 zum Computer
13 Luftzufuhr

drehzahl auf 6 500 U/min.

Die Kraftstoffmenge, die entsprechend dem Signal des Luftströmungsfühlers jeweils zugeführt wird, ist die Grundmenge. Diese wird je nach den Umständen, unter denen der Motor gerade arbeitet, also entsprechend den Daten der einzelnen Fühler, angepaßt, indem die Einspritzdauer geändert wird. Der Luftverbrauch ist also der wichtigste Parameter zur Dosierung des Kraftstoffs. Bei Vollast ist dies aber die Drehzahl.

Der Luftströmungsfühler reagiert mittels eines Ultraschallwellensenders und Empfängers und einer Karman-Vortex-Einheit auf die Menge der angesaugten Luft. Theodor von Karman entdeckte, daß Luftwirbelungen, die durch ein Hindernis im Luftstrom erzeugt werden, im gleichen Verhältnis mit der Geschwindigkeit zunehmen und dieselbe Dichte haben.

Wo Luftwirbelungen auftreten, werden quer durch den Luftstrom Ultraschallwellen ausgestrahlt, die auf der gegenüberliegenden Seite von einem Empfänger aufgefangen und in elektrische Impulse für den Computer umgesetzt werden. So erhält dieser die erforderliche Information über Menge und Dichte der Luft, die zum Motor strömt.

Notkreis

Sollte der Computer infolge einer Störung ausfallen, so erhält ein Notkreis den Motor am Laufen, wenngleich zum Schutz des Motors mit reduzierter Leistung.

Vor- und Nachteile

Einen großen Vorteil hat das elektronisch gesteuerte Einspritzsystem gegenüber den zuvor besprochenen Einspritzsystemen zweifellos durch die niedrigeren Herstellungskosten. Der Kraftstoff hat auch mehr Gelegenheit zum Verdampfen, was der Homogenität des Gemischs und der Verbrennung zugute kommt.

Andererseits wird das Gemisch zwischen den einzelnen Zylindern nicht so gleichmäßig verteilt.

Bezüglich der Motorleistung stellt das E.C.I.-System die Mitte zwischen den Vergaser- und den Einspritzsystemen dar.

Ecotronic-System

Dabei handelt es sich um einen von Bosch und Pierburg entwickelten, elektronisch geregelten Vergaser, der eine deutliche Übereinstimmung mit dem traditionellen Vergaser hat. Unter anderem hat er auch eine Drosselklappe und im oberen Teil eine Starterklappe, die als Vordrosselklappe bezeichnet wird. Indem diese Vordrosselklappe mehr oder weniger geschlossen wird, ändert sich der Unterdruck zwischen den beiden Klappen. Damit läßt sich die Kraftstoffzufuhr durch die Hauptdüse sehr präzise regeln. Mit der Drosselklappe regelt man also die Gemischmenge und mit der Vordrosselklappe die Zusammenstellung des Gemischs. Die Vordrosselklappe wird je nach den vorliegenden Bedingungen durch einen computergesteuerten Elektromotor geöffnet oder geschlossen. Die Vordrosselklappe ist auch mit einer konischen Nadel verbunden, die die Luftzufuhr im Leerlauf beeinflussen kann.

Die Computerregelung des Gemischs durch mehr oder weniger Schließen der Vordrosselklappe erfolgt als Funktion der Motortemperatur, der Stellung des Leerlaufschalters, des Winkels, in dem die Drosselklappe gerade steht, der Drehzahl und der Stellung des Leerlaufanschlags. Letztere wird durch zwei Elektroventile bestimmt.

Die Abstimmung mit der Vordrosselklappe erfolgt beim Starten, Warmlaufen, Beschleunigen, Regeln der Leerlaufdrehzahl und zur Verhinderung des Nachdieselns. So erhält man beim Beschleunigen vorübergehend eine Anreicherung des Gemischs durch teilweises Schließen der Vordrosselklappe. Die erforderlichen Computersignale zur Bedienung des Stellmotors sind dazu zusammengestellt als Funktion der Motortemperatur, der Motordrehzahl, der Geschwindigkeit, mit der die Drosselklappe geöffnet wird, und des Öffnungswinkels der Drosselklappe.

Abb. 6.21: Ecotronic-System

1 Leerlaufschalter
2 Drosselklappenanschlag
3 Vordrosselklappenversteller
4 Vordrosselklappe
5 Drosselklappe
6 Drosselklappenpotentiometer
7 Temperaturfühler
a. Temperatur
b. Leerlaufschalter
c. Drosselklappenwinkel
d. Stellung des Drosselklappenanschlags
e. Motordrehzahl

Elektronische Steuereinheit

A. Ausgangssignale zur Bedienung des Drosselklappenanschlags und der Vordrosselklappe
B. Verarbeitungsteil
C. Eingang der Signale

Der Vorteil des Ecotronic-Systems, nämlich eine präzisere Kraftstoffdosierung, äußert sich insbesondere während des Warmlaufens des Motors.

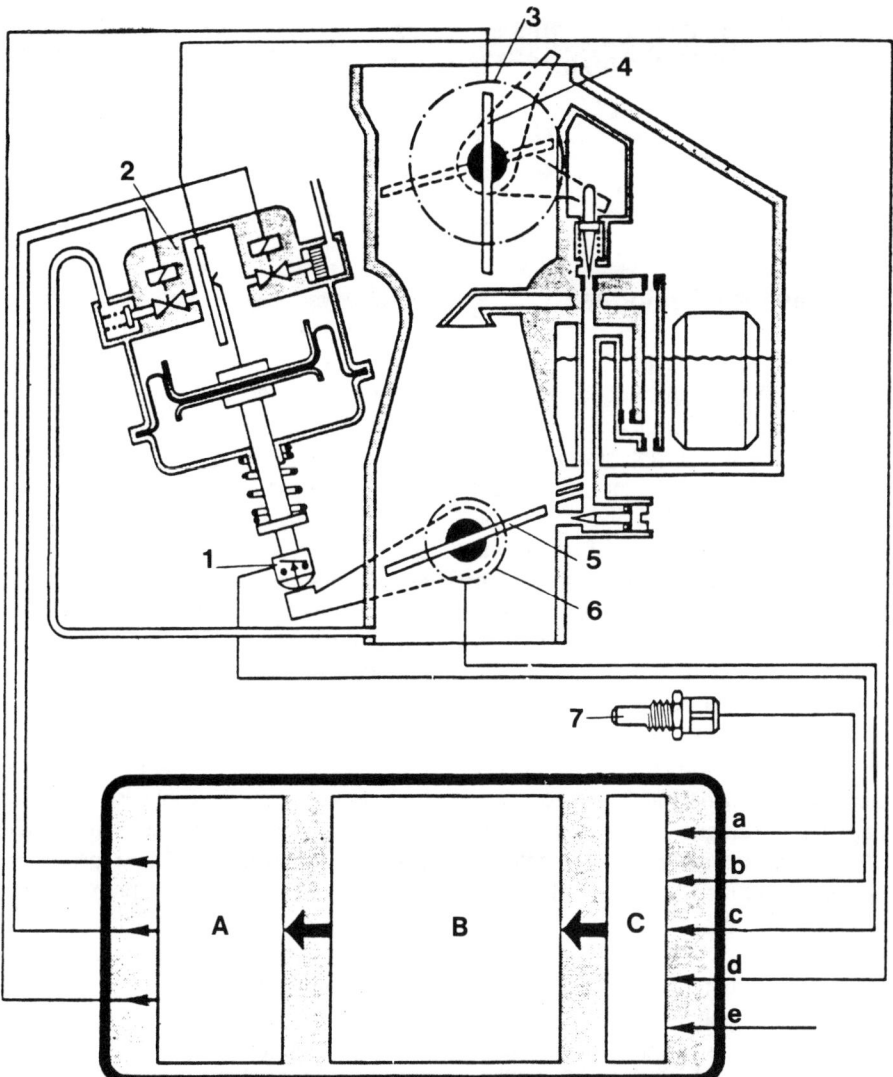

7. Flüssiggas als Kraftstoff

7.1 Was ist Flüssiggas?

Flüssiggas, auch als L.P.G. (= Liquified Petroleum Gas) bezeichnet, ist verflüssigtes Erdölgas. Es besteht aus Propan und Butan, beide aus Erdöl gewonnen. Die Mischungsverhältnisse sind von Land zu Land je nach den Umständen verschieden. So fährt man in den USA fährt man mit 100% Propan, in Italien ist das Verhältnis 80% Butan und 20% Propan. In den Niederlanden fährt man im Sommer mit 60% Butan und 40% Propan; im Winter ist das Verhältnis zur Vermeidung von Verdampfungsproblemen 40/60. Es handelt sich dabei um Gewichtsverhältnisse. Der Vollständigkeit halber ist zu erwähnen, daß Flüssiggas im Durchschnitt auch 4% unerwünschtes Propylen enthält. Dieses verringert die Klopffestigkeit.

Eigenschaften

Flüssiggas ist unter normalen Druck- und Temperaturverhältnissen gasförmig. Bei einem verhältnismäßig geringen Überdruck geht es in flüssigen Zustand über. Bei atmosphärischem Druck hat Propan einen Siedepunkt von -47 °C (226 K) und Butan -5 °C (268 K). Da die Umgebungstemperatur stets über dem Siedepunkt von Flüssiggas liegt und infolge der Volumenzunahme beim Verdampfen, wird das Gas in flüssigem Zustand gespeichert. Der Flüssiggas-Kraftstoffbehälter ist daher eine Druckflasche, in welcher der Überdruck 200 kPa bis 800 kPa betragen kann.

Flüssiggas ist geruchlos, aber aus Sicherheitsgründen hat man einen Duftstoff hinzugefügt. Es unterliegt praktisch keinem Alterungsprozeß, und es enthält keine umweltgefährdenden Stoffe, wie Blei, und nur wenig Schwefel. Allerdings enthält das Flüssiggas viele Formaldehyde, die für Smog sorgen (PAM-Effekt). Der Heizwert ist 49 420 kJ/kg bei einem 50/50-Verhältnis. Der von Benzin ist 46 145 kJ/kg.

Ein auf Flüssiggas umgebauter Motor wird etwa 10% mehr verbrauchen. Dieser Mehrverbrauch ist geringer, als man theo-retisch erwarten sollte, und er könnte noch erheblich herabgesetzt werden, indem man den Motor ausschließlich für Flüssiggas geeignet machen würde, unter anderem durch Verbesserung der Zylinderfüllung und Steigerung der Kompressionsverhältnisse, wodurch die thermische Nutzung um etwa 8% zunehmen kann. Flüssiggas ist einem höheren Verdichtungsdruck gegenüber beständiger, weil es an sich viel klopffester ist als Benzin. Ein Flüssiggasgemisch von 60% Butan und 40% Propan hat eine Oktanzahl von ungefähr 101 nach der Researchmethode.

Man bekommt eine bessere Zylinderfüllung, indem man die Einlaßleitungen etwas geräumiger nimmt und deren Vorerwärmung ausschaltet. Durch alle diese Anpassungen würde das Fahren mit Benzin jedoch nicht mehr möglich sein.

Der Umstand, daß der praktische Mehrverbrauch günstiger ist, hat verschiedene Ursachen:
- Das Flüssiggas-Luftgemisch ist viel homogener, als das Benzin-Luftgemisch. Flüssiggas vermischt sich besser mit Luft, und es gibt natürlich auch keine Schwierigkeiten mit Niederschlag oder Verdampfung. Bei einem Benzin-Luftgemisch ist die Mischung niemals ideal.
- Nur beim Starten ist eine zusätzliche Flüssiggasmenge erforderlich. Dann müssen nämlich die Leitungen zwischen dem Verdampfer/Druckregler und dem Lufttrichter mit Gas gefüllt werden. Unter allen übrigen Umständen kann das ideale Mischverhältnis, etwa 1:15.5 Gewichtsteile, beibehalten werden. Also kein Gedanke an eine zusätzliche Kraftstoffmenge bei Beschleunigung und Vollast.

Das Luft-Gasgemisch bleibt bei wechselndem Unterdruck konstant.

Auch im Leerlauf arbeitet der Motor mit dem normalen Flüssiggas-Luftgemisch. Ein Benzinmotor benötigt dann ein fetteres Gemisch.

7.2 Unterschiede zum Benzin

Zündung

Da Flüssiggas eine höhere Oktanzahl hat und die Flammfrontgeschwindigkeit etwa 10 m/s niedriger ist, könnte der feste Zündzeitpunkt vorverlegt werden. Das macht man aber nicht. Der Motor soll ja schließlich auch noch mit Benzin laufen können. Benzin ist einem falschen Zündzeitpunkt gegenüber empfindlicher als Flüssiggas. Würde man nur mit Flüssiggas fahren, dann wäre es nicht genug, nur den festen Zündzeitpunkt zu ändern. Der automatische Vorzündungsmechanismus müßte ebenfalls angepaßt werden. Für niedrigere Drehzahlen mehr Vorzündung und für höhere weniger. Die Zusammensetzung des Benzin-Luftgemischs hängt schließlich weitgehend von der Motordrehzahl und den auftretenden Wirbelungen ab.

Obwohl die Zündspannung des trockenen Flüssiggasgemischs einige Tausend Volt höher liegt, braucht man bei richtig eingestellter Zündung angesichts der verfügbaren Reserve keine Probleme zu befürchten. Liegt die maximale Zündspulenspannung weit unten, dann kann der Elektrodenabstand der Zündkerzen um 0,1 mm verringert werden.

Wir empfehlen bei der Ingebrauchnahme einer Flüssiggasanlage, Zündkerzen des nächst unteren Wärmewerts zu montieren und diese während der Anfangsperiode nach verschiedenen Betriebsbedingun-

Oktanzahl gemäß	Propan	Butan	Normal-benzin	Super-benzin	L.P.G. 50/50
Motormethode Mon	98	88	81–85	85–89	93
Researchmethode (Ron)	111	94	87–90	91–98	103

gen genau zu betrachten. Erkennen Sie, daß sie verschmutzen, dann müssen die Originalkerzen wieder eingesetzt werden.

Was geschieht mit den Ventilen?
Oftmals wird behauptet, daß die Ventile bei der Verwendung von Flüssiggas zum Verbrennen neigen. Wir möchten behaupten, daß die Wahrscheinlichkeit dazu zwar nicht groß ist, daß es aber möglich ist, wenn sie nicht nach der vorgeschriebenen Kilometerzahl nachgestellt werden. Da Flüssiggas ein trockner und bleifreier Kraftstoff ist, fehlt die kühlende Wirkung des verdampfenden Kraftstoffs und der schützende Niederschlag auf dem Ventilsitz. Dieser Niederschlag kommt vom Bleitetraäthyl. Dieses wird dem Benzin zur Erhöhung der Klopffestigkeit beigegeben. Die Ventilsitze werden dadurch mehr 'eingehämmert'. Bei nicht rechtzeitigem Nachstellen wird das Ventilspiel dann zu klein, was zum Verbrennen der Ventile führt. Auch die geringere Flammfrontgeschwindigkeit ist von Einfluß. Bei Motoren mit nicht eingesetzten Ventilsitzen muß das Ventilspiel sogar häufiger nachgestellt werden. Sicherheitshalber wird das Spiel zuweilen etwas größer eingestellt. Um den Vergaser im Innern sauber zu halten, eventuelle Membrane und Gelenkstellen in gutem Zustand zu erhalten und den Niederschlag auf den Ventilsitzen nach Möglichkeit zu erhalten, empfiehlt es sich, regelmäßig mit Benzin zu fahren.
Mit eingesetzten Stellit-Ventilsitzen und -Ventilen sind angesichts der Härte des Materials kaum Schwierigkeiten zu befürchten.

Schmieröl
Bei einem auf Flüssiggas laufenden Motor wird das Öl nicht durch Ruß- und Schwefelreste angegriffen. Von einer Verdünnung durch unverbrannten Kraftstoff ist keine Rede. Das Öl behält daher auch größtenteils seine Farbe bei und kann leicht 10 000 km Dienst tun. Da die relativ trockene Schmierung der Bleitetraäthyl-Ablagerungen fehlt, ebenso wie die Kühlung durch das Luft-Benzingemisch, und um die Nachteile der niedrigeren Flammfrontgeschwindigkeit auszugleichen, ist eine zusätzliche Schmierung in der Brennkammer, vor allem der Ventile und der Ventilsitze, zweckmäßig.

Luftfilter
Zum Erhalt einer möglichst günstigen Zylinderfüllung sollte die angesaugte Luft

kühl sein. Stellen Sie das Luftfilter immer in Sommerstellung ein, und schalten Sie die automatische Einlaßlufttemperaturregelung aus.

7.3 Bestandteile der Flüssiggasanlage

– Gasbehälter mit Füllanschluß; Behältermeßgerät; Entnahmehahn; Niveauventil; Federsicherung; auf dem Montagebrett angebrachter gasdichter Kasten. Heutzutage muß der Füllanschluß von außen her zugängig sein.

–   Benzinsperre;
–   Gassperre;
–   Wahlschalter;
–   Leitungen;
–   Verdampfer-Druckregler;
–   Gas-Luftmischstück;
–   Haupteinstellschraube;
–   eventuell Startvorrichtung.

Gasbehälter
Der spezielle Kraftstoffbehälter für Flüssiggas muß zumindest einem Arbeitsdruck von 1800 kPa (18 Bar) standhalten.

Er wird mit Wasser auf einem Überdruck von 3 MPa (3 Bar) abgedrückt. Der normale Überdruck bei 20 °C beträgt 200 bis 800 kPa (2–8 Bar). Flüssiggasbehälter sind meist zylindrisch, aber in anderen Ländern gibt es auch andere Formen. Bei der Montage muß der erste Behälter so angebracht werden, daß der Armaturenträger in einem Winkel von 45° steht. Um Raum zu gewinnen kann man den ursprünglichen Kraftstoffbehälter ausbauen und den Gasbehälter an dieser Stelle einbauen und dazu noch einen an den Gasbehälter und den noch verfügbaren Raum angepaßten Benzintank.

Füllanschluß
Der Füllanschluß am Flüssiggasbehälter muß mit einem Verschluß mit im Behälter gelegenem Rückschlagventil oder Strombegrenzer oder zwei hintereinander angebrachten Rückschlagventilen versehen sein; von den letztgenannten muß wenigstens eines im Behälter liegen. Der Füllanschluß muß zugleich mit einem Schutz gegen Schmutz und Wasser ausgestattet sein, um einem Ausströmen von Gas vorzubeugen. Da das Füllen außerhalb des Fahrzeugs erfolgen soll, muß der Füllan-

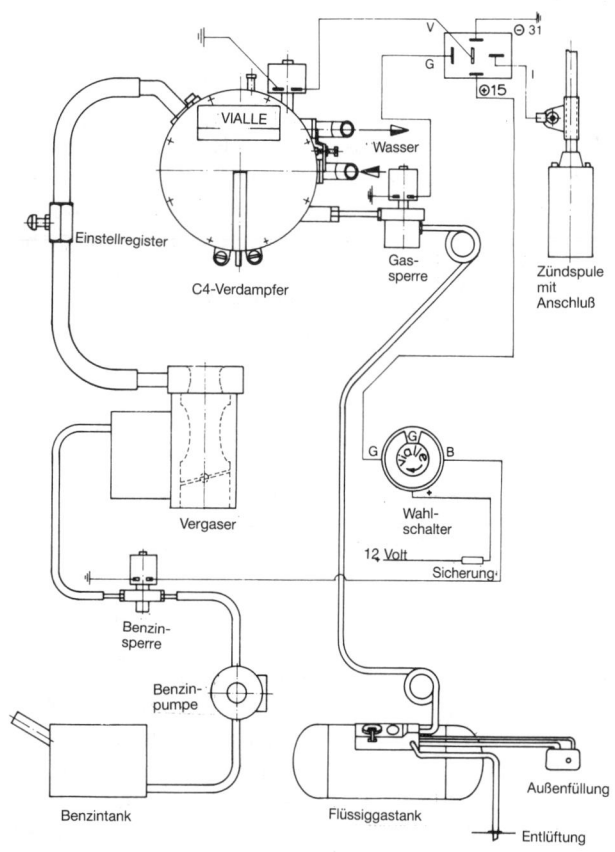

Abb. 7.1: Schematische Aufstellung einer Flüssiggasanlage (Vialle)

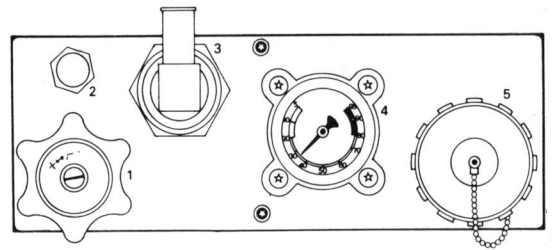

1 Entnahmehahn
2 Niveauventil
3 Federsicherung
4 Tankmeßgerät
5 Füllanschluß

Abb. 7.2: Armaturenträger des Gasbehälters

schluß am Gasbehälter mit einem Schlauch verbunden sein, ebenfalls mit einem Rückschlagventil im versetzten Füllanschluß versehen, dies ungeachtet der zuvor erwähnten Rückschlagventile bzw. Strombegrenzer am Behälter.

Die Füllanschlüsse haben nicht in allen Ländern den gleichen Durchmesser.

Behältermeßgerät

Dieses gehört zum Schwimmertyp, und es gibt die Füllung des Flüssiggasbehälters in Prozenten an. Man kann auch ein elektrisches Kraftstoffmeßgerät anbringen. Ferner gibt es eine Kombination von Benzin- und Flüssiggasmeßgerät.

Entnahmehahn

Dieser ist auf einem Steigrohr montiert, das so angebracht ist, daß möglichst viel Flüssiggas aus dem Behälter entnommen werden kann. Der Hahn ist mit einem Durchflußbegrenzer versehen. Dieser verhindert bei großer Durchflußgeschwindigkeit automatisch, daß der Behälter bei ei-

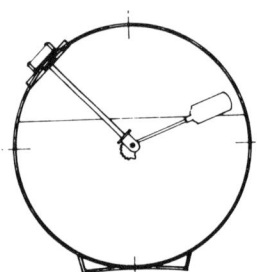

Abb. 7.3: Prinzip des Behältermessers

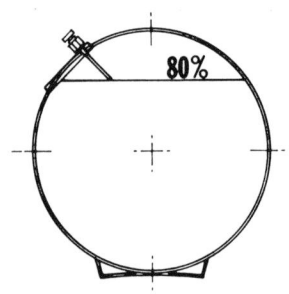

Abb. 7.4: Prinzip des 80%-Ventils

72

nem Leitungsbruch oder Abbrechen des Hahns leerläuft.

Niveauventil

Dieses muß während des Tankens geöffnet sein. Sobald der Behälter zu 80% gefüllt ist, wird ein weißes Wölkchen ausströmen, und dann muß das Füllen abgebrochen werden. Aus Sicherheitsgründen, insbesondere zur Vermeidung einer abnormalen Drucksteigerung infolge extremer Temperaturen, darf der Behälter nur zu 80% gefüllt werden. Bei einer Verlängerung des Füllanschlusses nach außen muß das Niveauventil sich im selben Raum befinden wie der Füllanschluß. Um einem Ausströmen von Gas entlang einer eventuell undichten Verlängerungsleitung vorzubeugen, muß diese an einem auf dem Behälter montierten Abschluß mit Strombegrenzer montiert werden. Eine neuere Entwicklung ist das Anbringen eines kleinen Flüssiggasbehälters im größeren; der Rauminhalt des kleineren ist 20% des Inhalts des großen. Der kleine Behälter ist über eine Bohrung mit dem großen verbunden. Wenn der große Behälter zu 80% gefüllt ist, wirkt der kleine als Expansionsbehälter. Ein Überfüllen ist damit ausgeschlossen.

Federsicherung

Dieses Ausströmventil öffnet sich automatisch, sobald der Druck im Behälter 1750 kPa übersteigt. Das Ventil ist so angebracht, daß dann gasförmiges Flüssiggas entweicht, nicht aber flüssiges. Das verringert angesichts des geringeren Volumenszuwachses die Gefahr.

Benzinsperre

Die elektromagnetische Benzinsperre, die zwischen der Kraftstoffpumpe und dem Vergaser eingebaut wird, dient dazu, die Benzinzufuhr zum Vergaser zu sperren. Durch Stellung des Kraftstoffwahlschalters auf »Gas« bricht das Magnetfeld in der Spule zusammen, und das Ventil schließt sich. Sollte es beim erneuten Um-

schalten auf Benzin geschehen, daß sich das Ventil nicht mehr öffnet, so ist ein Öffnen mittels eines Handhahnes möglich, so daß die Benzinzufuhr freigegeben wird.

Gassperre

Dieser Verschluß dient dazu, die Gaszufuhr zwischen Behälter und Verdampfer zu sperren. Die Gassperre ist zugleich mit einem Filter versehen, und sie wird ebenfalls durch den Kraftstoffwahlschalter betätigt.

Kraftstoffwahlschalter

Mit Hilfe dieses Schalters kann man während der Fahrt problemlos vom einen auf den anderen Kraftstoff umschalten. Der Wahlschalter der Abb. 7.1 hat vier Stellungen, und er kann nur rechtsherum gedreht werden.

– Stellung G. Benzinzufuhr zum Vergaser durch Benzinsperre unterbrochen.
– Stellung '3 Uhr' (Zwischenstellung nach Stellung G). Die beiden Sperren sind geöffnet. Es kann direkt nach Stellung B weitergedreht werden.
– Stellung B. Gaszufuhr durch Gassperre unterbrochen. Benzinsperre geöffnet.
– Stellung '9 Uhr' (Zwischenstellung nach Stellung B). Beide Sperren sind geschlossen. In dem Augenblick, in dem das Benzin in der Schwimmerkammer verbraucht ist, spürt man dies am Abbrem- sen des Motors. Weiterdrehen auf Stellung G.

Leitungen

Material, Stärke, Abmessungen, Schutz und Montage unterliegen zwingenden Vorschriften. Sämtliche Leitungen und Fittings vom Kraftstoffbehälter zum Druckregler müssen aus nahtlos gezogenem Stahl, Messing oder Kupfer bestehen.

Zweck des Verdampfer-Druckreglers

Der Name sagt schon, wozu dieses Gerät dient. Es muß das Gas durch Druckreduzierung in dampfförmigen Zustand versetzen. Dafür braucht man Wärme, die vom Kühlwasser, von den Abgasen oder einem gesonderten Heizsystem, das von den Abgasen gespeist wird, bezogen wird. Zum anderen muß der Verdampfer das verdampfte Flüssiggas entsprechend den Bedürfnissen des Motors durch Unterdruckvarianten zum Mischstück strömen lassen und dabei verhindern, daß weiterhin Gas strömt, wenn der Motor mit eingeschalteter Zündung aussetzt.

7.4 Funktionsprinzip des Verdampfer-Druckreglers

Beim Öffnen der Gassperre strömt bei 1 Flüssiggas durch das geöffnete Ventil A ein. Bei einem bestimmten Druck bewegt sich die Membrane m1 von der ersten Stufe nach links und schließt A.

Wird der Motor gestartet, dann entsteht rechts von der Membrane m2 in der zweiten Stufe ein Unterdruck, durch den sich Ventil B öffnet. Jetzt kann gasförmiges Gas in das Mischstück strömen. B schließt sich unter dem Einfluß der Feder, die auf den Hebel einwirkt, sobald der Motor nicht mehr läuft und somit keinen Unterdruck mehr entwickelt.

7.5 Funktion des APS-Zwei-stufen-Verdampfer/Druck-reglers

Zunächst drückt die Feder 10 die schwächere Feder 23 nach links, so daß sich Ventil 25 öffnet und flüssiges Gas in die Kammer A strömen kann. Bei einem Druck von 30 kPa bewegt sich die Membrane 9 nach rechts, wodurch Feder 23 das Ventil 25 schließt. Bei einem geringen Unterdruck in C drückt der normale Luftdruck in D die Membrane 24 nach rechts. Dadurch öffnet sich Ventil 21 mit dem Hebel 22, und das Gas kann zum Misch-

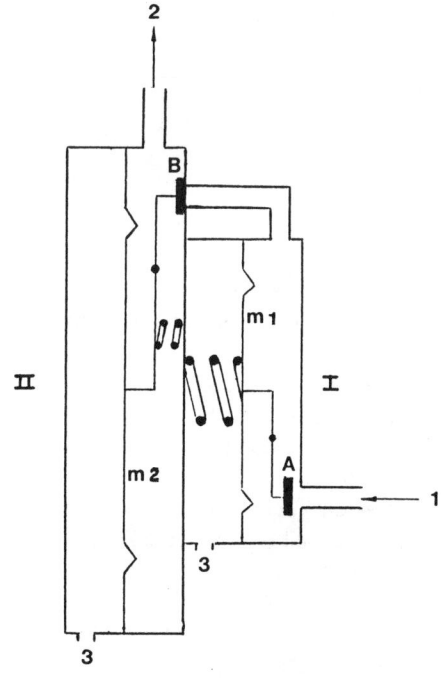

Abb. 7.5: Funktionsprinzip des Ver-dampfer-Druckreglers.

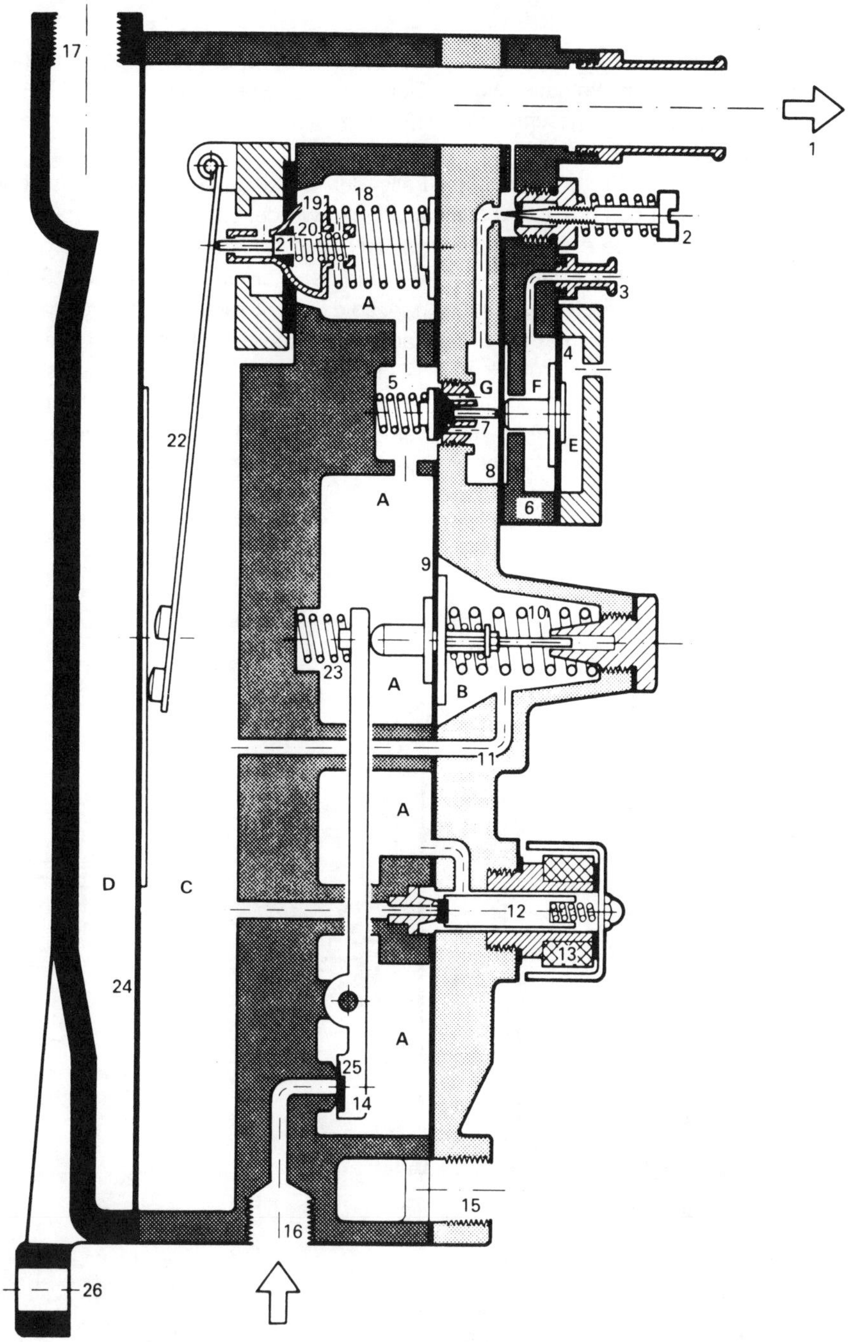

Abb. 7.6: APS-Verdampfer/Druckregler, Typ VG 177, in schematischer Wiedergabe

1 Leitung zum Motor	17 Öffnung zur Außenluft
2 Regelschraube für Leerlaufdrehzahl	18 Feder des großen Ventils
3 Unterdruckanschluß	für die zweite Stufe
4 Membrane für Unterdruckschloß	19 Großes Ventil der zweiten Stufe
5 Feder 22 Hebel der zweiten Stufe	20 Kleine Feder
6 Unterdruckgehäuse	21 Kleines Ventil
7 Ventil	23 Feder
8 Membrane	24 Membrane der zweiten Stufe
9 Membrane der ersten Stufe	25 Ventildichtung
10 Feder	26 Befestigungsbohrung
11 Leitung	A Raum der ersten Stufe
12 Ventil zum Starten des Motors	B Raum für Feder
13 Elektromagnet	C Raum der zweiten Stufe
14 Hebel für erste Stufe der Außenluft	D und E Raum in Verbindung mit
15 Anschluß für Kühlflüssigkeit	F Unterdruckraum
16 Zufuhranschluß Flüssiggas	G Raum mit Leerlaufgas

stück strömen. Ventil 21 läßt sich mit den Übergangsbohrungen im Vergaser vergleichen; es ermöglicht einen geschmeidigen Übergang. Wächst der Unterdruck in C, so bewegt sich Membrane 24 weiter nach rechts und öffnet das größere Ventil 19. Da nun auch die obere Noppe die Membrane berührt, ändert sich das Hebelverhältnis, was eine progressive Funktion des Verdampfer-Druckreglers fördert.

Auf Leerlauf ist genügend Unterdruck in Kammer F, um die Membrane 4 nach links zu ziehen und so Ventil 7 zu öffnen, so daß Gas über die Regelschraube 2 nach 1 strömen kann.

Bei Betätigung der Drosselklappe wird der Elektromagnet von Ventil 12 erregt; Ventil 12 öffnet sich, so daß Gas von A nach C strömen kann.

Falls der Druck in Kammer A zu sehr ansteigen würde, zum Beispiel infolge eines zu hohen Tankdrucks, würde sich das Ventil in der Membrane bei Feder 10 öffnen, so daß der Druck über die Leitung 11 nach C strömen kann. Kammer D kann bei 17 mit einer Ausgleichleitung versehen werden, um die Folgen eines eventuell verschmutzten Luftfilters zu kompensieren.

7.6 Funktion des Landi-Hartog-Verdampfer/Druckreglers

Auch hier wird der Druck in zwei Stufen reduziert. Abbildung 7.7 zeigt die erste Stufe links, von der auch hier die Membrane 10 kleiner ist, als die der zweiten Stufe. Die Scharnierpunkte der Ventile in der ersten und zweiten Stufe befinden sich unter den entsprechenden Schrauben. Beachten Sie, daß in der ersten Stufe eine Absorptionsplatte 8 angebracht ist. Diese hat eine doppelte Aufgabe, nämlich erstens das bei einem Kaltstart nicht verdampfte Flüssiggas aufzunehmen und wieder ab-

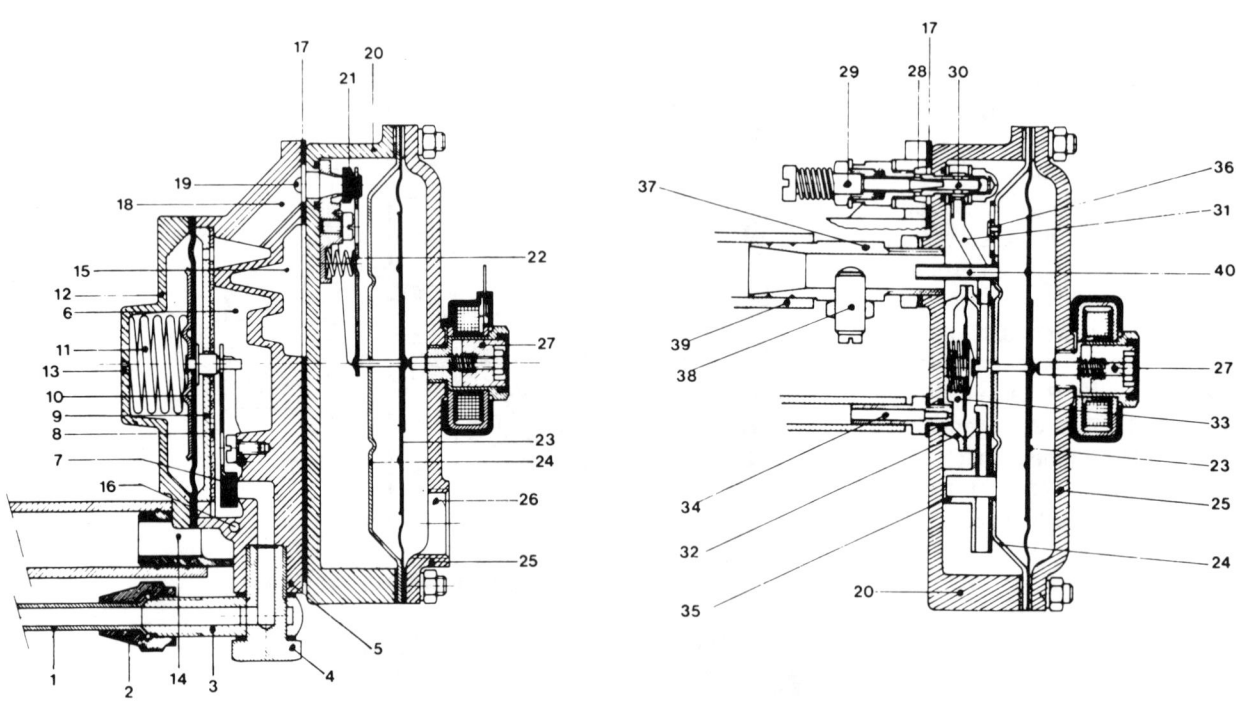

Abb. 7.7: Landi-Hartog Verdampfer/Druckregler in zwei Querschnitten

 1 Zufuhr von Flüssiggas
 2 Überwurfmutter
 3 Schwenkbarer Leitungsanschluß
 4 Hohlbolzen mit Siebfilter
 5 Gehäuse der ersten Stufe
 6 Raum der ersten Stufe
 7 Ventil der ersten Stufe
 8 Absorptionsplatte
 9 Schutzplatte der ersten Stufe
10 Membrane der ersten Stufe
11 Feder der ersten Stufe
12 Deckel der ersten Stufe
13 Verbindung zur Außenluft
14 Anschlüsse des Kühlsystems
15 Wasserkammer
16 Kompensationskanal der

17 Dichtung der Wasserkammer
18 Verbindungskanal von der ersten zur zweiten Stufe
19 Abzweigkanal für stationäres Regelsystem
20 Gehäuse der zweiten Stufe
21 Ventil der zweiten Stufe
22 Feder
23 Membrane der zweiten Stufe
24 Schutzplatte
25 Deckel der zweiten Stufe
26 Verbindung zur Außenluft
27 elektromagnetischer Schalter (Starterklappe)
28 Mündung Abzweigkanal
29 Regelnadel des Leerlaufsystems

30 Mündung Regelsystem
31 Verbindungsgehäuse zur Membranventildose
32 Membranventildose
33 Membrane
34 Unterdruckanschluß zum Einlaßzweigrohr
35 Injektorröhrchen
36 Regelscheibe auf Schutzplatte der zweiten Stufe
37 Haupteinstellbohrung
38 Schraube mit Sicherungsmutter zur Haupteinstellung
39 Verbindungsschlauch zum Mischgerät
40 Saugkraftverstärker auf Schutzplatte der zweiten Stufe

zugeben, sobald zur Verdampfung genug Wärme vorhanden ist, und zweitens ölige Verschmutzungen des Flüssiggases aufzunehmen. Vorgeschrieben wird, die Absorptionsplatte alle 50 000 km bzw. 1000 Betriebsstunden zu erneuern.

Die Membranen der ersten und zweiten Stufe werden durch die Schutzplatten 9 und 24 geschützt. Diese verhindern stark wechselnde Temperaturen und Verschmutzung der Membranen.

Die dritte kleine Membrane 33 ist zusammen mit dem Unterdruckventil und einer Feder in einem Gehäuse in der zweiten Stufe untergebracht.

Die Wasserkammer 15 hat eine möglichst große Oberfläche, um einem Gefrieren und dem Niederschlag der eventuell vorhandenen schwereren Kohlenwasserstoffe vorzubeugen.

Das elektromagnetische Startventil 27 öffnet das Ventil in der zweiten Stufe mit Hilfe eines Stiftes.

Das Flüssiggas strömt durch die Leitung 1 und das geöffnete Ventil 7 in die Kammer der ersten Stufe, wo das Gas durch Druckreduzierung und Wärmeaufnahme verdampft. Hat der Druck in dieser Kammer einen bestimmten Wert erreicht, so bewegt sich die Membrane entgegen dem Federdruck nach links und schließt das Ventil. Wenn sich Membrane 23 durch den Motorunterdruck nach links bewegt, wird sich Ventil 21 mit Hilfe des Stiftes und entgegen dem Druck der Feder unter dem Hebel des Ventils in der zweiten Stufe öffnen, und nun strömt das Gas entlang der Haupteinstellschraube 38 zum Mischstück.

Bei 19 befindet sich der Anzweigkanal für das Leerlaufsystem. Sobald der Motor läuft, wird die Membrane 33 durch Unterdruck über die Leitung 34 nach links gesaugt und das Ventil geöffnet. Entlang der Leerlaufregelschraube 29 und dem geöffneten Ventil kann das Gas durch Rohr 35 mit leichtem Überdruck durch die Kammer links der Schutzplatte der zweiten Stufe zum Mischstück strömen. Die Geschwindigkeit, mit der das Gas durch das Rohr fließt, verursacht rechts von der Schutzplatte einen leichten Unterdruck. Dadurch kommt es zu einer schnelleren Übernahme der Leerlaufdrehzahl. Das Röhrchen 40 auf der Schutzplatte der zweiten Stufe verstärkt die Saugwirkung, wodurch sich Ventil 21 weiter öffnet und in der zweiten Stufe ein begrenzter Überdruck entsteht, der für Höchstleistungen erforderlich ist. Beachten Sie die Regelscheibe 36 in der

Schutzplatte. Sie ist mit kleinen Bohrungen versehen, durch die sich die Wirkung des Saugkraftverstärkers 40 auf die Membrane 23 beeinflussen läßt.

In der Verbindung zur Außenluft 26 kann das Ausgleichsrohr angeschlossen und mit der 'sauberen' Seite des Luftfilters verbunden werden. Dadurch hat eine Verschmutzung des Luftfilters keinen Einfluß auf die Zusammensetzung des Luft-Gasgemischs.

7.7 Vialle-Verdampfer/Druckregler nach dem C4-System

Prinzip

Durch das geöffnete Ventil K1 (siehe Abb. 7.8) strömt beim Starten und beim Öffnen des Magnetventils Flüssiggas in die Kammer. Sobald der Gasdruck darin einen zuvor eingestellten Wert erreicht, drückt Membrane M1 die Feder V1 zusammen und schließt K1. Das Kühlwasser sorgt für die erforderliche Verdampfungswärme. Von der Kammer aus strömt ein Teil des Gases für den Leerlauf durch den Ejektor A, die Kammer C1 und das Röhrchen in Kammer C2. Dadurch entsteht in C1 ein Unterdruck (man denke an eine Wasserstrahlpumpe), wenn Membrane M2 durch einen, übrigens geringen, Motorunterdruck die Kammer C1 schließt. Der bei A in C1 entwickelte Unterdruck wirkt dann auf Membrane M3 und öffnet Ventil K2. Über Kammer C2 strömt das Gas nunmehr zum Mischstück. Mit Hilfe der Regelschraube S kann die Leerlaufdrehzahl des Motors eingestellt werden, da A nur einen Teil des benötigten Gases liefert. Das überströmende Gas aus der ersten Stufe wird die Regelmembran M2 sich beim geringsten Druck nach links bewegen lassen, und dadurch entfällt der Unterdruck in Kammer C1 in einem gewissen Ausmaß. Membrane M3 bewegt sich nach rechts und macht es so für das Ventil K2 möglich, den Druck in der zweiten Stufe präzise zu regeln. Bei diesem Verdampfer-Druckregler fehlt der Unterdruckverschluß; man verwendet einen elektromagnetischen Verschluß 2.

Praktische Funktion

Nach der voraufgegangenen Prinzipbeschreibung werden Sie die Funktion der ersten Stufe verstehen. Wir beschränken uns daher jetzt auf den Reduzierteil der

zweiten Stufe und das Leerlaufsystem. Falls die beiden elektromagnetischen Ver-

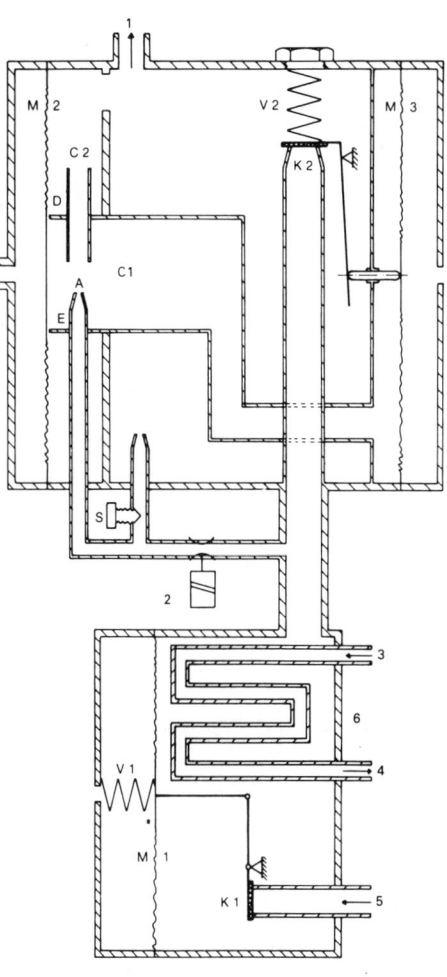

Abb. 57.8: Schematische Wiedergabe der Funktion des Vialle C4-Verdampfers

1 Gasausgang zum Lufttrichter
2 elektromagnetischer Verschluß
3 Zufuhr der Kühlflüssigkeit
4 Abfuhr der Kühlflüssigkeit
5 Zufuhr des Flüssiggases
6 Anwärmteil

K1 Ventil der ersten Stufe
K2 Ventil der zweiten Stufe

M1 Membrane der ersten Stufe
M2 Regelmembrane
M3 Membrane der zweiten Stufe
V1 Feder der ersten Stufe
V2 Feder der zweiten Stufe
S Stellschraube für Leerlaufdrehzahl
E Sitz
A Ejektor
D Röhrchen
C1 und C2 Kammern

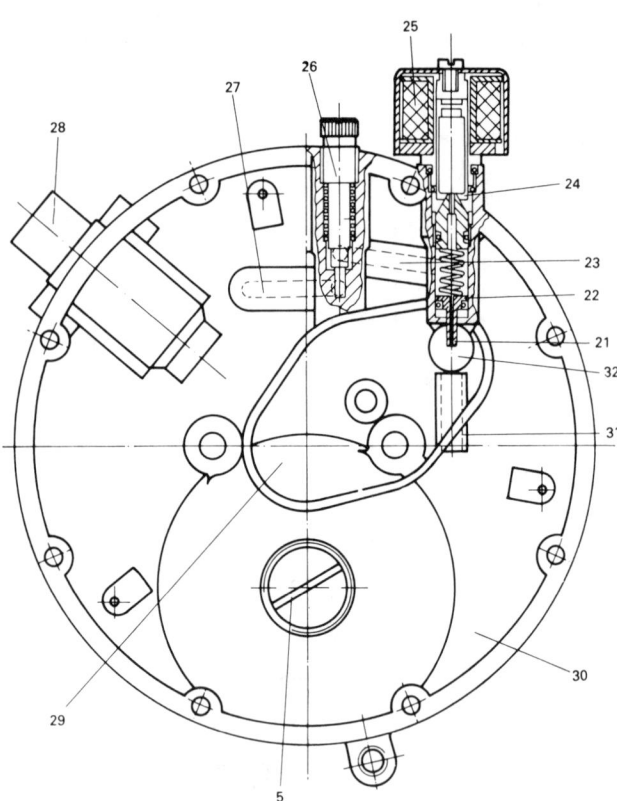

Abb. 7.9: Längsschnitt durch den Vialle C4-Verdampfer

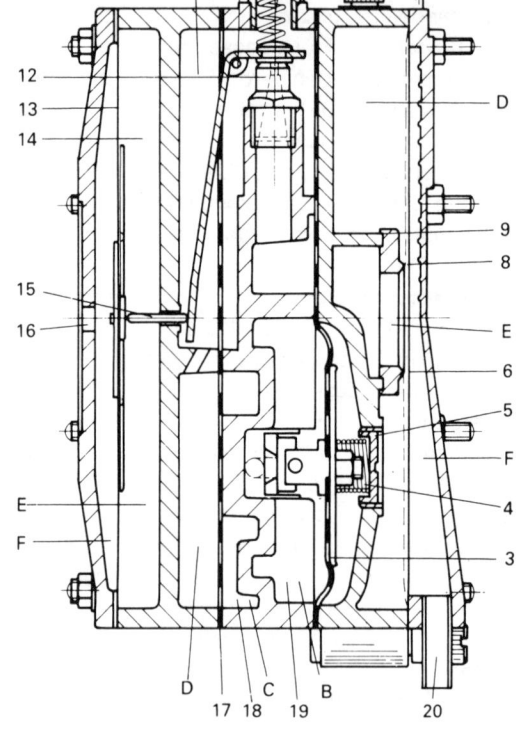

Abb. 7.10: Querschnitt Vialle C4-Verdampfer

5 Stellschraube der ersten Stufe (bei späterer Produktion entfallen)
21 Injektor
22 kalibrierte Bohrung
23 Kanal für Leerlaufgas
24 Ventilsitz des Leerlaufteils
25 Verschluß des Leerlaufteils
26 Stellschraube für Leerlaufdrehzahl
27 Kanal der Einstellschraube zum Raum der zweiten Stufe
28 Gasausgang zum Lufttrichter
29 Raum des Verstärkerteils
30 Kammer der zweiten Stufe
31 Kanal des Verstärkerteils zur zweiten Stufe
32 Kanal zu Raum 14

3 Membrane der ersten Stufe
4 Feder der ersten Stufe
6 Membrane
8 Sitz des Verstärkerteils
9 Deckel des Verstärkerteils
10 Feder der zweiten Stufe
11 Hebel der zweiten Stufe
12 Sitz der zweiten Stufe
13 Membrane
14 Raum des Verstärkerteils
15 Führungsstift
16 Öffnung zur Außenluft
17 Dichtung
18 Wasserkammer
19 Raum der ersten Stufe
20 Öffnung zur Außenluft
B Gasdruck der ersten Stufe
C Kühlflüssigkeit
D Gasdruck der zweiten Stufe
E Gasdruck des Verstärkerteils
F Atmosphärischer Druck

schlüsse geöffnet sind, strömt eine Gasmenge durch die kalibrierte Bohrung 22 über Kammer 29 durch Kanal 31 zur Kammer 30. Vergleichen Sie diese Funktion mit der Prinzipbeschreibung. Die Kammer 29 ist in der Abb. 7.8 Kammer C1, und Kammer 30 ist Kammer C2. Kammer 30 steht also mit dem Gasausgang des Verdampfer/Druckreglers zum Mischstück in Verbindung. Die Gasmenge für den Leerlauf wird mit der Schraube 26 eingestellt. Kanal 27 stimmt überein mit dem Kanal bei Schraube S, und er steht demnach ebenfalls mit dem Gasausgang zum Mischstück in Verbindung.

Tritt der Fahrer aufs Gaspedal, dann entsteht an Membrane 6 ein größerer Unterdruck. Da es sich dabei um eine leichte und freie Membrane handelt, reagiert sie unverzüglich, um die Kammer 14 bei 8 abzuschließen. Die Kammer 14 entspricht C1 in der Abb. 7.8. Wenn Kammer 14

abgeschlossen ist, entsteht darin ein Unterdruck. Dadurch bewegt sich Membrane 13 nach rechts und öffnet mittels Stift 15 und Hebel 11 das Ventil der zweiten Stufe. Solange die Membrane 6 auf dem Sitz 8 ruht, bleibt der Unterdruck bestehen. Das überströmende Gas aus der ersten Stufe wird die Regelmembrane 6 sich nach rechts bewegen lassen, und dadurch verringert sich oder entfällt der Unterdruck in Kammer 14. Membrane 13 bewegt sich wieder nach links, und das Ventil in der zweiten Stufe schließt sich teilweise oder vollständig. Danach wird die Funktion sich wiederholen und so den Druck präzise regeln.

Startvorrichtung

Die Betätigung der Starterklappe erfolgt über das Leerlaufsystem. Beim Drehen des Zündschlüssels werden der Hauptgasverschluß und der Leerlaufverschluß 1

bis 2 Sekunden lang mittels elektronischer Komponenten erregt und geöffnet. Eine zu lange Betätigung der Starterklappe ist daher nicht möglich. Beim Starten des Motors sorgen die Hochspannung der Zündspule und die Transistoren dafür, daß die elektromagnetischen Verschlüsse wieder geöffnet werden.

Dieses System macht es auch möglich, daß die Gasverschlüsse sich schließen, wenn der Motor mit eingeschalteter Zündung stehenbleibt.

7.8 Der C5-Verdampfer von Vialle

Als neuere Entwicklung von Vialle sei noch der C5-Verdampfer genannt. Dieser Verdampfer ist für größere Leistungen vorgesehen, als der C4-Verdampfer sie erbringen kann. Die prinzipielle Funktion des neuen Verdampfers ist der des C4 gleich. Aber die Durchlaßöffnungen sind größer und die Abmessungen der Wasserkammer sind an die größere Menge benötigter Wärme angepaßt. Ein wesentlicher Unterschied besteht darin, daß der Druck der ersten Stufe nicht mehr einstellbar ist; dasselbe gilt auch für die neueren Exemplare des C4-Verdampfers.

7.9 Mischstücke

Um das Gas vom Verdampfer-Druckregler mit Luft zu vermischen und zu den Einlaßrohren zu leiten, verwendet man verschiedene Mischstücke (siehe Abb. 7.12). Diese Mischstücke können ausgeführt sein als:

– Zwischenstück am Drosselklappengehäuse bei einem teilbaren Vergaser (5).

– Schwimmerkammerstück, anzubringen zwischen Schwimmerkammer und Deckel (3).

– Schlauchstück, unterzubringen im Ansaugrohr zwischen Vergaser und Luftfilter (6).

– Aufsatzstück zwischen Vergaser und Luftfilter (1 und 7).

– Filterstück, im Luftfilter anzubringen.

– Angepaßter Luftfilter mit eingebautem Mischstück.

– Ersatzlufttrichter (10).

Eine weitere Möglichkeit ist die Verwendung von im Vergaser angebrachten horizontalen oder vertikalen Röhrchen, den sogen. Spud-in (4 und 9 in der Abbildung). Dies ist ein sehr schlechtes Verfahren. Akzeptieren Sie niemals ein Kraftfahrzeug, in dem das Gas auf diese Weise in den Vergaser gebracht wird. Sie werden dann nämlich schon nach kurzer Frist einen neuen Vergaser brauchen.

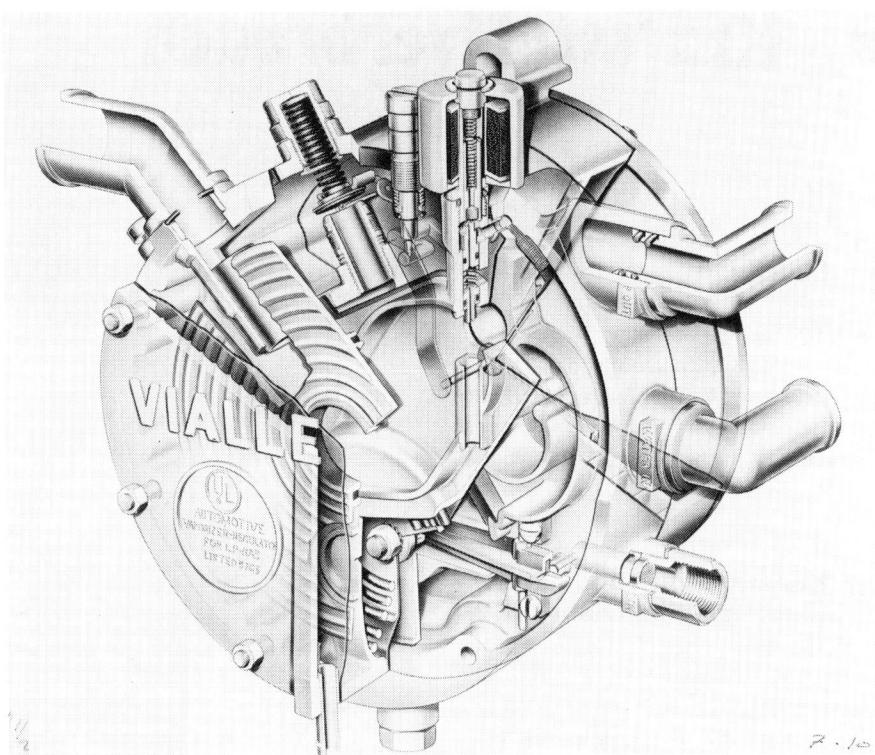

Abb. 7.11: C5-Verdampfer von Vialle

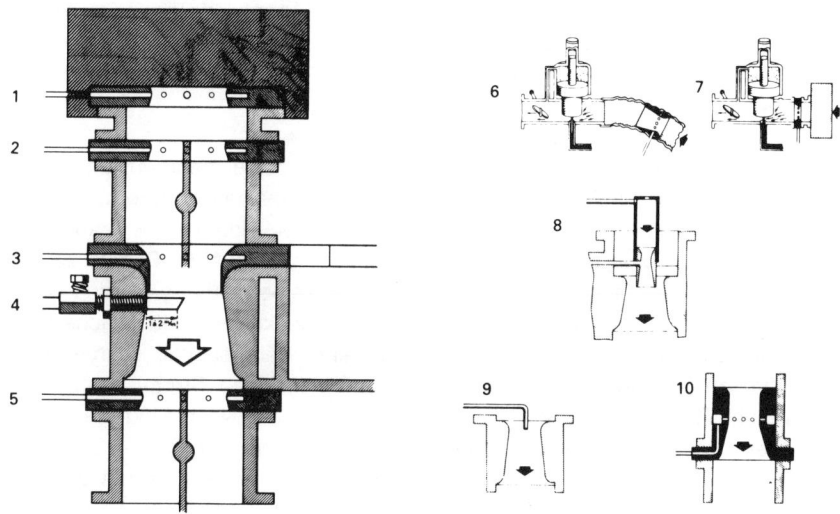

Abb. 7.12: Übersicht der Zufuhrmöglichkeiten am Vergaser

8. Kraftstoffverbrauch

8.1 Einleitung

Der Verbrauch ist abhängig von der Konstruktion des Kraftfahrzeugs, den Fahrbedingungen, der Art des Fahrens und vom Zustand des Motors. Dabei kommt es auf die benötigte, nicht aber auf die verfügbare Leistung an.

8.2 Konstruktion und Luftwiderstandskoeffizient (CW-Wert)

Elemente von ausschlaggebender Bedeutung sind die Masse, die Höhe, die Breite und die Stromlinienform der Karosserie. Je schwerer ein Fahrzeug ist, desto mehr Kraftstoff verbraucht der Motor. Aus diesem Grunde verwenden Konstrukteure überall dort, wo es möglich ist, Bauelemente aus Kunststoff. Ganz grob läßt sich sagen, daß ein Personenwagen auf 100 km Strecke je 100 kg Gewicht etwas weniger als 1 dm³ Benzin verbraucht.

Wer seine Hand bei 80 und 120 km/h einmal vertikal und horizontal aus dem Fenster hält, der bekommt gleich einen Eindruck davon, welchen enormen Einfluß Höhe, Breite, Stromlinienform und Geschwindigkeit auf den Verbrauch haben. Der Luftwiderstand ändert sich im Quadrat der gefahrenen Geschwindigkeit.

Die Höhe und Breite sind bei den Durchschnittsgeschwindigkeiten ausschlaggebend. Je höher die Geschwindigkeit, desto größer die Bedeutung einer guten Stromlinienform.

Die Abb. 8.1 (Alfa Romeo) zeigt die beanspruchte Leistung in der Funktion der Karosserieform bei einem frontalen Querschnitt von 2 m².

Falsch ist es, wenn man glaubt, daß nur die Vorderseite des Fahrzeuges als 'Luftspalter' ausgeführt sein müsse. Auch das Heck spielt eine wesentliche Rolle, und es muß ebenfalls möglichst stromlinienförmig sein. Also keineswegs senkrecht abgeschnitten, wie es häufig irrtümlich angenommen wird. Bei solchen Fahrzeugen kann die darüber hinwegströmende Luft ihren Platz hinter dem Wagen nicht unver-

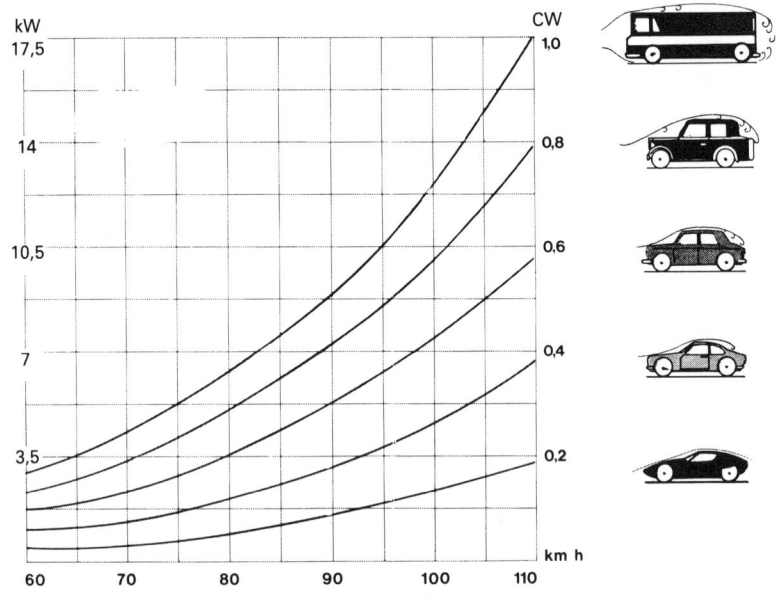

Abb. 8.1: Graphik der benötigten Leistung zur Überwindung des Luftwiderstandes eines Fahrzeugs mit einer frontalen Fläche von 2 m² im Verhältnis zur Geschwindigkeit und zum Luftwiderstandskoeffizienten.

züglich wieder einnehmen, und dadurch kommt es zu einem Unterdruck. Ein Radfahrer hinter einem Lkw braucht nicht mehr so stark auf die Pedale zu treten. Aus demselben Grunde werden Lkw und Pkw mit senkrechter Heckfläche bei Regenwetter sehr schnell schmutzig. Das beweist, daß die Stromlinienform nicht einwandfrei ist. Nach Möglichkeit sollten Bug und Heck eine leichte Schräge haben. In technischer Hinsicht steht einer solchen Ausführung nichts im Wege, aber aus Gründen des Innenraum-Komforts wäre ein solches Modell unverkäuflich.

Es gibt aber noch eine Reihe weiterer Dinge, die den Kraftstoffverbrauch reduzieren können. Die Unterseite des Fahrzeuges sollte möglichst glatt sein und möglichst wenige hohle Räume haben.

Die Bedeutung eines Bugspoilers wird häufig überschätzt. Er ist erst bei hoher Geschwindigkeit von wirklichem Nutzen, und in vielen Fällen handelt es sich nur um einen Mode-Gag.

Auch die Fahrzeugseite sollte möglichst gut aerodynamisch ausgebildet sein. Die hinteren Radkästen sollten bis zur Unter-

seite der Karosserie reichen.

Natürlich spielt die Motorkonstruktion eine wesentliche Rolle. Eine obenliegende Nockenwelle ist besser als eine untenliegende, eine elektronische Zündung besser als die traditionelle. Mit Benzineinspritzung läuft der Motor sparsamer als mit einem Vergaser. Ein Turbomotor hat einen höheren Wirkungsgrad. Ein elektrisch angetriebener Ventilator senkt den Kraftstoffverbrauch. Eine kugelförmige Brennkammer mit entsprechender Ventilstellung erbringt einen günstigeren Wirkungsgrad. Man denke an das positive Resultat, das man durch ein angepaßtes Einlaßzweigrohr und die Verwendung verschiedener Vergaser erzielen kann. Dann gibt es die Ventilüberlappung. Bekanntlich sind Ein- und Auslaßventil während einer bestimmten Anzahl von Graden gleichzeitig geöffnet. Bei schnellen Motoren ist die Ventilüberlappung größer. Die Öffnungs- und Schließzeiten sind, außer bei Motoren mit variabler Ventilüberlappung, nicht veränderlich entsprechend Belastung und Drehzahl, wie dies mit der Vorzündung wohl der Fall ist. Das läuft darauf hinaus, daß

Abb. 8.2.: Ford Sierra, Pkw mit einem sehr niedrigen CW-Wert (0,34)

die Ventilüberlappung nur bei einer bestimmten Geschwindigkeit der Ein- und Auslaßgase ihren Zweck wirklich erfüllt. Nur bei einer bestimmten Motordrehzahl ist die Zylinderfüllung optimal. Das ist zugleich die Drehzahl, bei der man das größte Motordrehmoment erhält. Bei höheren oder niedrigeren Drehzahlen ist die Füllung weniger gut. Wer wirtschaftlich fahren will, sollte deshalb ein Fahrzeug mit einem Motor kaufen, dessen Eigenschaften an die am häufigsten gefahrenen Geschwindigkeiten angepaßt sind. Die Drehzahlen, bei denen das maximale Drehmoment und der sparsamste Verbrauch erzielt werden, liegen, wie wir bereits wissen, nicht so weit auseinander. Das maximale Drehmoment und die Drehzahl, bei der dieses erreicht wird, sind also wichtige Daten.

Ebenfalls wichtig sind die Übersetzungsverhältnisse der einzelnen Gänge zueinander und die Anzahl der Gänge. Wer häufig lange Strecken mit hohen Geschwindigkeiten fährt, muß wenigstens ein Fünfganggetriebe haben. Hat man das hohe Tempo einmal erreicht, dann kann man in den obersten Gang schalten, bei dem der Motor ruhiger arbeiten kann und der Kraftstoffverbrauch sinkt. Wer wirtschaftlich fahren will, muß im richtigen Augenblick schalten. Überspringen eines Ganges kostet zusätzlichen Kraftstoff. Zu wenige Autofahrer lassen sich über die richtige Benutzung der Schaltung informieren (Schaltgraphik).

Wer mit einem Automatikgetriebe fährt, muß mit einem höheren Verbrauch rechnen, als bei Verwendung einer Handschaltung.

8.3 Zustand des Motors

Bei einem Motor mit verschlissenen Zylindern und/oder Kolbenringen und ausgeleierten Kolbenringnuten wird der Verbrauch aufgrund des Kompressionsverlustes höher liegen. Schlecht eingestellte Ventile werden durch den Einfluß auf die Öffnungs- und Schließzeit der Ventile ebenfalls einen Mehrverbrauch verursachen. Das ist auch der Fall bei verbrannten Zündkontakten, Zündkerzen, die nicht rechtzeitig durch neue ersetzt werden, und bei falsch eingestellter Zündung. Bei richtig eingestellter Zündung entsteht der maximale Verbrennungsdruck unmittelbar hinter dem OT. Im Wartungsschema wird dem Kondensator zu wenig Aufmerksamkeit gewidmet. Daß ein schlecht eingestellter Vergaser den Verbrauch negativ beeinflußt, dürfte logisch sein. Lesen Sie deshalb die Einstellvorschriften sorgfältig durch, ehe Sie an den Regelschrauben herumdrehen. Abgastester und Tourenzähler sind dabei unentbehrlich. Überprüfen Sie regelmäßig die Funktion der automatischen Startervorrichtungen. Erneuern Sie den Luftfiltereinsatz nach der vorgeschriebenen Kilometerzahl, in einer staubigen Umgebung sogar früher. Der Luftfil-

tereinlaß muß rechtzeitig in die Winterstellung versetzt werden. Ein Motor, der die Betriebstemperatur nicht erreicht, verbraucht mehr. Fahren Sie deshalb auch nicht weiter mit einem schlecht funktionierenden Thermostat. Verwenden Sie die richtige Ölsorte mit der vorgeschriebenen Viskosität, und füllen Sie die Ölwanne und das Getriebe mit der richtigen Menge. Denken Sie ferner daran, daß breitere Reifen oder Reifen mit zu geringem Luftdruck Energieverschwender sind. Wer mit Höchstlast fährt, muß den Reifendruck (um 20–30 kPa) erhöhen.

8.4 Die Fahrweise

Die Art, in der und wie weit der Fahrer das Gaspedal herunterdrückt, und die Benutzung der Gänge sind von ausschlaggebender Bedeutung.

– Der Kraftstoffverbrauch wächst nicht im gleichen Verhältnis mit der Geschwindigkeit. Beim durchschnittlichen Automobil steigt der Verbrauch zwischen 90 und 120 km/h um 30%.
– Nicht zu rasch beschleunigen. Gehen Sie dabei in jedem Gang nicht weiter als 2/3 der höchsten Motordrehzahl. Das entspricht ungefähr dem maximalen Drehmoment.

Zu langsames Beschleunigen ist auch nicht wirtschaftlich, denn dann dauert es zu lange, ehe die günstigste Motordrehzahl erreicht ist.

– Schalten Sie rechtzeitig in den nächsthöheren Gang. Im ersten Gang liegt der Verbrauch um etwa 50% höher, im zweiten um 30% und im dritten Gang um 10% höher, als im vierten Gang.
– Fahren Sie möglichst mit gleichbleibender Geschwindigkeit. Die Beschleunigung einer Masse kostet Energie. Denken Sie auch an die Funktion der Beschleunigerpumpe.
– Jeder Tritt auf das Bremspedal ist Benzinverschwendung. Besser ist es, den Fuß rechtzeitig vom Gaspedal abzuheben. Durch Einhaltung des richtigen Abstandes erübrigt sich manches Bremsen.
– Lassen Sie den Motor nicht im Stand warmlaufen. Fahren Sie gleich los. Der Motor erreicht schneller die Betriebstemperatur, und auch das Differential, das Getriebe und die Reifen werden

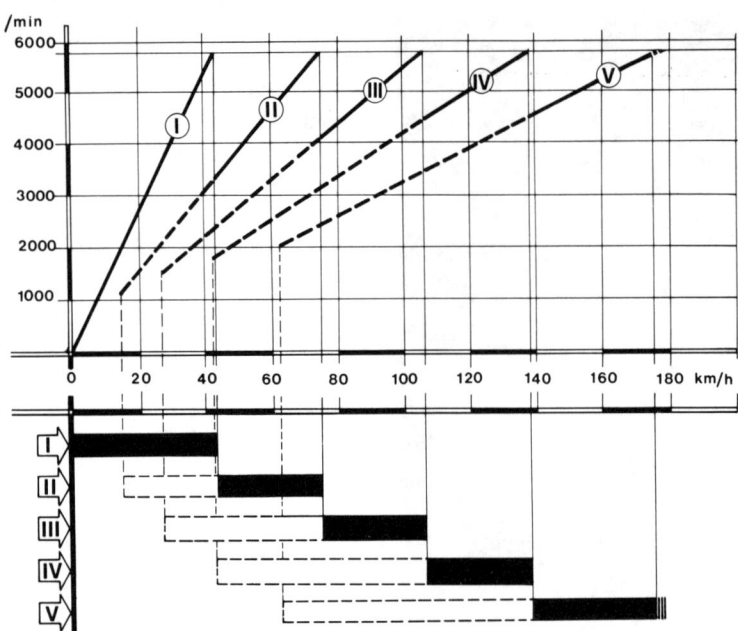

Abb. 8.3.: Schaltgraphik

Gangverbrauch bei schnellem Fahren
Gangverbrauch bei sparsamem Fahren

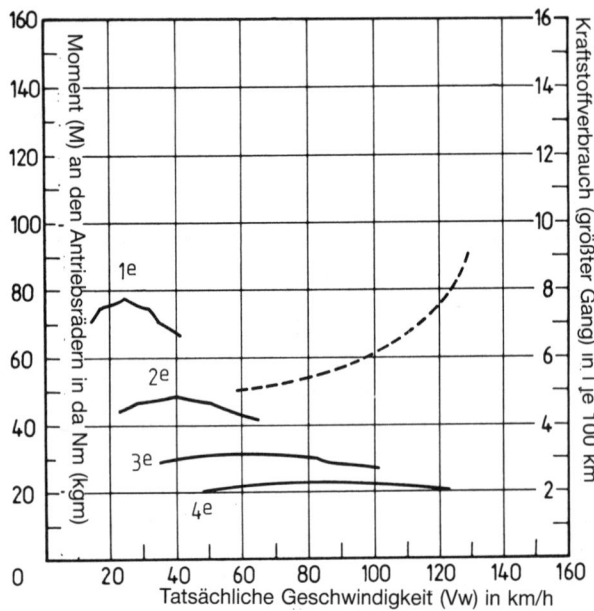

Abb. 8.4: Graphik des Kraftstoffverbrauchs im größten Gang und das Moment an den Antriebsrädern in den verschiedenen Gängen.

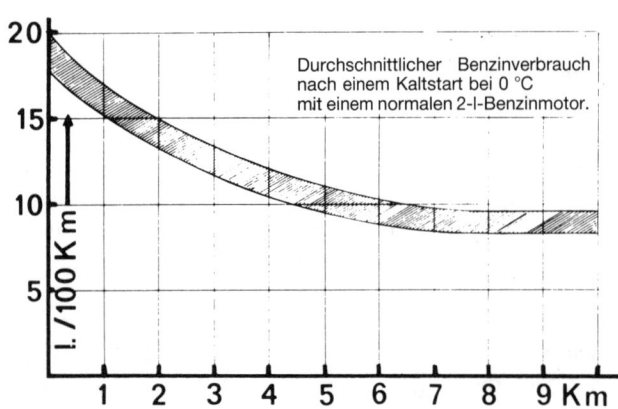

Durchschnittlicher Benzinverbrauch nach einem Kaltstart bei 0 °C mit einem normalen 2-l-Benzinmotor.

Abb. 8.5: Graphik des Kraftstoffverbrauchs nach einem Kaltstart (Bildtext:)

angewärmt. Die Abb. 8.5 zeigt den Verlauf des durchschnittlichen Benzinverbrauchs eines klassischen 2-Liter-Benzinmotors nach einem kalten Start bei 0 °C. Es versteht sich, daß die Betriebstemperatur so bald wie möglich erreicht werden sollte. Ein Motor unterhalb der Betriebstemperatur verschleißt zusätzlich.

Deshalb sollte man einen kalten Motor nach dem Starten nicht übertrieben belasten und während der ersten Kilometer mit mäßiger Geschwindigkeit fahren.

– Lassen Sie den Motor nicht sinnlos im Leerlauf laufen.
– Schränken Sie den Luftwiderstand ein. Alles aus dem Fahrzeug Herausragende erhöht den Widerstand. Fahren Sie nicht mit einem Dachgepäckträger, wenn dieser nicht gebraucht wird. Beim Fahren mit offenen Fenstern steigt der Kraftstoffverbrauch.
– Lassen Sie im Kofferraum keine überflüssigen Dinge liegen.
– Beschränken Sie den Verbrauch der großen Stromverschwender, wie Zusatzbeleuchtung, Heckscheibendefroster, Klimaanlage usw. ...
– Betätigen Sie eine handbediente Starterklappe nicht länger als notwendig. Der Benzinüberschuß, der aufgrund von Sauerstoffmangel nicht verbrennen kann, gelangt mit den Abgasen teilweise ins Freie. Ein anderer Teil des unverbrannten Benzins gelangt in das Kurbelgehäuse, wo es die Schmiereigenschaften des Öls beeinträchtigt.
– Bei einem großen Fahrzeug kann ein durchdachter Fahrstil den Benzinverbrauch noch günstiger beeinflussen.
– Die zur Entwicklung einer bestimmten Leistung erforderliche Benzinmenge wird nicht durch den Zylinderinhalt bestimmt, sondern durch den Wirkungsgrad des Motors.
– Der Kraftstoffverbrauch hängt nicht von der Höchstgeschwindigkeit ab, die das Fahrzeug erreichen kann, sondern von der tatsächlich entwickelten Geschwindigkeit.
– Wer häufig Kurzstrecken oder im Stadtverkehr fährt, sollte beim Kauf eines Fahrzeuges berücksichtigen, daß das jeweils notwendige Beschleunigen eines schwereren Automobils mehr Kraftstoff kostet. Im Stadtverkehr kann der Verbrauch eines größeren Fahrzeuges sogar das Doppelte ausmachen.

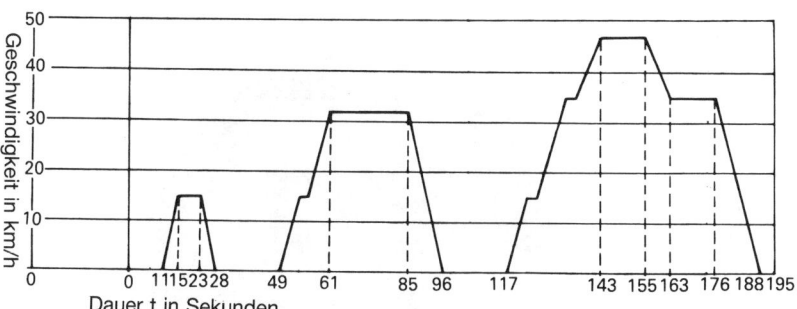

Abb. 8.6: Der Verlauf einer simulierten Stadtfahrt in schematischer Wiedergabe

8.5 Angabe des Benzinverbrauchs nach Normen

Die Verbrauchszahlen, welche die Hersteller nennen, werden nach Normen ermittelt. Es genügt schließlich nicht, nur mal eine Probefahrt zu machen und aufgrund der Ergebnisse dann Verbrauchszahlen zu nennen. Die zufälligen Umstände, und demzufolge auch die Resultate, werden jeweils unterschiedlich sein.
Deshalb wird der Verbrauch nach vorgeschriebenen Normen ermittelt.
Die ECE-Verbrauchsprüfungen (ECE = Economic Commission of Europe) erfolgen bei einer konstanten Geschwindigkeit von 90 und 120 km/h und nach einer simulierten Stadtfahrt. Die Prüfungen bei konstanter Geschwindigkeit können auf einer Rollentestbank oder auf der Straße durchgeführt werden. Die simulierte Stadtfahrt erfolgt auf einer Testbank. Der Pkw, mit dem der Test durchgeführt wird, muß wenigstens schon 3000 km gefahren sein. Fenster und Lufteinlässe müssen geschlossen sein. Die auf dem Luftfilter eventuell montierte Klappe muß in Sommerstellung stehen. Nur die Geräte zum normalen Gebrauch dürfen verwendet werden. Der eventuell montierte thermostatisch betätigte Ventilator muß normal im Gebrauch sein. Die Heiz- oder Klimaanlage muß ausgeschaltet sein. Die Reifen müssen den vom Hersteller vorgeschriebenen Luftdruck haben und vom für das Fahrzeug üblichen Typ sein. Die Masse des Fahrzeuges, die benutzten Kraftstoff- und Ölsorten sowie die Umgebungstemperatur werden kontrolliert.
Der Verlauf der simulierten Stadtfahrt ist in der Abbildung wiedergegeben (ECE 15-Zyklus). Das Fahrzeug muß vor dem Starten wenigstens sechs Stunden lang stillgestanden haben. Nach dem Kaltstart darf der Motor 40 Sekunden lang im Leerlauf laufen, ehe die Prüfung beginnt. Die Abb. 8.6 gibt den folgenden Testzyklus wieder:

11 Sekunden Leerlauf, beschleunigen im ersten Gang bis auf 15 km/h innerhalb von 4 Sekunden, diese Geschwindigkeit 8 Sekunden lang beibehalten, Fahrzeug innerhalb von 5 Sekunden zum Stehen bringen. Im Leerlauf 21 Sekunden lang laufen lassen, beschleunigen auf 32 km/h innerhalb von 12 Sekunden (bei 15 km/h vom ersten in den zweiten Gang schalten), diese Geschwindigkeit 24 Sekunden lang beibehalten, Fahrzeug innerhalb von 11 Sekunden zum Stehen bringen. Im Leerlauf 21 Sekunden lang laufen lassen, beschleunigen auf 50 km/h innerhalb von 26 Sekunden (bei 15 km/h vom ersten in den zweiten und bei 35 km/h vom zweiten in den dritten Gang schalten), diese Geschwindigkeit 12 Sekunden lang beibehalten, Tempo innerhalb von 8 Sekunden auf 35 km/h reduzieren und dieses Tempo 13 Sekunden lang beibehalten, herunterschalten in den zweiten Gang und das Fahrzeug innerhalb von 12 Sekunden zum Stehen bringen. Zum Schluß 7 Sekunden lang im Leerlauf laufen lassen.
Zur Vollendung dieses Zyklus muß der Test noch dreimal ohne Unterbrechung wiederholt werden. Der ganze Test dauert 13 Minuten, die Durchschnittsgeschwindigkeit ist 19 km/h, und die zurückgelegte Entfernung beträgt 4,052 km.
Der in Abb. 8.6 wiedergegebene Testzyklus gilt auch für Automobile mit Automatikgetriebe, und das Schalten darf automatisch erfolgen, d.h. mittels der normalen Schaltteile des Getriebes.
Dem aufmerksamen Leser dürfte inzwischen klar geworden sein, daß die angegebenen Verbrauchszahlen in der Praxis nur schwer zu erreichen sind. Sie sind eher als Richtwerte gedacht und sollen Vergleiche zwischen verschiedenen Fahrzeugen ermöglichen. Ein kalter Motor, nasse Straßendecke, Gegenwind, Steigungen usw. sind Umstände, die den Verbrauch spürbar steigern, die aber bei einem Verbrauchstest nicht praktisch einbe-

zogen werden.

8.6 Spezifischer Kraftstoffverbrauch

Dies ist die Kraftstoffmenge in Gramm, die ein bestimmter Motor braucht, um während einer Stunde ein Kilowatt Leistung zu produzieren, gleich ob es sich dabei um einen Motor mit großem oder kleinem Zylinderinhalt handelt. Diese Maßeinheit macht es also möglich, die Sparsamkeit eines Motors auszudrücken. So liegt der spezifische Kraftstoffverbrauch eines Dieselmotors niedriger, weil er einen höheren Wirkungsgrad hat. Gemessen bei Vollast und Teillast sehen wir, daß die Unterschiede im spezifischen Kraftstoffverbrauch bei einem Dieselmotor ebenfalls kleiner sind als bei einem Benzinmotor.

Unterdruckmeßgeräte (Vakuummeßgeräte)
Manche Fahrzeuge sind bei Lieferung schon mit einem System ausgerüstet, durch das man den Benzinverbrauch feststellen kann. Auch der Zubehörhandel bietet Unterdruckmeßgeräte an, die man auf den Instrumententräger montieren kann, um durch bewußtes Fahren Kraftstoff zu sparen. Sie messen den Unterdruck im Einlaßzweigrohr. Die Meßskala kann farbig sein, wobei die einzelnen Farben folgende Bedeutung haben:

Orange: mittlerer bis guter Fahrzustand;
Blau: wirtschaftlicher Fahrzustand;
Grün: Leerlaufdurchschnitt wirtschaftlich;
Gelb: Bremsen über den Motor.

Andere Unterdruckmeßgeräte haben eine Skaleneinteilung in Pascal oder einer anderen Einheit. Steht der Zeiger zwischen 85 und 30 kPa, dann ist das ein Hinweis auf einen günstigen Kraftstoffverbrauch. Zwischen 30 und 20 kPa liegt die Grenze zwischen wirtschaftlichem und unwirtschaftlichem Fahren. Bei einem Unterdruck unterhalb von 20 kPa ist der Kraftstoffverbrauch zu groß.
Aus dem Verhalten und den Stellungen des Zeigers kann ein geübter Techniker Folgerungen ableiten, wie: falscher Zündzeitpunkt, aussetzende Zündung, schlecht schließende Ventile, defekte Zylinderkopfdichtung, schlechte Vergasereinstellung, verstopfter Auspuff usw...

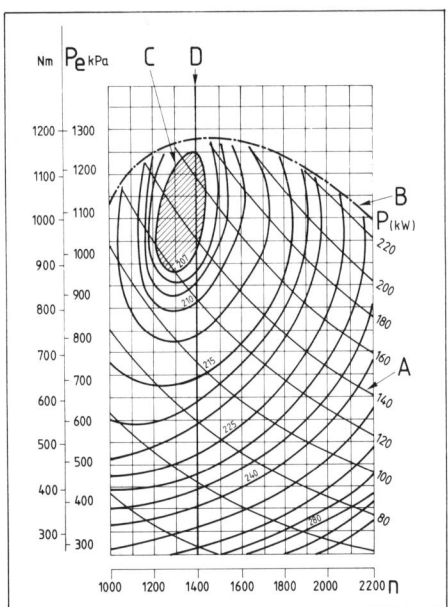

Abb. 8.7: Beispiel eines Muschelkurvendiagramms

Horizontal: Motordrehzahl (n) in min⁻¹
Vertikal (rechts): Leistung (P) in kW
Vertikal (links): Drehmoment in Nm, effektiver Druck (P_e) in kPa
A Leistungslinie C Verbrauchslinie B Momentlinie D Drehzahl
Der schraffierte Teil ist der Bereich, in dem der spezifische
Kraftstoffverbrauch am geringsten ist, z.B. 207 g/kWh

Abb. 8.8: Ein Unterdruckmeßgerät, aber mit anderer Skaleneinteilung als hier beschrieben. Aufbaumodell.

Berechnung des Benzinverbrauchs

Auch ohne spezielle Meßgeräte kann man den Benzinverbrauch ziemlich genau berechnen. Lassen Sie den Tank ganz füllen, und achten Sie dabei auf die Stellung des Fahrzeugs an der Tankstelle. Fahren Sie nun eine repräsentative Kilometerzahl, und lassen Sie den Tank dann erneut ganz füllen. Das Fahrzeug muß beim Tanken an derselben Stelle und in derselben Richtung stehen, wie beim ersten Mal.

Der Verbrauch auf 100 km wird folgendermaßen berechnet:

$$\frac{\text{Verbrauchte Literzahl}}{\text{gefahrene Strecke}} \times 100$$

Dabei muß eine mögliche Abweichung des Kilometerzählers berücksichtigt werden. Diese läßt sich aber anhand der auf der Straße stehenden Kilometerpfosten feststellen.

Da Sparsamkeit heutzutage groß geschrieben wird, ist es äußerst wichtig zu wissen, bei welcher Motorbelastung und Drehzahl der Motor am sparsamsten arbeitet. Im Ferntransportgewerbe bedeutet sparsames Fahren zugleich eine erhebliche Kostenersparnis. Deshalb kennt man hier schon seit langem das »Muschelkurvendiagramm«. Dieses gibt die Verhältnisse wieder zwischen Motordrehzahl, Drehmoment, Leistung und spezifischem Kraftstoffverbrauch.

9. Zündung

9.1 Die konventionelle Zündung

In allen Gemischmotoren muß das Gemisch am Ende des Verdichtungstaktes gezündet werden. Dazu läßt man zwischen den Elektroden der Zündkerze einen Funken überspringen. Die benötigte Zündspannung liegt zwischen 10 000 und 20 000 V. Die Zündfunken müssen ja schließlich in einem komprimierten Gasgemisch einen Elektrodenabstand von im allgemeinen 0,7 mm überbrücken können. Die Zündanlage hat die Aufgabe, die erforderliche Zündspannung herzustellen und diese im richtigen Augenblick den entsprechenden Zündkerzen zuzuführen.

Den Zündkreis schalten Sie mit dem Zündschlüssel ein und aus. In der Zündspule wird eine Hochspannung erzeugt, und zwar in dem Moment, in dem sich die Unterbrecherkontakte des Zündverteilers öffnen. Der Rotor mit der Verteilerkappe sorgt dann dafür, daß die Hochspannung an die richtige Zündkerze weitergeleitet wird. Das ist die Zündkerze des Zylinders, in dem er Kolben auf der vorgeschriebenen Vorzündungsgradzahl steht. Also vor dem OT des Verdichtungstaktes.

Wie aus der Abb. 9.1 ersichtlich, besteht die konventionelle Zündung aus:
– Batterie
– Zündschloß
– Zündspule
– Zündverteiler mit:
a) Kondensator
b) Unterbrecherkontakten
c) Rotor
d) Unterdruckversteller
– Zündkerzen.

Ehe wir uns eingehender mit diesen Einzelteilen beschäftigen, soll zunächst einmal etwas Grundsätzliches erläutert werden.

Wenn wir durch eine Holzplatte, auf die Eisenfeilspäne gestreut wurden, einen Draht schieben, durch den wir anschließend einen Strom fließen lassen, dann ordnen sich die Späne auf der Platte zu einem konzentrischen Muster um den Draht. Ein Beweis dafür, daß von einem stromdurchflossenen Draht ein Magnetfeld ausgeht.

Bewegen wir einen Magneten in einer Spule nach oben, so sehen wir, daß der Zeiger eines an diese Spule angeschlossenen empfindlichen Strommessers zum Beispiel nach links ausschlägt. Halten wir

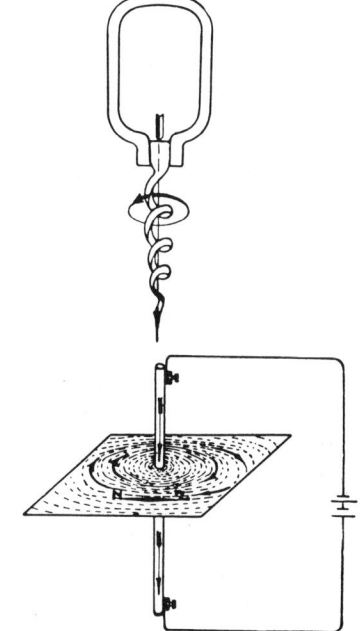

Abb. 9.2: Rundum einen Draht, durch den ein Strom fließt, entsteht ein Magnetfeld

den Magneten in der Spule still, dann schlägt der Zeiger nicht aus. Bei einer Abwärtsbewegung des Magneten schlägt der Zeiger jetzt nach rechts aus.

Das ist ein Beweis dafür, daß in einer Wicklung ein Strom erzeugt wird, wenn das Magnetfeld, in dem die Wicklung liegt, sich ändert. Ein elektrischer Strom erzeugt ein Magnetfeld, und ein sich änderndes Magnetfeld um eine Wicklung erzeugt eine Spannung. Das ist das Prinzip der Zündspule. Wenn die Unterbrecherkontakte sich schließen, fließt ein Strom durch die Primärwicklung. Das verursacht ein Magnetfeld um die Primär- und Sekundärwicklung. Beim Öffnen der Kontakte bricht dieses Magnetfeld zusammen, was der Beginn des Entstehens der hohen Zündspannung in der Sekundärwicklung ist. Die erzeugte Hochspannung wird über den Zündverteiler zur entsprechenden Zündkerze geleitet. Wenden wir uns jetzt den einzelnen Bestandteilen der Zündanlage zu.

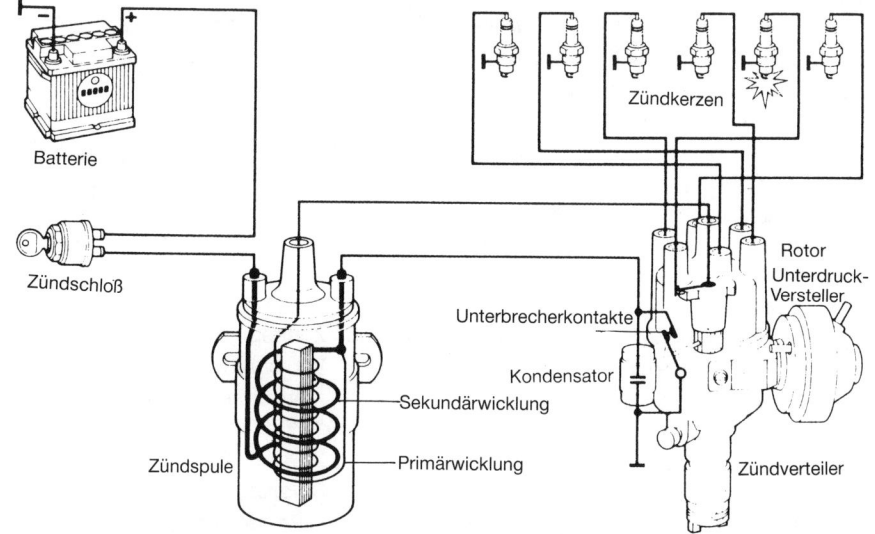

Abb. 9.1: Schema der konventionellen Spulenzündung (Bosch)

9.2 Zündspule

Prinzip

In der Zündspule befinden sich zwei Wicklungen. Eine mit wenigen Windungen aus dickem Draht, und eine zweite mit mehr Windungen aus dünnem Draht. Die erste, die Primärwicklung, wird vom Batteriestrom durchflossen. In der zweiten, der Sekundärwicklung, wird die Hochspannung erzeugt.

Der Kern der Zündspule ist nicht massiv, sondern besteht aus Blechen; dadurch werden Wirbelströme, auch als Foucaultsche Ströme bezeichnet, eingeschränkt. Die Ströme würden einen massiven Kern und die Wicklungen stark erhitzen, wodurch der Widerstand der Wicklungen zunehmen würde.

Ein Ende der Primärwicklung (Klemme 15) wird über das Zündschloß mit dem +Pol der Batterie verbunden.

Das andere Ende der Primärwicklung (Klemme 1) wird über die Unterbrecherkontakte des Zündverteilers mit dem -Pol der Batterie (Masse) verbunden.

Wenn die Zündung eingeschaltet ist und die Unterbrecherkontakte geschlossen sind, fließt ein Strom durch die Primärwicklung zur Masse. Natürlich hängt die

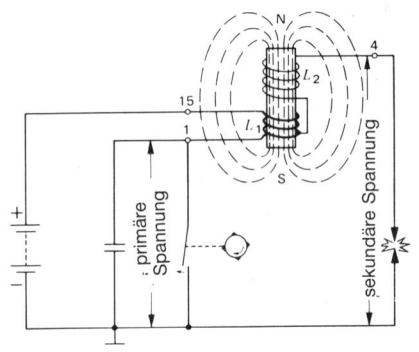

Abb. 9.3: Schematische Wiedergabe dessen, was geschieht, wenn die Unterbrecherkontakte sich öffnen (Bosch)
L1 Primärwicklung
L2 Sekundärwicklung

Stromstärke vom Widerstand der Primärwicklung ab. Normal ist hier 3 bis 4 Ampere. Durch diesen Strom entsteht ein Magnetfeld, und dieses sorgt für eine Induktionsspannung, die der Batteriespannung entgegengesetzt ist. Während des Aufbaus des Magnetfeldes wird die Stromstärke geringer sein, als die genannten 3 bis 4 Ampere. Nach 10 Millisekunden ist das Magnetfeld aufgebaut, und der volle

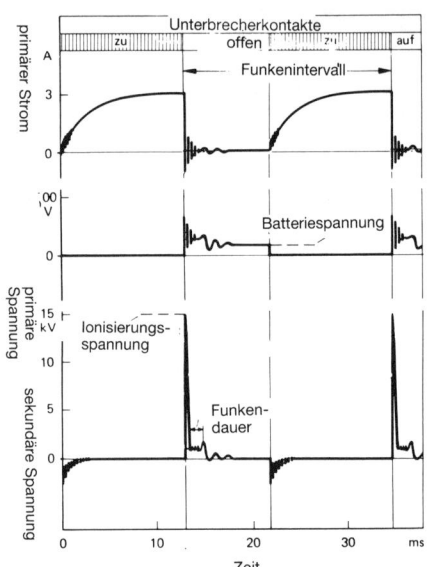

Abb. 9.4: Verlauf von Strom und Spannungen im Verhältnis zur Zeit (Bosch)
Zeit in Millisekunden
Primärer Strom in Ampere
Primäre Spannung in Volt
sekundäre Spannung in kV

Strom (abhängig vom Widerstand) fließt durch die Primärwicklung.

Unmittelbar nach dem Aufbau des Magnetfeldes öffnen sich die Unterbrecherkontakte, und der Strom durch die Primärwicklung wird unterbrochen. Dadurch bricht das Magnetfeld plötzlich zusammen, und in der Primärwicklung entsteht eine Selbstinduktionsspannung. Als Folge dieser entsteht in der Sekundärwicklung eine Induktionsspannung (Zündspannung).

Die Induktionsspannung in der Primärwicklung wird durch die Funktion des Kondensators verstärkt, welcher dafür sorgt, daß das Magnetfeld schneller zusammenbricht. Bekanntlich ist die Induktionsspannung um so höher, je schneller das Magnetfeld zusammenbricht. Diese Induktionsspannung in der Primärwicklung kann bis zu 300 Volt ansteigen.

Da die Induktionsspannung von der Zahl der Windungen abhängt und die Windungszahl der Sekundärwicklung etwa 100 x so groß ist, als die der Primärwicklung, kann die Induktionsspannung in der Sekundärwicklung bis auf etwa 25 000 Volt ansteigen.

Die erforderliche Zündspannung liegt im allgemeinen bei etwa 15 000 Volt. Die Zündspule verfügt also über eine gewisse

Reserve. Allerdings wird für den ersten Funken eine höhere Spannung benötigt, die sogenannte Ionisierungsspannung. Ferner ist die benötigte Spannung abhängig:

- vom Elektrodenabstand der Zündkerze
- vom Kompressionsdruck,
- von der Zusammensetzung des Gemischs und
- von der Zündkerzentemperatur.

Die Zündspule mit Vorschaltwiderstand

Infolge des großen Strombedarfs des Anlassers geht die Batteriespannung erheblich zurück. Dadurch sinken auch Spannung und Strom in der Primärwicklung, und das hat zur Folge, daß die Spannung für den Zündkerzenfunken ebenfalls erheblich sinkt, während gerade in diesem Augenblick eine besonders hohe Spannung benötigt wird. Das ist auch der Grund dafür, daß ein Fahrzeug, das beim Starten mit dem Anlasser nicht starten will, beim Anschieben oftmals gleich in Gang kommt.

Durch Verwendung einer Zündspule mit niedrigem ohmschem Widerstand und dem dabei erforderlichen Vorschaltwider-

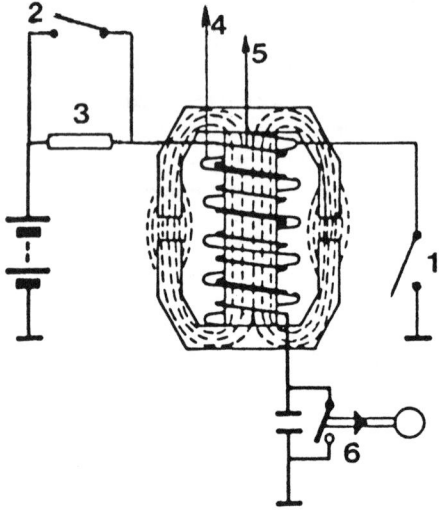

Abb. 9.5: Zündspule mit ausschaltbarem Vorschaltwiderstand in schematischer Wiedergabe.
1 Zündkontakt
2 Startkontakt
3 Vorschaltwiderstand
4 Primärwicklung
5 Sekundärwicklung
6 Unterbrecherkontakte

stand kann man dennoch eine ausreichend hohe Zündspannung erhalten, indem man den Widerstand während des Startens ausschaltet. Die Zündspule, die für eine niedrigere Batteriespannung vorgesehen ist, wird dann direkt von der Batterie gespeist.

Man kann auch einen temperaturempfindlichen nicht ausschaltbaren Vorschaltwiderstand verwenden. In kaltem Zustand ist sein Widerstand gering. Während des Startens ist der Spannungsverlust im Widerstand gering, was die niedrigere Batteriespannung kompensiert. Nach dem Starten steigt die Temperatur des Widerstandes. Bei hohen Drehzahlen sinkt die Temperatur wieder, weil die Unterbrecherkontakte dann weniger lang geschlossen sind und dadurch der Primärstrom abnimmt. Die Spannung in der Zündspule nimmt weniger ab.

Schnelle oder langsame Zündspulen

Die meisten Zündspulen haben einen Kern, bei dem die Feldlinien des Magnetfeldes nur durch das dünne Metallgehäuse geführt werden. Andere Zündspulen haben einen geschlossenen Kern (Abb. 9.5). Die Feldlinien werden richtig geführt, wodurch ein stärkeres Magnetfeld entsteht. Beim Schließen und Öffnen der Unterbrecherkontakte ist dadurch auch die Selbstinduktion viel größer, so daß der Aufbau des Magnetfeldes viel träger verläuft. Diese Zündspule eignet sich nicht für schnelllaufende Motoren, weil die Zeit zum Aufbau eines ausreichend großen Magnetfeldes nicht ausreicht. Bei niedriger Drehzahl, z.B. beim Starten, gibt sie einen kräftigen Funken ab. Ein Kondensator mit größerer Kapazität ist notwendig.

Es gibt Zündspulen mit einem offenen Kern, die zwischen Gehäuse und Wicklung mit einem lamellierten Teil versehen sind. Diese Konstruktion ist ein Kompromiß zwischen den beiden zuvor genannten.

Zündspule mit doppelter Sekundärwicklung

Citroën verwendet für die Zweizylindermodelle eine Zündspule mit einer Primärwicklung und zwei reihengeschalteten Sekundärwicklungen, die je eine Zündkerze versorgen, die also beide gleichzeitig funken. Der Unterbrecher sitzt auf der Nockenwelle. Wenn der eine Zylinder einen Funken für den Arbeitstakt bekommt, erhält der andere Zylinder einen zusätzlichen Funken (der im übrigen bedeutungslos ist) während des Ausschiebetaktes.

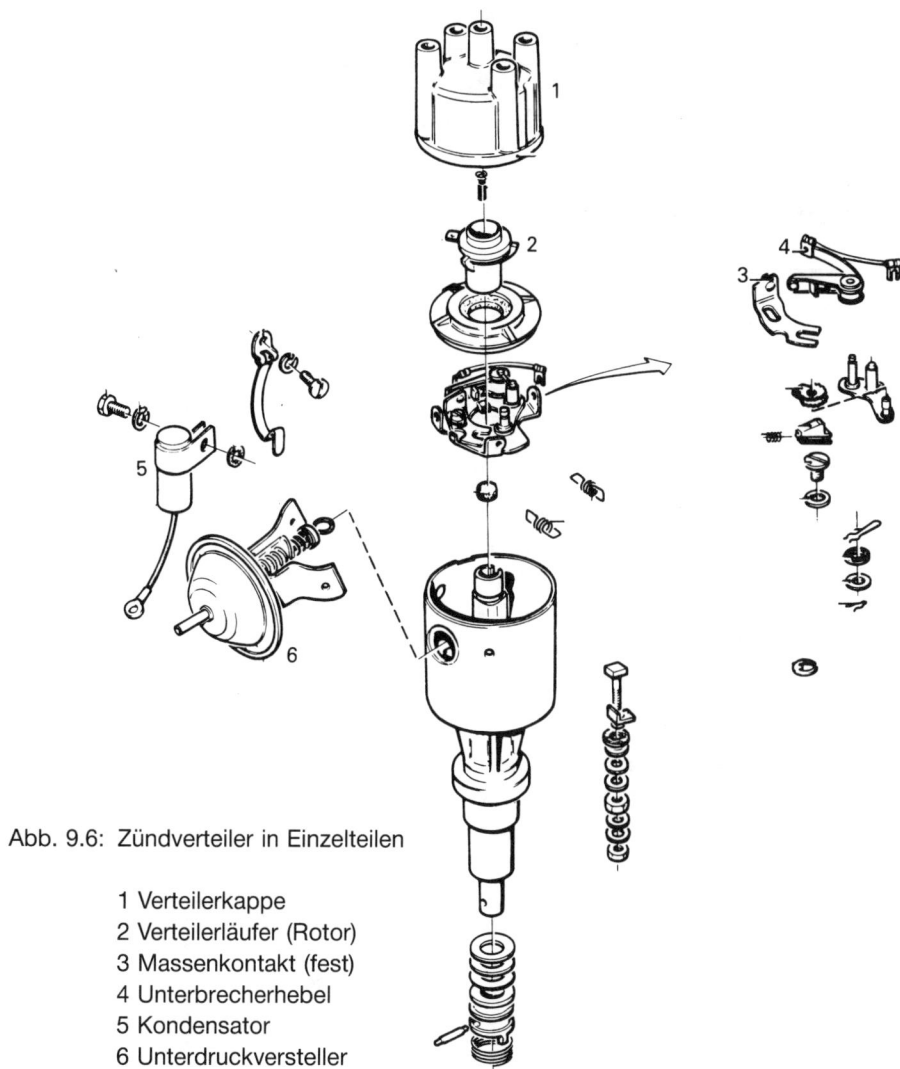

Abb. 9.6: Zündverteiler in Einzelteilen

1 Verteilerkappe
2 Verteilerläufer (Rotor)
3 Massenkontakt (fest)
4 Unterbrecherhebel
5 Kondensator
6 Unterdruckversteller

9.3 Zündverteiler

Wie wir bereits feststellten, sorgt der Zündverteiler dafür, daß der Strom zum **richtigen** Zeitpunkt unterbrochen wird und die dann entstehende Hochspannung der richtigen Zündkerze zugeführt wird. Dazu verfügt der Zündverteiler über folgende Einzelteile, deren Funktion wir nacheinander besprechen werden:

— Kondensator
— Unterbrecherkontakte
— Fliehkraftversteller
— Unterdruckversteller
— Rotor mit Verteilerläufer
— Verteilerkappe.

Kondensator

Der Kondensator sitzt außen auf dem Verteilergehäuse oder in diesem. Seine Aufgabe ist es, Funken an den Unterbrecherkontakten nach Möglichkeit zu verhindern und die Sekundärspanung über die Primärwicklung zu erhöhen. Ein Kondensa-

tor besteht im Prinzip aus zwei leitenden Platten, die durch eine Isolierschicht voneinander getrennt sind. Das macht auch das Symbol für den Kondensator verständlich. In Wirklichkeit sind die Platten lange Streifen, die aufgerollt sind. Eine der leitenden Platten ist im Innern mit der Masse des Gehäuses verbunden, die andere mit dem herausragenden Anschlußdraht.

Beim Öffnen der Unterbrecherkontakte wird der Kondensator den Selbstinduktionsstrom, der in diesem Augenblick in der Primärwicklung entsteht, aufnehmen, die Funkenbildung an den Kontakten sehr abschwächen und das Magnetfeld schnell abbauen. Da nun zwischen den beiden Kondensatorplatten eine Spannung vorherrscht und angesichts der Verbindung miteinander über Primärwicklung und Batterie, wird sich der Kondensator durch Primärwicklung, Kontakte, Batterie und Masse unverzüglich entladen. Es entsteht eine Wechselwirkung oder gedämpfte Schwin-

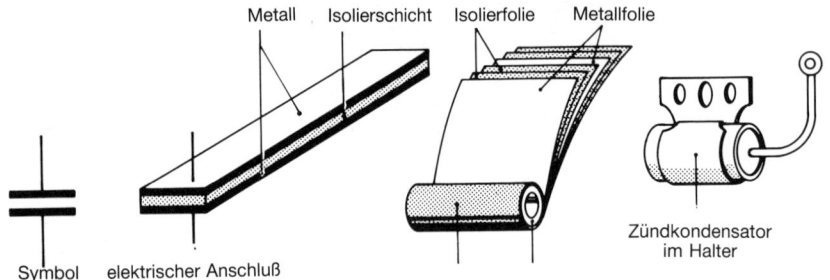

Metall Isolierschicht Isolierfolie Metallfolie

Symbol elektrischer Anschluß

Zündkondensator
im Halter

Abb. 9.7: Aufbau eines Kondensators

gung. Beim ersten Laden ist die erste Platte positiv geladen und die andere negativ. Bei der darauffolgenden Entladung entsteht angesichts der Geschwindigkeit, mit der Elektronen wandern, die umgekehrte Situation, aber mit einer geringeren Spannung usw. So entsteht an den Zündkerzenelektroden eine Reihe von Funken. Nicht alle Kondensatoren haben die gleiche Kapazität. Diese richtet sich u.a. nach der Fläche, und sie wird ausgedrückt in (Mikro-)Farad (F). Die Ladung ist gleich der Spannung, multipliziert mit der Kapazität.

Einfluß der Kondensatorkapazität

Die richtige Kondensatorkapazität ist äußerst wichtig. Ist die Kapazität zu groß, dann wird die Zündspannung niedriger. Eine zu kleine Kapazität führt zu einer starken Funkenbildung zwischen den Unterbrecherkontakten und ferner zum Absinken der Zündspannung, weil das Magnetfeld nicht schnell genug zusammenbricht, wodurch die Induktionsspannung in der Sekundärwicklung niedriger ist.
Brennt der Massenkontakt ein, dann ist die Kondensatorkapazität zu klein. Brennt der bewegliche (isolierte) Kontakt ein, dann ist die Kapazität zu groß (-Batterie an Masse).

Unterbrecherkontakte

Damit der Strom unterbrochen werden kann, enthält der konventionelle Zündverteiler ein Kontaktpaar. Diese Kontakte können lose ausgeführt sein oder in einer Kassette, angebracht auf einer Platte im Unterbrechergehäuse. Wie bereits bei der Zündspule erwähnt, müssen die Kontakte eine Weile geschlossen sein, um ein Magnetfeld aufbauen zu können. Die Periode, während der die Kontakte geschlossen sind, bezeichnet man als den Schließwinkel.

Schließwinkel

Die Verteilerwelle durchläuft bei einer Umdrehung 360°. Bei einem Vierzylindermotor stehen also je Zylinder 90° zur Verfügung. Auf der Verteilerwelle befinden sich demnach vier Nocken.
Ein Teil dieser 90° wird für den Schließwinkel benötigt. Der Schließwinkel kann verstellt werden, indem man den mit der Masse verbundenen festen Kontakt (Amboß) verschiebt. Also durch Regelung des Kontaktabstandes. Diesen kann man prüfen, indem man den maximalen Abstand zwischen den Kontakten mittels einer Fühlerlehre mißt. Wenn dieser Abstand groß ist, dann sind die Kontakte also lange geöffnet, d.h. der Schließwinkel ist klein. Wenn der Kontaktabstand klein ist, muß der Schließwinkel groß sein. Normale Werte für einen Vierzylindermotor sind:
– Kontaktabstand 0,4 – 0,5 mm
– Schließwinkel 55°, mit einem Schließwinkelmeßgerät zu messen.
Natürlich schreibt jeder Hersteller seine eigenen technischen Daten vor.
Ehe Sie den Zündzeitpunkt einstellen können, müssen Sie zunächst die Unterbrecherkontakte einstellen, denn eine Änderung des Kontaktabstandes hat auch eine

Änderung des Zündzeitpunktes zur Folge. Zum Erreichen einer möglichst hohen Zündspannung muß der Schließwinkel innerhalb der gegebenen Toleranz möglichst groß sein. Manche Hersteller geben den Schließwinkel in Prozenten an. Bei einem Vierzylindermotor beträgt die Summe von Schließ- und Öffnungswinkel 90°. Ein Schließwinkel von 45° kann dann mit 50% angedeutet werden. Beim Vierzylindermotor erfolgt die Umrechnung von Grad in Prozente gemäß folgender Formel:

$$\frac{100 \times \text{Gradzahl}}{90}$$

Bei einem Sechszylindermotor ist die Formel:

$$\frac{100 \times \text{Gradzahl}}{60}$$

Falls Sie den Kontaktabstand mit Hilfe einer Fühlerlehre prüfen, sollten Sie zugleich kontrollieren, ob die Kontakte eventuell verbrannt sind.

Doppelunterbrecher

Je mehr Zylinder, desto kleiner wird der Öffnungs- und Schließwinkel. Das führt zu Problemen im Zusammenhang mit der Kontakteinstellung und der Schließdauer, die man aber durch Verwendung eines doppelten Unterbrechersatzes beheben kann. Besser ist die Verwendung zweier getrennter Zündkreise. Also zwei Unterbrecher und zwei Zündspulen.

Vorzündung

An dieser Stelle sei noch darauf hingewiesen, daß man nur dann einen großen thermischen Wirkungsgrad erhält, wenn zur Verbrennung genug Zeit zur Verfügung steht. Ist dies nicht der Fall, dann verschwindet ein Teil der Verbrennungswärme zusammen mit den Abgasen. Die größte Leistung erhält man daher bei der größtmöglichen Vorzündung, die vom Hersteller angegeben wird. Ein Motor mit zu spät eingestellter Zündung kann keine volle Leistung entwickeln, er wird schlecht

Abb. 9.8: Verhältnis Kontaktabstand –
Schließwinkel (Bosch)
a. Kontakte geschlossen
b. Großer Kontaktabstand –
kleiner Schließwinkel
c. Kleiner Kontaktabstand –
großer Schließwinkel

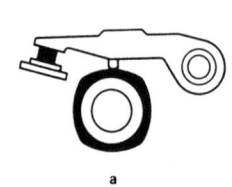
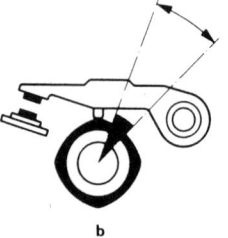
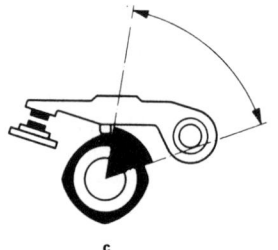

a   b   c

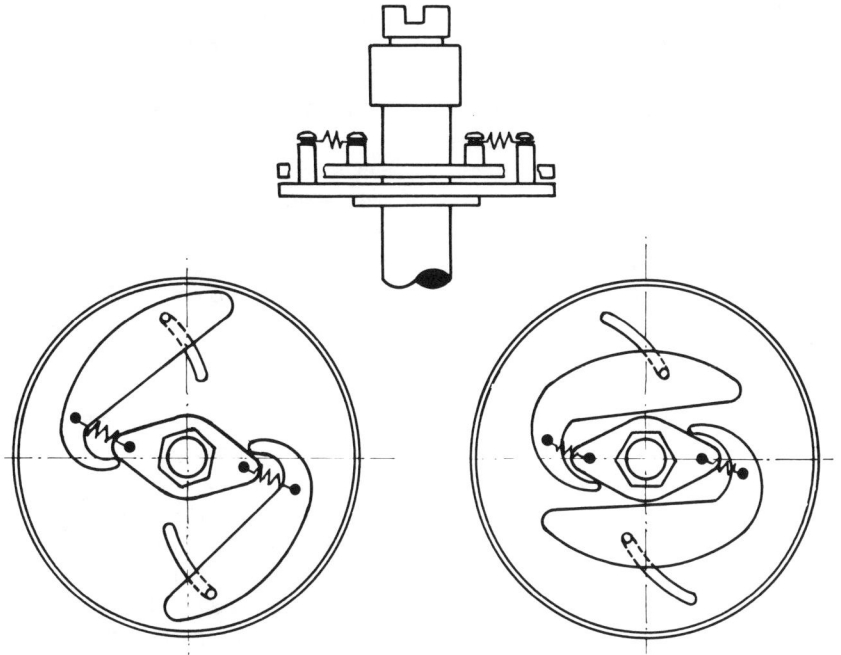

a. Ausschlag maximal – Verfrühung maximal b. Ausschlag 0 – Verfrühung 0

Abb. 9.9: Funktion des Fliehkraftverstellers

1. Die Unterbrecherkontakte mit dem vorgeschriebenen Abstand einstellen.
2. Motor in normaler Drehrichtung drehen, bis die Markierung für die Vorzündung, die auf dem Schwungrad oder der Keilriemenscheibe angebracht ist, und die starre Markierung einander gegenüber stehen. Die beiden Ventile des ersten Zylinders müssen jetzt geschlossen sein.
3. Zündverteiler am Motor anbringen, dabei eventuell die Markierung auf dem Rand des Unterbrechergehäuses beachten, und das Gehäuse entgegengesetzt der Drehrichtung des Läufers drehen, bis die Kontakte sich zu öffnen beginnen. Das läßt sich über prüfen, indem man ein Lämpchen an die Stromleitung zu den Kontakten und an Masse anschließt. Es wird aufleuchten, sobald die Kontakte sich öffnen. Besser eignet sich aber ein Spannungsmeßgerät, das in gleicher Weise angeschlossen werden kann.
4. Zündverteiler festschrauben.
5. Prüfen, auf welchen Verteilerkappenanschluß der Läufer zeigt. Hier ist das Zündkerzenkabel für den ersten Zylinder anzuschließen.
6. Die übrigen Zündkerzenkabel entsprechend der Zündfolge anschließen.
7. Prüfung mit Stroboskoplampe und Drehzahlmeßgerät, wohl oder nicht mit gelöster Unterdruckleitung. Falls weitere Markierungen angebracht sind, beziehen diese sich auf den OT, oder sie dienen zur Kontrolle der automatischen Vorzündungsvorverlegung.

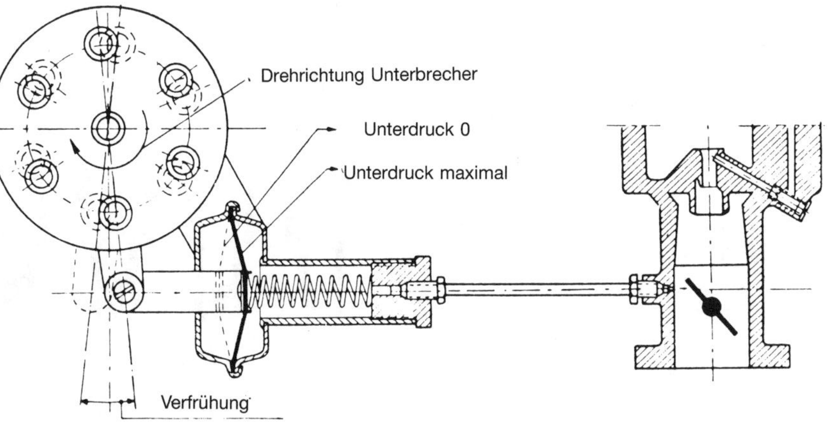

'ziehen' und wird auch schwerer starten. Die richtige Einstellung des Zündzeitpunktes und die richtige Funktion des Vorzündmechanismus sind daher sehr wichtig.

Fliehkraftversteller

Die Verteilerwelle besteht aus zwei Teilen; der Teil mit dem Unterbrechernocken ist im Verhältnis zur Antriebswelle in Vorwärtsrichtung drehbar. Das ist möglich durch die Funktion der Fliehkraftgewichte und notwendig, um die Zündung im Verhältnis zur Motordrehzahl vorverlegen zu können.

Unterdruckversteller

Durch den Unterdruckversteller, der an das Einlaßzweigrohr angeschlossen und am Zündverteilgehäuse befestigt ist, wir die Platte, auf der die Unterbrecherkontakte befestigt sind, entgegengesetzt zum Unterbrechernocken verdreht, um die Vorzündung an die Belastung des Motors anzupassen.

Es gibt auch doppelte Unterdruckversteller, die aus einem Vorzündungsversteller mit normaler Membrane und einem Spätzündungsversteller mit ringförmiger Membrane bestehen. Sie wirken zwar unabhängig voneinander, aber der Vorzündungsversteller bestimmt die Verstellung, wenn an beiden Membranen der gleiche Unterdruck herrscht.

Abb. 9.10: Funktion der Unterdruckverstellung in schematischer Wiedergabe

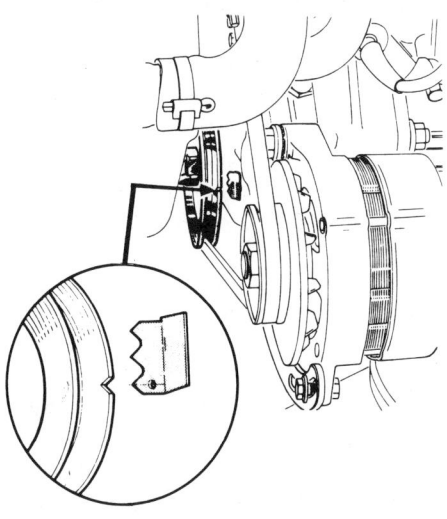

Abb. 9.11: Mögliche Stelle der Zündungsmarkierungen

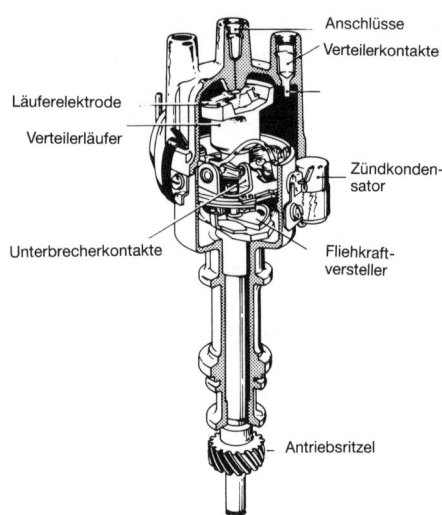

Abb. 9.12: Schnittzeichnung eines Zündverteilers (Bosch)

Bildbeschriftung: Anschlüsse, Verteilerkontakte, Läuferelektrode, Verteilerläufer, Zündkondensator, Unterbrecherkontakte, Fliehkraftversteller, Antriebsritzel

Verteilerläufer und -kappe

Der Läufer (Rotor) paßt nur auf eine einzige Weise auf die Verteilerwelle, und er gibt den Funken über die Anschlüsse in der Verteilerkappe an die jeweils richtige Zündkerze ab.

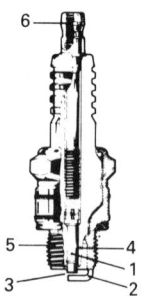

Abb. 9.13: Zündkerze im Querschnitt (Bosch)
1 Mittelelektrode
4 Isolatorfuß
2 Massenelektrode
5 Gewinde
3 Elektrodenabstand
6 Zündkerzenkabelanschluß

9.4 Zündkerzen

Mittels einer Reihe von Funken, welche am Ende des Verdichtungstaktes zwischen den Zündkerzenelektroden überspringen, die uns aber als ein einziger Funke erscheinen, wird das Gasgemisch gezündet. Die Zündkerze spielt bei der richtigen Funktion des Motors eine wesentliche Rolle.

Die Abb. 9.13 zeigt die wichtigsten Einzelteile: Gehäuse mit Gewinde und Masseelektrode, Isolator und Mittelelektrode. Zwischen Gehäuse und Mittelelektrode befinden sich die erforderlichen Dichtungen, welche die Zündkerze gasdicht machen.

Gehäuse

Das kann verschiedenartig sein im Bezug auf den Sechskant, die Gewindelänge, die Gewindesteigung und den Sitz.
Einige mögliche Gewindelängen sind: 9,5 mm, 11,3 mm, 12 mm, 12,7 mm, 18 mm und 19 mm. Ein zu kurzes Gewinde kann Zündungsprobleme hervorrufen; ragt das Gewinde zu weit heraus, dann ist ein Kolbenschaden, eine zu hohe Zündkerzentemperatur und möglicherweise auch Selbstzündung die Folge.
Die häufigsten Gewindesorten sind: M10, M12, M14 und M18. Der Sitz kann mit einer Dichtung versehen oder konisch sein. Jeder Hersteller gibt das Drehmoment an, mit dem eine Zündkerze anzuziehen ist. Insbesondere dann, wenn die Zündkerze einen konischen Sitz hat, muß man sich genau an den vorgeschriebenen Wert halten.

Isolator

Dieser muß beständig sein gegen chemische Einflüsse, hohe Temperaturen und große Temperaturunterschiede. Die Zusammensetzung des Materials ist je nach Hersteller unterschiedlich, aber es besteht immer zu etwa 80% aus Aluminiumoxid und Zusätzen, wie Zirkoniumoxid und Bentonit. Diese Metalloxide in Pulverform, Bosch spricht von Pyranit, werden auf 1500 °C erhitzt; dadurch wird das Material besonders hart, und es bekommt hervorragende Isoliereigenschaften. Um gegen Kriechfunken beständiger zu sein, ist der obere Teil des Isolators glasiert und mit Rippen versehen.

Elektroden

Die Elektroden sind im allgemeinen aus Nickel hergestellt, dem Silizium, Chrom und Mangan hinzugefügt wurden. Manche Hersteller verchromen die Elektrode: eine Diffusion von Chrom in der Elektrodenoberfläche. Zur Begrenzung der Zündkerzentemperatur besteht die Mittelelektrode zuweilen großenteils aus Kupfer und das Ende aus einer Nickellegierung. Weitere Materialien, die für die Elektrodenenden verwendet werden, um den Temperturbereich der Zündkerze zu erweitern, sind Platin und Silber.
Da dies letztgenannte Material nicht magnetisch wird, ist eine Perlenbildung durch Metallteilchen zwischen den Elektroden ausgeschlossen. Silber ist ein guter Wärmeleiter, und daher kann man durch silberne Elektrodenenden bei Zweitaktmotoren die Perlenbildung als Folge der auf der Elektrode schmelzenden Kraftstoffteilchen ebenfalls verhindern. Die Form der Elektroden kann sehr unterschiedlich sein. Auch die Anzahl der Masseelektroden kann verschieden sein.

Wärmewert

Zwischen den Eigenschaften und der Verwendung der diversen Motoren kann es große Unterschiede geben, und dasselbe gilt demnach auch für die sich bildende Wärme. Die Zündkerze soll die aufgenommene Wärme so ableiten können, daß ihre Temperatur wenigstens 50 °C (323 K) und höchstens 900 °C (1173 K) beträgt. So werden die Kerzen eines Hochleistungsmotors viel Wärme ableiten müssen. Man bezeichnet sie als 'kalte' Kerzen. Es gibt auch 'warme' Zündkerzen. Zwischen Kalt

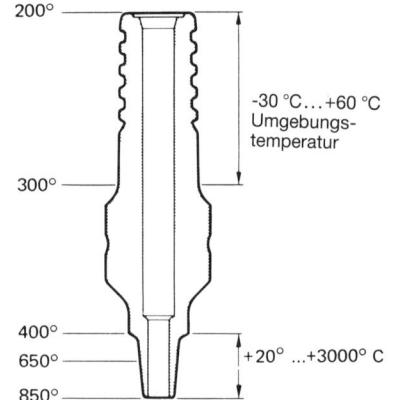

Abb. 9.14: Temperaturunterschiede eines Isolators

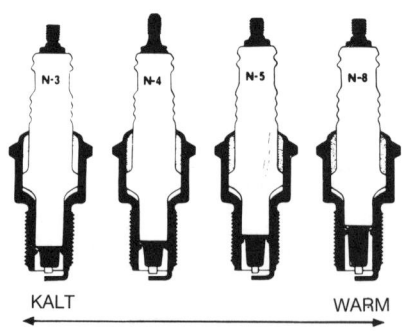

Abb. 9.15.: Wärmewerte von Zündkerzen (Champion)

und Warm steht eine ganze Skala zur Verfügung. Der Fahrzeugkonstrukteur bestimmt den Kerzentyp je nach Motorkonstruktion und Verwendungszweck.

Bei einer warmen Zündkerze kann die Wärme durch die lange Ableitungsstrecke wegen des langen Isolatorfußes nicht so leicht abgeleitet werden. Eine kalte Kerze hat einen kurzen Isolatorfuß. Zuvor stellten wir bereits fest, daß auch das Material der Mittelelektrode mitentscheidend ist für die Zündkerzenwärme. Der Zündfunke springt von der warmen Mittelelektrode leichter zur kälteren Masseelektrode über. Es kommt also darauf an, daß die Zündspule richtig angeschlossen ist.

Selbstreinigungstemperatur

Dies ist die Temperatur, bei der die Verbrennungsreste, die sich auf dem Isolator absetzen, verbrennen. Diese Temperatur beträgt zumindest 500 °C (773 K). Bei einer nierigeren Temperatur würde die Kerze stark verschmutzen, was schließlich die normale Funkenbildung verhindert. Bei Temperaturen oberhalb 900 °C (1173 K) verschleißen die Elektroden zu schnell, was zur Glühzündung führt.

Funkenbildung

Die Funkenbildung wird von verschiedenen Faktoren beeinflußt:
- der Sekundärspannung;
  - dem Elektrodenabstand. Je weiter die Elektroden auseinander stehen, desto höher muß die Spannung sein, aber desto besser auch das Gemisch gezündet wird. Der Motor läuft besser;
- der Zusammensetzung des Gemischs;
  - dem Kompressionsdruck;
  - der Elektrodentemperatur. Eine niedrigere Temperatur fordert eine höhere Spannung;
- der Elektrodenform. Zwischen spitzen Elektroden springt der Funke zwar leichter über, aber sie verschleißen schneller. Eine Zwischenlösung sind rechtwinklige Elektroden;
- der Polarität. Man kommt mit einer niedrigeren Spannung aus, wenn die Mittelelektrode negativ geladen ist und die Funken von der Mittelelektrode zu den Masseelektroden überspringen können.

Es gibt Zündkerzen, deren Mittelelektrode mit einem Widerstand versehen ist. Dieser hat den Zweck, den Zündkreis zu entstören und das Ein- oder Wegbrennen der Elektroden zu verringern.

Die Zündkerze mit zusätzlicher Funkenbrücke läßt die Zündspannung höher ansteigen, damit Leckströme entlang Ablagerungen auf dem Isolator verhindert werden.

Typbezeichnungen

Jeder Zündkerzenhersteller verwendet seinen eigenen Code. Hier seien nur zwei Beispiele angeführt:

R BL 13Y (Champion)

(R)= dritter Buchstabe vor der Grundzahl: deutet an, daß die Kerze mit einem Widerstand versehen ist.
(B)= zweiter Buchstabe vor der Grundzahl: konischer Sitz.
(L)= erster Buchstabe vor der Grundzahl: bezieht sich auf den Gewindedurchmesser, die Gewindelänge und das Sechskantmaß.
(13)= Grundzahl: gibt den Wärmewert an.
(Y)= Buchstabe hinter der Grundzahl: bezeichnet die Form der Elektroden, Anzahl und Material, ebenso wie die Form des Isolators.

Bosch: WR6DS

(W) Zweiter Buchstabe vor der Grundzahl: bezieht sich auf den Gewindedurchmesser und die Form des Sitzes. So bedeutet W = M14 x 1,25 mit flachem Sitz.
(R) Erster Buchstabe vor der Grundzahl: weist auf eine besondere Ausführung hin. Ein R gibt an, daß die Kerze einen Entstörwiderstand hat.
(6) Grundzahl: sie gibt den Wärmewert an. Je größer die Zahl, desto höher der Wärmewert.
(D) Erster Buchstabe nach der Grundzahl: Länge der Mittelelektrode im Verhältnis zur Unterseite des Gewindeteils (Stelle des Funkensprungs in der Brennkammer) und Gewindelänge.
(S) Material der Elektroden. So weist der Buchstabe S z.B. auf eine Kerze mit silbernem Elektrodenende der Mittelelektrode hin. Falls hier kein Buchstabe steht, bedeutet dies Standardausführung.

Hinweis: Die von Bosch gelieferten Zündkerzen haben den richtigen Elektrodenabstand und brauchen nicht eingestellt zu werden, ehe man sie in den Motor schraubt.

Das Zündkerzengesicht

Vom Aussehen der Zündkerze kann man nach einer normalen Fahrt von etwa 15 km Länge, also kein Stadtverkehr, das folgende ableiten:

- Der Isolatorfuß hat eine hellbraune, graue oder gelbbraune Farbe: alles in Ordnung.
- Rußbildung: Hinweis auf einen zu fett eingestellten Vergaser, schwache Zündung, niedrige Verdichtung, zu spät eingestellte Zündung.
- Naß von abgelagertem Kraftstoff: keine Zündung.
- Ölige Ablagerung: es dringt zuviel Öl in die Zylinder ein.
- Weißer Isolator und abnormal großer Elektrodenabstand: im allgemeinen zu hohe Betriebstemperatur, zu mager eingestellter Vergaser, Ansaugen falscher Luft, zu früh eingestellte Zündung oder ein zu warmer Zündkerzentyp.
- Gebrochener Isolator: kann auf Explosion hinweisen.
- Trockener Ansatz: Motor kommt nicht auf Betriebstemperatur oder der Zündkerzentyp ist zu kalt.

9.5 Unterbrechergesteuerte elektronische Zündung

Die konventionelle Zündung hat einige Beschränkungen, wie:
- Zum Aufbau eines Magnetfeldes bedarf es einer relativ langen Zeit. Dadurch wird der maximale Primärstrom bei hohen Drehzahlen nicht erreicht, so daß in der Sekundärwicklung eine zu niedrige Hochspannung erzeugt wird und von einer regelmäßigen Zündfrequenz keine Rede mehr sein kann. Je mehr Zylinder der Motor hat, desto größer wird dieser Nachteil bemerkbar.
- Auch die Unterbrecherkontakte werden überlastet, so daß sie sehr bald verbrennen werden.

Zur Behebung dieser Probleme wendet man sich zunehmend mehr der elektronischen Zündung zu. Von dieser gibt es mehrere Varianten, deren häufigste wir hier kurz behandeln wollen. Zuvor aber wollen wir uns noch mit den diversen Elementen der elektronischen Zündung beschäftigen.

Diode

Dies ist ein Bauelement, das den Strom nur in einer Richtung durchläßt. Außer leitenden und isolierenden Stoffen gibt es auch solche, die den elektrischen Strom nur unter bestimmten Bedingungen durchlassen. Man nennt sie Halbleiter. Jeder Stoff besteht aus Molekülen. Diese setzen sich wiederum aus Atomen zusammen, die aus einem Kern (+) bestehen, der von einer Anzahl Elektronen (-) umkreist wird. Verunreinigt man reines Silizium äußerst gerinfügig mit einem bestimmten Stoff, so kann es zu einem Mangel oder einem Überschuß an Elektronen kommen. Silizium mit einem Elektronenüberschuß ist negativ (N) leitend, das andere mit einem Elektronenmangel ist positiv (P) leitend. Preßt man ein P- und ein N-Scheibchen aufeinander, dann entsteht an der Grenze der beiden eine Schicht, Sperrschicht genannt, mit der Eigenschaft, den Strom nur in einer einzigen Richtung durchzulassen.

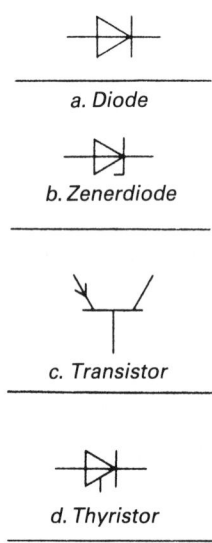

a. Diode

b. Zenerdiode

c. Transistor

d. Thyristor

Abb. 9.16: Symbole

Man kann die Diode mit einem Einwegventil vergleichen, obwohl dieser Vergleich nicht so ganz zutrifft. Es gibt schließlich noch eine Schwellenspannung. Dies ist die Spannung in Durchlaßrichtung, bei der die Diode beginnt, Strom durchzulassen. Ferner gibt es den Sperrstrom, der aber unter normalen Bedingungen nur wenige Mikroampere beträgt, es sei denn, daß die Spannung in Sperrichtung zu hoch ist (Durchschlagspannung).

Zenerdiode
Diese verhält sich in Durchlaßrichtung wie eine normale Diode, und sie hat demnach einen normalen Durchlaßstrom. Wird aber in Sperrichtung eine bestimmte Spannung, die Zenerspannung, überschritten, so beginnt (auch) in Sperrichtung ein Strom zu fließen. Die Spannung an der Diode ist also konstant.

Transistor
Der Transistor besteht aus zwei Dioden,

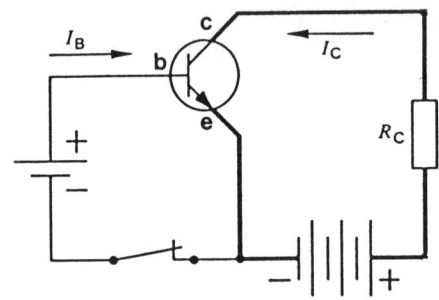

Abb. 9.17: Der Transistor als Relais und Verstärker

und man kann seine Funktion verstehen als einen Verstärker und ein Strom- oder Massenschaltendes Relais, je nachdem, ob es sich um einen PNP- oder einen NPN-Transistor handelt.
Infolge eines kleinen Basissteuerstroms von z.B. 0,2 A entsteht ein viel größerer Kollektorstrom von 8 A.

Thyristor
Der Thyristor ist die Kombination eines NPN- und eines PNP-Transistors, und er wird aus vier Siliziumschichten aufgebaut. Aus der symbolischen Darstellung geht hervor, daß der Thyristor eine große Ähnlichkeit mit der Diode zeigt. Nur läßt er in Durchlaßrichtung einen Strom erst durch, nachdem auf das Gate ein Steuerstrom gebracht wurde. Schließt sich der Schalter kurzfristig, dann wird das Gate positiv zur Kathode. Der Thyristor »zündet«. Es fließt ein Strom. Selbst nach dem Öffnen des Schalters und dem Ausfallen des Steuerstroms bleibt der Thyristor leitend, und darin liegt der Unterschied zum Transistor. Der Thyristor wird erst abschalten oder »erlöschen«, wenn der Anoden-Kathodenstrom unterhalb eines bestimmten Wertes (Haltestrom) absinkt oder unterbrochen wird. Ein Thyristor schaltet in wenigen Mikrosekunden, er eignet sich für hohe Spitzenspannungen, und der Steuerstrom ist auch hier sehr klein.

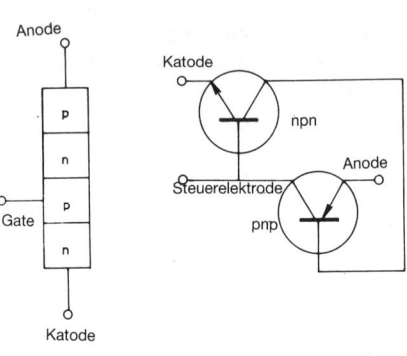

Abb. 9.19: Schematische Darstellung des Thyristors

Transistorzündung
Die Transistorzündung hat eine Zündspule mit weniger Primärwicklungen. Infolge des höheren Stroms und der niedrigeren Selbstinduktion gibt es weniger Startprobleme, und bei höheren Drehzahlen sind die Zündfunken stark genug. Durch den niedrigeren Steuerstrom an den Unterbrecherkontakten verbrennen diese praktisch nicht.
Die Abb. 9.20 zeigt auch die Schaltung einer Transistorzündung. Beim Schließen der Kontakte fließt ein kleiner Strom durch Emitter, Basiswiderstand und Kontakte zur Masse. Dadurch entsteht ein stärkerer Emitter-Kollektorstrom, der über die Primärwicklung zur Masse fließt. Der Transistor erfüllt hier die Aufgabe der Unterbrecherkontakte, während letztere nur noch als Impulsgeber dienen. Beim Öffnen der Kontakte fällt der Emitter-Kollektorstrom weg, wodurch in der Sekundärwicklung eine Hochspannung entsteht. Funken an den Unterbrecherkontakten sind ausgeschlossen, weil der Transistor dies verhindert und auch, wie soeben schon erwähnt, wegen des niedrigen Steuerstroms. Ein Kondensator an den Unterbrecherkontakten erübrigt sich.

Thyristorzündung
Bei der traditionellen Zündung und der Transistorzündung erhält man die Hochspannung auf induktivem Wege, nämlich durch den Aufbau eines Magnetfeldes in der Primärwicklung, das dann schnell zusammenbricht. Es bedarf einer relativ langen Zeit, auf diese Weise einen Hochspannungsfunken zu erzeugen.
Die Thyristorzündung, auch als Kondensatorzündung bezeichnet, hat diesen Nachteil nicht. Sie funktioniert nach einem ganz anderen Prinzip: ein zuvor geladener Kondensator wird durch die primäre Zünd-

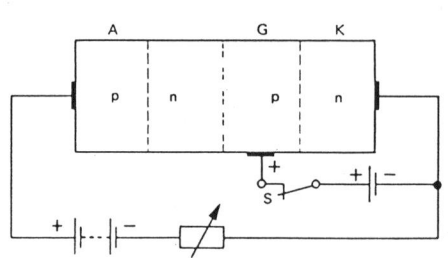

Abb. 9.18: Funktion eines Thyristors

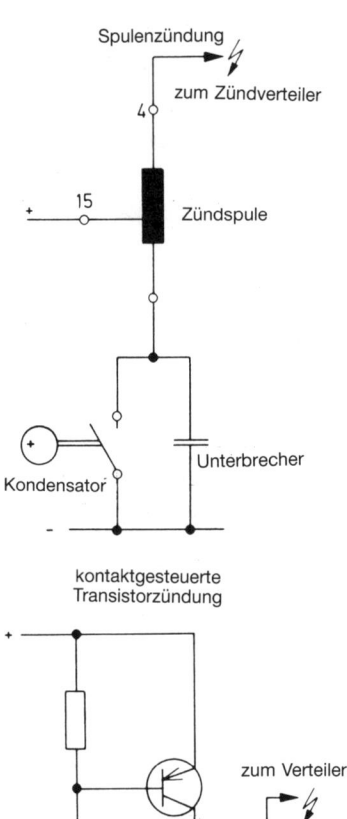

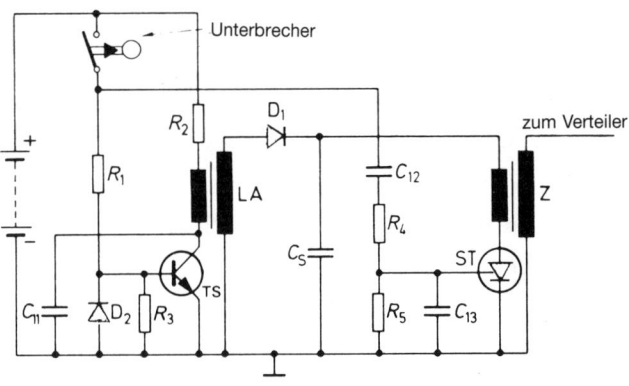

Abb. 9.21: Schaltung einer Thyristorzündung (Bosch)

Abb. 9.20: Prinzipschaltung der Spulenzündung und der kontaktge-
steuerten Transistorzündung
(Bosch)

spulenwicklung entladen. Das geschieht
mit einer sehr hohen Stromstärke in ganz
kurzer Zeit. Dadurch erreicht die Sekundärwicklung sehr schnell äußerst hohe
Spitzenspannungen. Daraus ergeben sich
folgende Vorteile:

– Keine Last von Leckströmen an Zündkerzen, Zündkerzenkabeln und Zündverteiler. Also weniger Startschwierig-
  keiten, selbst mit nassen Zündkerzen.

– Auch bei hohen Drehzahlen ein kräfti-
  ger Funke.

– Ein zusätzlicher Vorteil ist die geringe
  Energie, die ein Thyristor im Vergleich
  zur traditionellen Zündung, und gewiß
  auch im Vergleich zur Transistorzündung, aufnimmt.

Als großer Nachteil steht demgegenüber,
daß jeweils nur ein einziger Funke mit
einer Dauer von 0,1 – 0,2 ms überspringt.
Der Umformer oder die Gleichspannungs-
quelle von ungefähr 400 V ist mit dem
Zündkondensator verbunden, der auf die
Versorgungsspannung aufgeladen wird.
Zündet der Thyristor, dann wird der positive Anschluß des Kondensators mit der
primären Zündspulenwicklung verbunden.
Dadurch kann sich der Zündkondensator
über diese Wicklung entladen, so daß in
der Sekundärwicklung eine Hochspannung erzeugt wird. Erlischt der Thyristor,
dann wird der Kondensator erneut geladen und ist für die nächste Entladung be-
reit.

Ein Beispiel einer Thyristorschaltung ist
das Bosch-Thyristor-Zündsystem. Die hohe Gleichspannung zum Laden des Zünd-
kondensators C_s erhält man von einem
transistorisierten Umformer, der aus dem
Transformator LA und dem Siliziumlei-

stungstransistor TS besteht. Die Schaltung des Umformers entspricht im Grunde
der einer transistorisierten Zündanlage.
Sobald der Unterbrecher sich öffnet, wird
der Strom durch den Transistor, und somit
der primäre des Transformators, unterbrochen. Sekundär wird eine Spannung von
einigen Hundert Volt erzeugt, die durch D_1
gleichgerichtet wird und C_s auf ca. 500 V
auflädt.

Der Thyristor ST ist nicht leitend; erst zum
Zeitpunkt des Zündens – wenn der Unterbrecher sich schließt – wird dem Gate des
Thyristors über C_{12} und R_4 ein positiver
Steuerimpuls zugeführt. Der Thyristor wird
leitend, und C_s wird über die Primärwicklung der Zündspule entladen. Sekundär
wird eine hohe Spannung erzeugt, die den
Zündkerzen über den Verteiler zugeführt
wird. Der Thyristor erlischt, sobald der
Entladestrom niedriger als der Haltestrom
ist. (Hier also zündet die Zündkerze beim
Schließen des Unterbrechers.)

Wie der Umformer im Prinzip 400 V erzeugen kann, zeigt die Abb. 9.20. Wird die
Zündung eingeschaltet, dann bekommt
der Kollektor des Transistors über die
Wicklung W_2 eine Spannung. Infolge des
schwachen Stroms, der durch W_2 fließt,
entsteht in W_1 eine Induktionsspannung.
Dadurch bekommt die Basis eine Steuer-
spannung, durch die der Strom durch W_2
zunimmt, in W_1 eine höhere Spannung
erzeugt wird usw., bis der Sättigungs-
strom des Transistors erreicht ist. Auf diese Weise wird ebenfalls auf induktivem
Weg in W_3 kurzfristig die erforderliche
Hochspannung erzeugt.

9.6 Elektronische Zündung mit Induktionsgeber

Bei diesem System sind die Unterbrecher-

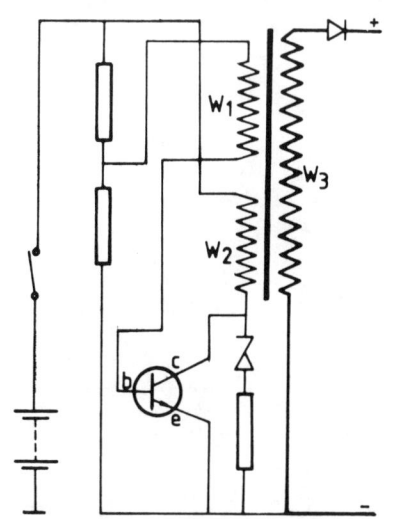

Abb. 9.22: Prinzipzeichnung zur Erzeugung von 400–500 V

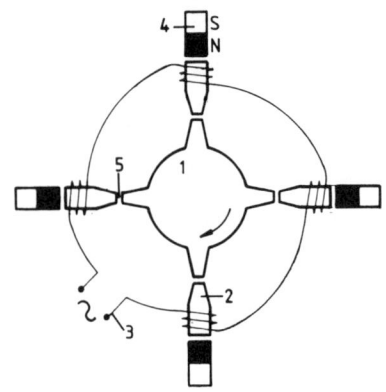

Abb. 9.23: Funktion eines Induktionsgebers

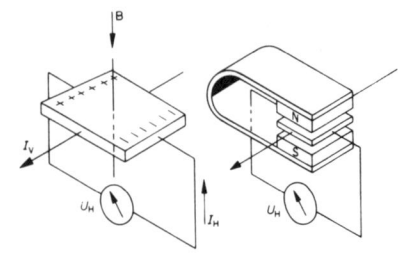

Abb. 9.24: Das Entstehen der Hall-Spannung (U_H) im Magnetfeld (B)
I_v = Strom im Hall-Geber (Bosch

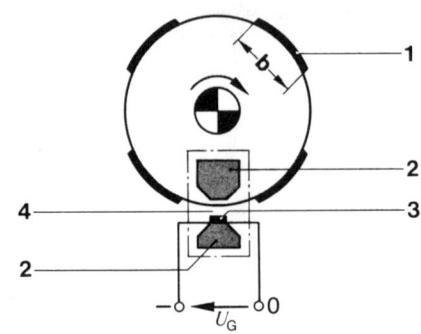

Abb. 9.25: Funktion des Hall-Gebers (Bosch)
1 Segmentrotor
2 Dauermagnet
3 Hall-IC   4 Luftspalt
U_G Hall-Spannung

kontakte ersetzt durch einen sich drehenden Impulsgeber 1, Kern 2, Wicklung 3 und einen Dauermagneten 4. Der Impulsgeber ist auf die Verteilerwelle montiert. Die Prinzipzeichnung zeigt die Funktion bei einem Vierzylinder. Dreht sich der Impulsgeber mit seinen Fingern entlang der Kerne, dann ändert sich das Magnetfeld, in dem die Wicklung liegt, durch die bessere Leitung der Feldlinien der Dauermagnete. Dadurch wird in der Wicklung eine Wechselspannung erzeugt.

Diese liefert, nachdem sie in ein brauchbares Signal umgesetzt wurde, je nach den Komponenten der Zündanlage und nach Verstärkung die Impulse an die Primärwicklung oder an den Thyristor zum Erzeugen der erforderlichen Zündspannung.

Funktion

Zum Hall-Geber gehören: die Magnetbrücke mit Hall-IC, der Dauermagnet, zwei Leiterplatten für das Magnetfeld und der Segmentrotor. Dieser hat so viele Segmente, wie der Motor Zylinder hat. Der Dauermagnet entwickelt ein Magnetfeld. Befindet der Luftspalt sich zwischen Magnet und Hall-IC, dann verlaufen die Feldlinien durch den Hall-IC, in dem die Hall-Spannung erzeugt wird.

In dem Augenblick, in dem das eiserne Segment (1) vor den Hall-IC kommt, werden die Feldlinien durchbrochen, und die Hall-Spannung ist ausgeschaltet. Die Endstufe in der Elektronikbox wird leitend, und durch die Primärwicklung fließt ein Strom. Der Abstand b ist daher für den Schließwinkel maßgebend. Sobald der Luftspalt frei wird und das Magnetfeld

durch den Halbleiter geht, sperrt die Endstufe, der Primärstrom wird unterbrochen und der Zündfunke kommt zustande.

Der Schließwinkel ist nicht mehr regelbar, was eine falsche Einstellung ausschließt. Da der Schließwinkel durch die Breite des Rotorsegmentes oder Schirms bestimmt wird, bleibt der Winkel auch konstant. Bei manchen Ausführung wird der Schließwinkel elektronisch an den Bedarf angepaßt. In dem Augenblick, in dem im ersten Zylinder die Zündung erfolgen soll, muß die Achslinie des leitenden Rotorstreifens mit der Markierung auf dem Rand des Unter-

9.7 Elektronische Zündung mit Hall-Geber

Der Amerikaner E.H. Hall entdeckte 1879 den nach ihm benannten Hall-Effekt. Der Hall-Geber ist ein Halbleiter mit integrierter Schaltung. Durch Einschalten des Zündkontaktes läßt man einen Strom durch eine Halbleiterscheibe fließen, die sich in einem Magnetfeld befindet und demnach durch magnetische Feldlinien geschnitten wird. Dadurch wandern die Elektronen im Halbleiter seitwärts, was zur Folge hat, daß an einer der Seiten- oder Kontaktflächen ein Elektronenüberschuß entsteht. Durch diese Ladungsdifferenz zwischen den Kontaktflächen entsteht eine elektrische Spannung, Hall-Spannung genannt. Ein Halbleiter-Chip mit integrierter Schaltung, auch Hall-IC genannt, hat eine Oberfläche von etwa 1,5 mm².

Abb. 9.26: Ausführung eines Hall-Verteilers (Talbot)

brechergehäuses in einer Linie liegen. Zugleich muß der Luftspalt im Segmentrotor sich gerade am Hall-IC befinden.
Man kann die traditionelle Zündung durch eine solche mit Hall-Geber ersetzen.

Stabilisierung der Leerlaufdrehzahl

Um die Leerlaufdrehzahl bei wechselnder Belastung konstant zu halten, kann sie elektronisch stabilisiert werden. Das hat zugleich den Vorteil, daß die Abgase weniger CO enthalten. Die Stabilisierung erfolgt durch Vorverlegung des Zündzeitpunktes. Dazu wird die Drehzahl vom Verteiler aus der Schalteinheit zur Stabilisierung als Signal zugeführt. Nach dem Starten schaltet sich der Stabilisator bei 830 min^{-1} ein und arbeitet anschließend zwischen ungefähr 600 und 940 min^{-1}. Nimmt die Motorbelastung zu, dann verfrüht sich im Verhältnis auch der Zündzeitpunkt. Die Leerlaufdrehzahl wird auf ungefähr 900 min^{-1} stabilisiert.

Zum Einstellen von Vergaser und Zündung muß die Schalteinheit abgekoppelt werden, und die freiwerdenden Drähte sind miteinander zu verbinden.

9.8 IR-gesteuerte Zündung

Bei dieser aus England stammenden Zündung wurden die Unterbrecherkontakte durch ein fotoelektrisches Steuersystem ersetzt. Dabei ist es gelungen, die Nach-

teile von schwebenden und verbrannten Kontakten, ebenso wie das Verschleißen des Schleifnockens, zu umgehen, indem man einen Lichtstrahl mit einer Schmetterlingsscheibe, auf der Unterbrecherwelle und unter dem Rotor montiert, unterbricht. Der Lichtstrahl einer Infrarotlampe (I) beleuchtet einen Fototransistor (F). Ebenso wie bei den behandelten kontaktlos gesteuerten Zündungen, ist auch bei einem solchen Zündsystem die ungewollte Änderung der Zündung ausgeschlossen. Es kann auch ohne Schwierigkeiten in das vorhandene Unterbrechergehäuse eingebaut werden. Lämpchen und Fototransistor werden an die Stelle der Unterbrecherkontakte montiert.

Der Fototransistor wird leitend, sobald er Licht bekommt, und so kann durch Zutun der elektronischen Bauelemente ein Strom durch die Primärwicklung der Zündspule fließen. Dadurch wird ein Magnetfeld aufgebaut.

Wenn die Scheibe den Lichtstrahl unterbricht, sperrt der Fototransistor, was dann eine Stromunterbrechung in einem Leistungstransistor und in der primären Zündspulenwicklung zur Folge hat. Das führt zu einer hohen Induktionsspannung in der Sekundärwicklung.

9.9 Explosions- oder Klopffühler

Dieser Fühler, auch Sensor genannt, wird in der Mitte der Einlaßleitung angebracht,

so daß eine Explosion in jedem Zylinder unverzüglich aufgespürt werden kann. Der Explosionssensor wird durch die Bewegungen des Gewichtes in Betrieb gebracht, und er setzt Motorschwingungen mittels eines Piezoelektrischen Elements in elektrische Signale um. Tritt nach dem Erreichen des maximalen Drehmoments eine Explosion auf, dann wird der Zündzeitpunkt bis zu 8° verzögert, je nach Heftigkeit der Explosion. Normale Motorschwingungen rufen im Explosionssensor zu geringe Spannungen hervor, so daß die Zündung nicht beeinflußt wird.

9.10 Dreidimensionales digitales Zündungsfeld

Bei einer computergesteuerten elektronischen Zündung mit einem dreidimensionalen Zündungsfeld braucht man keine Fliehkraftgewichte und keinen Unterdruckversteller mehr, um die optimale Vorzündung und den richtigen Zündzeitpunkt für jede Motorbelastung und Drehzahl zu bestimmen. Im elektronischen Speicher sind Motorbelastungen und Drehzahlen gespeichert.

Aus dem Zündungsfeld leitet der Computer anhand der Daten über die augenblickliche Drehzahl und die Motorbelastung den richtigen Zündzeitpunkt ab.

1 Dreidimensionales digitales Feld (Ford)
  A Einfluß des Unterdrucks/der Belastung
  B Einfluß der Motordrehzahl
  C Zündverfrühung

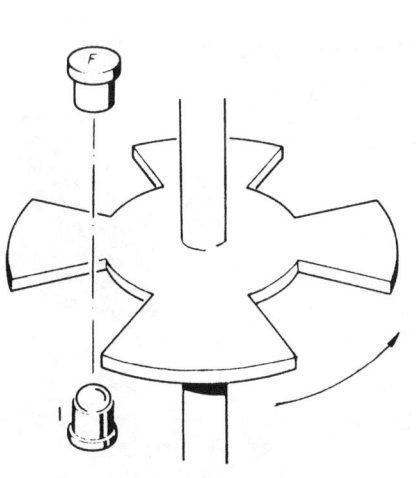

Abb. 9.27: IR-gesteuerte Zündung
  F Fototransistor
  I Infrarotlampe

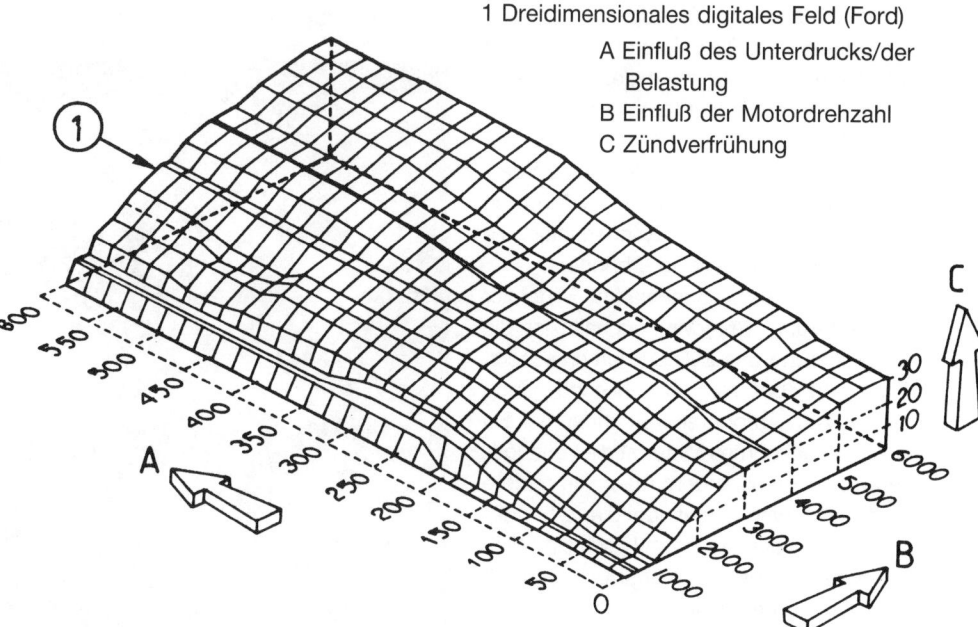

Abb. 9.28: Grafische Darstellung eines dreidimensionalen digitalen Feld

10. Steigerung der Motorleistung

Viele Fahrzeugbesitzer möchten aus dem Motor mehr herausholen als das Werk bei der Serienfertigung vorgesehen hat. Der Motor wird also 'frisiert'. Will man keine Enttäuschungen erleben, dann muß das Frisieren wohl reiflich durchdacht sein, und dazu bedarf es vor allem einer soliden technischen Kenntnis. Hier soll nun versucht werden, ein wenig Einsicht in die Problematik zu verschaffen.

Im Zusammenhang mit der Steigerung der Motorleistung spricht man oft über den Liefergrad, auch Füllungsgrad genannt. D. h. um das Verhältnis zwischen der Menge des je Arbeitstakt angesaugten Gasgemischs und dem Zylinderinhalt.

10.1 Größerer Zylinderinhalt

Ein einfaches und daher auch von den Herstellern häufig angewandtes Mittel dazu, aus dem Motor mehr Leistung herauszuholen, besteht im Vergrößern des Zylinderinhaltes. Auf diese Weise kann die Grundkonstruktion großenteils beibehalten werden. Es ist aber falsch anzunehmen, daß die Motorleistung z.B. um 5% zunimmt, wenn der Zylinderinhalt um 5% vergrößert wird. Die Leistung wächst nicht parallel mit der Zunahme des Zylinderinhalts. Anhand der Hubraumleistung (siehe Kap. 3.6) läßt sich das deutlich nachweisen. Es wurde an dieser Stelle schon darauf hingewiesen, daß gerade die Motoren mit einem kleineren Zylinderinhalt die größte Hubraumleistung erbringen.

Das am häufigsten angewandte Mittel zur Vergrößerung des Zylinderinhalts ist die Vergrößerung des Zylinderdurchmessers. Das setzt aber voraus, daß noch genug Masse zum Aufbohren vorhanden ist. Ein weiteres bekanntes Mittel ist die Verlängerung des Hubes, indem man eine andere Kurbelwelle verwendet oder die vorhandene Kurbelwelle exzentrisch schleift. Eine Exzentrizität von 1 mm ergibt einen um 2 mm verlängerten Hub.

Dabei ist allerdings mit höheren durchschnittlichen Kolbengeschwindigkeiten

und einem größeren Verschleiß zu rechnen, wenngleich man das auch wieder nicht allzu wichtig nehmen sollte. Langhubmotoren kommen für diese Methode kaum in Frage. Zugleich ist zu berücksichtigen, daß der Kolben seinen OT oberhalb der Fläche des Motorblocks bekommen wird, was dann wieder eine Anpassung des Kolbens und/oder des Zylinderkopf oder die Verwendung eines kürzeren Pleuels bedingt. Dem Autobastler verschafft die Vergrößerung des Zylinderinhalts durch Hubverlängerung also mehr Probleme, und deshalb ist das Verfahren nicht so populär.

10.2 Bessere Zylinderfüllung

Unter Zylinderfüllung versteht man die Menge des Gasgemischs, die je Arbeitstakt in den Zylinder gelangt. Man strebt eine möglichst vollständige Zylinderfüllung an. Je besser diese ist, desto höher ist der Verdichtungs- und Verbrennungsdruck.

Mittel zur Verbesserung der Füllung bestehen in der Verwendung eines Doppelvergasers, von zwei oder mehr Vergasern.

Die Einlaßleitungen müssen so kurz, glatt und gerade wie möglich sein, wobei der Durchmesser angepaßt werden muß. Wer sich nicht soviel Mühe und Kosten machen will, kann sich damit begnügen, die Einlaßleitungen, die Einlaßventile und die Brennkammer zu polieren und die Übergänge an den Vergasern und am Zylinderkopf möglichst fließend zu machen. Achten Sie auch darauf, daß die Dichtungen an den Durchgängen nicht herausragen. Das Verkleinern der Ventilsitzbreite und das Abrunden oder Entgraten des äußeren Endes des Ventiltellers dürfte auch zu einer besseren Füllung führen. Das Luftfilter wird herausgenommen und durch sogen. Einlaßkelche ersetzt. Dabei muß man allerdings das Ansauggeräusch und einen größeren Motorverschleiß in Kauf nehmen.

Wer sein Auto auch im Alltagsverkehr benutzt, sollte ein Filter mit einem geringen Widerstand einsetzen. Wegen der außerhalb des Vergasers auftretenden Luftwirbelungen ist es nicht empfehlenswert, ohne Filter zu fahren. Ein weiteres Mittel zum Erhalt einer besseren Zylinderfüllung ist die Vergrößerung der Ventilkammern und das Montieren eines Einlaßventils mit grö-

Abb. 10.1: Ein V12-Motor von Matra auf dem Prüfstand

ßerem Durchmesser. Ventile und Ventilsitze können bearbeitet werden. Der Einbau größerer Auslaßventile hat kaum einen Nutzen. Der Gegendruck der Abgase beim Öffnen des Ventils wird dadurch nur noch vergrößert. Wenn die Auslaßventile häufig verbrennen, dann sollten sie durch gepanzerte oder natriumgefüllte Ventile ersetzt werden. Eine wesentliche Verbesserung ist aber eine Nockenwelle, die es möglich macht, daß das Einlaßventil sich früher, schneller und weiter öffnet und sich später schließt. Allerdings muß man dabei den Nachteil in Kauf nehmen, daß der Motor im niedrigeren Drehzahlbereich erheblich schlechter zieht. Infolge der größeren Ventilüberlappung behindern Abgase das unbehinderte Einströmen der Einlaßgase. Die Ventilfedern sollten verstärkt werden, oder unter den ursprünglichen Federn können Ausgleichsringe angebracht werden, um einem Schweben bei hohen Drehzahlen vorzubeugen. Durch einen auf der Stößelseite verkürzten Kipphebel läßt sich die Ventilanhebung ebenfalls vergrößern.

Die Dämpfe aus der Ölwanne dürfen nicht wieder in den Motor gelangen, da sie die Menge des angesaugten brennbaren Gemischs vermindern. Wer mit seinem frisierten Wagen auch im Alltagsverkehr fahren will, hat hinsichtlich des Schalldämpfersystems nur wenig Möglichkeiten. An den Auslaßleitungen selbst etwas zu verändern, ist aus Gründen, die bereits genannt wurden, nicht zu empfehlen. Anpassungen werden im übrigen nur durch Versuche ermittelt, wobei man versucht, die Abgase eines jeden Zylinders durch Rohre gleicher Länge getrennt abzuleiten, ehe sie in einem gemeinsamen Rohr zusammenströmen. Ein solches Auslaßrohrsystem kann aussehen wie dicke Makkaroni. Wenn Sie keine Rollentestbank zur Verfügung haben, sollten Sie sich mit Schalldämpfersystemen begnügen, die der Fachhandel anbietet. Es gibt Schalldämpfer, die weniger Widerstand bieten als die originalen.

10.3 Das Verdichtungs-
verhältnis

Die Steigerung des Verdichtungsverhältnisses durch Abschleifen des Zylinderkopfes ist, jedenfalls für Anfänger, wohl die bekannteste Art des Frisierens. Vor allem weil es wenig Kosten verursacht und die

Sache relativ schnell erledigt ist. Ein Nachteil dieser Methode besteht darin, daß die Form der Brennkammer sich dabei ändert. Deshalb bietet der Handel für manche Marken höhere Kolben an. Andererseits ist zu bedenken, daß die Ventile den Kolben berühren können und daß die Öffnungs- und Schließzeiten der Ventile verschieben.

Bei einer Steigerung der Kompressionsverhältnisse nimmt der Verbrennungsdruck zu, Motordrehmoment und Motorleistung werden erhöht, der Motor wird wärmer und der Kraftstoffverbrauch nimmt ab. Weniger Verbrauch also, obwohl der Füllungsgrad gleich blieb. Die Versuchung, das Verdichtungsverhältnis zu vergrößern, ist also groß. Es gibt aber eine Grenze, und in vielen Fällen ist an ein Abschleifen des Zylinderkopfes überhaupt nicht zu denken, weil der Hersteller schon bis zum äußersten gegangen ist. Je nach Klopffestigkeit des Kraftstoffs kann das Verdichtungsverhältnis gar 1:11 betragen. Dabei spielen derartig viele Faktoren eine Rolle, daß nur die Praxis den Nachweis der Grenzen erbringen kann. Es hat aber wenig Sinn, diese erreichen zu wollen. Die Spitzendrücke bei der Verbrennung können Kolben und Lager ernsthaft beschädigen, die Motortemperatur kann sich gefährlich steigern, es besteht die Gefahr von Explosionen und Selbstzündung. Grund genug, mit der Steigerung des Kompressionsverhältnisses nicht bis zum äußersten zu gehen. Auf jeden Fall sind ein Ölkühler und eine Erhöhung des Ölpumpendrucks erforderlich. Letzteres nicht nur wegen der größeren Verbrennungsdrücke, sondern auch wegen der höheren Lagerbelastung als Folge der höheren Drehzahl. Von Saab und Mitsubishi gibt es inzwischen Systeme, die variable Verdichtungsverhältnisse ermöglichen.

10.4 Anpassungen

Eine Frage der Drehzahl
Es wurde bereits dargelegt, daß neben dem Füllungsgrad auch die Motordrehzahl großen Einfluß auf die Leistung des Motors hat. Die zuvor beschriebenen Eingriffe werden die Höchstdrehzahl noch steigern. Praktisch wird das Erhöhen der Drehzahl vor allem durch die Trägheit des Ventilmechanismus und ferner durch die Kolbengeschwindigkeit, die Kurbelwellen-

und die Lagerbelastungen begrenzt. Bei höheren Drehzahlen entstehen größere Massenkräfte und dadurch auch größere Reibungsverluste, was eine geringere Zunahme der Motorleistung zur Folge hat. Dem wirkt man dadurch entgegen, daß man die beweglichen Teile leichter macht oder leichtere Motorenteile verwendet, z.B. Kolben, Kolbenbolzen, Pleuel, Ventile, Kipphebel und Ventilteller.

Bekannt ist auch das Abdrehen oder Ausbohren des Schwungrads. Damit zielt man vor allem auf ein besseres Beschleunigen ab.

Zur Verringerung der Reibung gibt es Kolben mit schmalen Kolbenringen.

Kühlung
Sollte es trotz der richtigen Öltemperatur Schwierigkeiten mit der Kühlung geben, dann müssen zunächst einmal alle Behinderungen des Luftstromes durch den Kühler beseitigt werden. Auch die Montage eines sich früher öffnenden Thermostats kann hier helfen. Notfalls kann er sogar ganz ausgebaut werden, obwohl das in technischer Hinsicht nicht empfehlenswert ist. Ist das Resultat noch immer unzulänglich, dann kann ein größerer Kühler die Lösung bieten. Ein letztes Hilfsmittel wäre noch die Erhöhung der Ventilatordrehzahl, aber das geht zu Lasten der Leistung.

Zündung
Wenn man die zuvor beschriebenen Anpassungen vorgenommen hat, dann ist ein Motor mit völlig anderen Eigenschaften entstanden. Will man davon den vollen Nutzen haben, dann muß auch die Zündung angepaßt werden. Inwieweit dies geschehen muß, läßt sich nicht so ohne weiteres zu Papier bringen. Es hängt schließlich davon ab, wie weit man die Motorleistung gesteigert hat. In der Praxis wird man die Bestimmung des richtigen Zündzeitpunktes und die Anpassung der Vorzündung am besten auf dem Motorprüfstand vornehmen. Damit bekommt man zugleich einen Einblick in das Resultat. Wie bereits gesagt wird der Zündzeitpunkt bei einem Serienmotor durch einen Zentrifugal- und Unterdruckverfrühungsmechanismus angepaßt. Ersterer berücksichtigt die Drehzahl des Motors, der zweite die Belastung. Da bis an die Grenzen frisierte Motoren meist nicht unterhalb 75% belastet sind, ist die Unterdruckverfrühung bei Verwendung eines angepaßten Zentrifu-

galreglers nicht unbedingt notwendig. Nochmals: wie weit man hier gehen kann, läßt sich nur experimentell feststellen. Der Amateurtuner, der auch über einen normalen Motor verfügen will, um im Alltagsverkehr zu fahren, sollte den Verteiler lieber im ursprünglichen Zustand belassen und die Lösung nur in der Änderung der festen Vorzündung und im Anpassen der Unterdruckverfrühungsmerkmale suchen. Beim Einstellen des Verteilers muß auch an die Explosionsgefahr gedacht werden. Berücksichtigen Sie, daß der Motor durch eine ungenau eingestellte und/oder ungenau funktionierende Zündung eine geringere Leistung und höhere Temperatur entwickelt. Bei einem frisierten Motor muß die Zündung in den meisten Fällen auf später eingestellt werden, wenn am Verfrühungssystem keine Änderungen vorgenommen wurden. Beim Beschleunigen darf der Motor gerade noch nicht klingeln. Angesichts der höheren Verbrennungstemperaturen dürfte der Wärmewert der Originalzündkerzen nicht mehr stimmen; die Kerzen müssen durch einen viel kälteren Typ ersetzt werden. Diese können dann wieder den Nachteil haben, daß beim Fahren auf kurzen Entfernungen die Selbstreinigungstemperatur nicht erreicht wird. Unregelmäßige Leerlaufdrehzahl, mehr Verbrauch, schlechtes Beschleunigen und sogar Schwierigkeiten beim Anlassen sind die Folgen. Deshalb sollten Sie zum Warmlaufen des Motors und für die normalen Fahrten am besten Zündkerzen mit einem höheren Wärmewert benutzen. Der Fachhandel bietet auch Zündkerzen mit einem größeren Wärmewertbereich an.

Nach dem, was wir inzwischen über die elektronische Zündung wissen, dürfte es wohl klar sein, daß ein frisierter Motor eine Zündung ohne Unterbrecherkontakte braucht.

10.5 Lader

Abgasturbolader

Mit Hilfe der vorausgehend beschriebenen Anpassungen läßt sich eine bessere Füllung nur bis zu einem gewissen Grad erzielen. Noch bessere Resultate erhält man durch Druckfüllung mittels eines Kompressors. Bereits 1905 erhielt der Schweizer Alfred Büchi ein Patent zur Verwendung von Turboladern bei Verbrennungsmotoren.

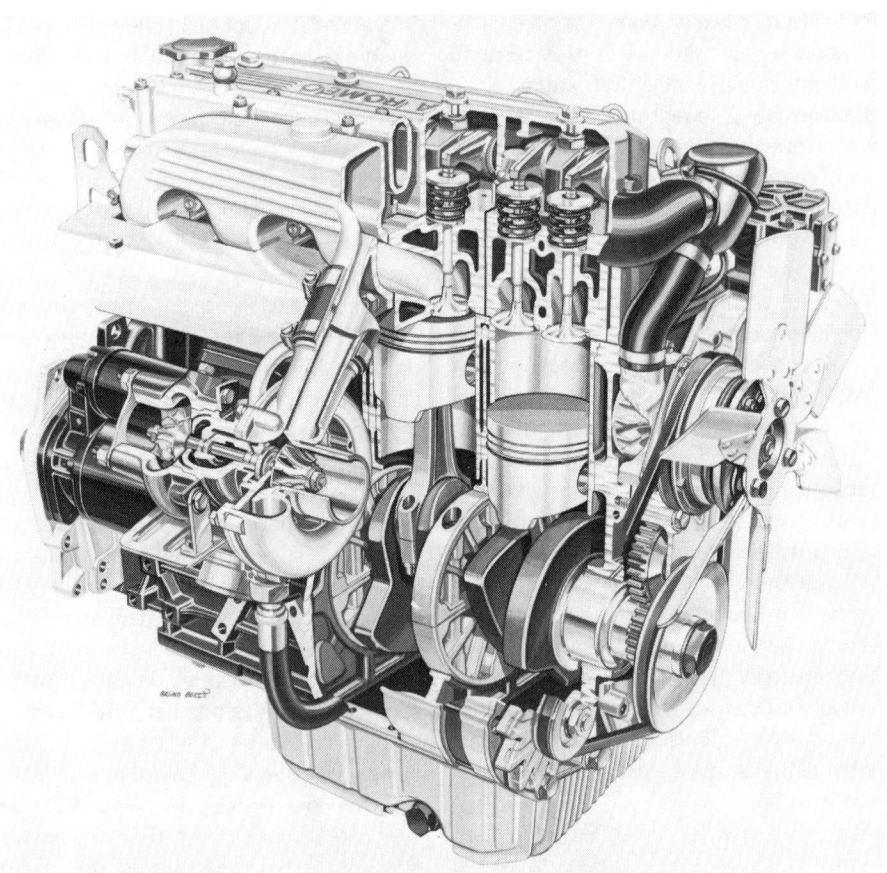

Abb. 10.2: Position des Abgasturboladers beim Alfa Romeo

Im Jahre 1923 wurde die Druckfüllung mittels eines Kompressors erstmals bei einem Auto angewandt. Es handelte sich dabei um ein Grand-Prix-Automobil von Fiat.

Nach dem Zweiten Weltkrieg erscheint der Kompressor, insbesondere der Turbolader, zunehmend häufiger bei größeren Dieselmotoren. Im Autorennsport verschwindet der Kompressor, weil die Reglemente sich für ihn ungünstig auswirken.

In den sechziger Jahren ändert sich das, und der Turbolader erlebt einen Siegeszug, sowohl im Rennsport als auch bei den Serien-Pkw.

Gegenwärtig kommt er bei Schiffsmotoren, Lkw- und Pkw-Motoren, sowohl Benzin- als auch Dieselmotoren, zum Einsatz. Der Turbolader macht es möglich, aus einem kleineren Motor ein ebenso großes Drehmoment und eine gleichgroße Leistung herauszuholen, wie aus seinem viel gewichtigeren Bruder ohne Turbolader.

Füllungsgrad

Unter dem Füllungsgrad versteht man die tatsächlich eingeschlossene neue Gasmasse im Vergleich zur theoretischen Gasmasse. Ohne spezielle Maßnahmen gilt bei Serienmotoren eine Füllung von 80% als gut.

Daß die Zylinder nicht zu 100% mit frischem Gas gefüllt werden, ist auf den Widerstand zurückzuführen, welchen Luftfilter, Vergaser, Drosselklappe, Einlaßkanäle und Ventile der einströmenden Luft oder dem Gasgemisch bieten.

Den besten Füllungsgrad erhält man bei den Drehzahlen, auf denen das höchste Drehmoment liegt und bei voller Belastung.

Bei höherer Drehzahl und voller Belastung nimmt der Füllungsgrad ab, weil die Strömungsverluste zunehmen und die Öffnungszeit der Ventile kürzer wird.

Der Füllungsgrad wird natürlich auch kleiner, wenn die Drosselklappe geschlossen wird. Das ist auch der Fall, wenn man in größeren Höhen fährt. Auch mit steigender Temperatur nimmt der Füllungsgrad ab.

Die Dichte der angesaugten Luft hängt tatsächlich vom Luftdruck und von der Temperatur ab. Ein Motor, der bei +15 °C (288 K) in Höhe des Meeresspiegels 100 kW leistet, liefert ebenfalls in Meereshöhe, aber bei -20 °C (253 K) 107 kW. Bei

+30 °C (303 K) sind es nur noch 97 kW. Bei +15 °C (288 K), aber in 2000 m Höhe über dem Meeresspiegel, entwickelt der Motor nur noch 79 kW.

Funktion

Ein Turbolader besteht aus einer Turbine und einem Kompressor. Beide sind auf derselben Welle montiert.

Die Turbine wird durch die Abgase angetrieben. Diese stehen unter Druck und haben eine hohe Temperatur. Durch den Antrieb der Turbine mittels der Abgase gewinnt man einen Teil der Energie, die noch in den Abgasen steckt, zurück. Der Kompressor saugt Luft an und schiebt diese, eventuell über einen Luftkühler, zu den Zylindern. Meist beträgt der Ladedruck 70 bis 80 kPa. Ein Luftkühler, auch Zwischenkühler genannt, ist ein Radiator, in welchem die Einlaßluft durch den Fahrwind und den Ventilator oder durch Flüssigkeit gekühlt wird. Die abgekühlte Luft nimmt weniger Raum ein, was eine bessere Füllung, einen höheren Wirkungsgrad und eine geringere Explosionsgefahr zur Folge hat. Ist ein Luftkühler vorhanden, so ist der Turbolader mit einem thermostatisch geregelten Ventil versehen, welches auf die Lufttemperatur am Ausgang des Kompressors reagiert. Wenn die Lufttemperatur dort zu hoch ist, dann wird diese Luft zuerst durch den Kühler geführt. Temperaturstürze von 50 bis 70 °C sind dabei nicht ungewöhnlich.

Der Verdichter kann hinter oder vor dem Vergaser liegen. Wenn er hinter dem Vergaser sitzt, so hat dies den Vorteil, daß ein normaler Vergaser verwendet werden kann und daß der Kraftstoff bei einer konstanten Drehzahl gründlich mit Luft vermischt werden kann. Diesen Vorteilen stehen die folgenden Nachteile gegenüber: An die Abdichtung der Turbine müssen besondere Anforderungen gestellt werden um zu verhindern, daß über das Schmiersystem Mischung in das Schmieröl gelangt. Beim Beschleunigen wird mehr Kraftstoff verbraucht. Bei einem kalten Start bekommt das Gemisch infolge des größeren Volumens zwischen Vergaser und Einlaßventil mehr Gelegenheit zum Kondensieren. Der Einsatz eines Zwischenkühlers ist schwierig, da die Gefahr besteht, daß der Kraftstoff in ihm kondensiert.

Wenn der Verdichter dagegen vor dem Vergaser angebracht wird, dann besteht diese Gefahr nicht, weil dann nur Luft zusammengepreßt wird. Dem steht als Nachteil ein angepaßter Vergaser gegenüber. Ferner ist der Druck im Einlaßzweigrohr niedriger als am Ausgang der Turbine, da es im Kühler und im Lufttrichter zu Verlusten kommt.

Bei Benzineinspritzung kann der Verdichter hinter oder vor der Drosselklappe angebracht sein. Seine Position beeinflußt, ebenso wie bei Verwendung eines Vergasers, die Reaktionszeit. Unter Reaktionszeit ist hier die Zeitspanne zu verstehen, die zwischen dem Gasgeben und der Zunahme der Druckfüllung verstreicht. Befindet sich die Drosselklappe vor der Turbine, dann ist die Reaktionszeit kürzer, als wenn die Klappe sich dahinter befindet. Bei ganz geöffneter Drosselklappe gibt es hinsichtlich der Reaktionszeit keinen Unterschied. Weshalb nun eine kürzere Reaktionszeit, wenn die Drosselklappe sich vor der Turbine befindet? Nehmen wir einmal an, daß die Drosselklappe halb geöffnet ist; ein Zustand, der sich mit dem eines Staubsaugers vergleichen läßt, dessen Saugschlauch halb geschlossen ist. Der Staubsauger wird sich schneller drehen, weil er weniger Widerstand verspürt als bei ganz geöffnetem Schlauch. Das gleiche geschieht beim Kompressor. Bei teilweise geöffneter Drosselklappe läuft auch die Turbine schneller, weil sie weniger Luftwiderstand verspürt. Dadurch wird zwar die Reaktionszeit kürzer, aber der Wirkungsgrad der Turbine nimmt ab. Es versteht sich, daß die Turbine auch dann schneller laufen wird, wenn das Luftfilter verstopft ist.

Die Abmessungen einer Turbine können unterschiedlich sein, und damit ändern sich auch die spezifischen Eigenschaften. So wird eine kleine Turbine bereits bei niedriger Drehzahl, etwa 1500 bis 2000 U/min, zu arbeiten beginnen, rasch auf Touren kommen und schnell einen Ladedruck zunutzen des Beschleunigungsvermögens aufbauen. Durch Verwendung einer Turbine mit einem kleinen Schaufelrad strebt man keine hohe Geschwindigkeit an, sondern vor allem Geschmeidigkeit und ein hohes Drehmoment bei niedriger Drehzahl.

Turbokompressoren können mit 100 000 und noch mehr Umdrehungen pro Minute laufen. Wenn man daran denkt, daß der Ladedruck mit dem Quadrat der Drehzahl ansteigt, dann kann man sich vorstellen, daß bei hohen Drehzahlen ganz enorme Drücke entstehen können. Um den Ladedruck zu beschränken und die Verbrennungstemperatur noch im Griff zu halten, gibt es in den Auslaßleitungen ein Wastegate-Ventil zum Ableiten der Abgase. Die Membrane dieses Ventils kann durch den Einlaßdruck oder den Auslaßdruck oder den Einlaßdruck und den Unterdruck gesteuert werden.

Bei Serienmotoren, bei denen es vor allem auf Sparsamkeit ankommt, sinkt der Anteil des Turboladers meist progressiv, sobald das maximale Drehmoment überschritten wird.

Zur Vermeidung der Explosionsgefahr arbeitet ein Turbomotor mit einer niedrigeren Verdichtung. Das hat im Verhältnis zu

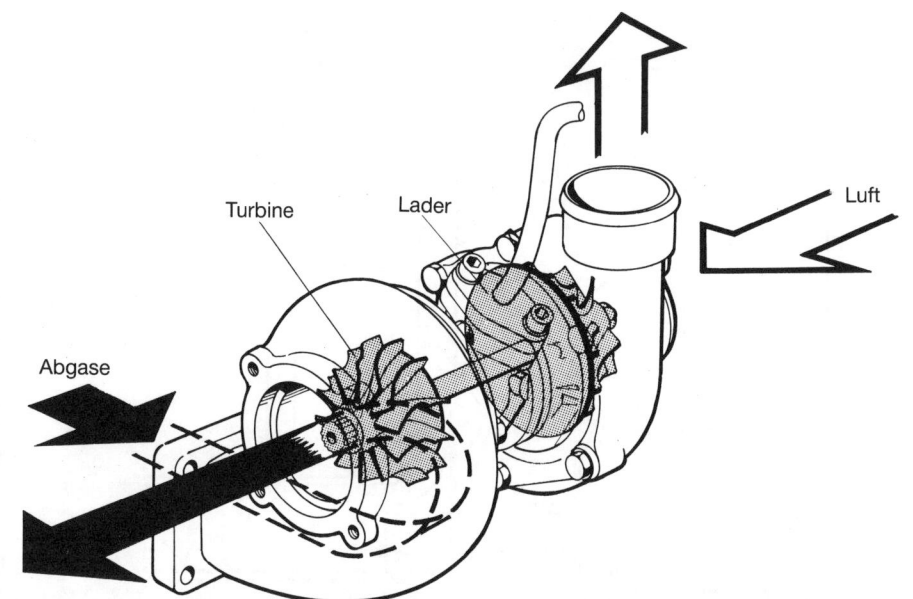

Abb. 10.3: Durchsichtzeichnung eines Abgasturboladers (SAAB)

Turbine   Lader   Luft   Abgase

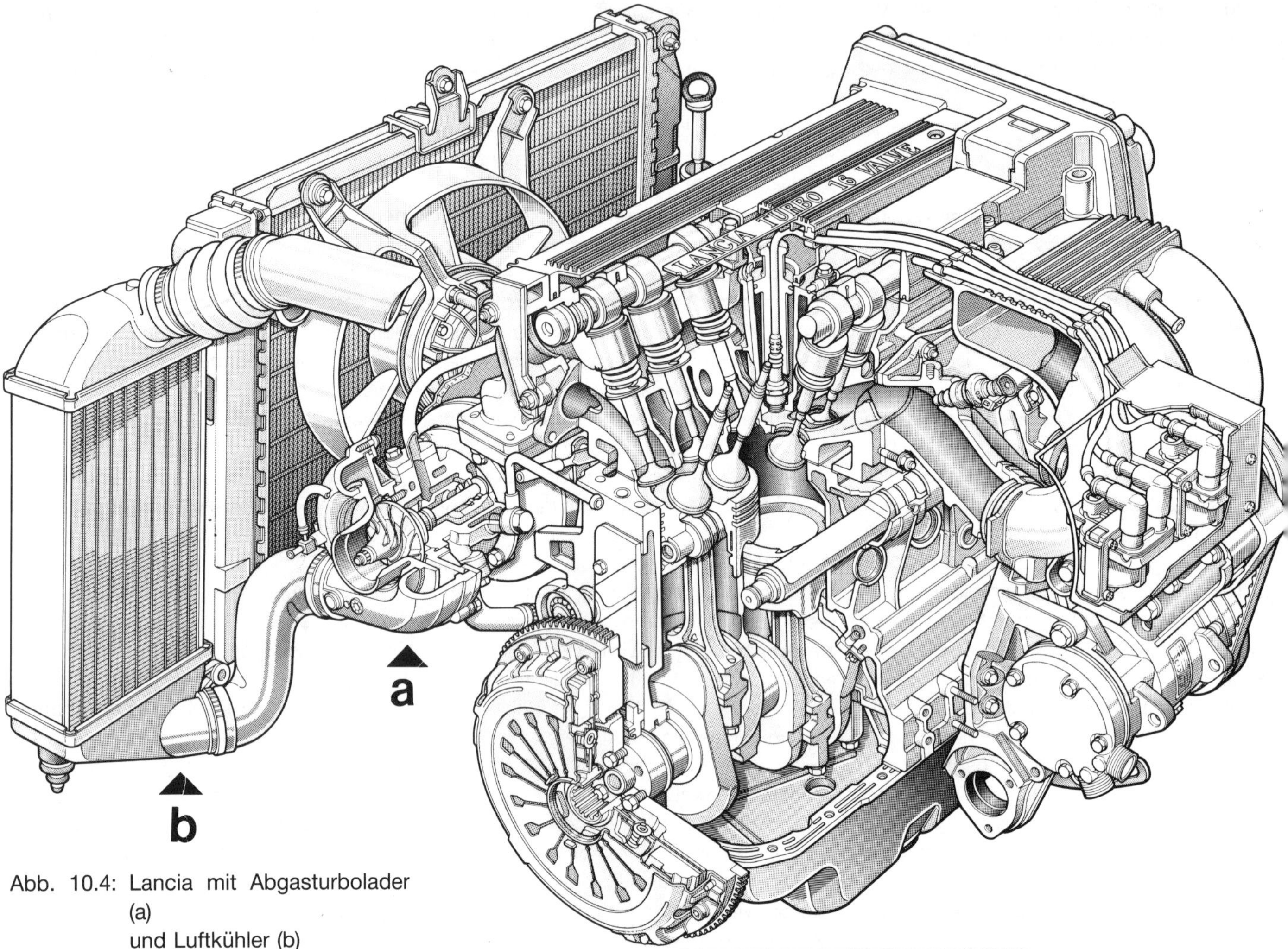

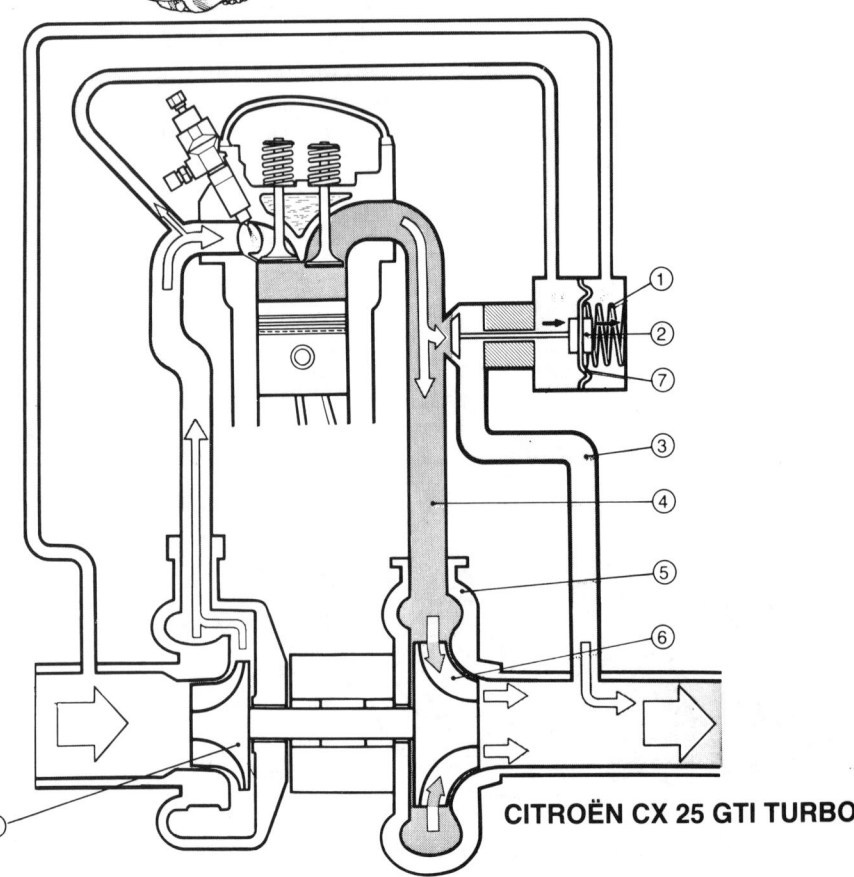

Abb. 10.4: Lancia mit Abgasturbolader
(a)
und Luftkühler (b)

Abb. 10.5: Schematische Wiedergabe der
Funktion eines Citroën CX GTI
Turboladers

1 Feder
2 Ventil (Waste-gate)
3 Abgasabfuhr zum Tuboladers
4 Abgasabzweigleitung
5 Turbinengehäuse
6 Schaufelrad
7 Membrane
8 Laderrad

Ventil 2 wird durch den Einlaßdruck hinter dem Lader und
dem Einlaßunterdruck vor dem
Lader betätigt. Das hat den
Vorteil, daß man für die niedrigeren Motordrehzahlen einen
höheren Überdruck wählen
kann, ohne daß der Motor dadurch bei höheren Drehzahlen
beschädigt wird.

CITROËN CX 25 GTI TURBO

Motoren ohne Lader eine ansehnliche Leistungsminderung zur Folge, wenn der Ladedruck ausfällt. Manche Konstrukteure bevorzugen daher eine mäßige Aufladung und eine kleinere Abnahme des Kompressionsverhältnisses, z.B. 8:1.

Es versteht sich, daß man bei einem Turbo angesichts der hohen Drehzahlen und der großen Temperaturdifferenzen zwischen Turbine und Kompressor besonders auf die Schmierung, die Balancierung und das Material achten muß.

Anbringen eines Turboladers an einem vorhandenen Motor

Ein Motor mit Lader verbraucht je Arbeitstakt mehr Kraftstoff, und dadurch entwickelt er mehr Wärme. Ventile, Ventilführungen, Ventilsitze, Kolben, Kolbenringe, Zylinder und Zylinderkopf müssen gegen die höhere thermische Belastung geschützt werden. Man wird daher das Verdichtungsverhältnis herabsetzen müssen. Der richtige Zündzeitpunkt ist eine unabdingbare Voraussetzung. Deshalb bedarf es einer Zündung ohne Unterbrecherkontakte. Ein 'Antiklopfsystem' mit einem piezoelektrischen Element ist auch empfehlenswert, da ein Turbomotor stets nahe an der Klopfgrenze arbeitet. Das Vorzündungssystem muß angepaßt werden. Das Ölwannenventilationssystem muß u.a. mit Rückschlagventilen für die Überdruckphase versehen werden. Angesichts des Ölbedarfs des Kompressors ist eine größere Ölpumpe erforderlich. Wahrscheinlich ist auch ein Ölkühler notwendig.

Zur einwandfreien Schmierung der Turbinenlager darf die Zündung nicht während des Gasgebens oder unmittelbar danach ausschaltet werden. Durch den Ausfall des Motors bricht der Öldruck unverzüglich zusammen, während die Turbine noch mit hoher Drehzahl läuft.

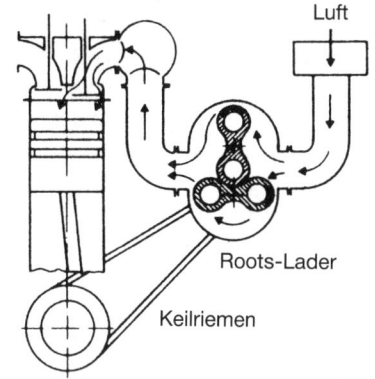

Abb. 10.6: Funktionsprinzip eines Roots-Gebläses

Mechanische Lader

Roots-Gebläse: Das Roots-Gebläse ist ein mechanischer Drehkolbenlader. Es wird mittels eines Riemens, einer Kette oder Zahnräder durch den Motor angetrieben. Die Abbildung verdeutlicht die Funktion. Zwei Drehkolben nehmen die Luft von der Einlaßseite aus, an der die Drehkolben sich auseinanderwälzen, mit. An der gegenüberliegenden Seite drehen die Kolben sich ineinander, und dabei drücken sie die Luft hinaus.

Roots-Gebläse wurden schon vor dem Zweiten Weltkrieg in Rennwagen eingebaut. Bekannt sind die G.M.-Zweitaktdieselmotoren mit Roots-Gebläse. Durch das Aufkommen des Turboladers geriet das Roots-Gebläse ein wenig in den Hintergrund.

Die Vorteile dieses Gebläses gegenüber dem Turbolader sind:

– Keine Reaktionszeit, da die Geschwindigkeit des Rotors sich parallel zur Motordrehzahl ändert. Bei einem Turbolader dauert es eine Weile, ehe dieser durch die Abgase auf Touren kommt und den Ladedruck steigert.

– Der Ladedruck steigt ungefähr im gleichen Verhältnis zur Drehzahl, was im Verhältnis zum Turbolader weniger Probleme mit dem maximalen Ladedruck verursacht.

– Die Abgase können unbehindert nach außen strömen.

– Es arbeitet mit einer niedrigeren Drehzahl.

– Es ist möglich, bei niedriger Drehzahl (ca. 1500 min^{-1}) schon ein hohes Drehmoment zu entwickeln.

– Kein Einlaßluftkühler erforderlich.

Die Nachteile eines Roots-Gebläses sind:

– Sein Antrieb kostet Motorleistung (10%).

– Die Leckverluste sind bei niedriger Drehzahl relativ groß.

– Hohes Gewicht.

– Großer Umfang.

– Höherer spezifischer Kraftstoffverbrauch als ein Saugmotor.

Comprex-Lader: Dieser Lader besteht aus einem Rotor, der vom Motor über einen Keilriemen angetrieben wird. Die dazu benötigte Leistung beträgt etwa 1% der Motorleistung; wenig im Verhältnis zum Roots-Gebläse.

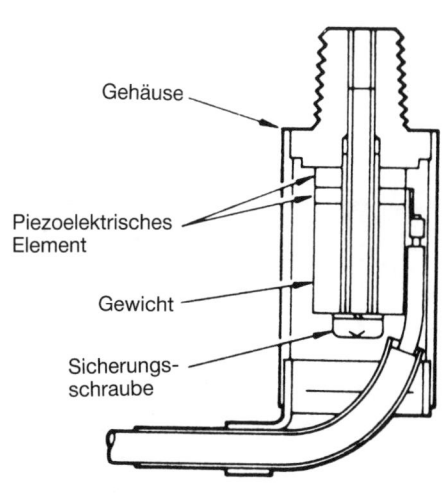

Abb.: Klopffühler im Querschnitt (Mitsubishi)

Abb. 10.7: Fiat Motor mit Roots-Gebläse, auch als Drehkolbenlader bezeichnet.

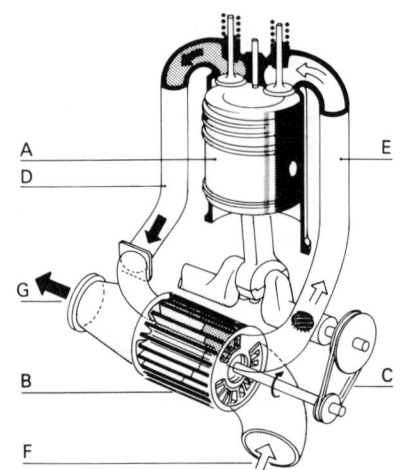

Abb. 10.8: Schematische Darstellung des Comprex-Prinzips:

A Kolben

B Comprex-Rotor mit axialen Kanälen

C Keilriemenantrieb

D Auspuffrohr

E Einlaß komprimierte Luft

F Einlaß Außenlauft

G Anschluß Auspuffrohr und Schalldämpfer

Im Rotor des Comprex-Laders sind axial durchlaufende Kanäle angebracht. Der Rotor dreht sich auf der einen Seite zwischen den Auslaßkanälen und auf der anderen Seite zwischen den Einlaßkanälen. Im Rotor spielt sich folgendes ab: Schiebt sich ein Kanal vor die Auslaßleitung D, dann wird Abgas mit Schallgeschwindigkeit in diesen Kanal strömen. Da dieser Kanal einstweilen noch rechts verschlossen ist, wird die in ihm vorhandene Luft durch die Abgase zusammengedrückt. Bringt der sich drehende Rotor den Kanal gegenüber der Einlaßleitung E, so strömt die komprimierte Luft in den Zylinder. Unmittelbar vor dem Augenblick, in dem auch Abgase mit zum Zylinder strömen können, wird die Verbindung zur Einlaßleitung gesperrt. Die Abgase stoßen an eine geschlossene Wand. Gleich darauf dreht sich aber die linke Seite des Kanals gegenüber dem Auslaß G, und die Abgase können entweichen. Anschließend kommt auch die rechte Seite des Kanals mit dem Lufteinlaßkanal F in Verbindung. Die entweichenden Abgase verursachen einen Unterdruck, der hilft, die frische Luft anzusaugen. Anschließend wiederholt sich der Prozeß von Druck- und Unterdruckwellen, der sich in jedem Kanal abspielt. Die Luft wird wieder durch einströmende Abgase zusammengedrückt und zum Motor geleitet usw...

Der Comprex-Lader verarbeitet mehr Luft als der Motor braucht. Das hat eine gute Spülung und Kühlung des Laders zur Folge. Im Verhältnis zum Turbolader hat der Comprex-Lader den großen Vorteil, daß er den Ladedruck besonders schnell aufbaut. Von einer Reaktionszeit ist keine Rede. Bei niedrigen Drehzahlen ist die Aufladung besser, und im Verhältnis zur Motordrehzahl verläuft der Ladedruck eher flach, was einen günstigen Drehmomentverlauf zur Folge hat. Das Drehmoment ist im Verhältnis zum Turbolader bei einer niedrigeren Drehzahl höher. Im Vergleich zum Saugmotor liegt der spezifische Kraftstoffverbrauch niedriger.

Gewicht und Volumen sind größer als beim Turbolader.

11. Kühlsysteme

11.1 Weshalb kühlen?

Während der Verbrennung des Kraftstoff-Luftgemischs werden große Wärmemengen freigesetzt. Nur ein geringer Teil dieser Wärme wird in sinnvolle Arbeit umgesetzt. Bei der Behandlung des Sankey-Diagramms sahen wir, daß 33% der zugeführten Energie über die Kühlflüssigkeit wieder abgeleitet werden.

Die Verbrennungstemperatur liegt bei etwa 1900 °C (2173 K). Ein großer Teil dieser Wärme wird vom Zylinderkopf und der Zylinderwand aufgenommen. Bei der letztgenannten vor allem im oberen Teil; dies ist einer der Gründe, aus denen ein Zylinder im oberen Bereich stärker verschleißt als im unteren. Die übrigen Temperaturen im Motor betragen ungefähr:

- Zylinderwände 200 °C (473 K);
- Kolbenboden 250 °C (523 K);
- Ventilsitze 700 °C (973 K);
- Kühlflüssigkeitstemperatur 80–95 °C (353–368 K);
- Öl in der Kurbelwanne 70–120 °C (343–368 K).

Das Kühlsystem muß dafür sorgen, daß die Temperatur der Zylinderwand nicht zu hoch ansteigt. Das hätte schließlich eine starke Verdünnung des Ölfilms zur Folge. Ein dünner Ölfilm wird vom Kolben und den Kolbenringen leicht durchbrochen, was einen großen Verschleiß der Ringe und des Zylinders zur Folge hat. Möglicherweise wird das sich darauf befindende Öl sogar verkohlen.

Eine zu hohe Motortemperatur hat auch abnormale Verformungen und Spannungen im Zylinder und Zylinderkopf zur Folge. Durchgeschlagene Zylinderkopfdichtungen erbringen dann den Nachweis dessen.

Selbstzündung und Explosion werden ebenfalls durch eine zu hohe Betriebstemperatur gefördert. Neben der Kühlflüssigkeit sorgen das einströmende Gasgemisch und das Öl für eine gewisse Kühlung. Daher die Bedeutung des Ölkühlers in manchen Motoren.

11.2 Wie kühlen?

Einerseits darf die Motortemperatur nicht zu hoch ansteigen, aber andererseits darf auch nicht zuviel gekühlt werden, denn auch das schadet. Vielleicht werden sogar mehr Motoren dadurch verschlissen, daß man mit zu niedriger Temperatur fährt, als durch Fahren mit hoher Motortemperatur. Ein Motor verschleißt schließlich nicht nur infolge der Reibung, sondern auch aufgrund chemischer Einflüsse. Insbesondere die letztgenannten machen sich um so stärker bemerkbar, je weiter die Motortemperatur unterhalb der Norm sinkt.

Der Kraftstoff ist keine reine Kohlenwasserstoffverbindung; er enthält z.B. auch noch Schwefel, bei dessen Verbrennung Schwefeldioxid entsteht. Für den Motor ist dieses unproblematisch, wenn er mit ausreichend hoher Temperatur läuft. Das bei der Verbrennung gebildete Schwefeldioxid und der Wasserdampf werden den Motor dann durch den Auspuff verlassen (und **nur** noch die Umwelt schädigen!).

Ist die Betriebstemperatur des Motors aber zu niedrig, dann wird die Schwefelverbindung zusammen mit dem an der kalten Zylinderwand kondensierten Wasserdampf und Kraftstoff in das Öl gelangen. Es bildet sich schweflige Säure (H_2SO_3), die dem Metall gegenüber sehr aggressiv ist. Zylinder, Kolben und Kolbenringe werden angegriffen. Deshalb muß die Zylinderwand eine ausreichend hohe Temperatur haben und möglichst rasch über die Kondensationstemperatur der genannten Schwefelverbindung und des Wasserdampfs gebracht werden, so daß diese großenteils mit den Abgasen verschwinden können.

Es ist also klar, daß die Kühlung nicht zu stark sein darf, denn das hätte zur Folge:

- schlechten thermischen Wirkungsgrad;
- größeren mechanischen Verschleiß;
- sehr starken chemischen Verschleiß;
- Kraftstoffkondensierung.

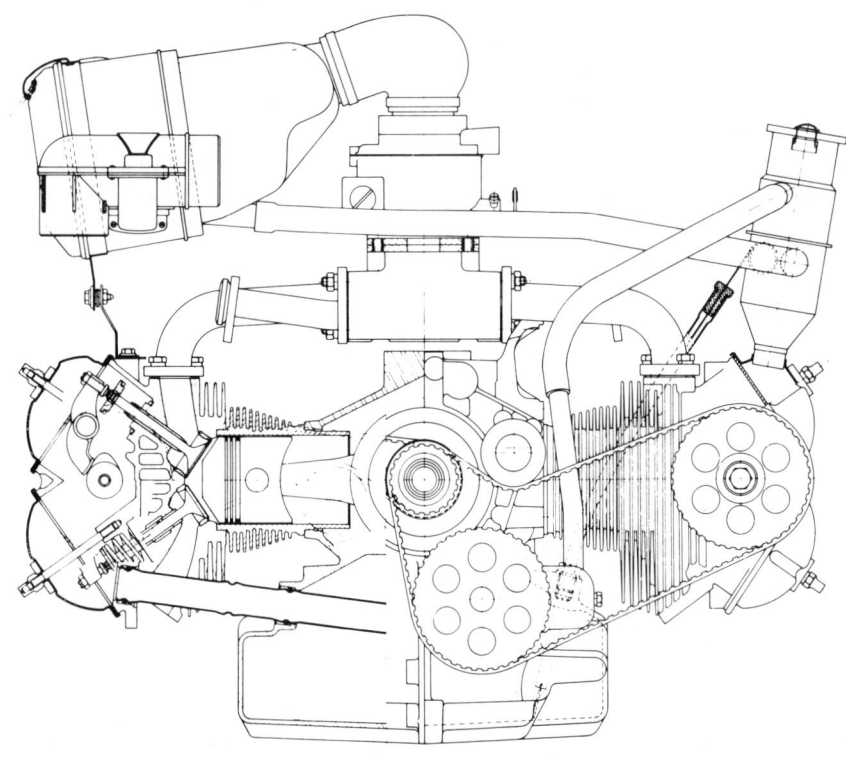

Abb. 11.1: Beispiel eines luftgekühlten Motors (Citroën GS)

Das Vorstehende zeigt auch deutlich, daß man den Motor möglichst schnell auf die normale Betriebstemperatur bringen sollte. Nach dem Anlassen sollte man den Motor nicht im Stand warmlaufen lassen, sondern gleich wegfahren; anfangs belastet man den Motor dabei nur geringfügig.

11.3 Luftkühlung

Bei ihr handelt es sich um die einfachste Form der Kühlung, und das ist zugleich ihr größter Vorteil. Kein doppelwandiger Motor, keine Wasserpumpe, kein Radiator usw.; also weniger Aussicht auf Störungen und ein leichterer Motor. Ein luftgekühlter Motor erreicht auch schneller seine normale Betriebstemperatur, was seiner Lebensdauer zugute kommt, wie im voraufgegangenen Abschnitt bereits dargelegt wurde.

Damit die Wärme hinlänglich abgeleitet werden kann, sind Zylinder und Zylinderkopf mit Kühlrippen aus einer Alu-Legierung versehen. Die Rippen vergrößern die Kühlfläche, und Aluminium ist ein guter Wärmeleiter.

Bei größeren oder schnellaufenden Motoren wird mehr Wärme frei, und es bedarf einer verstärkten Luftkühlung. Deshalb verwendet man hier einen Ventilator und einen Blechmantel um die Zylinder, um so den Luftstrom zu lenken.

Bei luftgekühlten Motoren spielt die Kühlung durch das Motorenöl eine wesentliche Rolle. Bei diesen Motoren finden wir daher auch immer einen Ölkühler vor.

Ein Nachteil der Luftkühlung ist darin zu sehen, daß sie nicht gleichmäßig erfolgt, wenngleich man das durch die Form und die Länge der Kühlrippen ein wenig ausgleichen kann. Ferner macht der luftgekühlte Motor mehr Lärm, denn ihm fehlt der dämpfende Wassermantel, und der schnellaufende Ventilator ist auch nicht gerade leise.

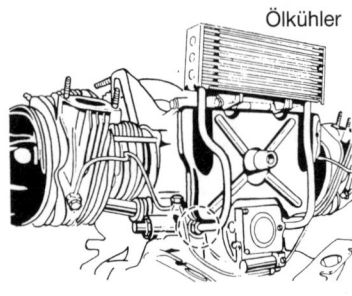

Abb. 11.2: Ölkühler (Citroën)

11.4 Flüssigkeitskühlung

Die Flüssigkeitskühlung ist eine indirekte Kühlung. Die Flüssigkeit überträgt die Wärme mit Hilfe eines Radiators auf die

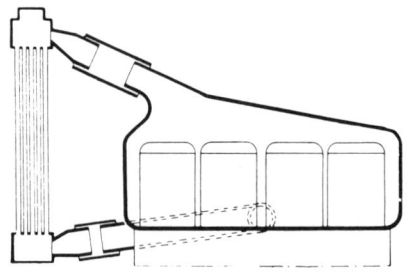

Abb. 11.3: Thermosyphonkühlung

Luft. Wenn Wasser verwendet wird, dann darf es keinen Kalk enthalten. Dieser setzt sich nämlich im Kühlmantel und in den Rippen des Radiators ab, wodurch die Wärmeübertragung und der Wasserdurchfluß erschwert oder gar unmöglich gemacht werden.

Thermosyphonkühlung

Dabei handelt es sich um eine Selbstumlaufkühlung, bei der man keine Wasserpumpe verwendet. Das Wasser strömt vom niedrigsten Teil des Motorblocks zum höchstgelegenen Teil des höher liegenden Radiators und zurück zur Unterseite des Motorkühlmantels; der ganze Vorgang beruht auf dem Umstand, daß warme Teile der Flüssigkeit steigen, während die kalten sinken. Das warme Wasser kühlt im Radiator ab und fließt danach abwärts.

Außer am Fehlen der Wasserpumpe erkennt man die Thermosyphonkühlung auch an den großen Abmessungen des Radiators und der Verbindungsschläuche. Diese müssen so groß sein, damit sie möglichst wenig Widerstand bieten. Bei Automobilen kommt die Thermosyphonkühlung nicht mehr zur Anwendung.

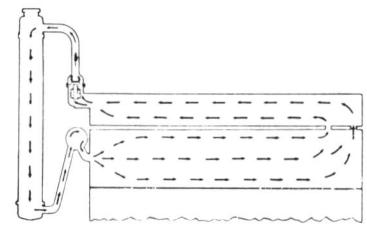

Abb. 11.4: Pumpenkühlung mit Strömungsrichtung

Pumpenkühlung

Im Verhältnis zur Selbstumlaufkühlung bietet die Pumpenkühlung die folgenden Vorteile:

- keine Unterbrechung des Flüssigkeitskreislaufs, wenn die Flüssigkeit im Radiator niedriger steht, als die Unterseite des oberen Zufuhrschlauchrohres.

- Da die Flüssigkeit schneller fließt, durchfließt sie den Radiator häufiger. Man kommt daher mit einem kleineren Volumen des Kühlsystems aus, was wiederum den Vorteil hat, daß der Motor seine Betriebstemperatur schneller erreicht.

- Man hat mehr Freiheit bei der Anbringung des Kühlers.

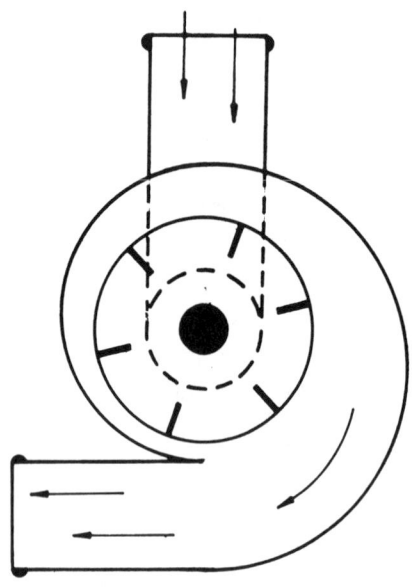

Abb. 11.5: Prinzip der Zentrifugalpumpe

Die Wasserpumpe, eine Zentrifugalpumpe, unterstützt die Flüssigkeit beim Fließen in der natürlichen Richtung. Diese Pumpe besteht aus einem Schneckengehäuse, in dem sich ein Schaufrad dreht. In der Mitte des Schaufelrades tritt die Flüssigkeit ein; die Zentrifugalkraft schleudert die Flüssigkeit nach außen gegen das Schnekkengehäuse. An der Stelle, an der dieses am geräumigsten ist, entsteht der niedrigste Druck. Die Flüssigkeit strömt daher auch in diesem Sinne mit einem leichten Druck nach außen.

Die Pumpenwelle ist kugelgelagert. Das Kugellagergehäuse ist vom Pumpengehäuse durch eine wasserdichte Dichtung und einen Gleitring getrennt.

Der Radiator besteht aus einem oberen

und einem unteren Wasserkasten, zwischen denen sich der Kühlerblock befindet. Dieser Block kann aus flachen, senkrecht stehenden Röhrchen bestehen, die zwischen Kühlrippen befestigt sind, welche die Kühlfläche vergrößern, so daß die Wärme leichter abgeleitet werden kann.

Es gibt auch sogen. Lamellenkühler, in denen die Flüssigkeit zwischen gewellten Rippenbändern fließt.

Oben kann der Radiator durch einen Einfüllverschluß mit einem Über- oder Unterdruckventil verschlossen sein. Wenn er in kaltem Zustand gefüllt wird, dann wird die Flüssigkeit sich während der Erwärmung dehnen, und ein Teil wird durch das Überlaufrohr abfließen. Da die Flüssigkeit in kaltem Zustand weniger Raum einnimmt, muß das Unterdruckventil durch einströmende Luft verhindern, daß im Kühlsystem ein Unterdruck entsteht, durch den die Verbindungsschläuche sich zusammenziehen würden und der Kreislauf der Kühlflüssigkeit ernsthaft behindert würde. Andererseits würde das Wasser infolge

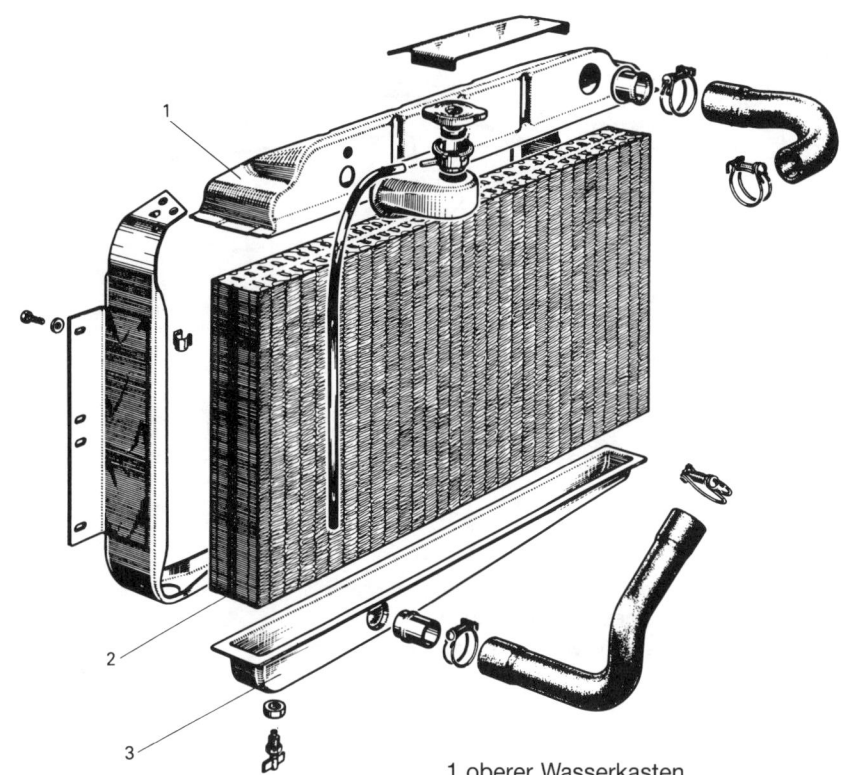

Abb. 11.6: Einzelteile des Radiators

1 oberer Wasserkasten
2 Kühlblock
3 unterer Wasserkasten

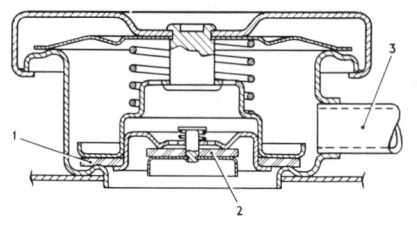

1 Druckventil
2 Unterdruckventil
3 Überlaufröhrchen

Abb. 11.7: Einfüllverschluß im Querschnitt

des entstandenen Unterdrucks bereits unterhalb 100 °C (373 K) sieden.

Durch das Überdruckventil beugt man der Dampfbildung vor. Beim Erwärmen der Flüssigkeit entsteht im oberen Wasserkasten des Radiators ein Dampfdruck. Indem man nun dafür sorgt, daß sich das Überdruckventil erst oberhalb von 1,20 bar (120 kPa) öffnet, entsteht über der Flüssigkeit ein Dampfdruck. Die Flüssigkeit siedet dann erst oberhalb ungefähr 106 °C (379 K), wodurch einer Dampfbildung im Kühlsystem unter normalen Bedingungen vorgebeugt wird. Vor allem beim Fahren im Gebirge bietet das Überdruckkühlsystem einen wesentlichen Vorteil. In einem atmosphärischen Kühlsy-

stem würde das Kühlwasser hier angesichts des niedrigeren Luftdrucks bereits unterhalb 100 °C (373 K) zu sieden beginnen.

Durch Verwendung des Druckverschlusses kann die Temperatur der Kühlflüssigkeit also höher angesetzt werden. Infolge der größeren Temperaturdifferenz zwischen der Kühlflüssigkeit und der Luft erfolgt eine bessere Wärmeübertragung, so daß man mit einer geringeren Flüssigkeitsmenge auskommt. Weitere Vorteile des Kühlsystems unter Druck bestehen in der Vorbeugung eines Flüssigkeitsverlustes und einer leichten Steigerung der Motornutzleistung.

Wichtig ist es aber, den richtigen Kühlerverschluß zu verwenden.

Geschlossenes Kühlsystem

Dieses System ist mit einem Dehnungsbehälter versehen, der mittels eines Überlaufschlauchs mit dem Radiator verbunden ist. Wenn die Flüssigkeit auf Temperatur kommt, wird sie sich dehnen und in den Dehungsbehälter fließen. Im Behälter nimmt der Druck zu. Kühlt der Motor ab, dann fließt die übergelaufene Flüssigkeit durch die Druckdifferenz zurück in den Radiator. In einem geschlossenen Kühlsystem gibt es also keinen Flüssigkeitsverlust.

Ventilator

Ohne Verwendung eines Ventilators müßte der Radiator sehr groß sein. Die Anzahl der Ventilatorflügel, deren Form und Material sowie der Abstand der Flügel zueinander können unterschiedlich sein. Je schräger die Ventilatorflügel stehen, desto mehr Luft können sie bewegen. Indem man die Abstände untereinander verschieden groß macht, verringert man das Ventilatorgeräusch.

Oftmals wird der Ventilator auf der Pumpenwelle angebracht und durch einen Keilriemen angetrieben. Wegen der Reibung bei dieser Antriebsart bevorzugen manche Konstrukteure einen elektrischen Antrieb. Der Radiator braucht dann auch nicht vor der Wasserpumpe angebracht zu werden.

Solange der Motor noch keine Betriebstemperatur erreicht hat und solange der Thermostat nicht zuläßt, daß das Wasser zur Kühlung durch den Radiator strömt, wäre es nur Energieverschwendung, wenn der Ventilator sich dreht. Deshalb wird ein elektrisch angetriebener Ventilator nur bei einer bestimmten Temperatur mittels eines Thermoschalters ein- und ausgeschaltet. Zum Beispiel: Einschalttemperatur 95 °C (368 K), Ausschalttemperatur 86 °C (359 K).

Auch die Funktion eines Ventilators, der

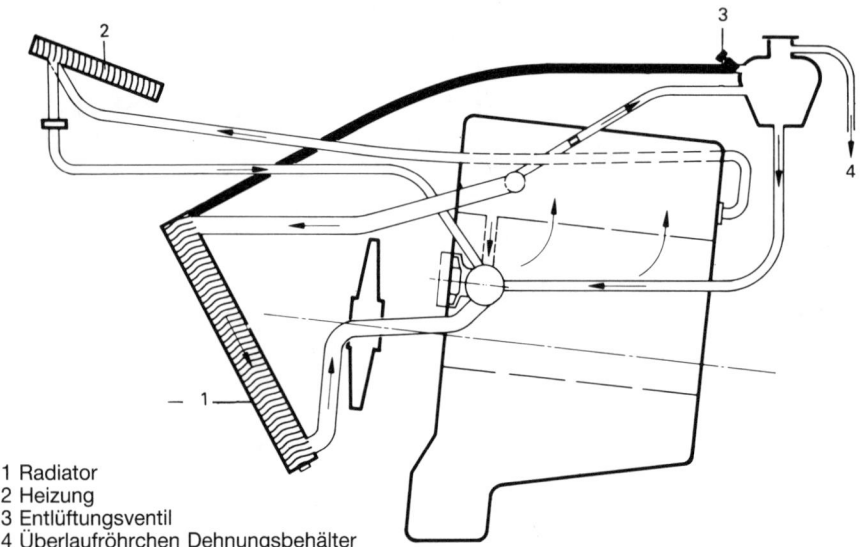

1 Radiator
2 Heizung
3 Entlüftungsventil
4 Überlaufröhrchen Dehnungsbehälter

Abb. 11.8: Funktion eines geschlossenen
Kühlsystems (VW) in schematischer Wiedergabe

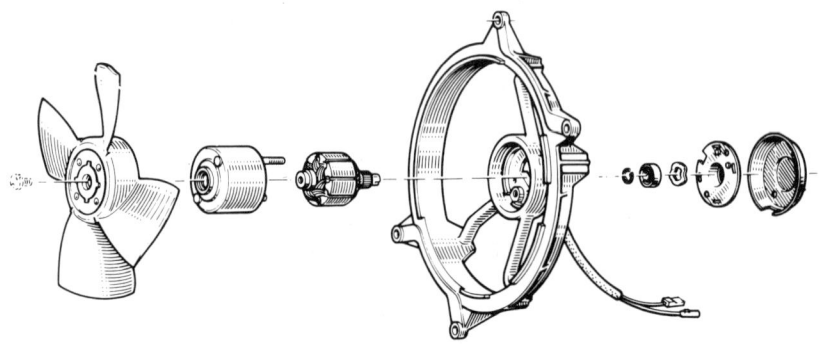

Abb. 11.9: Durch Thermokontakt bedienter elektrischer Ventilator in Einzelteilen

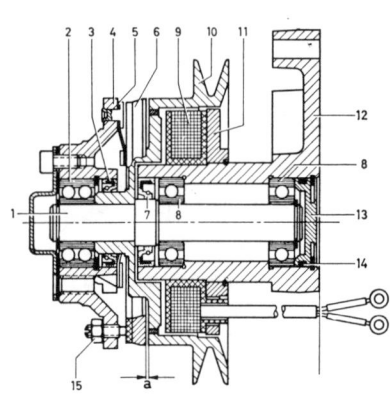

Abb. 11.10: elektromagnetische Ventila-
torkupplung im Querschnitt
(Daimler Benz)

1 Ventilatorwelle   9 Elektromagnet
2 Kugellager   10 Keilriemenscheibe
3, 7 Wendering   11 Magnetring
4 Ventilatornabe   12 Gehäuse
5 Blattfeder   13 Staubkappe
6 Kupplungsring mit   14 O-Ring
   Isolierung   15 Einstellschraube
8 Kugellager   a Spiel 0,5–0,2 mm

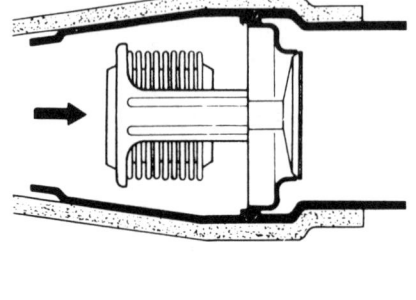

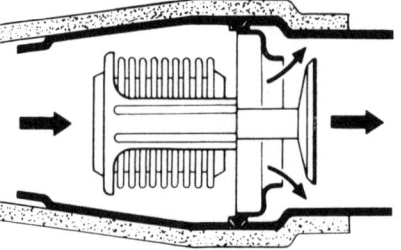

Abb. 11.11: Thermostatfunktion (Balgen)

durch Keilriemen angetrieben wird, kann temperaturabhängig sein. In diesem Fall wird der Ventilator durch einen Elektromagneten, der durch einen Thermokontakt eingeschaltet wird, an die antreibende Keilriemenscheibe gekoppelt.

Seltener ist die hydraulische Ventilatorkopplung. Das mehr oder weniger Ein- oder Ausschalten des Ölkreislaufs wird hier durch eine Bimetallfeder bewerkstelligt, die ein Ventil je nach Lufttemperatur öffnet oder schließt. Mit diesem Antriebssystem ist auch eine variable Ventilatordrehzahl möglich.

Thermostat

Der Thermostat, welcher in der Zufuhrleitung zur Oberseite des Radiators untergebracht ist, soll verhindern, daß die Kühlflüssigkeit durch den Radiator strömt, solange die Betriebstemperatur noch nicht erreicht und eine Abkühlung demnach unerwünscht ist. Der Thermostat hilft dadurch, daß er sich mehr oder weniger öffnet, die richtige Betriebstemperatur beizubehalten. Er kann einfach- oder doppelwirkend sein. Der Balgenthermostat besteht aus einem harmonikaartigen Balgen aus einer Kupferlegierung. Am freien Ende ist der Balgen mit einem Ventil versehen. Bei einer bestimmten Temperatur expandiert die Füllung des Balgen, der sich selbst ebenfalls dehnt; der Balgen öffnet das Ventil.

Der einfachwirkende Thermostat hat den Nachteil, daß die Flüssigkeit im Motor nicht zirkulieren kann, solange das Thermostatventil geschlossen ist. Dadurch entstehen während der Warmlaufperiode zwischen der Ober- und der Unterseite des Motors große Temperaturunterschiede. Der doppeltwirkende Thermostat wirkt dem entgegen.

Ist die Durchflußleitung zum Radiator geschlossen, dann ist die Umlaufleitung frei, und die Flüssigkeit kann im Motor kreisen, so daß es zu einer gleichmäßigen Erwärmung kommt.

Der Balgenthermostat hat den Nachteil, daß der Druck im Kühlsystem auf den Balgen wirkt und das Öffnen des Ventils beeinflußt. Bei höherem Druck wird sich der Thermostat erst bei einer höheren Temperatur öffnen. Diesen Nachteil hat der Wachsthermostat nicht, der – wie der Name besagt – mit Wachs gefüllt ist. Dieses drückt die Gummimasse zusammen, die ihrerseits wiederum den Schaft mit dem Ventil entgegen dem Federdruck offendrückt.

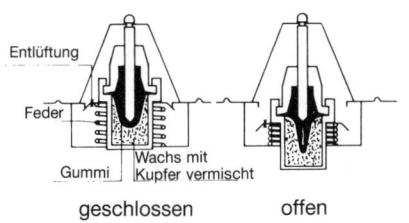

geschlossen   offen

Abb. 11.12: Prinzip des Wasserthermostaten

Das Thermostatventil hat eine kleine Bohrung, durch welche während des Füllens des Kühlsystems Luft entweichen kann. Das Ventil ist dann ja geschlossen. Die Bohrung läßt während der Aufwärmperiode auch eine beschränkte Flüssigkeitsströmung zu, so daß ein ungünstig angebrachter Thermostat doch noch schnell genug aufgewärmt wird. Bei verschiedenen Thermostaten ist in der Bohrung ein freihängendes Ventil angebracht. Dadurch wird das Entlüften während des Füllens ermöglicht, aber wenn der Motor einmal läuft, dann schließt das untere Ventilteil die Bohrung durch den Pumpendruck ab;

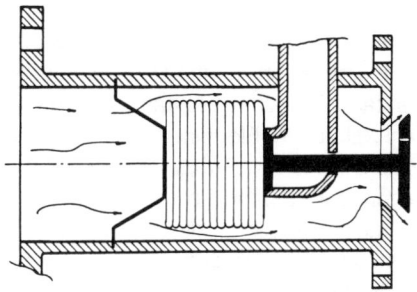

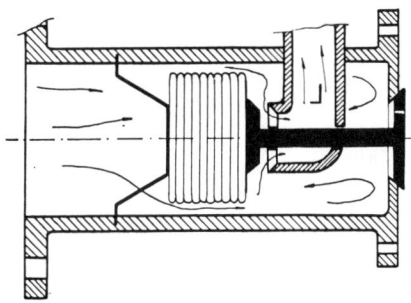

Abb. 11.13: Prinzip des doppeltwirkenden Thermostaten

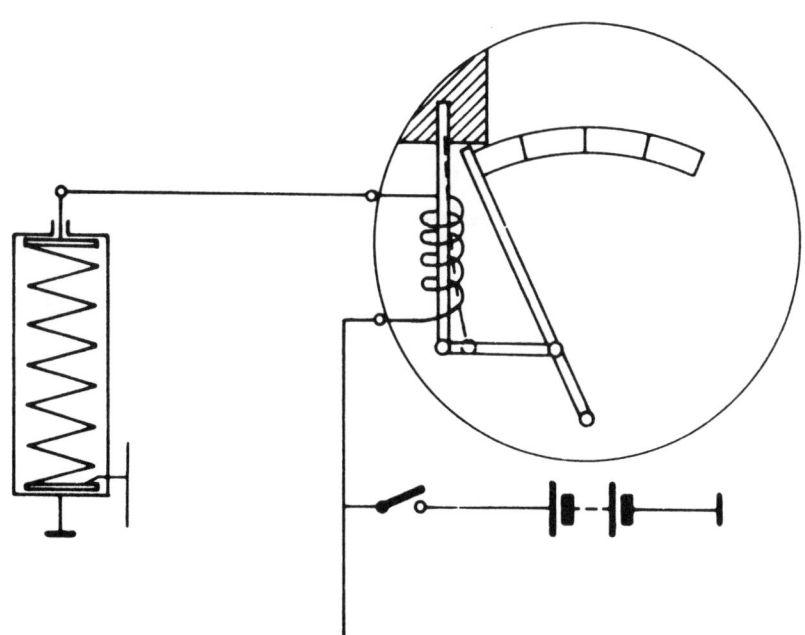

Abb. 11.14: Wirkung des doppelwirkenden Thermostaten

die Flüssigkeit kann dann nicht hindurchfließen.

Es gibt auch noch doppeltwirkende Wachsthermostate, ebenso wie Sommer- und Winterthermostate. Die letzteren öffnen sich später und schließen sich früher. Auch ein luftgekühlter Motor kann mit einem Thermostat ausgerüstet sein.

Kühlflüssigkeit

Es wurde bereits gesagt, daß das Wasser im Kühlsystem möglichst wenig Kalk enthalten sollte. Im Winter soll verhindert werden, daß die Flüssigkeit gefriert; Eis beansprucht ein größeres Volumen, und der Motor kann durch das Gefrieren beschädigt werden.

Heutzutage sind praktisch alle Motoren schon vom Werk aus mit einer speziellen Kühlflüssigkeit versehen, die sowohl Antirost- als auch Frostschutz-Produkte enthält. Diese Flüssigkeit kann sowohl im Winter als auch im Sommer im Motor bleiben, aber sie sollte nach 2 oder 3 Jahren bzw. einer bestimmten Kilometerzahl erneuert werden, da die Antirost- und die Frostschutzteilchen allmählich ihre Wirkung verlieren.

Infolge der Rostbildung kann die Kühlflüssigkeit basisch werden. Eine leckende Zylinderkopfdichtung kann Verbrennungsgase durchlassen, so daß die Kühlflüssigkeit Säuremerkmale bekommt.

Beide Abweichungen verkürzen die Lebensdauer der rostwehrenden Zusätze. Deshalb ist es wichtig, das Kühlsystem gründlich zu reinigen, ehe man Frostschutzmittel einfüllt. Wieviel Frostschutzmittel ein Kühlsystem braucht, um es gegen Einfrieren zu schützen, hängt von der Zusammensetzung des Frostschutzmittels und der zu erwartenden unteren Temperaturgrenze ab. Die folgenden Zahlen geben einen Hinweis: mit 50% Frostschutzmittel bleibt die Flüssigkeit bis zu -39 °C (234 K) flüssig; mit 33% bis zu -19 °C (254 K); mit 25% bis zu -12 °C (261 K).

Zur Gewährleistung des optimalen Schutzes des Kühlsystems sollte die Konzentration stets oberhalb 25% bis 30% sein, je nach Zusammensetzung. Ein gutes Frostschutzmittel ist auf der Basis von Äthylenglykol zusammengestellt.

Temperaturanzeige

Die Abbildung zeigt eine häufig verwende-

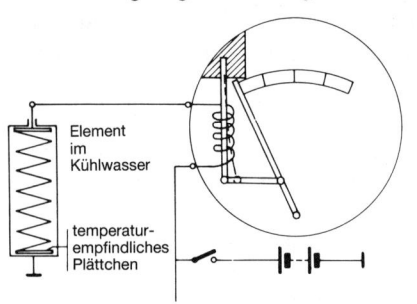

Element
im
Kühlwasser

temperatur-
empfindliches
Plättchen

Abb. 11.15: Funktionsprinzip eines Temperaturmeßgeräts

te Temperaturanzeige. Das Temperatur-Aufnahmeelement hat einen negativen Temperaturkoeffizienten. Also hohen Widerstand in kaltem Zustand und umgekehrt. Unten im Element befindet sich ein Material, welches Temperaturänderungen gegenüber empfindlich ist.

Bei kaltem Motor hat dieses Material dem elektrischen Strom gegenüber einen großen Widerstand, und deshalb fließt nur ein kleiner Strom durch das Meßgerät. Kommt der Motor auf Temperatur, dann nimmt der Widerstand des Materials ab, und der Strom nimmt zu, wodurch der Widerstand

im Meßgerät erwärmt wird und das Bimetall sich biegt. Dadurch bewegt der Zeiger sich nach rechts.

12. Schmierung

12.1 Welche Aufgabe hat die Schmierung?

Die Schmierung hat folgende Aufgaben:
1. Verschleißbegrenzung durch:
- Verminderung des Metall-Metall-Kontakts
- Abführen von Verunreinigungen
  - Vermeidung chemischer Einflüsse auf Metalle
2. Abdichten
3. Kühlen.

Verminderung des Metall-Metall-Kontakts

Wenn zwei Metalle gegeneinander gerieben werden, kommt es zu einem starken Verschleiß. Reiben wir unsere Hände gegeneinander, dann werden sie warm. Dasselbe geschieht mit Teilen aus Metall. Infolge der entstandenen Wärme dehnen sich die Teile, und sie können sich, je nach Spiel, verklemmen. Dies läßt sich vermeiden, indem man zwischen den sich reibenden Teilen einen Ölfilm anbringt. Dabei spielen die folgenden Begriffe eine Rolle.

Viskosität

Damit bezeichnet man die Dickflüssigkeit des Öls oder, anders gesagt, seinen Widerstand gegen das Fließen. Man mißt diese Zähigkeit mit einem Viskosimeter. Die Durchflußdauer einer bestimmten Ölmenge bei einer bestimmten Temperatur wird dabei wohl oder nicht unter Schwerkraft gemessen, je nachdem, ob das Prüfrohr senkrecht oder waagerecht steht. Gemäß der SAE-Klassifizierung (Society of Automotive Engineers) wird die Viskosität durch eine Zahl angedeutet. So spricht man von SAE 20, SAE 30 usw. Je dickflüssiger das Öl, desto höher ist die Zahl. Die SAE-Einteilung hat nichts mit einer Qualitätseinteilung zu tun.
Zuweilen wird nur eine Zahl angegeben, manchmal eine Zahl mit nachfolgendem Buchstaben W (für Winter), z.B. SAE 20W. Im ersteren Fall basiert die Viskosität auf Messungen bei 100 °C, im zweiten Fall werden die Fließeigenschaften des Öls bei niedrigen Temperaturen bestimmt. Gehen wir noch etwas näher auf die Be-

stimmung der Viskosität ein.

Dynamische Viskosität: Die dynamische Viskosität ist die tangentiale Kraft je cm^2, die man auf eine Fläche ausüben muß, um das Testöl, welches sich zwischen dieser Fläche und einer 1 cm entfernten festen, parallelen Platte befindet, mit einer konstanten Geschwindigkeit von 1 cm/s zu bewegen.
In der Praxis bevorzugt man überwiegend das Bestimmen der kinematischen Viskosität.

Kinematische Viskosität: Beim Bestimmen der kinematischen Viskosität läßt man eine bestimmte Ölmenge bei 100 °C unter Einfluß der Schwerkraft durch ein Kapilarrohr oder durch eine Öffnung mit einem bestimmten Kaliber fließen. Die dazu benötigte Zeit ist ein Maß für die Viskosität. Beim Bestimmen der kinematischen Viskosität spielt die Dichte des Öls eine Rolle. Bei gleicher Temperatur ist:
dynamische Viskosität =
Dichte x kinematische Viskosität.
Im PSI-Einheitensystem ist:
- die Einheit der dynamischen Viskosität die Pascalsekunde (Pa s);
- die Einheit der kinematischen Viskosität gleich Quadratmeter pro Sekunde (m^2/s).

Die Einheiten Poise und Stoke dürfen zeitweilig noch verwendet werden.
1 Poise (P) = 0,1 Pascalsekunde (Pa s)
1 Stoke (St) = 10^{-4} m^2/s
1 Centistoke (1 cSt) = 1 Quadratmillimeter pro Sekunde (mm^2/s)
10.000 Stokes (St) = 1 m^2/s
1 Centikstoke = 0,01 St
1 Centipoise = 0,01 P
Centistokes x Dichte = Centipoise bei derselben Temperatur.

Viskosität bei niedriger Temperatur:
Zur Bestimmung dieser läßt man einen massiven, glatten kleinen Zylinder, der von einem Elektromotor angetrieben wird, sich in einem ölgefüllten Becher drehen. Nach einer vorgegebenen Zeit liest man die erreichte Drehzahl ab, und anhand dieser wird die Viskosität bestimmt.

Viskositätsindex
Damit drückt man den Viskositätsverlauf eines Öls bei Temperaturänderungen aus. Je höher der Viskositätsindex, desto besser ist das Flüssigkeitsverhalten des Öls bei niedrigen Temperaturen und desto weniger wird es durch hohe Temperaturen beeinflußt.

Hydrodynamische Schmierung
Wenn zwei Flächen sich schnell übereinander bewegen, bildet sich zwischen ih-

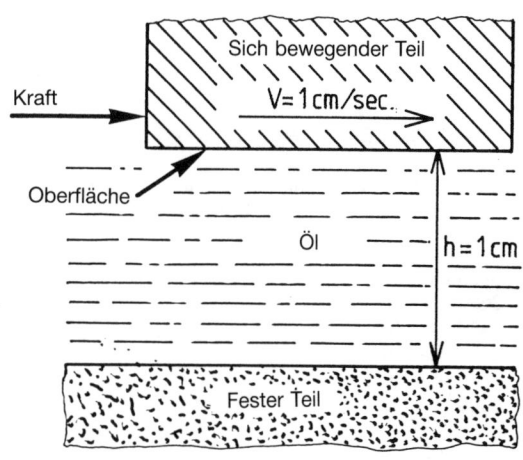

Abb. 12.1: Dynamische Viskosität bestimmen

nen ein Ölfilm. Man spricht dann von hydrodynamischer Schmierung. Je schneller sich die Flächen bewegen, desto niedriger darf die Viskosität des Schmieröls sein. Daraus geht hervor, daß ein Motor stets mit einer ausreichend hohen Drehzahl laufen muß. Bei zu niedriger Drehzahl reißt der Ölfilm ab und es entstehen mehr Reibung, Leistungsverlust und Verschleiß. Man denke hier an Wasserskilaufen.

Onktuosität

Angesichts der wechselnden Belastungen und Geschwindigkeiten, denen Teile des Motors, z.B. die Zylinder, unterliegen können, ist es nicht leicht, diese Teile zweckmäßig zu schmieren.

Im OT- und UT-Bereich ist die Kolbengeschwindigkeit gleich null. Von einer guten hydrodynamischen Schmierung kann hier keine Rede sein. Um diesen Mangel auszugleichen, werden dem Öl kleine organische Stoffe zugesetzt. Diese verteilen sich über die Metallflächen, haften daran fest und bilden einen statischen Film. Dieser bildet einen zusätzlichen Schutz der sich übereinander bewegenden Flächen. Eine Eigenschaft, die man mit Onktuosität bezeichnet und durch die es möglich ist, an Stellen, an denen die hydrodynamische Schmierung versagt, einen gewissen Ölfilm zu behalten.

Aus dem Vorstehenden läßt sich ableiten, daß man nach Möglichkeit das flüssigste Öl verwenden sollte, das verwendet werden darf.

Abführen von Verunreinigungen und Verbrennungsresten

Ein Automotor arbeitet mit kleinen Spielmaßen. Es versteht sich daher, daß scheuernde Bestandteile, wie Metallteilchen u.ä., so schnell wie möglich zwischen den sich bewegenden Teilen beseitigt werden müssen. Diese Entfernung erfolgt mittels des Ölstromes.

Durch zweckmäßiges Raffinieren und durch Zusatz bestimmter Dopes zum Motorenöl erreicht man, daß der Motor innen sauber bleibt:

– weniger Ablagerungen von Verbrennung und Öl;
– die Ablagerungen haben kleinere Abmessungen;
– die Ablagerungen werden besser im Öl verteilt, der Schlammbildung wird entgegengewirkt, und sämtliche Verunreinigungen können beim Ölwechsel bequemer entfernt werden. Das muß grundsätzlich bei warmem Motor geschehen.

Chemische Einflüsse

Beim Starten eines kalten Motors tritt aus dem Auspuffrohr Wasser aus. Dieses wird bei der Verbrennung gebildet. Ein Teil des Wassers kondensiert an den kalten Zylinderwänden und gelangt ins Öl. Andererseits enthält Benzin, vor allem aber auch Dieselkraftstoff, eine gewisse Menge an Schwefel (ungefähr 0,1% bzw. 0,7%). Das bei der Verbrennung gebildete Schwefeldioxid wird mit Wasser zu schwefliger Säure, einer sehr scharfen, ätzenden und zur Korrosion führende Säure. Das Entstehen dieser unerwünschten Säure ist leider unvermeidlich. Andererseits wird das Öl selbst bei hohen Temperaturen auch Säuren bilden und oxidieren. Ein Qualitätsöl muß daher auch eine hohe chemische Stabilität haben und über rostverhindernde Additive verfügen. Es versteht sich somit, daß ein Motor, der ständig über kurze Strecken gefahren wird, häufigeren Ölwechsel braucht. Hierbei spielen nicht die gefahrenen Kilometer die Hauptrolle, sondern wie lange das Öl im Motor ist.

Abdichten

Wenn das erforderliche Öl auf die Zylinderwände gebracht wurde, dann wird auf hydrodynamischem Weg ein Ölfilm aufgebaut, der für eine gute Abdichtung zwischen Kolben, Kolbenringen und Zylinderwand sorgt. Der Umstand, daß ein Motor, der längere Zeit stillgestanden hat, nicht so schnell startet, ist auf den niedrigeren Unterdruck und den geringeren Kompressionsdruck infolge Fehlens eines Ölfilms zurückzuführen.

Kühlung

Das Öl, welches gegen die Kolben und Zylinder spritzt und das unter dem Ventildeckel auf den Zylinderkopf und durch die Lager strömt, nimmt einen Teil der Wärme dieser Teile auf. In der Ölwanne kühlt das Öl ab, während der Fahrtwind die Ölwanne kühlt.

Manche Motoren, vor allem luftgekühlte, haben Ölkühler. Diese können die Form eines Radiators oder eines Rohrkreislaufsystems haben.

12.2 Zusammensetzung und Qualität des Öls

Additive

Additive sind meist chemische Produkte, wohl oder nicht petrochemischen Ursprungs (auch als Dopes bezeichnet), die dem Basisöl zwecks Verbesserung in kleinen Mengen hinzugefügt werden. Die Zahl der Additive ist sehr groß, und sie wächst noch immer. Einige wollen wir hier besprechen. In den modernen Motoren reichen reine Mineralöle längst nicht mehr aus.

Additive, die den Viskositätsindex verbessern

In Verbrennungsmotoren muß die Viskosität des Öls ungeachtet der wechselnden Temperaturen möglichst konstant bleiben. Mit den genannten Additiven wird das Öl weniger durch die Temperatur beeinflußt.

Antioxidations-Additive verzögern die Zersetzung des Öls, indem sie die gebildeten Oxidationsprodukte neutralisieren. Die Oxidationserscheinung tritt bei allen Temperaturen auf, aber die Oxidationsgeschwindigkeit nimmt bei steigender Temperatur zu.

SAE J 300 SEP 80 Viskositätsklassifizierung

SEA-Viskositätsgrade	Viskosität (mPa · s) bei Temperatur (°C) Maximum	muß noch pumpbar sein bei Temperatur (°C) Maximum	Viskosität (mm²/s) bei 100°C Min.	Max.
0W	3250 bij – 30	– 35	3,8	–
5W	3500 bij – 25	– 30	3,8	–
10W	3500 bij – 20	– 25	4,1	–
15W	3500 bij – 15	– 20	5,6	–
20W	4500 bij – 10	– 15	5,6	–
25W	6000 bij – 5	– 10	9,3	–
20	–	–	5,6	< 9,3
30	–	–	9,3	< 12,5
40	–	–	12,5	< 16,3
50	–	–	16,3	< 21,9

Reinigende und verteilende Additive verhindern, daß die Ablagerungsprodukte an den Teilen des Motors haften bleiben und sorgen dafür, daß sie in äußerst feine Teilchen verteilt werden und bleiben.

Antischaum-Additive beugen der Schaumbildung vor. Die Schaumbildung im Öl als Folge der Luftdurchmischung fördert die Oxidation des Öls und kann ernsthafte Schmierungsprobleme verursachen. Eine sehr geringe Menge an Antischaum-Additiven verhindert die Schaumbildung. Die bekanntesten Additive dieses Typs bestehen aus Siliziumverbindungen.

Antikorrosions-Additive bieten im allgemeinen Lagern und Metallen Schutz vor dem Angriff der Säuren, die das Öl enthält.

Extreme-Pressure- (E.P.) Additive dienen zur Verstärkung des Schmierölfilms, der sich zwischen Teilen befindet, auf die sehr hohe Drücke wirken. Diese Additive werden auf der Basis von u.a. Blei, Schwefel, Chlor und Phosphor hergestellt.

Farb- und Duftstoffe machen das Öl kommerziell attraktiver. Manche Zweitaktöle sind gefärbt, um das Benzin-Ölgemisch leichter unterscheiden zu können.

API-Klassifizierung von Motorenölen
Das 'American Petroleum Institute' hat für eine Einteilung gesorgt, bei der die Öle nach Qualität geordnet werden. Diese Qualifizierung hat zusammen mit der Ölzusammenstellung bereits eine ganze Evolution durchlaufen.
Als 1947 die detergierenden Öle auf den Markt kamen, wurde das Öl in drei Gruppen eingeteilt: Regular, Premium und Heavy Duty (HD).
Im Jahre 1952 wurde die Klassifizierung folgendermaßen aufgestellt (Änderungen 1955 und 1960):
Für Benzinmotoren:ML (Motor Light)
MM (Motor Moderate)
MS (Motor Special)
Für Dieselmotoren: DG (Diesel General)
DM (Diesel Moderate)
DS (Diesel Severe).
Die derzeitige API-Klassifizierung (1970) ist in zwei Serien unterteilt:
die 'S'-Serie (Service). Diese berücksichtigt die Betriebsbedingungen von Motoren in Pkw und leichten Nutzfahrzeugen (meist Benzinmotoren);

die 'C'-Serie (Commercial). Diese berücksichtigt die Betriebsbedingungen von Motoren in Nutzfahrzeugen, stationären Motoren, Landbau- und Werftfahrzeugen (meist Dieselmotoren).
Hier folgt eine Aufzählung der Betriebsbedingungen für beide Serien, die das Öl mit der API-Bezeichnung erfüllt:

SA   Vorkommend bei Benzin- und Dieselmotoren, die unter so gemäßigten Bedingungen arbeiten, daß ein Schutz durch legierte Öle nicht erforderlich ist. Das Öl, das nur diese Bedingungen erfüllt, wird bei Benzinmotoren nicht mehr verwendet.

SB   Vorkommend bei Benzinmotoren, die unter solchen Bedingungen arbeiten, daß nur ein Minimum an Schutz durch legiertes Öl erforderlich ist. Dieses Öl bietet nur Schutz gegen Oxidation und Korrosion.

SC   Vorkommend bei Benzinmotoren von Pkw und manchen Nutzfahrzeugen, die zwischen 1964 und 1967 gebaut wurden. Diese Öle bieten einen besseren Schutz gegen Ablagerungen, sowohl bei hohen als auch bei niedrigen Temperaturen, gegen Verschleiß, Rost und Korrosion.

SD   Vorkommend bei Benzinmotoren von Pkw und manchen Lkw, die zwischen 1967 und 1971 gebaut wurden. Diese Öle bieten einen besseren Schutz gegen Ablagerungen, sowohl bei hohen als auch bei niedrigen Temperaturen, gegen Verschleiß, Rost und Korrosion, als die Öle, welche sich für 'SC'-Betriebsbedingungen eignen.

SE   Vorkommend bei Benzinmotoren von Pkw und manchen Lkw mit Baujahr nach 1971. Diese Öle bieten einen noch besseren Schutz gegen Oxidation, Motorablagerun-

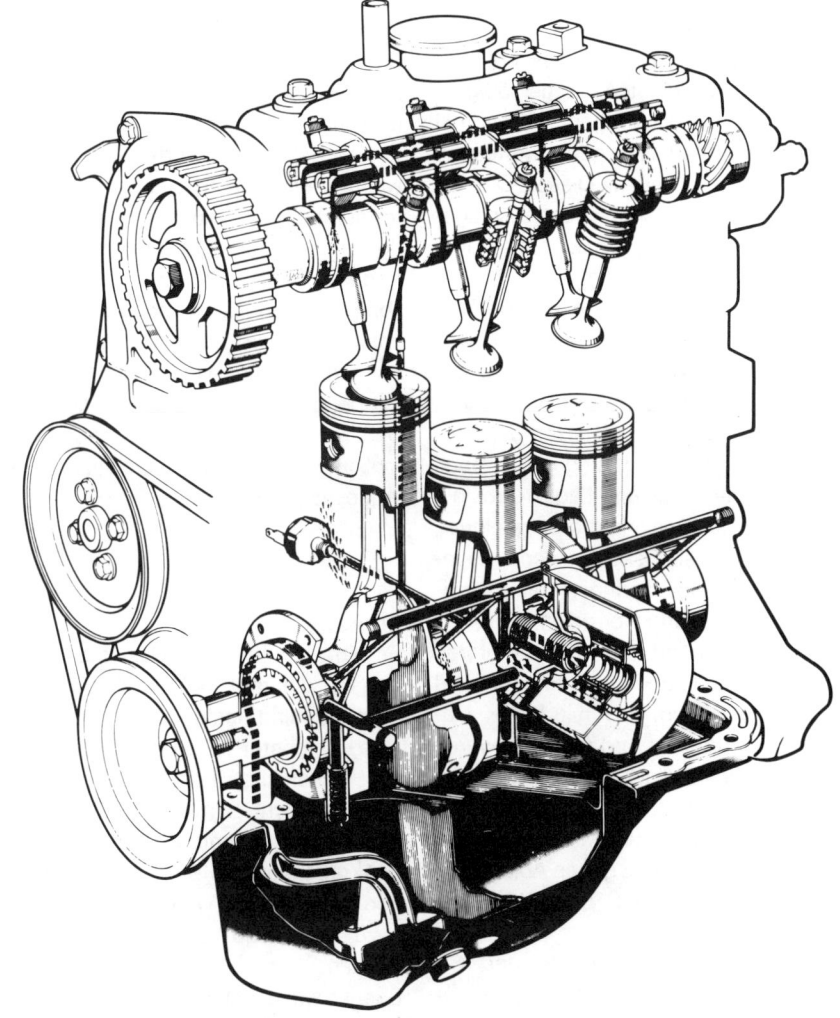

Abb. 12.2: Durchblickzeichnung zur Funktion eines Öldrucksystems mit Sichelzahnradpumpe (Suzuki).

gen bei hohen Temperaturen, Rost und Korrosion, als die Öle, die sich für die 'SC'- und 'SD'-Betriebsbedingungen eignen.

SF Vorkommend bei Benzinmotoren von Pkw und manchen Lkw mit Baujahr nach 1980. Die Öle haben im Vergleich zu den Ölen, die der minimalen SE-Klassifizierung genügen, eine erhöhte Verschleißbeständigkeit und Oxidationsstabilität. Sie schützen vor Rost, Korrosion und der Bildung von Ablagerungen.

Das Öl, welches der SF-Klassifizierung genügt, kann in allen Fällen verwendet werden, in denen SE-, SD- oder SC-Qualität vorgeschrieben wird.

CA Vorkommend bei Dieselmotoren, die unter leichten bis gemäßigten Betriebsbedingungen und mit Kraftstoffen von guter Qualität arbeiten. Dieses Öl schützt gegen Kohleablagerung und Lagerkorrosion.

CB Vorkommend bei Dieselmotoren, die unter leichten bis gemäßigten Betriebsbedingungen, aber mit Kraftstoffen einer geringwertigeren Qualität arbeiten. Dieses Öl muß also mehr Schutz gegen Ablagerungen und Korrosion der Lager bieten.

CC Vorkommend bei Dieselmotoren mit natürlicher Ansaugung und Druckfüllung im Einsatz unter gemäßigten bis schweren Betriebsbedingungen. Sie schützen den Motor gegen Ablagerungen bei hohen Temperaturen und Lagerkorrosion. Auch für Benzinmotoren geeignet, in denen sie Schutz gegen Ablagerungen bei niedrigen Temperaturen, Rost und Korrosion bieten.

CD Vorkommend bei Dieselmotoren mit natürlicher Ansaugung und Druckfüllung, die mit hoher Geschwindigkeit und unter schweren Betriebsbedingungen arbeiten, dies mit Kraftstoffen unterschiedlicher Qualität, und die einen hochwertigen Schutz gegen Ablagerungen, Verschleiß und Korrosion brauchen.

Jedes Öl hat praktisch eine 'S'- und 'C'-Qualifikation. Die am häufigsten vorkommenden sind SE-CC, SF-CC, SE-CD und SF-CD.

Neben der API-Klassifizierung gibt es auch militärische Qualifizierungen, von denen die der amerikanischen Armee am häufigsten verwendet wird, z.B. MIL-L-2104 C für Dieselmotoren geringer bis mittlerer Leistung. Notfalls auch für Benzinmotoren geeignet.

Bei den zuvor aufgeführten Betriebsbedingungen wurden die Mindestanforderungen angegeben. Es werden zahlreiche Öle angeboten, die diese übertreffen.

Sehr viele Konstrukteure schreiben ihre eigenen Normen vor.

Multigrade-Öle

Ein Monograde-Öl ist z.B. SAE20. Multigrade-Öle sind u.a. 10W-30, 20W-40, 15W-40, 15W-50 und 20W-50.

Bekanntlich ändert sich die Zähigkeit des Öls entsprechend der Temperatur und der Qualität. Bei Ölen mit einem niedrigen Viskositätsindex ändert sich die Zähflüssigkeit auffallend. Ist die Veränderung gering, dann hat das Öl einen hohen Viskositätsindex. Die Andeutung 20W-50 bedeutet, daß das Öl sich in kaltem Zustand wie 20W verhält, aber bei hoher Temperatur entspricht die Viskosität SAE-50. Multigrade-Öle haben den Vorteil, beim Kaltstart weniger Widerstand zu bieten, sich leichter durchpumpen zu lassen und die wichtigsten Motorteile leichter zu erreichen. Andererseits behält dieses Öl bei höheren Temperaturen doch noch eine ausreichende Viskosität. In Mitteleuropa kann man im Sommer wie im Winter praktisch mit demselben Multigrade-Öl fahren.

Bei Verwendung eines Monograde-Öls muß im Sommer auf ein dickflüssigeres Öl umgestiegen werden.

Ölzusätze

Es gibt verschiedene Ölzusätze, die u.a. aus Petroleumprodukten, Grafit und Molybdändisulfid bestehen können. Grafit ist eine Kohlenstoffvariante, die in hexagonalen Flocken kristallisiert. Damit es im Öl zu seinem Recht kommen kann, muß das Grafit eine bestimmte Grundqualität haben, gereinigt und zu Teilchen von wenigen m zerkleinert werden und in eine nahezu kolloidale Suspension gebracht werden.

Ebenso wie Grafit, ist Molybdändisulfid ein besonderes Grenzschmiermittel, welches man dazu verwendet, Verschleiß und Widerstand zu reduzieren.

Wann Ölwechsel?

Trotz des Luftfilters gelangt doch noch recht viel Staub in den Motor. Dieser wirkt nicht nur schmirgelnd, sondern er fördert auch die Oxidation. Aus dem Voraufgegangenen wurde ersichtlich, daß die Verschlechterung der Ölqualität im Prinzip eine chemische Zersetzung unter dem Einfluß der Luft, der Verbrennung und der vorherrschenden Temperaturen ist. Insbesondere zu hohe und zu niedrige Temperaturen sind schädlich. Die Fahrzeughersteller schreiben vor, nach welcher Kilometerleistung ein Ölwechsel fällig ist. Dabei hat man ideale Umstände vorausgesetzt. Wer gerne schnell, ständig Kurzstrecken oder immer nur wenige Kilometer fährt, muß das Öl unbedingt früher erneuern, auch dann, wenn ein gutes Öl mit entsprechenden verbessernden Additiven verwendet wird. Die Wirkung der Additive hat schließlich Grenzen. So können sie nur eine bestimmte Säuremenge neutralisieren.

Die besseren Ölsorten haben keine längere Lebensdauer, sondern sie verbessern nur den Wirkungsgrad. Zu lange Ölwechselperioden beeinflussen die Lebensdauer des Motors nachteilig.

12.3 Öldrucksysteme

Über ein Grobfilter oder Sieb saugt die Ölpumpe das Öl aus der Ölwanne. Die Pumpe preßt das Öl u.a. zu den Kurbelwellenlagern. Die Zylinderwände und die Kolbenbolzenlager werden durch das Öl geschmiert, welches entlang der Seitenwände zwischen den Lagern herausspritzt. In manchen Fällen erfolgt die Schmierung auch durch Öl, welches aus einer Bohrung herausspritzt, die sich im unteren Teil des Pleuels befindet und auf die Arbeitsseite des Zylinders gerichtet ist. Der Öldruckkontakt sitzt hinter dem Ölfilter auf der Hauptölzufuhrleitung. Auf der Druckseite ist die Pumpe mit einem Überdruckventil ausgerüstet. Meist ist das Ölfilter in der Hauptölzufuhrleitung untergebracht. Alles aufgepumpte Öl fließt dann durch das Filter, sofern das Kurzschlußventil sich nicht wegen Verstopfung des Filterelements öffnet (Abb. 12.6).

Ein Ölfilter kann auch parallel zur Hauptölleitung montiert sein. In diesem Fall fließt nur ein Teil des Öls durch das Filter.

Zahnradpumpe

Die Zahnradölpumpe besteht aus zwei in-

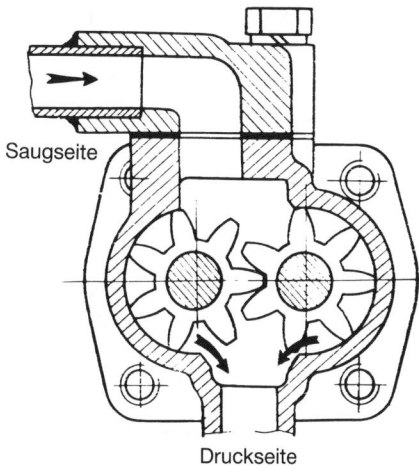

Saugseite

Druckseite

Abb. 12.3: Zahnradpumpe im Querschnitt

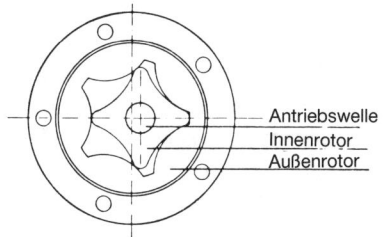

Antriebswelle
Innenrotor
Außenrotor

Abb. 12.4: Kreiselpumpe im Querschnitt

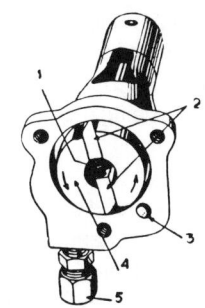

Abb. 12.5: Exzenterpumpe
1 Feder 4 exzentrisch angebrachter Rotor
2 Scheidewände 5 Druckleitung
3 Einlaß

einandergreifenden Zahnrädern. Das Öl wird zwischen den Zähnen und dem Pumpengehäuse mitgezogen. Dort, wo die Zähne sich auseinanderdrehen, ist also die Einlaßseite, und dort, wo sie ineinandergreifen ist die Auslaßseite. Durch das Ineinandergreifen der Zähne wird das Öl ja aus den Zahnlücken herausgedrückt. Die Pumpkapazität wird bestimmt durch: Drehzahl, Volumen der Zahnzwischenräume und das Spiel zwischen Zahnradpumpendeckel und Zahnradgehäuse. Der Pumpendruck richtet sich nach dem eingestellten Federdruck am Überdruckventil, der Ölviskosität, dem Spiel zwischen den zu schmierenden Teilen und nicht zuletzt nach der Pumpkapazität. Nicht alle Motoren arbeiten mit gleichem Pumpdruck, wie das folgende Beispiel zeigt:
Benötigter Öldruck bei einer Öltemperatur von 40–120 °C (313–393 K) und 3000 U/min 3,6–5,6 Bar (360–560 kPa)
Mindestöldruck im Leerlauf
Öltemperatur 40–80 °C (313–353 K) 2,6 Bar (260 kPa)
Öltemperatur 120 °C (393 K) 1,2 Bar (120 kPa).

Sichelzahnradpumpe
Auch bei dieser Pumpe wird das Öl zwischen den Zahnlücken mitgenommen. Hier zwischen der Zahnlücke des sichelförmigen Zwischenstücks. Auch hier liegt die Einlaßseite dort, wo die Zähne auseinandergehen.

Kreiselpumpe
Die Kreiselölpumpe besteht aus einem Gehäuse, in dem sich ein Außenrotor mit fünf Zahnlücken befindet. Dieser wird von einem Innenrotor mit vier Zähnen mitge-

nommen. Innen- und Außenrotor verdrehen sich also fortwährend im Verhältnis zueinander, wodurch zwischen beiden immer an derselben Stelle eine Raumvergrößerung und -verkleinerung zustande kommt, und das verursacht die Pumpfunktion.

Exzenterölpumpe
Sie kommt seltener zur Anwendung. Die exzentrisch angebrachte Welle, die nach außen federnden Scheidewände und die Raumvergrößerung sorgen für die Saug-

funktion. Bei 5 wird das Öl aus der Pumpe herausgepreßt.

Überdruckventil
Das Überdruckventil beugt einem zu hohen Öldruck vor und damit auch einem Lecken zwischen den Dichtflächen und den Dichtungen. Im gleichen Verhältnis, wie das Öl durch die ansteigende Tempe-

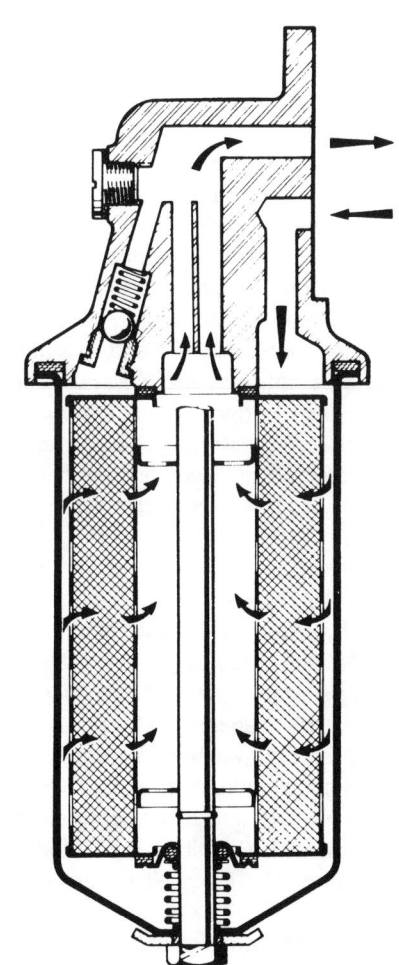

a. Normale Funktion

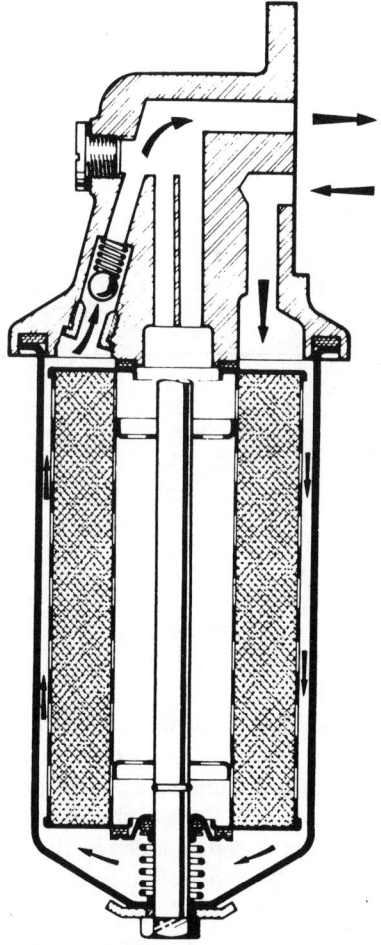

b. Filter verstopft; Kurzschlußventil geöffnet

Abb. 12.6 Funktion eines Ölfilters im Querschnitt

ratur dünner wird, öffnet sich das kugelförmige Überdruckventil später. Bei geöffnetem Ventil wird Öl zum Kurbelgehäuse oder zum Pumpeneingang befördert.

Ölfilter

Wenngleich ein Ölfilter die Zersetzung des Öls nicht verhindern kann, ist es für den Motor doch sehr wichtig. Es muß die entstandenen Kohle-, Teer-, Ruß-, Lack- und Metallteilchen aus dem Ölkreislauf heraussieben.

In der Filtereinheit entsprechend der Abb. 12.5 muß nur das Filterelement erneuert werden. Oftmals ist es aber so, daß die ganze Filterpatrone ausgewechselt werden muß.

Manche Motoren sind mit einem Zentrifugalölfilter ausgerüstet. Es kann Bestandteil der Keilriemenscheibe auf der Kurbelwelle sein. Aufgrund der Zentrifugalkraft werden die Schmutzteilchen nach außen geschleudert. Sie bilden auf dem Umfang eine harte Schicht, die beseitigt werden muß. Es gibt auch statische Zentrifugalfilter. Darin wird das Öl und der Schmutz durch ein Flügelrad nach außen geschleudert.

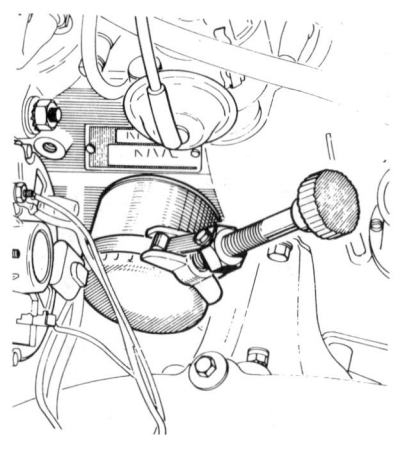

Abb. 12.7: Ölfilterpatrone mit Hilfe eines Klemmbandes entfernen

Ölkühler

Aus Gründen, die bereits erwähnt wurden, darf die Öltemperatur nicht zu hoch ansteigen. Bei Motoren mit einem kleineren Ölwanneninhalt, luftgekühlten (siehe Abb. 11.2) und frisierten Motoren, die unter schweren Bedingungen arbeiten, ist deshalb ein Ölkühler erforderlich. Der Ölkühler ist zwischen der Ölförderpumpe und den zu schmierenden Teilen angebracht. Da der Motor seine Betriebstemperatur so schnell wie möglich erreichen muß und

während des Warmlaufens eine Kühlung des Öls sinnlos wäre, sind Plazierung und die Funktion des Öldruckventils so gewählt, daß bei kaltem Motor -und somit dickflüssigem Öl – kein oder weniger Öl durch den Kühler fließt. Das Überdruckventil ist dann von seinem Sitz gedrückt, und das Öl kann direkt zu den zu schmierenden Teilen strömen. Wird das Öl dann allmählich wärmer und dünner, so schließt sich das Ventil, so daß zunehmend mehr Öl durch den Kühler fließen muß.

Öltemperatur und Ölpegel

Bei den meisten Motoren beträgt die Öltemperatur ungefähr 85 °C (358 K), aber Temperaturen bis zu 120 °C (393 K) kommen auch vor. Sehr wichtig ist es, den Ölpegel maximal zu halten, denn je niedriger der Ölpegel in der Ölwanne ist, desto häufiger wird das Öl durch den Motor gepumpt. Es bekommt weniger Gelegenheit abzukühlen und muß dennoch ebenso viele Verunreinigungen aufnehmen. Je weniger Öl also in der Ölwanne ist, desto früher muß es erneuert werden.

Ölverbrauch

Öl kann durch Leckstellen oder durch Verbrennung in der Brennkammer aus der Ölwanne verschwinden. Das letztgenannte ist unvermeidlich. Die Zylinder müssen ja schließlich geschmiert werden, damit der benötigte Ölfilm zwischen Kolben, Kolbenringen und Zylinderwand zustandekommt. Es gibt auch einen Ölverlust durch das Absaugen der Öldämpfe über das geschlossene Kurbelgehäusenventilationssystem. Es ist also ganz normal, daß aus dem Kurbelgehäuse des Motors ein wenig Öl verschwindet.

Der Ölverbrauch steigt in dem Verhältnis, in dem die Zylinder, die Kolbenringe, die Kolbenringnuten, die Ventilschaftführungen, die Dichtringe auf den Ventilschaftführungen, die Lager usw. verschleißen. Je mehr die Lager verschleißen, desto mehr Öl spritzt zwischen ihnen heraus auf die Zylinderwände. Ferner beeinflussen auch die Motordrehzahlen, die Betriebstemperatur, die Ölqualität, die Motorbelastung und die Fahrweise den Ölverbrauch.

Je höher die Temperatur, desto dünner das Öl und um so größer ist der Verbrauch. Bei hohen Drehzahlen nimmt der Verbrauch zu. Mit der Belastung nimmt er aber ab.

Während der Einfahrperiode verbraucht der Motor mehr Öl, da die Zylinderwände und die Kolbenringflächen noch ziemlich rauh und unzulänglich 'eingefahren' sind.

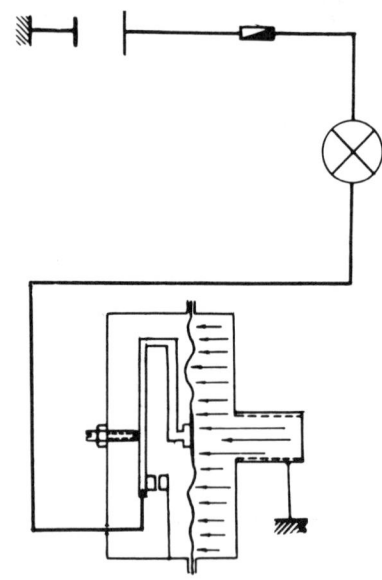

Abb. 12.8: Schaltung des Öldruck-Kontrollämpchens

Öldruck-Kontrollampenschaltung

Das Kontrollämpchen sitzt zwischen dem Zündschloß und dem Öldruckkontakt, mit dem es in Reihe geschaltet ist. Solange der Öldruck unzureichend ist, liegt das Lämpchen im Kontakt an der Masse. Bei einem bestimmten Druck wird die Massenverbindung im Kontakt unterbrochen, und das Lämpchen erlischt.

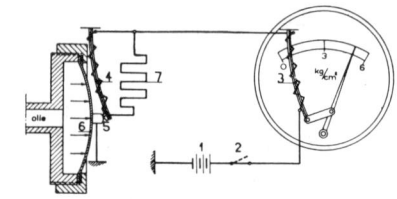

Abb. 12.9: Elektrische Öldruckanzeige
1 Batterie
5 Kontakt
2 Zündschloß
6 Membrane
3,4 Bimetallstreifen
7 Widerstand

Öldruckanzeige

Die Abb. 12.8 zeigt das Prinzip des elektrischen Öldruckmeßgeräts, das – genau wie bei manchen Kraftstoffanzeigern – auf dem Verbiegen eines Bimetallstreifens beruht. Wenn der Öldruck auf die Membrane wirkt, wird auch der Streifen 4 stärker gekrümmt werden. Der Strom in den Heizdrähten 3 und 4 wird dadurch zunehmen, weil 5, je nach vorherrschendem Öldruck, weniger unterbrochen wird. Demensprechend werden sich die Bimetallstreifen verbiegen. Unterbricht Kontakt 5 den Strom, dann kühlen sich 3 und 4 wieder ab und verbiegen sich in Richtung ihrer ursprünglichen Stellung, bis 5 wieder Kontakt bekommt usw. . . . . Auf diese Weise erreichen 3 und die Anzeigenadel eine Stellung entsprechend dem Öldruck. Je höher der Öldruck, desto mehr der Strom durch die Heizdrähte zunimmt. Ein kleiner Widerstand 7 verhindert das Funken an den Kontakten 5.

12.4 Kurbelgehäuse-Entlüftung

Ein Teil der Abgase entweicht zwischen den Kolbenringen und der Zylinderwand in das Kurbelgehäuse. Bekanntlich enthalten die Abgase gefährliche Bestandteile, und deshalb sollten sie möglichst wenig mit dem Öl, den Zylinderwänden, den Kolbenringen usw. in Berührung kommen. Sie verursachen erhebliche chemische Schädigungen und einen Verschleiß, der oftmals schlimmere Folgen hat, als der Verschleiß durch Reibung. Deshalb müssen sie auch so schnell wie möglich über ein Entlüftungssystem aus dem Kurbelgehäuse entfernt werden. Ohne dieses System würde der Druck im Kurbelgehäuse rasch derartig anwachsen, daß die Dichtungen ihren Geist aufgeben würden und eine Ölleckage die Folge wäre.

Heutzutage wird allgemein das geschlossene positive Kurbelgehäuse-Entlüftungssystem angewandt. Dabei werden die Leckgase durch den Motorunterdruck aus dem Kurbelgehäuse herausgesaugt, so daß sie wieder in die Brennkammer gelangen. Ein Teil des Gases besteht aus unverbranntem Kraftstoff-Luftgemisch. Die Ansaugleitung kann an die saubere Seite des Luftfilters angeschlossen sein oder bei Ölbadfiltern eventuell an den Filtereingang. Weitere mögliche Anschlußstellen sind: zwischen Lufttrichter und Drosselklappe oder unter der Drosselklappe. Im letzteren Fall ist der Anschluß mit einem kleinen Ventil, das den Durchgang bei zunehmendem Unterdruck verengt, oder mit einer kalibrierten Bohrung versehen. Das Absaugen von zuviel Leckgas käme schließlich dem Ansaugen 'falscher Luft' gleich, wodurch der Vergaser in seiner Funktion behindert würde. Es würde auch zuviel Ölnebel aus der Ölwanne abgeführt.

12.5 Fette

Fett besteht aus einem dünnflüssigen Basisöl, das mittels Metallseifen oder mineralischer Stoffe verdickt wurde. Dadurch, sowie durch Zusatz von Additiven oder zuweilen festen Schmiermitteln, wie Molybdändisulfid und Graphit, erhält das Fett seine Festigkeit und spezifischen Eigenschaften, wie:

— Beständigkeit gegen hohe Temperaturen und Druck;

— Haftfähigkeit an verschiedenen Flächen;

— ausreichende Beständigkeit beim Kontakt mit Wasser oder Kühlflüssigkeit.

Tropfpunkt

Dies ist die Temperatur, bei der das Fett vom plastischen in den flüssigen Zustand übergeht. Der Tropfpunkt ist abhängig von der Basisseife oder vom Verdicker. Lithiumseifenfette: ungefähr 180 °C Natriumseifenfette: ungefähr 150 °C Kalziumseifenfette: ungefähr 100 °C. Der Tropfpunkt ist eine Qualitätsangabe zur Hitzebeständigkeit in plastischer Form und besagt nichts über das Schmiervermögen bei höheren Temperaturen.

Eindringzahl

Diese Zahl gibt die Steifheit des Fettes an. Das amerikanische National Lubricating Grease Institute machte die folgende Einteilung:

000 sehr flüssig 3 durchschnittlich
00 flüssig 4 fest
0 halbflüssig 5 sehr fest
1 sehr weich 6 hart
2 weich 7 sehr hart
Sich bewegender Teil
Kraft V = 1 cm/sec
Oberfläche
Öl h = 1 cm
Fester Teil

Das Fett besteht zu 75 bis 90% aus dem Basisöl, meist einem mineralischen Öl. Wenn mit sehr hohen Betriebstemperaturen und/oder sehr langen Perioden zwischen den Abschmierwartungen zu rechnen ist, wird zuweilen auch ein synthetisches Öl als Basisöl verwendet.

Die verwendeten Seifen sind chemische Verbindungen tierischer oder pflanzlicher Fette mit Metallen, wie Aluminium, Kalzium, Lithium oder Natrium.

Fette kann man nach der Art der darin verarbeiteten Seifenbasis einteilen:

— Kalziumfett: die Temperatur dieses Fettes darf 60 °C (333 K) nicht übersteigen. Eine zu hohe Temperatur zerstört die Seifenstabilität.

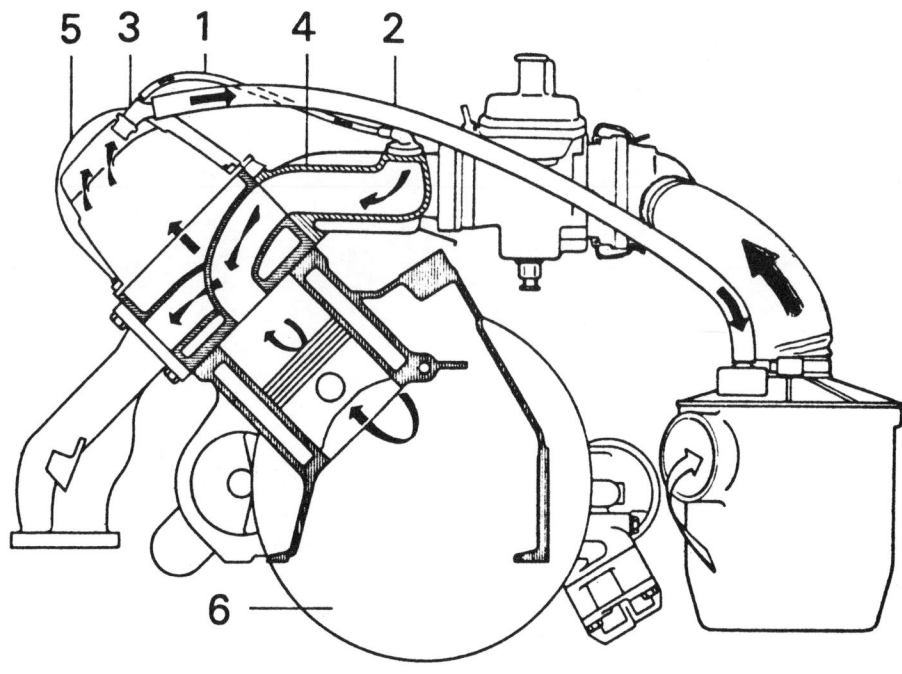

Abb. 12.10: Positive Kurbelgehäuse-Entlüftung in schematischer Wiedergabe (Saab)
1 Leitung zwischen Dreiwegnippel und Einlaßzweigrohr
2 Absaugleitung zum Luftfilter
3 Dreiwegnippel
4 Einlaßzweigrohr
5 Ventildeckel
6 Kurbelgehäuse

Es ist sehr wasserbeständig und hat eine glatte Struktur.

- Natriumfett: Die maximale Betriebstemperatur beträgt ca. 90 °C (363 K). Es ist nicht wasserbeständig und hat ein faserähnliches Aussehen.
- Aluminiumfett: recht beständig gegen Wasser, kann aber nur bei einer Temperatur bis zu 50 °C (323 K) eingesetzt werden. Gutes Haftvermögen. Hervorragend geeignet zu Fahrgestellschmierung, aber ungeeignet für Rollen- und Kugellager.
- Lithiumfett: Fett mit glatter Struktur. Recht beständig gegen Wasser, Druck und Temperatur. Die maximale Betriebstemperatur ist ungefähr 150 °C (423 K). Auch brauchbar bei Temperaturen bis zu -40 °C (233 K). Es hat ausreichendes Haftvermögen. Dieses Fett eignet sich für die meisten Verwendungszwecke und ist auch unter der Bezeichnung 'Vielzweckfett' bekannt.

Um den Herstellungspreis zu drücken, mischen manche Hersteller ihrem Fett auch Talkum und andere Billigprodukte bei. Diese Füllstoffe haben keinerlei praktischen Wert.

13. Kupplung

Zweck

1. Um einem ruckartigen Anfahren des Fahrzeugs vorzubeugen, darf die Motorleistung erst von einer bestimmten Drehzahl an allmählich an die angetriebenen Räder abgegeben werden. Unterhalb einer bestimmten Drehzahl muß die Verbindung zum Motor unterbrochen werden. Das ermöglicht die Kupplung.

2. Um während der Fahrt zügig schalten zu können, muß der Zahndruck auf die beteiligten Zahnräder weggenommen werden können. Mit Hilfe der Kupplung kann die Verbindung zwischen Motor und Getriebe im richtigen Augenblick unterbrochen werden.

3. Durch die Kupplung kann man das Fahrzeug zum Stehen bringen, ohne den Motor abzuschalten.

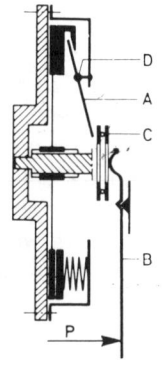

Abb. 13.1: Das Prinzip der Kupplung

A Scharnierpunkt   F Deckel
B Ausrückhebel   G Schwungrad
C Drucklager   H Kupplungsscheibe
D Druckplatte   P Entkupplungskraft
E Gabel

13.1 Kupplung mit Druckfedern

Funktion

Die Kupplung ist auf dem Schwungrad montiert, und sie besteht aus der Kupplungsscheibe und der sogenannten Druckgruppe. Diese besteht aus dem

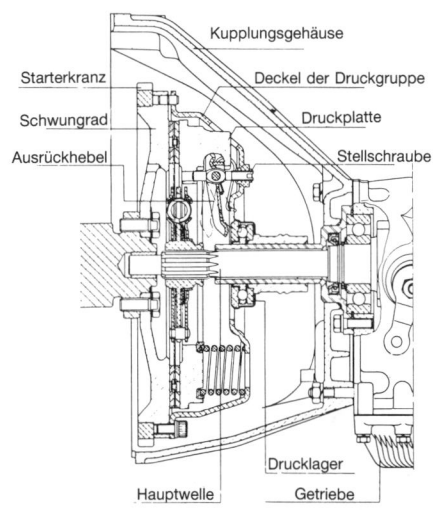

Abb. 13.2: Trockenscheibenkupplung mit Druckfedern im Querschnitt

Kupplungsdeckel mit: Ausrückhebeln, Drucklager, Andruckfedern und Druckplatte mit Stellschrauben und Muttern. Die Kupplungsscheibe ist auf der Getriebewelle montiert.

Im eingekuppelten Zustand ist die Kupplungsscheibe zwischen der Druckplatte und dem Schwungrad eingeklemmt, wodurch die Getriebewelle sich mit dem Schwungrad zusammen dreht. Beim Tritt auf das Kupplungspedal drückt man das Drucklager durch Bewegen der Kupplungsgabel auf das Schwungrad zu. Durch die Hebelwirkung der Ausrückhebel wird die Druckplatte von der Kupplungsscheibe weggezogen. Die Kupplungsscheibe sitzt dann frei zwischen dem Schwungrad und der Druckplatte, wodurch die Getriebehauptwelle nicht mehr angetrieben wird. Um zu gewährleisten, daß die Druckplatte hinlänglichen Druck auf die Kupplungsscheibe ausübt und um die Verschleißfolgen zeitweilig auszugleichen, gibt es zwischen dem Drucklager und den Ausrückhebeln ein wenig Spiel. Bei manchen Konstruktionen läuft das Drucklager aber konstant an. Eine spezielle Konstruktion, wie in der Abb. 13.9 gezeigt, sorgt dann für den Ausgleich des Kupplungsverschleißes und beugt dem Schlupf vor.

Das Drucklager kann als normales Lager ausgeführt oder mit einem Graphitring versehen sein.

Kupplungsscheibe

Diese ist auf beiden Seiten mit einem Reibbelag versehen. Damit das Kuppeln ganz allmählich verläuft, ist der Teil der Scheibe, auf dem der Reibbelag sich befindet, federnd ausgeführt. Aus demselben Grund und um einem Verschleiß der Kraftübertragung infolge der Drehzahlschwankungen vorzubeugen, ist die Kupplungsscheibe mit Schraubenfedern versehen. Diese befinden sich zwischen der Nabe der Kupplungsscheibe und der federnden Scheibe, auf welcher der Belag angebracht ist.

Abb. 13.3: Kupplungsscheibe mit Ausschnitt

13.2 Mehrscheibenkupplung

Die Kupplungsscheibe überträgt die Motorleistung auf das Getriebe. Ihren Durchmesser kann man nicht willkürlich festlegen. Würde man einen zu großen Scheibendurchmesser wählen, dann könnte man zwar den Übertragungshebel vergrö-

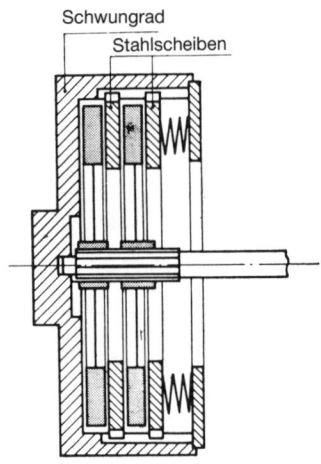

Abb. 13.4: Prinzip einer Mehrscheiben-
kupplung

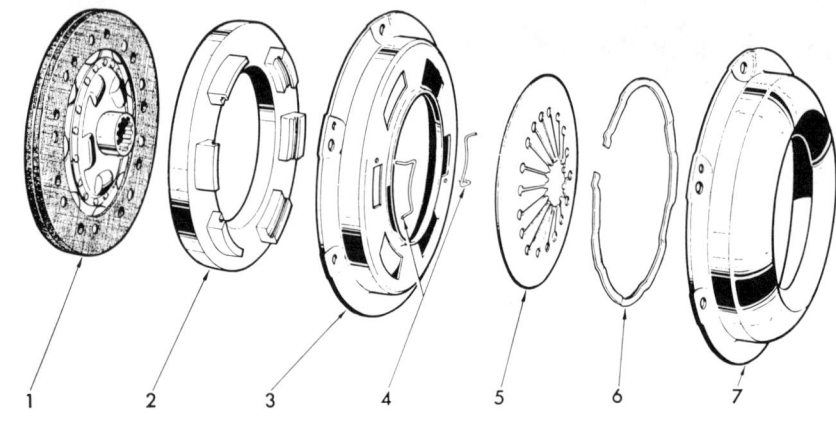

Abb. 13.6: Lamellenkupplung in Einzelteilen
1 Kupplungsscheibe   2 Druckplatte   3 Antriebsplatte
4 Federklemmen   5 Lamellenfeder   6 Spannring   7 Deckel

ßern und den Druck der Federn vermindern. aber dem steht gegenüber, daß eine
Kupplungsscheibe mit großem Durchmesser gewissermaßen als Schwungrad wirkt,
was eine zu träge Entlastung des Getriebes bedeuten würde. Auch das Einbauen
wird erschwert. Andererseits müssen relativ starke Federn verwendet werden, damit die kleine Kupplungsscheibe relativ
schlupffrei arbeiten kann. Die Reinbungs-
wärme ist auch schwerer abzuleiten, was
die Lebensdauer verkürzt.

Alle diese Probleme kann man durch Verwendung einer Zweischeibenkupplung
umgehen. Beide Scheiben übertragen einen Teil des Motordrehmoments.

Fliehkraftbetätigung
Bei manchen Schraubenfederkupplungen
sind die Ausrückhebel am Ende mit Fliehkraftgewichten versehen. Mit steigender
Motordrehzahl nimmt der Druck auf die
Druckplatte durch die Fliehkraft der Zu-
satzgewichte zu. Dadurch läßt sich ein
größeres Drehmoment übertragen.

13.3 Lamellenkupplung

In dieser Kupplung sind die Schrauben-
Druckfedern und Ausrückhebel durch eine
Lamellenfeder ersetzt. Im Ruhezustand
drückt die Feder durch die Kegelform auf
die Druckplatte. Durch Betätigung des
Kupplungspedals wird die Feder sich anfangs durchbiegen und anschließend
durchknicken, so daß die Druckplatte sich
nach hinten bewegt.

Die Lamellenkupplung hat den Vorteil, daß
das Kupplungspedal sich leichter betätigen läßt, und wenn die Feder einmal
durchgeknickt ist, dann nimmt der maximale Druck sogar ab. Bei der Verwendung
von Schraubenfedern wächst der Druck,
je weiter das Kupplungspedal heruntergedrückt wird.

13.4 Fliehkraftkupplungen

Die Abb. 13.7 zeigt die schematische Wiedergabe der Funktion einer Fliehkraft-

kupplung. Die primären und sekundären
Segmente sind auf dem Schwungrad
montiert. Oberhalb einer bestimmten
Drehzahl ist die Fliehkraft größer als die
Federkraft. Die Segmente werden nach
außen geschleudert und nehmen die
Trommel mit. Durch Verwendung von Federn unterschiedlicher Stärke erreicht
man, daß die Segmente die Trommel zu
verschiedenen Zeitpunkten berühren, was
ein geschmeidigeres Kuppeln ermöglicht.
Zuerst berühren die primären Elemente
die Trommel. Solange der Motor das Fahrzeug antreibt, wirken die sekundären Elemente selbsttätig. Beim Loslassen des
Gaspedals treibt das Fahrzeug den Motor
weiter, und die primären Elemente wirken
selbsttätig. Sie werden deshalb die Verbindung zur Trommel unterbrechen, sobald die Drehzahl unterhalb der Einschalt-
drehzahl liegt. Dadurch wird es möglich,
Kurven sicher zu fahren und über den
Motor abzubremsen.

Da die Einschaltkraft bei der Fliehkraftkupplung nur vom Motor kommen kann,
ist ein Anschleppen bzw. Anschieben des
Fahrzeugs nicht möglich.

Wenn hinter einer Fliehkraft- oder Flüssigkeitskupplung ein Zahnradgetriebe montiert ist, muß zwischen der Fliehkraftkupplung und dem Getriebe eine Scheibenkupplung angebracht werden.

Angesichts der Funktion einer Fliehkraftkupplung ist es ja schließlich nicht möglich, den Zahndruck rechtzeitig abzubre-
chen, um innerhalb einer annehmbaren
Zeit problemlos schalten zu können.

Die Fliehkraftkupplung gemäß der nach-
folgenden Abbildung funktioniert nach einem anderen Prinzip.

Die Kupplung entspricht einer einfachen

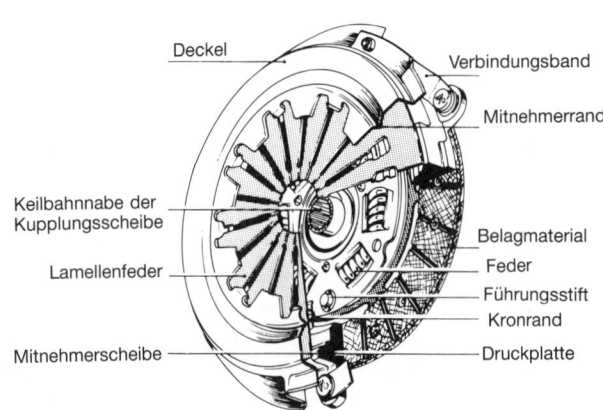

Abb. 13.5: Durchschnittszeichnung einer Lamellenkupplung

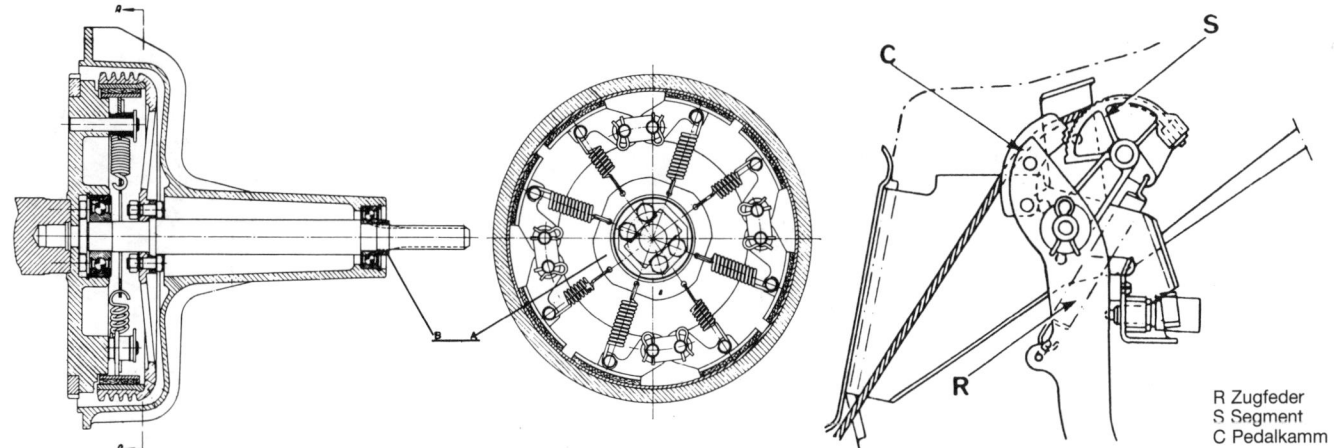

Abb. 13.7: Einfache Ausführung einer Fliehkraftkupplung

R Zugfeder
S Segment
C Pedalkamm

Abb. 13.9: Mechanisch betätigte Kupplung mit automatischer Stellvorrichtung (Renault)

Abb. 13.8: Indirekt wirkende Fliehkraftkupplung im Querschnitt (Volvo)

   1 Deckel
   2 Zentrifugalgewicht
   3 Druckplatte
   4 Ausrückhebel
   5 Drucklager
   6 Betätigungsgabel
   7 Unterdruckzylinder
   8 Schraubenfeder
   9 Membrane
  10 Gegendruckfeder

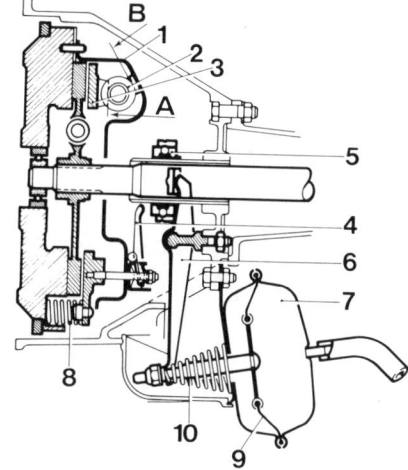

Trocken-Scheibenkupplung. Das 'Greifen' der Kupplung kommt aber nicht infolge von Federkraft zustande, sondern durch eine Zentrifugalkraft, welche durch drei Fliehkraftgewichte (2) erzeugt wird.

Im Leerlauf sind die Federn (8) stärker als die Zentrifugalkraft der Gewichte (2).

Die Eingreifdrehzahl der Kupplung liegt bei 1050 min⁻¹. Oberhalb dieser Drehzahl ist die Zentrifugalkraft größer als der Federdruck.

Ein Kupplungsbegrenzer macht es möglich, bis zur Motordrehzahl von 2000 min⁻¹ zu entkuppeln. Dieser Begrenzer wirkt folgendermaßen:

Der Unterdruck im Zylinder (7) bewegt eine Membrane (9). Diese Membrange ist mit einer Betätigungsgabel (6) verbunden, welche das Drucklager verschieben kann, genau wie bei einer normalen Kupplung. Die Druckfeder (10) sorgt dafür, daß das Drucklager sich in den Stellungen D und R des Wahlhebels von den Ausrückhebel freimacht.

Der Kupplungsbegrenzer wird über den Wahlhebel durch ein elektromagnetisch betätigtes Begrenzungsventil aktiviert. Der maximale Unterdruck beträgt 40 kPa.

13.5 Betätigung einer Trockenscheibenkupplung

Mechanisch

Bei der mechanisch betätigten Trockenscheibenkupplung verwendet man zur Bewegung der Gabel beim Entkuppeln im allgemeinen einen Bowdenzug.

Eine spezielle Konstruktion ist die mit automatischer Stellvorrichtung. Durch den Tritt aufs Kupplungspedal bewegt der Fahrer eine Sperrklinke und ein Zahnsegment, an dem das Kupplungskabel befestigt ist. Das Drucklager dreht sich konstant mit der Kupplung. Die Zugfeder ist so zwischen Pedal und Zahnradsegment angebracht, daß das Kabel unter Spannung gehalten wird, falls die Klinke nicht in die Verzahnung des Zahnsegments eingreifen sollte. Die automatische Einstel-

lung erfolgt durch Verdrehen des Zahnradsegments im Verhältnis zur Sperrklinke.

Hydraulische Betätigung der Kupplung

Der Druck auf das Kupplungspedal kann auch mit Hilfe von Flüssigkeit auf die Kupplung übertragen werden. Flüssigkeit läßt sich ja schließlich nicht zusammendrücken. Bei der hydraulischen Kraftübertragung erhält man einen leichten Pedaldruck. Eine hydraulische Bedienung besteht aus einem Hauptzylinder und einem Arbeitszylinder. Der Hauptzylinder wird durch das Kupplungspedal betätigt, der Arbeitszylinder betätigt die Bedienungsgabel. Im Hauptzylinder befindet sich ein Leichtmetallkolben mit zwei Manschetten (3 und 5). Der Kolben steht im Ruhezustand mit der vorderen Manschette (5) zwischen der Ausgleichsbohrung und der größeren Zufuhrbohrung. Beim Tritt auf das Kupplungspedal bewegt sich der Kolben mit den beiden Manschetten nach vorn. Durch den vor dem Kolben vorherrschenden Druck wird die vordere Manschette (5) gegen die Zylinderwand gepreßt, so daß sie gründlich abdichtet. Je mehr der Druck wächst, desto stärker wird die Manschette nach außen gedrückt. Wenn die Maschette (5) einmal an der Ausgleichsbohrung vorbei ist, kann keine Flüssigkeit mehr entweichen; sie wird jetzt zum Arbeitszylinder gepreßt. Dieser Zylinder hat ebenfalls einen Leichtmetallkolben und eine Manschette. Der Kolben bewegt eine Stange, welche schließlich die Bedienungsgabel bewegt.

Hebt man den Fuß rasch vom Kupplungspedal ab, dann drückt die Feder den Kol-

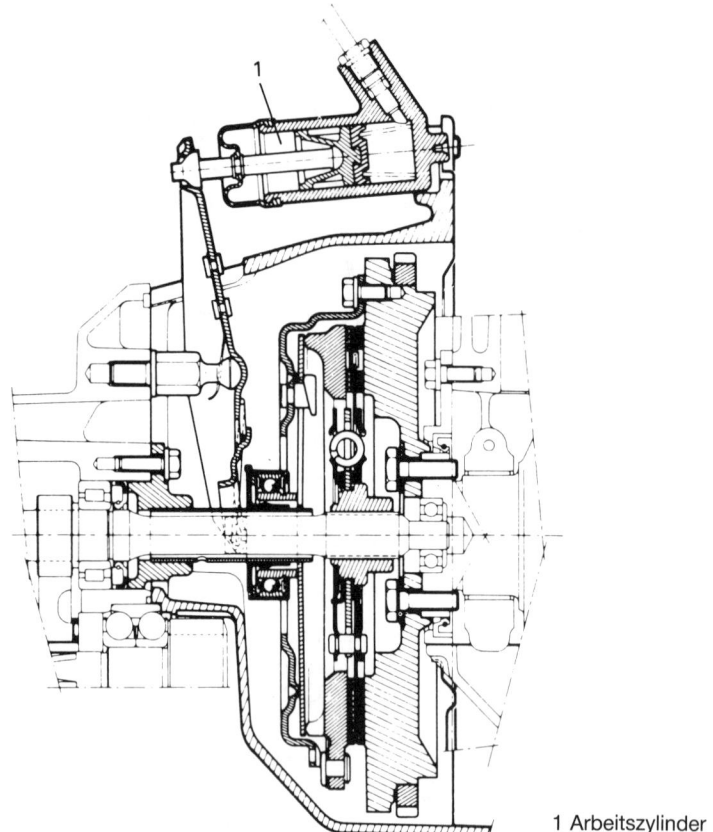

1 Arbeitszylinder

Abb. 13.10: Hydraulisch betätigte Kupplung im Querschnitt (Talbot)

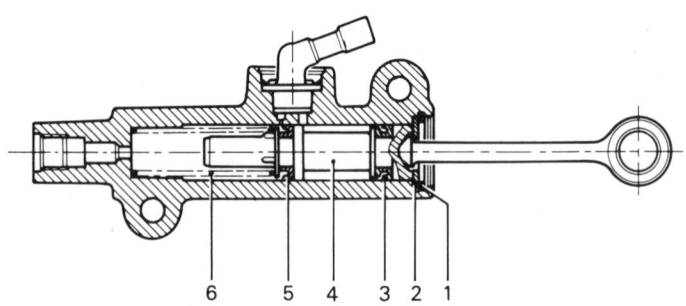

6 5 4 3 2 1

Abb. 13.11: Kupplungshauptzylinder im Querschnitt (Talbot)
1 Staubkappe   2 Anschlagring   3 + 5 Manschetten   4 Kolben
6 Feder   7 Ausgleichsbohrung   8 große Zufuhrbohrung

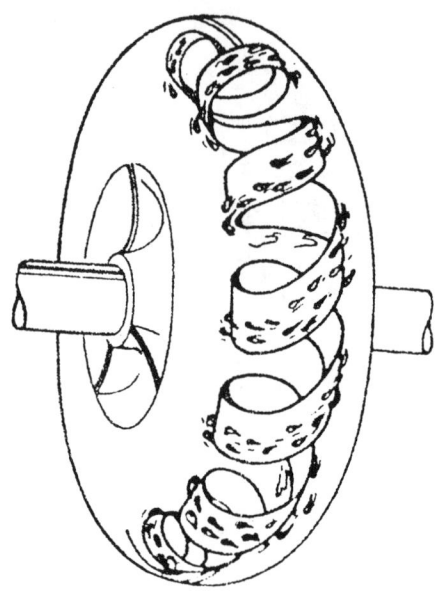

Abb. 13.12: Ölstrom zwischen Pumpe und Turbine

Bei Leerlaufdrahzahl hat das Öl in der Pumpe noch nicht genug Bewegungsenergie, um die Turbine in Drehung zu versetzen. Es besteht also keine Kupplung zwischen Motor und Getriebe. Das Fahrzeug bleibt stehen. Wird die Motordrehzahl erhöht, strömt das Öl wohl mit ausreichender Kraft auf die Turbinenschaufeln, wodurch diese sich ebenfalls zu drehen beginnen. Von der Turbine aus gelangt das Öl wieder zur Pumpe.

Je nach Schnelligkeitszunahme der Turbine erfährt das Öl auch darin eine Zentrifugalkraft. Diese wirkt dem Ölstrom entgegen.

Es dürfte logisch sein, daß es zwischen Pumpe und Turbine stets eine Drehzahldifferenz gibt. Bei gleich großen Drehzahlen gibt es keine Übertragung. Die Pumpe wird sich stets schneller drehen als die Turbine. Wärme- und Leistungsverlust, ebenso wie ein größerer Kraftstoffverbrauch sind die Folgen. Demgegenüber stehen die folgenden Vorteile:

– geschmeidige Übertragung des Motordrehmoments
– der Motor kann nicht überlastet werden
– keine mechanischen Reibungs- und Verschleißerscheinungen
– einfache Bedienung: Gas geben genügt.

Wird hinter einer Flüssigkeitskupplung ein traditionelles Getriebe angebracht, dann ist zwischen beiden wiederum eine Scheibenkupplung erforderlich.

ben schneller zurück, als Flüssigkeit zurückfließen kann, was einen Unterdruck zur Folge hat. Dadurch strömt Flüssigkeit durch die Längsbohrungen im Kolben und zwischen Manschette (5) und Zylinder zur Druckseite der Manschette. Das verhindert das Eindringen von Luft.

Wenn die Flüssigkeit aus dem Arbeitszylinder zurückströmt, kann die zurückgeflossene Flüssigkeit durch die Ausgleichsbohrung erneut in den Vorratsbehälter gelangen.

Damit eine gründliche Abdichtung im Arbeitszylinder gewährleistet ist, verwendet man einen Manschettendehner.

13.6 Flüssigkeitskupplung

Das Rad einer Wassermühle wird durch den Strömungsdruck des Wassers in Bewegung versetzt. Rühren wir mit einem Löffel im Kaffee, so sehen wir, wie die Zentrifugalkraft den Kaffee gegen die Wände der Tasse drückt, so daß der Kaffee eine Trichterform einnimmt.

Eine Flüssigkeitskupplung basiert auf demselben Prinzip. Der antreibende Teil heißt Pumpe und ist mit dem Schwungrad verbunden. Der angetriebene Teil wird als Turbine bezeichnet; er treibt das Getriebe an. Das Ganze ist mit Öl gefüllt.

13.7 Strömungswandler

Der Strömungswandler ist eine verbesserte Ausführung der Flüssigkeitskupplung.

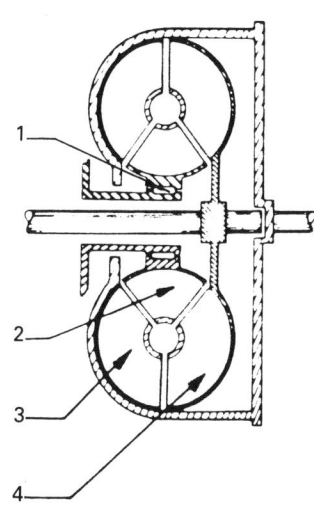

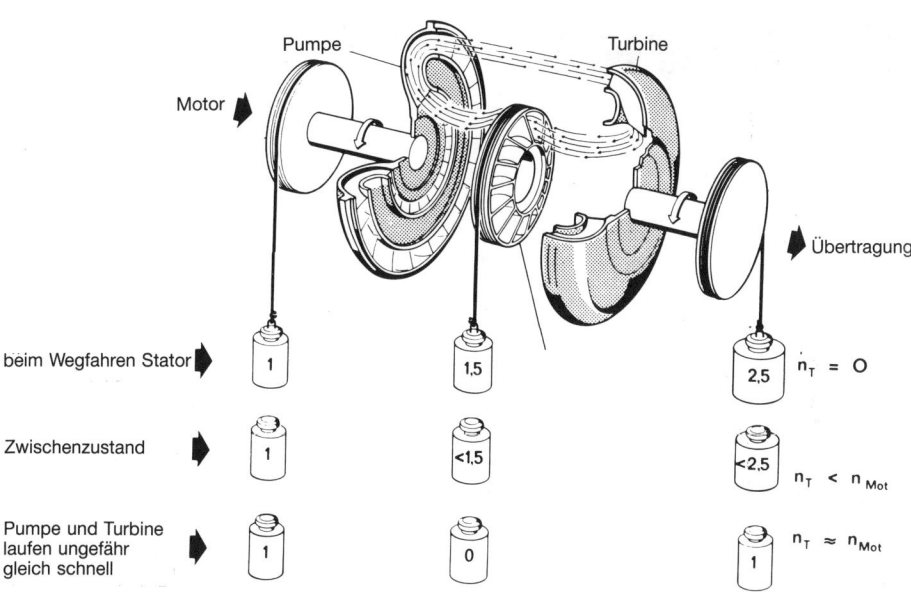

Abb. 13.14: Prinzip des Strömungswandlers

Abb. 13.13: Strömungswandler in schematischer Wiedergabe
1 Freilaufrad 2 Stator
3 Pumpe 4 Turbine

Ein Strömungswandler macht es möglich, das Motordrehmoment vergrößert zu übertragen. Er besteht aus den bereits besprochenen Teilen Pumpe und Turbine, zwischen denen sich ein Stator befindet. Letzterer ist auf einem Freilaufrad montiert. Dadurch ist es nicht möglich, daß der Stator sich entgegengesetzt zur Laufrichtung des Motors dreht.
Genau wie bei der Flüssigkeitskupplung, ist die Kurbelwelle mit dem Wandlergehäuse und der Pumpe verbunden. Ebenfalls gleich der Flüssigkeitskupplung ist es das durch die Pumpe in Drehbewegung versetzte Öl, welches die Turbine antreibt. Das Öl aus der Turbine strömt gegen die Statorschaufeln. Dadurch ändert der Ölstrom seine Richtung, nämlich in Drehrichtung der Pumpe. Das Öl übt auf die Pumpenschaufeln eine zusätzliche

Antriebskraft aus, und die Reaktionskraft vergrößert auch den Druck auf die Turbinenschaufeln. Anders gesagt: durch die Umlenkung des Ölstroms und das sich Absetzen des Öls gegen die Schaufeln des Stators wird das Drehmoment an der Turbine im Verhältnis zum Motordrehmoment vergrößert. Die Vergrößerung ist maximal, etwa 2 bis 2,5fach, wenn die Drehzahldifferenz, also der Schlupf, zwischen Pumpe und Turbine am größten ist. Der Ölstrom aus der Turbine ändert seine Richtung weniger stark und der Einfluß des Stators vermindert sich in dem Verhältnis, in dem die Drehzahl der Turbine zunimmt. Die Reaktion an der Turbine ist kleiner und die Flüssigkeit drückt weniger stark gegen die Rückseite der Pumpenschaufeln. Der Stator dreht sich dann mit der Pumpe und der Turbine. Es gibt jetzt keine Drehmomentvergrößerung mehr und der Strömungswandler wirkt wie eine Flüssigkeitskupplung.
Pumpe, Stator und Turbine sind zuweilen zwei- oder dreiteilig ausgeführt.

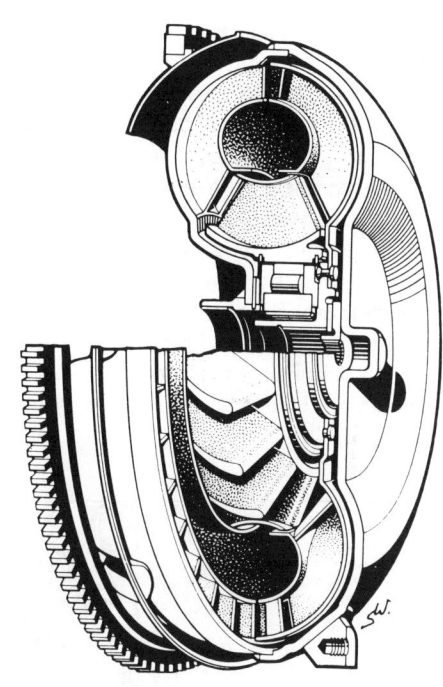

Abb. 13.15: Aufrißzeichnung eines Strömungswandlers

14. Getriebe

Das Getriebe hat den Zweck, das Drehmoment des Motors an die wechselnden Fahrgeschwindigkeiten und Fahrbedingungen anzupassen, z.B. an die zu transportierende Last, an Straßensteigungen, Luftwiderstand, Rollwiderstand, Beschleunigung u.ä. Schaltet man in einen anderen Gang, so ändert man das Verhältnis der Motordrehzahl zu den Antriebsrädern. Das Getriebe macht es möglich, den Motor in einem Drehzahl- und Belastungsbereich arbeiten zu lassen, in dem der spezifische Kraftstoffverbrauch am günstigsten ist. Bei gleicher Motorleistung verhält sich das Motordrehmoment oder die Zugleistung im entgegengesetzten Verhältnis zur Motordrehzahl. Im ersten Gang hat das Fahrzeug also eine große Zugkraft und im größten Gang eine geringe. Bei alledem ist zu berücksichtigen, daß die Motordrehzahl ein bestimmtes Maximum nicht überschreiten darf und daß andererseits die Motorleistung nur oberhalb einer bestimmten Drehzahl praktischen Wert hat.

14.1 Funktionsprinzip eines Getriebes

In der Abb. 14.2 hat das antreibende Zahnrad (a) 10 Zähne und das angetriebe Rad (b) 40 Zähne. Wenn a eine Umdrehung macht bzw. sich um 10 Zähne dreht, verdreht b sich ebenfalls um 10 Zähne, aber das ist nur eine viertel Umdrehung. Es handelt sich also hier um das Übersetzungsverhältnis 4 : 1. Dabei drehen sich a und b auch in entgegengesetzter Richtung.

Angenommen nun, a sei an der Motorwelle befestigt und das Motordrehmoment sei x Nm. Zahnrad a hat 10 Zähne (z = x) und b 40 Zähne (z = 40).

$z_a : z_b = 1 : 4$; dann ist auch $r_a : r_b = 1 : 4$.

Die Kraft F, die in A durch Zahnrad a auf Zahnrad b ausgeübt wird, ist

$$\frac{X}{r_a}$$

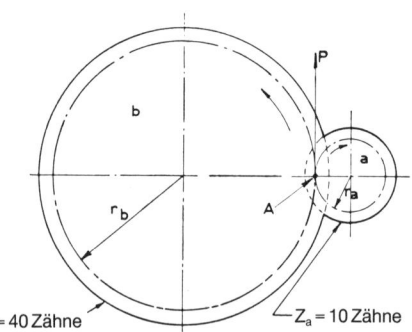

Abb. 14.2: Prinzip einer Zahnradübersetzung

Das Drehmoment an der Achse von Zahnrad b ist

$$r_b = \frac{X}{r_a}$$

und da $r_a : r_b = 1 : 4$, ist dieses Drehmoment

$$4\, r_a \frac{X}{r_a} = 4\ x.$$

Das Drehmoment wird in diese Falle viermal vergrößert.

In einem Getriebe wird das Motordrehmoment über die Eingangswelle, die Antriebswelle, auf die Vorgelewelle und von dort aus auf die Abtriebswelle übertragen. Die Drehzahl/das Moment der Abtriebswelle richtet sich also nach der Drehzahl/ dem Moment der Antriebswelle und den Übersetzungsverhältnissen der Zahnräder.

Wenn man vom 'Schongang' spricht, dann will man damit andeuten, daß die Antriebswelle direkt mit der Abtriebswelle verbunden ist. In unserem Beispiel ist dies der 3. Gang. Die Antriebs- und die Abtriebswelle stellen also praktisch eine Verlängerung dar. Die Abtriebswelle wird durch die Antriebswelle gestützt.

Die Vorgelegewelle läuft auf Kugel- oder Rollenlagern, oder sie ist in das Getriebe eingeklemmt, wobei sie gegen Mitdrehen

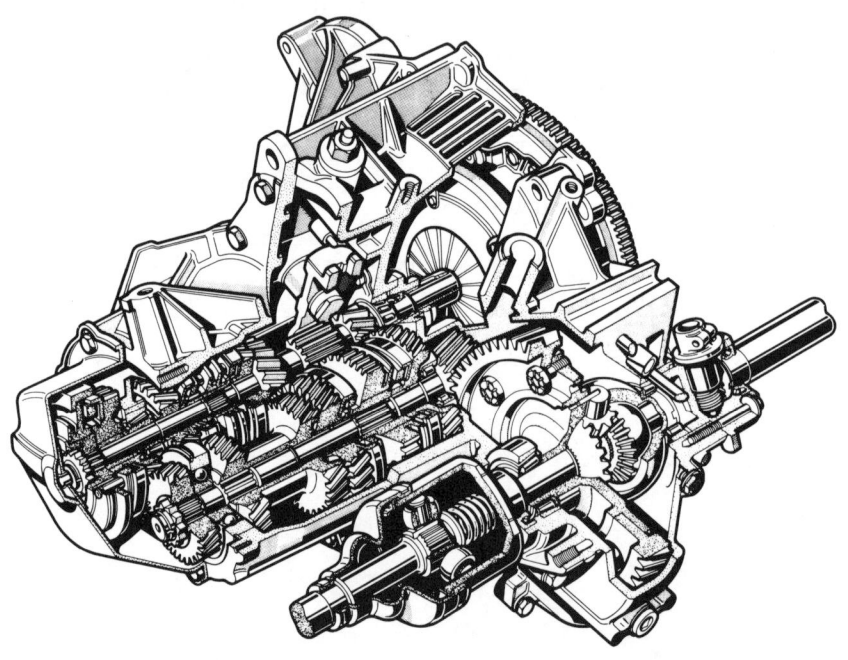

Abb. 14.1: Aufrißzeichnung eines handgeschalteten Fünfganggetriebes (Citroën BX)

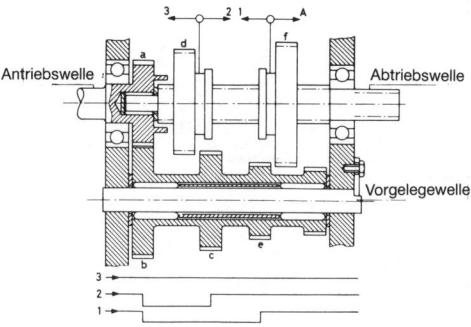

Abb. 14.3: Früher übliches Dreigganggetriebe mit Zahnradschaltung im Querschnitt.

gesichert ist. In diesem Fall dreht sich der Zahnradsatz um die Vorgelegewelle, und er läuft auf Nadellagern. Die Zahnräder a und b greifen immer ineinander, während das kleinste Zahnrad der Vorgelegewelle ein Zwischenzahnrad für den Rückwärtsgang antreibt (Abb. 14.4).

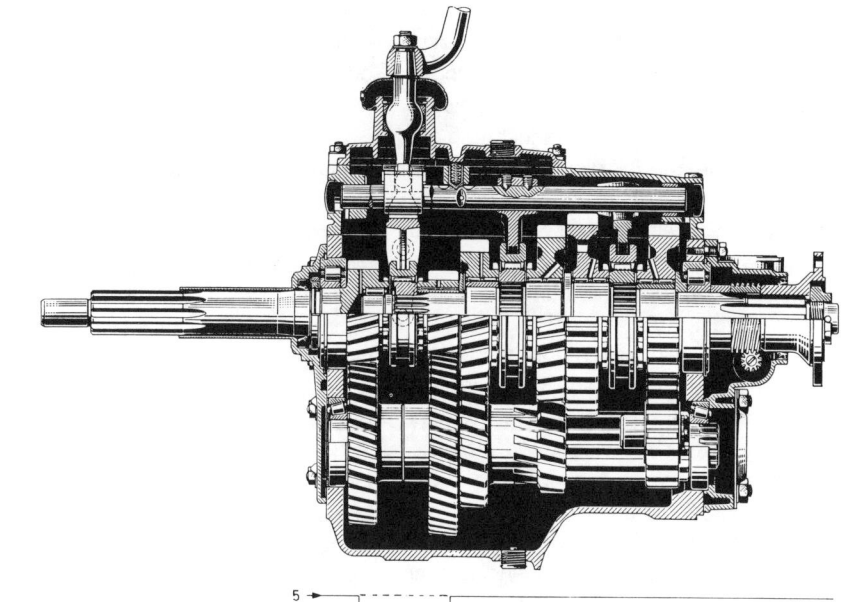

Abb. 14.6: Synchronisiertes Fünfganggetriebe im Querschnitt

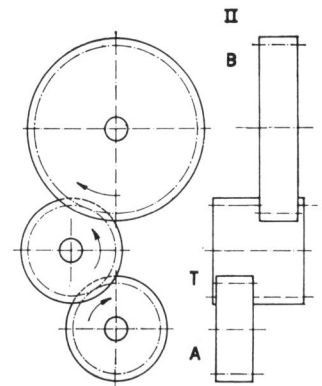

Abb. 14.4: Drehrichtung der Zahnräder bei eingeschaltetem Rückwärtsgang
B = Zahnrad auf Abtriebswelle
T = Zwischenzahnrad
A = Zahnrad auf Vorgelegewelle

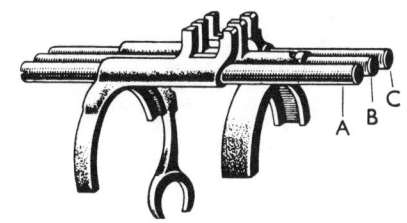

Abb. 14.5: Schaltgabeln

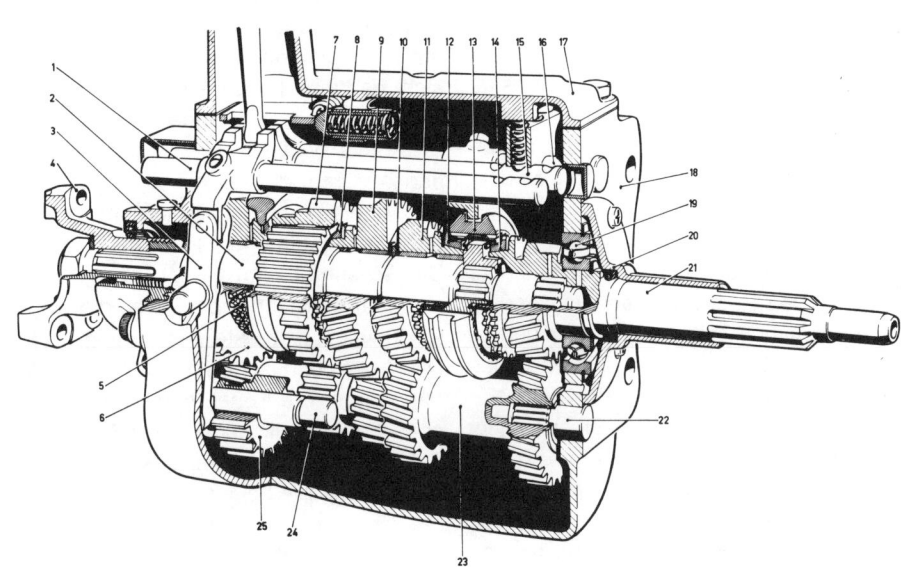

Abb. 14.7: Vierganggetriebe

1 Schaltgabelwelle für Rückwärtsgang
2 Abtriebswelle
3 Schaltsteuerungshebel für Rückwärtsgang
4 Kreuzgelenkflansch
5 Synchronring 1. Gang
6 Zahnrad 1. Gang
7 Schaltmuffe 1./2. Gang
8 Synchronring 2. Gang
9 Zahnrad 2. Gang
10 Sicherungsring
11 Zahnrad 3. Gang
12 Synchronring 3. Gang
13 Schaltmuffe 3./4. Gang
14 Synchronring 4. Gang
15 Schaltgabelwelle 1./2. Gang
16 Schaltgabelwelle 3./4. Gang
17 Kopfdeckel
18 Getriebegehäuse
19 Kugellager
20 Vorderer Lagerdeckel
21 Antriebswelle
22 Welle für Turmzahnrad
23 Turmzahnrad
24 Vorgelegewelle für Rückwärtszahnrad
25 Zahnrad Rückwärtsgang

Die Drehrichtung der Vorgelegewelle ist der der Antriebswelle entgegengesetzt. Wird z.B. das Zahnrad des ersten Ganges in das Zahnrad auf der Vorgelegewelle geschoben, dann ist die Drehrichtung der Abtriebswelle wieder gleich der der Antriebswelle. Im Rückwärtsgang muß die Drehrichtung der Abtriebswelle der der Antriebswelle entgegengesetzt sein, und zu dieser Richtungsänderung dient das Zwischenzahnrad.

Die Abb. 14.4 zeigt eine mögliche Stellung der Zahnräder. Das Zahnrad F auf der Abtriebswelle dreht sich jetzt in gleicher Richtung mit der Vorgelegewelle, also entgegengesetzt zur Antriebswelle. Die Schaltzahnräder d und f in der Abb. 14.3 können sich zwar über die Abtriebswelle schieben, aber sie sind drehend mit ihr verbunden, weil Welle und Zahnräder miteinander verkeilt sind.

Der dritte Gang kommt durch eine Klauenkupplung zustande. Zahnrad d ist teilweise innenverzahnt, und dadurch paßt es seitlich in das Zahnrad der Antriebswelle. In der genannten Schaltstellung ist die Abtriebswelle direkt mit der Antriebswelle verbunden, so daß im Getriebe keine Übersetzung erfolgt.

Getriebe mit Zahnradschaltung gibt es in modernen Automobilen nicht mehr, wohl dagegen findet man sie noch in Oldtimern. Das in der Abb. 14.3 gezeigte Getriebe hat vier Schaltstellungen, drei Vorwärtsgänge und einen Rückwärtsgang. Um Zahnrad f, das für den ersten Gang dient, auch für den Rückwärtsgang verwenden zu können, muß Zahnrad g so klein gehalten sein, daß f es nicht berühren kann. Wie bereits gesagt, wird f in ein Zwischenzahnrad geschaltet, um die Drehrichtung umzukehren. Durch die Verkleinerung des Zahnrades g ist die Übersetzung im Rückwärtsgang am größten. Das ist auch gut so, denn rückwärts fährt man ohnehin immer nur sehr langsam.

Zum Verschieben der Zahnräder d und f dient eine Schaltgabel. Die Abb. 14.5 vermittelt eine Vorstellung von einem Schaltgabelsatz aus einem Vierganggetriebe mit einer gesonderten Schaltgabel für den Rückwärtsgang. Im Getriebe, zu dem diese Gabeln gehören, wird das Zwischenzahnrad des Rückwärtsgangs geschaltet. Die Schaltstangen A, B und C sind im Getriebedeckel montiert. Es dürfte klar sein, daß jeweils nur ein einziger Gang eingeschaltet sein darf. Die diversen Gänge liefern verschiedene Übersetzungen, und daher würde der Antrieb blockiert, falls mehr als ein Gang gleichzeitig eingeschaltet wäre. Das würde zu Getriebe- oder Wellenbruch führen.

Synchronisierte Getriebe

Wie bereits gesagt, kommen Getriebe mit Zahnradschaltung in Pkw nicht mehr vor. Damit man ohne »Zähneputzen«, wie man das ratschende Schalten spöttisch nennt, schalten kann, wurden die Getriebe synchronisiert. Die Zahnräder wurden schrägverzahnt (geräuschärmer) und sind dauernd im Eingriff miteinander. Die Zahnräder der Gänge, die gerade nicht eingeschaltet sind, drehen sich also unbelastet um die Abtriebswelle. Wird ein Gang eingelegt, dann muß die Drehzahl der Abtriebswelle mit der Drehzahl des entsprechenden Zahnrades übereinstimmen.

Das Einschalten eines Ganges ist also das Koppeln eines sich frei drehenden Zahnrades an die Abtriebswelle. Dieses Synchronisieren (gleichlaufen lassen) geschieht mittels eines Synchronisators.

Ein Synchronisator besteht im Prinzip aus einer Synchro-Nabe (a) und einer Schaltmuffe (b). Die Synchro-Nabe ist drehfest mit der Abtriebswelle verbunden und dreht sich daher mit gleicher Drehzahl. Das Zahnrad (2) hat eine andere Drehzahl als die Abtriebswelle und demnach auch eine andere Drehzahl als die Synchro-Nabe (a). Mittels einer Schaltgabel (c) bewegt sich die Schaltmuffe (b) z.B. nach rechts. Die Schaltmuffe (b) nimmt die Synchro-Nabe (a) mit nach rechts, weil die Kugel (d) für eine halbfeste Verbindung sorgt. Die konischen Flächen berühren einander dann bei e. Die Kugel (d) muß einen solchen Federdruck haben, daß Nabe und Zahnrad sich mit gleicher Geschwindigkeit drehen, ehe die Schaltmuffe (b) sich über die Verzahnung (f) schieben kann. Natürlich ist die Schaltmuffe mit einer Innenverzahnung versehen, die mit der Außenverzahnung f übereinstimmt.

Da das Material, aus dem Synchro-Nabe und Zahnrad bestehen, sich im allgemeinen nicht zur Reibungskupplung eignet, befindet sich zwischen Nabe und Zahnrad noch ein Synchronisierungsring. Überdies kann die Ausführung eines Synchronisators in vielerlei Hinsicht vom hier besprochenen Prinzip abweichen. Ein häufig vorkommender Typ hat, verteilt über den Nabenumfang, drei kleine Keile. Diese Keile werden durch einen ringförmigen Stahldraht nach außen gedrückt. Wenn die Schaltmuffe sich verschiebt, nimmt sie die

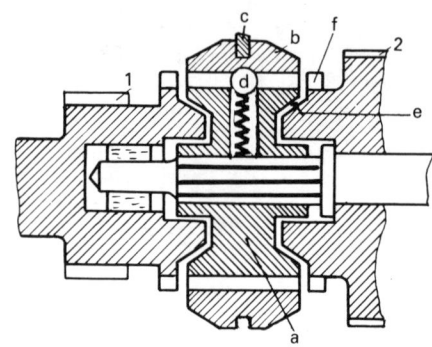

Abb. 14.8: Prinzip des Synchronisators
a Synchro-Nabe
b Schaltmuffe
c Schaltgabel
d Sperrkugel
e konische Berührungsfläche
f äußere Verzahnung

Keile mit, bis der Synchronring gegen den konischen Teil des Zahnrades andrückt. Der Druck gegen den Synchronring ist gleich dem Druck gegen die Schaltmuffe, um über die Nocken der Keile zu gleiten. Da die rechtwinkligen Öffnungen in den

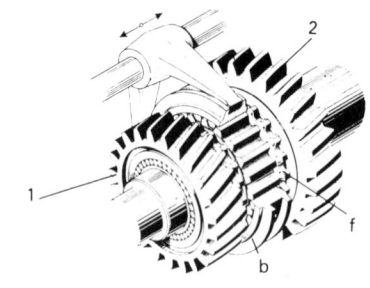

Abb. 14.9: Praktische Ausführung des Synchronrings

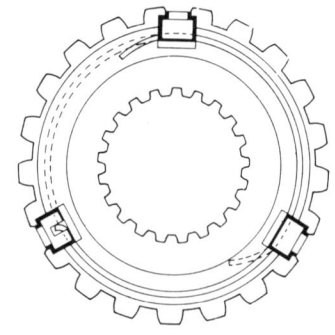

Abb. 14.10: Drei Keile, verteilt über den Umfang der Synchro-Nabe

Synchronringen breiter sind als die Keile, wird der Synchronring sich ein wenig mit dem Konus mitdrehen, gegen den er angedrückt wird, vorausgesetzt daß der Konus sich schneller dreht. Dreht der Konus sich langsamer als der Ring, dann wird er etwas zurückbleiben, was denselben Effekt hat. Die zweite Phase verläuft nun folgendermaßen: da der Synchronring einen Klauenkranz hat, welcher dem der Zahnräder entspricht, werden die Zähne durch die kleine Drehung nicht in einer Linie mit den Zähnen in der Schaltmuffe liegen, siehe I in Abb. 14.10. Diese Zähne drücken jetzt gegen die Zähne des Synchronrings, wodurch der Druck auf die konischen Flächen erhöht wird und die Einzelteile rasch auf gleiche Geschwindigkeit kommen.

Gibt es keine Schnelligkeitsdifferenz mehr (II in Abb. 14.10), dann kann die Schaltmuffe leicht durchgedrückt werden, da die spitz zulaufenden Zähne beider Teile das Abstimmen der Zähne jetzt möglich machen.

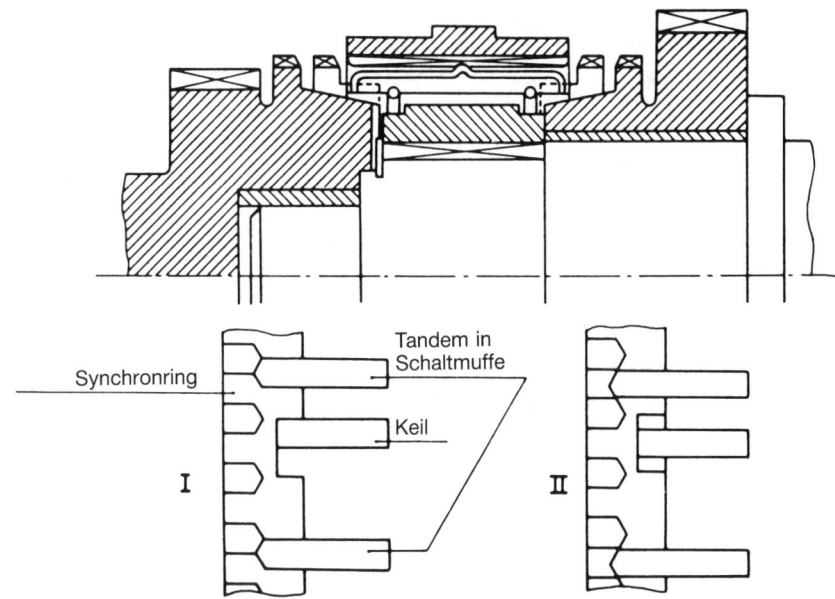

Abb. 14.10: Prinzipzeichnung eines Synchronators, der mit Keilen in der Synchro-Nabe arbeitet

14.2 Overdrive

Wenn der Overdrive-Gang eingeschaltet ist, dreht sich die Abtriebswelle schneller als die Antriebswelle, also schneller als die Kurbelwelle. Das antreibende Zahnrad ist dann größer als das angetriebene. Behält man dieselbe Geschwindigkeit bei, dann geht die Motordrehzahl zurück, was einerseits Kraftstoff erspart und andererseits den Motorverschleiß verringert. Auch das Motorengeräusch nimmt ab. Allerdings hat man bei eingelegtem Overdrive weniger Beschleunigungsvermögen. Mit sinkender Drehzahl geht ja schließlich auch die Leistung zurück. Das Overdrive, ein Supergang, kann im Getriebe untergebracht sein oder als Zusatzgetriebe hinter dem Getriebe sitzen. Die Bedienung erfolgt von Hand, hydraulisch, elektrisch oder in einer Kombination dieser Systeme.

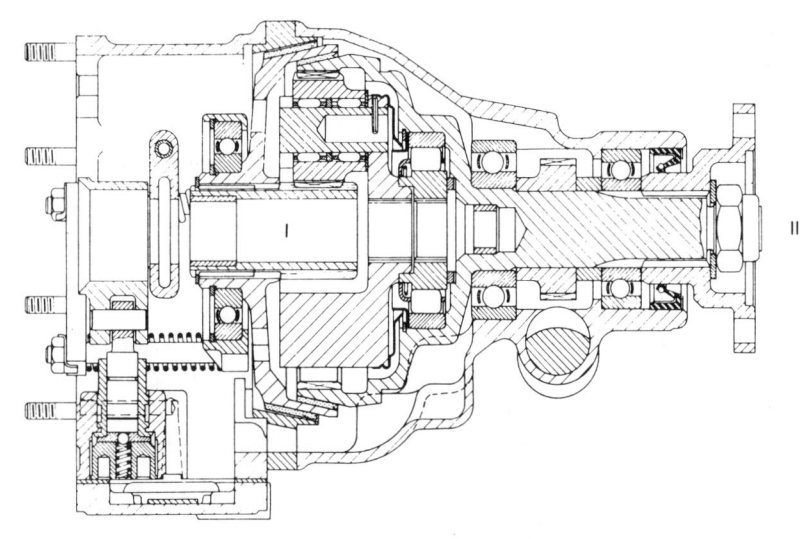

Abb. 14.11: Angebautes Overdrive mit Planetenzahnradsatz, durch Öldruck betätigt

I Abtriebswelle des Getriebes   II Abtriebswelle des Overdrive

Funktion

Will man sich die Funktion klarmachen, so sollte man sich zunächst einmal mit dem Planetengetriebe beschäftigen (Abb. 14.14). Die wichtigsten Einzelteile des Overdrive sind ein Sonnenrad, drei Planetenräder, ein Hohlrad sowie eine konische Kupplungstrommel. Die Trommel sitzt in der Verlängerung des Sonnenrades fest und kann in den Nuten dieses Rades nach vorn oder hinten verschoben werden.

Mit Hilfe von Druckfedern und einem Lager wird der konische Teil der Trommel auf das Hohlrad gedrückt, das an seiner Außenseite ebenfalls eine konische Fläche hat. So werden Sonnenrad und Hohlrad miteinander verbunden. Falls zwei der drei Teile eines Planetengetriebes miteinander verbunden sind, dreht der ganze Satz sich als Einheit. Die Overdrive-Funktion ist ausgeschaltet. Das Antriebsdrehmoment wird von der Antriebswelle aus über die Einwegkupplung auf die Abtriebswelle übertragen.

Wenn die Außenseite der konischen Trommel mittels Flüssigkeitsdrucks gegen das Overdrivegehäuse gedrückt wird, ist das Overdrive eingeschaltet. Das Sonnenrad ist mit dem Gehäuse verbunden und steht demnach still. Über den Planetenträger wird das Antriebsdrehmoment jetzt auf die Planetenräder, das Hohlrad und die Abtriebswelle übertragen. Die Abtriebswelle dreht sich schneller als die Antriebswelle, da die Planetenräder auf dem stillstehenden Sonnenrad laufen.

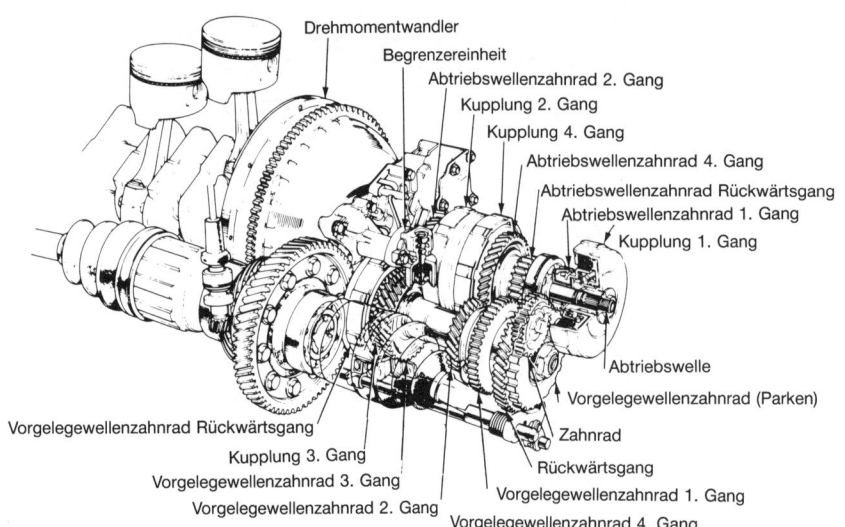

Abb. 14.13: Aufrißzeichnung eines Halbautomaten mit vier Gängen (Honda)

Der Flüssigkeitsdruck hängt vom Motordrehmoment ab, und eine Sperrvorrichtung verhindert, daß man das Overdrive im Rückwärtsgang oder im 1. und 2. Gang einschalten kann.

Elektronisch geregelter Overdrive-Automat

Bosch entwickelte ein Getriebe mit Overdrive, das sich automatisch ein- oder ausschaltet. Der Overdrive-Automat schaltet sich bei geringer Motorbelastung automatisch ein, und er schaltet sich aus, sobald der Motor voll belastet wird.

Economy-Getriebe

Mitsubishi entwickelte für ein früheres Modell ein Getriebe mit zwei Gangwählern. Der eine dient zum Schalten der vier Vorwärtsgänge und des Rückwärtsgangs. Den anderen kann man auf 'Power' oder auf 'Economy' stellen. In Economy-Stellung verfügt man über günstigere Verhältnisse, die Abtriebswelle macht mehr Umdrehungen.

Man verfügt demnach über 4 x 2 Vorwärtsgänge und über 1 x 2 Rückwärtsgänge. Diese zehn Gänge erhält man mit Hilfe dreier Wellen, einer Eingangswelle, einer Zwischenwelle und einer Ausgangswelle. Alle Zahnräder auf der Zwischenwelle stehen auf dieser fest. Durch Verschieben der Synchronisiervorrichtung auf der Eingangswelle nach rechts mit Hilfe des Economy-Hebels wird das rechte Zahnrad fest mit der Eingangswelle verbunden, so daß die wirtschaftlichen Bedingungen entstehen. Verbindet man das linke Zahnrad mit der Eingangswelle, so verfügt man über mehr Zugkraft und ein größeres Beschleunigungsvermögen.

14.3 Halbautomatisches Getriebe

Ein halbautomatisches Getriebe kann aus einem traditionellen Getriebe, einem Differential und einem Drehmomentwandler mit Schaltkupplung bestehen.

Damit man in einen anderen Gang schalten kann, muß der Motor auch hier – ebenso wie bei Verwendung einer Flüssigkeitskupplung – durch eine hydraulisch betätigte Scheibenkupplung entkuppelt werden. Durch Berührung des Wahlhebels unterbricht ein eingebauter Kontakt den Stromkreis mit Hilfe eines Elektromagneten. Dieser betätigt einen Kolben im Hydrauliksystem, so daß der Motor entkuppelt wird. Läßt man den Wahlhebel nach dem Schalten wieder los, so greift die Kupplung wieder.

Um loszufahren muß man den Gang bei einem im Leerlauf arbeitenden Motor einlegen. Danach braucht man nur noch Gas zu geben um loszufahren. Der Motor startet nur mit dem Wahlhebel in neutraler Stellung.

14.4 Automatisches Getriebe (Prinzip)

Zum Verständnis einer automatischen Übertragung betrachten wir noch einmal das Planetengetriebe. Das enthält also ein Sonnenrad, ein Hohlrad und drei oder vier Planetenräder, welche durch einen Planetenradträger auf Abstand gehalten werden.

Das Schalten geschieht dadurch, daß eines dieser Organe durch Spannen eines Bremsbandes um eine sich mitdrehende Trommel zurückgehalten wird. Betrachten wir nachfolgend einmal die verschiedenen, in der Praxis vorkommenden Kombinationen.

Erste Möglichkeit

Sonnenrad: antreibend.
Hohlrad: freidrehend in beiden Richtungen.

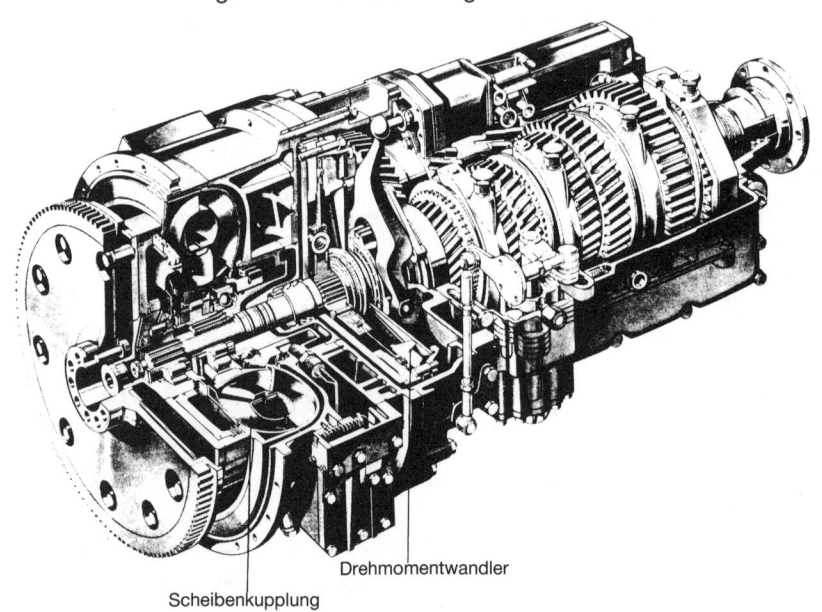

Abb. 14.14: Halbautomat, basierend auf der Kombination von normalem Getriebe, Scheibenkupplung und Drehmomentwandler

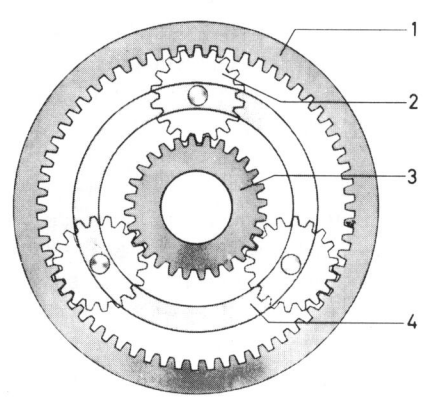 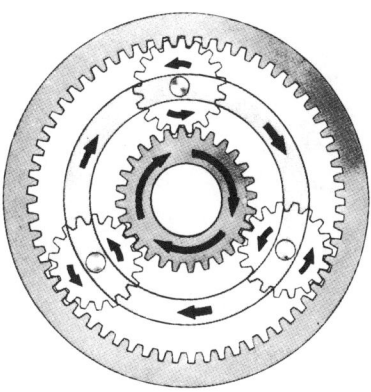 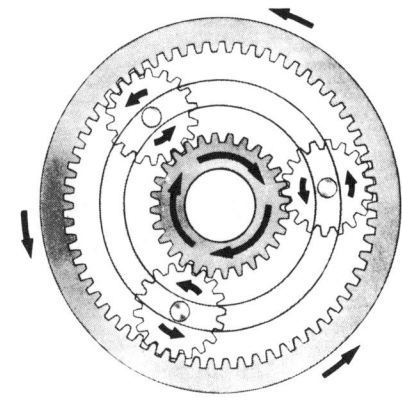

Abb. 14.15: Prinzip des Planetengetriebes   1 Hohlrad   2 Planetenräder   3 Sonnenrad   4 Planetenträger

Dem Planetenradträger kann hier keine Kraft entnommen werden. Also keine Kraftübertragung. Stellung 'neutral'.

Wir gehen hier davon aus, daß das Hohlrad 80 Zähne (Z_2) und das Sonnenrad 20 Zähne (Z_1) hat.

Zweite Möglichkeit:

Sonnenrad: antreibend.
Hohlrad: fest.
Planetenradträger: angetrieben.

Dies führt zu einer erheblichen Verzögerung, wobei der Planetenradträger sich in derselben Richtung dreht wie das Sonnenrad.

Um sich eine Vorstellung bezüglich der Geschwindigkeitsverhältnisse zu machen, kann man in Gedanken folgendermaßen vorgehen: Drehen Sie den ganzen Satz um eine Drehung nach rechts. Drehen Sie anschließend das Hohlrad um eine Umdrehung zurück, aber halten Sie den Planetenradträger auf der Stelle fest. Der so zustandegekommene Zustand stimmt überein mit einem stillstehenden Hohlrad und einem Planetenradträger, der sich um eine Umdrehung gedreht hat. Insgesamt drehte sich das Sonnenrad dann um

$$1 + \frac{Z_2}{Z_1} \text{ oder } 1 + \frac{80}{20} = 5 \text{ Umdrehungen.}$$

Die Zahl der Zähne des Planetenzahnrades hat keinen Einfluß, weil es nur als Zwischenzahnrad dient.

Dritte Möglichkeit

Sonnenrad: fest.
Hohlrad: antreibend.
Planetenradträger: angetrieben.
Dies führt zu einer weniger großen Verzö-

gerung. Der Planetenradträger dreht sich in derselben Richtung wie das Hohlrad.

Legen wir hier dieselben Gedankengänge zugrunde wie im zweiten Beispiel, aber dann von einem Zurückdrehen mit dem Sonnenrad ausgehend, dann sehen wir, daß das Hohlrad bei stillstehendem Sonnenrad und bei einer Umdrehung des

Planetenradträgers sich um

$$1 + \frac{Z_1}{Z_2} \text{ oder } 1 + \frac{20}{80} = 1\frac{1}{4}$$

Umdrehungen dreht.

Vierte Möglichkeit

Zwei der drei Organe werden miteinander

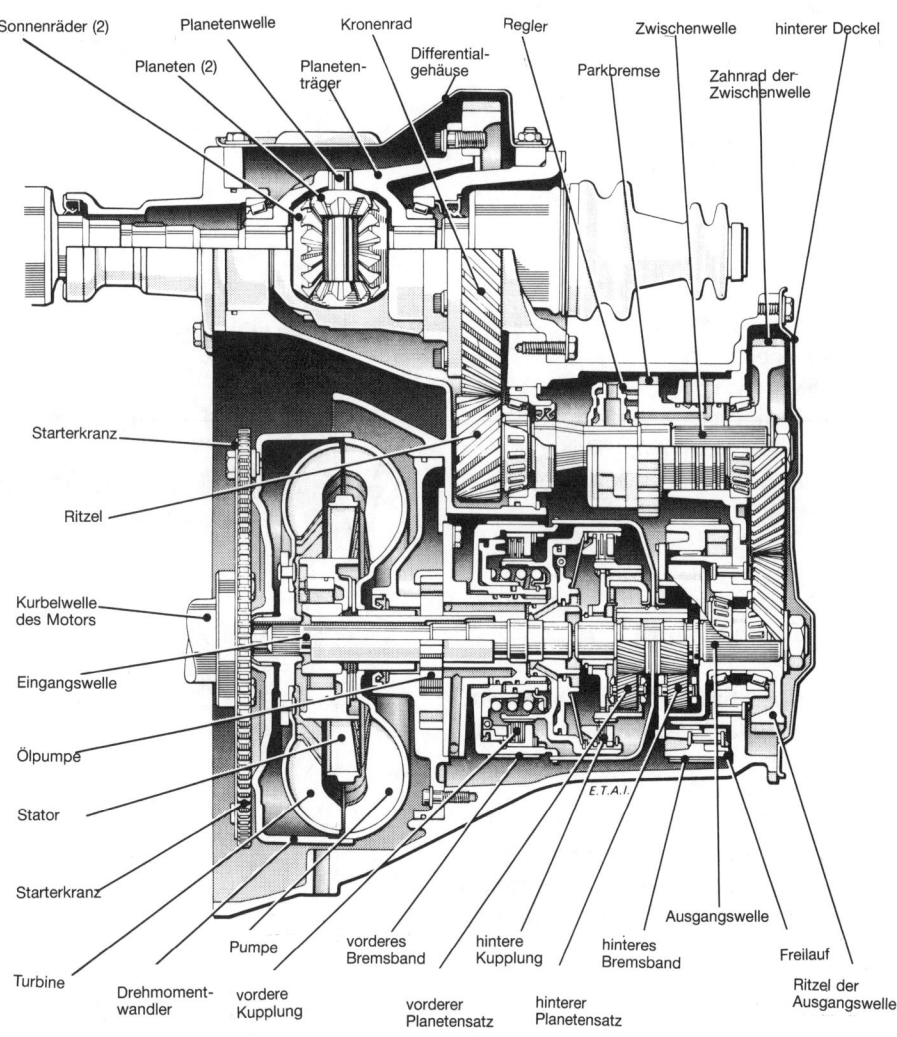

Abb. 14.15: Automatisches Getriebe von Talbot im Querschnitt

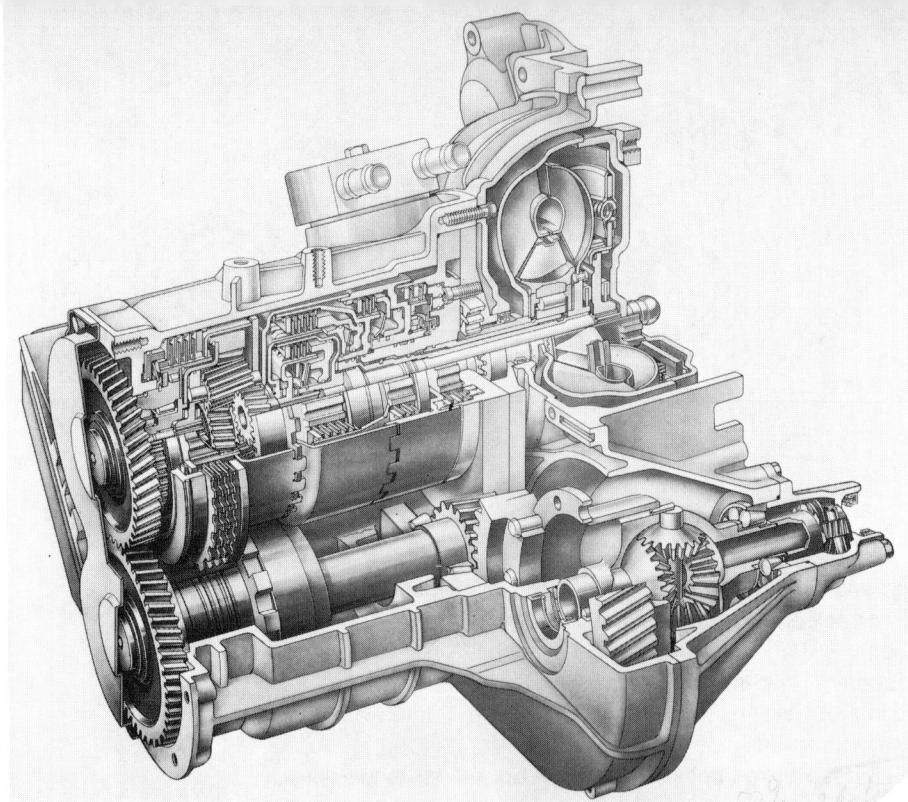

Abb. 14.17: Das 4HP 14 Automatikgetriebe mit 4 Gängen, von Peugeot verwendet

verdeutlicht die Funktion. Sollte dies nicht der Fall sein, so sei empfohlen, das Funktionsprinzip des Planetengetriebes, wie es zuvor beschrieben wurde, noch einmal durchzunehmen.

Schaltstellungen:

Beim automatischen Getriebe finden wir einen Wahlhebel vor statt des traditionellen Schalthebels. Beim zuvor besprochenen Automaten kann man den Wahlhebel in folgende Stellungen bringen:

- P = Parkstellung (ergänzend zur Handbremse); in dieser Stellung ist das Getriebe mechanisch blockiert.
- R = Rückwärtsgang.
  - N = Neutral, d.h. kein Gang.
    - A = Automatik, d.h. automatisches Schalten der 4 Gänge, ohne daß der Fahrer einzugreifen braucht.
- 3 = Ausschalten des 4. Gangs, wobei das Schalten in den drei übrigen Gängen automatisch geregelt bleibt (schlechte Straßen oder beim Ziehen eines Wohnanhängers).

gekoppelt, so daß sie im Verhältnis zueinander nicht drehbar sind. Die Motordrehzahl wird unverändert weitergegeben, natürlich in derselben Drehrichtung.

Fünfte Möglichkeit

Sonnenrad: antreibend.
Hohlrad: angetrieben.
Planetenradträger: fest.
Dies führt zu einer Verzögerung, und das Hohlrad dreht sich im Verhältnis zum antreibenden Sonnenrad in entgegengesetzter Richtung.

14.5 Automatisches Getriebe (Übersetzung)

Ein automatisches Getriebe hat meist eine Anzahl von planetenartigen Zahnradsätzen, die untereinander teilweise gekoppelt werden können.
Damit das Planetengetriebe funktionieren kann, muß immer einer seiner Komponenten festgehalten werden. Das geschieht durch eine Bremseinheit. Diese kann in der Form einer Kupplung ausgeführt sein, oder sie kann mit Hilfe von Bremsbändern funktionieren.
Das automatische Getriebe 4HP14 von Peugeot ist mit einem Planetenzahnradsatz versehen. Die Folge der Abbildungen

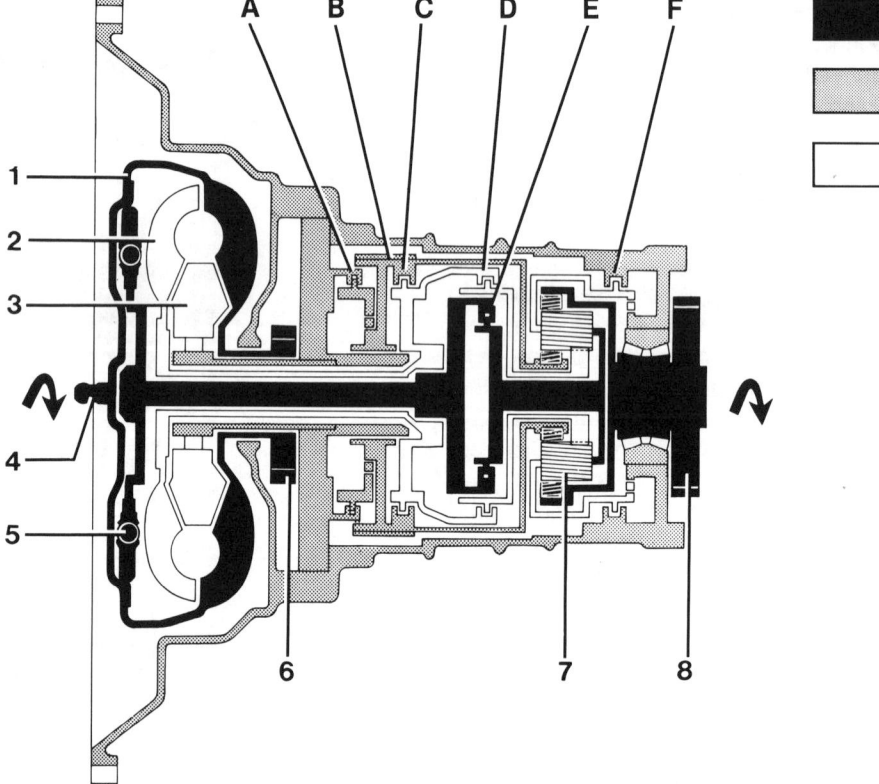

Abb. 14.18:

A – gebremster Freilauf im 2./ Gang
B – Bremsband Freilauf im 2. und 4.
C – hydraulische Kupplung Rückwärtsgänge
D – hydraulische Kupplung Vorwärtsgänge
E – Kupplung für Antriebswelle im 3. und 4.

F – gebremster Freilauf in blockiertem 1. und Rückwärts
1. Pumpenrad   2. Turbine   3. Statorrad
4. Eingangswelle   5. Schwingungsdämpfer
6. Hydraulikpumpe   7. Planetengetriebe
8. Ausgangswelle
(schwarz) drehend, (grau) stehend, (weiß) frei

– 2 = Ausschalten des 3. und des 4. Ganges (bei regem Stadtverkehr).
– 1 = Ausschließlich im 1. Gang – im Gebirge, an steilen Hängen, bei Parkmanövern).

Kickdown

Wenn man bei einem Automaten zwischen bestimmten Geschwindigkeiten plötzlich das Gaspedal voll bis zur »Kickdown-Stellung« heruntertritt, dann wird das Getriebe forciert in einen kleineren Gang zurückgeschaltet. Der Motor läuft dann in der höchstzulässigen Drehzahl und wird anschließend wieder in den großen Gang schalten.

Wer mit einem handgeschalteten Getriebe zügig anfahren will, der wird länger im kleineren Gang fahren. Auch ein automatisches Getriebe berücksichtigt den persönlichen Fahrstil. Drückt der Fahrer das Gaspedal tief ein, dann wird bei einer höheren Drehzahl in den größeren Gang geschaltet.

Hydraulisches System

Die diversen Kupplungen und Bremsbänder werden hydraulisch betätigt. Darauf wollen wir nicht allzu ausführlich eingehen, weil das den Rahmen dieses Buches sprengen würde. Die Abb. 14.19 vermittelt eine allgemeine Übersicht. Der Motor treibt eine sichelförmige Pumpe an. Diese versorgt das Schiebergehäuse mit Öl. Im richtigen Augenblick wird von diesem Gehäuse aus mittels Schieber Öl an den Drehmomentwandler, den Regler, die Servos und die Kupplungen weitergeleitet. Das Schiebergehäuse ist ein wahres Labyrinth an Ölkanälen, welche durch Schieber gesperrt oder freigegeben werden. So sehen wir beim automatischen Getriebe von Borg Warner die folgenden Schieber:
– Primärer Regelschieber: regelt den Hauptdruck.
– Sekundärer Regelschieber: regelt den Druck der Drehmomentwandlerzufuhr.
– Handschaltschieber: betätigt durch den Vorwahlhebel.
– Drosselklappenregelschieber und Rückschaltschieber.
– 1–2-Schaltschieber.
– 2–3-Schaltschieber.
– Modulatorschieber: stellt den Hauptdruck, der durch den primären Regelschieber geregelt wird, entsprechend der Fahrgeschwindigkeit ein.
– Regelschieber für den vorderen Servoausgang: dieser behindert bei größeren Geschwindigkeiten die Strömung im

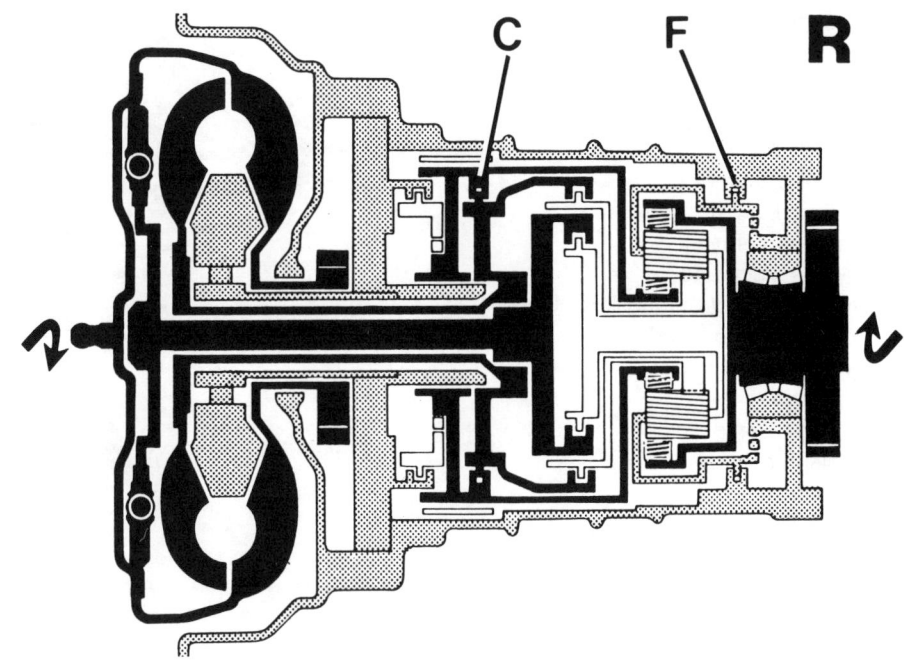

S	A	B	C	D	E	F	P
1				■		■	0,415
2	■	■		■	■		0,731
3	■			■			1,000
A		■		■	■		1,354
R			■		■	■	0,354

Abb. 14.19:
S = Stellung Vorwählhebel
P = Übersetzungsverhältnis Planetengetriebe
A = gebremster Freilauf im 2.
B = Bremsband Freilauf im 2. und 4.
C = hydraulische Kupplung, Rückwärts
D = hydraulische Kupplung, Vorwärts
E = Kupplung für Antriebswelle im 3. und 4.
F = gebremster Freilauf im blockierten 1. und Rückwärts

und aus dem vorderen Servo. Er bestimmt die Größe der Auslaßöffnung an der Ausgangsöffnung des vorderen Servos.
– Schließlich gibt es noch das Rückschlagventil von Wandler und Pumpe.

Regler

Ein automatisches Getriebe hat auch einen Regler. Dieser regelt den Öldruck entsprechend der Fahrgeschwindigkeit, so daß das Getriebe schließlich den richtigen Gang einlegen kann.

Servos und Bremsbänder

Die Bremsbänder werden durch Servos betätigt. Mit Hilfe einströmenden Öls bewegt sich ein Kolben abwärts, und das Klemmband wird angezogen. Strömt Öl auf der anderen Seite ein, dann wird der Kolben zurück in Ruhestellung geschoben.

Abb. 14.20: Aufrißzeichnung eines automatischen Getriebes von Ford

1 Regler
2 Blockierzahnrad
3 Einwegekupplung
4 hinteres Bremsband
5 Vorwärtskupplung
6 Rückwärts und Antriebskupplung
7 vorderes Bremsband
8 Drehmomentwandler
9 Ölpumpe
10 vorderer Servo
11 Schiebergehäuse
12 Vakuumeinheit
13 hinterer Servo

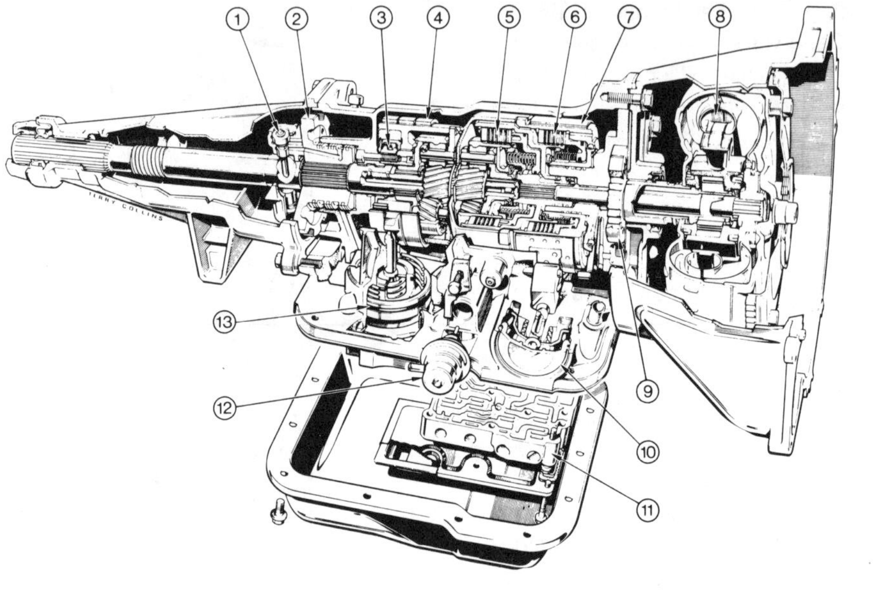

Abb. 14.21: Schematische Darstellung des Hydrauliksystems zur Betätigung eines automatischen Getriebes

1 hinterer Servo
2 2–3 Regelschieber
3 Handschaltschieber
4 Riemenventilregelschieber
5 primärer Regelschieber
6 vordere Kupplung
7 Regler
8 vorderer Servo
9 1–2 Schaltschieber
10 Regelschieber zum vorderen Servo und Rückschaltschieber Auslaß
11 Modulatorschieber
12 sekundärer Regelschieber
13 hintere Kupplung

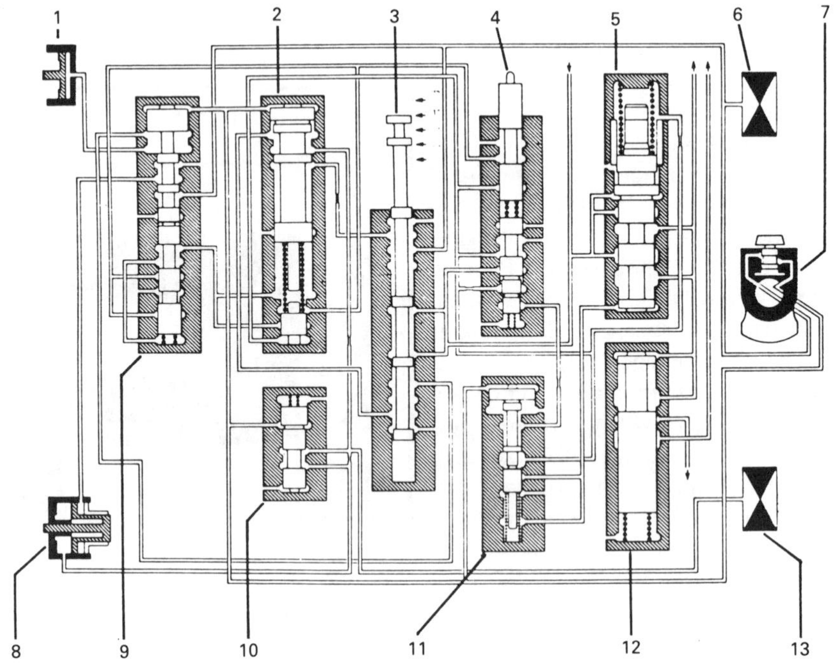

14.6 Computergesteuertes automatisches Getriebe

Die Funktion eines automatischen Getriebes kann durch eine elektronische Steuerung erheblich verbessert werden. Der Kraftstoffverbrauch nimmt ab, der Schaltkomfort wird verbessert, die Lebensdauer der Einzelteile wächst. Bosch entwickelte in Zusammenarbeit mit BMW und der Zahnradfabrik Friedrichshafen die elektronische Steuerung und die zugehörigen elektrohydraulischen Bedienungselemente für ein automatisches Getriebe. Fühler messen die Drehzahl von Getriebe und Motor, ebenso wie die Motorbelastung. Ferner wird die Stellung des Vorwahlhebels, das Fahrprogramm und das Einschaltmoment des Kickdown-Schalters aufgenommen. Aus dieser ganzen Information wird mit Hilfe des Mikrocomputers der zu diesem Zeitpunkt günstigste Gang gewählt.

Der sich daraus ergebende Schaltvorgang im Getriebe wird durch Magnetventile ausgeführt.

Während des Schaltens steuert das Modul nicht nur den in den Schaltelementen wirkenden Modulationsdruck, sondern es reduziert durch Eingreifen in die elektronische Motorsteuerung zugleich auch das Drehmoment des Motors. Dadurch wird der Schaltkomfort verbessert, auch bei

kaltem Motor, und da die Kupplungen weniger belastet werden, verlängert sich die Lebensdauer des Getriebes. Die elektronische Schaltsteuerung von Bosch kann für verschiedene Fahrprogramme eingestellt werden.

Mit Hilfe eines Programmwählschalters kann der Fahrer die Schaltcharakteristika des Getriebes bestimmen. In einem Sparprogramm zum Beispiel läuft der Motor immer möglichst sparsam. Hier erspart ein optimales automatisches Getriebe mit elektronischer Steuerung bis zu 10% Kraftstoff gegenüber einer normalen automatischen Schaltung.

Überdies schützt die Elektronik Getriebe

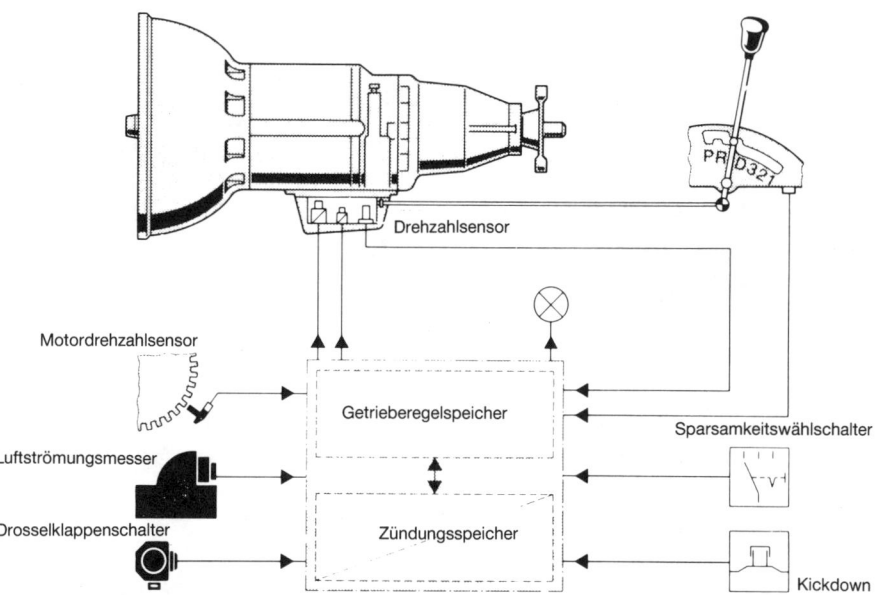

Abb. 14.22: Bedienungsschema des computergesteuerten Automatikgetriebes (Bosch)

Labels in image 1: Drehzahlsensor, Motordrehzahlsensor, Getrieberegelspeicher, Sparsamkeitswählschalter, Luftströmungsmesser, Zündungsspeicher, Drosselklappenschalter, Kickdown

Motordrehzahl, den Fahrwiderstand und den vorherrschenden Unterdruck anpaßt. Ein Differential erübrigt sich, obwohl das Ganze dennoch die Vorteile eines selbstblockierenden Differentials bietet.

Wie die Abb. 14.21 zeigt, erfolgt die Übertragung der Motorleistung mittels zweier Keilriemen. Ein Keilriemen kann aber auch ausreichen. Linke und rechte Hälfte arbeiten voneinander unabhängig. Die effektiven Durchmesser der Scheiben ändern sich automatisch je nach den zuvor genannten Umständen, so daß die Variomatic fortwährend die günstigsten Wandlerbedingungen wählt. Die vorderen Scheiben werden über einen Verteiler durch den Motor angetrieben. Jede Pendelachse ist ebenfalls mit einer Keilriemenscheibe ausgestattet.

Fährt das Fahrzeug an, dann liegen die Keilriemen auf den vorderen Scheiben auf dem kleinen Durchmesser und auf den hinteren Scheiben auf dem großen Durchmesser.

In den Trommeln der vorderen Scheiben sind zwei Fliehkraftgewichte angebracht. Diese drücken die verschiebbaren Scheiben zu den festen Scheiben, sobald die Motordrehzahl wächst. Da die Riemenlänge gleich bleibt, werden die hinteren Scheiben auseinandergehen. Dadurch nimmt die Drehzahl der Räder im Verhältnis zum Motor zu, was dem Schalten in einen größeren Gang entspricht. Dabei spielt auch das Motordrehmoment eine Rolle. Je größer dieses ist, desto größer ist die Zugkraft an den Riemen und desto schwerer sich die Riemen auf den vorderen Scheiben auf einen größeren Durchmesser bewegen lassen.

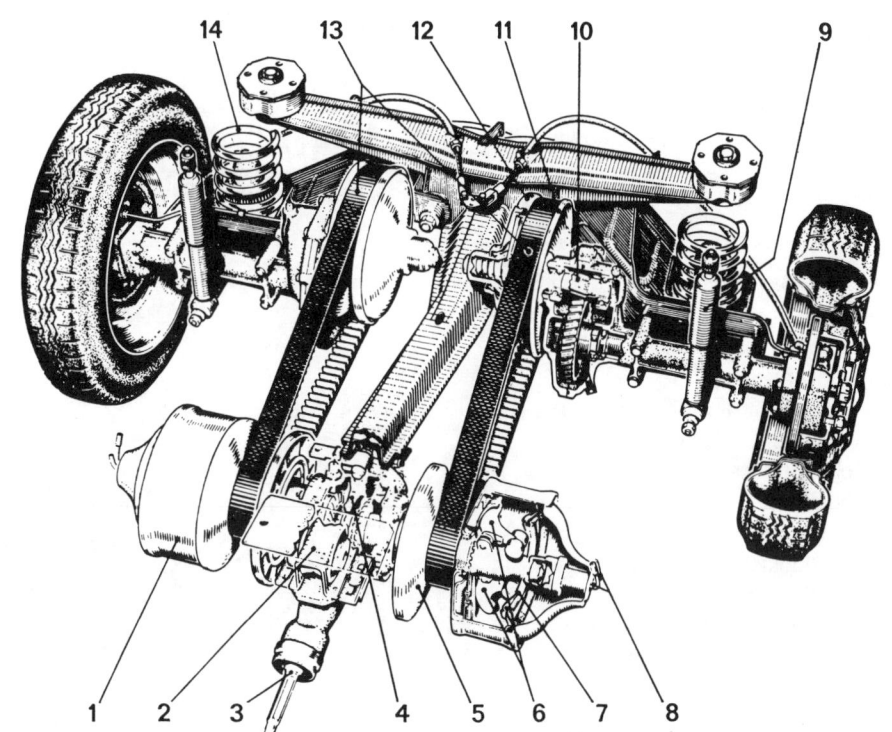

Abb. 14.23: Aufrißzeichnung der Variomatic

1 Primäre Trommel
2 Rahmen
3 Verteiler Antriebsachse
4 Schaltung vor- und rückwärts
5 primäre feste Scheibe
6 Zentrifugalgewichte
7 Membrane
8 Anschlüsse Außenluftvakuum
9 Stoßdämpfer
10 Zahnradgetriebe
11 sekundäre feste Scheibe
12 sekundäre Scheibe
13 Keilriemen
14 Schraubenfeder

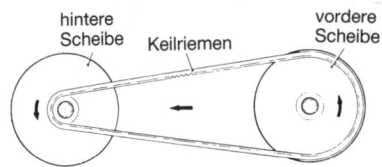

Abb. 14.24: Prinzip der verschiedenen Durchmesser; Zustand beim Anfahren

Labels in image 3: hintere Scheibe, Keilriemen, vordere Scheibe

Beschleunigen

Drückt der Fahrer auf das Gaspedal, dann nehmen Motordrehmoment und Zugkraft an den Riemen zu. Diese werden dadurch anfangs die vorderen Scheiben wieder auseinanderdrücken, dies entgegengesetzt zu den Fliehkraftgewichten, so daß

und Motor vor falschen Maßnahmen des Fahrers. Plötzliches Herunterschalten bei hoher Geschwindigkeit oder das Schalten in den Rückwärtsgang bei einer Vorwärtsbewegung haben keine nachteilige Folgen.

14.7 Variomatic

Die Variomatic ist ein vollwertiges automatisches Getriebe, das sich im Gegensatz zu den vorbeschriebenen Automaten zu jeder Zeit an das Motordrehmoment, die

in ein niedrigeres Übersetzungsverhältnis
'umgeschaltet' wird.

Bei wachsendem und abnehmendem Fahrwiderstand

Nimmt der Fahrwiderstand zu, z.B. infolge
einer Straßensteigung, dann nimmt die
Geschwindigkeit bei gleichbleibendem
Motordrehmoment ab. Der Druck der
Fliehkraftgewichte nimmt ab, und da die
Zugkraft an den Riemen gleich bleibt, werden diese auf einem kleineren Durchmesser der vorderen Scheiben laufen. Das
entspricht, wie wir soeben feststellten,
dem Schalten in einen kleineren Gang.
Beim Bergabfahren geschieht das Entgegengesetzte. Die Riemen werden auf den
vorderen Scheiben wieder auf einem größeren und hinten auf einem kleineren
Durchmesser laufen. Um die gleiche Geschwindigkeit beizubehalten, muß man
weniger Gas geben.

Unterdrucksystem

Die elektrisch betätigten Vakuumventile
sorgen dafür, daß die atmosphärischen
Leitungen und Unterdruckleitungen wohl
oder nicht abgeschlossen werden, je nach
Stellung der Fußbremse, des Motorbremsschalters und der Drosselklappe.
Bei späteren Ausführungen ist ein Aufnehmer am Tachometer angebracht statt an
der Fußbremse.
Der Drosselklappenkontakt wird mittels eines Nockenschalters nur bei Halbbgas
geschlossen. Bei einer praktisch geschlossenen Drosselklappe ist das elektromagnetisch betätigte Unterdruckventil
geschlossen, und links und rechts von der
Membrane herrscht der atmosphärische
Druck. Bei halb bis dreiviertel geöffneter
Drosselklappe wird das Unterdruckventil
geöffnet, und in den äußeren Kammern
entsteht ein Unterdruck. Zusammen mit
der Auswärtsbewegung der Membranen
werden auch die vorderen verschiebbaren
Scheibenhälften auf die festen zubewegt
(siehe Abb. 14.24), so daß ein rasches
Aufschalten erfolgt. Tritt man das Gaspedal ganz ein, dann ist der Gasventilkontakt
wieder geöffnet. In den äußeren Kammern
entsteht wieder der normale atmosphärische Druck, so daß die Scheiben sich
wieder auseinander bewegen, dabei noch
durch die erhöhte Zugkraft in den Riemen
unterstützt. Beide Einflüsse ermöglichen
durch das schnelle 'Zurückschalten' ein
rasches Beschleunigen.

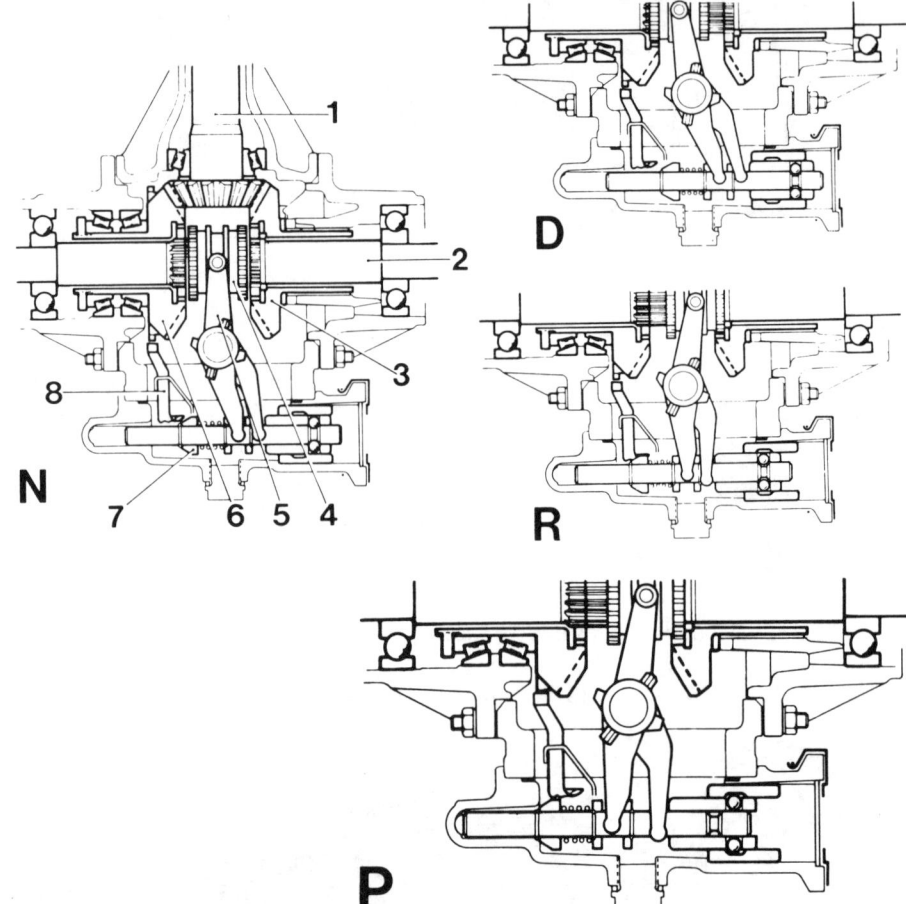

Abb. 14.25: Verteilerblock in den Stellungen neutral, vorwärts und rückwärts.
1 Antriebsachse Verteilergetriebe
2 Verteilerwelle
3, 6 Zahnräder auf der Verteilerwelle
(6: vorwärts, 3: rückwärts)
4 Schaltbuchse
5 Schaltarm
7 Konus zur Bedienung
   der Blockierklinke
8 Blockierklinke zum Blockieren
   der Hinterräder: Parkstellung,
4 greift dann in 3 ein und 8 in 6

Durch Druck auf das Bremspedal oder
Zug am Motorbremsknopf auf dem Instrumententräger öffnet sich das elektromagnetische Bremsventil. Bei neueren Ausführungen ist dieses Öffnen auch von der
Geschwindigkeit des Fahrzeugs abhängig. Es entsteht dann ein Unterdruck in
den inneren Kammern der vorderen
Scheiben, während in den äußeren der
normale Luftdruck vorherrscht. Das hat
zur Folge, daß die Scheiben auseinandergehen und das Fahrzeug durch den Motor
abgebremst wird.

Rückwärtsfahren und Parkstellung

Im Verteilergehäuse ist die rechtwinklige

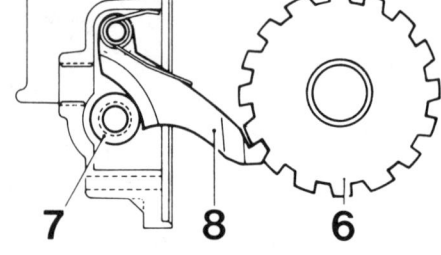

Übertragung doppelt ausgeführt.
Durch Verschieben der Schaltbuchse
nach links ist das linke Kegelrad eingeschaltet und zugleich auch der Vorwärtsgang. Steht die Schaltbuchse rechts, dann
ist der Rückwärtsgang eingeschaltet. In
Parkstellung werden beide Kegelräder arretiert.

Differentialfunktion

Da beide Hinterräder durch einen eigenen
Keilriemen angetrieben werden, ist eine
Drehzahldifferenz zwischen dem äußeren
und dem inneren Rad durch eine individuelle Anpassung der Übertragung möglich.
Dabei verfügt jedes Rad ständig über die

maximale Antriebskraft, was beim traditionellen Differential nicht zutrifft. Beim Typ mit der Dion-Achse ist aber wohl ein Differential vorhanden.

Dem aufmerksamen Leser dürfte nicht entgangen sein, daß man mit diesem Übertragungssystem ebensoschnell rückwärts wie vorwärts fahren kann. Beachten Sie auch die Drehmomentvergrößerung, die durch die Zahnräder zwischen den hinteren Scheiben und den Antriebsachsen zustandekommt (Abb. 14.21).

14.8 Kontinuierlich variables Getriebe

Das kontinuierlich variable Getriebe (CVT) ist eine Weiterentwicklung der Variomatic.

Funktion des CVT

Die Motorleistung wird über eine automatische Kupplung und eine primäre Antriebswelle auf das erste oder primäre Getriebeteil der CVT übertragen. Dieser Primärteil besteht aus einem Verteilersystem, in dem sich ein Schaltmechanismus befindet. An der Ausgangswelle des Primärteils befinden sich 2 Paar Scheiben, welche gemeinsam mit 2 Scheibenpaaren am zweiten oder Sekundärteil und mit den dazwischen angebrachten Keilriemen den wichtigsten Teil des CVT bilden und zusammen für ein kontinuierlich variables Übertragungsverhältnis sorgen.

Die linken und rechten Scheibenpaare des Primärteils bestehen je aus einer festen und einer beweglichen Scheibe; die äußere Scheibe kann sich auf der Welle, auf der sie befestigt ist, verschieben. Dadurch wird bewerkstelligt, daß im Riemenlaufdurchmesser eine Abweichung auftreten kann. Die auseinandergehenden Scheiben lassen hier einen kleinen, die zusammengehenden Scheiben einen großen Umlaufdurchmesser für den Riemen entstehen. Die Scheibenpaare des Sekundärteils sind ebenfalls mit einer festen und einer beweglichen Scheibe versehen. Beim Primärteil ist die äußere Scheibe die bewegliche, während beim Sekundärteil die innere Scheibe die bewegliche ist. Das ist wichtig, damit der Riemen bei Änderung des Riemenlaufdurchmessers jederzeit gerade zwischen den Scheiben läuft. Der Mittenabstand zwischen primären und sekundären Scheiben wurde so gewählt, daß es – je nach Umständen – zwei äußerste Stellungen gibt: primär auf klein-

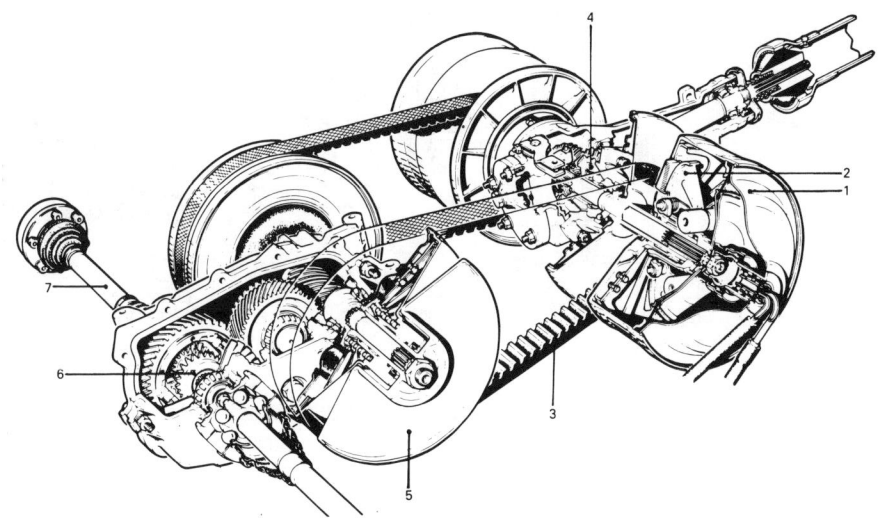

Abb. 14.26: Aufrißzeichnung des CVT

1 primäre Scheibe; zentrifugal-
  und vakuumbetätigt
2 Zentrifugalgewicht
3 Riemen
4 Schaltgetriebe vorwärts, neutral und rückwärts
5 sekundäre Scheibe
6 Differential
7 Antriebsachse zum Rad

stem Durchmesser, wobei die Riemen sekundär auf dem größten Durchmesser laufen, oder aber umgekehrt, und zwischen diesen beiden Äußersten gibt es eine unendliche Zahl von Zwischenstellungen, welche demnach ebenso viele Übersetzungsverhältnisse zwischen dem primären und dem sekundären Teil des CVT zustandebringen.

Das gesamte Übersetzungsverhältnis zwischen Motor und Hinterrädern beträgt minimal 3,86 auf 1 und maximal 14,22 auf 1. Zwischen diesen Grenzen ist dank des Prinzips, das dem CVT zugrundeliegt, jedes Übersetzungsverhältnis möglich, wobei für jede Betriebsbedingung automatisch das entsprechend günstigste Übersetzungsverhältnis gewählt wird.

Im Sekundärgehäuse befinden sich zwei Zahnradsysteme, welche für die gewünschte feste Reduktion sorgen, sowie

ein Differential. Die Antriebskräfte werden über kurze Antriebswellen (7), welche mit homokinetischen Kupplungen versehen sind, auf die beiden Hinterräder übertragen.

Die Durchmesserdifferenz zwischen den primären und den sekundären Scheiben entscheidet über das Übersetzungsverhältnis.

Die Primärscheiben sind die aktiven und die Sekundärscheiben sind die passiven; anders gesagt: die primären Scheiben bestimmen, was der Riemen macht, die sekundären reagieren auf das, was der Riemen macht.

Drei Faktoren beeinflussen den Durchmesser der Primärscheiben.

1. Fliehkraft

In den trommelförmigen beweglichen Scheiben des Primärteils befinden sich

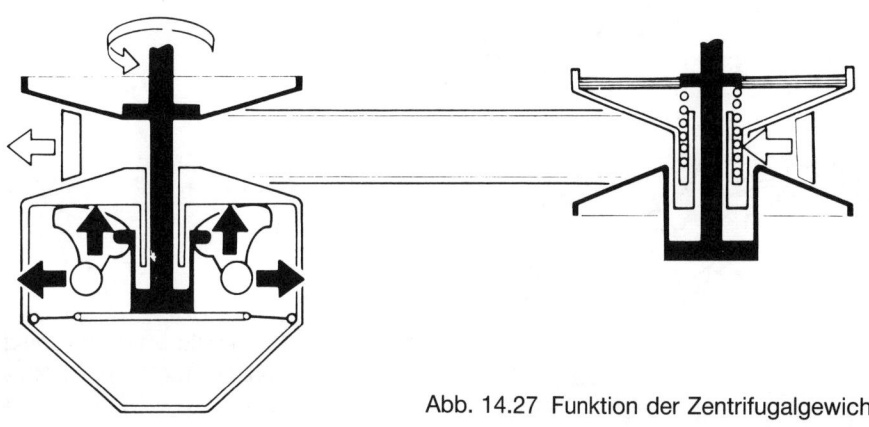

Abb. 14.27 Funktion der Zentrifugalgewichte

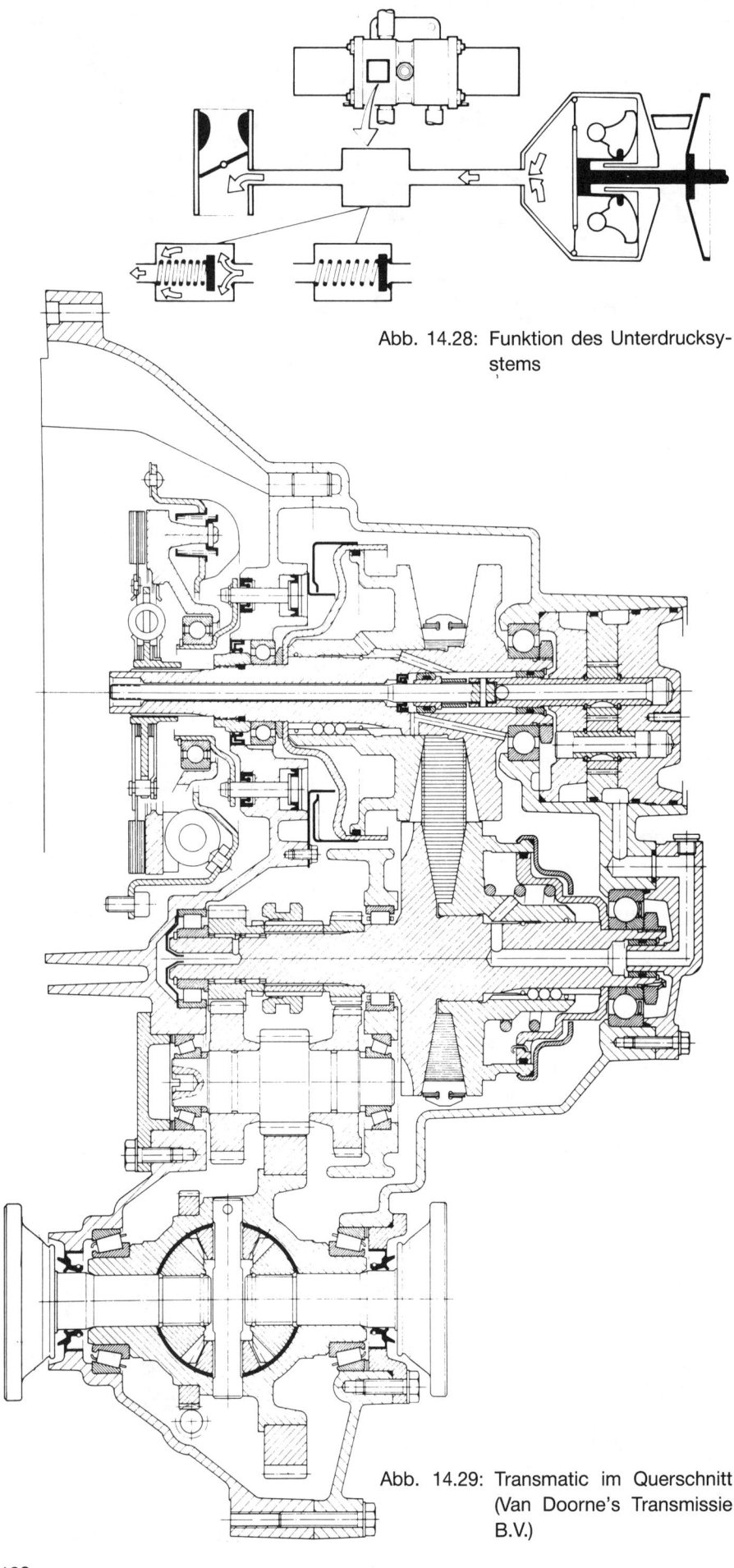

Abb. 14.28: Funktion des Unterdrucksystems

Abb. 14.29: Transmatic im Querschnitt (Van Doorne's Transmissie B.V.)

u.a. 2 Sätze von Fliehkraftgewichten. Diese Zentrifugalgewichte sind scharnierend am Mitnehmergehäuse befestigt, das seinerseits wieder an der Verteilerwelle befestigt ist. Bei zunehmender (Motor)Drehzahl schwenken die Fliehkraftgewichte um ihren Scharnierpunkt nach außen. Die dabei auftretenden Fliehkräfte werden an der beweglichen Scheibe in eine axiale Kraft umgesetzt. Wenn diese primäre Kneifkraft die sekundäre Kneifkraft übersteigt, wird die bewegliche Scheibe auf die feste Scheibe zubewegt, und somit wird der Riemen der Primärscheibe auf einen größeren Riemenlaufdurchmesser gedrängt.

Da die Riemenlänge sich nicht ändert, wird der Riemen der Sekundärscheiben auf einen kleineren Durchmesser gedrängt, was eine Änderung des Übersetzungsverhältnisses bedeutet.

In diesem Fall schaltet das CVT hinauf.

2. Riemenzugkraft

Diese ist abhängig:

– vom Fahrwiderstand;
– vom Motordrehmoment;
– vom Übersetzungsverhältnis des CVT. Solange das Fahrzeug mit gleichbleibender Geschwindigkeit auf einer ebenen Straße fährt, beschränkt sich die Riemenzugkraft auf die Lieferung der erforderlichen Schubkraft an den Hinterrädern. Sobald der Fahrwiderstand wächst, z.B. bei Gegenwind oder beim Bergauffahren, ist zur Handhabung der gewählten Geschwindigkeit eine größere Schubkraft an den Hinterrädern und somit also eine größere Zugkraft an den Riemen erforderlich. Diese Zugkraft am Riemen schiebt die Primärscheiben auseinander, so daß der Riemen auf einem kleineren Durchmesser laufen wird.

Die Federkraft in den Sekundärscheiben sorgt dafür, daß diese aufeinander zugehen, so daß hier der Riemen auf einem größeren Durchmesser läuft.

3. Unterdruck

Der dritte Faktor, welcher das Übersetzungsverhältnis des CVT beeinflußt, ist der Unterdruck, der im Einlaßzweigrohr des laufenden Motors vorherrscht. Hierzu sind die beweglichen Scheiben des primären CVT-Teils beide mittels einer auf der Verteilerwelle befestigten Membrane zweigeteilt. Die beiden Hälften werden als 'Kammern' bezeichnet; wir sprechen da-

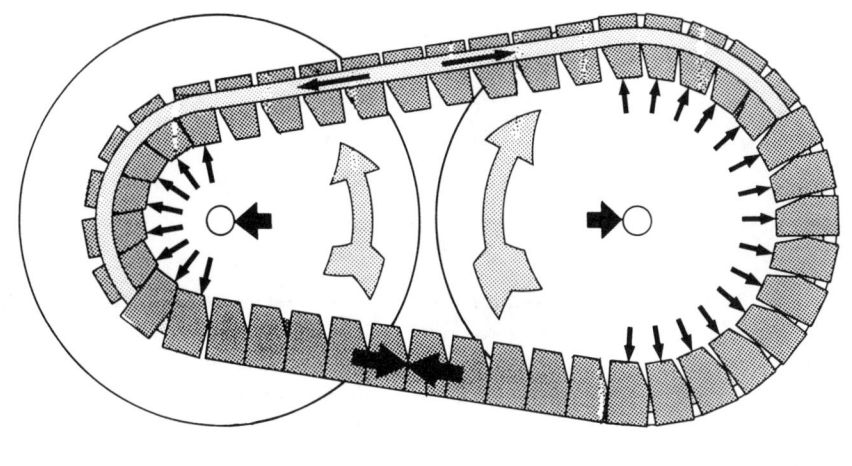

Abb. 14.30: Das Kräftespiel im
         Schiebeband

bei von einer Außen- und einer Innenkammer. Ausgangspunkt ist, daß der Druck in beiden Kammern atmosphärisch ist. Indem man nun in einer dieser Kammern im richtigen Moment einen Unterdruck herstellt, erhält man eine Unterdruckunterstützung zur Verstärkung des 'Kickdown-' oder 'Overdrive'-Effekts.

Unterdruck in der Außenkammer zieht die Scheiben aufeinander zu: Overdrive.

Unterdruck in der Innenkammer: Kickdown.

Der Unterdruck wird durch das elektromagnetisch betätigte Vierwegventil geregelt.

14.9 Transmatic

Ein auffälliger Unterschied zur Variomatic und zum soeben behandelten CVT besteht darin, daß man bei der Transmatic einen schiebenden Keilriemen verwendet. Dieser besteht aus:

– zwei nebeneinanderliegenden Paketen von präzise zusammenpassenden, sehr dünnen endlosen Stahlbändern;

– einer großen Anzahl V-förmiger stählerner Elemente, welche die Stahlbänder umgreifen. Die V-Form der stählernen Elemente stimmt mit dem Winkel der Scheiben überein, in denen sie laufen.

Auf der neutralen Linie des Schiebebandes ist die Form der Elemente so, daß Abrollbewegungen möglich sind.

Auch bei der Transmatic ist das Schiebeband zwischen feste und verstellbare Scheiben geklemmt. Durch die V-Form der dünnen Stahlelemente und die darauf ausgeübte Kneifkraft wollen die Elemente sich radial nach außen bewegen. Das wird

aber durch die Endlosbänder verhindert, die dadurch gespannt werden.

Da es zwischen den Stahlelementen und den Bändern keine Verbindung gibt, kann das Motordrehmoment nur durch Schieben übertragen werden.

Im Betrieb ist die Umlaufgeschwindigkeit der Elemente und der Bänder praktisch gleich. Die Elemente des treibenden Teils stehen unter Druck, während sie im getriebenen Teil frei sind. Die Spannkraft ist größer als die Schiebekraft, und sie ist dafür ausschlaggebend.

Auf der Eingangs- und Ausgangswelle ist jeweils der feste Teil der variablen Scheibe angebracht. Der bewegliche Teil ist mittels einer Kugel/Nutenverbindung mit der Welle verbunden.

Ein hydraulisches System sorgt gemeinsam mit einer Regeleinheit über den beweglichen und festen Scheibenteil für den Aufbau der erforderlichen 'Kneifkraft' im Schiebeband. Das hydraulische System sorgt auch für die Einstellung des Übersetzungsverhältnisses, die erforderliche Schmierung und die Ableitung der entwickelten Wärme.

Abb. 14.31: Praktische Ausführung eines
         Motors mit angebauter
         Transmatic

15. Antrieb

Beim Vorderradantrieb ist das Getriebe meist mit dem Differential zu einer Einheit zusammengefügt. Die Achsen, welche die Räder vom Differential aus antreiben, nennt man Antriebsachsen.

Bei der traditionellen Konstruktion mit vorn liegendem Motor und Hinterradantrieb befindet sich das Differential (Ausgleichsgetriebe) hinten; zuweilen ist es auch mit dem Getriebe zusammengebaut (Alfa Romeo, Volvo). Die Achsen, welche die Räder antreiben, bezeichnet man bei Konstruktionen mit starrer Hinterachse als Steckachsen. Sind die Achsen mit Kreuzgelenken oder homokinetischen Gelenken versehen, dann sprechen wir von Antriebsachsen. Wir beginnen hier mit der traditionellen Konstruktion, bei welcher der Motor vorn liegt und der Antrieb an den Hinterrädern erfolgt.

15.1 Kardanwelle

Beim Hinterradantrieb stellt die Kardanwelle die Verbindung zwischen Getriebe und Differential dar. Zuweilen ist diese Welle zweigeteilt, was ein Zwischenlager erforderlich macht. Um Schwingungen vorzubeugen werden bei langen Kardanwellen ebenfalls Zwischenlager eingesetzt.

Da das Differential sich nicht in gleicher Höhe mit dem Getriebe befindet und dieser Abstand überdies mit dem Ein- und Ausfedern des Fahrzeugs schwankt, gehört an beide Enden dieser Kardanwelle eine Kupplung, welche die Längenänderungen ausgleichen kann; dieser Ausgleich geschieht mit Hilfe einer Schiebekupplung und von Kreuzgelenken, auch Kardangelenke genannt. Die Schiebekupplung ist am Ende abgedichtet, damit weder Schmutz noch Wasser eindringen können.

Die Kardanwelle ist beim Hinterradantrieb stets als Rohr ausgeführt, weil ein Rohr im Verhältnis zur massiven Ausführung einen stärkeren Widerstand gegen Wringen und Verbiegen bietet. Aufgrund der geringeren Masse werden die Kreuzgelenke auch

weniger durch die Trägheitskräfte belastet. Wichtig ist auch die geringere ungefederte Masse, wodurch die Straßenhaftung der Hinterräder gefördert wird. Siehe auch Kap. 16.1.

Wichtig ist es, daß Antriebswelle und Wellenkupplung miteinander gut ausgewuchtet sind. Deshalb sind beide zuweilen mit Markierungen versehen. Falls dem nicht so ist, müssen auf diesen Teilen **vor** einer

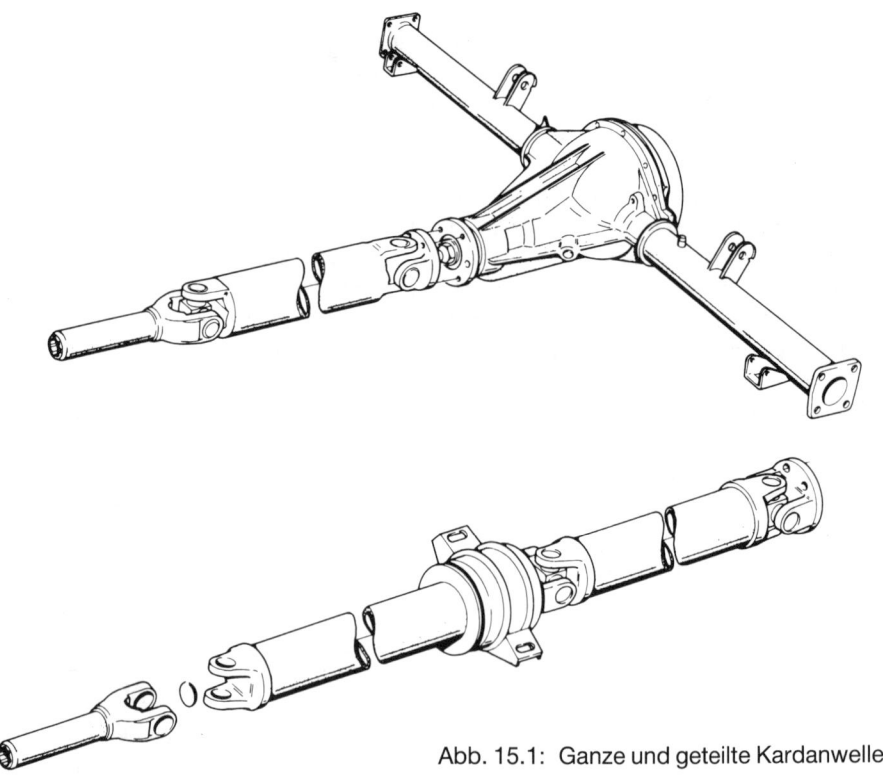

Abb. 15.1: Ganze und geteilte Kardanwelle

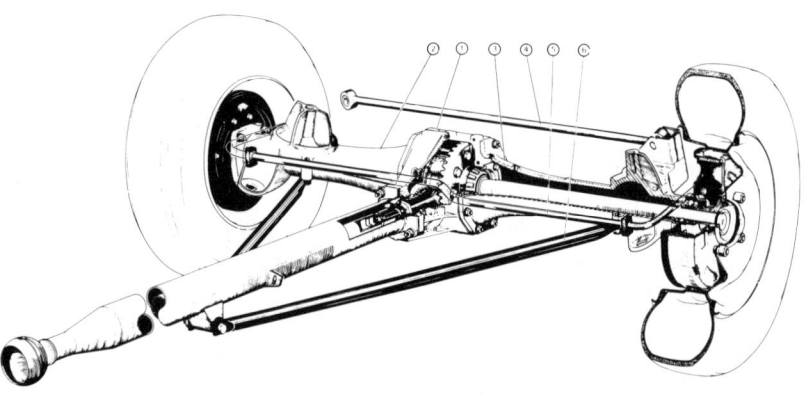

Abb. 15.2: Kardanwelle im Antriebswellengehäuse
1 Hinterachse   5 Stabilisator
2,3 Hinterachsrohr   6 Reaktionsrohr
4 Panhardstab

Demontage die erforderlichen Merkzeichen angebracht werden. Eine nicht ausgewuchtete Antriebswelle mit Wellenkupplung kann nachteilige Schwingungen und demnach frühzeitigen Verschleiß zur Folge haben.

Antriebswellengehäuse

Bei manchen Konstruktionen dreht sich die Kardanwelle in einem Rohr. Dieses ist an der Hinterachse verschraubt und mittels eines Kugelkopfs beweglich mit dem Getriebe verbunden. Das Rohr verhindert das Mitdrehen der Hinterachse mit dem Kegelrad. Ferner fängt das Rohr die Reaktion auf das Antriebs- und Bremsmoment auf. Beim Antreiben will das Kegelrad schließlich gewissermaßen gegen das Tellerrad auflaufen. Bei der Verwendung von Blattfedern, die in zwei Pendeln aufgehängt sind, befindet sich im Wellengehäuse keine Schiebekupplung. Das Gehäuse muß dann nicht nur die Reaktion auf die Antriebs- und Bremsmomente auffangen können, sondern auch die Brems- und Schubkräfte. Falls die Antriebswelle sich nicht in einem Gehäuse befindet (Hotchkiss-Antrieb), ist es die Blattfeder, die alle Kräfte und Momente verarbeiten muß, sofern nicht andere Vorrichtungen, wie Schraubenfedern, vorhanden sind.

15.2. Kreuzgelenke

Kreuzgelenke ermöglichen die Übertragung einer Drehbewegung in einem Winkel. Man bezeichnet das Kreuzgelenk auch als Kardangelenk, genannt nach dem Italiener Cardanus, 17. Jhdt., der zwei konzentrische Ringe konstruierte, um Schiffskompasse horizontal zu halten. Im 18. Jahrhundert baute der Engländer Hooke ein brauchbares Kreuzgelenk.
Ein Nachteil des Kreuzgelenks besteht darin, daß es die Geschwindigkeit der antreibenden Welle nicht gleichmäßig auf die angetriebene Welle überträgt, wenn diese

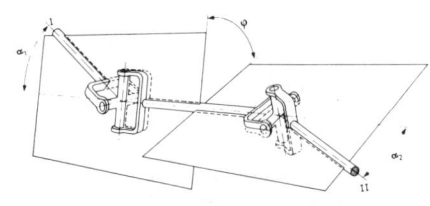

Abb. 15.3: Prinzip des Kreuzgelenks

im Winkel zueinander stehen. Die angetriebene Welle beschleunigt und verzögert abwechselnd. Diesen Nachteil kann man durch Verwendung einer doppelten Kardankupplung oder einer zweiten Kupplung am Ende der Welle auffangen. Die Verzögerung der einen wird durch Beschleunigen der anderen ausgeglichen. Das ist natürlich nur dann der Fall, wenn beide Kupplungen im gleichen Winkel arbeiten. Der dazwischenliegende Wellenteil dreht sich mit wechselnder Geschwindigkeit. Bei Verwendung eines Wellengehäuses sind die konstruktiv notwendigen Maßnahmen getroffen, so daß man mit nur einer Kardankupplung auskommt. Deshalb ist der Motor ein wenig nach hinten geneigt.

15.3 Homokinetische Kupplung

Diese Kupplung kann eine Bewegung homokinetisch oder gleichmäßig übertragen. Sie eignet sich daher auch besonders gut für den Vorderradantrieb. Wegen des großen Radausschwenks beim Kurvenfahren verursachen Kreuzkupplungen dabei Probleme.

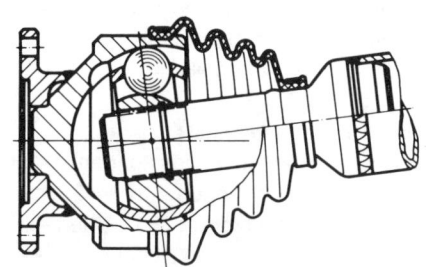

Abb. 15.4: Prinzip des homokinetischen Gelenks, Typ Lobro

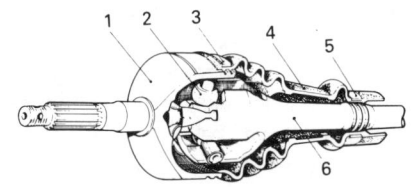

Abb. 15.5: Homokinetisches Gelenk von Renault

1 Metallkappe	4 Gummimuffe
2 Kreuzstück	5 Klemmband
3 Klemmband	6 Antriebsachse

15.4 Elastische Kupplung

Auch elastische Kupplungen können eingesetzt werden. Da sie sich bei einer Win-

kelübertragung verformen, übertragen sie die Drehgeschwindigkeit gleichförmig. Überdies wirken sie schwingungsdäm-

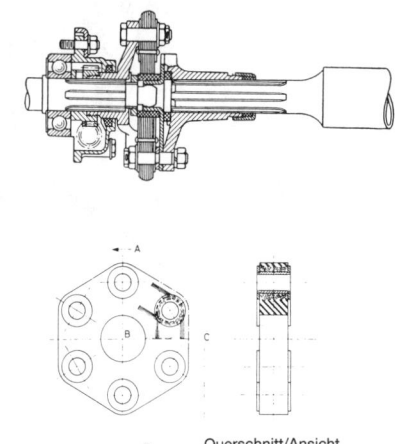

Abb. 15.6: Elastisches Gelenk im Querschnitt

pfend; es gibt keine Reibungsverluste, wie bei den zuvor beschriebenen Kupplungen, und diese Kupplungen sind wartungsfrei. Bei einer kleinen Winkelübertragung eignen sie sich auch zum Übertragen großer Kräfte.

15.5 Differential

Zweck

1. Die Antriebskraft des Motors auf die Antriebsräder zu übertragen, während diese gleichzeitig verschiedene Abstände zurücklegen können, also sich mit unterschiedlicher Geschwindigkeit drehen können. In einer Kurve bewegt sich das äußere Rad über einen größeren Umfang als das innere Rad. Auch auf gerader Strecke kann das eine Rad bei Straßenunebenheiten einen größeren Abstand zurücklegen als das andere. Alleine schon das Durchfedern der Reifen macht ein Differential erforderlich.

2. Beim Hinterradantrieb und beim Vorderradantrieb mit in Längsrichtung angebrachtem Motor kommt mit Hilfe des Kegelrades, des Tellerrades und der Kegelräder für den Radantrieb eine rechtwinklige Verbindung zu den Antriebsrädern zustande. Das ist bei querstehendem Motor nicht der Fall.

Endübersetzung

Das Differential ist auf einem Tellerrad montiert, welches durch das Antriebske-

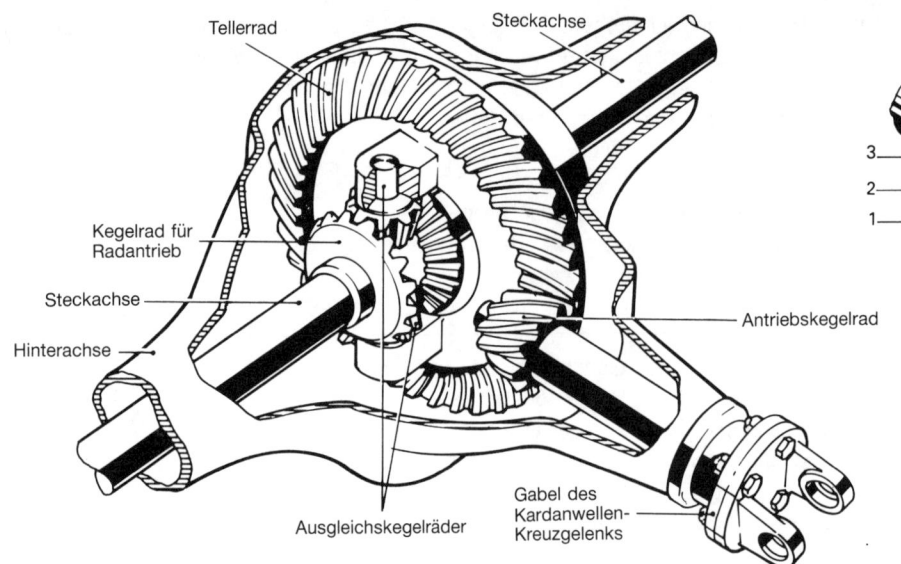

Labels on the figure (left):
- Tellerrad
- Steckachse
- Kegelrad für Radantrieb
- Steckachse
- Hinterachse
- Ausgleichskegelräder
- Antriebskegelrad
- Gabel des Kardanwellen-Kreuzgelenks

Abb. 15.7: Prinzip des Differentials

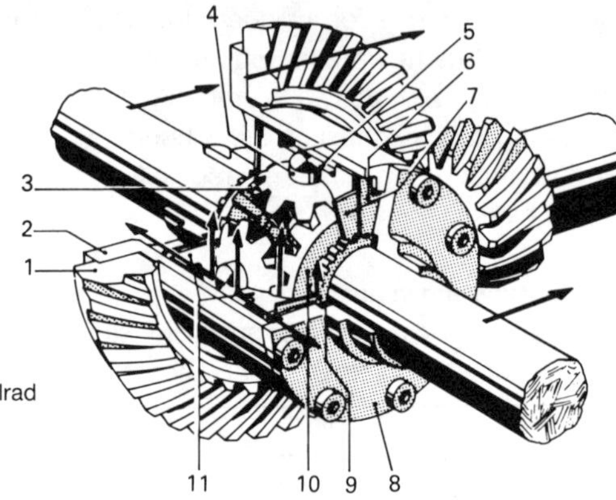

Labels on the figure (right):
1, 2, 3, 4, 5, 6, 7, 8, 9, 10, 11

Abb. 15.8: Aufrißzeichnung eines Sperr-
differentials

1 Tellerrad
2 Ausgleichgehäuse
3 Planetenrad
4 Planetenwelle
5 Verschlußring Planeten-
   welle
6 außenverzahnte Scheiben
   (Kupplung)
7 innenverzahnte Scheiben
   (Kupplung)
8 Deckel
9 Distanzring
10 Kegelrad für Radantrieb
11 Druckplatte

gelrad angetrieben wird. Beide Zahnräder sorgen gemeinsam für die Endübersetzung. Einige Beispiele: 3,21:1, 3,91:1, 4,44:1. Im letzteren Fall wird das Antriebskegelrad sich 4,44mal drehen, wenn das Tellerrad sich einmal dreht. Es fällt auf, daß die Zahlenverhältnisse – genau wie beim Getriebe – jeweils auch in Dezimalen ausgedrückt werden. Dadurch soll verhindert werden, daß, wie es z.B. beim Verhältnis 3:1 der Fall wäre, nach hier jeweils 3 Umdrehungen immer wieder dieselben Zähne ineinandergreifen. Das würde zu einem unregelmäßigen Verschleiß führen.

Antrieb

In den meisten Fällen erfolgt der Antrieb des Differentials durch eine Hypoidverzahnung. Das Antriebskegelrad ist konisch ausgeführt und liegt niedriger als die Achslinie des Tellerrades. Dadurch kann die Kardanwelle niedriger gebaut werden, wodurch der Schwerpunkt des Fahrzeugs niedriger zu liegen kommt. Auch der Kardantunnel ragt weniger in das Innere hinein. Das Ganze läuft ruhiger, als wenn Antriebskegelrad und Tellerrad in derselben Achslinie liegen. Kegel- und Tellerrad können auch als Schnecke und Schneckenrad ausgeführt sein.

Einstellung von Kegel- und Tellerrad

Kegel- und Tellerrad dürfen nicht einzeln ausgewechselt werden. Beide Teile sind mit Markierungen versehen, welche je nach Hersteller eine unterschiedliche Bedeutung haben können. Zwischen Kegel- und Tellerrad ist ein präzise vorgeschriebenes Spiel zu berücksichtigen, und dabei

müssen die Zähne einander an der richtigen Stelle berühren. Den Zahnkontakt kann man kontrollieren, indem man einen Teil der Tellerradzähne mit einem bestimmten Farbstoff einreibt und anschließend das Tellerrad mit dem Antriebskegelrad dreht, bis der Zahnkontakt 'sichtbar' wird. Dabei muß das Tellerrad während des Drehens mit der Hand abgebremst werden, um den Betriebszustand nachzuahmen. Das Zahnspiel wird mit einem Meßinstrument ermittelt.

Funktion des Differentials

Im Ausgleichgehäuse, das auf dem Tellerrad montiert ist, befinden sich vier ineinandergreifende Zahnräder. Die beiden Ausgleichkegelräder drehen sich um eine kleine Welle, die im Ausgleichgehäuse befestigt ist. Die Räder werden über die Hinterachswellen von zwei Kegelrädern angetrieben. Verspürt das linke Rad ebensoviel Widerstand wie das rechte und legen beide dieselbe Strecke zurück, so werden die Ausgleich- und Differentialzahnräder im Ausgleichgehäuse sich im Verhältnis zueinander nicht verdrehen. Die Welle der Ausgleichkegelräder, die quer durch das Differentialgehäuse ragt, dreht die Kegelräder der Hinterachswellen mit im Kreis herum. Diese ziehen wiederum die Achswellenkegelräder mit, die sich mit gleicher Drehzahl wie das Ausgleichgehäuse drehen. Die Ausgleichkegelräder drehen sich nicht um ihre Achse. Wenn die Hinterräder den Boden nicht berühren und angetrieben werden, und man hält ein Rad fest, dann wird sich das andere Rad mit doppelter Geschwindigkeit drehen.

Beim Fahren einer Kurve steht das innere

Rad zwar nicht völlig still, aber das äußere Rad wird sich um so vieles schneller drehen, wie das innere Rad sich langsamer dreht.

Heben wir die Antriebsachse eines Fahrzeugs mit einem Wagenheber vom Boden ab, während die Räder nicht angetrieben werden, und drehen wir nun z.B. das linke Rad vorwärts, so wird sich das rechte Rad ebenso schnell nach hinten drehen. Das Ausgleichgehäuse steht dabei still, aber die Ausgleichkegelräder und die Achsegelräder drehen sich im Verhältnis zueinander.

Aus dem Voraufgegangenen läßt sich folgern, daß die Summe der Drehzahlen der angetriebenen Räder immer gleich der Drehzahl des Tellerrades, multipliziert mit 2, ist:

Drehzahl der beiden angetriebenen Räder = 2 x Drehzahl des Tellerrades.

Selbstsperrendes Differential

Beim Geradeausfahren wird das Drehmoment im Differential folgendermaßen übertragen: Vom Antriebskegelrad auf das Tel-

Abb. 15.9: Prinzipzeichnung eines ZF-Sperrdifferentials

1 Tellerrad
2 Ausgleichgehäuse
3 Planetenzahnrad
4 Kreuzstück
5 Schrägflächen am Kreuzstück und Druckring
6 außenverzahnte Lamellen
7 innenverzahnte Lamellen
8 Deckel
9 Distanzring
10 Ausgleichkegelrad
11 Druckring
12 konischer Federring

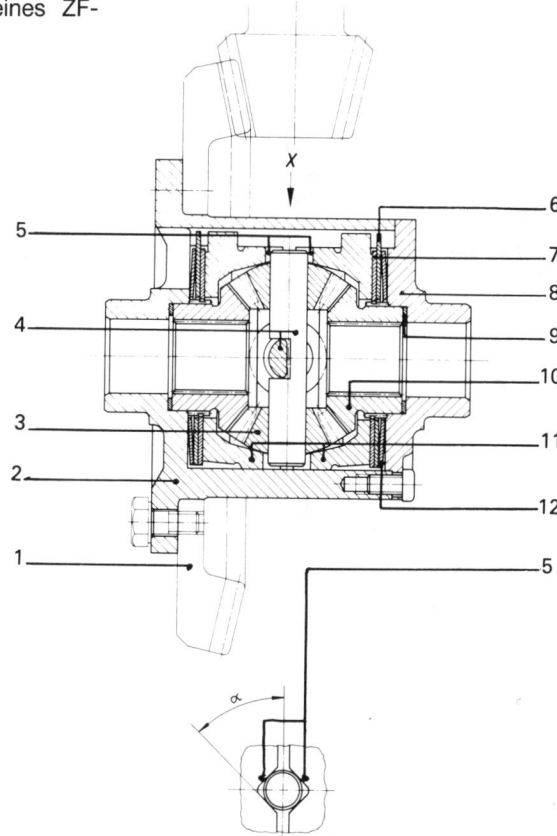

Straße, so springen die Räder jeweils nach oben und drehen sich dabei kurzfristig durch. Fallen sie dann zurück auf die Straßendecke, dann werden sie wieder abgebremst, was beim normalen Differential auf nasser Straße zum Schlupf führt. Dasselbe ist der Fall, wenn eines der Antriebsräder über eine vereiste Stelle fährt. Wenn bei starkem Bremsen eines der Räder blockieren würde, dann besteht mit einem normalen Differential auch Rutschgefahr. Der Sperrwert hängt von der Konstruktion und dem verwendeten Material ab.

$$S = \frac{T_1 - T_2}{T_1 + T_2} \cdot 100\%$$

S = Sperrwert;
T_1 = Drehmoment am linken Rad;
T_2 = Drehmoment am rechten Rad.

Aus dem Voraufgegangenen geht hervor, daß die betreffenden Räder eines Fahrzeugs mit selbstsperrendem Differential nicht ausgewuchtet werden dürfen, während sie noch am Fahrzeug befestigt sind, es sei denn daß sie den Boden nicht berühren. Es ist für ein solches Differential auch 'tödlich', wenn die Räder durch den Motor angetrieben werden, während eines der Räder frei vom Boden ist.

Es sei noch darauf hingewiesen, daß ein selbstsperrendes Differential nicht mit der Differentialsperre zu verwechseln ist. Bei der Differentialsperre wird die Ausgleichs-

lerrad, Ausgleichgehäuse, mitdrehende Druckringe, Ausgleichwellen, über die Ausgleich- und Hinterachskegelräder auf die Antriebsachsen. Andererseits auch über die Lamellenkupplungen.

Versetzt das Antriebskegelrad das Tellerrad in Bewegung und somit auch den Druckring, so werden anfangs die Räder, die Antriebsachsen, die Achskegelräder und schließlich auch die Ausgleichkegelräder mit ihren Wellen zurückbleiben wollen. Das hat zur Folge, daß sich die Druckringe durch die Schrägflächen an den Wellen der Ausgleichkegelräder und an den Druckringen axial nach außen verschieben, so daß über die Lamellenkupplungen – je nach Reibung zwischen den Lamellen – eine Verbindung zwischen dem Ausgleichgehäuse und den Antriebsachsen zustandekommt.

Auch beim Fahren einer Kurve bleibt die normale Differentialfunktion erhalten. Wenn eines der Räder durchrutschen will, dann werden die Druckringe durch die Reaktionskraft, die bei der Übertragung des Drehmoments an den Schrägflächen entsteht, nach außen gedrückt. Auf diese Weise erhält man eine gewisse Blockierung der Differentialfunktion, je nach der Reibung zwischen den Kupplungslamel-

len, so daß das nichtrutschende Rad eine gewisse Zugkraft behält.

Das selbstsperrende Differential verbessert auch das Fahrverhalten im allgemeinen. Fährt das Auto auf einer schlechten

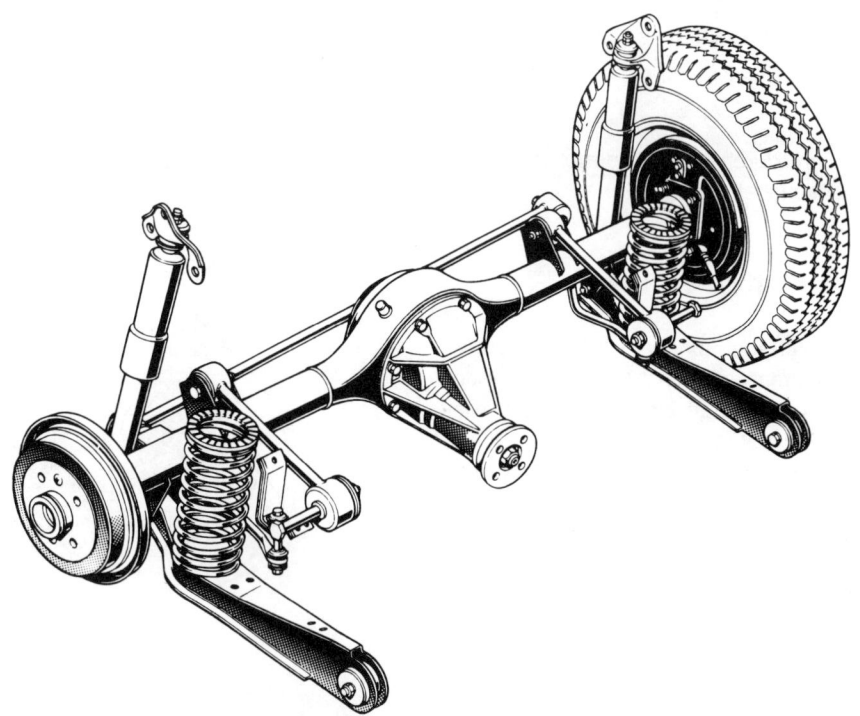

Abb. 15.10: Starre Hinterachskonstruktion vom Banjotyp

137

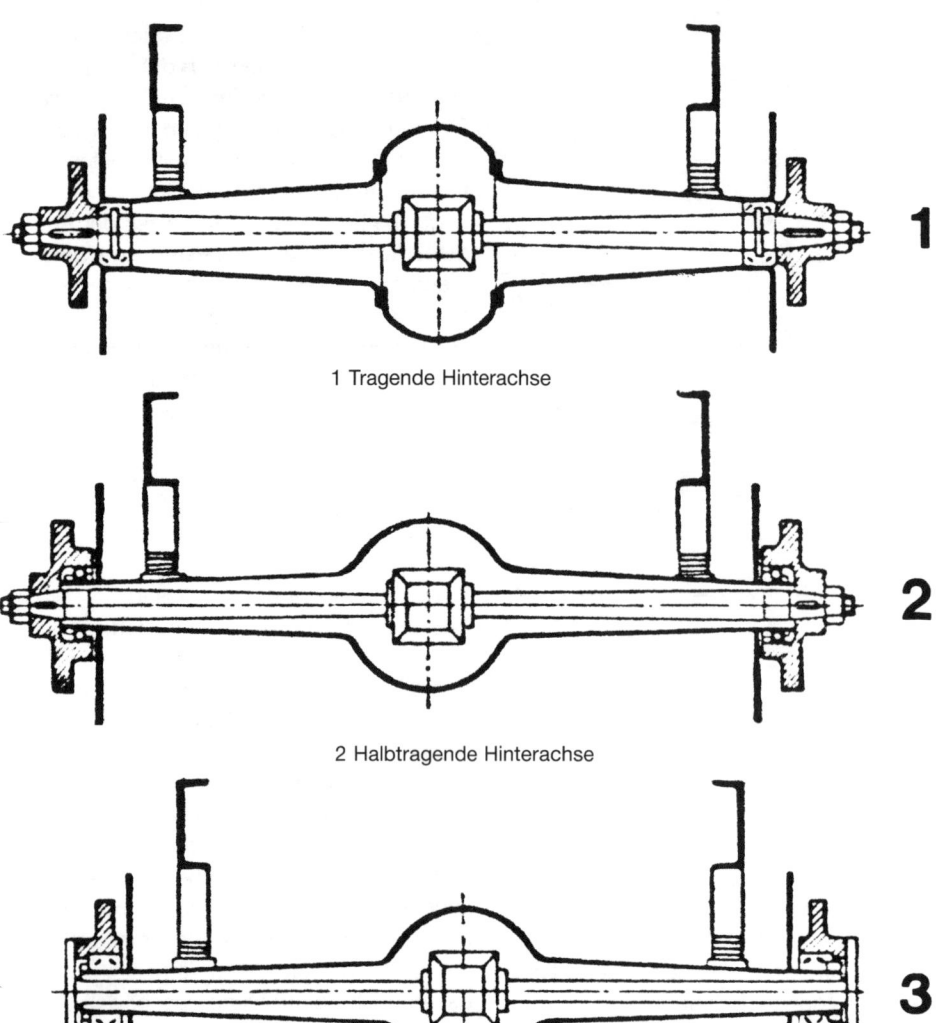

1 Tragende Hinterachse

2 Halbtragende Hinterachse

3 Nichttragende Hinterachse

Abb. 15.11: Hinterachs-Konstruktionen

funktion durch einen speziellen Hebel ausgeschaltet.

15.6 Hinterradantrieb

Die Hinterräder können durch einen vorn- oder hintenliegenden Motor angetrieben werden. Selten ist ein 'Mittelmotor', wie beim Renault Alpine V310. Im Verhältnis zum Vorderradantrieb hat der Hinterradantrieb folgende Vorteile:

– weniger komplizierte Konstruktion der Vorderachse;
– beim Bergauffahren nimmt der Druck auf die Antriebsräder zu. Diese Konstruktion eignet sich daher besonders gut für Lkw;
– aus demselben Grund werden die Räder eines Hinterradantriebs auf verei-

sten Bergstraßen nicht so schnell durchrutschen.

Hinterachskonstruktionen

Die Abb. 15.10 zeigt eine Hinterachse vom 'Banjotyp'. In ihrem Zentrum befindet sich das Differential, von wo aus die Räder mittels Steckachsen angetrieben werden. Je nach Konstruktion spricht man von einer:

1. tragenden Hinterachse. Das Lager ist zwischen der Achswelle und der Hinterachse angebracht. Dabei ist das Rad an der Achswelle befestigt. Diese trägt also die ganzen Belastungen und unterliegt Verbiegungen und Verwringungen;
2. halbtragenden Hinterachse. Das Lager ist in der Radnabe und an der Hinterachse befestigt. Die Achse trägt jetzt nur noch einen Teil der Last. Zwar unterliegt sie noch der Verwringung, aber viel weniger der Verbiegung;
3. nichttragenden Hinterachse. Das Doppellager ist auch hier in der Radnabe und an der Hinterachse befestigt, aber man kann die Steckachse demontieren, während die Räder montiert bleiben. Diese Ausführung finden wir bei schwerbelasteten Lkw. Die antreibende Achse wird nur noch durch Verwringung belastet.

Bezüglich der möglichen Radaufhängungen sei auf Seite 136 verwiesen.

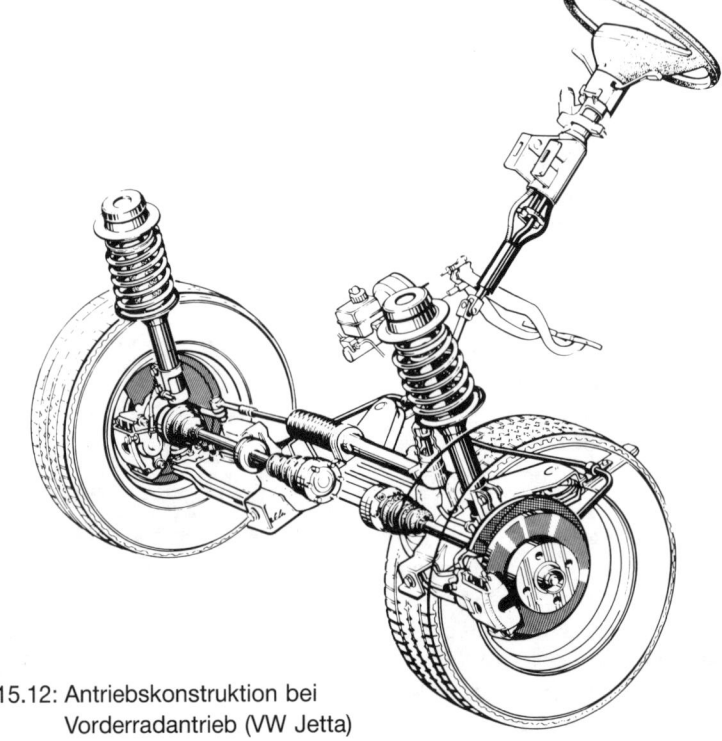

Abb. 15.12: Antriebskonstruktion bei Vorderradantrieb (VW Jetta)

Abb. 15.13: Alfa 33 mit Allradantrieb
1 Getriebestütze
2 Gehäuse Schaltgestänge
3 Wahlhebel Hinterradantrieb
4 Kardanwelle
5 Kardanwellenlager
6 Kreuzgelenk
7 Hinterachse
8 Panhardstange
9 Steckachse

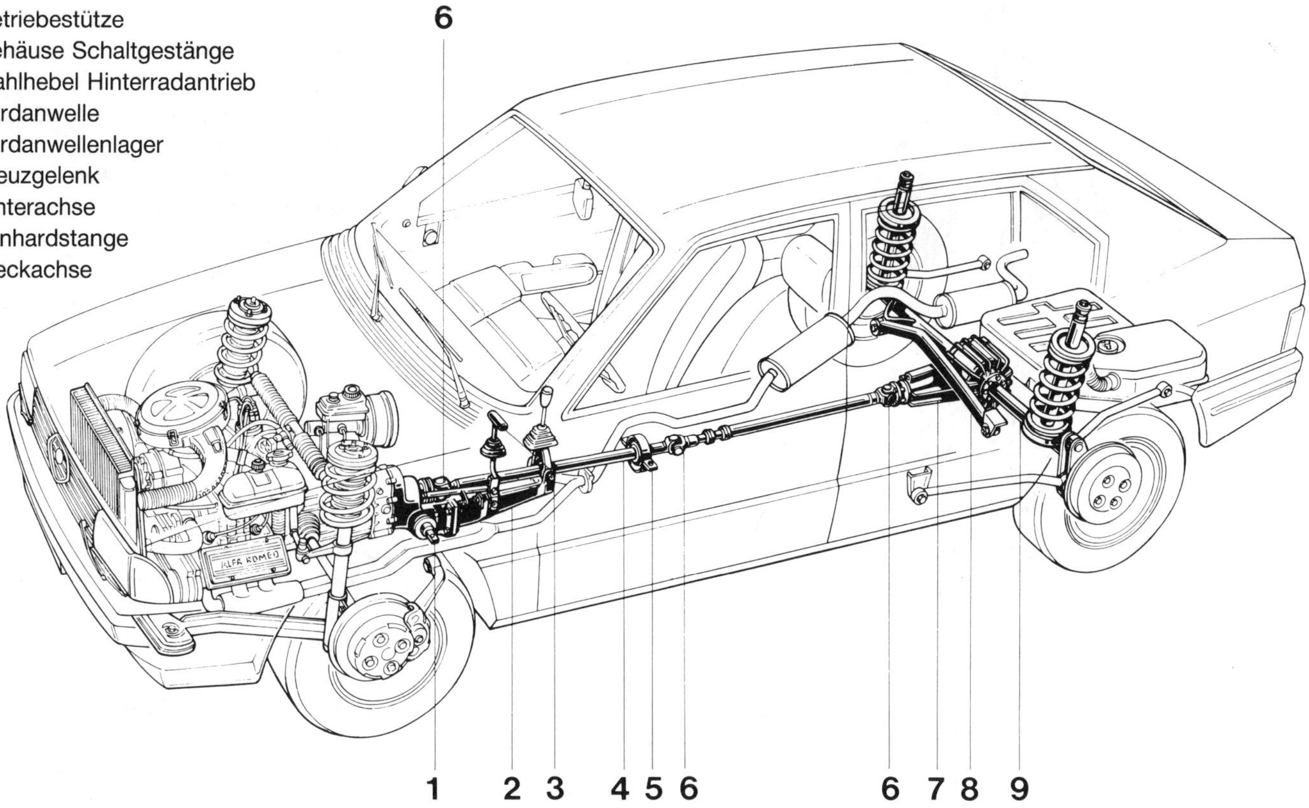

15.7 Vorderradantrieb

Beim Vorderradantrieb befinden sich Motor, Getriebe und Differential vorn; sie können in Längs- oder Querrichtung eingebaut sein. Da sich unter dem Fahrzeugboden keine Kardanwelle befindet, kann der Boden flach und die Karosserie niedriger gebaut sein. Dadurch liegt der Schwerpunkt niedriger, was eine bessere Straßenlage, vor allem in Kurven, zur Folge hat. Das wird auch noch gefördert durch die kleinere, ungefederte Masse und durch den Umstand, daß das Fahrzeug in die Kurve gezogen wird, während es beim Hinterradantrieb geschoben wird.

Bei Pkw mit Vorderradantrieb kommt vorn ausschließlich die Einzelradaufhängung vor. Die Länge der Antriebsachse muß dabei variabel sein. Wegen des großen Winkels, in dem die Vorderräder schwenken, sind Kreuzgelenke aufgrund der unregelmäßigen Drehgeschwindigkeit praktisch nicht brauchbar, so daß homokinetische Gelenke (Gleichlaufgelenke) verwendet werden müssen.

15.8 Allradantrieb

Der Allradantrieb findet sich hauptsächlich bei Lkw, die in unwegsamem Gelände fahren müssen, z.B. Kipper für Baugelände. Es gibt aber auch Pkw und Mehrzweckfahrzeuge mit Allradantrieb. Durch Hinzuschalten der zweiten Antriebsachse verfügt man über eine größere Zugkraft, was in schlammigem Gelände vorteilhaft ist. Manche Fahrzeuge werden ständig an den 4 Rädern angetrieben, andere können auch nur mit Frontantrieb oder nur mit Hinterradantrieb fahren.

15.9 Lager

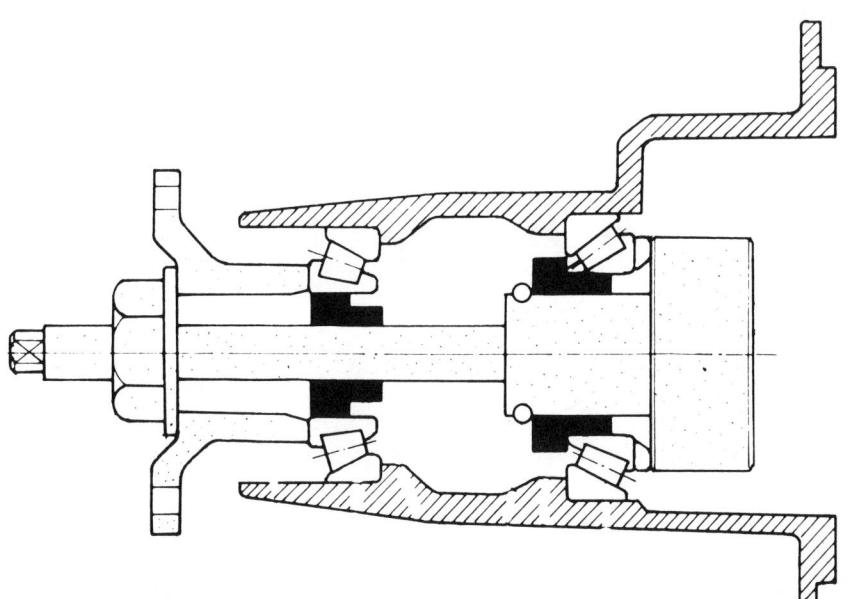

Abb. 15.14: Kegellager im Querschnitt

Im Kraftfahrzeug gibt es neben Gleitlagern auch Kugel-, Nadel-, Rollen- und Kegella-

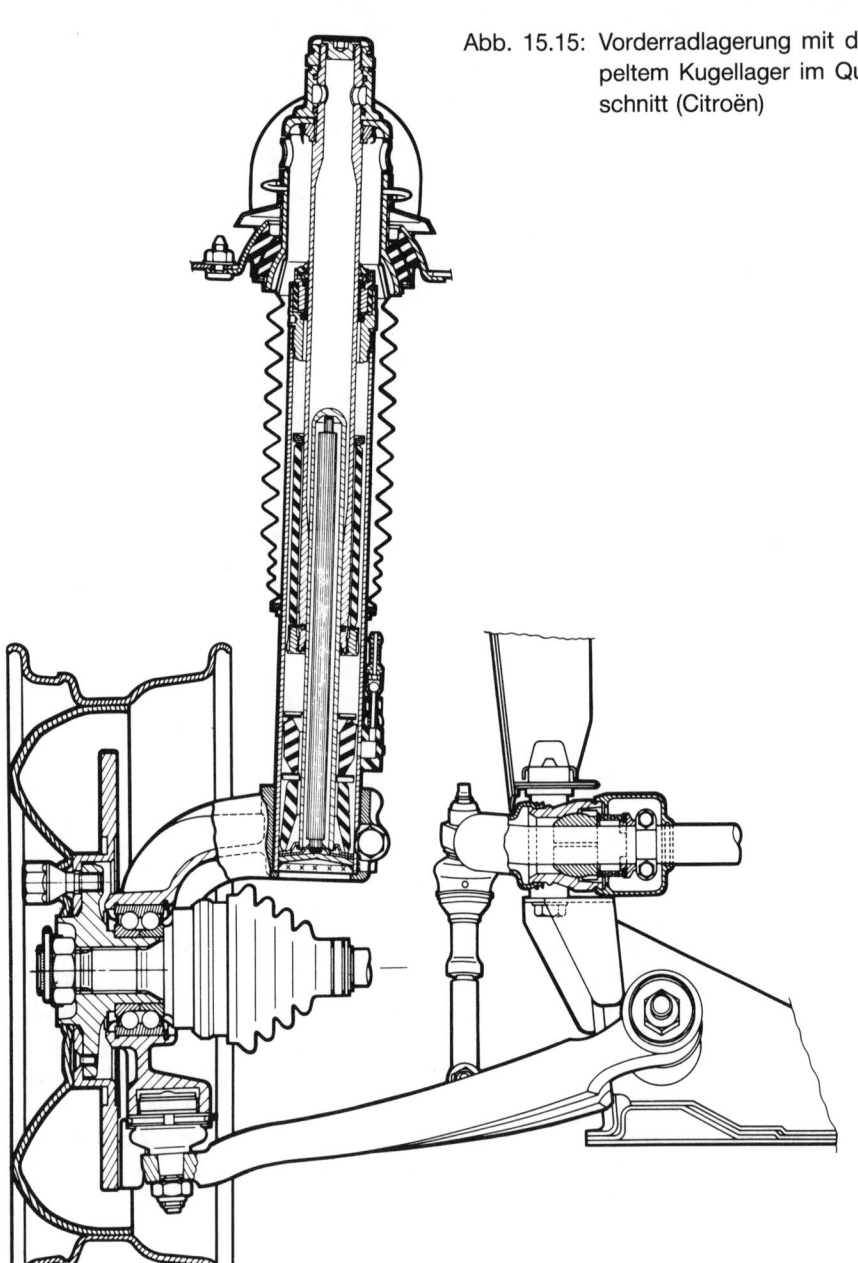

Abb. 15.15: Vorderradlagerung mit doppeltem Kugellager im Querschnitt (Citroën)

ger. Die letzteren können demontiert werden.

Manche Radlager sind wartungsfrei, andere bedürfen, z.B. alle 30.000 km, einer Wartung. Ein Lager ist eine besonders sorgfältig verarbeitete Einheit, die dementsprechend auch sorgfältig behandelt werden will. Vor allem ist auch darauf zu achten, daß kein Staub oder Schmutz eindringen kann. Bei einer Wartung muß das Lager zuerst gründlich ausgewaschen werden. Dazu gibt es spezielle Flüssigkeiten. Von Benzin ist aus Gesundheitsgründen abzuraten. Ein ausgewaschenes Lager sollte man nicht trockenlaufen lassen, indem man Preßluft darauf richtet. Ehe es wieder montiert wird, muß es mit einem speziellen Kugellagerfett geschmiert werden. Damit dies gründlich erfolgt, muß das Lager 'massiert' werden. Auf der einen Seite muß solange neues Fett nachgeschoben werden, bis auf der anderen Seite reines Fett austritt.

Beim Montieren ist darauf zu achten, daß die Vorschriften bezüglich der Anzugdrehmomente strikte befolgt werden. Bei einstellbaren Lagern ist auch die Dicke von eventuell erforderlichen Distanzringen zum Erhalt der richtigen Lagervorspannung zu beachten. Ehe die Nabenmutter mit der entsprechenden Spannung aufgeschraubt wird, sollte man das Rad einige Male drehen, damit das Lager sich setzen kann.

Damit das Fett sich bei steigender Temperatur dehnen und die Wärme hinlänglich abfließen kann, darf die Fettkappe maximal nur zu dreiviertel gefüllt sein.

16. Radaufhängung

16.1 Starrachsen oder Einzelradaufhängung

Die Hinterräder können mittels einer starren Achse oder Hinterachse miteinander verbunden sein. Auch die Vorderräder können an einer starren Achse befestigt sein. Bei Pkw kommt diese Konstruktion nicht mehr vor. Wenn die Räder nicht an einer starren Verbindungsachse montiert sind, dann spricht man von Einzelradaufhängung. Sowohl die Vorder- als auch die Hinterräder können unabhängig voneinander aufgehängt sein. Dies hat gegenüber der starren Achse einige Vorteile. Wenn z.B. das linke Rad über ein Hindernis rollt, so hat das keinen Einfluß auf das rechte Rad. Im Fahrzeug verspürt man die Unebenheiten der Straße nicht oder jedenfalls kaum. Aus demselben Grund kommt die Einzelradaufhängung der Steuerung zugute. Die nichtabgefederte Masse ist kleiner, so daß man die Federung weicher machen kann.

Die nichtabgefederte Masse ist die Gesamtmasse der Einzelteile, die sich zwischen der Straße und der Feder oder dem Federelement befindet. Je höher das nichtabgefederte Gewicht, desto größer ist dessen Trägheit und desto weiter bewegt sich das Rad nach oben. Das hat eine schlechtere Straßenlage zur Folge. Zwar kann man das Hüpfen des Rades durch stärkere Federung reduzieren, aber das benachteiligt den Fahrkomfort. Die günstigste Lösung besteht also in der Verringerung der nichtabgefederten Mas-

Abb. 16.1: Einige Arten der Radaufhängung

1 Starre Achse mit Blattfederung
2 Starre Achse mit Schraubenfedern
3 Starre De-Dion-Achse
4 Einzelradaufhängung mit Pendelachsen
5 Einzelradaufhängung mit Mercedes-Pendelachse
6 Einzelradaufhängung mit ungleichförmigen Radtragearmen (Triangel)
7 Einzelradaufhängung mit McPherson-Federelementen

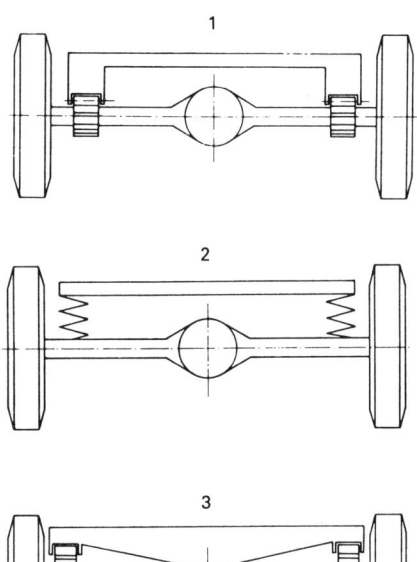
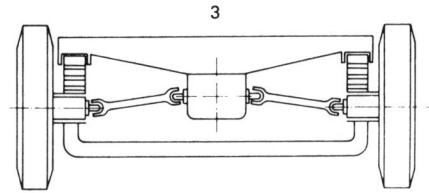
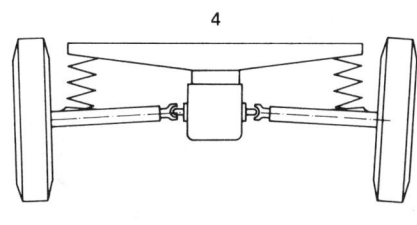
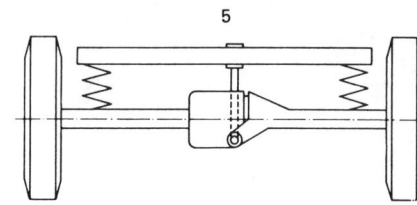
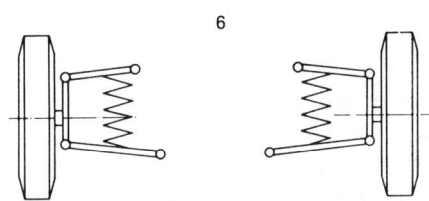
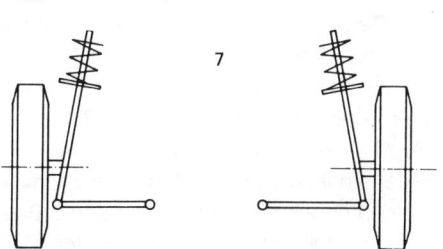

se, was durch eine Einzelradaufhängung ermöglicht wird. Der aufmerksame Leser dürfte bereits erkannt haben, daß die abgefederte Masse das ist, was sich oberhalb der Federung befindet. So hat eine Pendelachsenausführung den Vorteil, daß das Differential zur abgefederten Masse gehört. Ein Nachteil ist darin zu sehen, daß die Spur sich bei einer Grenzbelastung oder bei geschwächten Federn erheblich verändert, was zu einseitigem Reifenverschleiß führt. Bei einer De-Dion-Aufhängung ist dies nicht der Fall.

Bei Verwendung einer starren Vorderachse wird das Rad mittels Achsschenkelbolzen schwenkbar an der Vorderachse befestigt, bei Einzelradaufhängung im allgemeinen mit Hilfe von Kugeln. Die Achslinie, die beide Achsschenkelkugeln verbindet, wäre auch die Achslinie des Achsschenkelbolzens.

16.2 Federsysteme allgemein

Zweck des Federsystems

Die Bewegungen des nichtabgefederten Teils aufgrund von Ungleichmäßigkeiten der Fahrbahn so abzufangen, daß der abgefederte Teil dadurch möglichst wenig beeinflußt wird, um so den Fahrkomfort zu verbessern. Dabei werden die Federelemente durch die Reifen, die Stoßdämpfer sowie die Fahrzeugsitze unterstützt.

Die Federung ist stets ein Kompromiß zwischen Komfort und Straßenlage. Je weicher die Federung, desto weniger gut ist die Straßenlage.

Arten

Die folgenden Federungsarten kommen bei Pkw zur Anwendung:

- Blattfederung
- Schraubenfederung
- Drehstabfederung (Torsionsfederung)
- hydropneumatische Federung
- Luftfederung
- Gummifederung.

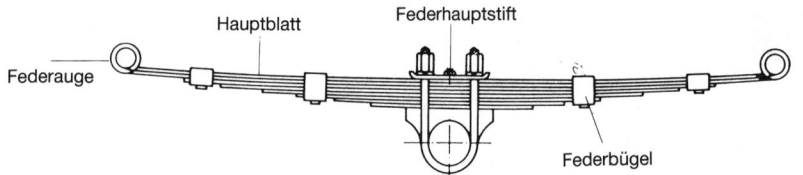

Abb. 16.2: Blattfederkonstruktion mit einigen Federblättern

Abb. 16.3: Blattfederkonstruktion mit nur einem Federblatt und Befestigung (Volvo 340)

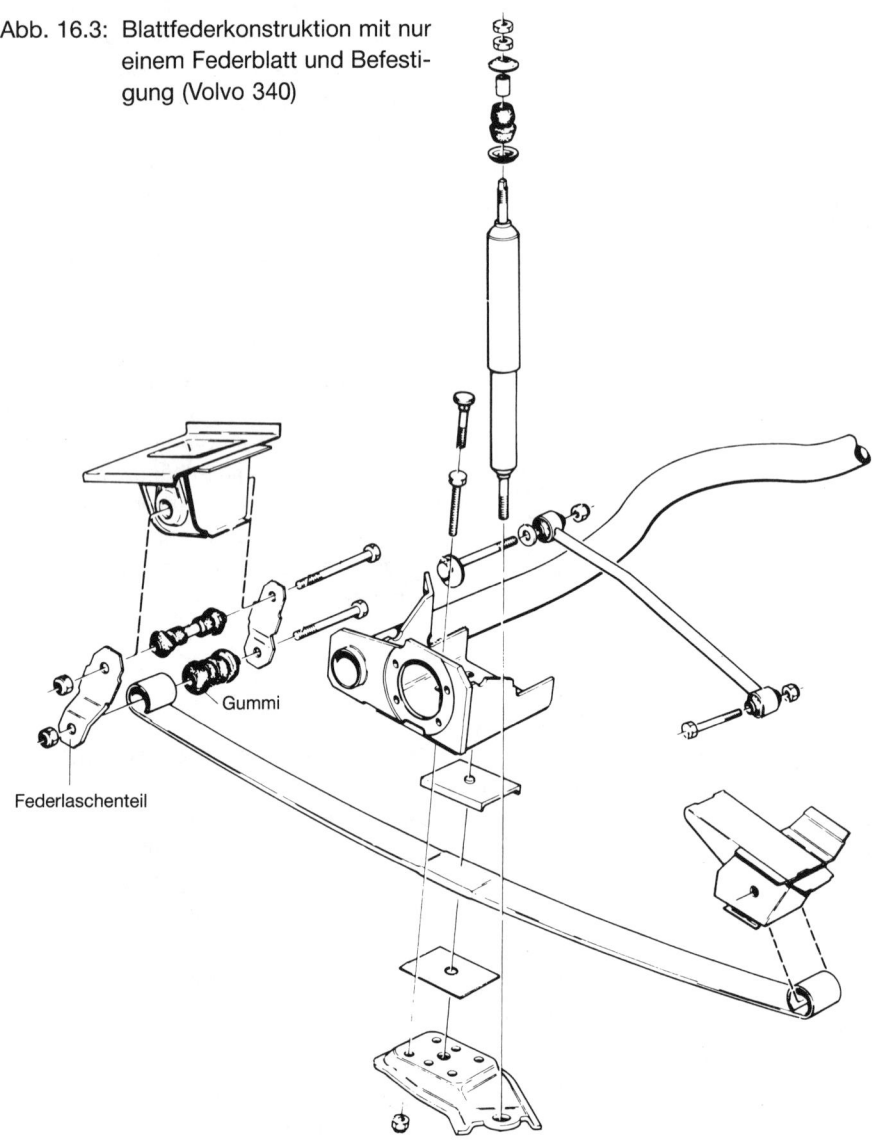

16.3 Blattfedern

Eine Blattfeder kann sowohl in Längs- als auch in Querrichtung unter dem Fahrzeug angebracht sein, so daß sie auch bei Einzelradaufhängung verwendet werden kann. Die Blattfederung besteht im allgemeinen aus mehreren Blättern, deren oberstes als Hauptblatt bezeichnet wird. Je mehr Blätter eine Feder hat, desto stärker und steifer sie wird. Bei Pkw hat die Blattfeder deshalb auch nur wenige

Blätter, zuweilen besteht sie sogar nur aus dem Hauptblatt.

Die einzelnen Federblätter werden durch einen Federhauptstift zusammengehalten. Dieser sitzt nicht immer in der Mitte zwischen den Federaugen, was zu beachten ist, wenn man unter dem Fahrzeug eine Feder montiert. Wenn der Stift aus der Mitte versetzt ist, dann bekommt die Feder einen steiferen Teil, der die Brems- und Antriebskräfte besser auffängt. Das ist dann der vordere Teil der Feder. Die

Federblätter werden durch Federbügel zusammengehalten.

Die Blätter haben verschiedene Radien, wodurch die Feder nach der Verformung infolge der Reibung der Blätter untereinander eine eigene dämpfende Wirkung bekommt. Durch Einlage von Streifen aus Gummi oder Kupfer zwischen den Blättern kann man Geräuschen vorbeugen.

Befestigung

Um das Auf- und Abfedern, also die geradere und gebogenere Stellung der Blattfeder, zu ermöglichen, ist die Feder am hinteren Ende mittels einer Lasche am Chassis oder an der Karosserie befestigt. Beim Durchfedern verschiebt die Hinterachse sich dadurch nach hinten. Zuweilen sind auch vorn Federlaschen angebracht. Wie bei den Schraubenfedern müssen dann Stangen dazu verwendet werden, die verschiedenen Kräfte aufzufangen und Hinterachse und Federn auf der Stelle zu halten.

Bei verschiedenen Pkw-Modellen liegt das Hauptblatt fast horizontal. Das hat den Vorteil, daß der Schwerpunkt dann niedriger liegt und die Karosserie sich in Kurven weniger neigt. Dadurch kommt eine bessere Querstabilität zustande.

Bei Pkw ist die Feder im allgemeinen in Gummi gelagert.

Verformung

Die Blattfederung hat den Nachteil, daß sie sich parallel mit der wachsenden Belastung verformt. Eigentlich müßte die Feder steifer werden, wenn die Belastung zunimmt. Um das zu erreichen, wendet man verschiedene Hilfsmittel an.

16.4 Schraubenfedern

Schraubenfedern, fälschlich auch als Spiralfedern bezeichnet, haben als Vorteile, daß sie weniger wiegen, progressiv wirken und geschmeidiger sind, wodurch sie sich besser zum Auffangen kleiner Unebenheiten eignen. Sie sind auch wartungsfrei.

Diesen Vorteilen stehen einige Nachteile gegenüber: sie können keine Schub- und Bremskräfte und auch keine seitlichen Kräfte auffangen. Deshalb müssen Hilfsstangen angebracht werden. Ferner haben Schraubenfedern keine selbstdämpfende Funktion.

Bei dieser Federungsart wird das Material

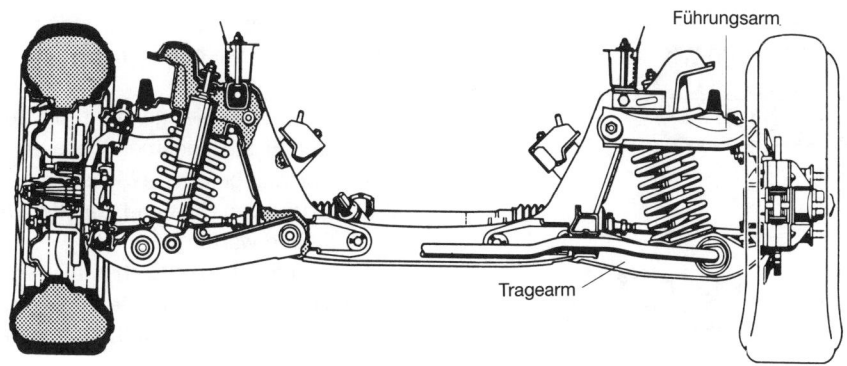

Abb. 16.4: Vorderradaufhängung mit Schraubenfedern

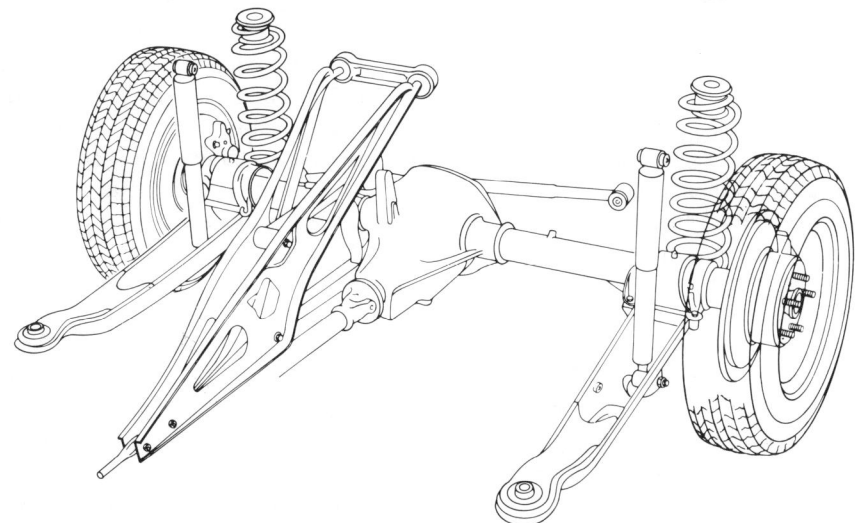

Abb. 16.5: Hinterradaufhängung mit Schraubenfedern (Volvo 760)

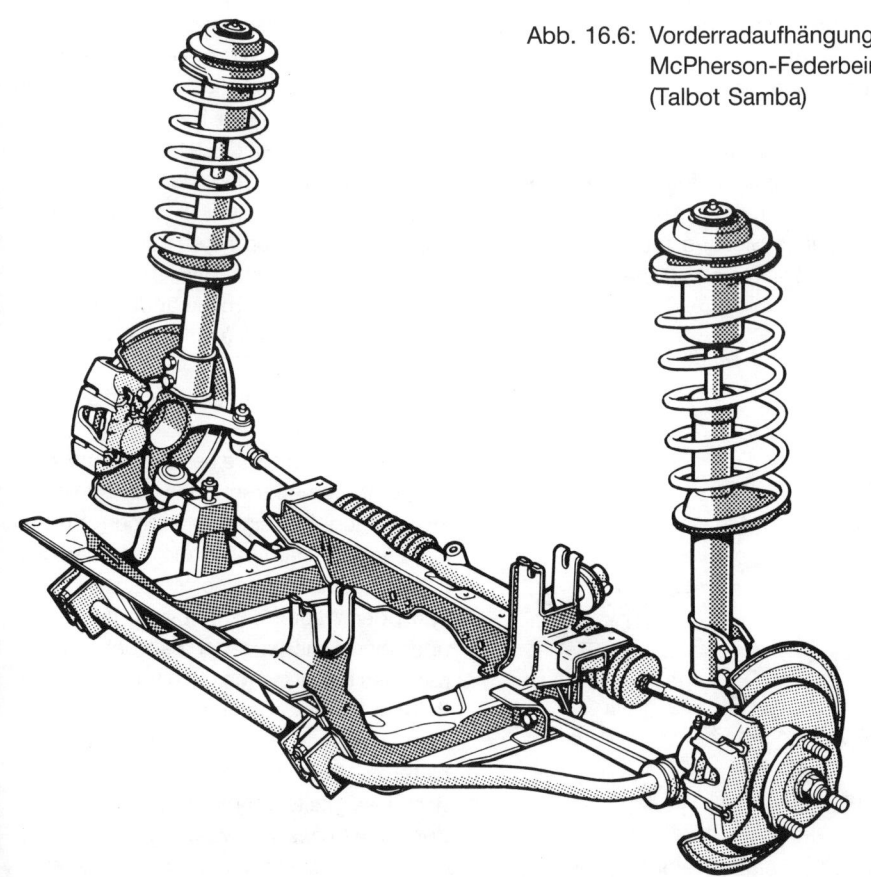

Abb. 16.6: Vorderradaufhängung mit McPherson-Federbeinen (Talbot Samba)

nicht auf Verbiegen belastet, wie bei Blattfedern, sondern auf Torsion. Der schraubenförmige Stab wird verdreht.

Schraubenfedern kommen sowohl bei Starrachsen als auch bei Einzelradaufhängung zur Verwendung. Die Abbildungen zeigen, daß sie bei der Vorderrad- und der Hinterradaufhängung vorkommen.

Bei der Vorderradaufhängung sind die Länge der Führungs- und Tragarme und die Scharnierpunkte so gewählt, daß die Federwirkung die Spurbreite nicht beeinflußt. Dies um einem abnormalen Reifenverschleiß vorzubeugen.

Der Führungsarm, der kürzeste, befindet sich oben.

Diese Ausführungen haben ferner den Vorteil, daß der Radsturz beim Einfedern negativ wird; mit anderen Worten: oben schwenkt das Rad ein wenig einwärts. Weil das Fahrzeug in der Kurve an der Außenseite nach unten federt, bekommt das äußere Rad einen negativen Sturz, der die Straßenlage verbessert. Führungs- und Tragarm sind oftmals dreieckig ausgeführt, weil diese Form am stabilsten ist. Bietet der Tragarm oder dessen Aufhängung nicht genug Stabilität, so muß das Ganze mit Stangen verstärkt werden.

McPherson-Federung

Viele Konstrukteure nutzen die McPherson-Federung, sowohl vorn als auch hinten. Dabei sind die Schraubenfedern auf dem oberen Teil der Federbeine angebracht, die zugleich das Stoßdämpferelement enthalten, das direkt nicht mehr austauschbar ist. In manchen Fällen können die Federn weiter nach außen versetzt werden, was der Querstabilität des Fahrzeugs zugute kommt. Beim Ein- und Ausfedern ändern sich Sturz und Spurbreite nicht.

Dem Federungssystem des Citroen 2CV, der »Ente«, liegt ein besonderes Konzept zugrunde (siehe Abb. 16.7). Die Aufhängung des linken und des rechten Vorderrades ist mittels eines Rohrs, das zwei Schraubenfedern enthält, jeweils an das entsprechende Hinterrad gekoppelt. Rollt das Vorderrad über eine Unebenheit, so daß es sich aufwärts bewegt, dann wird die Feder zusammengedrückt. Dadurch verschiebt sich das Rohr nach rechts, soweit der Gummistoßring dies zuläßt. Infolgedessen wird die andere Feder zusammengedrückt, so daß das Hinterrad stärker nach unten gedrückt wird. Auf diese

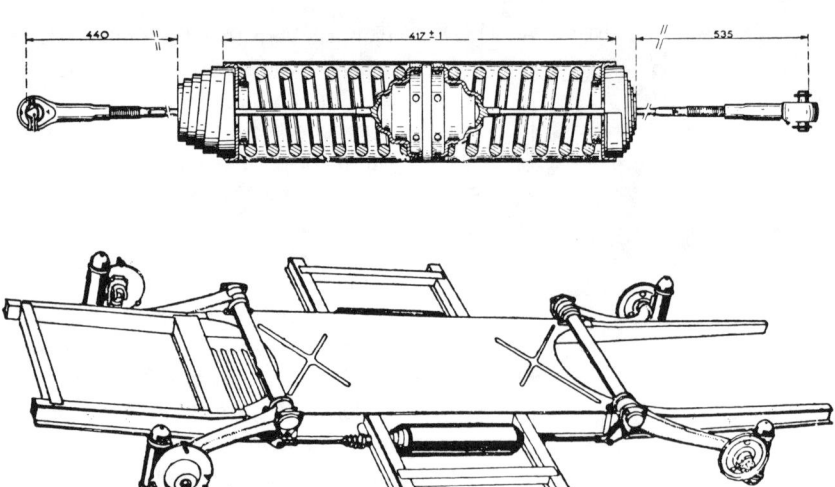

Abb. 16.7: Das außergewöhnliche Federsystem des Citroën 2CV mit einem gemeinsamen Federrohr für Vorder- und Hinterradaufhängung

Weise werden sowohl die Straßenlage als auch die Längsstabilität verbessert.

16.5 Drehstabfederung

Die Drehstabfederung, auch Torsionsfederung genannt, ist wohl die einfachste Form der Federung. Die federnde Funktion entspringt der Eigenschaft eines Stabes, nach Verformung durch Verdrehen in die ursprüngliche Stellung zurückzukehren, also derselben Eigenschaft, auf der auch die Funktion der Schraubenfedern beruht.

Die Torsionskraft im Stab wird durch die Auf- und Abbewegung des Rades oder durch Änderung des Abstandes zwischen Fahrbahn und der Unterseite der Karosserie verursacht. Der Stab ist ja schließlich mit einem Ende an einem festen Teil des Chassis befestigt.

Form; Länge; Anbringung

Als Federelement kann man einen massiven Stab oder zusammengefügte Blattfedern verwenden. Diese können auch kombiniert eingesetzt werden. In diesem Fall wird man den Blattfedertyp bevorzugen, auch als lamellierter Torsionsstab bezeichnet, und zwar unter dem am wenigsten belasteten Fahrzeugteil. Ein lamellierter Torsionsstab ist schließlich geschmeidiger.

Im allgemeinen erhält man geschmeidigere Drehstäbe, indem man sie länger macht, denn ein langer Stab läßt sich stärker verdrehen.

Drehstäbe können sowohl in Längs- als auch in Querrichtung angebracht werden. Sollte sich nach einiger Zeit herausstellen, daß die Drehstäbe infolge von Überlastung oder Ermüdung nicht mehr in die ursprüngliche Stellung zurückfedern können, so läßt sich die Karosserie erneut auf

die richtige Höhe einstellen, indem man die Stäbe aufspannt oder im festen Drehpunkt verdreht.

Als Vorteile seien hier genannt: die zuvor genannten Einstellungsmöglichkeiten, die geringe nichtabgefederte Masse der Konstruktion und den Umstand, daß die Drehstabfederung wartungsfrei ist.

Andererseits ist die Drehstabfederung, ebenso wie die Schraubenfederung, nicht selbstdämpfend; die Drehstabfederung wirkt zuweilen recht steif.

Der Einbau muß mit entsprechenden Hilfsgeräten und Werkzeugen und genau gemäß den Vorschriften des Herstellers erfolgen, sonst werden sich beim Einstellen der Fahrzeughöhe Schwierigkeiten ergeben. Die Stäbe müssen auch an der richtigen Stelle angebracht werden. Die Hersteller liefern die Drehstäbe oftmals mit unterschiedlicher Vorspannung, je nach der Stelle (links oder rechts), an der sie angebracht werden müssen. Dadurch haben Drehstäbe trotz gleicher Abmessungen oftmals unterschiedliche Federungseigenschaften.

16.6 Kombinierte hydropneumatische Federung

Bei der hydropneumatischen Federung werden keine Federn verwendet. Sie sind durch Elemente mit Flüssigkeit und Gas ersetzt. Wir haben hier Kammern, die mit Stickstoff gefüllt sind. Betrachten wir als Beispiel die Federung des Allegro von Leyland. Die vier Räder sind einzeln aufgehängt. Die beiden linken und die beiden rechten Räder sind jeweils durch eine Flüssigkeitsleitung miteinander verbunden. Es handelt sich also um eine kombinierte Federung.

Das ganze Federelement besteht aus der soeben erwähnten stickstoffgefüllten Kammer, die unten eine Membrane hat. Diese Membrane trennt das Gas von einer zweiteiligen Flüssigkeitskammer, in der ein Zweiwegeventil für die erforderliche Federungsdämpfung sorgt.

Fährt der Wagen z.B. mit dem Vorderrad über eine Erhöhung der Fahrbahn, während das Hinterrad gleichzeitig in eine Vertiefung kommt, dann strömt Flüssigkeit vom vorderen Federungselement zum hinteren. Falls die Volumenverringerung der Flüssigkeitskammer des Vorderrades durch die Aufwärtsbewegung des Kolbens gleich der Volumenzunahme des hinteren

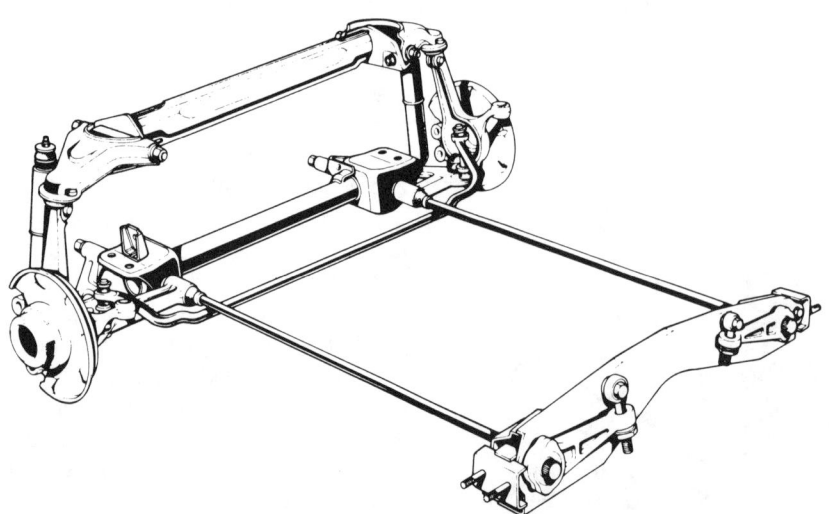

Abb. 16.8: Vorderradaufhängung, abgefedert durch Drehstäbe (Talbot)

Federungselementes durch die Abwärtsbewegung des Kolbens ist, dann bleiben Flüssigkeits- und Gasdruck gleich. Die Karosserie bleibt in gleicher Höhe und horizontal.

Würde der Wagen vorn und hinten mit einem Rad über eine Erhöhung fahren, dann werden beide Kolben nach oben gedrückt, und der Flüssigkeitsdruck nimmt in beiden Kammern zu. Die Ventile öffnen sich, und der Gasdruck wächst. Die Karosserie wird vorn und hinten gleichermaßen nach oben gedrückt und bleibt wieder horizontal. Wenn nur das Vorderrad über eine Unebenheit fährt und der betreffende Kolben nach oben gedrückt wird, möchte sich der Kolben des entsprechenden Hinterrades nach unten bewegen. Das Rad will dann auch nach unten, aber es kann nicht weiter sinken, als bis auf die Fahrbahn. Folge: die Karosserie bewegt sich nach oben und bleibt dadurch horizontal. Auch diese kombinierte Federung sorgt durch die gegenseitige Beeinflussung der Vorder- und Hinterräder für eine gute Straßenhaftung. Durch die Gasfüllung erhält man eine sehr progressive Federung. Das Gas läßt sich ja schließlich zunehmend schwerer komprimieren.

16.7 Hydropneumatische Federung mit Höhenregelung

Auch hier ist das Federungselement eine Stickstoffgasfüllung. Bei Citroën ist die hydropneumatische Federung aber Bestandteil des ganzen hydraulischen Systems. Vorderer und hinterer Höhenregler werden von einem Flüssigkeitsbehälter aus gespeist, und zwar über eine Hochdruckpumpe und einen Hochdruckregler-Druckakkumulator. Diese Teile bilden gewissermaßen die hydraulische Zentrale, von der aus alle hydraulisch wirkenden Teile mit dem erforderlichen Flüssigkeitsdruck versehen werden.

Der Motor treibt die Hochdruckpumpe an. Diese saugt Flüssigkeit aus dem Behälter und pumpt sie durch den Hochdruckregler zum Druckakkumulator. Der Regler hält den Druck der Flüssigkeit, die in den Akkumulator gelangt, zwischen 17 MPa (170 Bar) und 14,5 MPa (145 Bar). Sobald der Druck 17 MPa übersteigt, fließt die von der Pumpe gelieferte Flüssigkeit durch die Rückflußleitung wieder in den Flüssigkeitbehälter.

Jedes Rad ist mittels eines Arms einzeln

an der Karosserie befestigt. Jeder dieser Arme ist überdies mit einem Kolben in einem Federzylinder verbunden. Durch das Fahrzeuggewicht und die eventuelle

Ladung übt der Kolben einen Druck auf die Flüssigkeit aus. Diese Flüssigkeit überträgt den Druck auf die Gasfüllung, welche die Rolle der pneumatischen Fe-

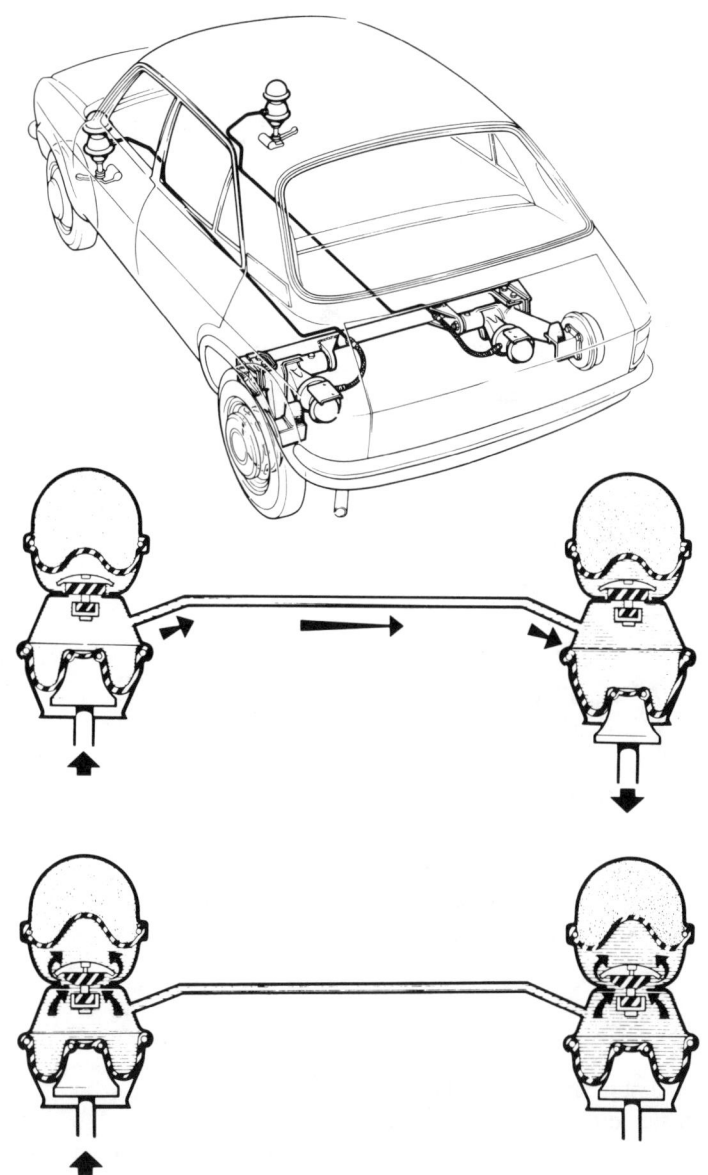

Abb. 16.9: Das hydropneumatische Federungssystem des Austin Allegro; die Pfeile zeigen die Druckverschiebung an

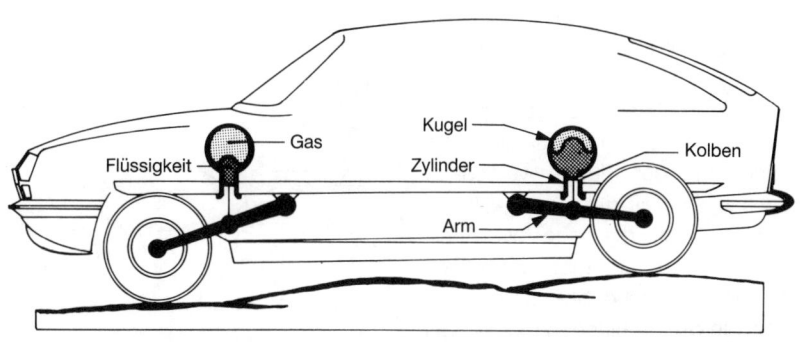

Abb. 16.10: Das hydropneumatische Federungssystem des Citroën GS

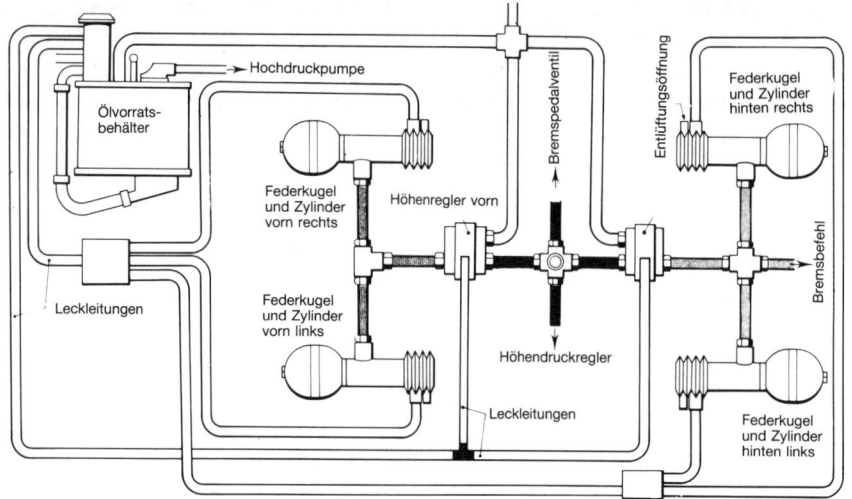

Abb. 16.11: Leitungen des Federungssystems (Citroën GS)

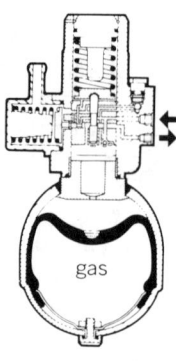

Abb. 16.12: Der Hochdruckregler mit unten dem Druckakkumulator erhält den Systemdruck aufrecht

derung erfüllt.

Wenn das Rad aufwärts federt, wird das Gasvolumen sich durch die Kolbenbewegung verringern, während sein Druck zunimmt. Dasselbe spielt sich bei zunehmender Belastung ab. Da die Karosserie sich senkt, wird sich der Plunger im Höhenregler nach links bewegen. Die Flüssigkeit strömt anschließend in die Kammer zwischen Membrane und Kolben, was zur Folge hat, daß die Karosserie sich wieder hebt, bis die Verbindungsstange den Plunger wieder in die Mittelstellung bringt. Verringert sich die Belastung, dann steigt die Karosserie, und der Plunger verschiebt sich, so daß ein Teil der Flüssigkeit zurückfließen kann, bis die eingestellte Fahrzeughöhe wieder erreicht ist. Tatsächlich kann man die Fahrzeughöhe mit Hilfe eines Hebels in drei Stellungen regeln. Das ist wichtig für den Radwechsel und beim Fahren über schlechte Wegstrecken.

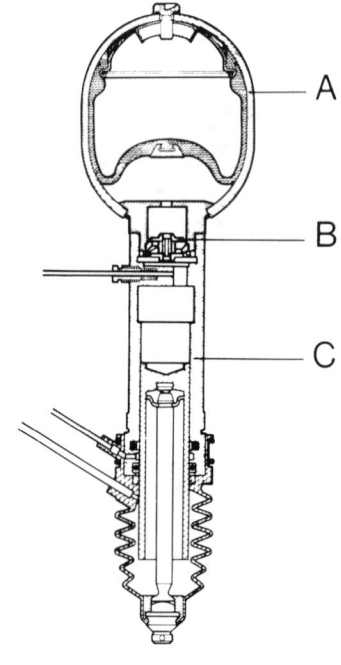

Abb. 16.13: Ein Federungselement besteht aus einer Federkugel (A), einem Stoßdämpfer (B) und einem Federzylinder (C)

Um dem Hüpfen der Räder nach Möglichkeit entgegenzuwirken und eine bessere Straßenhaftung zu bewerkstelligen, ist zwischen dem Zylinder und der Federungskugel ein Stoßdämpfer angebracht. Die Dämpferwirkung kommt zustande, indem die Flüssigkeit durch drei kalibrierte Bohrungen gepreßt wird, die mehr oder weniger von Ventilen abgeschlossen werden.

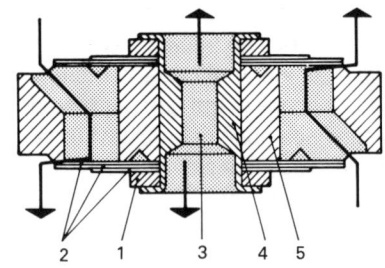

Abb. 16.15: Stoßdämpferfunktion in einem hydropneumatischen Federungssystem
1 Gehäuse
2 Ventile
3 Zwischenstück
4 Leckbohrung
5 Welle

16.8 Gummifederung

Die Gummifederung wird, wenngleich nicht sehr häufig, schon seit Jahren angewendet. Ein Gummifederungselement ist leicht, es wirkt vibrationsdämpfend und hat ein großes eigenes Dämpfungsvermögen. Durch die letztgenannte Eigenschaft wird das Auf- und Abfedern erheblich vermindert, so daß die Stoßdämpfer viel weniger belastet werden. Durch angepaßte Form des Gummifederungselementes und der Eigenschaften des Gummis kann

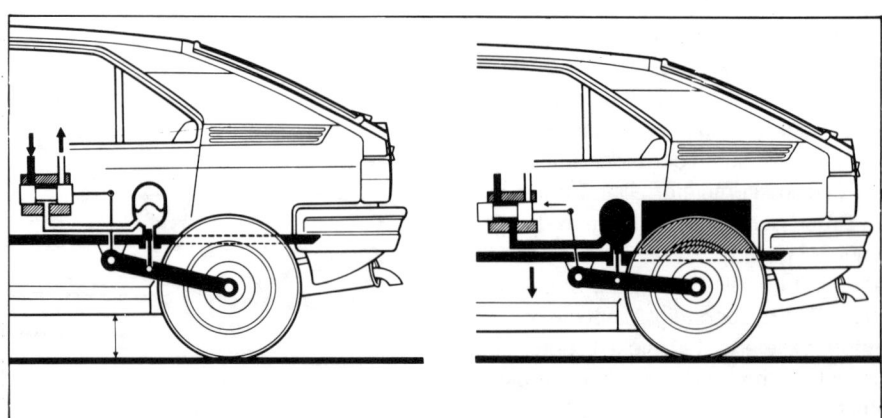

Abb. 16.14: Höhenregelung des Citroën BX

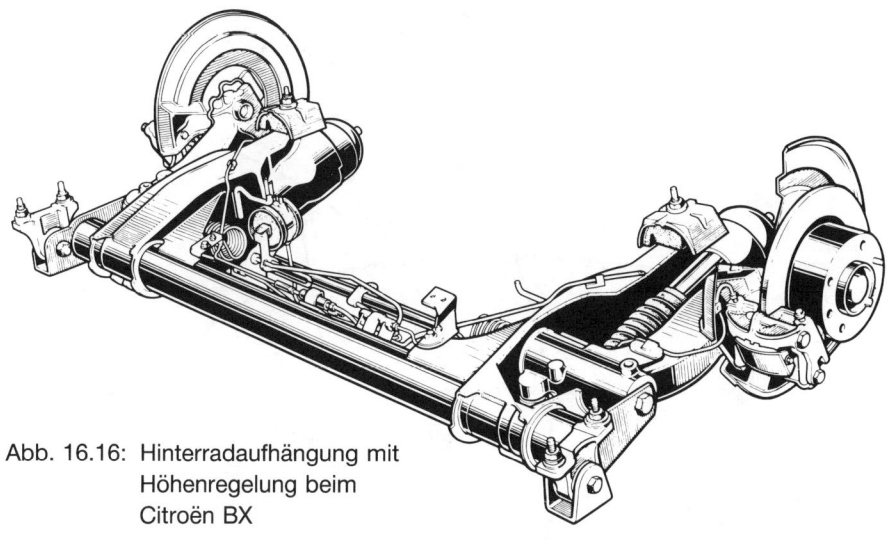

Abb. 16.16: Hinterradaufhängung mit Höhenregelung beim Citroën BX

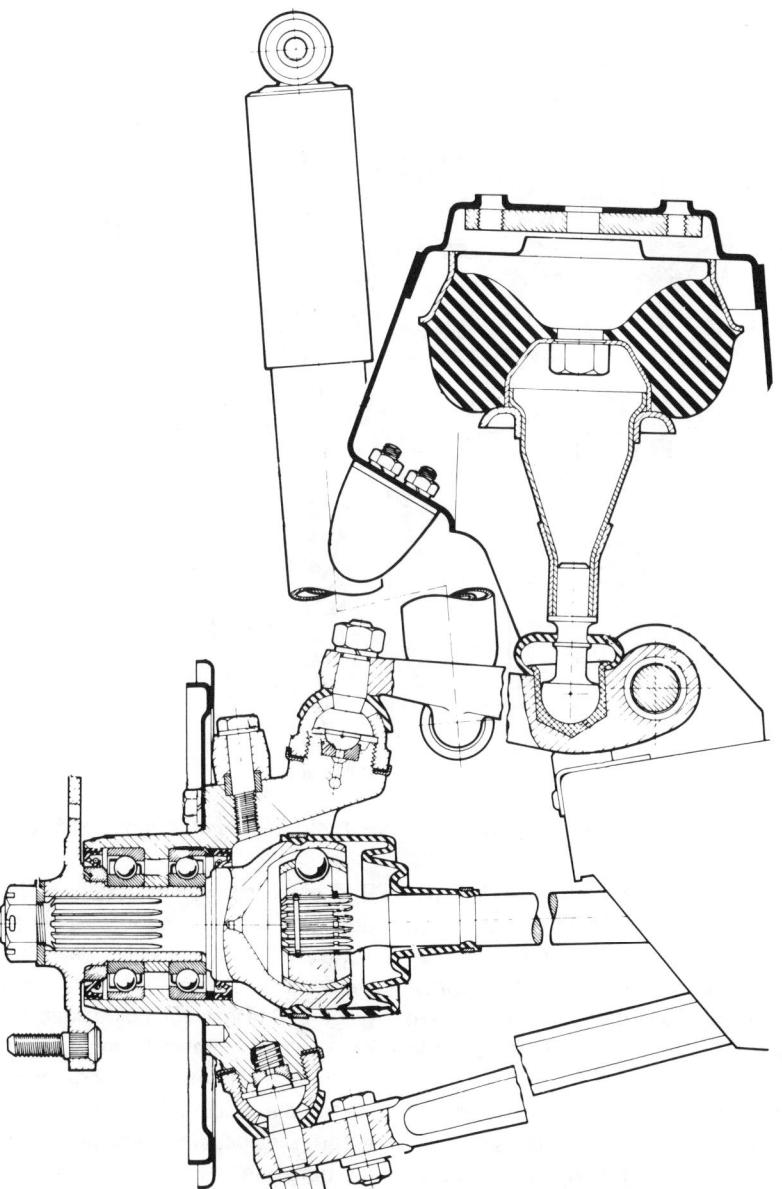

Abb. 16.17: Vorderradaufhängung mit Gummi-Federungselement (Mini)

man die Progressivität fördern. Insbesondere für kleinere Fahrzeuge ist dies sehr wichtig. Im Verhältnis nimmt die Belastung der Federn bei diesen nämlich stärker zu als bei schwereren Fahrzeugen.

Ein bekanntes Beispiel der Gummiaufhängung bietet der Mini von British Leyland. Manche Konstrukteure verwenden Gummifederelemente zur Unterstützung der Schraubenfeder, wenn diese bereits teilweise eingedrückt ist.

16.9 Hydrolastik-Federungssystem

Die Wirkungsweise dieses Federungssystems stimmt großenteils mit der der zuvor besprochenen hydropneumatischen Federung überein. Der Stickstoff als federndes Element wurde durch Gummi ersetzt. Das doppelwirkende Ventil fungiert zugleich als Stoßdämpfer.

16.10 Stoßdämpfer

Zweck

Stoßdämpfer leisten einen wesentlichen Beitrag zum Fahrkomfort, vor allem aber auch zur guten Straßenlage. Sie fördern die Sicherheit.

Wenn wir eine dünne Blattfeder mit einem Ende in den Schraubstock spannen, sie biegen und wieder loslassen, dann beginnt sie zu schwingen. Das heißt, sie verformt sich jeweils wieder mit einer eigenen Frequenz. Würde eine neue Verformungskraft mit der Schwingungsbewegung zusammenfallen und im selben Sinne wie diese wirken, dann könnte die sich daraus ergebende Verformung derartig sein, daß die Elastizitätsgrenze des Materials überschritten würde, was schließlich sogar zum Bruch führen könnte.

Wenn ein Rad über ein Hindernis fährt, dann verformt sich die Feder und beginnt zu schwingen. Diese Schwingung kann beim nächsten Hindernis noch verstärkt werden, so daß die Feder noch weiter durchschwingt. Da das Rad den Bewegungen der Feder folgt, wird es fortwährend auf und ab springen. Aufgabe der Stoßdämpfer ist es, die Federschwingungen möglichst rasch zu neutralisieren. Sie setzen die Bewegungsenergie in Wärmeenergie um. Im Grunde ist die Bezeichnung Stoßdämpfer falsch, denn in Wirklichkeit sind es die Reifen und Federn, welche die Stöße auffangen.

Folgen schlechter Stoßdämpfer

– Der Bremsweg wird erheblich länger. Wenn nämlich das Rad hochspringt, wird die Haftung auf der Straße unterbrochen, was eine unterbrochene Bremsspur zur Folge hat.
– In einer Kurve ist es die Reibung zwischen Reifen und Straße, die den Wagen in der Spur hält. Mit schlechten Stoßdämpfern wird ein Fahrzeug in einer Kurve daher viel schneller wegrutschen. Auch auf der geraden Straße ist die Straßenlage schlechter.
– Die Steuerung ist nicht mehr so genau.
– Jeweils dann, wenn das Rad die Fahrbahn wieder berührt, wird auch der Reifen noch einmal zusätzlich durchfedern. Dadurch wird die Karkasse übermäßig belastet, was sogar zur Reifenpanne führen kann.
– Verschlissene Stoßdämpfer sind auch am typischen Reifenverschleiß erkennbar. Bei jeder neuerlichen Berührung der Straßendecke kostet dies zusätzliches Reifenprofil, weil das Rad die Straßendecke nach dem Auffedern in einer anderen Stellung berührt. Diese Berührung erfolgt überdies durch die Funktion des Differentials mit einiger Beschleunigung.
– Durch die ständig wieder auftretenden Beschleunigungen und Verzögerungen müssen die Übertragungsorgane enorme Stöße hinnehmen, was den Verschleiß fördert und sogar zum Bruch führen kann.
– Auch die Einzelteile der Aufhängung verschleißen schneller.

Funktionsprinzip

Die dämpfende Wirkung kommt dadurch zustande, daß Öl mit Hilfe eines Kolbens durch mehr oder weniger enge Kanäle oder Ventile gepreßt wird. Der Kolben erfährt dabei entsprechenden Widerstand. Die Abb. 16.19 zeigt das Schema eines einfachwirkenden Stoßdämpfers. Bewegt sich der Kolben abwärts, dann kann das Öl durch die enge Öffnung und das Ventil strömen. Bewegt sich der Kolben aufwärts, dann schließt sich das Ventil, so daß stärker abgebremst wird. Beim Stoßdämpfer gemäß der nächsten Abbildung wird das Öl bei jeder aufwärts und abwärts gehenden Kolbenbewegung

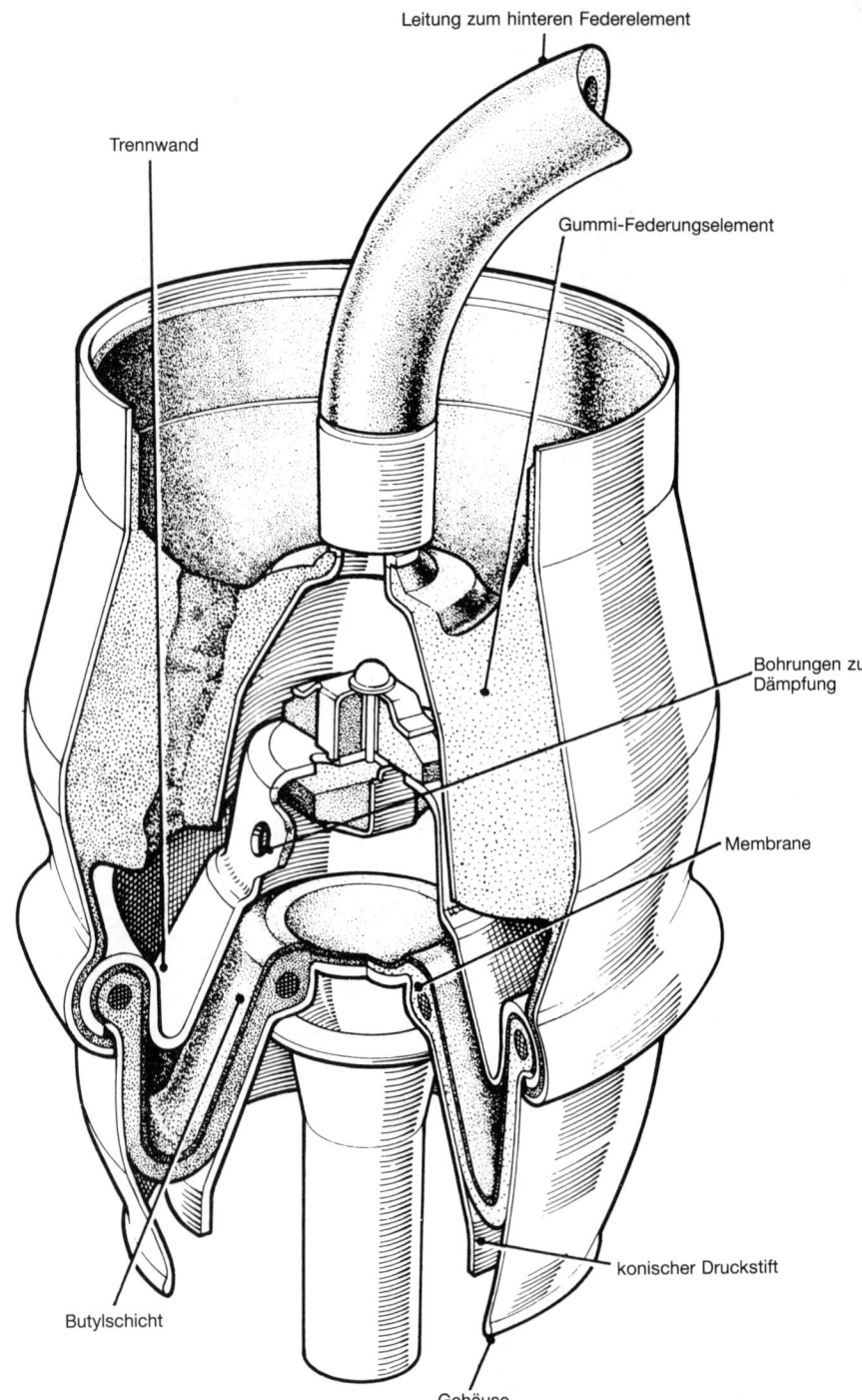

Abb. 16.18: Gummi-Federungselement eines Hydrolastic-Federungssystems

von der einen Kammer in die andere gepreßt. Es handelt sich hier also um einen doppelwirkenden Stoßdämpfer. In der Praxis hat man es fast immer mit doppelwirkenden Stoßdämpfern zu tun, die beim Ausfedern einen größeren Widerstand bieten.
Die Geschwindigkeit, mit der sich der Stoßdämpferkolben im Verhältnis zum Zylinder bewegt, hängt vom Straßenbelag, von der Fahrgeschwindigkeit und von der Belastung des Fahrzeugs ab. Rollt ein

Rad eines schwer belasteten Fahrzeugs über ein Hindernis, dann wird der abgefederte Teil sich, während das Rad dem Hindernis folgt, praktisch nicht vertikal bewegen. Das hat zur Folge, daß die Kolbenbewegung im Verhältnis zum Zylinder gleich der Höhe des Hindernisses ist, wenn das Rad nicht weiter nach oben federt. Dies gilt dann wohl bei einem vertikal aufgestellten Stoßdämpfer ohne Berücksichtigung der Reifen. Ist das abgefederte Gewicht niedriger, dann ist seine

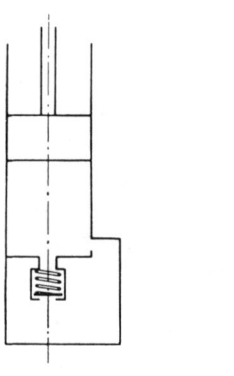

Abb. 16.19: Prinzip eines einfachwirkenden Stoßdämpfers

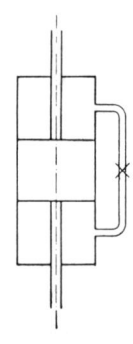

Abb. 16.20: Prinzip des doppelwirkenden
Stoßdämpfers

vertikale Bewegung größer, wodurch die
Bewegungsdifferenz zwischen dem Stoßdämpferkolben und -rohr viel kleiner ist.
Der Widerstand des Stoßdämpfers muß
sich parallel zur Kolbengeschwindigkeit im
Verhältnis zum Stoßdämpferzylinder verhalten.

Teleskopstoßdämpfer

Zur Zeit werden allgemein Teleskopstoß-
dämpfer verwendet.

Eintauchen des Stoßdämpferkolbens

Beim Eintauchen bewegt der Kolben (6)
sich im Verhältnis zum Arbeitszylinder (4)
nach unten.
Es strömt nunmehr Öl von unterhalb des
Kolbens (6) durch die Bohrungen C, B, A
einerseits und D und das geöffnete Überströmventil andererseits in den größer ge-
wordenen Raum oberhalb des Kolbens.
Der Öldruck unter und über dem Kolben
ist gleich.
Aufgrund des Volumens, welches die Kolbenstange (3) einnimmt, strömt Öl von
unterhalb des Kolbens über das Bodenventil (10) in den Ölvorratsraum (5).

Öl   Öl unter Druck

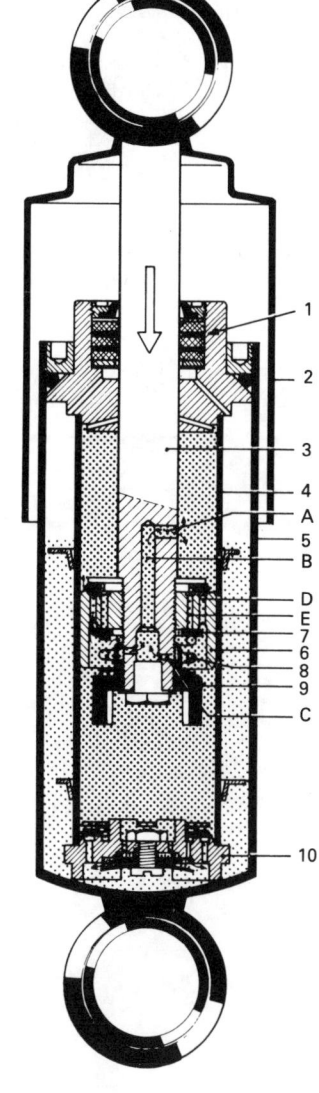

Abb. 16.21: Doppelwirkender Teleskop-
stoßdämpfer von Koni im
Querschnitt
A Querbohrung
B Längsbohrung
C Kalibrierte Bohrungen
D Überströmbohrung mit
oben dem Überströmventil
E Umlaufbohrung mit unten
dem Umlaufventil
1 Kolbenstangendichtung
2 Staubkappe
3 Kolbenstange
4 Arbeitszylinder
5 Ölvorratsraum
6 Kolben   7 Umlaufventil
8 Feder   9 Stellmutter
10 Bodenventil

Austauchen des Stoßdämpferkolbens

Bewegt der Kolben (6) sich im Verhältnis
zum Arbeitszylinder (4) nach oben, dann
wird auf das Öl oberhalb des Kolbens ein
Druck ausgeübt, wodurch dieses Öl durch
die Bohrungen A, B, C und D in den Raum
unterhalb des Kolbens fließt. Das Ventil
(7) wird dann gegen die Spannung der
Feder (8) angehoben.
Der Widerstand, den das Öl dabei erfährt,
liefert die Kraft bei der Austauchbewe-
gung des Stoßdämpfers.
Durch das Bodenventil (10) fließt Öl aus
dem Ölvorratsraum (5) in den Raum unterhalb des Kolbens, um das Volumen,
welches die Kolbenstange (3) einnimmt,
zu kompensieren.

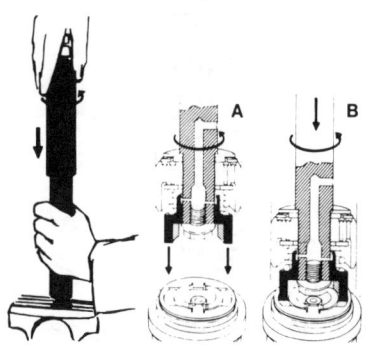

Abb. 16.22: So wird die Funktion eines
Koni-Stoßdämpfers verstellt

Einstellbare Stoßdämpfer

Die Firma Koni wurde durch ihre einstellbare Stoßdämpfer bekannt. Die Kolbenstange hat unten eine Stellmutter mit zwei
Stiften, die in eine Nute im Bodenventilge-
häuse passen. Durch vollständiges Ein-
drücken des Stoßdämpfers bei gleichzeiti-
ger Drehung im Uhrzeigersinn können die
kalibrierten Bohrungen in der Kolbenstange teilweise oder ganz verschlossen werden, und die Feder kann gespannt werden; das Umlaufventil läßt sich dann
schwerer öffnen. Dadurch nimmt das
Dämpfungsvermögen beim Austauchen
zu, das ja vom Widerstand abhängt, welchen das Öl durch den Kolben verspürt.
Der Widerstand beim Eintauchen hängt
vom Widerstand ab, den das Öl in den
Bodenventilen überwinden muß.

Gasdruckstoßdämpfer

Gasdruckstoßdämpfer sind einfacher konstruiert. Es gibt nur den Arbeitszylinder,
und sämtliche Ventile sind im Kolben angebracht. Das Volumen der Kolbenstange
wird beim Eintauchen durch den mit Gas
gefüllten Raum aufgenommen. Ein weiterer Vorteil der Gasdruckstoßdämpfer be-

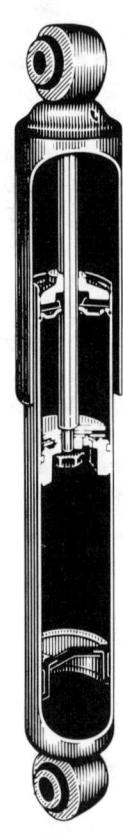

Abb. 16.23: Aufrißzeichnung eines Gas-
druckstoßdämpfers
(Monroe)

steht darin, daß das unter Druck stehende
Gas bei der Fahrt unter schwerer Belastung, auf schlechten Straßen und bei hoher Außentemperatur die Bildung von
Luftblasen im Öl verhindert. Im Stoßdämpfer wird ja schließlich Bewegung in Wärme
umgesetzt.

Abb. 16.24: Mit Luftdruck einstellbarer
Stoßdämpfer (Monroe)

Besondere Stoßdämpfer
Ideal für die Straßenlage, die Sicherheit
und den Fahrkomfort ist es, daß die Funktion der Stoßdämpfer von der Fahrzeug-

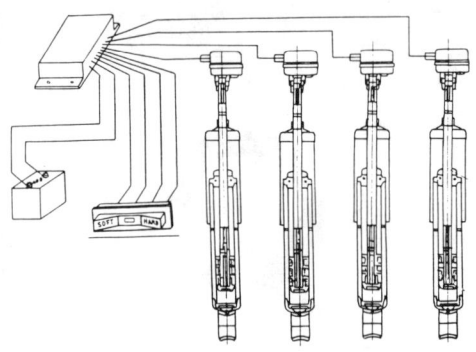

Abb. 16.25: Einstellen der Stoßdämpfer
mit Hilfe von Elektromotoren

Abb. 16.25: Stoßdämpfer mit Schraubenfeder (Boge)

belastung abhängig gemacht werden
kann; außerdem kann man auf komforta-
bles Fahren (weiche Einstellung) oder eine stabilere Straßenlage (harte Einstellung) abstimmen. Mit Luft einstellbare hintere Stoßdämpfer sind ein Schritt in die
richtige Richtung. Durch diese Dämpfer ist
es möglich, das belastete Fahrzeugheck
wieder in die richtige Höhe zu bringen und
die Federwirkung zu unterstützen. Der
Raum unter der Staubkappe ist dazu hermetisch verschlossen.

Das Aufpumpen kann von außen her mittels eines eingebauten Kompressor erfolgen. Dessen Bedienung ist durch einen
Handschalter oder automatisch auf elektronischem Weg entsprechend der Belastung möglich. Eine andere Möglichkeit
siehe die Abbildung) besteht darin, mit
einem Wahlschalter die Stoßdämpfer auf
weich, normal oder hart einzustellen. Entsprechend der gewählten Stellung dreht
der Elektromotor die Kolben aller Stoßdämpfern so, daß die eingestellte Ab-
bremsung zustandekommt. Die Bedienung der Elektromotoren kann man auch
auf elektronischem Weg bekommen. Es
ist sogar möglich, die Stoßdämpfer so vor-
zusehen, daß sie auf das Knicken beim
Bremsen, das hintere Einfedern bei starker Beschleunigung und das übertriebene
Rollen in Kurven reagieren.

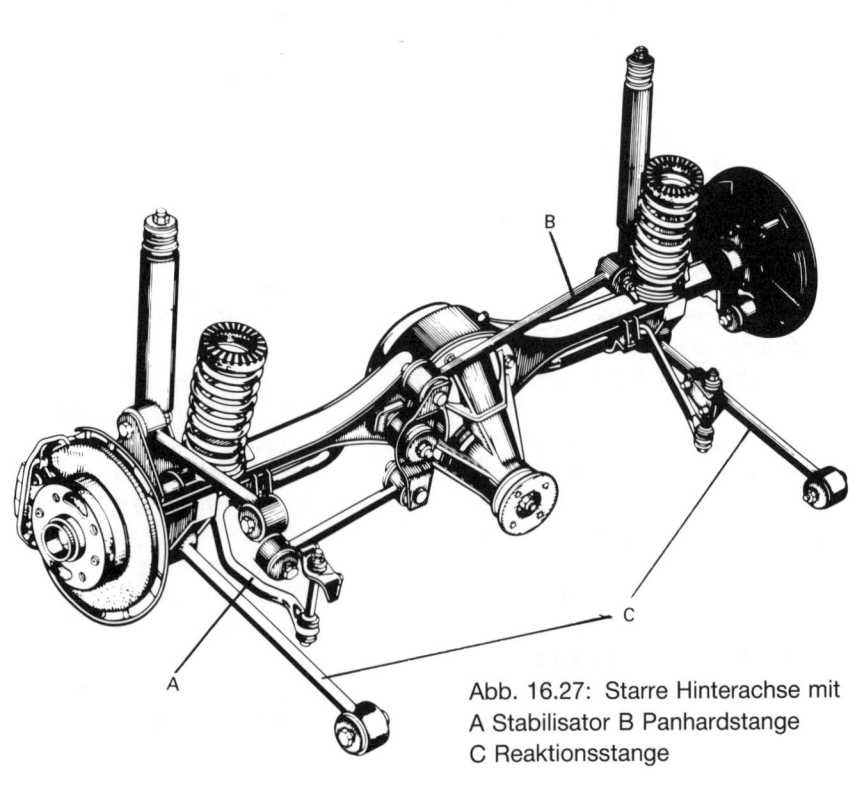

Abb. 16.27: Starre Hinterachse mit
A Stabilisator B Panhardstange
C Reaktionsstange

Stoßdämpfer mit Schraubenfeder

Ebenfalls zur Unterstützung der Federung gibt es Stoßdämpfer, die zwischen Staubkappe und Ausgleichsrohr mit einer Schraubenfeder ausgerüstet sind. Nach unten können die Windungen näher beieinander liegen, so daß man – je nach Belastung – eine sehr progressive Funktion erhält. Die Verwendung von Stoßdämpfern beschränkt sich nicht auf die Federung. Es gibt auch Dämpfer zum Auffangen der Motor- oder Steuerungsschwingungen.

Prüfen der Stoßdämpfer

In den meisten Fällen nimmt die Qualität der Stoßdämpfer ganz allmählich ab, so daß der Fahrer sich dessen nicht bewußt wird. Es gibt Stoßdämpferprüfbänke. Man kann auch 'auf Sicht' testen, indem man das Fahrzeug an einer Ecke auf und ab drückt. Nach dem Loslassen darf es nur in die Ausgangsposition zurückspringen, nicht aber ständig weiterwippen.

Eine 'geübte Hand' kann durch Zusammendrücken und Ausziehen des Stoßdämpfers auch einige Vorstellung über dessen Zustand vermitteln.

16.11 Stabilisatoren

Bei der Schraubenfederung wurde bereits darauf hingewiesen, daß diese – im Gegensatz zur Blattfeder – keine Brems-, Schub- und Querkräfte abfangen kann.

Auch der Neigung der Hinterachse, sich aufgrund der Antriebskraft um die eigene Achse zu drehen, muß entgegengewirkt werden.

Andererseits muß auch das Neigen der Karosserie in der Kurve beschränkt werden. Betrachten wir die Hinterachse des Mazda RX7 als Beispiel. Die in Längsrichtung angebrachten Stangen C fangen die Brems- und Schubkräfte auf, ebenso wie die Reaktion des Antriebsdrehmoments. Die Querstabilität erhält man durch das Quergestänge B, auch als Panhardstangen bezeichnet. Und schließlich gibt es noch die U-förmige Torsionsstange A, die der Kippneigung entgegenwirkt.

17. Bremsen

Zweck

Das Fahrzeug muß zum Stillstand gebracht werden können. Das Bremsen erfolgt in den meisten Fällen durch Reibung. Dabei wird, physikalisch gesehen, die Bewegungsenergie in Wärme ungesetzt. Sollten die Räder während des Bremsens blockieren, dann entsteht die Wärme zwischen Reifen und Straße. Bei nichtblockierenden Rädern entsteht bei Trommelbremsen Wärme zwischen Bremsbacken und Bremstrommel, bei Scheibenbremsen zwischen Bremsklötzen und Scheibe.

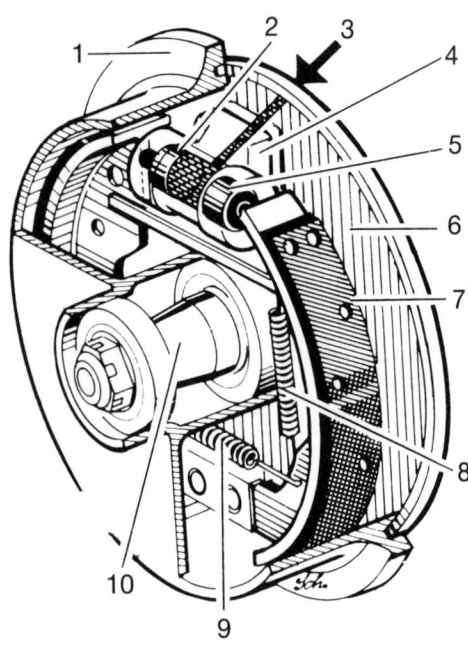

Abb. 17.1: Das Prinzip eines Trommelbremssystems (Audi)
   1 Bremstrommel
   2 Bremskolben
   3 hydraulischer
      Bremsdruck
   4 Bremszylinder
   5 Bremskolben
   6 Ankerplatte
   7 Bremsbelag
   8 Nachstellfeder
   9 Achswelle
      Hinterachse
   10 Rückholfeder
      für die Bremsbacken

17.1 Trommelbremsen

Einzelteile

Die wichtigsten Bestandteile der Trommelbremse sind: die Ankerplatte, die Bremsbacken mit den Bremsbelägen, der Radbremszylindern, die Einstellvorrichtung, die Rückholfedern und die Bremstrommel. Die Bremstrommel kann direkt auf der Achse (Abb. 17.1) oder auf einem Flansch, der sich mit der Achse dreht, montiert sein. Im erstgenannten Fall wird das Rad auf die Bremstrommel montiert, im anderen Fall zusammen mit der Bremstrommel auf den Flansch. Außer der Bremstrommel sind sämtliche Teile der Bremse an der Ankerplatte befestigt.

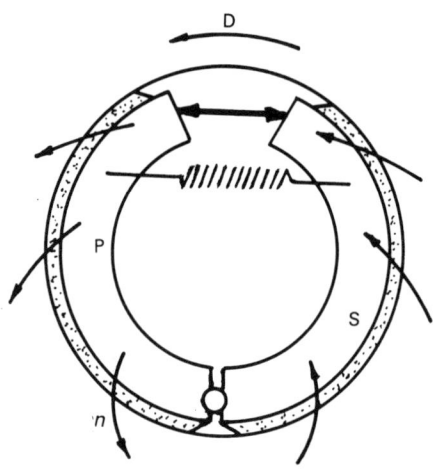

Abb. 17.2: Prinzip der auflaufenden und der ablaufenden Bremsbackenfunktion
   D Drehrichtung
   P auflaufende Bremsbacke
   S ablaufende Bremsbacke

Funktion

Zur Entwicklung der erforderlichen Reibung werden die Bremsbacken gegen die Bremstrommel gedrückt. Die Federn sorgen dafür, daß die Bremsbacken nach dem Bremsen wieder zurückgezogen werden. Zur Übertragung des Drucks verwendet man Flüssigkeit und/oder Luftdruck, Unterdruck, Schläuche, Stangen und Kabel.

Die Bremsbacken können auf verschiede-

ne Weise verankert sein und angedrückt werden. So spricht man einerseits von auflaufenden und ablaufenden Bremsbacken und andererseits von Simplex-, Duplex-, Servo- und Duo-Duplex-Bremsen.

Auflaufende und Ablaufende Bremsbacken

Dreht sich die Bremstrommel entsprechend der Abb. 17.2 gegen den Uhrzeigersinn, dann will diese die linke Bremsbacke, die vordere, gegen die Verankerung andrücken und nach außen drehen. Dadurch erhält dieser Bremsschuh eine Eigenverstärkung, er läuft gegen die Bremstrommel auf. Infolge dieses Auflaufens der Backe ist die Kraft, mit der sie die Trommel abbremst, ungefähr das Doppelte der Andruckkraft. An der rechten Bremsbacke spielt sich das Umgekehrte ab. Sie wird durch den Druck nach innen gedrückt, und man bezeichnet sie als die ablaufende Bremstrommel.

Es ist logisch, daß sich bei dieser Ausführung beim Rückwärtsfahren das Umgekehrte abspielt. Die ablaufende Backe wird jetzt zur auflaufenden. Man kann also beim Vorwärts- wie beim Rückwärtsfahren gleichermaßen stark bremsen.

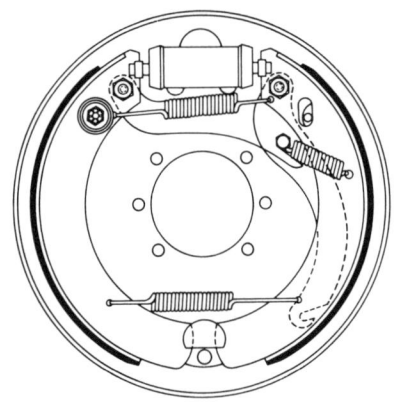

Abb. 17.3: Simplex Bremssystem

Konstruktionen

Bei den Simplexkonstruktionen werden beide Bremsbacken durch einen einzigen Radbremszylinder mit zwei Kolben nach außen gedrückt. Die Backen können sich entweder je um einen eigenen Ankerpunkt drehen, oder sie haben einen gemeinsamen Drehpunkt, oder aber sie stützen sich auf ein Gleitstück mit parallelen oder schrägen Gleitflächen. Bei dieser letztgenannten Ausführung hat die Bremsbacke mehr Bewegungsfreiheit, und infolgedessen wird sich der Belag gleichmäßiger abnutzen. Durch schräge Gleitflächen beugt man der Neigung zum Blockieren vor.

Bei Duplexbremsen werden zwei Bremszylinder mit je einem Bremskolben verwendet. Jede Bremsbacke wird durch ihren eigenen Bremszylinder angedrückt. Beim Vorwärtsfahren erhalten die beiden Backen eine Eigenverstärkung, und dadurch ist die Bremskraft größer als bei der

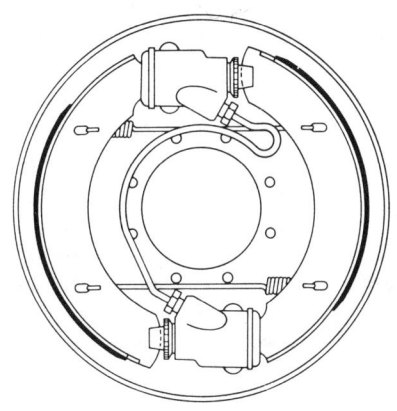

Abb. 17.4: Duplex Bremssystem

Simplexbremse. Beim Rückwärtsfahren erfährt keine der Bremsbacken die Eigenverstärkung. Die Bremskraft ist also beim Vorwärts- und beim Rückwärtsfahren sehr verschieden. Die Backen können wieder einen festen Drehpunkt haben oder sich auf parallele oder schräge Gleitflächen stützen.

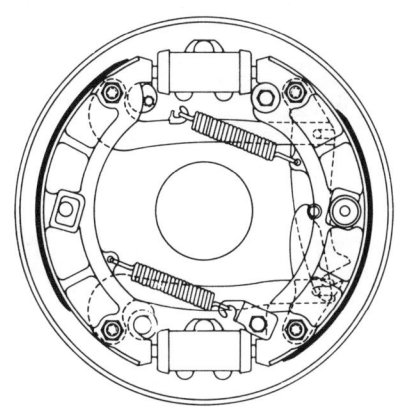

Abb. 17.5: Duoduplex-Bremssystem

Bei den Duo-Duplexbremsen kommen auch zwei Bremszylinder zur Anwendung, aber sie sind doppelwirkend, wie die der Simplexbremsen. So erhält man sowohl beim Vorwärts- als auch beim Rückwärtsfahren die gleiche Bremsleistung.

Servobremsen sind mit einem einzelnen doppelten Radbremszylinder und unten mit einer Buchse versehen, in welcher der Druckstift sich von der Nichtbremsstellung aus nur nach rechts verschieben kann. Mit Hilfe des Servosystems kann besonders stark gebremst werden.

Die auflaufende Backe drückt durch den Eigenverstärkungseffekt und über den sich nach rechts verschiebenden Druckstift auf die ablaufende Backe. Dadurch erhält auch sie eine Eigenverstärkung.

Wird beim Rückwärtsfahren gebremst, dann wirkt nur die rechte Bremsbacke

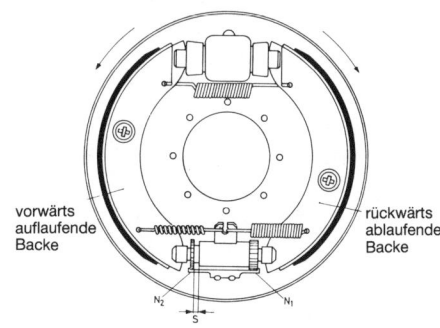

Abb. 17.6: Servo-Bremssystem

selbstverstärkend. Beachten Sie in der Abbildung der praktischen Ausführung die unteren Federn. Die rechte Backe wird durch die stärkste Feder zurückgezogen. Wäre diese Feder auf der linken Seite montiert, dann wäre die Zentrierung gestört. Beachten Sie auch den Abstand S, der das Verschieben nach rechts ermöglichen muß.

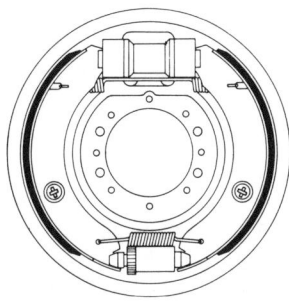

Abb. 17.7: Duoservo-Bremssystem

Die Duo-Servobremse ist mit einem einzelnen doppelten Radbremszylinder aus-

gerüstet. Der Unterschied zum Servosystem besteht darin, daß der Druckstift sich jetzt sowohl nach rechts als nach links bewegen kann. Dadurch wirken die beiden Bremsbacken sowohl beim Fahren nach vorn als auch nach hinten selbstverstärkend.

Einstellen der Bremsbacken

Die Bremsbacken müssen möglichst nahe an der Bremstrommel stehen. Ist dies nicht der Fall, dann muß das Bremspedal einen größeren Weg zurücklegen, ehe die Bremsbeläge die Trommel berühren. Um die Folgen des Verschleißes auszugleichen, müssen die Bremsbacken entsprechend dem Wartungsschema von Zeit zu Zeit nachgestellt werden. Wo und wie das geschehen muß, hängt von der Bremskonstruktion ab, z.B. mit Verzahnung oder einem Stift mit konischem Ende.

Statt der Verzahnung können auch Exzenter zum Verstellen der Bremsbacken ver-

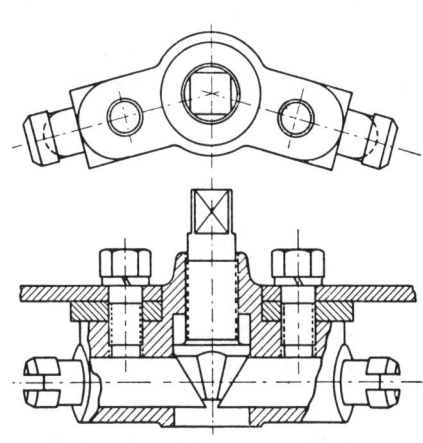

Abb. 17.8: Stellmöglichkeit mittels eines Stiftes mit konischem Ende

wendet werden. Das Einstellen der Bremsbacken erfolgt meist an der Rückseite der Bremsankerplatte.

Zur Einstellung des richtigen Abstandes zwischen Trommel und Bremsbacken müssen die Backen nach Möglichkeit einzeln gegen die Trommel eingestellt werden, so daß die Trommel nicht mehr gedreht werden kann. Anschließend werden die Backen soweit zurückgestellt, bis die Trommel sich gerade noch frei drehen kann. Diese Methode ist aber nur als allgemeiner Hinweis zu verstehen. Zur richtigen Arbeitsweise sei auf die Vorschriften des Herstellers verwiesen.

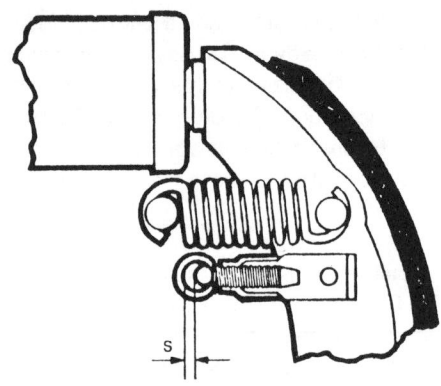

Abb. 17.9: Beispiel einer automatischen Stellvorrichtung für Trommelbremsen

Automatische Einstellung

Manche Trommelbremsen sind mit einer automatischen Einstellungsvorrichtung versehen. Eine speziell verzahnte Stange wird von einem federnden Mitnehmer eingeklemmt. Der Kopf dieser Stange sitzt in einer Verankerung auf der Bremsankerplatte. Wenn die Backen sich beim Bremsen nach außen bewegen, zieht der Mitnehmer die Stange mit. Falls die Bremsbacke sich infolge von Verschleiß weiter bewegt, als die Stange mitgezogen werden kann, verschiebt sich der Mitnehmer auf der Stange. Infolge der speziellen Verzahnung kann der Mitnehmer aber die ursprüngliche Stellung auf der Stange nicht mehr einnehmen. Das Spiel zwischen Bremsbacke und Bremstrommel bleibt also stets gleich dem Spiel der Stange in ihrer Verankerung.

Abb. 17.10: Praktische Ausführung einer Trommelbremsenkonstruktion

17.2 Scheibenbremsen

Mit der Weiterentwicklung des Automobils wuchsen auch die Spitzengeschwindigkeiten derartig, daß die Trommelbremsen für viele Fahrzeuge nicht mehr ausreichten. Bremsen bedeutet meist Reibung, und Reibung bedeutet Wärme. Diese muß schnell abgeleitet werden können, und das ist bei Trommelbremsen angesichts der größeren Reibungsfläche und der geschlossenen Konstruktion nicht möglich, nicht einmal dann, wenn die Bremstrommeln Kühlrippen haben. Infolge der Überhitzung verformen sich die Trommeln. Dadurch und durch die Radiusdifferenz infol-

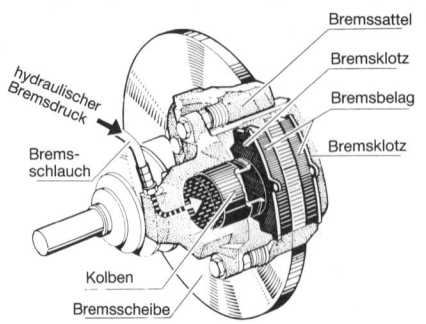

Abb. 17.11: Prinzip einer Scheibenbremse (Audi)

ge der Dehnung der Bremstrommel im Verhältnis zur Bremsbacke wird die Berührungsfläche des Bremsbelags auf der Bremstrommel kleiner. Andererseits besteht die Gefahr des Nachlassens der Bremsfähigkeit. Der Bremsbelag, meist noch auf der Basis von Asbest zusammengesetzt, verliert bei einem bestimmten Temperatur seine Bremseigenschaften, weil das Bindemittel einen Film zwischen Trommel und Belag bildet. Asbestfreie Bremsbeläge setzen sich immer mehr durch. Diese Nachteile gibt es bei der Scheibenbremse nicht.

Funktion

Je nach Ausführung werden bei Betätigung des Bremspedals ein oder zwei Kolben durch Flüssigkeitsdruck auf die Bremsscheibe zugeschoben, bis die Bremsklötze die Scheibe berühren. Der Dichtring (s. Abb. 17.13) beugt einem Flüssigkeitsverlust vor, erfüllt aber zugleich auch die Rolle der Rückholfedern bei Trommelbremsen. Nachdem der Druck auf das Bremspedal entfallen ist, bewegt die Federkraft der verformten Dichtringe die Kolben wieder ein wenig nach hinten, so daß der Bremsbelag nicht ständig über die Bremsscheibe reibt.

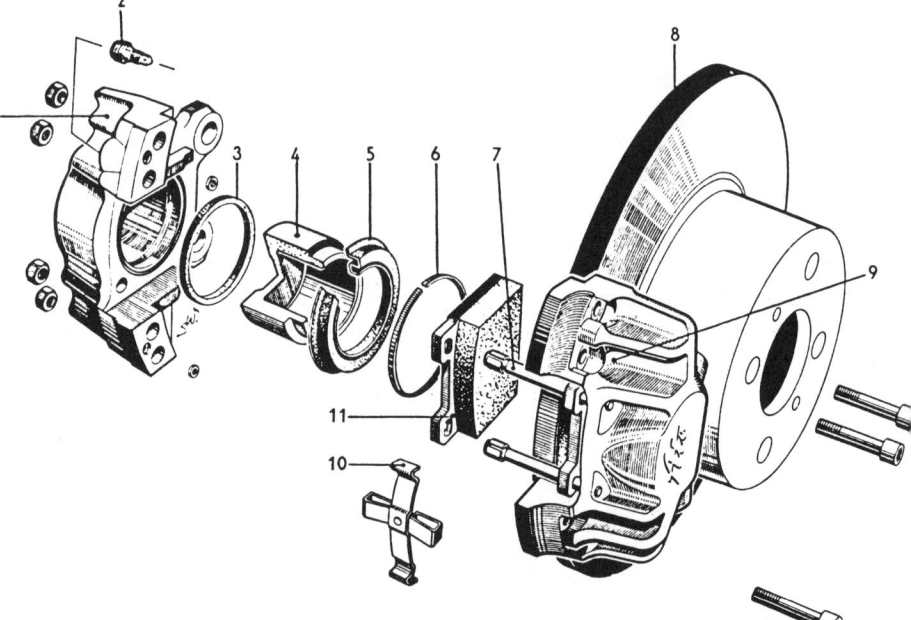

Abb. 17.12: Explosionszeichnung eines Scheibenbremsensystems

1 Bremssattelhälfte mit Zylinder
2 Entlüftungsnippel
3 Dichtring
4 Kolben
5 Staubkappe
6 Klemmring
7 Führungsstift
8 Bremsscheibe
9 Bremssattelhälfte mit Zylinder
10 Dämpfungsfeder
11 Bremsklotz

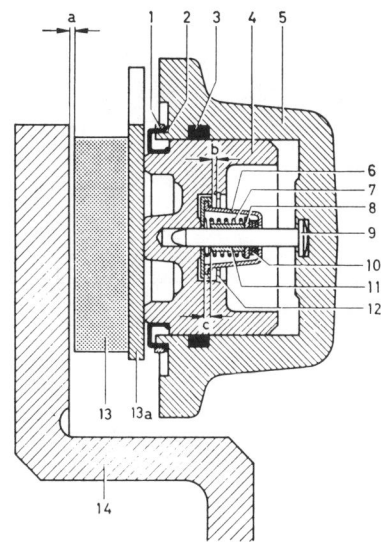

Abb. 17.13: Scheibenbremse mit Luftspaltbegrenzer im Quer-
schnitt

a Luftspalt zwischen Bremsscheibe und
  Bremsklotz (+ 0,15 mm)
b Luftspalt zwischen Anschlagscheibe
  des Federghäuses und Sicherungsfeder
c Spiel zwischen Büchse und Kolben

1	Klemmring	8	Distanzscheibe
2	Staubkappe	9	Führungsstift
3	Dichtring	10	Reibungsscheiben
4	Kolben	11	Distanzbüchse
5	Zylinder	12	Sicherungsfeder
6	Federgehäuse	13	Bremsklotz
7	Druckfeder	14	Bremsscheibe

Die Kolben können durch die Federkraft
der Dichtringe nach hinten geschoben
werden, weil es in den Bremsleitungen
keinen Restdruck mehr gibt. Darauf kommen wir noch zurück. Es fällt auf, daß es
bei der Scheibenbremse keine Stellvorrichtung gibt. Diese erübrigt sich, denn je
mehr der Bremsbelag verschleißt, desto
mehr verschieben sich die Kolben im
Dichtring.

Luftspaltbegrenzer

Wenn in einer Kurve nicht gebremst wird,
so kann es sein, daß sich die Bremsscheibe des belasteten Vorderrades durch Lagerspiel nach außen bewegt, sogar weiter, als die Breite des Luftspalts zwischen
Scheibe und Bremsklotz. Wenn kein spe-
zieller Luftspaltbegrenzer vorhanden ist,
so ist der Luftspalt dadurch nach der Kurve größer geworden, was beim nächsten
Bremsen eine gewisse Gefahr mit sich
bringen kann.

Abb. 17.14: Beispiel einer Scheibenbremsenkonstruktion mit zwei Bremssätteln und
einer belüfteten Bremsscheibe (Formel 1)

Der Stift sitzt fest im Zylinder des Bremssattels. Wenn der Abstand b gleich dem
Luftspalt a zwischen Scheibe und Bremsklotz ist, und wenn das Bremsklötzchen
während des Bremsen kleiner wird, dann
nimmt der Kolben mit der Sicherungsfeder das Federgehäuse mit. Dieses schiebt
wieder den Reibbelag nach. Nach der
Kurve ist b wieder gleich dem Luftspalt,
der durch die Wirkung des Dichtrings 3
zustandekommt. Weicht die Scheibe in
einer' Kurve nach außen ab, so wird sie
zuerst den Luftspalt überbrücken und anschließend die Feder zusammendrücken.
Nach der Kurvenfahrt drückt die Feder
den Kolben wieder nach außen.

Sollte sich durch die Scheibenbewegung
selbst die Distanzbuchse verschieben, so
ist die Feder nicht mehr imstande, den
Luftspalt auf den normalen Wert zurück-
zubringen. Das ist erst nach dem Bremsen möglich. Der Fahrer muß das Bremspedal dann weiter durchtreten.
Muß man das Bremspedal bei Scheibenbremsen zu weit herunterdrücken, so ist
dies im allgemeinen auf ein zu großes
Lagerspiel oder auf eine schwankende
Scheibe zurückzuführen. Das letztere
kann eine Folge von Verformung durch
überhöhte Temperatur oder einer geschwächten Scheibe, bei der zuviel Material weggenommen wurde, sein. Der Her-

steller bestimmt den maximalen Ausschlag und die minimale Scheibendicke.

Im Verhältnis zu Trommelbremsen bieten Scheibenbremsen folgende Vorteile:
Gute Kühlung, weil die Bremsfläche größer ist und die Fläche unmittelbar mit der kühlenden Luft in Berührung kommt. Wenn die Bremsscheibe sich dehnt, so wird dies weitgehend radial erfolgen, was auf die Funktion keinerlei Einfluß hat. Bei Scheibenbremsen ist die Gefahr des Fadings (nachlassende Bremskraft) viel geringer, da die Kühlung besser ist und die Reibflächen, welche sich am Belag vorbeibewegen, eine niedrigere Geschwindigkeit haben.

Zu den Nachteilen der Scheibenbremse zählen:
Die Scheibenbremse hat keine Brems-Eigenverstärkung, und die Fläche des Bremsbelags ist auch viel kleiner. Deshalb müßte der Fahrer zum Erhalt eines Bremseffekts, der dem der Trommelbremse gleichkommt, viel stärker auf das Bremspedal drücken. In der Praxis ist daher auch eine Servo-Bremsanlage erforderlich. Da auf einer kleineren Bremsbelagfläche als bei Trommelbremsen eine größere Kraft ausgeübt wird, verschleißen die Bremsklötzchen schneller als die Bremsbeläge der Trommelbremse. Allerdings ist das Auswechseln der Klötzchen viel weniger zeitraubend, als das erneuern der Bremsbeläge einer Trommebremse.
Die Scheibenbremse erfährt keinen Nachteil dadurch, daß sie Wasser und Schlamm ausgesetzt ist, denn durch die Zentrifugalkraft wird alles wieder weggeschleudert.

Belüftete Bremsscheibe
Diese besteht aus zwei Bremsscheiben, zwischen denen Lüftungsrippen eingegossen sind. Da die Scheiben so auch innenseitig gekühlt werden, können größere Bremskräfte, und demzufolge auch Reibungskräfte, darauf ausgeübt werden. Aus konstruktiver Sicht ist es auch eine stabile Ausführung, aber die Scheibe ist schwerer als die traditionelle.

Bremsklötze mit eingewirktem Verschleißdraht
Damit man nicht immer wieder das Rad demontieren muß, um den Zustand der Bremsklötzchen zu überprüfen, haben manche Konstrukteure im Belag auf der

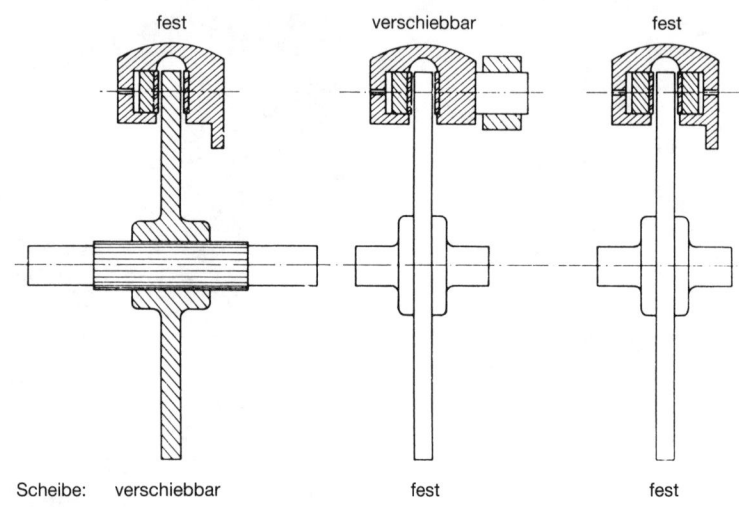

fest   verschiebbar   fest

Scheibe: verschiebbar   fest   fest

Abb. 17.15: Bremssattelkonstruktionen

Verschleißgrenze einen Draht angebracht. Ist die Grenze erreicht und bremst man, so stellt der Draht Massenkontakt her, wodurch auf dem Instrumententräger im Fahrzeug eine Warnlampe aufleuchtet.

Bremssattelkonstruktionen
Es gibt drei Möglichkeiten. Bei der am häufigsten angewandten befinden sich im Bremssattel zwei verschiebbare Kolben. Der Bremssattel selbst kann sich nicht verschieben. Das ist beim Schwimmsattel wohl der Fall. In diesem Bremssattel ist nur auf einer Seite ein Kolben angebracht. Auf der anderen Seite der Scheibe befindet sich ein fester Bremsklotz. Durch Verschleiß des rechtes Belages (Abb. 17.15) wird der Bremssattel sich ein wenig nach links verschieben. Wenn auf beiden Seiten des Sattels Kolben sind, kann das bedeuten:
– auf beiden Seiten je ein Kolben;
– in der einen Bremssattelhälfte nur ein Kolben und in der anderen zwei Kolben. Eine Ausführung, die hin und wieder zur Anwendung kommt, wenn der Einbauraum beschränkt ist. Es versteht sich, daß die Fläche der beiden Kolben zusammen gleich der Fläche des einen Kolbens sein muß;
– je Sattelhälfte zwei Kolben. Kommt bei der Zweikreisbremsanlage zur Anwendung. Auch die Entlüftungsnippel sind in diesem Fall doppelt vorhanden.

Erneuern der Bremsklötzchen
Natürlich ist das Verfahren zum Auswechseln der Bremsklötzchen konstruktionsbedingt.

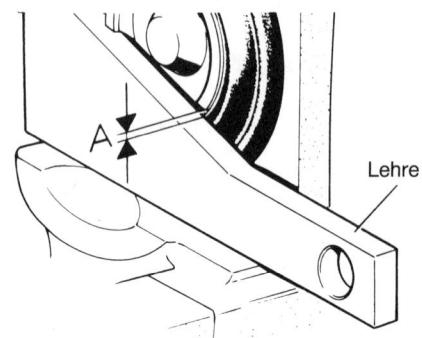

Abb. 17.16: Bremskolben in vorgeschriebene Stellung bringen
A = maximal 1 mm

Im allgemeinen müssen Sie dabei einen Schlauch an den Entlüftungsnippel anschließen und den Nippel danach ein wenig losschrauben. Mit einer Spezialzange oder einem sonstigen geeigneten Werkzeug können Sie die Kolben zurückdrücken. Die herausfließende Bremsflüssigkeit wird aufgefangen. Äußerst wichtig ist es, daß die Sicherung genau nach der Vorschrift des Herstellers erfolgt, weil die Kräfte, welche auf die Bremsklötze einwirken, enorm groß sind.
Zuweilen müssen die Kolben in eine bestimmte Stellung versetzt werden, ehe die Bremsklötzchen montiert werden dürfen. Das muß dann mit Hilfe einer speziellen Lehre geschehen. Nach Montage der neuen Bremsklötze muß das Bremspedal einige Male betätigt werden, so daß die Bremsklötze anliegen.
Es dürfte deutlich sein, daß bei gleichem Bremsdruck das Ausmaß, in dem die Fahrzeuggeschwindigkeit abgebremst wird, unter anderem von der Größe der Flächen abhängt, mit denen Bremsklötz-

chen und Bremsscheibe einander berühren. Bei einem neuen Fahrzeug oder bei neuen Bremsklötzchen oder -scheiben wird es deshalb eine Weile dauern, ehe die Bremsen ihre maximale Leistung erbringen. Aus demselben Grunde ist dies auch bei Bremsbacken und Bremstrommeln der Fall. Wenn Bremstrommeln ausgeschliffen oder ausgedreht wurden und der Radius der Bremsbacken nicht an den größeren Durchmesser der Trommel angepaßt wurde, wird es auch eine Weile dauern, ehe die Bremsbeläge sich an den neuen Trommeldurchmesser angepaßt haben.

17.3 Betätigung des Bremssystems

Die Bremsbacken oder -klötzchen können mit Hilfe eines Gestänges, durch Kabel oder Flüssigkeit betätigt werden, je nachdem, ob es sich um die Hand- oder die Fußbremse handelt. Diese Bezeichnungen haben sich allgemein eingebürgert, wenngleich die Handbremse u.a. auch beim Mercedes mit einem Pedal betätigt, aber mit einem Zugknopf ausgeschaltet wird.

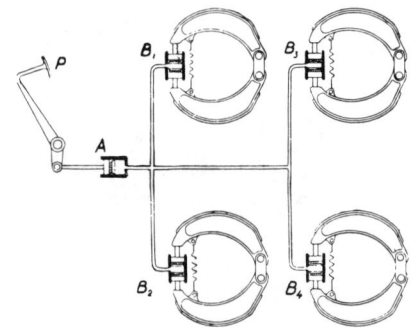

Abb. 17.17: Das hydraulische System in schematischer Wiedergabe

Bei der **hydraulischen Betätigung** nutzt der Fahrer das Gesetz des Pascal: Ein Druck, der auf eine Flüssigkeit ausgeübt wird, pflanzt sich in allen Richtungen gleichmäßig fort. Eine Flüssigkeit kann nicht zusammengedrückt werden. Durch den Druck auf das Bremspedal baut der Kolben A im hydraulischen System einen Druck 'p' auf. Dieser Druck ist überall gleich; also wird dadurch, je nach den Kolbendurchmessern, in den Radbremszylindern B1, B2, B3 und B4 eine entsprechende Kraft ausgeübt werden.

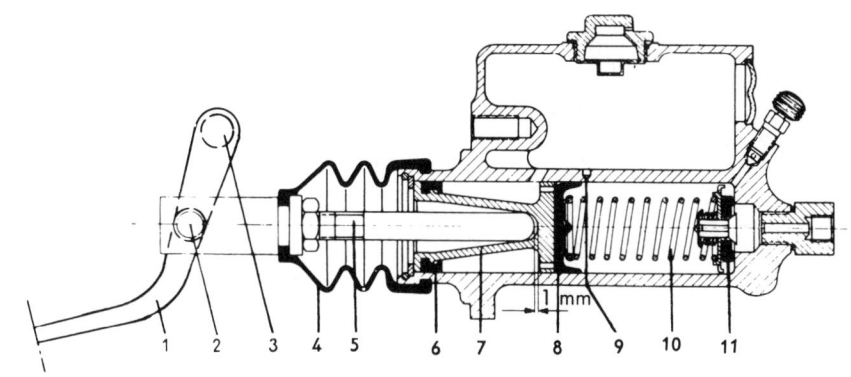

Abb. 17.18: Einfacher Hauptbremszylinder im Querschnitt

1 Pedal	5 Druckstift	9 Ausgleichsbohrung
2 Scharnierstift	6 Manschette	10 Feder
3 fester Scharnierpunkt	7 Bremskolben	11 doppeltes Bodenventil
4 Staubkappe	8 Manschette	

17.4 Hauptbremszylinder

Die Funktion des einfachen Hauptbremszylinders läßt sich, abgesehen vom Bodenventil, mit der des Hauptzylinders einer hydraulisch betätigten Kupplung vergleichen. Im Ruhezustand drückt die Feder den Kolben mit Dichtring und Manschette vollständig nach hinten. Die Vorderseite der Manschette befindet sich unmittelbar hinter der Ausgleichsbohrung. Dadurch kann ein eventuelles Dehnen der Flüssigkeit ausgeglichen werden. Der Kolben muß auch in die Ruhestellung zurückkehren, um den Rückfluß der Flüssigkeit in den Vorratsbehälter nach dem Bremsen zu ermöglichen. Um dies zu gewährleisten, muß zwischen Kolben und Druckstift ein gewisses, einstellbares Spiel vorhanden sein, das am Bremspedal spürbar ist.

Drückt der Fahrer auf das Bremspedal, dann geht die Manschette sofort an der Ausgleichsbohrung vorbei, und das innere Ventil des doppelten Bodenventils wird aufgedrückt. Die Bremsflüssigkeit strömt in die Radbremszylinder. Gibt der Fahrer das Bremspedal frei, dann wird das Bodenventil durch den Druck der zurückströmenden Flüssigkeit angehoben. Die Flüssigkeit strömt jedoch träger in den Hauptbremszylinder zurück, als der Kolben mit der Manschette zurückgeht. Infolgedessen entsteht ein Unterdruck; die Manschette verformt sich, und es strömt Flüssigkeit durch die axialen Bohrungen im Kolben und entlang der Außenseite der Manschette zur Druckseite der Manschette. Auf diese Weise wird das Eindringen

von Luft verhindert. Befinden Kolben und Manschette sich in Ruhestellung, dann wird dieselbe Flüssigkeitsmenge, wie sie zurückströmte, durch die Ausgleichsbohrung wieder in den Vorratsbehälter fließen. Das Bodenventil hat die Aufgabe, einen gewissen Restdruck im Druckteil zu erhalten, wenn nicht gebremst wird. Auf diese Weise werden die Manschetten in den Radbremszylindern konstant ein wenig nach außen gedrückt, so daß einem Lecken der Flüssigkeit, ebenso wie dem Eindringen von Luft, vorgebeugt wird.

Um zu verhindern, daß bei Scheibenbremsen die Bremsklötzchen ständig gegen die Bremsscheibe gedrückt werden, darf kein Restdruck zurückbleiben. Wenn man dennoch ein Bodenventil mit einer Rückströmbohrung verwendet, so hat dies den Grund, daß man das Bremssystem so leichter entlüften kann. Die Flüssigkeit, und somit auch die Luft, kann dann beim Hochgehen des Bremspedals nicht so leicht zurückfließen.

Tandemhauptbremszylinder

Aus Sicherheitserwägungen verwendet man gegenwärtig allgemein den Tandemhauptbremszylinder. Dieser ist so konstruiert, daß ein Teil des Bremssystems auch dann weiterfunktioniert, wenn sich irgendwo eine Leckstelle ergeben sollte. Der Tandemhauptbremszylinder besteht im Grunde aus zwei Einfachhauptbremszylindern mit je einem Flüssigkeitsbehälter. Jeder Kolben bedient einen Teil des Bremssystems. Betätigt der Fahrer das Bremspedal, so betätigt er den ersten Kolben. Da Flüssigkeit sich nicht zusammen-

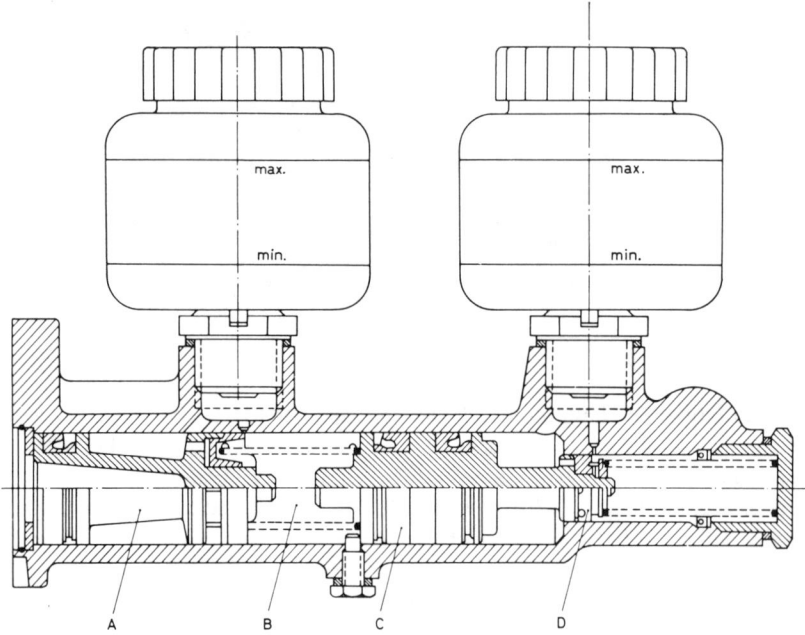

Abb. 17.19: Tandemhauptbremszylinder mit Kolben unterschiedlicher Durchmesser

A Primärkolben   C Sekundärkolben
B Primärzylinder   D verkleinerter Sekundärzylinder

drücken läßt, bewegt die Flüssigkeit auch den zweiten Kolben. Würde sich im ersten Kreis ein Leck befinden, dann käme zwischen dem ersten und dem zweiten Zylinder ein mechanischer Kontakt zustande. Den Ausfall des Bremskreises fühlt der Fahrer nicht nur durch die weniger starke Bremswirkung, sondern auch daran, daß er das Bremspedal tiefer heruntertreten kann.

Arten

Es gibt Tandemhauptbremszylinder, bei denen jeder Kolben den gleichen Hub hat,

aber es gibt auch solche, bei denen der Hub der Kolben unterschiedlich ist. Dann haben die Radbremszylinder auch unterschiedliche Durchmesser. Die Kammer des Kolbens mit dem längsten Hub muß an die Radbremszylinder mit dem größten Durchmesser angeschlossen werden. Zuweilen haben die Kolben in einem Hauptbremszylinder unterschiedliche Durchmesser. Infolge des unterschiedlichen Durchmessers der beiden Bremskolben eines betätigten Tandemhauptbremszylinders kann auf die Scheibenbremsen mehr Druck ausgeübt werden, als auf die Hinterrad-Trommelbremsen.

Bremskreise

Bei Verwendung des Tandemhauptbremszylinders können die Bremskeise auf unterschiedliche Weise voneinander getrennt sein.

– Je ein gesonderter Bremskreis für Vorderräder und Hinterräder.
– Diagonal getrennte Bremskreise. Dabei bedient ein Kreis das linke Vorderrad und das rechte Hinterrad, während der zweite Kreis das rechte Vorderrad und das linke Hinterrad bedient.
– Bei Verwendung von Scheibenbremsen mit vorn vier Bremskolben je Bremssattel gibt es die folgenden Möglichkeiten:
a. Ein Kreis bedient einen Satz Bremskolben vorn und die beiden Hinterräder. Der andere Kreis bedient den zweiten vorderen Kolbensatz.
b. Ein Kreis bedient einen Satz Bremskolben vorn und das rechte Hinterrad. Der zweite Kreis bedient den zweiten Kolbensatz und das linke Hinterrad.
c. Ein völlig getrenntes Bremssystem mit vorn und hinten vier Bremskolben je Bremssattel gehört auch zu den Möglichkeiten.

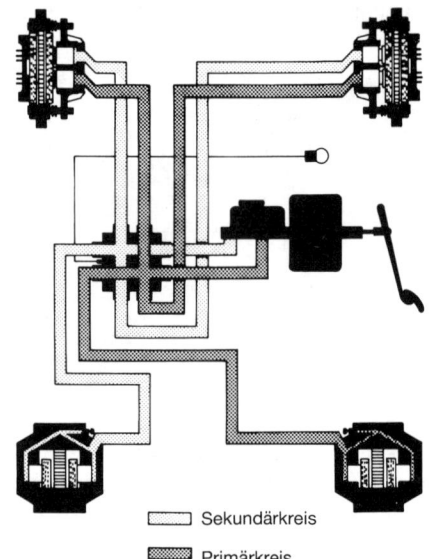

☐ Sekundärkreis
▨ Primärkreis

Abb. 17.21: Bremskreis mit komplizierterer Trennung in vorn + hinten links/vorn + hinten rechts (Volvo)

Bremskombinationen

Es gibt sehr viele Bremskombinationen. Hier seien genannt:
– vier Trommelbremsen ohne Bremsverstärker;
– vier Trommelbremsen mit Bremsverstärker;

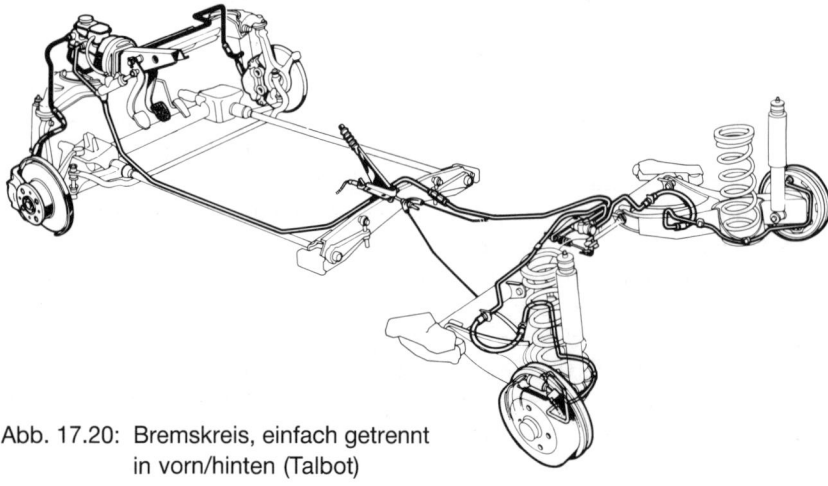

Abb. 17.20: Bremskreis, einfach getrennt in vorn/hinten (Talbot)

- vier Scheibenbremsen mit Bremsverstärker;
- Scheibenbremsen vorn und Trommelbremsen hinten. Ohne Bremsverstärker, aber mit vorn einem größeren Leitungsdruck als hinten;
- Scheibenbremsen vorn und Trommelbremsen hinten, mit einem mechanisch bedienten Bremsverstärker versehen. Die letztgenannte Ausführung wird am häufigsten angewandt. Der Bremsverstärker kann auch hydraulisch bedient werden.

17.5 Radbremszylinder

Wie bereits erwähnt gibt es doppelt- und und einfachwirkende Radbremszylinder. Manche der doppeltwirkenden sind mit zwei Kolbendurchmessern versehen. Mit dem größten Kolben kann die größte Schubkraft ausgeübt werden. Der kleinere Kolben drückt die selbstverstärkende Bremsbacke gegen die Trommel an. Beachten Sie auch die Manschettenspreizer, welche die Gummimanschetten ständig nach außen drücken.

17.6 Bremsleitungen

Die starren Leitungen sind aus nichtrostendem geglühtem Stahl hergestellt. Da die Bremsdrücke mehr als 80 Bar (8000 kPa) betragen können, müssen die Leitungen nahtlos sein. Die geschmeidigen Leitungen, als Bremsschläuche bezeichnet, bestehen aus gewebeverstärktem Gummi. Sie bilden die Verbindung zwischen dem abgefederten und dem nichtabgefederten Teil des Fahrzeugs.
Die starren Leitungen müssen auf Rostbildung hin kontrolliert werden, die geschmeidigen auf Bruch. Die letzteren müssen alle fünf Jahre erneuert werden. Im Lauf der Zeit wird der Gummi weich, was den Durchfluß behindert, so daß der Bremsdruck nicht rasch genug weitergeleitet wird und die Flüssigkeit auch nicht schnell genug zurückströmen kann.
Besonders ist darauf zu achten, daß die Bremsleitungen nirgends scheuern können.
Die beweglichen Leitungen dürfen nicht lackiert werden. Ebensowenig dürfen sie mit Petroleum, Benzin, Benzol oder mineralischen Ölen in Berührung kommen.

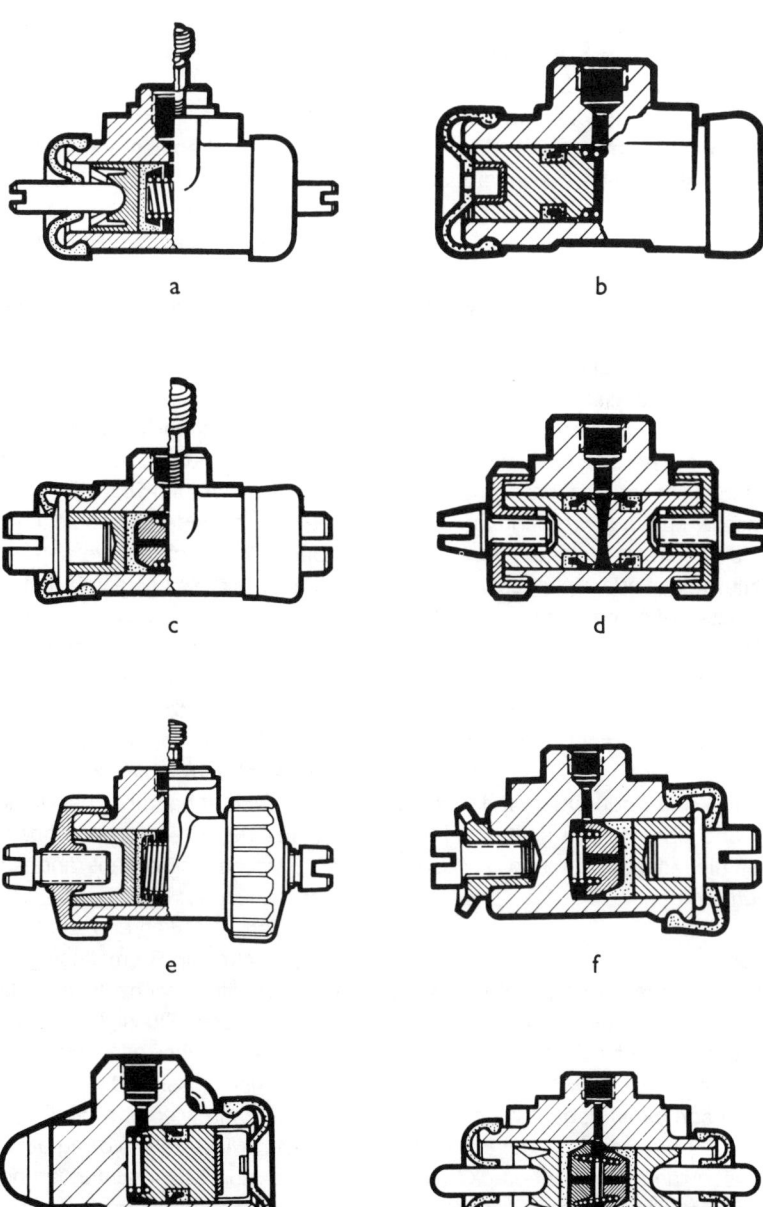

Abb. 17.22: Mögliche Ausführungsformen der Radbremszylinder

a. und b. für Simplex- oder Duoduplex-Bremsen
c. für Servo-Bremssystem (mit Manschettenspreizer)
d. und e. mit Stellvorrichtung

f. einfach mit Stellvorrichtung (mit Manschettenspreizer)
g. einfach mit der Bremsbacke am Zylindergehäuse
h. betätigt für Simplex-Bremsen (mit Manschettenspreizern)

17.7 Bremsflüssigkeit

Bremsflüssigkeit hat wenig mit Öl zu tun. Die Bezeichnung »Bremsöl« ist daher auch falsch. Die Bremsflüssigkeit ist aus Polyglycolderivaten zusammengestellt und mit Additiven versehen. Citroën verwendet aber die mineralische Flüssigkeit LHM (Liquide Hydraulique Minerale). Es handelt sich dabei um eine dünne Flüssigkeit mit einem niedrigen Erstarrungspunkt, die sich durch die engen Leitungen und Durchgänge rasch bewegen kann. Motorenöl und andere mineralische Öle dürfen im Bremssystem nicht verwendet werden, weil diese die Gummimanschetten und die biegsamen Leitungen aufquellen lassen; das Bremssystem würde schon bald unbrauchbar werden. Schon die geringsten Mengen dieser Stoffe können das Bremssystem ernsthaft beschädigen.

Die Bremsflüssigkeit muß ferner noch die folgenden Anforderungen erfüllen:

a) chemisch stabil sein

Sowohl bei niedrigen als auch bei hohen Temperaturen und ferner bei langfristiger Lagerung in einem hermetisch geschlossenen Behälter müssen die physikalischen und chemischen Eigenschaften gleich bleiben.

b) hoher Siede- und Flammpunkt

Während des Bremsens und kurz danach können infolge der Reibung zwischen den Bremsbacken und der Trommel oder zwischen Bremsscheibe und Bremsklötzchen hohe Temperaturen auftreten. Durch Übertragung erreichen diese die Bremszylinder und die Bremsflüssigkeit, und deshalb muß der Siedepunkt der Bremsflüssigkeit hinlänglich hoch liegen. Vor allem bei Bremsflüssigkeit, die bei Scheibenbremsen verwendet wird.

Die Bremsflüssigkeitsspezifikationen werden festgelegt durch:
– SAE, z.B. SAE J 1703E
– FMVSS (Federal Motor Vehicle Safety Standard), z.B. DOT 3, DOT 4 oder DOT 5, wobei die höhere Nummer die bessere Qualität andeutet. DOT steht für Department Of Transport.

Die Normen, denen Bremsflüssigkeiten genügen, findet man in Codeform auf der Verpackung.

c) kein Wasser enthalten

Bremsflüssigkeit darf kein Wasser enthalten, denn dieses oxidiert das Bremssystem inwendig und setzt den Siedepunkt herab, was besonders gefährlich ist. Dennoch ist Bremsflüssigkeit hygroskopisch, d.h. sie nimmt Feuchtigkeit aus der Luft auf. Deshalb muß die Bremsflüssigkeit in einem hermetisch verschlossenen Behälter aufbewahrt werden. Das Bremssystem selbst kann nicht abgeschlossen werden. Deshalb sollte man die Bremsflüssigkeit wenigstens alle zwei Jahre erneuern, bei erschwerten Bedingungen sogar jährlich. Ein Anteil von 2% Wasser setzt den Siedepunkt um 50 °C (323 K) herab. Ein zu

niedriger Siedepunkt führt beim Stillstand mit stark erwärmten Bremsen zur Dampfbildung. Da Dampf sich zusammendrücken läßt, muß das Bremspedal dann weiter heruntergetreten werden, um den erforderlichen Bremseffekt zu bewirken, und es ist durchaus möglich, daß die Bremswirkung dann nicht mehr ausreicht.

Aufpassen vor Farben und Lacken

Die Bestandteile der Bremsflüssigkeit greifen Farben und Lacke an. Sollte Bremsflüssigkeit mit der Lackschicht in Berührung gekommen sein, dann muß diese gründlich mit Wasser abgespült werden.

Reinigen des Bremssystems

Wenn man feststellt, daß die Bremsflüssigkeit sehr schmutzig ist, daß eine ungeeignete Bremsflüssigkeit verwendet wurde oder daß mineralisches Öl hinzugefügt wurde, so muß das Bremssystem gründlich gereinigt werden. Bei Verwendung von mineralischem Öl müssen sämtliche Gummiteile erneuert werden. Zur Reinigung des Bremssystems kann man Bremsflüssigkeit oder Spiritus verwenden. Aus bereits erwähnten Gründen darf keinesfalls Petroleum, Benzol oder Benzin benutzt werden. Nach dem Durchspülen mit Spiritus müssen sämtliche Leitungen mit gefilterter, trockener Preßluft trockengeblasen werden. Beim Durchspülen sind die Haupt- und Radbremszylinder auszubauen und ebenfalls zu säubern. Ferner müssen die Manschetten und Dichtungen erneuert werden.

Entlüften

Da Luft sich zusammendrücken läßt, ist Luft im Bremssystem lebensgefährlich! Die Luft muß ja schließlich zuerst zusammengedrückt werden, ehe der erforderliche Bremsdruck aufgebaut werden kann. Wenn das Bremspedal bei der Betätigung einen »schwammigen« Eindruck hervorruft, beweist dies, daß Luft im Bremssystem ist. Man kann sie auf folgende Weise entfernen:

– Schließen Sie an die Entlüftungsschraube einen dünnen Schlauch an, dessen anderes Ende Sie in einen Behälter mit Bremsflüssigkeit hängen lassen. Nach Möglichkeit sollten Sie einen durchsichtigen Behälter verwenden, so daß Sie die Bläschen der ausströmenden Luft sehen können.

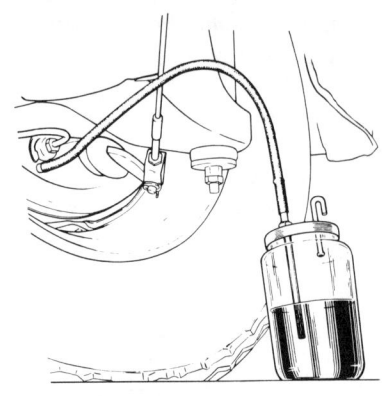

Abb. 17.23: Bremsen entlüften

– Das Bremspedal mehrmals auf und ab bewegen, bis ein wenig Druck spürbar ist.
– Ein Helfer muß nun die Entlüftungsschraube ein wenig losdrehen, so daß die Bremsflüssigkeit mit der Luft ausströmen kann.
– Das Bremspedal kann dadurch voll hinuntergedrückt werden. Es muß unten gehalten werden, bis die Entlüftungsschraube wieder geschlossen ist.
– Diese Maßnahmen werden mehrfach wiederholt, bis keine Luft mehr herauskommt.

Natürlich muß die Luft an den vier Rädern abgelassen werden. Bei einem einfachwirkenden Hauptbremszylinder sollte man an dem Rad beginnen, das am weitesten vom Hauptbremszylinder entfernt ist. Bei einem Tandemhauptbremszylinder sollte man mit den Bremsen beginnen, die an den Zwischenkolbenkreis angeschlossen sind.

Vergessen Sie während des Entlüftens nicht, regelmäßig Bremsflüssigkeit in den Vorratsbehälter nachzufüllen. Dazu darf die abgelassene Flüssigkeit nicht verwendet werden, auch wenn sie sauber sein sollte. Diese Flüssigkeit enthält schließlich Luft, die dann wieder in die Bremsanlage gelangen würde. Der Vorratsbehälter darf nur bis zur Maximalmarkierung gefüllt werden. Das Bremssystem kann auch mit Hilfe eines Entlüftungsgeräts entlüftet werden, das mit Bremsflüssigkeit gefüllt ist, die unter Druck gesetzt wird. Es wird an den Hauptbremszylinder angeschlossen. Der Druck ersetzt den Pedaldruck, so daß man die Arbeit auch ohne fremde Hilfe ausführen kann. Man braucht nur noch die Entlüftungsnippel zu lösen und zu warten, bis keine Luft mehr austritt. Eine andere Entlüftungsmethode ist das Absaugen von Luft mit Hilfe einer handbedienten Saugpumpe.

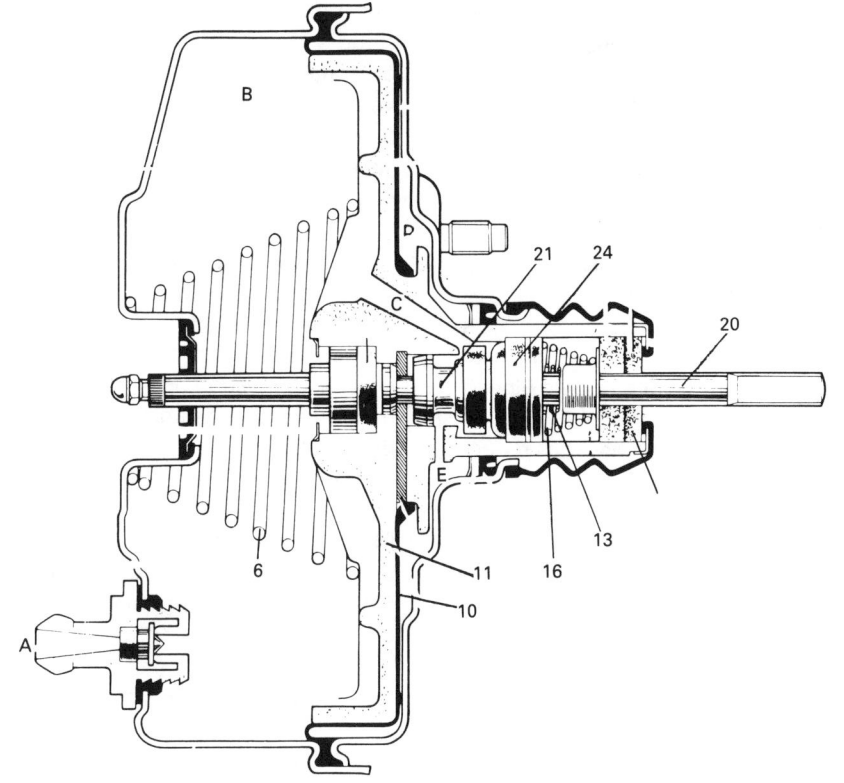

Abb. 17.24: Bremsverstärker im Querschnitt

A Anschluß	11 Membrankolben
B Vakuumraum (Vorrat)	13 Druckfeder für Luftventil
C Verbindungskanal	16 Druckfeder für Bedienungsstab
D Vakuumraum (Unterdruck regelbar)	20 Bedienungsstab
E Verbindungskanal	21 Regelplunger
6 Membranfeder	24 Luftventil; 25 Luftfilter
10 Membrane	26 Reaktionsscheibe

17.8 Bremsverstärker

Der Bremsverstärker unterstützt den Fahrer insofern, als dieser weniger stark auf das Bremspedal treten muß, um denselben Bremseffekt zu erhalten. Ein Bremsverstärker hilft dabei, die Kolben im Hauptbremszylinder zu verschieben. Der auf das Bremspedal ausgeübte Druck wird ungefähr 3,3mal verstärkt.

Mastervac-Bremskraftverstärker
Der Bremsverstärker, auch als Bremsservo bezeichnet, enthält einen Membrankolben (11), der auf einer Membrane (10) montiert ist. Die Kammer B steht über dem Anschluß A mit dem Einlaßzweigrohr oder der Vakuumpumpe (bei einem Auto mit Dieselmotor) in Verbindung. **Seite 155** -353
Wenn der Fahrer das Bremspedal nicht betätigt, hält die Feder (6) den Kolben im Ruhezustand. Das Luftventil (24) wird durch Druckfeder (13) gegen den Regelp-

lunger (21) gedrückt. Der Durchgang C zwischen dem Kolben und dem Luftventil (24) ist geöffnet, so daß die Räume B und D beiderseits der Membrane durch die Bohrung E miteinander verbunden sind. Sobald der Motor läuft, entsteht im Raum B ein Unterdruck, weil dieser über ein Rückschlagventil in A mit dem Einlaßzweigrohr oder der Vakuumpumpe in Verbindung steht. Da B mit D verbunden ist, ensteht beiderseits der Membrane derselbe Unterdruck.

Bei Betätigung des Bremspedals
Drückt der Fahrer leicht auf das Bremspedal, dann wird die Bedienungsstange (20) unter Nutzung des Spiels im Bremssystem zusammen mit dem Regelplunger (21) gegen den Druck der Feder (16) nach links verschoben. Dabei wird das Luftventil (24) durch den Druck der Feder (13) nach links verschoben, bis es auf dem Sitz

des Membrankolbens ruht. Die Räume B und D sind dadurch nicht mehr miteinander verbunden. Das hat noch keine Bremswirkung zur Folge.
Wird das Bremspedal tiefer heruntergedrückt, dann bewegt sich der Regelplunger auch weiter nach links, wodurch dieser sich vom Luftventil löst. Dieses kann schließlich nicht weiter, als bis zum Membrankolbensitz. Über den entstandenen Durchlaß zwischen Regelplunger und Luftventil kann vom Luftfilter aus durch das Luftventil und die Bohrung E Luft in die Kammer D strömen. Durch die Druckdifferenz zwischen den Kammern B und D bewegt der Membrankolben (11) sich nach links, so daß auch der Kolben im Hauptbremszylinder sich bewegt. Wenn die Ausgleichsbohrung im Hauptbremszylinder einmal verschlossen ist, wird der Flüssigkeitsdruck aufgebaut. Werden die Bremsen angedrückt, so entsteht an der Reaktionsscheibe eine Reaktionskraft. Diese drückt den Regelplunger ein wenig nach rechts, so daß die Luftzufuhr beendet wird.
Wird das Bremspedal erneut weiter heruntergetreten, dann kann wiederum Luft in D strömen, was eine gesteigerte Verstärkung zur Folge hat. Die Reaktionskraft sorgt auch jetzt wieder für den Abschluß der Luftzufuhr und für das Zustandekommen eines Gleichgewichtszustandes.
Durch den Reaktionsdruck, der an den Regelplunger und den Druckstift (20) weitergeleitet wird, bekommt der Fahrer eine Vorstellung davon, wie stark er abbremst.

Freigabe des Bremspedals
Gibt der Fahrer das Bremspedal frei, dann wird zuerst die Luftzufuhr abgeschlossen und anschließend das Luftventil nach rechts gedrückt. B und D stehen jetzt wieder miteinander in Verbindung, und die Membranfeder (6) drückt den Kolben wieder nach rechts; der Kolben gelangt in Ruhestellung, wenn das Bremspedal vollständig freigegeben ist. Wurde das Bremspedal nur teilweise freigegeben, dann kommt der Kolben in einen neuen Gleichgewichtszustand.
Das Voraufgegangene macht deutlich, daß man nur dann eine Bremsverstärkung erhält, wenn Unterdruck besteht, also wenn der Motor läuft. Sollte der Motor aussetzen, dann kann infolge des vorhandenen Unterdrucks noch mehrmals mit Verstärkung gebremst werden.

Hydrovac-Bremsverstärker

Der Hydrovac-Bremsverstärker hat den Vorteil, daß er nicht am Hauptbremszylinder montiert zu sein braucht. Die wichtigsten Einzelteile dieses Bremsverstärkers sind: der Membranzylinder (1), ein Arbeitszylinder (5), der als Hilfshauptbremszylinder anzusehen ist, und ein Ventilgehäuse (8).

Im Membranzylinder befindet sich ein Kolben (12), der auf einer Membrane montiert ist. Mit dem Membrankolben ist mittels einer Stange ein kleiner Arbeitskolben (4) verbunden. Im Ruhezustand gibt es über den Arbeitskolben eine Verbindung zwischen dem Hauptzylinder und den Radbremszylindern.

Funktion

Läuft der Motor und wird nicht gebremst, dann herrscht durch die Stellung des Regelventils (9) links und rechts von der Membrane derselbe (Unter)Druck. Die Feder drückt dann den Membrankolben nach links.

Drückt man leicht auf das Bremspedal, dann bewegt die Bremsflüssigkeit sich anfangs durch den Arbeitskolben zu den Radbremszylindern. Unter dem Einfluß des Flüssigkeitsdrucks bewegt der Plunger (7) sich nach unten. Dadurch unter-

bricht das Regelventil (9) die Verbindung zwischen der Vorder- und Rückseite des Membrankolbens. Anschließend öffnet sich das Luftventil (10). Beiderseits der Membrane, die sich nach rechts bewegt, entsteht eine Druckdifferenz. Dadurch schließt sich der Durchlaß im Kolben (4), und die Flüssigkeit wird durch diesen Kolben zu den verschiedenen Radbremszylindern geschoben.

Gibt man das Bremspedal frei, dann schließt sich das Luftventil, und das Regelventil öffnet sich unter dem Einfluß der zugehörigen Federn. Links und rechts vom Membrankolben herrscht dann wieder derselbe Unterdruck. Die Feder im Unterdruckzylinder kann jetzt den Membrankolben wieder nach links drücken, so daß die Bremsflüssigkeit wieder aus den Radbremszylindern herausströmen kann.

17.9 Bremskraftbegrenzer/ Bremskraftregler

Wir können das Auto am besten abbremsen, indem wir dafür sorgen, daß die Räder nicht blockieren. Andererseits werden die Hinterräder durch die dynamische Achsbelastung oder das Tauchen des Wagens während des Bremsens entlastet.

Auf trockener Straße kann das Belastungsverhältnis bis zu 65/35 sein, so daß die Hinterräder leichter blockieren als die Vorderräder. Mit blockierenden Hinterrädern wird das Fahrzeug hinten wegrutschen, und es ist nicht auszuschließen, daß es dann plötzlich in entgegengesetzter Richtung auf der Fahrbahn steht. Schlupfende Räder können keine seitlichen Kräfte aufnehmen.

Dem Blockieren der Räder kann man vorbeugen, indem man pumpend bremst. Bei einer Notbremsung dürfte das aber kaum möglich sein. Hinzu kommt noch, daß bei der kurzfristigen Freigabe des Bremspedals auch die vorderen Bremsen entlastet werden, was ja keinen Sinn hat.

Da es im Zusammenhang mit dem Gerät, das den Druck regelt oder begrenzt, viele Mißverständnisse gibt, folgt hier eine Einteilung:

1. Bremskraftbegrenzer mit festem Lösepunkt.
2. Bremskraftbegrenzer mit lastabhängigem Lösepunkt.
3. Bremskraftregler ohne Umschaltpunkt.
4. Bremskraftregler mit festem Umschaltpunkt.
5. Bremskraftregler mit lastabhängigem Umschaltpunkt.

1. Bremskraftbegrenzer mit festem Lösepunkt

Bringt man in der Bremsleitung zu den Hinterrädern einen Bremskraftbegrenzer an, so verhindert man damit unter normalen Bedingungen, daß die Hinterräder blockieren, während die Bremskraft an den Vorderrädern im gleichen Verhältnis zu dem Druck zunehmen kann, den der Fahrer auf das Bremspedal ausübt. Ein Bremskraftbegrenzer mit festem Lösepunkt ist ein Ventil, das in der Gabelung der Bremsleitung angebracht ist, die auf der einen Seite vom Hauptbremszylinder kommt und auf der anderen Seite zum linken und rechten Hinterrad führt. Das Ventil des Begrenzers wird durch eine Feder aufgedrückt. Tritt der Fahrer so fest auf die Bremse, daß die Hinterräder blockieren würden, dann schließt das Ventil gegen den Federdruck

die Verbindung zum Hauptbremszylinder ab. Dadurch wird der Druck in den Radbremszylindern der Hinterräder von diesem Augenblick an nicht mehr weiter ansteigen, auch wenn der Fahrer noch so stark auf das Bremspedal drückt.

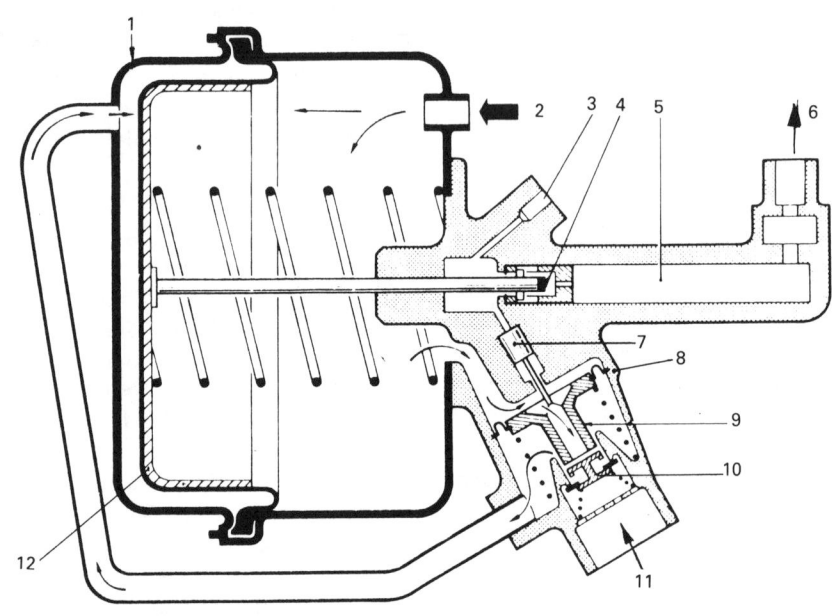

Abb. 17.25: Hydrovac-Bremsverstärker im Querschnitt

1 Membranzylinder	7 Plunger
2 Vakuumanschluß	8 Ventilgehäuse
3 Leitung zum Hauptbremszylinder	9 Regelventil
4 Arbeitskolben	10 Luftventil
5 Arbeitszylinder	11 Lufteinlaß
6 Leitung zum Radbremszylinder	12 Membrankolben

2. Bremskraftverstärker mit lastabhängigem Lösepunkt

Im Prinzip funktioniert dieser genau so wie der vorige, nur ist der Lösepunkt je nach Belastung variabel.

3. Bremskraftregler ohne Umschaltpunkt

Bei diesem Bremsdruckregler erhält man die Bremskraftdifferenz zwischen dem vorderen und dem hinteren Bremskreis durch die unterschiedlichen Kolbendurchmesser. Da keine Feder eingebaut ist, gibt es keinen Umschaltpunkt mehr.

4. Bremskraftregler mit festem Umschaltpunkt

Der Bremskraftbegrenzer mit festem Umschaltpunkt hat den Nachteil, daß der Druck im hinteren Bremskreis oberhalb eines bestimmten Bremsdrucks oder nach Erreichen des Umschaltpunktes keinesfalls mehr gesteigert werden kann; das ist eine Begrenzung der Hinterräder.
Bei der hier gezeigten Ausführung kann der Druck des Hauptbremszylinders auf die Radbremszylinder dennoch zunehmen, nachdem er den Umschaltdruck erreicht hat, wenngleich weniger stark. Man spricht daher hier nicht mehr von einem Bremskraftbegrenzer, sondern von einem Bremskraftregler.

Funktion

Beim Druck auf das Bremspedal strömt die Flüssigkeit durch Anschluß I, die ringförmige Kammer 4, die Bohrung 3 und das geöffnete Ventil 2 zu den hinteren Radbremszylindern. Beim Erreichen des Umschaltpunktes verschiebt sich der Stufenkolben 5 gegen den Federdruck 6 nach rechts. Kolben 5 befindet sich in labilem Zustand.

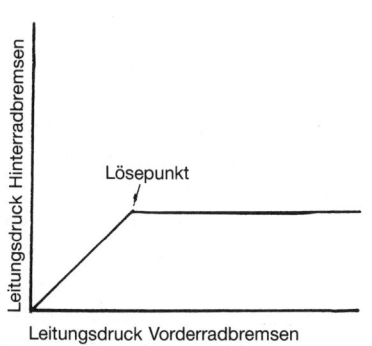

Abb. 17.26: Schematische Wiedergabe des Druckverlaufs bei einem Bremskraftbegrenzer mit festem Lösepunkt

Nimmt der Bremsdruck in der Kammer 4 zu, dann bewegt sich der Kolben 5 schnell hin und her und öffnet und schließt das Ventil. Der Druck in den Radbremszylindern wird dadurch weniger schnell aufgebaut, als das Verhältnis Ringfläche-Kolbenfläche dies erwarten ließe.

Läßt der Druck des Hauptbremszylinders nach, so wird sich Kolben 5 nach rechts bewegen, bis der Druck in der ringförmigen Kammer und links vom Kolben ebenso groß ist, wie in Kammer 1. Anschließend kehrt der Kolben 5 in den Ruhezustand zurück.

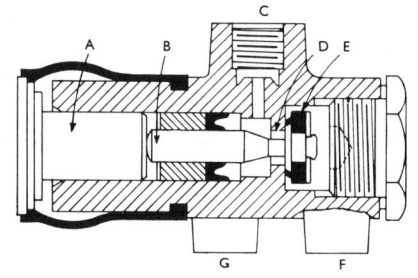

Abb. 17.27: Bremskraftbegrenzer mit lastabhängigem Lösepunkt
A Plunger
B Ventilschaft
C G Anschluß Hinterräder
D Durchfuhrkanal
E Ventil   F Anschluß
Hauptbremszylinder

5. Bremskraftregler mit lastabhängigem Umschaltpunkt

Die Funktion des Reglers wird durch die statische und die dynamische Achsbelastung beeinflußt. Je höher diese Belastungen, desto kleiner ist der Abstand zwischen der Hinterachse und dem Karosserieboden. Die Veränderungen werden mittels eines Gestänges auf den Bremskraftregler übertragen und beeinflussen so den Umschaltpunkt. Im übrigen ist die Funktion gleich der des Reglers mit festem Umschaltpunkt. Die Feder befindet sich außerhalb des Regelgehäuses.

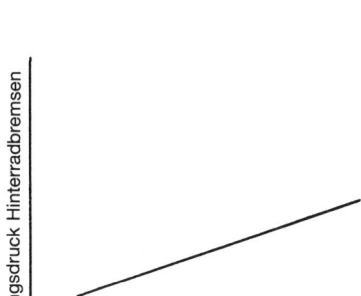

Abb. 17.28: Schematische Darstellung des Druckverlaufs bei einem Bremskraftregler ohne Umschaltpunkt

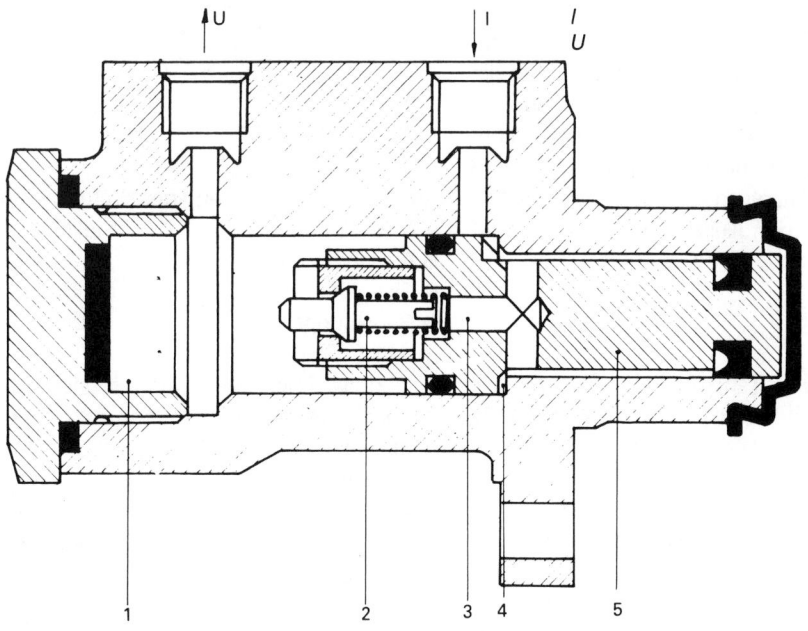

Abb. 17.29: Bremskraftregler ohne Umschaltpunkt im Querschnitt

I vom Hauptbremszylinder
U zum hinteren Radbremszylinder

1 Kammer; 2 Ventil; 3 Bohrung
4 ringförmige Kammer; 5 betätigter Kolben

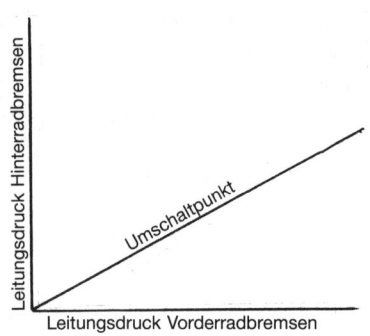

Abb. 17.30: Schematische Darstellung des Druckverlaufs bei einem Bremskraftregler mit einem Umschaltpunkt

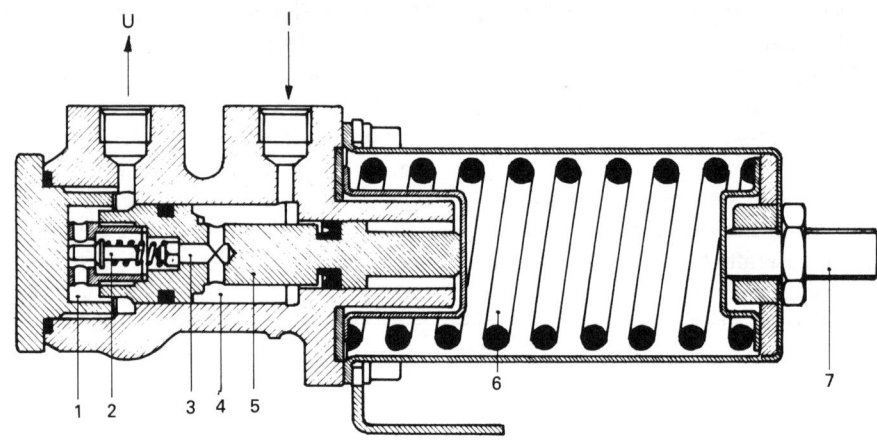

Abb. 17.31: Bremskraftregler mit festem Umschaltpunkt im Querschnitt

1 Kammer	6 Druckfeder
2 Ventil	7 Stellschraube mit Sicherungsmutter
3 Bohrung	I vom Hauptbremszylinder
4 Ringförmige Kammer	U zum hinteren Radbremszylinder
5 Betätigter Kolben	

6. Bremskraftregler mit last- und verzögerungsabhängigem Umschaltpunkt

Der Regler gemäß Abb. 17.33 ist schräg angebracht und enthält ein Kugelventil D. Wird nicht gebremst, dann befindet Kolben G sich unter dem Einfluß des Federdrucks ganz rechts. Der Bremsdruck des Hauptbremszylinders wird bei B aufgebaut. Die Bremsflüssigkeit wird anschließend durch ein Blech mit Löchern (C) gepreßt. Dadurch entsteht eine sehr starke Strömung, welche die Kugel D in einem gewissen Augenblick gegen die Durchlaßöffnung des Kolbens G drücken wird. Der Augenblick, in dem das geschieht, hängt vom Winkel A ab, also von der Stellung des Reglers im Verhältnis zur Karosserie oder mit anderen Worten: von der Belastung und der Verzögerung. Je höher die Rückseite des Fahrzeugs durch das Tauchen beim Bremsen kommt, desto flacher ist die Kugelbahn und desto schneller wird die Kugel auch sperren. Durch den Unterschied in den Kolbendurchmessern wird der Druck bei E reduziert.

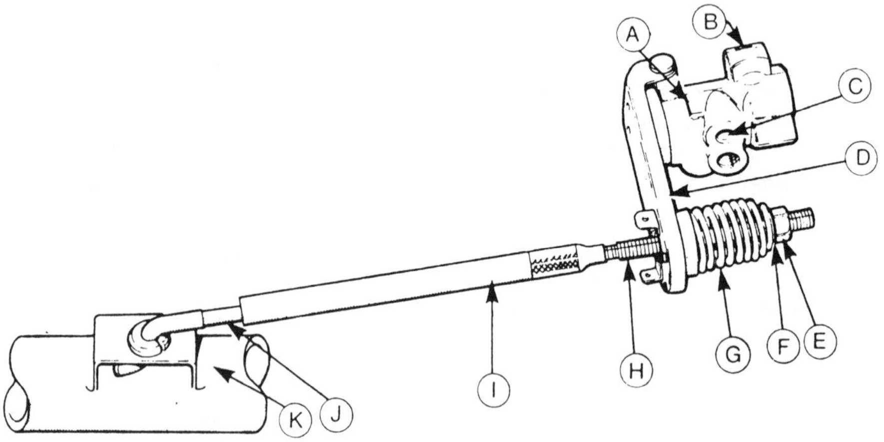

Abb. 17.32: Lastabhängiger Bremskraftregler und Bedienungsgestänge (Ford)

A Bremskraftregler	E Stellmutter	H Einstellstange
B Auslaßöffnungen	F Sicherungsfeder	I Distanzbüchse
C Einlaßöffnungen	für Bedienungsstange	J Verbindungsstange
D Bedienungshebel	G Bedienungsfeder	K Achsgehäuse

17.10 Hydraulische Bremsbedienung ohne Hauptbremszylinder

Eine besondere Ausführung ist die hydraulische Bremsbedienung mit Hilfe von Absperrschiebern, wie Citroën sie verwendet. Beim Druck auf das Bremspedal wird zuerst die Rücklaufleitung abgeschlossen. Anschließend bekommen die vorderen Bremsen den nötigen Druck von der Hochdruckzentrale und die hinteren Bremsen vom hydraulischen System der Hinterradaufhängung. Der Druckunterschied zwischen dem vorderen und dem hinteren Bremskreis wird also durch die Drucksteigerung oder -senkung im Höhenregelungssystem der Hinterradaufhängung bestimmt. Die Hinterradbremsen werden also auch hier mehr oder weniger verstärkt.

17.11 Blockierschutz

Wie der Name es schon sagt, sorgt dieses System dafür, daß die abgebremsten Räder nicht blockieren, sondern daß die Haftung zwischen Reifen und Fahrbahn optimal genutzt wird. Der Blockierschutz trägt wesentlich zur Fahrsicherheit bei. Wenn die Vorderräder blockieren, dann reagiert das Fahrzeug nicht mehr auf die Lenkbewegungen. Blockieren die Hinterräder, dann ist es durchaus möglich, daß es um 180° herumgeschleudert wird. Mit dem Blockierschutz bleibt das Fahrzeug bei jedem Straßenzustand, bei jeder Belastung und Geschwindigkeit gut lenkbar, und zugleich sorgt das System für eine maximale Übertragung der Bremskraft auf die Straße. Auf vereisten oder nassen Straßen, in

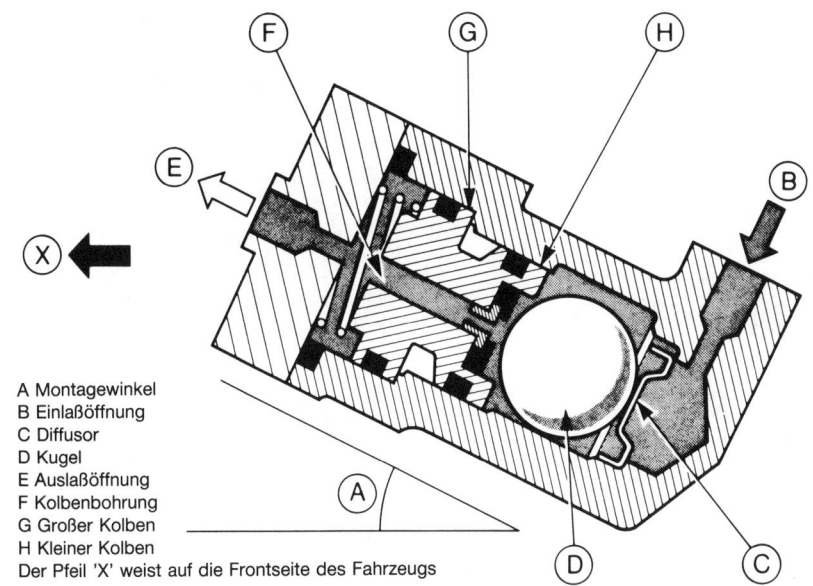

A Montagewinkel
B Einlaßöffnung
C Diffusor
D Kugel
E Auslaßöffnung
F Kolbenbohrung
G Großer Kolben
H Kleiner Kolben
Der Pfeil 'X' weist auf die Frontseite des Fahrzeugs

Abb. 17.33: Bremskraftregler mit last- und verzögerungsabhängigem Umschaltpunkt im Querschnitt (vereinfachte schematische Wiedergabe des Flüssigkeitsstromes)

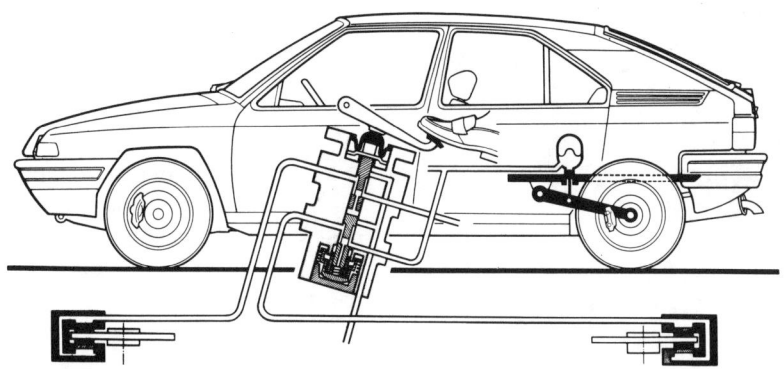

Abb. 17.34: Bremsbedienung über den Druck des Federungssystems (Citroën BX)

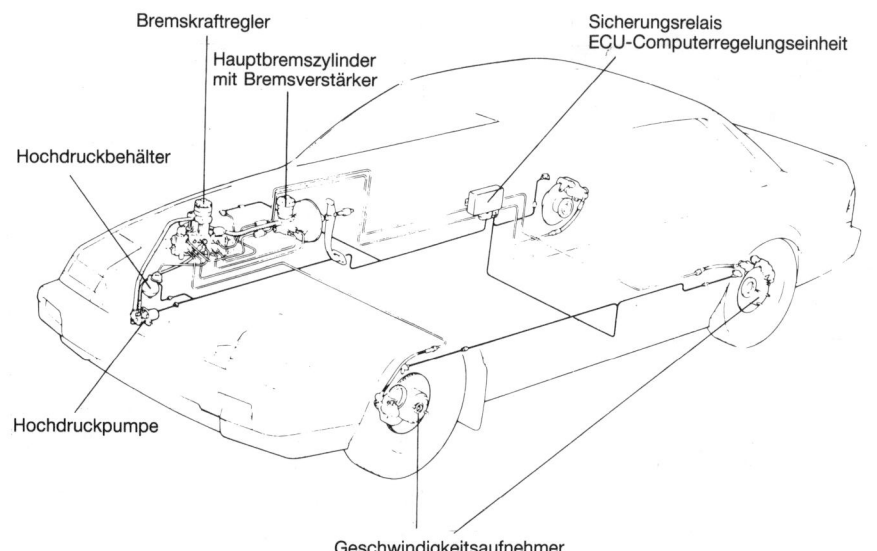

Abb. 17.35: Blockierschutzsystem; Lage der Einzelteile und Leitungsverlauf (ALB-System Honda Prelude)

einer scharfen Kurve oder während eines Ausweichmanövers kann problemlos stark abgebremst werden, und das Auto erhält je nach den Umständen eine optimale Verzögerung. Aber auch der Blockierschutz kann die physikalischen Gesetze nicht umstoßen. Fährt man in einer Kurve oder auf vereister Straße zu schnell, dann kann das Fahrzeug trotzdem aus der Bahn geschleudert werden. Bei Flugzeugen und im Schienenverkehr wird der Blockierschutz schon viel länger angewandt als beim Automobil. Schon 1928 hatte Wessel und 1930 Balk ein mechanisches System entwickelt, welches den Bremsdruck in dem Augenblick, in dem die Räder blockierten, herabsetzte. Diese Konstruktionen, und auch die später folgenden, erwiesen sich in der Praxis wegen der Trägheit des Hydraulikteils und der zu langen Ansprechzeit der mechanischen Teile als wenig geeignet. Erst die Elektronik ermöglichte die Entwicklung eines betriebssicheren Blockierschutzes.

Funktion

Die wichtigsten Bestandteile sind:
– die Geschwindigkeitsaufnehmer
– die Regeleinheit
– der Bremskraftregler
– die Hochdruckpumpe.

Der Geschwindigkeitsaufnehmer besteht aus einer gezahnten oder perforierten Scheibe, die sich zusammen mit dem Rad dreht und deren Winkelgeschwindigkeit (Drehzahlen) durch ein magnetisches Aufnahmeelement, auch Sensor oder Fühler genannt, aufgenommen wird. Zeigt das abgebremste Rad die Neigung zum Blockieren, dann heißt das, daß seine Umfangsgeschwindigkeit stark abnimmt. Das wird dann durch den Sensor an die Regeleinheit bzw. an den Computer weitergeleitet. Dieser vergleicht die Geschwindigkeit mit der der übrigen Räder. Sämtliche Daten werden in einen Steuerimpuls für den Bremskraftregler umgesetzt. Diese hydraulische Einheit mit einem schnell reagierenden Elektromotor und präzise wirkenden Ventilen kann den Druck in den Bremszylindern des Rades, das zu blockieren droht, rasch herabsetzen. Weil das betreffende Rad dadurch weniger abgebremst wird, nimmt seine Geschwindigkeit wieder zu. Das wird wieder von den Sensoren aufgenommen und an den Computer gemeldet, der dafür sorgt, daß der Bremskraftregler den Druck in den Rad-

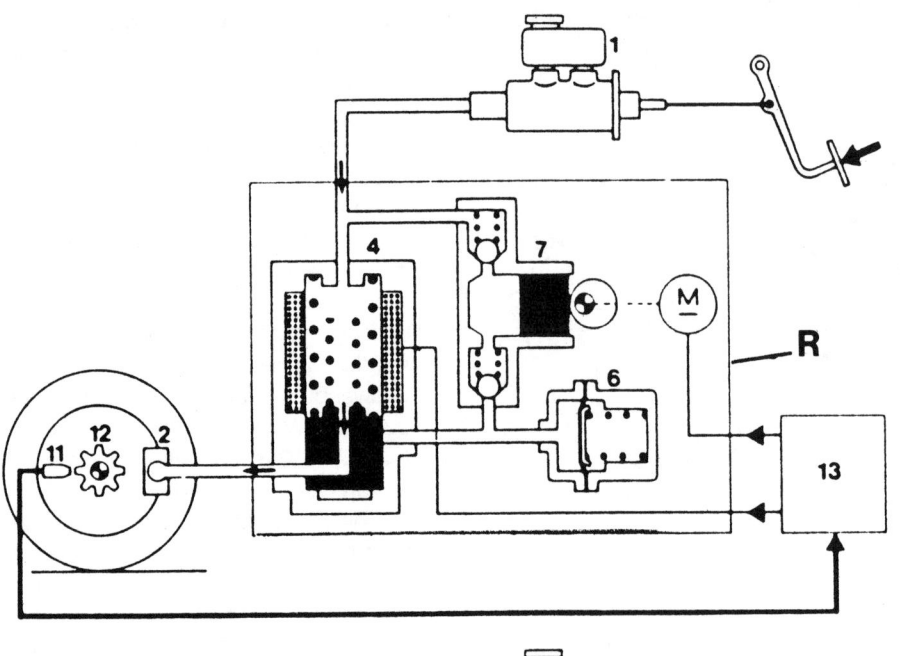

Abb. 17.36: Funktionsschemata des ABS-Systems bei Opel

1 Hauptbremszylinder
2 Scheibenbremse an Vorderrädern
4 Magnetventil
6 Pumpenakkumulator
7 Rückleitungspumpe
11 Drehzahlfühler
12 Impulselemente
13 Elektronische Steuereinheit
M Pumpenmotor

A   Der Bremsdruck wird aufgebaut
Das Rad erhält den vollen Druck des Hauptbremszylinders. Wenn das Rad nicht blockiert, bleibt das Magnetventil stromlos

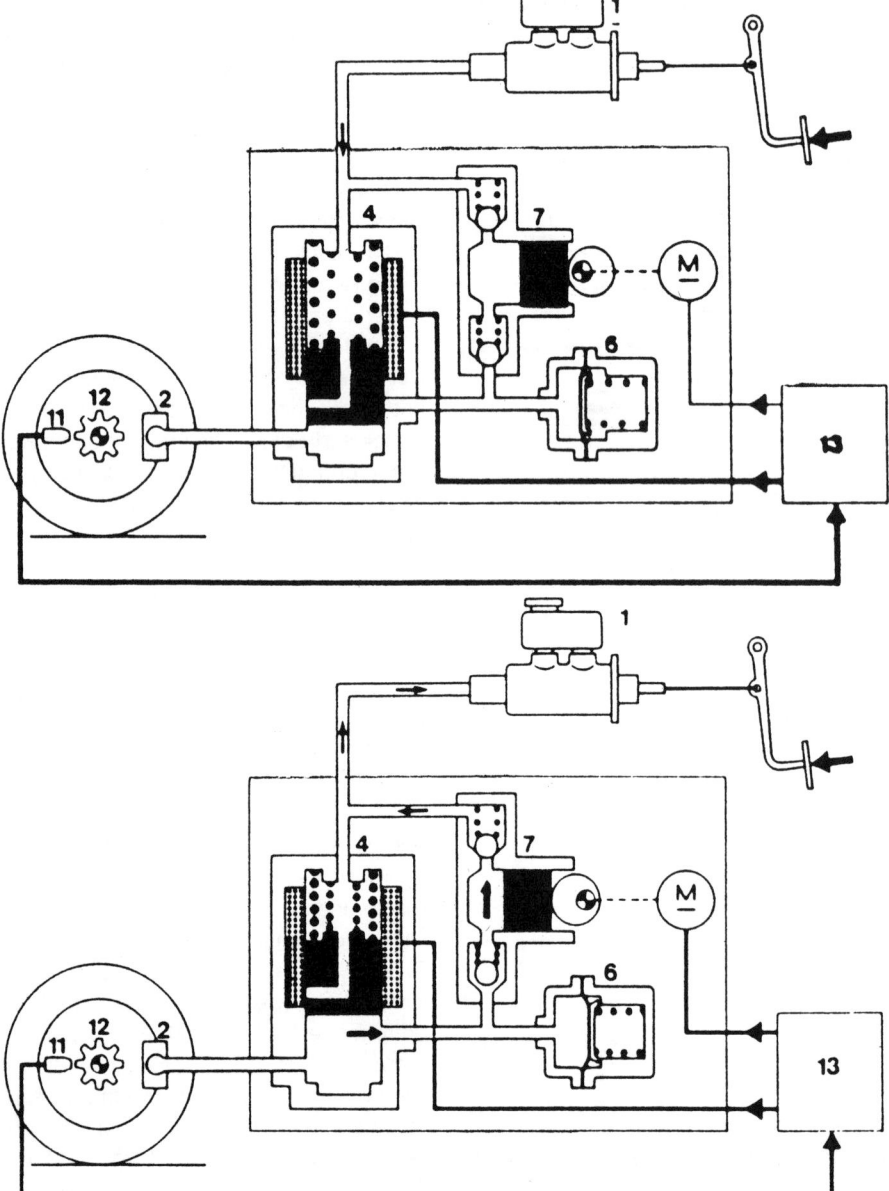

B   Zustand zum Druckerhalt
Die elektronische Steuereinheit meldete eine starke Radverzögerung mit Neigung zum Blockieren. Das Magnetventil wird mit geringer Stromstärke aktiviert

C   Zustand zur Druckminderung
Das Magnetventil wird mit größerer Stromstärke aktiviert. Bremsflüssigkeit fließt zurück zur Rückleitungspumpe. Die Pumpe leitet die Bremsflüssigkeit zurück zum Hauptbremszylinder, und zwar entgegen dem Pedaldruck. Der Fahrer spürt dies am Pulsieren des Bremspedals.
Je nach Erfordernis wiederholt sich dies innerhalb eines Sekundenbruchteils solange, bis das Fahrzeug steht.

bremszylindern verstärkt, so daß das Rad erneut eine größere Bremskraft übertragen kann.

Dieser Regelprozeß verläuft zwischen der Blockiergrenze und der maximalen Bremsverzögerung, und er kann sich durch die elektronische Regeleinheit, in der moderne integrierte Schaltungen verwendet werden, bei einer Notbremsung 10- bis 20mal pro Sekunde wiederholen. Die Funktion des Blockierschutzes ist spürbar; das Bremspedal pulsiert.

Man beschreibt den Blockierschutz zuweilen als 'pumpendes Bremsen', aber das ist nicht richtig, denn durch Freigeben und Betätigen des Bremspedals werden jeweils alle vier Räder, abgesehen vom Bremskraftregler, mehr oder weniger stark gleichmäßig abgebremst, obwohl der Zustand der Fahrbahn unter den vier Rädern unterschiedlich sein kann.

Sollte der Blockierschutz ausfallen, was sich mit Hilfe einer Kontrollampe feststellen läßt, dann wird automatisch auf die normale Funktion des Bremssystems umgeschaltet.

Vorteile:

– Während des Bremsens bleibt das Fahrzeug lenkbar.
– Selbst in einer Kurve ist ein maximales Bremsen möglich.
– Das Fahrzeug folgt weiterhin der angegebenen Richtung.
– Meist ein erheblich kürzerer Bremsweg, da die Adhäsion zwischen Fahrbahn und Reifen stets maximal genutzt wird.
– Geringer Unterschied im Bremsweg zwischen einem unbeladenen und einem beladenen Fahrzeug.
– Der Blockierschutz bremst unverzüglich mit voller Kraft.
– Es spielt keine Rolle, ob der Motor während des Bremsens gekuppelt ist oder nicht.
– Kein Reifenverschleiß aufgrund zu starken Bremsens.

Nachteile:

– Mehrpreis.
– Längerer Bremsweg auf einer sogen. »Wellblechfahrbahn« durch springende Räder.
– Längerer Bremsweg auf Sandstraßen mit lockerem Boden. Ohne Blockierschutz schiebt ein blockiertes Rad den Sand vor sich her, wodurch der Bremsweg kürzer wird. Um diesen Nachteil zu beheben kann man den Blockierschutz bei manchen Fahrzeugmodellen ausschalten.

Bei einem sogen. integralen Blockierschutzsystem hat jedes Rad seinen eigenen Geschwindigkeitsaufnehmer, und das Regelsystem wirkt auf jedes Rad gesondert. Es gibt auch nichtintegrale Systeme, z.B. das ESC-System (Electronic Skid Control) von Toyota. Dabei erfolgt die Regelung für die beiden Vorderräder gesondert und für die beiden Hinterräder gemeinsam. Auch Opel wendet das 3-Kanal-

system an. Die Vorderräder werden einzeln geregelt und die Hinterräder nach der »Select-Low«-Ausführung gemeinsam. »Select Low« besagt, daß das Rad mit der größten Blockierneigung die Regelung bestimmt. Beim ALB-System (Anti Lock System) von Honda wirkt das Regelsystem jeweils auf die beiden Räder derselben Achse. Hinten von dem Augenblick an, in dem eines der Hinterräder blockiert (Select Low), vorn in dem Augenblick, in dem das zweite Vorderrad blockiert (Select High).

Die nichtintegralen Blockierschutzsysteme sind auf sehr schlechten Straßen im Vorteil. In allen anderen Fällen sind die integralen Systeme etwas wirksamer, aber sie sind auch teurer.

ETC-System

Die Abkürzung steht für »Electronic Traction Control«, zu Deutsch »elektronische Zugkraftsteuerung«. Das System, das von Volvo verwendet wird, besteht aus einer elektronischen Einheit, die mit Hilfe von vier Sensoren, den gleichen wie beim ABS-System, ständig die Umdrehungen der linken und rechten Vorder- und Hinterräder miteinander vergleicht.

Beginnt ein Antriebsrad sich schneller zu drehen als das Vorderrad, dann wird der Mikrocomputer je nach Drehzahldifferenz zunächst den Turbo-Fülldruck vermindern. Wenn das nicht ausreicht, wird die Kraftstoffzufuhr durch das Einspritzsystem in Stufen und je Zylinder allmählich vermindert.

Das ETC-System vermittelt durch die Zugkraftsteuerung eine größere Fahrsicherheit. Der Motor kann je nach den Umständen eine maximale Zugkraft liefern, ohne die Räder schlupfen zu lassen.

Der Kraftstoffverbrauch geht um 15% zurück.

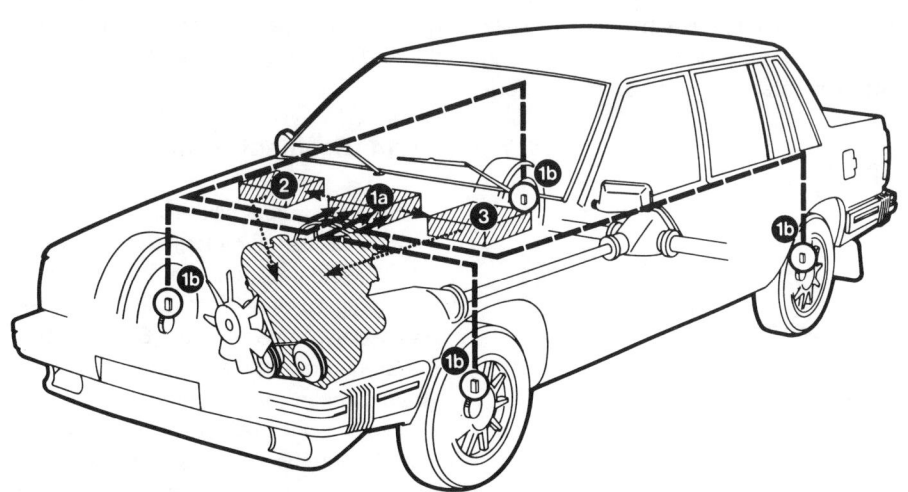

Abb. 17.37: ETC-System von Volvo

1a Elektronische Signalverarbeitung
1b Magnetgeber (Sensoren) zur Aufnahme der Raddrehgeschwindigkeit

2 Elektronische Einheit zur Beeinflussung des Turboregelsystems
3 Elektronische Einheit zur Beeinflussung des Kraftstoff-Einspritzsystems.

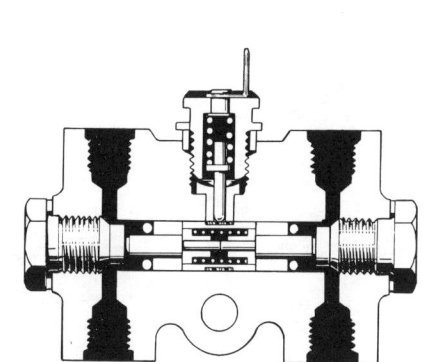

Abb. 17.38: Druckdifferenz-Warnschalter (Volvo)

17.12 Controllsysteme

Druckdifferenzwarnschalter

Durch Anbringen eines solchen Schalters kann man während des Bremsens eine Warnlampe aufleuchten lassen, falls der Druck in einem der Bremskreise absinken sollte.

Wird nicht gebremst, dann halten die Federn den Plunger in der Mittelstellung. Betätigt man das Bremspedal, dann wird – sofern alles in Ordnung ist – beiderseits des Plungers ein gleichgroßer Druck aufgebaut. Dadurch bleibt auch dann der Plunger in der Mittelstellung. Sollte der Druck aber in einem der Kreise absinken, dann wird der Plunger sich durch die Druckdifferenz verschieben und den Massenkontakt einschalten. Dadurch leuchtet das angeschlossene Warnlämpchen auf. Der Druckdifferenzwarnschalter hat natürlich keinen Sinn, wenn das Kontrollämpchen defekt ist. Deshalb haben manche Fahrzeuge auf dem Instrumententräger einen Schalter, mit Hilfe dessen man die Kontrollampe ebenfalls an Masse legen kann, so daß man sieht, ob sie selbst noch ganz ist.

Es gibt noch weitere Kontrollsysteme.

Druckdifferenzwarnschalter mit Umlaufleitung

Der Plunger, der den Schalter bedient, hat hier eine zusätzliche Aufgabe. Wenn die Vorderradbremsen durch Druckverminderung ausfallen, hat der Bremskraftbegrenzer oder Bremskraftregler keinen Sinn mehr. Über eine Umlaufleitung wird dann unter den gegebenen Umständen die

Funktion des Begrenzers oder Reglers umgangen.

Kontrollämpchen für den Bremsflüssigkeitspegel

Man kann nicht von jedem Fahrer erwarten, daß er regelmäßig den Stand der Bremsflüssigkeit im Vorratsbehälter überprüft. Dennoch ist das äußerst wichtig. Daher die Notwendigkeit eines Kontrollsystems. Beim getrennten Vorratsbehälter des Tandemhauptbremszylinders sind beide Teile mit einem Schwimmer versehen. Sinkt das Flüssigkeitsniveau unter einen bestimmten Pegel, dann schließt die Kontaktplatte oben auf der Schwimmerstange den Stromkreis zu einem Kontrollämpchen. Dasselbe Lämpchen kann auch als Kontrollampe für die Handbremse verwendet werden.

Kontrollampe für Bremsklotzverschleiß

Bei manchen Fahrzeugen ist in den Bremsklötzchen an der Verschleißgrenze ein Draht eingearbeitet, der an eine Kontrollampe angeschlossen ist. Ist ein Klötzchen bis auf die zulässige Mindestdicke abgenutzt, dann stellt der Draht während des Bremsens Kontakt zur Bremsscheibe her, so daß die Kontrollampe die benötigte Masse bekommt und aufleuchtet.

17.13 Handbremse

Die Handbremse (Feststellbremsanlage) wirkt unabhängig von der Fußbremse. Meist wird sie mittels eines Hebels betätigt, der in angezogener Stellung mechanisch einrastet. Um den Handbremshebel

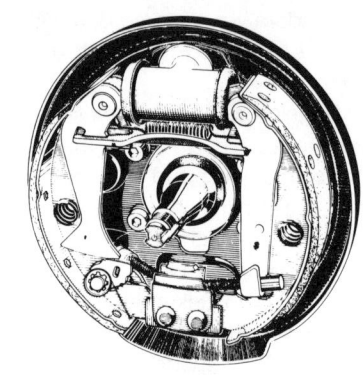

Abb. 17.40: Anschluß des Handbremsseils an den Handbremshebel (1)

wieder zu lösen, muß er zunächst noch ein wenig angezogen werden, woraufhin der Löseknopf gedrückt werden kann. In manchen Automobilen kann man die Handbremse mittels eines Pedals anziehen und mittels eines Knopfs lösen.

Die Bremskraft der Handbremse wird meist mit Hilfe von Bremsseilen (Bowdenzügen) übertragen. Ehe man den Handbremsmechanismus einstellt, müssen die Bremsbacken im Verhältnis zur Bremstrommel eingestellt werden. Die Bremsseile bieten die Möglichkeit zum Nachstellen.

Handbremsen, die auf Scheibenbremsen wirken, können die Bremskraft direkt auf den Bremskolben oder ein gesondertes Paar Bremsklötzchen übertragen. Zuweilen hat die Bremsscheibe die Form einer Bremstrommel. Im Trommelteil sind dann Bremsbacken angebracht, welche nur durch die Handbremse bedient werden.

17.14 Bremsstörungen

1. Das Bremspedal fühlt sich hart an, aber es muß tief heruntergetreten werden.
Das weist darauf hin, daß zuviel Bremsflüssigkeit zu den Bremszylindern befördert werden muß, ehe die Bremsbacken die Bremstrommeln berühren können. Die Bremsbacken müssen erneut eingestellt, vielleicht sogar erneuert werden. Bei Scheibenbremsen ist die Ursache zu suchen in einem zu großen Radlagerspiel, einem zu großen Schlag der Bremsscheibe oder einer verbogenen Zwischenscheibe. Dadurch wird der Kolben zu weit in den Bremssattel zurückgetrieben.

Hat das Fahrzeug vorn Scheibenbremsen und hinten Trommelbremsen, dann müssen die Trommelbremsen regelmäßig

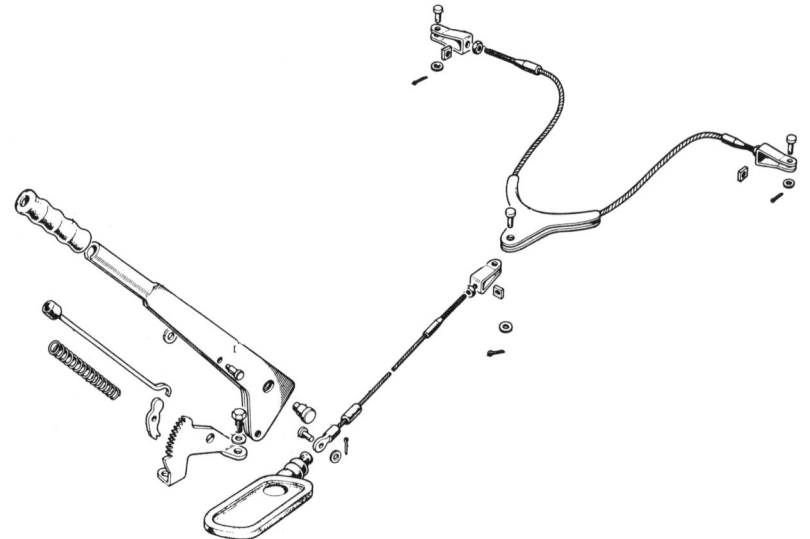

Abb. 17.39: Handbremsbedienung in Einzelteilen

nachgestellt werden. Sonst werden die Scheibenbremsen übermäßig belastet.

2. In heruntergetretener Stellung sinkt das Bremspedal langsam nach unten.

Falls es keine äußeren Leckstellen gibt, so weist dies auf eine innere Leckstelle im Hauptbremszylinder hin. Das bedeutet, daß die Bremsflüssigkeit sich von der Druckseite auf die Nichtdruckseite bewegt. Auf jeden Fall sind die Gummimanschetten zu erneuern. Prüfen Sie auch einmal den inneren Zustand des Hauptbremszylinders. Möglicherweise ist er derartig beschädigt, daß auch Honen nicht mehr hilft. In diesem Fall müssen auch die Radbremszylinder sorgfältig überprüft werden.

3. Das Bremspedal macht einen schwammigen Eindruck.

Das ist ein deutlicher Hinweis auf das Vorhandensein von Luft. Der schwammige Eindruck entsteht dadurch, daß Luft zusammengepreßt werden kann. Sollte dieser Eindruck nach mehrmaligem Bremsen in kurzen Abständen entstehen, z.B. beim Abwärtsfahren auf einer Gefällstrecke, dann muß die Bremsflüssigkeit unbedingt erneuert werden.

4. Sich während des Bremsens auf und ab bewegendes Bremspedal.

Das ist ein Hinweis auf eine Hin- und Herbewegung des Kolbens im Hauptbremszylinder infolge einer ovalen Bremstrommel, einer ausschlagenden Bremsscheibe oder eines zu großen Radlagerspiels. Das Ausschlagen der Scheibe wird mit einem Meßgerät nachgemessen. Notfalls muß die Scheibe erneut geschliffen oder abgedreht werden. Dabei darf die Mindestdicke, die der Hersteller vorschreibt, nicht unterschritten werden. Der maximale seitliche Ausschlag beträgt 0,15 mm. Die zulässige Dicktentoleranz ist 0,02 mm bei 4 m Rauhigkeit.

5. Unzulängliche Bremswirkung

kann verursacht werden durch:
– Schlecht funktionierender Bremsverstärker.
– Verklemmte Kolben im Bremssattel von Scheibenbremsen oder der Bremszylinder bei Trommelbremsen.
– Verschlissene Bremsbeläge.
– Falsche Bremsbeläge.
– Fett, Bremsflüssigkeit oder Öl auf den Bremsbelägen.
– Verglasung der Bremsbeläge.

6. Bremsen bleiben schleifen:

Die Bremskolben können nicht zurückkehren, weil:
– die Radbremskolben festhängen.
– der Kolben im Hauptbremszylinder nicht vollständig in die Ruhestellung zurückkehrt, so daß die Ausgleichsbohrung nicht frei wird und die Bremsflüssigkeit nicht zurückfließen kann.

7. Quietschende Bremsen.

Mögliche Ursachen sind:
– Schlechte Befestigung des Bremssattels.
– Beschädigte oder falsche Dämpfungsfedern.
– Beschädigte, falsch eingebaute, verrostete oder verschmutzte Zwischenplatten.
– Verschlissene Bremsbeläge.
– Neue, noch nicht eingefahrene Bremsklötzchen oder -beläge.
– Verdrehter Kolben. Prüfen Sie die 20°-Stellung mittels einer Lehre.
– Ungleichmäßige Bremsbelagoberfläche.

8. Keine Bremswirkung.

– Beschädigte Manschetten.
– Umgekehrt montierte Manschetten.
– Flüssigkeitsleckage.
– Luft im Hydraulikteil.
– Blockierte Kolben.

9. Abnormal schneller Verschleiß der Bremsklötzchen:

– Es dürfte klar sein, daß der Verschleiß der Bremsklötzchen durch die Betriebsbedingungen beeinflußt wird. Unter normalen Bedingungen wird Schlamm und Sand durch die Zentrifugalkraft von der Scheibe weggeschleudert. Wer aber häufig über verschlammte Straßen fährt, muß mit einem vorzeitigen Verschleiß der Bremsklötzchen rechnen. In diesem Zusammenhang sei darauf hingewiesen, daß die inneren Bremsklötzchen im allgemeinen schneller verschleißen als die äußeren, weil auf die Innenseite der Scheibe mehr aufspritzender Schmutz gelangt als auf die Außenseite.

Wer mit Scheibenbremsen lange auf nasser Fahrbahn fährt, muß hin und wieder einmal bremsen. Durch die Fliehkraft wird zwar auch das Wasser von der Scheibe geschleudert, aber dennoch besteht die Gefahr, daß auf der Scheibe z.B. eine dünne Ölschicht zurückbleibt. Bremst man ab und zu, dann schaben die Kanten der Bremsklötzchen den Schmutz von der Scheibe ab, bzw. dieser wird durch die hohe Temperatur verbrennen.

Weitere Ursachen eines abnormal raschen Verschleißens können sein:
– Die Bremsscheibe ist nicht glatt. Stark verrostete Scheiben müssen geschliffen oder ausgewechselt werden.
– Innen verschmutzter Bremssattel, wodurch die Bremskolben blockieren.
– Dämpfungsfeder ist reif zur Erneuerung.
– Vergleiche auch Nr.6.

10. Schräge Abnutzung der Bremsklötzchen:

– Kolbenstellung weicht von 20° ab.
– Spreizfeder funktioniert schlecht.
– Zu großes Radlagerspiel.
– Bremssattel ist nicht richtig befestigt.
– Die Bremsklötzchen können sich nicht frei genug bewegen.

Bremsflüssigkeitspegel

Der Bremsflüssigkeitspegel muß sich zwischen dem Maximum- und dem Minimumstrich befinden. Das Absinken des Pegels weist deshalb nicht gleich auf eine Leckstelle hin. Je weiter die Bremsklötzchen einer Scheibenbremse oder die Beläge einer selbstregelnden Trommelbremse verschleißen, desto weiter sinkt auch der Bremsflüssigkeitspegel.

17.15 Einige Begriffe

Bremsweg

Dieser wird beeinflußt durch den Zustand des Bremssystems, die Bremsbedienung, die Reibung zwischen Reifen und Fahrbahn, das Fahrzeuggewicht, die Radstände und den Schwerpunkt.

So ist der durchschnittliche Reibungskoeffizient zwischen Reifen und Betonstraße bei trockener Fahrbahn 0,8 und bei nasser Fahrbahn 0,5. Für eine Asphaltstraße gelten 0,6 bzw. 0,3. Natürlich werden diese Zahlen auch durch die Tiefe des Reifenprofils beeinflußt. Bei 2mm Profiltiefe beträgt der Reibungskoeffizient nur noch 50% dessen bei maximaler Tiefe. Den kürzesten Bremsweg erhält man, wenn die Räder gerade noch nicht blockieren.

Schreck- und Reaktionsmoment

Zwischen der Wahrnehmung eines Hindernisses und dem Tritt auf das Bremspedal verläuft stets eine gewisse Zeit. Diese besteht aus der Schreck- und der Reaktionsdauer. Die Schreckdauer wird durch die Konzentration des Fahrers bestimmt. Die Reaktionsdauer ist unvermeidlich, und sie wird beeinflußt durch Ermüdung, manche Arzneimittel usw . . . Im allgemeinen muß man mit einer Reaktionsdauer von 0,5 Sekunden rechnen, während die Schreckdauer 2 oder mehr Sekunden betragen kann.

Mit diesen Faktoren muß man rechnen, und deshalb muß man auch immer einen entsprechenden Abstand zum vorauffahrenden Fahrzeug einhalten. Dabei kann man unter normalen Fahrbedingungen folgende Faustregel handhaben:

Fahrgeschwindigkeit (in km/h)
Abstand zum Vordermann in m = 2

Bremsansprechdauer und Bremsenschwelldauer

Unter Bremsansprechdauer versteht man die Zeitspanne, deren es bedarf, um die Zwischenräume im Bremssystem sowie zwischen Bremsbacken und Trommeln bzw. Bremsklötzchen und Scheiben zu überbrücken. Wenn die Bremsen frisch eingestellt wurden, kann man dafür ungefähr 0,1 Sekunde ansetzen.

Während der Bremsenschwelldauer wird die Bremskraft auf den erforderlichen Wert aufgebaut.

Durchschnittliche Verzögerung auf der Bremsstrecke

Diese kann nach der folgenden Formel berechnet werden:

$$b'_s = \frac{V^2}{26s} \ (m/s^2)$$

Darin ist:
b'_s die durchschnittliche Bremsverzögerung;
V die Geschwindigkeit beim Bremsbeginn;
s der Bremsweg.

Beispiel: Wenn bei einem Pkw, der mit einer Geschwindigkeit von 40 km/h fährt, ein Bremsweg von 16 m gemessen wird, wie groß ist dann die durchschnittliche Verzögerung?

$$b'_s = \frac{V^2}{26s} \quad \text{oder} \quad \frac{40^2}{26 \cdot 16} = 3,9 \ m/s^2$$

Durchschnittliche Verzögerung während der Bremsdauer

Will man die durchschnittliche Verzögerung als Funktion der Geschwindigkeit und der Bremsdauer berechnen, so kann man die folgende Formel verwenden:

$$b'_t = \frac{0,28 \cdot V}{t} \ m/s^2$$

Beispiel: Bei einem Pkw, der 55 km/h fährt, beträgt die Bremsdauer 4 Sekunden. Wie groß ist die durchschnittliche Verzögerung?

$$b'_t = \frac{0,28 \cdot V}{t} \quad \text{oder} \quad \frac{0,28 \cdot 55}{4} = 3,85 \ m/s^2$$

Verfügt man nicht über einen Bremsprüfstand, um die Funktion der Fußbremse zu kontrollieren, so kann man zur Bestimmung des höchstzulässigen Bremsweges von Pkw die folgende Faustregel anwenden: Man teilt die Geschwindigkeit, mit der zu Beginn der Bremsprüfung gefahren wird, durch 10 und erhebe das Ergebnis ins Quadrat. So darf die höchstzulässige Bremsstrecke bei 40 km/h 16 Meter betragen. Für die Handbremse darf die Bremsstrecke 40% mehr betragen.

Dynamische Achsbelastung

Wird ein vorwärts fahrendes Fahrzeug abgebremst, so bewegt es sich vorn abwärts und hinten aufwärts. Man bezeichnet diesen 'Nickeffekt' als 'dynamische 'Achslastverschiebung'. Infolgedessen nimmt die Vorderachsbelastung parallel zur Bremsverzögerung zu, während die Hinterachsbelastung parallel dazu abnimmt. Die Vorderradbremsen werden also stärker belastet. Aus diesem Grunde verwendet man, sofern beide Bremstypen zur Anwendung kommen, vorne Scheibenbremsen und hinten Trommelbremsen. Die dynamische Achsbelastung ist abhängig von der Verzögerung, der Masse und der Höhe des Schwerpunkts.

Verwendung von Bremse und Kupplung

Als allgemeine Regel gilt, daß der Motor solange wie möglich mit dem übrigen Antrieb verbunden bleiben muß. Bei langsamem Bremsen sollte man das Kupplungspedal deshalb erst im letzten Moment betätigen. Das Bremsvermögen des Motors unterstützt die Bremsfunktion.

Wird dagegen stark abgebremst, dann muß das Kupplungspedal auch sofort betätigt werden, denn die Motordrehzahl nimmt schließlich nicht so rasch ab, wie die Geschwindigkeit des Fahrzeugs. Bei der Bergabfahrt muß man über den Motor bremsen, und man sollte die Fußbremse nur hin und wieder betätigen. Würde man das Fußbremspedal ständig gedrückt halten, so würde die Temperatur der Bremsscheiben, der Trommeln, der Bremsbeläge und der Bremsflüssigkeit in kürzester Frist derartig hoch ansteigen, daß das Bremssystem schließlich ausfallen würde.

Auch auf einer ebenen Strecke kann der Motor bei niedriger Geschwindigkeit als Bremse verwendet werden.

18. Reifen und Räder

Zur Zeit der Pferdekutschen erwies sich der Ersatz der eisernen Reifen, welche die Holzräder zusammenhielten, durch ein elastisches Material, Gummi genannt, das gegen die Reibung auf dem Straßenpflaster beständig war, als gewaltiger Fortschritt. Nicht nur der Fahrkomfort verbesserte sich, sondern auch die Geschwindigkeiten konnten jetzt gesteigert werden. Dank der Erfindung des Vulkanisierens im Jahre 1839 durch den Amerikaner Charles Goodyear konnte man dem Gummi ausreichenden mechanischen Widerstand einverleiben.

Im Jahre 1842 fabrizierte der Engländer Hancock Räder mit Vollgummireifen. Den Luftreifen erfand 1888 der Ire Dunlop. Sein Sohn bekam beim Radfahren Rückenschmerzen, und Papa sann auf Abhilfe. Der erste Luftreifen war also ein Fahrradreifen. Im Jahre 1890 entwickelte Goodrich nach demselben Prinzip Autoreifen.

Funktionen

Der Reifen hat folgende Funktionen:
- Tragen des Fahrzeug- und Ladungsgewichtes.
- Abfangen von Unebenheiten der Straße.
- Reduzierung der Fahrgeräusche.
- Übertragung der Brems- und Schubkräfte (Längskräfte).
- Auffangen von Querkräften, wie sie in Kurven auftreten.

Der Reifen, der im Grunde ein Luftkissen ist, trägt also zum Komfort und zur Sicherheit der Fahrzeuginsassen bei, aber auch zur Verlängerung der Lebensdauer des Fahrzeugs, weil dieses den Schwingungen und Vibrationen weniger ausgesetzt ist. Die Abb. 18.2 zeigt den Querschnitt eines traditionellen Reifens. Seine wich-

tigsten Bestandteile sind: die Karkasse, die Lauffläche, der Wulst (Reifenfuß) sowie die Seitenwände.

Die Karkasse

Bei ihr handelt es sich gewissermaßen um das Skelett, um das herum der Reifen aufgebaut wird. Sie setzt sich aus mehreren übereinanderliegenden Cordschichten zusammen, die durch Imprägnierung mit Gummi zusammengehalten werden. Die Stärke der Karkasse hängt ab von der Anzahl der Cordlagen, vom Material, aus dem diese hergestellt sind, von der Art deren Anbringung und der Dichte des Gewebes.

Die Cordschichten können aus Viskosefasern, Nylon, Polyester, Stahldraht oder Glasfasern bestehen. Viskosefasern haben einen kleinen Dehnungskoeffizienten, sie sind zäh und bruchbeständig. Nylon ist ebenfalls recht beständig gegen Bruch

Abb. 18.1: Aufgeschnittenes Modell des Vorderrades mit Zubehör des Citroën BX; die Reifen/Felgenkonstruktion ist hier deutlich sichtbar.

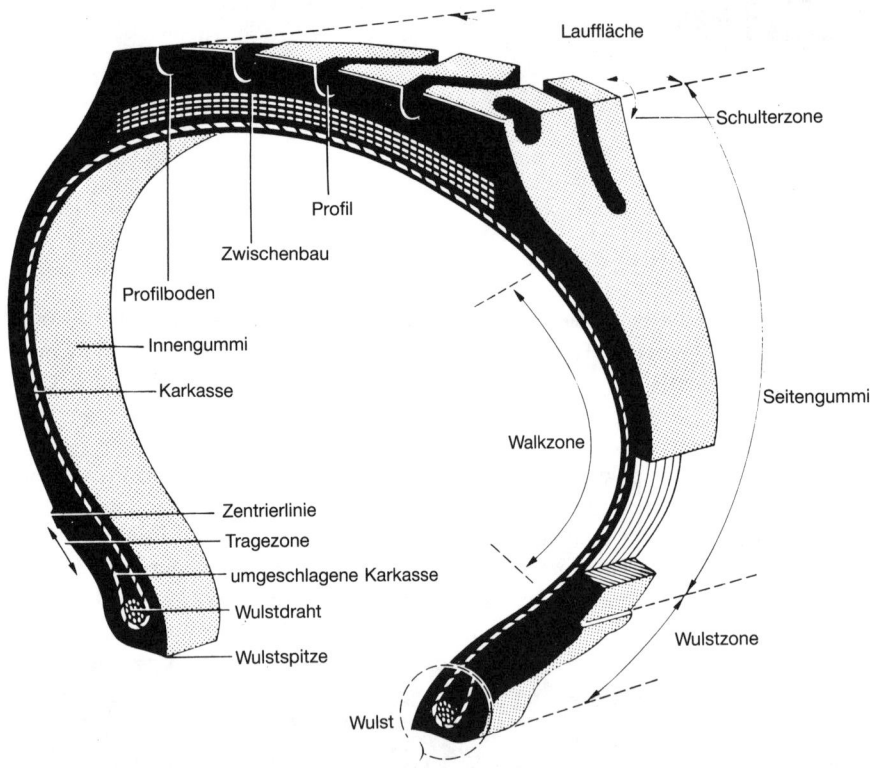

Abb. 18.2: Querschnitt durch einen Reifen mit seinen Bestandteilen.

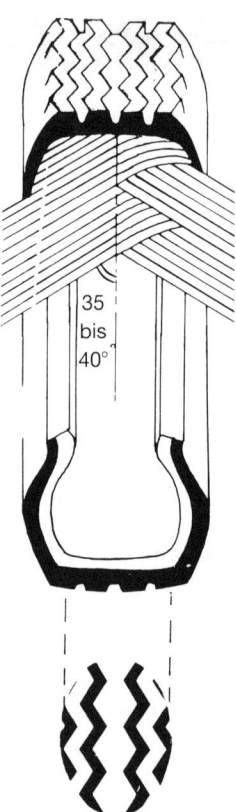

Abb. 18.3: Struktur der Cordlagen bei einem Diagonalreifen

und Wettereinflüsse, und es ist geschmeidig. Es hat einen großen Dehnungskoeffizienten. Polyester hat ähnliche Eigenschaften. Stahldraht hat einen kleinen Dehnungskoeffizienten und eine hohe Bruchfestigkeit, wenngleich Glasfasern die letztere Eigenschaft noch übertreffen. Die Cordschichten können in der Karkasse diagonal oder radial liegen. Man spricht dann von einem Diagonalreifen bzw. von einem Radialreifen.

18.1 Diagonalreifen

Die Karkasse des Diagonalreifens besteht aus 2, 4 oder 6 Cordschichten. Sie sind kreuzweise aufgelegt und stehen zueinander im Winkel von 80°. Bei Low-Section-Reifen (Niederquerschnitt-Reifen) und Sportreifen beträgt der Winkel 60°, wodurch deren Karkasse den großen seitlichen Verformungskräften besser widersteht.

Da die Cordschichten diagonal von Wulst zu Wulst verlaufen, kann die Karkasse alle auf den Reifen einwirkenden Kräfte auffangen. Andererseits sind die Flanken hart, so daß dieser Reifen weniger Komfort bietet und in Kurven keine gute Straßenlage hat. Da die Seitenteile weniger

verformbar sind, verformt sich die Lauffläche unter dem Einfluß der Zentrifugalkräfte. Der Kontakt zwischen Lauffläche und Fahrbahn nimmt ab und damit auch die Bodenhaftung.

Da die Cordlagen eines Diagonalreifens einander kreuzen, reiben sie sich beim Durchbiegen aneinander. Diese Reibung verursacht Wärme, die wiederum die Lebensdauer des Reifens verkürzt.

Diagonalreifen sind nicht mit einer Strukturandeutung versehen. Auf Pkw werden sie praktisch nicht mehr montiert.

Diagonalreifen mit Gürtel

Dieser Reifen amerikanischer Herkunft mit B.B. (Bias Belted) als Andeutung auf den Flanken hat unter der Lauffläche einen aus zwei Lagen bestehenden Gürtel, dessen Gewebefäden einander in spitzem Winkel kreuzen. Der Gürtel ist eine Versteifungsschicht, die der Lauffläche eine größere Stabilität verleiht. Daher spricht man auch von einer Stabilisationsschicht. Die Leistungen des Diagonalreifens mit Gürtel liegen hinsichtlich der Straßenlage und der Kilometerleistungen zwischen denen des Diagonal- und des Radialreifens. Auch dieser Reifen wurde durch den Radialreifen völlig verdrängt.

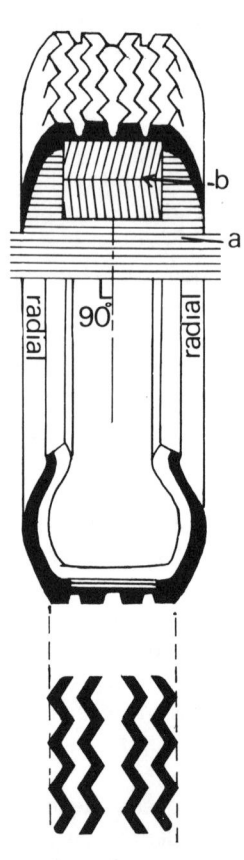

Abb. 18.4: Struktur der Cordlagen bei einem Radialreifen

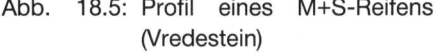

Abb. 18.5: Profil eines M+S-Reifens (Vredestein)

Abb. 18.6: Reifenprofil, speziell gegen Aquaplaning konstruiert, ohne die Nachteile eines groben Profils (Vredestein)

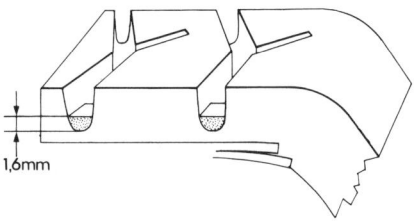

Abb. 18.7: Verschleißanzeige

18.2 Radialreifen

Die Abb. 18.4 verdeutlicht, daß dieser Reifen ganz anders konstruiert ist. Die Fäden, aus denen die verschiedenen Lagen aufgebaut sind, liegen nebeneinander im Winkel von 90° zur Fahrtrichtung und verlaufen von Wulst zu Wulst. Zugleich ist um die Karkasse unter der Lauffläche ein Gürtel angebracht, der aus mehreren Lagen besteht, deren Cordfäden zur Fahrtrichtung im Winkel von 13° bis 20° stehen. Bei diesem Reifen fallen die verschiedenen Funktionen der Lauffläche und der Seitenteile deutlich auf.

Der Radialreifen hat äußerst biegsame Seitenteile, wodurch Unebenheiten der Fahrbahn leichter abgefangen werden. Mit einer rein radialen Karkasse wäre der Reifen allerdings unbrauchbar, da ihm die notwendige Richtungsstabilität fehlen würde. Daher ist der Gürtel erforderlich.

Im Verhältnis zum Diagonalreifen bietet der Radialreifen die folgenden Vorteile:

– Durch die Geschmeidigkeit der Seitenteile kann die Lauffläche in einer Kurve guten Kontakt zur Fahrbahn halten.

– Während des Bremsens werden die Schultern des Reifens gegen die Fahrbahn gedrückt. Die vergrößerte Auflagefläche erhöht die Griffigkeit um etwa

20%, was einen kürzeren Bremsweg zur Folge hat.

– Durch die Lage der Cordschichten ist die innere Reibung gering, so daß weniger Wärme entwickelt wird, was die Lebensdauer des Reifens erheblich verlängert.

– Die steife und nur schwer verformbare Lauffläche führt zu einem geringeren Verlust an Berührungsfläche mit der Fahrbahn. Auch der Rollwiderstand ist kleiner, was zu einem geringeren Kraftstoffverbrauch führt.

– Durch die große vertikale Durchbiegung wird der Komfort erhöht, während die mechanischen Teile des Fahrzeugs geschont werden.

Diesen Vorteilen stehen die folgenden Nachteile gegenüber:

– Die steife Lauffläche führt bei unebener Fahrbahn zu größeren Fahrgeräuschen.

– Das Lenkrad läßt sich beim Parken und bei geringer Geschwindigkeit etwas schwerer drehen.

– Die Flanken sind empfindlicher.

Achtung! Verwenden Sie nach Möglichkeit keine Radialreifen in Kombination mit Diagonalreifen. Sollte dies dennoch der Fall sein, so müssen die Radialreifen hinten montiert werden.

18.3 Tragfähigkeit

Die Stärke oder die Tragfähigkeit eines Reifens kann durch die Abkürzung P.R. (Plyrating) angedeutet werden. Falls die Karkasse nicht aus Baumwollfäden aufgebaut ist, welche durch die Einführung der Kunststofäden praktisch bedeutungslos geworden sind, bedeutet zum Beispiel die Bezeichnung 4 P.R., daß die Tragfähigkeit genau so groß ist, wie die eines Reifens, der vier Baumwollagen hat. Tatsächlich enthält er aber weniger Kunststofflagen. Die ECE hat Bestimmungen über Tragfähigkeit, Geschwindigkeitskodierung usw. herausgegeben.

Ein Radialreifen für Pkw enthält 1 oder 2 Cordlagen.

Reifen dürfen nur durch Typen mit gleicher oder höherer Tragfähigkeit ersetzt werden.

Auf dem Reifen steht eine Codezahl, welche die zugehörige Tragfähigkeit andeutet. Einige Beispiele:

Codezahl	Tragfähigkeit in kg
50	190
60	250
70	335
80	450
100	800
150	3350

Die Bedeutung der Bezeichnungen auf den Reifen kommt unter 18.7 zur Sprache.

18.4 Lauffläche/Gummizusammensetzung

Die Lauffläche ist mit Profilkerben versehen, deren Form mit über die Eignung des Reifens entscheidet.

– Material und Profil müssen so aufeinander abgestimmt sein, daß die Lenkbewegungen sowie die Brems- und Schubkräfte unter allen Umständen übertragen und die Querkräfte abgefangen werden können.

- Die Lauffläche muß möglichst beständig sein gegen Reibung, Erhitzung, Verbiegung und Einschnitte.
- Durch die Profile kann auch die Wärme leichter abgeleitet werden.

Material

Zur Herstellung von Autoreifen kommen sowohl Naturgummi als auch synthetischer Gummi in Frage. Naturgummi, auch Kautschuk genannt, stammt vom Parakautschukbaum, dessen Saft, Latex, eine milchige, schnell gerinnende Flüssigkeit ist, die einen großen prozentualen Gummianteil enthält. Um diesen Gummi zur Reifenherstellung verwenden zu können, werden verschiedene Stoffe hinzugefügt. So werden z.B. Erdgasruß oder Kreide hinzugefügt, um die Verschleißbeständigkeit zu erhöhen. Anti-Oxidant (Aldolalphanaphtylamin) dient dazu, einer schnellen Veränderung des Gummis durch den Ozon der Außenluft vorzubeugen.

Im Jahre 1839 stellte Charles Goodyear fest, daß Rohgummi, den man bei hoher Temperatur mit Schwefel behandelt, sich sehr verändert. Er ist danach nicht mehr klebrig und behält seine Elastizität. Im Jahre 1846 entdeckte Alexandre Parkes das Vulkanisieren mit Schwefelchlorid.

Mit Naturgummi alleine läßt sich keineswegs aller Bedarf befriedigen. Deshalb entwickelte man synthetischen Gummi, dessen Eigenschaften die des Naturgummis noch übertreffen. Als Ausgangsstoffe für den außerordentlich komplizierten Herstellungsprozeß, bei dem man mehr als 150 Produkte verwendet, dienen Koks und Erdöl.

Synthetischer Gummi hat die folgenden Vorteile:

- Größere Wärmebeständigkeit.
- Größere Verschleißbeständigkeit.
- Beständiger gegen Öl und Benzin.
- Die homogene Zusammensetzung ist so, daß kein Druckverlust durch Diffusion erfolgt.

Bei Schläuchen aus synthetischem Gummi tritt daher auch kaum noch ein Druckverlust ein. Dank dieser Eigenschaft des synthetischen Gummis konnte man den schlauchlosen Reifen, auch Tubeless-Reifen genannt, entwickeln.

Diesen Vorteilen steht als Nachteil gegenüber, daß synthetischer Gummi bei Temperaturen unterhalb 0 °C mehr an Elastizität verliert und dann empfindlicher ist.

Profil

Durch ein Längsprofil erhält man eine gute Spurhaltung, während Querprofile die Antriebs- und Bremskräfte gut verarbeiten können.

Die Lauffläche von Pkw-Reifen ist immer eine Kombination von Längs-, Quer- und Diagonalprofilen, um bei unterschiedlichen Bedingungen, zu denen auch eine nasse Fahrbahn zählt, eine hinlängliche Bodenhaftung zu gewährleisten.

Die Lauffläche der Reifen unterliegt nicht überall den gleichen Belastungen. So muß die Außenseite vornehmlich seitliche Kräfte auffangen. Man denke nur an die Reifenbelastung bei der Kurvenfahrt. Deshalb erfüllt der asymmetrische Reifen die Anforderungen noch besser. Natürlich müssen diese Reifen immer so montiert werden, daß die Längsprofilierung sich an der Außenseite des Rades befindet.

M+S-Reifen haben tiefe Profilrillen, damit sie auf matschigen oder verschneiten Straßen eine ausreichende Spurhaltung gewährleisten. Daher auch die internationale Bezeichnung M+S (Matsch und Schnee). Die aufeinanderfolgenden Profilformen stehen in verschiedenen Winkeln, und sie sind im Verhältnis zueinander versetzt. Die spezielle Profilierung der Reifenschultern vermindert die Gefahr eines seitlichen Abrutschens.

M+S-Reifen bieten auf glatter Straße keine besonderen Vorteile, und sie sind auch nicht sicherer als Reifen mit dem traditionellen Profil. Das läßt sich durch Anbringen von Spikes ändern. Auf Spikes werden wir später noch zurückkommen.

Profiltiefe und Aquaplaning

Um auf einer trockenen und sauberen Fahrbahn sicher zu fahren, bedarf es eigentlich keiner profilierten Reifen. Anders verhält es sich bei nasser Straße. Durch die Rillen zwischen den Reifenstollen muß das Wasser, das zwischen Fahrbahn und Lauffläche des Reifens weggedrückt wird, abgeleitet werden, so daß zwischen Fahrbahn und Reifen ein ausreichender Kraftschluß möglich ist. Gesetzlich ist als minimale Profiltiefe 1 mm vorgeschrieben. Will man vermeiden, daß zwischen Reifen und Fahrbahn ein Wasserfilm entsteht, man nennt dies Aquaplaning, so ist eine Profiltiefe von 2 mm als Mindestmaß anzusehen.

Bei Aquaplaning besteht also kein Kraftschluß mehr zwischen Reifen und Fahrbahn. Bremsen, Lenken und Antrieb ist dann nicht mehr möglich.

Aquaplaning kann auch dann auftreten, wenn die Profiltiefe zwar ausreicht, die Geschwindigkeit aber so hoch ist oder soviel Wasser auf der Fahrbahn steht, daß die Profilrillen das Wasser nicht mehr verarbeiten können. Die Erscheinung »Aquaplaning« ist also abhängig von der Wasserschicht auf der Fahrbahn, der Art der Fahrbahn, dem Gewicht des Fahrzeugs, der Geschwindigkeit sowie von der Form und Tiefe der Profilierung.

Laufflächenverschleißanzeige

Wegen der Bedeutung der Profiltiefe sind bei manchen Reifen auf dem Rillenboden, quer zur Lauffläche und in regelmäßigen Abständen verteilt, stehende Rippen aufgegossen. Sobald diese Indikatoren mit der Lauffläche in gleicher Höhe liegen, muß der Reifen unbedingt erneuert werden.

Seitengummi

Der Seitengummi soll die Karkasse gegen Feuchtigkeit, Einwirkung der Luft, Stoßen oder Reiben an Bordsteinen, Stufen usw. schützen. Nach unten hin ist der Seitengummi etwas dicker ausgeführt, um die Karkasse vor dem Felgenhorn zu schützen.

Da die Reifenflanken anders belastet werden als die Lauffläche, hat der Seitengummi im allgemeinen auch eine andere Zusammensetzung als der Gummi der Lauffläche.

Wulste

Mit dem Wulst, auch Reifenfuß genannt, ruht der Reifen auf der Felge. Die Wulste müssen alle Kräfte übertragen, sie müssen also hinlänglich stabil sein und gut an der Felge anliegen. Deshalb sind sie mit Stahldrahteinlagen verstärkt, um welche die Karkasse gebogen ist. Um den ganzen Reifenfuß kräftig genug zu machen und vor der Felge zu schützen, hat er in vielen Fällen noch einen zusätzlichen Gewebeschutz.

18.5 Schlauchlose Reifen

Man kennt sie auch unter der amerikanischen Bezeichnung »Tubeless«. Der Schlauch ist bei diesen Reifen durch eine im Reifeninnern angebrachte Schicht luftdichten synthetischen Gummis ersetzt. Zur Abdichtung gegen das Felgenhorn ist

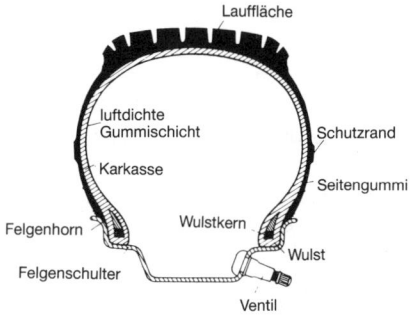

Abb. 18.8: Schlauchloser Reifen auf der Felge im Querschnitt

der Wulst ebenfalls mit einem weichen Gummi verkleidet. Es ist logisch, daß Felgen für schlauchlose Reifen, es handelt sich hier um Spezialfelgen, nicht verrostet oder beschädigt sein dürfen. Man muß also aufpassen, daß man gerade mit diesen Felgen nicht an Bordsteine stößt. Auch sollte man schlauchlose Reifen nicht mit Reifenhebern montieren, damit der Wulstgummi nicht beschädigt wird. Das Ventil ist luftdicht in der Felge montiert.

Im Vergleich zum Reifen mit Schlauch besteht beim schlauchlosen Reifen aus zwei Gründen viel weniger die Gefahr eines Plattfußes. Wird ein Schlauch von einem Fremdkörper durchbohrt, dann kann das Loch durch die entweichende Luft weiter ausreißen. Der Umstand, daß das Ventil weggerissen wird, führt dazu, daß der Reifen unverzüglich 'platt' wird. Beim schlauchlosen Reifen entweicht die Luft dagegen nur langsam; die luftdichte Gummimasse umschließt den eingedrungenen Fremdkörper. Das Ventil schließt weiterhin luftdicht ab.

Fährt man mit einem Schlauchreifen so gegen etwas auf, daß die Karkasse innen bricht, dann dürfte der Schlauch dadurch nicht gleich beschädigt werden. Schließlich kann er durch die Reibung an der

Bruchstelle und wenn er sich in dieser festklemmt plötzlich defekt werden. Ergibt sich beim schlauchlosen Reifen ein Karkassenbruch, dann wird die Luft durch den Bruchschaden zwar sofort entweichen, aber es besteht nicht die Gefahr, daß der Reifen platzt.

Infolge des fehlenden Schlauches steigt die Temperatur eines schlauchlosen Reifens auch nicht so hoch an, was der Lebensdauer des Reifens zugute kommt.

18.6 Spezielle Reifenkonstruktionen

Denovo-Sicherheitsreifen von Dunlop

Dieser Reifen enthält ein Füll- und Schmiermittel (Polygel), welches auf der Innenseite des Reifens unterhalb der Lauffläche angebracht ist. Dringt bei der Fahrt ein spitzer Gegenstand ein, z.B. ein Nagel, dann setzt das Füllmittel sich um den Nagel herum ab. Beim Herausziehen wird das Loch durch das Polygel gefüllt. Dasselbe geschieht, wenn ein Loch in den Reifen gefahren wird. Durch einen Vulkanisationsprozeß kommt ausreichende Haftung zustande.

Der Druckabfall im Reifen wird zum Teil durch den Temperaturanstieg als Folge der größeren Reibung ausgeglichen, und dadurch kann man noch eine gewisse Entfernung fahren. Selbst wenn der entstandene Schaden so groß ist, daß das Polygel das Loch nicht abdichten kann, ist eine Fahrstrecke bis zu 160 km mit einer Geschwindigkeit von 80 km/h noch durchaus möglich. Das Polygel verhindert, daß die Innenflächen des Reifens einander berühren. Durch die Schmiereigenschaft des Polygels und die schmale, speziell profilierte Felge kann der Reifen kaum von der Felge herunterlaufen. Ein Reserverad erübrigt sich daher.

Der Fachhandel bietet Reparatursets an, mit denen Löcher mittelgroßer Abmessungen abgedichtet werden können, ohne den Reifen zu demontieren.

Spikesreifen

Es wurde bereits gesagt, daß M+S-Reifen auf Glatteis nicht mehr Sicherheit bieten als normale Reifen. Nur Reifen, deren Lauffläche mit Hartmetallstiften bestückt sind, können dann für ausreichende Bodenhaftung sorgen. Aber auch dann ist noch größte Vorsicht geboten.

Der Hartmetallstift (Wolfram) sitzt in einer

gebördelten Befestigung. Diese muß den Stift an seiner Stelle halten, nachdem er in die dafür vorgesehene Aushöhlung in der Lauffläche getrieben wurde.

Die Stifte müssen stets senkrecht zur Lauffläche und dürfen nicht in einer Linie angebracht sein, damit sie einen guten Griff bekommen. Die Anzahl der Stifte richtet sich nach dem Verwendungszweck, dem Typ und dem Maß des Reifens.

Sollte ein Stift aus dem Reifen herausgerissen sein, dann wäre es vergebliche Mühe, wollte man im selben Loch einen neuen Stift befestigen. Er würde doch wieder herausfallen. Spikesreifen sollten immer wieder an derselben Stelle montiert werden, auf jeden Fall aber muß wenigstens dieselbe Drehrichtung eingehalten werden.

Wer mit Spikes fahren will, muß unbedingt folgendes wissen:

– Spikes sind nicht in allen Ländern, oder jedenfalls nur unter bestimmten Bedingungen zugelassen. In der BRD sind sie nicht mehr zugelassen. Sie beschädigen nämlich die Fahrbahn.

– Nach Möglichkeit sollte man, sofern sie also erlaubt sind, vier Spikesreifen montieren, also nicht nur auf den Antriebsrädern.

– Nach dem Montieren der Spikes sollte man während der ersten 100 km nicht schneller als 70 km/h fahren, damit die Spikes sich »setzen« können.

Spezielle Reserveräder

Zur Raumeinsparung liefern manche Hersteller schmalere Reserveräder. Sie können sogar einen kleineren Durchmesser haben. Ebenfalls aus Platzgründen liegen manche Reserveräder zusammengefaltet im Kofferraum. Vor der Montage können sie mit Hilfe eines evtl. eingebauten Kom-

Abb. 18.9: Denovo-Reifen mit Füllmittel
1 Polygelschicht

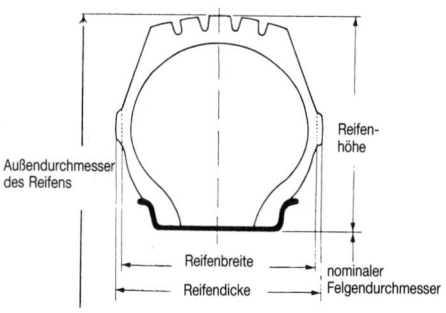

Abb. 18.10: Reifenabmessungen

pressors aufgepumpt werden. Solche Reserveräder sollen natürlich nur über einen begrenzten Abstand und bei mäßiger Geschwindigkeit gefahren werden. Diese kleineren Reserveräder können auch eine Rolle spielen, wenn der ursprüngliche Platz für das Rad dazu verwendet wurde, einen Flüssiggasbehälter einzubauen.

18.7 Reifenkodierung

Höhen-Breitenverhältnisse

Das Verhältnis Höhe zur Breite der Reifen hat sich im Lauf der Jahre ständig geändert. Einerseits waren diese Anpassungen aufgrund der zunehmenden Fahrzeugleistungen erforderlich, andererseits erreichte man dadurch:

- Ein größeres Luftvolumen.
- Bei gleicher Nutzlast konnte der Reifendruck herabgesetzt werden.
- Eine breitere Lauffläche.
- Erhöhtes Bremsvermögen.
- Die Schubkräfte konnten besser übertragen werden.
- Längere Lebensdauer.
- Tiefere Lage des Schwerpunkts.
- Bessere Seitenstabilität und Straßenlage.
- Mehr Komfort, da das größere Luftvolumen besser abfedert.

Der Ballonreifen hatte ein Höhen/Breitenverhältnis von 1:1. Seither gab es die folgende Entwicklung, die zu immer niedrigeren Reifen führte: 0,91:1, 0,88:1, 0,82:1, 0,70:1 und 0,60:1. Bei Sportausführungen geht man sogar bis auf 0,50:1 herunter.

Es sei hier darauf hingewiesen, daß Reifenbreite und Reifendicke zwei verschiedene Begriffe sind. Die Breite wird an den glatten Seitengummis gemessen, die Dicke beinhaltet die Schutzränder, die Beschriftung, dekorative Motive sowie die Dehnung des Reifens bei Belastung.

Maßbezeichnungen

Die Maßbezeichnungen können erfolgen in Zoll (Inch), cm und mm.

Die erste Zahl nennt die Breite des Reifens, die zweite Zahl den Felgendurchmesser, gemessen am Felgenhorn. Einige Beispiele:

150 – 14 (mm – Zoll)
165 – 380 (mm – mm)
19 – 13 (cm – Zoll)
17 – 400 (cm – mm)
6.40 – 13 (Zoll – Zoll)

Dabei ist kein Höhen/Breitenverhältnis angegeben, was darauf hinweist, daß wir es mit einem Reifen der 80-Serie zu tun haben. Eine häufig vorkommende Kodierung lautet: 195/70R14 90S. Darin bedeutet:

195 Reifenbreite in mm, falls auf der richtigen Felgenbreite montiert. 70 Höhen/Breitenverhältnis (H = 70% der B).
R Radialreifen.
14 Felgendurchmesser in Zoll
90 Tragfähigkeit-Indexzahl (nennt die Tragfähigkeit in kodierter Form)
S Geschwindigkeitsandeutung (gibt die zulässige Höchstgeschwindigkeit in kodierter Form an)

Hier sei darauf hingewiesen, daß es z.B. zwischen einem 175/70 R14 90S- und einem 175R14 90S-Reifen deutliche Unterschiede gibt. Beide haben zwar die gleiche Felgenbreite, aber der Außendurchmesser des erstgenannten Reifens ist kleiner. Der eine Typ kann also nicht durch den anderen ersetzt werden.

Andeutung der zulässigen Höchstgeschwindigkeit

Während der Fahrt ist ein Reifen der Fliehkraft ausgesetzt. Diese versucht u.a., den Reifendruchmesser zu vergrößern. Es versteht sich daher, daß die zulässige Höchstgeschwindigkeit von der Karkassenkonstruktion, von der Gummizusammensetzung und vom Felgendurchmesser abhängig ist. So liegt die Geschwindigkeit für Radialreifen des Gürtels wegen höher. Die nachfolgende Tabelle nennt die Buchstaben, welche die Höchstgeschwindigkeit angeben, sowie die dazugehörigen Geschwindigkeiten.

L	120 km/h maximal		
M	130 km/h	N	140 km/h
P	150 km/h	Q	160 km/h
R	170 km/h	S	180 km/h
T	190 km/h	U	200 km/h
H	210 km/h	V	+210 km/h

Vorsicht: auf manchen Reifen finden wir hinter der Zahl, welche den Felgendurchmesser angibt, ein R. Dieses R hat nichts mit der Andeutung der zulässigen Höchstgeschwindigkeit oder der Bezeichnung 'Radialreifen' zu tun. Das R weist hier auf eine höhere Tragfähigkeit hin, es steht für das englische Wort 'Reinforced', und das bedeutet 'verstärkt'.
Verschiedene Hersteller schreiben das Wort Reinforced in ihren Tabellen deshalb vorsichtshalber aus.

18.8 Einige Begriffe

Außendurchmesser

Dies ist der Durchmesser, den man auf der Achslinie der Lauffläche mißt.

Statischer Halbmesser

Dies ist der Abstand von der Radmitte bis zur Standebene bei stehendem Fahrzeug. Der Reifen muß dabei entsprechend der größten Tragfähigkeit belastet sein, und zwar beim vorgeschriebenen Luftdruck.

Dynamischer Halbmesser

Dies ist der Radius, den der Reifen während der Fahrt unter dem Einfluß der Fliehkraft bekommt.

Maximaler Außendurchmesser im Betrieb

Dies ist der Außendurchmesser plus Dehnung während der Fahrt unter Berücksichtigung der Herstellungs- und Berechnungstoleranzen.

Abrollumfang

Dies ist die Strecke, die das Rad je Umdrehung bei einer Geschwindigkeit von 60 km/h zurücklegt.
Bei der Montage eines anderen Reifentyps darf die Differenz im Abrollumfang nicht mehr als 3% betragen. Je kürzer die zurückgelegte Strecke, desto mehr Umdrehungen muß der Motor machen, um dieselbe Geschwindigkeit zu erzielen. Ist der Unterschied im Abrollumfang zu groß, dann werden auch Tachometer, Kilometerzähler, Höchstgeschwindigkeit und Beschleunigungsvermögen zu stark beeinflußt.

Wirtschaftliche Tragfähigkeit

Sie dient bei der Reifenwahl als Basis. Wird sie regelmäßig überschritten, so ist es wirtschaftlicher, einen Reifen vom gleichen Typ, aber mit größerer Tragfähigkeit zu montieren.

Maximale Reifentragfähigkeit

Dies ist die Belastungsgrenze, die nur in Ausnahmefällen erreicht werden darf.

Einflüsse auf die Lebensdauer

Unabhängig von der Qualität wird die Lebensdauer eines Reifens bestimmt durch Geschwindigkeit, Fahrstil, Belastung und Reifendruck.
Bei 120 km/ verschleißt ein Reifen ungefähr doppelt so schnell, wie bei 70 km/h. Wer sogenannt 'sportlich' fährt, mit anderen Worten zu schnell anzieht, häufig ab-

bremst und die Kurven schnell nimmt, braucht frühzeitiger neue Reifen. Dasselbe gilt auch für die Bremsbeläge. Und er wird auch häufiger tanken müssen. Es zeigt sich, daß die Lebensdauer eines Reifens bei einer Überbelastung von 20% um etwa 30% abnimmt. Ist der Reifendruck um 20% zu niedrig, dann verkürzt sich die Lebensdauer der Reifen ebenfalls um 30%. Dies alles macht deutlich, daß der Fahrstil sowie der richtige Reifentyp bezüglich der Kilometerleistungen wesentliche Faktoren sind.

18.9 Reifenschaden und abnormaler Reifenverschleiß

Die Lauffläche

– Sägezahnverschleiß, in Querrichtung fühlbar: verursacht durch Scheuern des Reifens auf der Straße infolge falscher Spureinstellung.
– Verschleiß auf einer Seite der Lauffläche: Unwucht infolge falscher Einstellung, Überlastung oder mechanischer Abweichung.
– Verschleiß beiderseits der Lauffläche: zu niedriger Reifendruck.
– Lauffläche verschleißt nur in der Mitte: zu hoher Reifendruck.
– Stellenweiser Verschleiß, verursacht durch:

● blockierende Räder während des Bremsens;
● Beschädigung der Gürtellagen unter der Lauffläche.

– Über den Umfang verteilter welliger Verschleiß: verursacht durch ausschlagende Räder, Unwucht, schlechte Stoßdämpfer, Spiel in den Lagern, der Lenkung oder Federung.

– Maximaler und minimaler Verschleiß, einander gegenüberliegend, ist ein Hinweis auf exzentrische Montage des Reifens auf der Felge oder der Felge auf der Nabe.

Seitengummi

Meist wird der Seitengummi durch Fahren gegen hochstehende Kanten, wie Gehsteige, beschädigt. Auch Fahren mit abnormal niedrigem Luftdruck kann die Flanken des Reifens beschädigen.
Kleine Risse sind Hinweise auf Alterung, Einwirkung von UV-Strahlen und/oder der Sonne.

Karkasse

Die Karkasse kann schadhaft werden durch Eindringen von Fremdkörpern, wie Nägel, Glas o.ä., durch übermäßige Belastung, zu niedrigen Reifendruck, Fahren

A

B

C

D

E

Abb. 18.11: Einige Beispiele von abnormalem Reifenverschleiß (Fotos Vredestein), mit folgender Ursache:

A Falsch eingestellte Spur
B Falsch eingestellter Radsturz
C Zu niedriger Reifendruck
D Schnelles Anfahren bei zu niedrigem Reifendruck
E Scharfe Kurvenfahrten bei zum niedrigem Reifendruck

über Hindernisse oder durch einen Fremdkörper zwischen Schlauch und Reifen.

Wulst

Wulstschaden kann auftreten bei der Demontage oder Montage des Reifens bei unsachgemäßer Arbeitsweise, durch nicht angepaßtes oder beschädigtes Material. Auch übermäßige Belastung, zu niedriger Reifendruck, zu hohe Temperatur, nicht passende oder beschädigte bzw. verrostete Felgen können Wulstschaden verursachen.

Lagerung von Reifen

Reifen sollte man in Räumen lagern, in die möglichst wenig UV-Strahlen eindringen und in denen sie vor Ozon geschützt sind. Die Fenster sollten also mit transparentem gelbem Firnis bedeckt oder orangegelb gestrichen werden. Die Wände müssen zum Schutz gegen Ozon weiß gekalkt sein. Denken Sie auch daran, daß beim Laden der Batterien Ozon frei wird. Dasselbe geschieht beim Elektroschweißen und beim Einsatz aller funkenerzeugenden Elektrogeräte.

Hohe Temperaturen, strenger Frost, Luftzug, übertriebene Trockenheit und Feuchtigkeit sind zu vermeiden.

Der ideale Lagerraum ist dunkel und zugfrei, und er hat weißgekalkte Wände; die Temperatur beträgt 10 °C und die relative Feuchtigkeit 79%.

Nach Möglichkeit sollte man die Reifen in Regalen nebeneinander lagern.

18.10 Reifendruck

Der richtige Reifendruck ist wichtig zur Sicherheit, Kraftstoffersparnis und für die Lebensdauer der Reifen. Es gibt erschreckend viele Autofahrer, die mit zu niedrigem Reifendruck fahren. Man muß sich strikt an die von den Herstellern vorgeschriebenen Werte halten. Diese wurden in Zusammenarbeit mit dem Fahrzeugkonstrukteur festgelegt, wobei die Konstruktionseigenschaften des Reifens, die maximale Geschwindigkeit und Belastung, die Betriebsbedingungen und die Fahreigenschaften berücksichtigt wurden. Der Luftdruck muß bei kalten Reifen geprüft werden. Das sind Reifen, mit denen wenigstens seit einer Stunde nicht gefahren wurde oder höchstens 2 bis 3 km mit niedriger Geschwindigkeit. Da die Reifen

A Unterdruck

B Überdruck

C Richtiger Reifendruck

Abb. 18.12: Der richtige Luftdruck spielt für die Lebensdauer eines Reifens eine entscheidende Rolle (Fotos Vredestein)

während der Fahrt 'durchgewalkt' werden, steigt der Druck, der dadurch selbst um 30 kPa zunehmen kann. Das ist ganz normal, und die Reifen sind darauf berechnet. Sie können selbst Drücke von 6 bis 7 Bar aushalten. Es hat also nicht nur keinen Sinn, sondern es ist falsch, den Reifen-

druck bei warmen Reifen auf den vorgeschriebenen Wert zu bringen.

Je stärker die Reifen sich durchbiegen, desto wärmer werden sie und desto mehr nimmt der Verschleiß zu. Deshalb muß der normale Reifendruck bei voller Belastung und ständig hohen Geschwindigkeiten auf Autobahnen um 20 bis 30 kPa erhöht werden. Auch sportliche Fahrer und jene, die ständig auf kurvigen Straßen fahren, tun gut daran, den vorgeschriebenen Luftdruck um 20 bis 30 kPa zu erhöhen.

Aufpumpen

Ein Reifen mit Schlauch muß allmählich auf den richtigen Druck gebracht werden, wobei das Ventil zugleich nach innen gedrückt wird, um so zu vermeiden, daß Luft zwischen Schlauch und Reifen eingesperrt wird. Beim schlauchlosen Reifen geht man folgendermaßen vor:

— Innenventil herausnehmen.
— Mit einem Druck von 350 kPa die Wulste des Reifens über das Felgenbett schieben.
— Sitzt der Reifen richtig, dann wird das Innenventil wieder eingesetzt.
— Reifen auf den vorgeschriebenen Luftdruck bringen.

Achten Sie nach dem Aufpumpen darauf, ob der Reifen sich richtig auf der Felge zentriert hat.

Seit einigen Jahren müssen Reifendrücke in kPa angegeben werden. Üblich ist jedoch das Bar als Maßeinheit. Früher gab man den Druck in Atü an.

1,0 bar = 100 kPa
1,5 bar = 150 kPa
1 psi = 6,894 kPa

Die Wahl der Reifen

Bei der Reifenwahl muß man sich leiten lassen durch die Empfehlungen des Herstellers und Fahrzeugkonstrukteurs im Zusammenhang mit:

— Der Höchstgeschwindigkeit des Fahrzeugs.
— Dem Wagentyp.
— Dem Felgentyp.
— Der Fahrweise.
— Der Belastung.
— Der Fahrbahn, auf der man im allgemeinen fährt.
— Der Jahreszeit.

Denken Sie daran, daß es unter normalen Umständen nicht vernünftig ist, Reifen mit anderen Abmessungen, als den ursprünglichen, zu montieren.

18.11 Räder

Ein Rad besteht aus einer Radschüssel, um die herum die Felge montiert ist. Sowohl die Radschüssel als auch die Felge können sich hinsichtlich der Form und der Abmessungen unterscheiden. So muß man beim Montieren breiterer Felgen darauf achten, daß die Radwölbung die gleiche ist, weil sie mit über die Art der Radaufhängung und Lenkung entscheidet. Denken Sie unter anderem auch an den Einschlagwinkel, die Spurbreite und die Lagerbelastung.

Es gibt symmetrische und asymmetrische Felgen. Der Mittelteil der einteiligen Felge, Felgenbett genannt, hat eine Vertiefung, um das Montieren und Demontieren der Reifen zu erleichtern. Ist das Felgenbett flach, dann ist die Felge aus demselben Grund geteilt ausgeführt. Die Sicherheitsfelgen für schlauchlose Radialreifen haben ein oder zwei Höcker, auch Humps genannt, damit der Reifen bei zu niedrigem Luftdruck in einer Kurve nicht von der Felge springen kann.

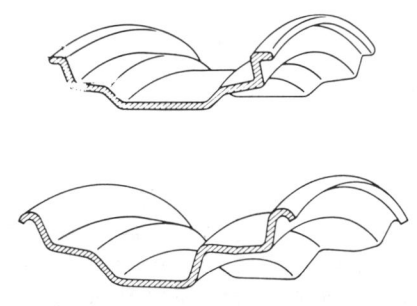

Abb. 18.13: Eine symmetrische und eine asymmetrische Felge

Abb. 18.14: Leichtmetallfelgen

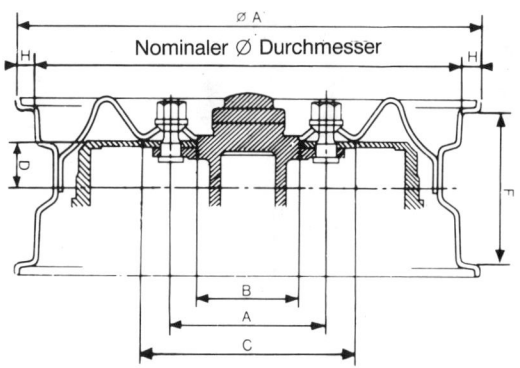

Abb. 18.15: Die Bezeichnung von Felgenmaßen (Michelin)

A Durchmesser von Felgenhorn zu Felgenhorn
A Teilkreisdurchmesser
B Durchmesser der Mittenbohrung
C Durchmesser der Tragefläche

D Wölbung (Abstand von Radmitte zur Innenseite der Radschüssel)
F Innere Felgenbreite
H Hornhöhe

Material

Felgen können aus Stahl oder Leichtmetall sein, z.B. aus einer Aluminium- oder Magnesiumlegierung.

Leichtmetallfelgen haben den Vorteil, daß sie das nichtabgefederte Gewicht verringern. Dafür sind sie aber empfindlicher und teurer.

Maßbezeichnung

Hier einige Beispiele von Maßbezeichnungen:

– 5½J-14
  Darin ist: 5½ die innere Felgenbreite in Zoll; J die Felgenhornhöhe und -form; 14 der Felgendurchmesser in Zoll.

– 4.00 B- 13 H
  Der Buchstabe H hinter dem Maß des Durchmessers weist darauf hin, daß es sich um eine Felge mit Höcker (H für Hump) handelt.

– 4½J-13-3–45
  Darin ist: 4½ die innere Felgenbreite in Zoll; J die Felgenhornhöhe und Form; 13 der Felgendurchmesser in Zoll; 3 die Anzahl der Befestigungslöcher; 45 die Radwölbung in mm.

18.12 Schläuche

Schläuche stellt man aus synthetischem Gummi her. Die Maßbezeichnung kann die gleiche sein, wie auf dem Reifen. Beispiel: 7.50–15 oder 175/185/195–16.

Die letztgenannte Bezeichnung besagt, daß der Schlauch sich für Reifen 175–16,

185–16 oder 195–16 eignet. Das Maß wird häufig auch in einem Code des Herstellers angegeben.

Montage

Ehe Sie einen Schlauch in den Reifen montieren, sollten Sie das folgende beachten:

–   Den Schlauch ein wenig mit einem guten Talkum einreiben, so daß er sich während des Aufpumpens leicht auf den richtigen Platz schieben kann.

–   Den Schlauch ein wenig aufpumpen, so daß die Gefahr geringer ist, daß er sich faltet oder verklemmt.

–   Achten Sie darauf, daß sich im Reifen kein Sand oder sonstiger Schmutz befindet.

–   Achten Sie auf die richtige Stellung und Plazierung des Ventils.

Hat der Reifen einen farbigen Punkt, dann muß dieser sich an der Stelle des Ventils befinden. Geben Sie acht, daß beim Aufpumpen keine Luft zwischen Schlauch und Reifen eingeschlossen wird. Deshalb wird der Reifen langsam aufgepumpt, während das Ventil leicht nach innen gedrückt ist.

Da jeder Schlauch sich im Betrieb dehnt, müssen bei der Erneuerung der Reifen auch die Schläuche erneuert werden. Ein alter Schlauch oder ein zu großer Schlauch bildet im Reifen Falten, so daß er nach einiger Zeit undicht wird.

Auch durch einen beschädigten Reifenwulst, eine zu schmale Felge oder eine schlechte Zentrierung des Reifens kann der Schlauch beschädigt werden.

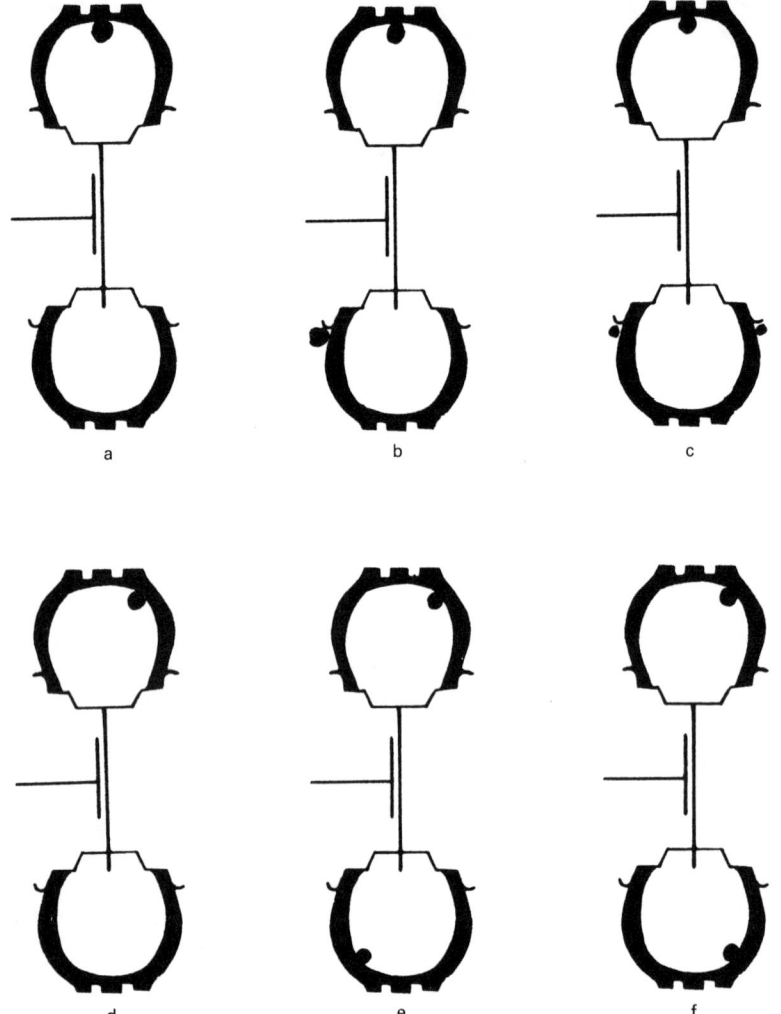

Es gibt eine statische und eine dynamische Unwucht. Ein Rad, das dynamisch in Balance ist, ist auch statisch in Balance. Umgekehrt gilt dies nicht unbedingt.

In der Abb. 18.16a befindet die Unwucht sich am Punkt A der Achslinie des Rades. Würden wir das Rad in dieser Stellung loslassen, dann würde es sich A nach unten drehen. Wir sprechen hier von einer statischen Unwucht. Das Rad kommt immer an derselben Stelle zum Stillstand. Infolge einer statischen Unwucht wird das Rad am Fahrzeug auf und ab springen. Diese statische Unwucht kann man ausgleichen, indem man auf dem Felgenrand ein Gegengewicht anbringt. Dadurch kommt das Rad zwar in statisches Gleichgewicht, aber nun ist eine dynamische Unwucht entstanden. A und B befinden sich nicht in einer Ebene, aber nur B befindet sich außerhalb der Achslinie des Rades. Dreht sich das Rad, so beginnt es zu taumeln. Es will sich vorn und hinten um das Ausgleichsgewicht drehen, was eventuell zum Vibrieren am Lenkrad führt. (Diese Erscheinung ist nicht bei allen Fahrzeugen sofort bemerkbar). Die dynamische Unwucht tritt nicht auf, wenn das Gegengewicht B in zwei gleiche Teile verteilt wird.

Abb. 18.16: Mögliche Formen der Unwucht/Balance

a. Statische Unwucht
b. Statisch im Gleichgewicht, dynamische Unwucht
c. Statisch und dynamisch in Balance
d. Statisch und dynamisch nicht in Balance
e. Statisch im Gleichgewicht, dynamische Unwucht
f. Statisch und dynamisch in Balance

18.13 Auswuchten

Bei der Herstellung von Rädern und Reifen ist es praktisch nicht möglich, das Material so zu verteilen, daß es völlig im statischen und dynamischen Gleichgewicht ist. Auch neue Reifen müssen deshalb ausgewuchtet werden. In der Praxis kann eine Unwucht entstehen durch: ungleiche Materialverteilung beim Reifen oder Schlauch, stellenweisen Reifenverschleiß, ungleiche Materialverteilung bei der Felge und/oder wenn diese nicht genau rund ist, Ansammlung von Schmutz, falsch montierte Reifen und/oder Schläuche.

Ein nicht ausgewuchtetes Rad verursacht abnormalen Verschleiß an den Reifen, der Lenkvorrichtung, der Aufhängung und Lagerung. Überdies kann das Schwanken und Springen der Räder auch zum Vibrieren des Lenkrades führen.

In der Abb. 18.16d ist das Rad nicht statisch, aber auch nicht dynamisch in Balance. Gemäß Abb. 18.16e zwar in statischer, aber nicht in dynamischer Balance. Der Zustand gemäß Abb. 18.16f führt zu einem statischen und dynamischen Gleichgewicht. Unwucht und Gegengewicht, oder anders gesagt: beide Fliehkäfte, befinden sich in einer Ebene und einander diametral gegenüber.

In der Praxis haben wir es fast immer mit einer Kombination von statischer und dynamischer Unwucht zu tun. Mit Hilfe von Auswuchtmaschinen werden Stelle und Größe der Ausgleichsgewichte bestimmt, welche, nachdem sie einmal am Felgenrand befestigt sind, im Verhältnis zur Unwucht ein gegenläufiges Kräftepaar verursachen.

19. Lenkung

Die Lenkvorrichtung dient dazu, die Drehbewegung des Lenkrades in eine hin- und hergehende Bewegung der Spurstangen umzusetzen.

19.1 Lenkgeometrie/Radstände

Die Lenkvorrichtung muß so konstruiert und ausgerichtet sein, daß die Räder stets am Boden haften. Das ist eine grundsätzliche Forderung, um einem übertriebenen Reifenverschleiß vorzubeugen. Um diese zu erfüllen, eine gute Straßenlage, gute Lenkstabilität und leichte Lenkung zu realisieren, sind bestimmte Spur- und Radwinkel erforderlich:

– Spurdifferenzwinkel in Kurven
– Radsturz
– Spreizung
– Vorspur
– Nachlauf

Diese Merkmale und ihre wechselseitigen Beziehungen bezeichnet man als Lenkgeometrie.

Spurdifferenzwinkel in Kurven

Wenn ein Vierradfahrzeug eine Kurve fährt, müssen die vier Räder einen gemeinsamen Drehpunkt haben, damit die Räder nicht über die Fahrbahn geschoben werden. Die 'Drehschemellenkung', wie sie bei Anhängern zur Anwendung kommt, genügt dieser Forderung. Für Kraftfahrzeuge ist diese aber wegen der schlechten Kurvenstabilität ungeeignet, aber auch weil der Raum zum Schwenken der Räder zu beschränkt ist. Deshalb wird die sogen. Achsschenkellenkung angewandt. Dabei drehen sich die Achszapfen der Vorderräder um Achsschenkelbolzen oder in Lenkkugeln. Die vier Räder haben auch hier einen gemeinsamen Drehpunkt. In einer Kurve sind die Vorderräder deshalb in unterschiedlichem Winkel eingeschlagen, und zwar so, daß sie vorn weiter auseinander stehen, als bei der Geradeausfahrt. So erhalten wir den Spurdifferenzwinkel. Diese Spurdifferenz kommt nach dem Ackermann-Prinzip zustande. Dabei bildet die Vorderachse mit der

Spurstange und den beiden Spurstangenhebeln ein Trapez (s. auch Abb. 19.18). Die Verlängerungen der Spurstangenhebel schneiden einander an der Hinterachse. Liegt die Spurstange vor der Vorderachse, dann haben wir ebenfalls eine Trapezform, bei der die Verlängerungen der Spurstangenhebel einander ebenfalls an der Hinterachse schneiden. Dreht man das Lenkrad, so beschreiben die beiden Spurstangehebelenden durch die Trapezform je einen eigenen Kreisbogenabschnitt. Dadurch drehen sich die beiden Achszapfen, also auch die beiden Räder, um unterschiedliche Winkel. Der Winkel, in dem sich der Spurstangenhebel des äußeren Rades dreht, ist kleiner als der Winkel, den der Spurstangenhebel des inneren Rades beschreibt. Das innere Rad nimmt die kleinere Kurve und ist somit stärker eingeschlagen.
Die Differenz zwischen den beiden Winkeln wird meist bei einem Ausschlag von 20% des äußeren Rades angegeben. Eine allgemeingültige Regel ist dies nicht, weil manche Konstrukteure die Größe der Außenspur bei einem inneren Radausschlag von 20° angeben. Manche verwenden wieder einen anderen Winkel als 20°, z.B. 6° Spurdifferenz in einer Kurve bei 36°-Einschlag des Innenrades.
Je weiter die Räder eingeschlagen werden, desto größer ist die Spurdifferenz.
Die Räder müssen senkrecht über die

Fahrbahn rollen, damit die Reifen sich gleichmäßig abnutzen. Wird ein Fahrzeug belastet, dann werden die Gummiaufhängungen der Vorderräder sich ein wenig verformen, oder die Vorderachse wird sich durchbiegen. Würden die Räder anfangs senkrecht stehen, dann würden sie sich infolge der Belastung schräg nach innen neigen. Der Abstand zwischen den Rädern wäre dann oben kürzer als unten, was einen negativen Sturz ergäbe. Um diesem und dem damit verbundenen abnormalen Reifenverschleiß vorzubeugen, wird der Radsturz im allgemeinen positiv eingestellt. Die Räder stehen oben weiter auseinander als unten.
Durch den positiven Sturz erreicht man, daß:

– Die äußeren Radlager weniger stark belastet werden.

– Die Räder dazu neigen, nach außen zu laufen, so daß das Spiel in den Spurstangenverbindungen und Radlagern die Lenkung viel weniger beeinflußt.

– Dem Flattern der Räder vorgebeugt wird.

Da jedes Rad versucht nach außen zu laufen, behindert das eine Rad dabei das andere, so daß beide Räder schließlich geradeaus rollen. Falls der Sturz der beiden Vorderräder nicht gleich ist, wird das Fahrzeug auf die Seite mit dem größeren positiven Sturzwinkel gezogen.

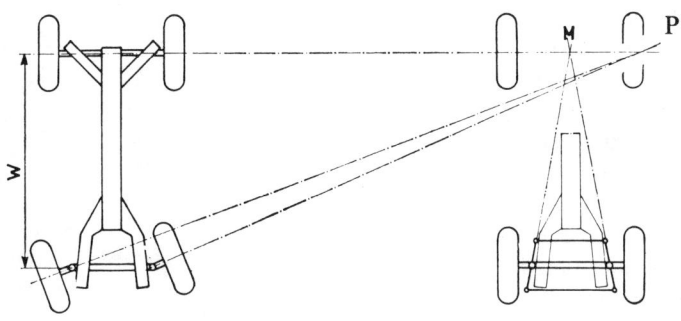

Abb. 19.1: Ackermann-Prinzip. Hier sieht man, weshalb das innere Rad sich in der Kurve mehr drehen muß als das äußere Rad.

W Radstand   M Mittelpunkt der Hinterachse   P Gemeinsamer Mittelpunkt

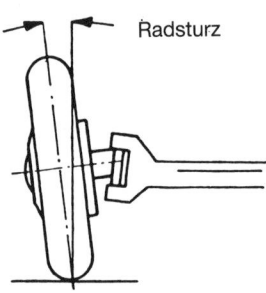

Abb. 19.2: Radsturz, in diesem Fall positiv

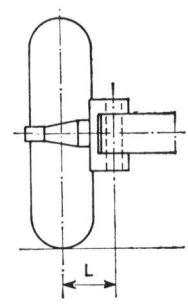

Abb. 19.3: Achsschenkel ohne Spreizung
L Lenkrollhalbmesser

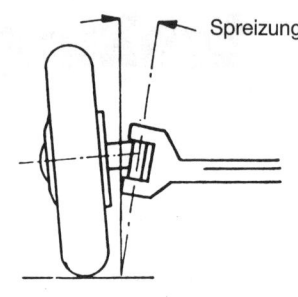

Abb. 19.4: Spreizung

Spreizung

Der Achszapfen dreht sich um den Achsschenkelbolzen oder in Kugelgelenken. In der Abb. 19.3 stehen Rad und Achsschenkelbolzen senkrecht. Das Rad dreht sich in einem gewissen Radius, Lenkrollhalbmesser genannt, um den Achsschenkelbolzen. In der Abb. 19.3 ist der Lenkrollhalbmesser L zu groß. Das Rad dreht sich mit dem größtmöglichen Radius um den Achsschenkelbolzen, und infolge des Kräftepaars, das dadurch auf die Räder einwirkt, sind damit einige Nachteile verbunden:

— Der Fahrer muß viel Kraft zum Drehen des Lenkrades aufwenden.

— Die Räder beginnen leichter zu flattern, dies infolge des Spiels und beim Fahren über Unebenheiten. Die letzteren werden durch Stöße am Lenkrad auch fühlbarer werden.

— Auch die Brems- und Schubkräfte werden bei zu großem Lenkrollhalbmesser am Lenkrad deutlich spürbar.

Durch den Radsturz verkleinert sich der Lenkrollhalbmesser etwas, aber das reicht nicht aus. Deshalb bekommt der Achsschenkelbolzen auch noch eine gewisse Schrägstellung. Radsturz und Spreizung werden so aufeinander abgestimmt, daß die Verlängerungen der Achslinie des Rades und des Achsschenkels einander kurz unterhalb der Fahrbahn berühren. Ein kleiner Lenkrollhalbmesser also. Würde der Schnittpunkt auf der Fahrbahn liegen und der Lenkrollhalbmesser null sein, dann würde die Lenkung zu leicht ausfallen, was ebenfalls eine schlechte Richtungsstabilität zur Folge hätte. Das Lenkrad würde auch sehr bald zu vibrieren beginnen. Das läßt sich aber durch den Nachlauf wieder kompensieren.

Der Lenkrollhalbmesser, den wir besprachen, wird als positiv bezeichnet. Der in der Abb. 19.5 wiedergegebene ist negativ. Die Verlängerung des Achsschenkelbolzens liegt außerhalb der Achslinie des Rades. Der negative Lenkrollhalbmesser wurde 1960 durch Fritz Ostwald für Ateé patentiert.

Bei der Besprechung der Bremskraftbegrenzer und Bremskraftregler wurde bereits darauf hingewiesen, daß die Vorderradbremsen stärker belastet werden als die Hinterradbremsen. Sind die Bremskreise diagonal getrennt und fällt einer der Kreise aus, dann verfügt der Fahrer immer noch über 50% der Bremskraft.

Die Kräfte, die ein negativer Lenkrollhalbmesser auf das gebremste Rad ausübt, verleihen der Lenkvorrichtung eine selbststabilisierende Eigenschaft. Punkt A der Abb. 19.6 ist einer Verzögerungskraft Seite 176 -409 unterworfen, und diese widersetzt sich der Trägheit des Fahrzeugs, da sie im Punkt B wirkt. Das Kräftepaar, durch A und B gebildet, hat die Neigung, das Rad sich nach rechts drehen zu lassen. Die Neigung des Fahrzeugs, sich um das abgebremste Rad zu drehen, läßt sich leicht dadurch kompensieren, daß man das Lenkrad nach rechts dreht. Das Kräftepaar unterstützt die Lenkbewegung. Bei einem positiven Lenkrollhalbmesser geschieht das Entgegengesetzte.

Vorspur

Abhängig von der Spreizung und vom Radsturz, also vom Lenkrollhalbmesser,

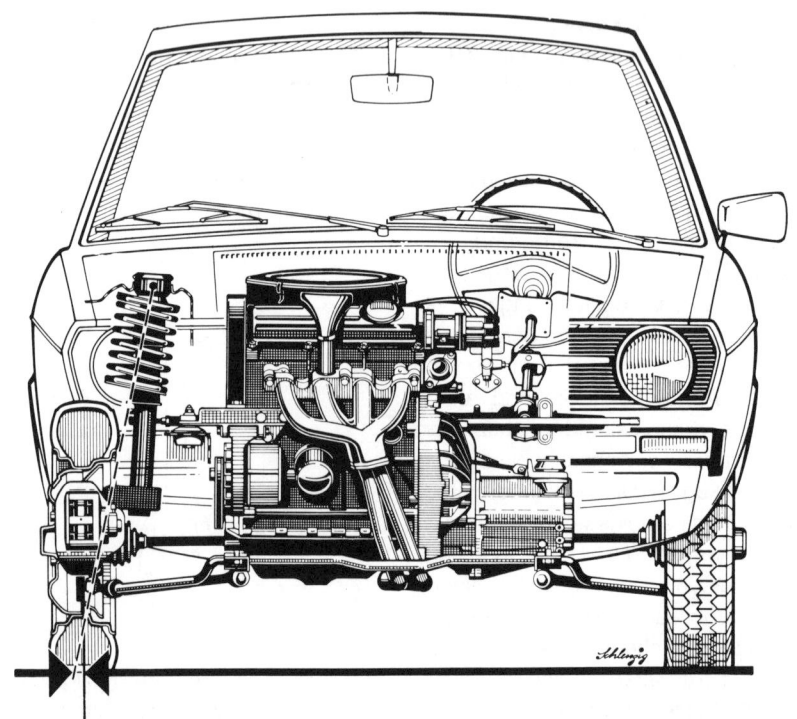

Abb. 19.5: Vorderradaufhängung mit negativem Lenkrollhalbmesser

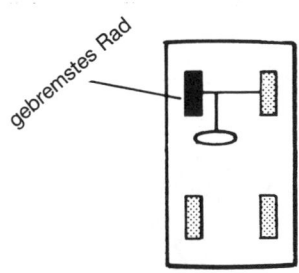

gebremstes Rad

Nachspur

Fahrzeuge mit Vorderradantrieb neigen an den Vorderrädern, ebenfalls infolge des Lenkrollhalbmessers, dazu, sich nach innen zu drehen. Deshalb stehen die Räder hier vorn weiter auseinander als hinten.

Nachlauf

Darunter versteht man den oben nach hinten geneigten Achsschenkelbolzen, so daß die Verlängerung der Achslinie die Fahrbahn vor dem Rad schneidet. Das hat zur Folge, daß der Rollwiderstand auf das Rad eine richtunggebende Kraft ausübt, die ebenfalls dem Flattern der Räder entgegenwirkt. Durch den Nachlauf muß man weniger nachlenken, und die Gefahr von Lenkradschwingungen ist geringer. Den Einfluß des Nachlaufs kann man sich am besten mit Hilfe der Schwenkräder unter den Einkaufswagen von Warenhäusern verdeutlichen. Schieben wir solch einen Wagen, dann schwenken die Räder um die Achse x, bis die Gabel entgegengesetzt zur Fahrtrichtung steht. Mit anderen Worten: bis die Achslinie x vom Schwenkpunkt vor der Rolle den Boden berührt. Genau dieselbe Situation ergibt sich beim Automobil. Der Achsschenkel zieht das Rad gewissermaßen hinter sich her. Auch beim Vorderrad eines Fahrrades gibt es den Nachlauf.

Fahrrichtung →

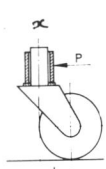 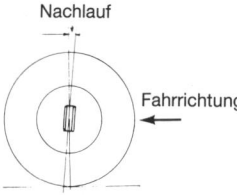

Nachlauf

Fahrrichtung ←

Abb. 19.8: Nachlauf

Abhängig von den übrigen Radstellungen kann auch ein negativer Nachlauf (Vorlauf) vorkommen, dies um einer Überstabilität vorzubeugen, durch die das Lenkrad sich nach einer Kurvenfahrt zu schnell zurückdrehen würde und es andererseits schwerer zu drehen wäre, wenn man den Wagen in eine Kurve lenken will.

Gemeinsamer Einfluß des Nachlaufs und der Spreizung

Wenn man das Fahrzeug auf eine Hebebühne stellt, so daß die Räder frei sind, und das Lenkrad von der Geradeausstellung nach rechts dreht, dann sieht man, daß das rechte Vorderrad sich nach unten dreht. Die Bewegung des linken Vorderrades ist abhängig von der Größe des Nachlaufs und der Spreizung. Die Bewegungen der Räder lassen sich folgendermaßen erklären:

– Infolge der Spreizung wird sich sowohl das rechte als auch das linke Rad beim rechtsherum Drehen des Lenkrades nach unten drehen.
– Infolge des Nachlaufs oder der Nachspur wird sich das linke Rad dann nach oben und das rechte Rad nach unten drehen.

Wird das Lenkrad nach links gedreht, so spielt sich das Umgekehrte ab.

Auf der Straße können die Räder aber nicht tiefer gehen als die Fahrbahn. Demnach wird das Fahrzeug angehoben. Läßt man das Lenkrad los, dann dreht es sich von selbst in die Geradeausstellung. Aufgrund der Schwerkraft nimmt das Fahrzeuggewicht schließlich die niedrigste mögliche Stellung ein, und das ist die Geradeausstellung. Anders gesagt: Nachlauf und Spreizung tragen beide zur guten Richtungsstabilität bei, was ja aus den voraufgegangenen Abschnitten hervorging.

Einige Zahlen

Zur Verdeutlichung der Größe der verschiedenen Winkel, welche in der Lenkgeometrie auftreten, seien die folgenden Zahlenwerte für ein unbelastetes Fahr-

Abb. 19.6: Krafteinwirkung am Vorderrad bei Fahrzeugen mit negativem Lenkrollhalbmesser

und vom Rollwiderstand, den der Reifen auf der Fahrbahn erfährt, entsteht während der Fahrt ein Kräftepaar, durch das die Vorderräder beim Hinterradantrieb dazu neigen, sich vorn nach außen zu drehen. Damit sie während der Fahrt geradeaus laufen, bringt man sie – von oben gesehen – vorn etwas näher zusammen. Daher die Bezeichnung Vorspur.

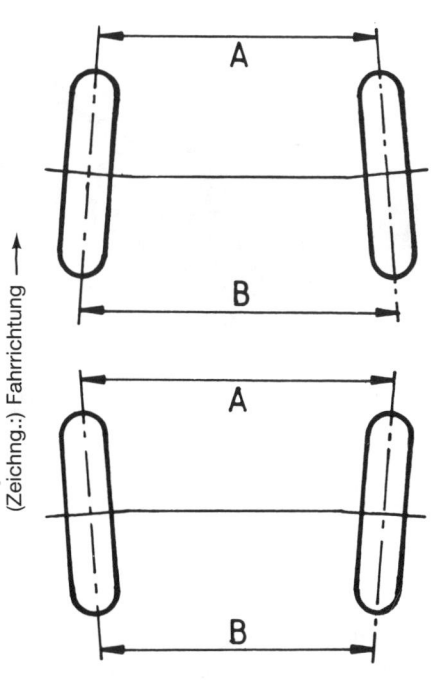

(Zeichng.:) Fahrrichtung →

Abb. 19.7: Radspur
A kleiner als B: Vorspur
A größer als B: Nachspur

zeug genannt:

– Lenkrollhalbmesser: 1 mm;
– Radsturz: +20';
– Spreizung: 8°55';
– Nachlauf: 1°45';
– Spurdifferenzwinkel in der Kurve mit um 20° eingeschlagenem Innenrad: 4°.

Zur Feststellung der richtigen Zahlenwerte müssen die jeweiligen Werksdaten herangezogen werden.

19.2 Übersteuerung und Untersteuerung

In einer Kurve ist das Fahrzeug der Zentrifugalkraft ausgesetzt. Durch sie folgt das Automobil nicht der Richtung, welche das Lenkrad angibt, sondern der Richtung des Pfeiles in der Abb. 19.9. Ist der Schlupfwinkel an den Vorderrädern größer als an den Hinterrädern, dann kommt es zur Untersteuerung. Im Falle der Übersteuerung wird das Fahrzeug bei gleicher Lenkradstellung und Geschwindigkeit immer eine kleinere Kurve nehmen. Bei Untersteuerung wird die Kurve immer größer. Ein Automobil mit Untersteuerung drängt zuerst mit den Vorderrädern zur Außenseite der Kurve. Ein übersteuertes Fahrzeug drängt zuerst mit den Hinterrädern zur Außenseite der Kurve. Wird der Schlupf nicht kontrolliert, dann kommt es an der Innenseite der Kurve vom Weg ab. Es dürfte nur wenige Pkw geben, die unter allen Umständen entweder Untersteuerung oder Übersteuerung haben. So kann Untersteuerung in Übersteuerung umschlagen, wenn weniger Gas gegeben wird. Die Art der Aufhängung, des Antriebs und der Lage des Schwerpunkts, aber ebenso Einflüsse von außen her, sind für Untersteuerungs- oder Übersteuerungsneigungen mitbestimmend. Im Grunde ist die Lenkcharakteristik eines Automobils sehr veränderlich, aber die Konstrukteure bemühen sich im allgemeinen, die Fahrzeuge leicht untersteuert zu bauen. Durch Wegnehmen von Gas oder kräftige Lenkradbewegung zur Kurvenmitte hin können sie wieder in die richtige Fahrrichtung gebracht werden.

19.3 Lenksäule

Lenkrad
Lenkräder können sich im Durchmesser,

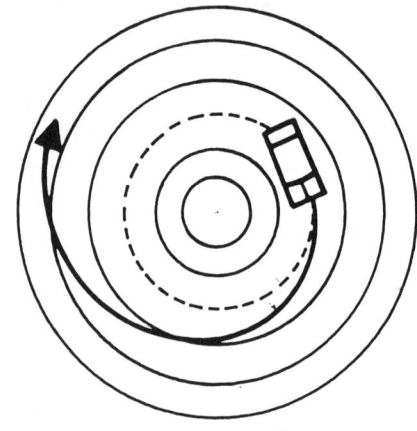

a. Untersteuerung

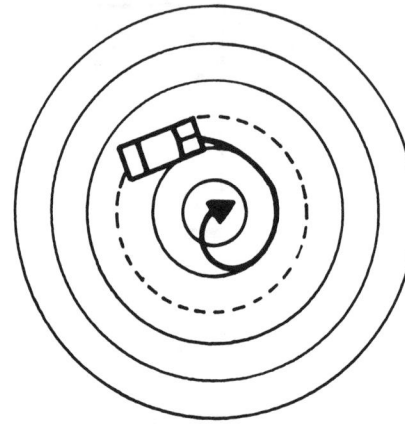

b. Übersteuerung

Abb. 19.9: Kurvenfahrt

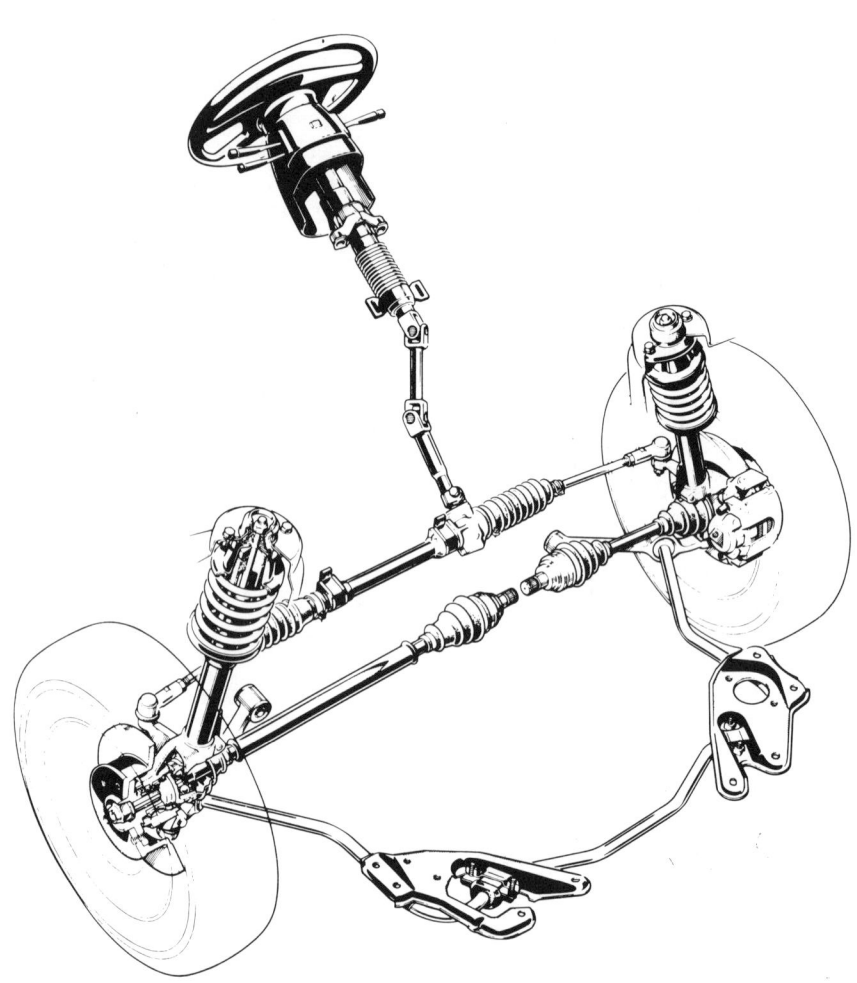

Abb. 19.10: Lenkvorrichtung vollständig (Ford Escort)

durch die Zahl der Speichen und die Art der Befestigung an der Lenksäule unterscheiden. Ein großes Lenkrad hat eine große Hebelwirkung, durch welche die Räder sich leicht einschlagen lassen. Der Fahrer muß mehr Lenkbewegungen machen. Im allgemeinen haben die Lenkräder zwei oder drei Speichen. Citroën hat sogar nur einspeichige Lenkräder. Das Lenkrad muß so an der Lenksäule befestigt sein, daß die Speichen symmetrisch stehen und die Sicht auf die Instrumente nicht behindern. Die Außenseite des Lenkrades ist glatt oder leicht gerippt. Die

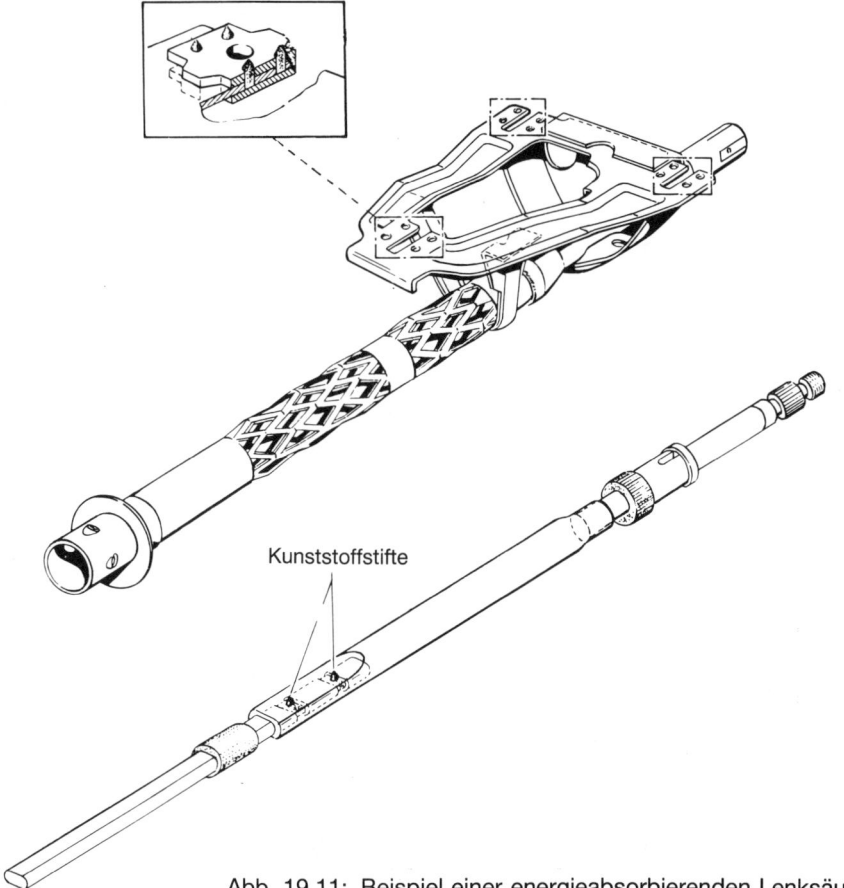

Kunststoffstifte

Abb. 19.11: Beispiel einer energieabsorbierenden Lenksäule

gleichsscheiben einstellbar.

Im Zahnstangengehäuse sind zuweilen Schraubenfedern angebracht, um das Zurückdrehen der Lenkung zu unterstützen.

Vor- und Nachteile im Verhältnis zur indirekten Lenkung

Da weniger Einzelteile zum Einsatz kommen, wird auch der Verschleiß verringert. Durch die direkte Übertragung und die kleine Verzögerung braucht der Fahrer das Lenkrad nicht so weit zu drehen, um den gleichen Radausschlag zu erhalten. Dem steht aber gegenüber, daß das Lenkrad durch die kleinere Verzögerung auch nicht so leicht drehbar ist. Aus diesem Grunde haben schwerere Autos keine direkte Lenkung. Wenn die Zahnstange unmittelbar zwischen den Spurstangen angebracht ist, kann das Lenkrad wegen der Stellung des Ritzels zur Zahnstange nicht parallel zum Fahrer angebracht werden. Deshalb stehen manche Lenkräder ein wenig schräg, oder es müssen zusätzliche Verbindungen oder Kreuzgelenke verwendet werden.

Indirekte Lenkung

Eine indirekte Lenkung arbeitet mit einer größeren Verzögerung, wodurch ungeachtet der größeren Belastung der Lenkungsteile, wie bei Lkw und großen Pkw üblich, dennoch eine ausreichend leichte Steuerung möglich ist. Die Verzögerung im Lenkgetriebe kann auf unterschiedliche Weise zustandekommen.

Schnecke und Rolle

Die Ausführung mit Schnecke und Rolle ist im Umfang kleiner als die mit Schnecke und Zahnsegment. Die letztere Ausführung findet man nur noch in älteren Fahrzeugen. Statt des Zahnsegments verwendet man eine kleine Rolle mit zwei oder drei Zähnen, die in eine diaboloförmige Schnecke greift.

Wird das Lenkrad gedreht, so bewegt die Rolle sich durch Drehung der Schnecke in dieser, wodurch der Lenkhebel nach vorn oder hinten bewegt werden kann. Da die Rolle sich während der Bewegung frei bewegen kann, bietet dieses Lenkgetriebe viel weniger Widerstand als die Ausführung mit Schnecke und Zahnsegment. Eine rollende Bewegung verläuft schließlich immer 'reibungsloser' als eine gleitende. Demzufolge ist auch der Verschleiß geringer.

Die Diaboloform der Schnecke sorgt da-

Innenseite ist wellig, damit der Fahrer einen guten Griff hat und das Lenkrad sich in den Händen nicht verschiebt. Bei manchen Pkw ist das Lenkrad in Höhe und Richtung verstellbar.

Lenksäule

Sie überträgt die Bewegungen des Lenkrades auf das Lenkgetriebe.

Lenksäule und Lenkgetriebe stehen zuweilen so zueinander, daß ein Kreuzgelenk und/oder eine Scheibenkupplung erforderlich ist. Die letztgenannte wirkt auch schwingungsdämpfend.

Zum Schutz des Fahrers bei einem frontalen Zusammenstoß verwendet man eine energieabsorbierende Lenksäuleneinheit. Die Lenksäule selbst hat einen Gitterabschnitt, der sich zusammenfaltet, sobald auf eines der Enden der Lenksäule eine hinlänglich starke Kraft einwirkt. Dieser Abschnitt nimmt den größten Teil der Energie auf.

Die Lenksäule ist dreigeteilt. Der mittlere Teil ist röhrenförmig. Der obere Teil ist stabil am Rohrteil befestigt. Der untere Abschnitt ist mit Hilfe von Kunststoffstiften ohne Spiel im Rohr befestigt. Bei einem Zusammenstoß werden die Stifte abreißen, woraufhin die Lenksäule sich zu-

sammenschiebt und das Gitter der Lenksäule teilweise zusammengedrückt wird. Auf die Lenksäule ist eine Abreißplatte geschweißt. Durch die Richtung der Nuten kann die Lenksäule nicht in den Fahrgastraum eindringen. Falls der Fahrer gegen das Lenkrad geschleudert wird, werden die dort ebenfalls angebrachten Kunststoffstifte abreißen, die Abreißplatte wird nach unten geschoben, und der Gitterabschnitt der Lenksäule wird sich weiter zusammendrücken.

19.4 Lenkgetriebe

Direkte Lenkung

Bei der direkten Lenkung werden die Lenkbewegungen über ein Ritzel auf eine Zahnstange übertragen. An deren Enden sind mit Hilfe von Kugeln kurze Spurstangen befestigt. Staubmanschetten verhindern das Eindringen von Staub und Wasser.

Ein Druckzapfen, der durch einen Feder belastet wird, drückt Lenkritzel und Zahnstange gegeneinander, wodurch das Spiel aufgehoben wird.

Der Federdruck ist, ebenso wie das axiale Spiel der Lenksäule, meist durch Aus-

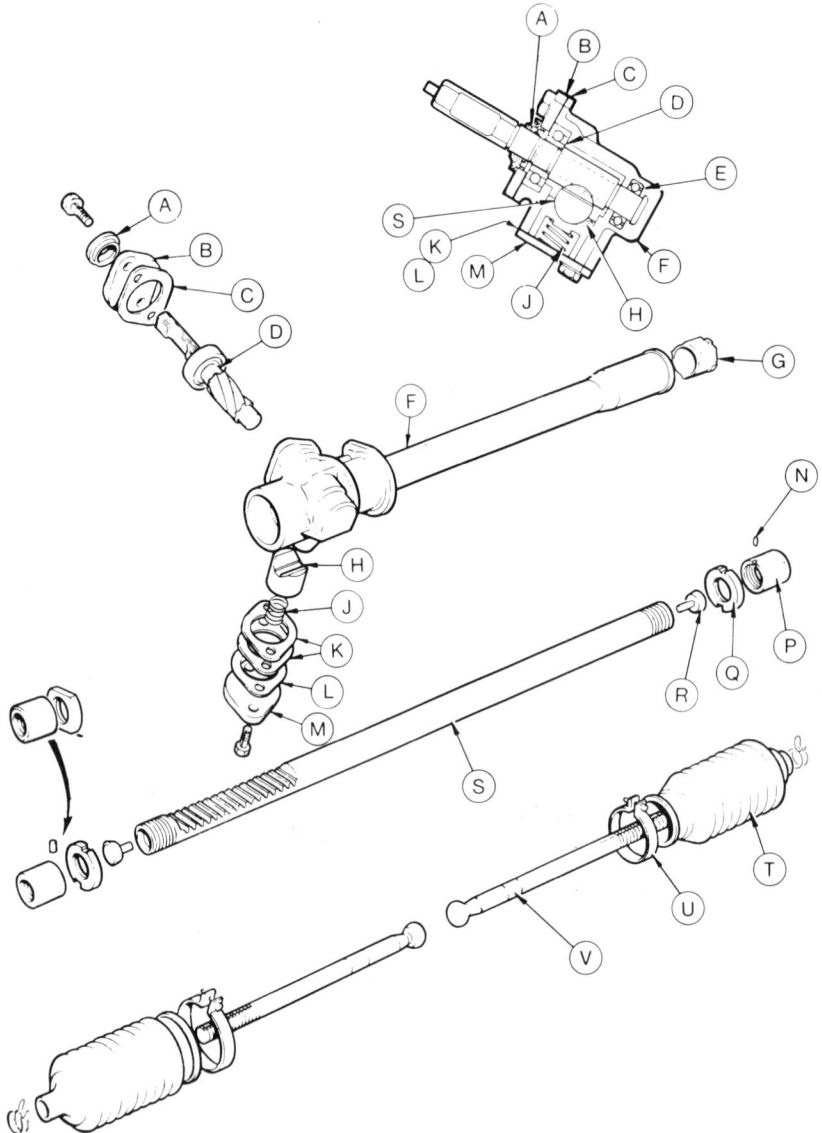

Abb. 19.12: Lenkgetriebe mit Zahnsegment und Ritzel in Einzelteilen (Ford Escort)

A Fettdichtring
B Deckel
C Dichtung
D Ritzel mit Lager
E Nadellager
F Gehäuse
G Zahnstangenlagerbüchse

H Zahnstangendruck-
   zapfen
J Feder
K Zwischenscheiben
L Dichtung
M Deckel
N Sicherungsstift

P Kugelgehäuse
Q Kontermutter
R Kugelsitz
S Zahnstange
T Staubschutz
U Klemme für Staubschutz
V Spurstange

Schnecke und Nocken

Man bezeichnet diese Lenkungsübertragung auch als Ross-Lenkung. Die Schnecke ist zylindrisch und mit einer breiten, tiefliegenden Spindelführung versehen, in welche der Nocken paßt. Um den Reibungswiderstand möglichst gering zu halten, ist der Nocken gelagert. Auch hier bewegt der Nocken sich kreisförmig, wenn das Lenkrad gedreht wird. In Mittelstellung ist die Reduktion am stärksten; auf die äußeren Stellungen zu nimmt die Reduktion ab. Das ist auch bei den Ausführungen mit Schnecke und Rolle der Fall.

In schwereren Lenkgetrieben mit Schnecke und Nocken gibt es zwei oder mehr Nocken.

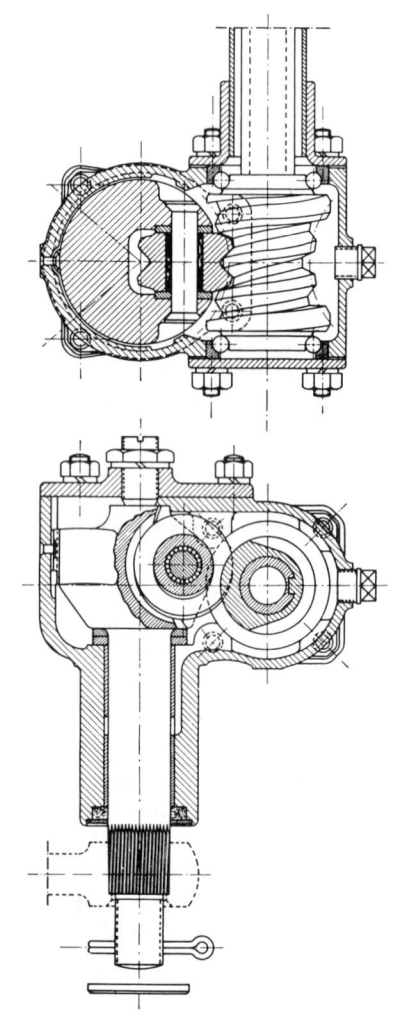

Abb. 19.13: Lenkgetriebe mit Schnecke und Rolle im Querschnitt
  1 Schnecke
  2 Rolle
  3 Lenkhebel

für, daß die Rolle während ihrer kreisförmigen Bewegung in der Schnecke bleibt. Das meiste Spiel als Abnutzungsfolge wird an der Stelle auftreten, an der die Verzahnung einander bei der Geradeausfahrt berührt. Um dieses Spiel zwischen Schnecke und Rolle nachregeln zu können, ohne daß das Ganze sich verklemmt, ist der Radius des Kreisabschnitts, den die Rolle beschreibt, kleiner als der Radius des Diabolo.

Anfangs wird das Lenkungsspiel in den Kurven etwas größer sein als bei der Geradeausfahrt, aber das wird der Fahrer in den meisten Fällen überhaupt nicht bemerken. Das Lenkungsspiel muß daher auch nachgestellt werden, wenn die Lenkung in Geradeausstellung steht. Da die Achslinie der Rolle nicht auf der Achslinie der Schnecke liegt, kann man das Spiel reduzieren, indem man die Rolle zur Schnecke hin verschiebt.

Das axiale Spiel der Schnecke ist mit Hilfe von Ausgleichsscheiben unter dem Dekkel einstellbar.

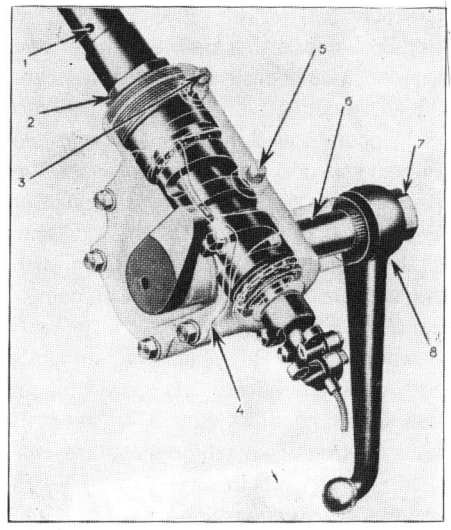

Abb. 19.14: Lenkgetriebe mit Schnecke
und Nocken (Ross-Lenkung)
1 Luftbohrung
2 Stellmutter des Kugeldrucklagers
3 Stellschraube, 4 Distanzscheiben
5 Ölverschluß, 6 Lenkhebelwelle
7 Lenkhebel

Schraube und Mutter mit Kugelkreislauf

Das Lenkgetriebe enthält eine Lenkschneckenwelle, -mutter, -kugeln und eine
Lenkwelle. Auf dieser Welle ist im Lenkgehäuse eine Zahnstange angebracht, und
außerhalb des Getriebes der Lenkhebel.
Die Funktion läßt sich mit Schraube und
Mutter vergleichen. Drehen wir die
Schraube, während wir die Mutter festhal-
ten, so wird die Mutter sich auf der
Schraube verschieben.
Die Lenkschneckenwelle der Abb. 19.15
läßt sich mit der Schraube und die Lenkschneckenmutter mit der Mutter vergleichen. Dreht man das Lenkrad, dann verschiebt sich die auf einer Seite verzahnte
und nicht drehbare Mutter entlang der
Lenkschneckenwelle. Die Mutter ihrerseits verdreht die Verzahnung und den
Lenkhebel.
Um die Reibung zwischen der Schnek-
kenwelle und der Mutter zu vermindern,
wurde zwischen ihnen ein Kugelkreislauf
angebracht. Durch die Kugelführungen
werden die Kugeln im Umlauf gehalten.
Mit dem Lagerdeckel und Distanzscheiben können die Schneckenwellenlager
und das axiale Spiel eingestellt werden.
Das Zahnspiel ist durch die Stellschraube
regelbar, die mit einer Kontermutter blok-
kiert werden kann.

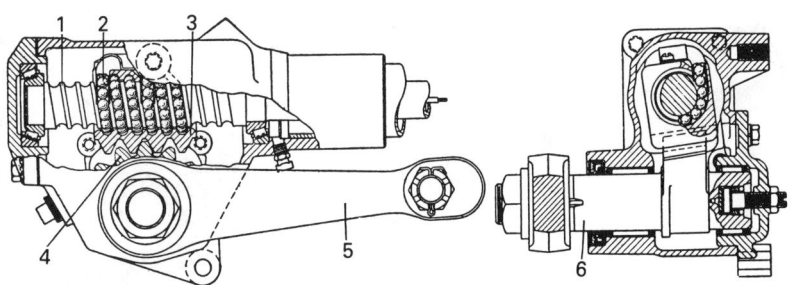

Abb. 19.15: Lenkgetriebe, das mit Schraube und Mutter mit Kugelkreislauf arbeitet.
1 Lenkschneckenwelle   4 Zahnsegment
2 Lenkschneckenkugeln   5 Lenkhebel
3 Lenkschneckenmutter   6 Lenkhebelwelle

19.5 Kraftlenkung

Schwerere Fahrzeuge haben auch breitere Reifen. Da ferner das Fahrzeuggewicht
die verschiedenen Lager und Gelenke der
Lenkvorrichtung schwerer belastet, wird
das Lenken des Fahrzeugs erschwert.
Insbesondere beim Parken, weil die Reifen dann mehr über die Fahrbahn reiben
als rollen. Durch eine Kraftlenkung, auch
Servolenkung genannt, wird der Fahrer
beim Drehen des Lenkrades auf hydraulischem Weg unterstützt.
Die hier beschriebene Konstruktion hat
Zahnsegment und Ritzel. Der mechanische Teil und der Servoteil sind zu einer
Einheit verschmolzen. Der mechanische
Teil besteht aus einem Ritzel, einem
Zahnsegment und einer Spurstange.
Das Zahnsegment ist im rechten Lenkge-
häuse (2) in einer Lagerhülse gelagert

(31), und im linken Lenkgehäuse wird es
durch das Ritzel und den unter Federdruck stehenden Vorspannkolben (21)
eingeschlossen.
Die beiden Lenkgehäuse werden durch
ein Außengehäuse (28) zusammengehalten. Dieses Gehäuse dient auch als Arbeitszylinder für den Servoteil des am
Zahnsegment befestigten Kolbens (29).
Die Dosierung des Öls durch die Ölpumpe
erfolgt im Ventilgehäuse, das oben auf
dem linken Lenkgehäuse befestigt ist.
Zur Lenkübertragung gehört auch die
Spurstange (16), die an beiden Enden ein
Kugelgelenk hat. Die inneren Kugelgelen-
ke (15) sind in den Gummimuffen untergebracht und direkt auf das Zahnsegment
geschraubt. Die äußeren Lenkkugeln sind
selbstschmierend und mit der Spurstange
verschraubt.
Der mechanische Teil der Lenkübertra-

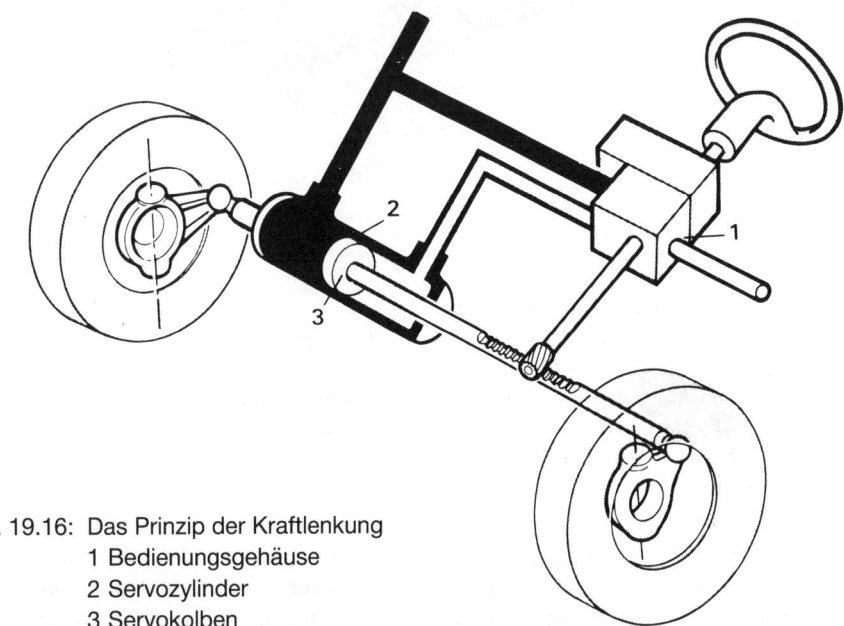

Abb. 19.16: Das Prinzip der Kraftlenkung
1 Bedienungsgehäuse
2 Servozylinder
3 Servokolben

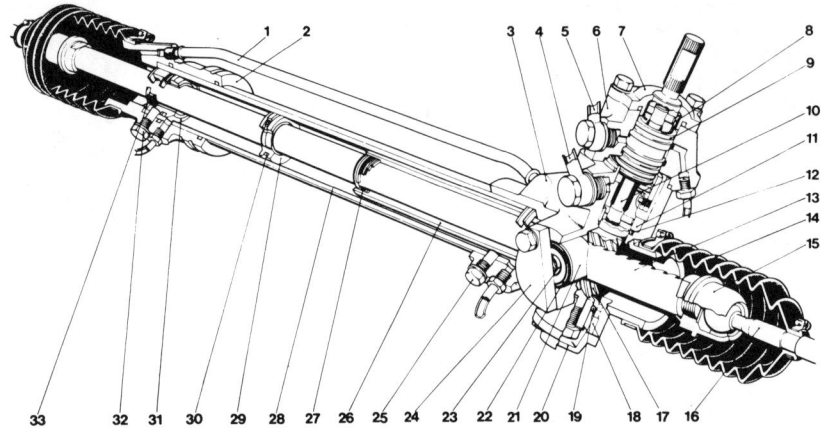

Abb. 19.17: Durchschnittszeichnung eines Lenkgetriebes
mit Servo-Verstärkung ZF (Volvo)

1 Verbindungsrohr für Schmieröl	11 Gleitlager	23 Feder
2 Rechtes Lenkgehäuse	12 Dichtring	24 Deckel für Vorspannkolben
3 Linkes Lenkgehäuse	13 Zansegment	25 Anschlagschraube
4 Anschluß für Ölrück- laufschlauch	14 Gummimuffe	26 Innengehäuse
5 Anschluß für Druckschlauch	15 Inneres Kugelgelenk	27 Dichtring
6 Ventilgehäuse	16 Spurstange	28 Außengehäuse
7 Oberer Ritzeldeckel	17 Ritzel	29 Kolben
8 Nadellager	18 Dichtring	30 Kolbendichtung
9 Ventilteil am Ritzel	19 Kugellager	31 Lagerhülse
10 Drehstab	20 Unterer Ritzeldeckel	32 Anschlagschraube
	21 Vorspannkolben	33 Dichtring
	22 O-Ring	

Funktion

Der Drehstab ist mit dem Lenkritzel verbunden, das auch mit dem Verteilergehäuse verbunden ist. Wenn das Lenkrad nicht gedreht wird, hält der Drehstab die Regelhülse und das Verteilergehäuse in die Stellung zum Geradeausfahren. Der Öldruck wirkt beiderseits des Kolbens. Dreht man das Lenkrad, so drehen sich zugleich der Drehstab und die Regelhülse. Der Drehstab verformt sich. Dadurch bewegt sich die Regelhülse im Verhältnis zum Verteilergehäuse. Das hat zur Folge, daß Öl nur noch auf eine Seite des Kolbens oder des Zahnsegments strömt, wodurch Zahnsegment und Lenkrad sich leichter bewegen lassen.

19.6 Lenkgestänge

Wie bereits gesagt sitzt bei der indirekten Lenkung ein Hebelarm auf der Welle. Dieser Lenkstockhebel ist über die Lenkstange mit einem Achsschenkel verbunden. An beiden Achsschenkeln befindet sich ein Spurstangenhebel. Diese Hebel sind mittels der Spurstange miteinander verbunden. Bei der heute allgemein üblichen

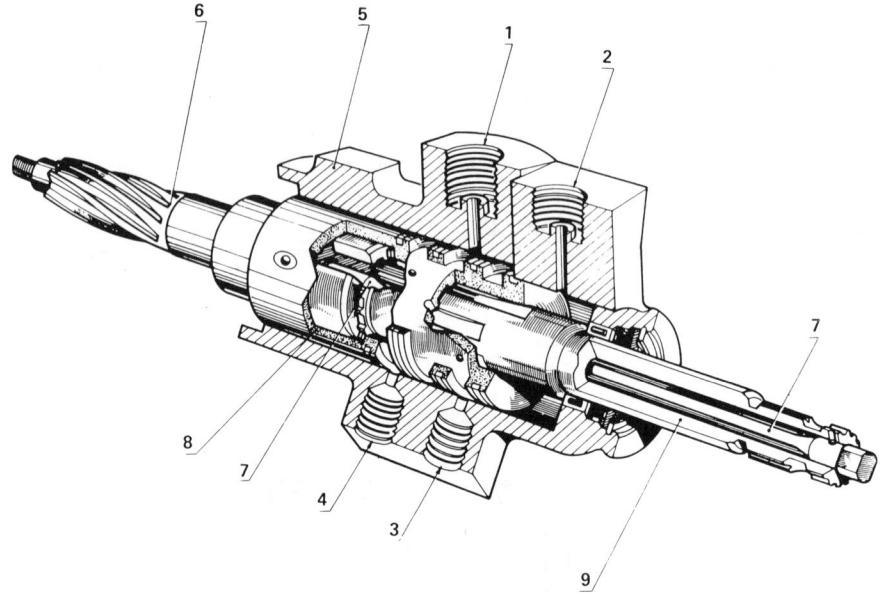

Abb. 19.18 : Ventilgehäuse (Renault)
1 Zufuhr von Servo-Ölpumpe
2 Anschluß für Ölrücklaufschlauch
3 Zur rechten Kolbenseite
4 Zur linken Kolbenseite
5 Ventilgehäuse
6 Ritzel, 7 Drehstab
8 Verteilergehäuse
9 Regelhülse

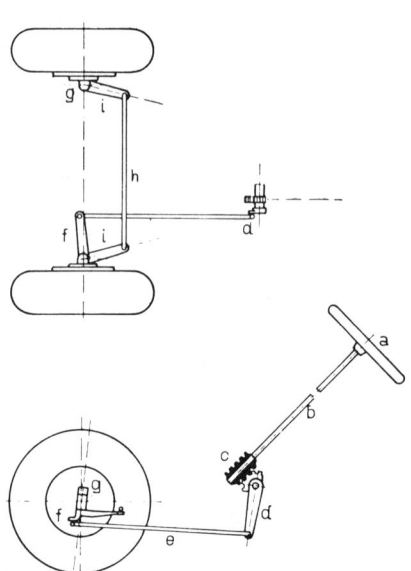

Abb. 19.19: Das Lenkgestänge

a. Lenkrad, b. Lenksäule
c. Lenkgetriebe, d. Lenkhebelarm
e. Lenkstange, f. Achsschenkelhebel
g. Achsschenkel, h. Spurstange
i. Spurstangenhebel

gung ist mit Schmieröl gefüllt und durch Ringe vom Servoteil abgeschlossen; die Ringe sind im linken Gehäuse (12), im Innenrohr (27) und im Gleitlager (33) an-

gebracht. Zwischen den einzelnen Gehäuseteilen befindet sich das Verbindungsrohr (1) zum Überströmen von Schmieröl bei großem Radausschlag.

direkten Lenkung mit Zahnsegment und Ritzel sind die Spurstangen direkt mit dem Ende des Zahnsegments verbunden.

Spurstangen und Spurstangenkugeln
Eine Spurstange kann ein-, zwei- oder dreiteilig sein und – wie wir bereits wissen

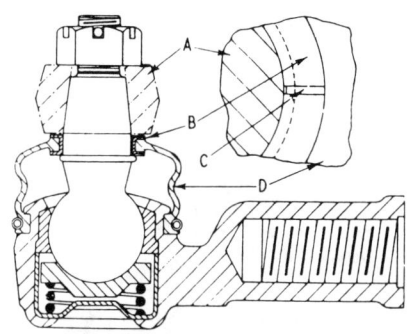

Abb. 19.20: Spurstangenkugelgelenk im Querschnitt
A Achsschenkelhebel
B Schleifring
C Verschluß von B
D Gummidichtung

Abb. 19.21: Die andersartige Lenkvorrichtung des VW-Transporters

– vor oder hinter der Radachse liegen (siehe Abb. 19.1). Die Spurstangen sind mit Kugelgelenken versehen, die einen inneren oder äußeren Gewindeteil zur Einstellung der Spurbreite haben. Praktisch sämtliche modernen Ausführungen sind nicht mehr mit Schmiernippeln versehen und demzufolge wartungsfrei. Der Gummiverschluß soll verhindern, daß Wasser oder Schmutz in das Kugelgelenk eindringt, denn dadurch würde die Lebensdauer erheblich beeinträchtigt.

Die Kugel hat einen konischen Teil, mit dem das Gelenk u.a. mit den Spurstangenhebeln verbunden ist. Der konische Teil bildet eine stabile Verbindung, und wenn man die Teile voneinander lösen will, braucht man deshalb einen entsprechenden Abzieher.

20. Karosserie

20.1 Konstruktionen

Pkw können auf einem Fahrgestell aufgebaut sein oder aus einer sogen. selbsttragenden Karosserie bestehen. Bei Lkw und Omnibussen verwendet man fast immer ein Fahrgestell (Chassis), aber auch einige Pkw sind auf einem Fahrgestellrahmen aufgebaut. Meist besteht solch ein Fahrgestell aus Längs- und Querträgern, an dem der Motor sowie die Vorderrad- und Hinterradaufhängungen befestigt sind. Die Karosserie wird dann mit Schrauben auf das Fahrgestell montiert. Die Fahrgestellrahmen haben im allgemeinen ein U- oder Kastenprofil, weil diese Formen sich besonders gut zum Auffangen der Kräfte eignen, die auf das Fahrgestell einwirken. Eine selbsttragende Karrossierie hat kein Fahrgestell. Die Karosserie ist dann so konstruiert, daß sie stabil genug ist, den Motor und den Unterbau zu tragen. Daher auch die Bezeichnung 'selbsttragende Karosserie'. Deren Vorteile sind: kostengünstigere Herstellung, weniger Gewicht und ein tiefer gelegener Schwerpunkt.

Die Karosserie wird am Fließband in Punktschweißtechnik zusammengebaut. Diese Arbeit kann von Hand erfolgen, aber in den letzten Jahren setzen sich hier die Roboter durch, Mehrfach-Schweißmaschinen, die von Mikroprozessoren gesteuert werden. Die Abb. 20.4 zeigt einen Teil solch einer Fertigungsstraße.

Um das Fahrzeuggewicht möglichst niedrig zu halten und die Fertigungskosten zu drücken, kommt immer mehr Kunststoff zum Einsatz. Sowohl bei der Innenverkleidung als auch z.B. bei Stoßdämpfern, Kühlergittern usw. Manche Karosserien bestehen sogar ganz aus Kunststoff.

20.2 Sicherheit und Komfort

Damit die Fahrzeuginsassen möglichst gut geschützt sind, muß der Innenraum als Sicherheitskäfig konstruiert sein. Frontseite und Heck, auch als Knautschzone bezeichnet, müssen so konstruiert

Abb. 20.1: Pkw-Fahrgestell; durch DANGEL speziell für den Peugeot 504 Allrad entworfen

Abb. 20.2: Dieses Durchblickfoto des Toyota Tercel zeigt deutlich, daß hier kein tragendes Fahrgestell vorhanden ist

sein, daß sie im Falle eines Zusammen-
stoßes ein Maximum an freiwerdender
Energie absorbieren können, so daß der
Innenraum des Fahrzeugs nach Möglichkeit nicht verformt wird und die Bewegungsenergie der Insassen möglichst gut
aufgefangen wird. Um die Folgen einer
seitlichen Kollision in Grenzen zu halten,
bedarf es auch der notwendigen Querver-
stärkungen. Wichtig ist es, daß die Türen
durch Anbringung von Sicherheitsver-
schlüssen während der Kollision geschlossen bleiben, aber anschließend
durch die Formbeständigkeit der Türen
und des Käfigs auch wieder leicht geöffnet
werden können. Weitere Sicherheitsmaß-
nahmen werden zur Verstärkung des
Dachs und gegen eine Verformung des
Fahrzeuginneren getroffen.

Im Fahrzeug verwendet man energieabsorbierende Werkstoffe. Die Griffe müssen verformbar und/oder elastisch verankert sein.

Um das Eindringen von Lärm möglichst
gut zu verhindern, wird die Karosserie innen verkleidet und häufig auch mit ge-
räuschdämpfenden Stoffen ausgespritzt.

Abb. 20.3: Roboter bei der Montage des Opel Kadett

20.3 Luftleitbleche

Die Energiemenge, deren es bedarf, um
ein Auto fahren zu lassen, wird durch den
Beschleunigungs-, Steigungs-, Roll- und
Luftwiderstand bestimmt. Von diesen sind
der Roll- und Luftwiderstand immer vorhanden. Bis zu ungefähr 60 km/h domi-
niert der Rollwiderstand, ab 60 km/h der
Luftwiderstand: dieser nimmt zu mit dem
Quadrat der Fahrzeuggeschwindigkeit. Es
ist daher kein Wunder, daß bei einem Mit-
telklassewagen, der mit ca. 120 km/h
fährt, 80% der Leistung zur Überwindung
des Luftwiderstandes benötigt werden.
Bei normalen Pkw entstehen zwischen
der Fahrzeugober- und -unterseite Druckdifferenzen. Der Luftstrom wird ja schließlich auf der Motorhaube und dem Dach
verstärkt. Dadurch entstehen an der Oberfläche Unterdruckzonen. Unter dem Fahrzeug strömt die Luft träger, wodurch Über-
druckzonen entstehen. Man denke hier an
die Tragflügelform von Flugzeugen. Dies
alles hat zur Folge, daß das Fahrzeug mit
wachsender Geschwindigkeit nach oben
gedrückt wird und der Druck auf die Räder
abnimmt. Das Lenkrad kann bei wachsender Geschwindigkeit auch zunehmend
leichter gedreht werden. Die Straßenhaftung der Reifen nimmt ab, und damit

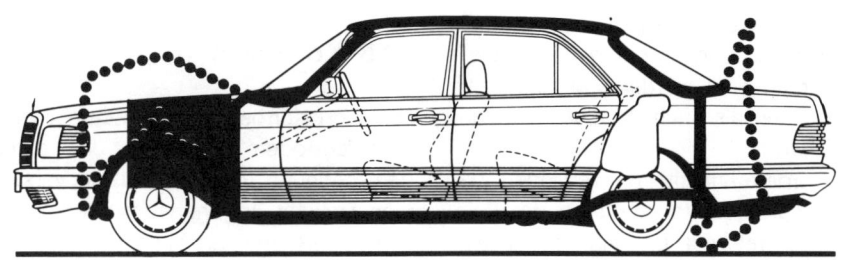

Abb. 20.4: Die lange Knautschzone mit ihren in der Stärke zunehmenden Zonen bietet
maximalen Schutz (Mercedes 'S'-Typ)

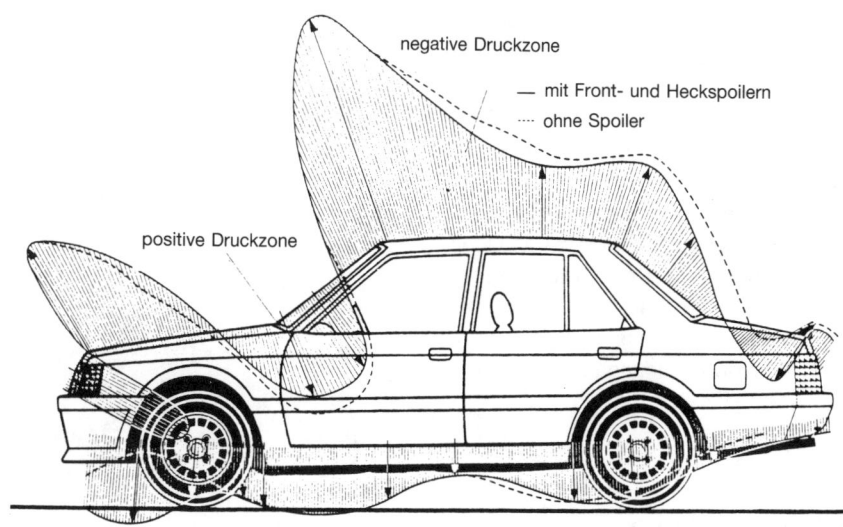

Abb. 20.5: Aufbau des Luftdrucks bei der Karosserie des Mitsubishi Lancer Turbo

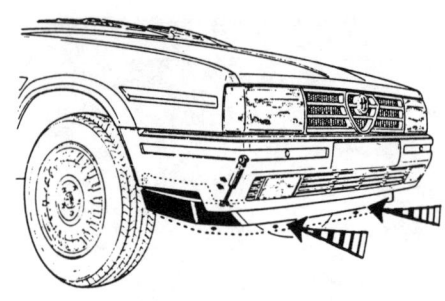

Abb. 20.6: Automatischer beweglicher Spoiler (Alfa Romeo).
Ab 110 km/h drückt der Wind stark genug, um den Spoiler nach unten zu bewegen. Solch ein System wirkt kraftstoffsparend.

nimmt auch die Sicherheit ab (insbesondere bei Seitenwind und in den Kurven unter dem Einfluß der Querkräfte). Durch Verwendung von Luftleitblechen (sogen. Spoilern), welche eine entsprechende Form haben und an der richtigen Stelle angebracht sind, werden sowohl der Aufwärtsschub als auch der Luftwiderstand reduziert.

Das vordere Luftleitblech verhindert, daß eine zu große Luftmenge unter das Fahrzeug geleitet wird. Dadurch strömt mehr Luft entlang der Fahrzeugseiten und des Dachs; der Luftwiderstand nimmt dadurch ab. Die Druckdifferenz zwischen Fahrzeugober- und -unterseite wird kleiner.

Die hinteren Luftleitbleche haben denselben Zweck wie die vorderen. Ohne den Heckspoiler wird der Luftstrom vom hinteren Dachrand aus nicht mehr unterstützt. Es bildet sich dann über dem Kofferraum eine Unterdruckzone. Durch einen richtig geformten, an der entsprechenden Stelle angebrachten Heckspoiler werden die Druckdifferenzen zwischen Unter- und Oberseite des Fahrzeugs kleiner.

Um die Karosserien in aerodynamischer Hinsicht möglichst vorteilhaft zu gestalten, werden zuerst an maßstabsgerecht verkleinerten und danach an wirklichkeitsgetreuen Modellen Windkanaltests durchgeführt.

20.4 Innenlüftung

Frischluft
Durch die Atmung bringen wir Feuchtig-

keit in die Luft, was man im Winter deutlich sehen kann. Auch steigt man zuweilen mal mit nasser Kleidung ins Auto, man schwitzt, bei der Atmung verbrauchen wir Sauerstoff, es wird geraucht usw. Aus allen diesen Gründen muß die Luft im Fahrzeug ständig erneuert werden. Durch die sorgsam abgedichteten Türspalten und die Fenster gelangt keine oder nur wenig Frischluft in das Wageninnere, so daß zusätzliche Lüftungsöffnungen notwendig sind. Infolge der Luftdruckverhältnisse um das Fahrzeug herum während der Fahrt erfolgt die Luftabfuhr hinten und die Zufuhr vorn. Die Luftzufuhr liegt der Abgase wegen meist oberhalb der Motorhaube. Bei fehlender Luftzufuhr sollten die hinteren Fenster einen spaltbreit geöffnet werden. Ein unzulänglich gelüftetes Auto verbreitet nach einiger Zeit durch die Feuchtigkeit der Verkleidung einen unangenehmen Geruch. Die Fahrzeuginsassen werden infolge Sauerstoffmangels rasch ermüden.

20.5 Korrosion

Das Wort Korrosion ist vom Lateinischen Wort 'corrodere' abgeleitet, das 'zernagen' bedeutet. Unter Korrosion versteht man jegliche Art unerwünschter chemischer Reaktion eines Materials mit seiner Umgebung. Die Korrosion von Fahrzeugen, vor allem von Pkw, ist häufig der Anlaß dazu, daß man ein Auto wegen des

schlechten Zustandes des Karosserie aus dem Verkehr ziehen muß, obwohl der Motor noch recht brauchbar wäre.

Durch Korrosion, die häufig an einer der Sicht entzogenen Stelle beginnt, kann die mechanische Stärke des Fahrzeugs derartig angegriffen werden, daß es ein Verkehrsrisiko darstellt.

Man unterscheidet verschiedene Arten der Korrosion. Für die Kfz-Industrie spielen die folgenden die wichtigste Rolle:
– elektrochemische Korrosion;
– chemische Korrosion;
– Spannungskorrosion.

Elektrochemische Korrosion
Im allgemeinen kommt es zu dieser Art der Korrosion, wenn Wasser und Luft auf das Metall einwirken. Dabei ist zu berücksichtigen, daß Metallflächen, die auf den ersten Blick trocken erscheinen, dennoch mit einem hauchdünnen Wasserfilm bedeckt sind. Wenn darin auch noch bestimmte Stoffe gelöst sind, wird die Flüssigkeit leitend, und sie bildet ein Elektrolyt. Zwischen Metall und Elektrolyt entsteht eine Spannung. Es fließt ein äußerst schwacher elektrischer Strom von anodischen (positiven) Teilchen in der Metalloberfläche zu Teilchen, die katodisch (negativ) sind. Das Metall löst sich auf der anodischen Seite im Elektrolyt auf. Die freigewordenen Metallteilchen können Verbindungen eingehen oder oxidieren und sich absetzen. Das kann an der ange-

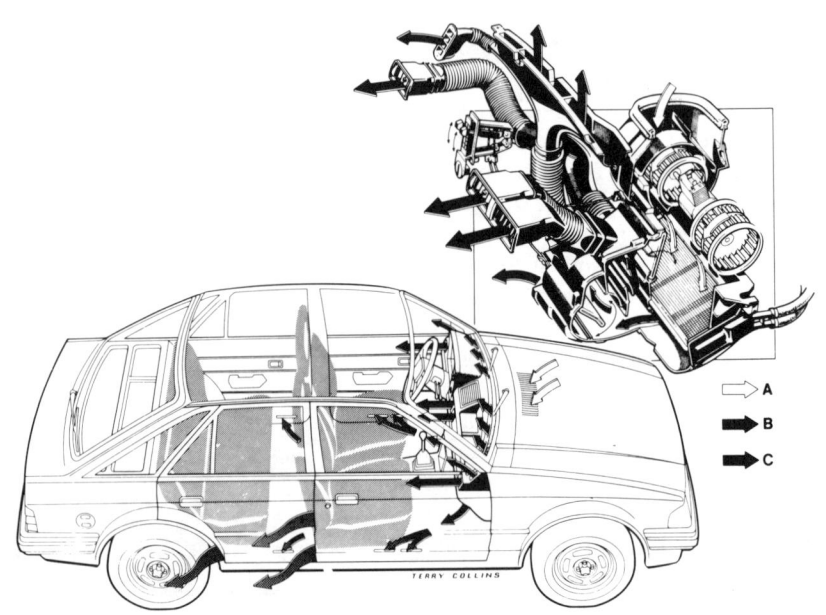

Abb. 20.7: Innenventilation (Ford Escort)
A Frische Außenluft   B Erwärmte Luft   C Verbrauchte Luft

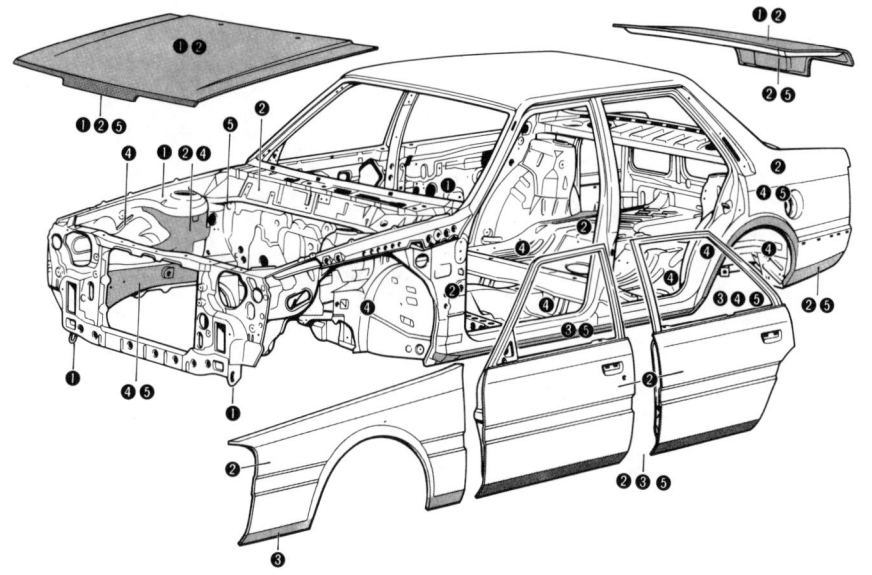

Abb. 20.8: Beispiel eines Pkw, bei dem verschiedene Blechteile vor, während und nach der Montage behandelt wurden, um die Korrosion soviel wie möglich zu begrenzen.

1 Gehärtetes Stahlblech
2 Galvanisiertes Stahlblech
3 PVC, 4 Unterbodenschutz
5 Rostschutzöl

griffenen Stelle geschehen, aber auch anderwärts.

Je größer die Spannung, desto rascher nimmt die Korrosion zu. Die Spannung hängt u.a. von der Materialzusammensetzung und von der Temperatur ab. Das eine Material ist beständiger gegen Rostbildung als das andere. Je höher die Temperatur, desto größer die Spannung. Deshalb fördert die Unterstellung eines nassen Autos in einer geheizten Garage die Korrosionsbildung. Allerdings verringert sich die Lösbarkeit des Sauerstoffs mit steigender Temperatur, was den Temperatureinfluß einigermaßen verringert. Andererseits fördert eine schlecht gelüftete Garage auch wieder die Korrosion, insbesondere im Winter.

Chemische Korrosion

Ein deutliches Beispiel chemischer Korrosion ist der Säureschaden, der an den Batteriepolen entsteht. Diese Korrosion läßt sich vermeiden, indem man die Pole mit Vaseline überzieht.

Eine große Rolle bei der Korrosionsbildung spielt das Streusalz, meist Natrium-, zuweilen auch Kalziumchlorid. Bei einem Versuch in England verglich man die Korrosion von kleinen Blechen, die man an Fahrzeugen der Post befestigt hatte, mit der von fest aufgestellten Blechen. Es zeigte sich, daß die Korrosion in Perioden, in denen die Straßen intensiv mit Streu-

salz bestreut wurden, 85 bis 95 Prozent betrug. Wenn kein Salz gestreut wurde, stellte man nur 35 bis 40 Prozent fest.

In einigen Ländern suchte man nach Korrosionshemmern für Streusalz. In Laboratorien wurden technisch brauchbare Verfahren entwickelt, welche die Korrosion um 60 Prozent reduzieren könnten. In der Praxis wird daraus aber nur wenig oder nichts, weil die Korrosionsgeschwindigkeit schon bei Salzkonzentrationen unterhalb 0,05 Prozent relativ hoch ist. Dieses Salz findet man später oft im Sand, der unter dem Auto haften blieb. Im Sommer lassen die hohen Temperaturen die Korrosion noch ansteigen. Deshalb muß das Fahrzeug unten nach der Winterperiode unbedingt gründlich gereinigt werden.

Spannungskorrosion

Man stellte fest, daß Material, in dem Spannungen – gleich welcher Art – auftreten, Korrosion gegenüber empfindlicher ist. In dieser Hinsicht sind die modernen Automobile mit selbsttragenden Karosserien korrosionsempfindlicher als ihre Vorgänger mit einem Chassis. Seitdem die Stahlindustrie Bleche liefern kann, welche große Verformungen ermöglichen, und die Maschinenindustrie die erforderlichen schweren Pressen liefert, kann eine selbsttragende Karosserie hergestellt werden, die aus gepreßten Einzelteilen besteht, wodurch das Ganze leichter wird

und das Material wirtschaftlicher genutzt werden kann. Bei diesem Herstellungsverfahren entstehen im Werkstoff größere Spannungen, und dadurch wird die Karosserie wiederum korrosionsempfindlicher. Zugleich wiegen die Folgen der Korrosion durch den Aufbau der selbsttragenden Karosserie und die Verwendung dünnerer Bleche schwerer, als bei den Vorkriegsfahrzeugen, die noch ein Fahrgestell hatten.

Wartung

Waschen Sie das Fahrzeug regelmäßig, und verwenden Sie dazu lauwarmes – oder besser noch kaltes – Wasser. Bei kalter Witterung verursacht heißes Wasser Haarrisse im Lack. Wenn Sie feststellen, daß der Glanz des Lacks nachläßt und das Wasser darauf keine Tropfen mehr bildet, dann ist es höchste Zeit, eine neue schützende Wachsschicht aufzutragen. Machen Sie das niemals in der Sonne. Auch den Chrom können Sie in den Sommermonaten mit Wachs behandeln. In den Wintermonaten eignet sich Vaseline dazu sehr gut. Allerdings muß die Vaseline hin und wieder erneuert werden, weil Wasser in sie eindringt. Der Fachhandel bietet auch spezielle Chromschutzmittel an.

Eventuelle Lackschäden müssen sofort ausgebessert werden. Öffnen Sie regelmäßig die Abtropflöcher für Wasser. Und vergessen Sie die Unterseite des Fahrzeugs nicht. Schauen Sie auch regelmäßig unter den Fußmatten nach, ob sich dort Rost bildet.

Im Winter müssen die Gummidichtungen an den Türen und am Kofferraumdeckel mit Talkum eingerieben werden, um dem Kleben und Kaputtziehen bei Frost vorzubeugen.

Erhielt das Fahrzeug eine Rostschutzbehandlung, so sollte man diese im darauffolgenden Jahr überprüfen (lassen). Auch die Rostschutzbehandlung bietet schließlich nur einen zeitlich begrenzten Schutz.

20.6 Rostschutzbehandlung

Um die Karosserie möglichst zweckmäßig vor Rostbildung zu schützen, fertigen einige Hersteller bestimmte Teile aus galvanisiertem Stahl. Durch thermisches Galvanisieren ist es möglich, Karosserien serienweise zu verzinken. Dazu werden sie nacheinander in Entfettungs-, Spül- und Abbeizbäder eingetaucht, und dann kommen sie acht Minuten lang in eine Zinkschmelze von 460 °C. Die aufgetragene Schicht ist dann ungefähr 65m dick, was für ein Auto ein Gewicht von ungefähr 20 kg bedeutet.

Die Grundierung erfolgt heutzutage im allgemeinen auf elektrischem Weg. Die Bleche sind bei der Anlieferung eingefettet, damit sie vor Rostbildung geschützt sind und außerdem leicht in den Pressen verarbeitet werden können. Die zusammengebaute Karosserie muß deshalb zuerst einmal gründlich entfettet werden. Nach dem Entfetten wird sie in ein Bad mit Rostschutzfarbe eingetaucht. Dabei dient die Karosserie als negativer und die Farbe als positiver Pol oder umgekehrt, je nach angewandtem Verfahren. Ist die Karosserie der positive Pol, dann spricht man von Anaphorese, im anderen Fall von Kataphorese.

Durch den elektrischen Strom setzen sich die Farbteilchen auf der Karosserie ab. Selbst in den winzigsten Winkeln und Löchern. Das Verfahren hat folgende Vorteile:

- gutes Haften;
- die aufgetragene Farbschicht ist glatt;
- keine Gefahr des Herunterlaufens;
- selbst die unzugänglichsten Winkel werden erreicht;
- die Rostschutzschicht hat keine Poren;
- kleine notwendige Bohrungen in der Karosserie werden nicht geschlossen;
- die Farbschicht ist nicht unregelmäßig dick.

Beim Kataphoreseverfahren ist der Farbniederschlag kaum 5 m dick, also dünner

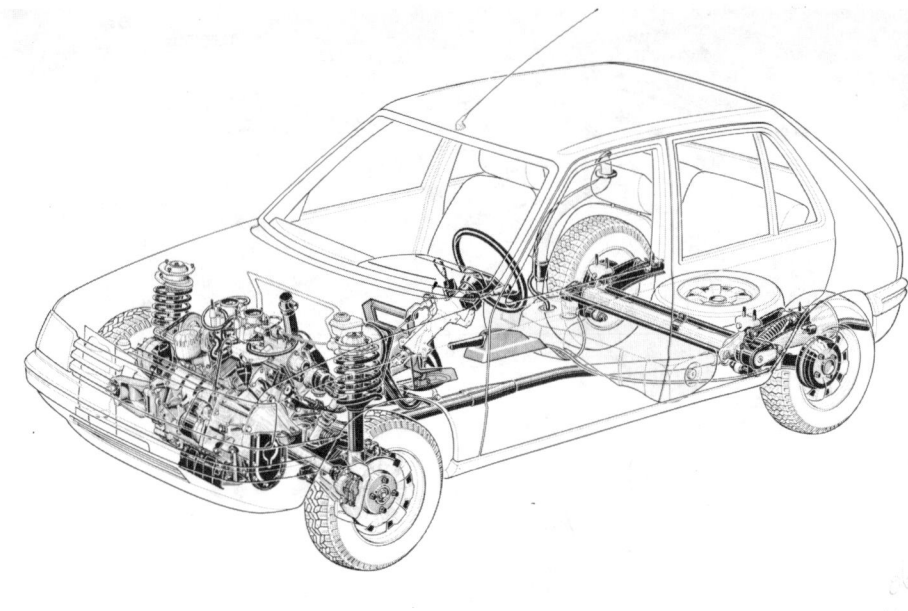

als bei der Anaphoresemethode. Es zeigte sich auch, daß beim Kataphoreseverfahren bestimmte Harze in der Farbe besser zu ihrem Recht kommen. Dieses Verfahren hat auch weniger Einfluß auf das Metall der Karosserie.

Die Kataphorese hat ferner den Vorteil, korrosionsbeständiger zu sein, vor allem bei geringerer Schichtdicke. Ein Nachteil ist die höhere Muffeltemperatur (180 – 190 °C), und es wird auch mehr Spülwasser verbraucht.

Trotz aller Sorgfalt beim Auftragen der Grundier- und Endschichten geben zunehmend mehr Hersteller der Karosserie noch einen zusätzlichen Schutz. Alle Hohlstellen, wie Kastenprofile, Türen usw., werden mit einem rostverhindern-

den Öl eingespritzt. Notfalls werden dazu Löcher in die betreffenden Teile gebohrt, die anschließend mit Kunststoffstopfen wieder abgedichtet werden. Auch die Nähte, die Unterseite der Zierstreifen und die Fahrzeugunterseite werden in gleicher Weise behandelt. Damit das aufgetragene Rostschutzmittel nicht abgespült wird, schützt man es an der Unterseite durch eine zweite, nichthärtende Schicht, die gegen das aufspritzende Wasser beständig ist. Diese wirkt überdies geräuschdämpfend.

Obwohl die Rostschutzbehandlung vorwiegend für neue Fahrzeuge vorgesehen ist, kann man sie auch noch nach einiger Betriebsdauer eines Fahrzeugs vornehmen.

21. Dieselmotoren

21.1 Einleitung

Der Dieselmotor wurde nach seinem Erfinder, Rudolf Diesel (1858–1913), benannt. Am 18. Februar 1894 setzte Diesel seine Theorie in die Praxis um. Der erste Motor, der nach dem Prinzip der Selbstzündung funktionierte, lief damals eine Minute lang und machte dabei 88 Umdrehungen. Der von Robert Bosch entwickelten Einspritzpumpe ist es zu verdanken, daß der Dieselmotor seinen weltweiten Siegeszug beginnen konnte.

Vorteile gegenüber dem Benzinmotor

Durch die bessere Zylinderfüllung infolge fehlender Drosselklappe, das höhere Verdichtungsverhältnis und den Verbrennungsverlauf arbeitet der Dieselmotor sparsamer als ein Benzinmotor. Insbesondere bei teilweiser Belastung. Im Stadtverkehr ist der Dieselmotor deshalb im Verhältnis zu einem vergleichbaren Benzinmotor besonders sparsam. Normalerweise hat er auch eine längere Lebensdauer, wenngleich diese in enger Verbindung zur Motordrehzahl steht.

Nachteile gegenüber dem Benzinmotor

Höhere Rentabilitätsschwelle, lauteres Motorengeräusch, niedrigere Leistung im Verhältnis zum Benzinmotor mit gleichem Zylinderinhalt, schwererer Motor. Der Gewichtsunterschied zwischen modernen Diesel- und Benzinmotoren ist aber nicht mehr so groß. Auch das beim kalten, indirekt eingespritzten Dieselmotor erforderliche kurze Vorglühen kann man nicht mehr als Nachteil ansehen.

Kraftstoff

Der Kraftstoff für einen schnellaufenden Dieselmotor ist Gasöl. Es hat eine Dichte von ungefähr 840 kg/m³. Langsamer laufende Dieselmotoren kommen mit einem schwereren Kraftstoff, dem Dieselöl, aus. (Dichte ungefähr 870 kg/m³).

Der Verbrennungswert von Gasöl beträgt im Durchschnitt 43.000 kJ/kg. Der Flammpunkt ist ungefähr 330 K (57 °C). Zur Bestimmung des Flammpunktes erwärmt man Gasöl soweit, bis sich über dem Kraftstoff Dämpfe entwickeln. Die Temperatur, bei der man die Dämpfe mittels einer Flamme zum Entzünden bringen kann, bezeichnet man als Flammpunkt. Bei den in Mitteleuropa üblichen Temperaturen gibt Gasöl keine Dämpfe ab, welche mit Luft vermischt ein brennbares Gemisch bilden. Bei Benzin ist das wohl der Fall.

Farbe:

Die natürliche Farbe von Gasöl ist hellgelb. Aus steuerlichen Gründen wird dem Heizöl ein Farbstoff hinzugefügt.

Cetanzahl:

Dieselkraftstoff muß leicht zur Selbstzündung kommen. Die Zeitdauer zwischen dem Einspritzen des Kraftstoffs und dem Beginn der Verbrennung, Zündverzug genannt, muß möglichst kurz sein.

Die Cetanzahl ist das Maß für die Zündwilligkeit des Kraftstoffs. Je höher die Cetanzahl, desto leichter entzündet sich der Kraftstoff. Eine hohe Cetanzahl weist also auf einen kurzen Zündverzug hin. Je schneller der Motor sich dreht, desto höher muß die Cetanzahl des Kraftstoffs sein, denn die zur Selbstzündung verfügbare Zeit ist schließlich entsprechend kürzer. Bei schnellaufenden Dieselmotoren mit indirekter Einspritzung muß die Cetanzahl wenigstens 56 sein. Bei direkter Einspritzung 70.

Die Cetanzahl wird in einem standard Einzylinder-Versuchsmotor festgelegt. Als Referenzkraftstoff verwendet man eine Mischung aus Cetan und α-Methylnaphtalin. Dem zündwilligen Cetan gibt man den Wert 100, dem zündträgen α-Methylnaphtalin den Wert 0. Einem zu untersuchenden Kraftstoff weist man als Cetanzahl den Prozentsatz an Cetan zu, welcher in der Referenzmischung vorhanden ist, wenn diese ebenso zündwillig ist, wie der zu prüfende Kraftstoff.

An dieser Stelle sei darauf hingewiesen, daß die Oktanzahl, also die Zahl, welche die Klopffestigkeit des Benzins andeutet,

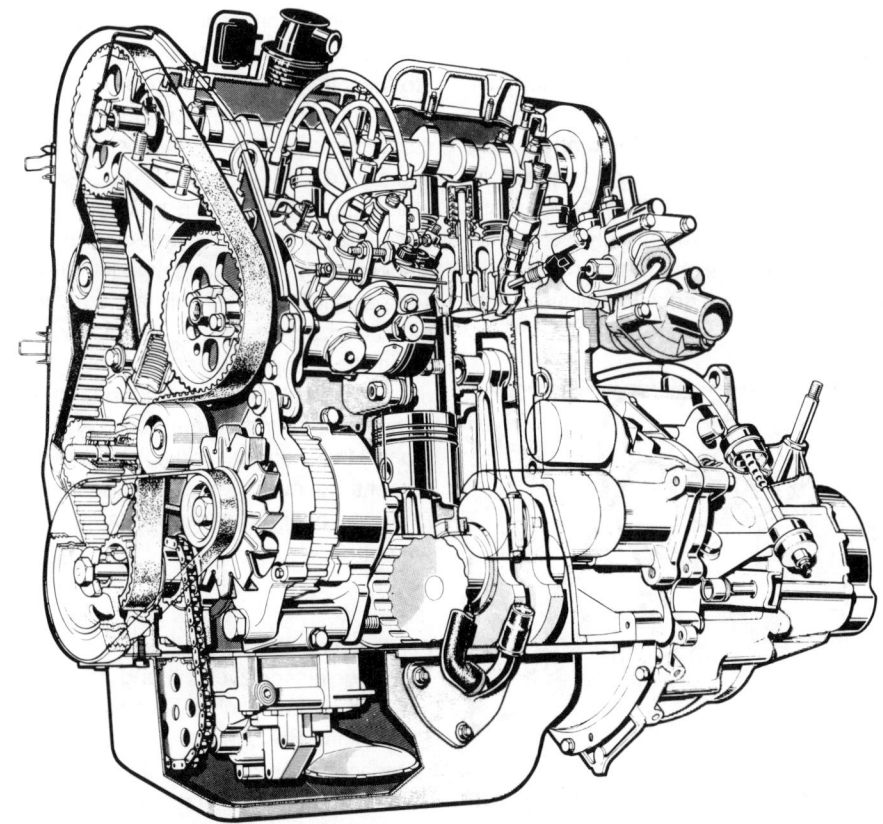

Abb. 21.1: Dieselmotor des Citroën VISA

das Entgegengesetzte der Cetanzahl ausdrückt.

Dieselklopfen:

Dieses entsteht vor allem als Folge des Zündverzugs, aber es wird auch mehr oder weniger gefördert durch die Konstruktion der Brennkammer, die Art der Kraftstoffzerstäubung und die Motortemperatur.

Zum Dieselklopfen kommt es, wenn der anfangs eingespritzte Kraftstoff nicht gleich zündet und somit zuviel Kraftstoff ganz plötzlich zündet, was eine übertriebene Drucksteigerung zur Folge hat.

BPA-Punkt (Beginn der Paraffinausscheidung):

Bei sinkender Außentemperatur nimmt das Fließvermögen des Dieselkraftstoffs ab. Unter dem BPA-Punkt versteht man die Temperatur, bei welcher sich die im Gasöl vorhandenen Paraffinkristalle abzuscheiden beginnen. Die Kraftstoffhersteller liefern sogen. 'Sommer-' und 'Winterkraftstoff'. Beim Sommerkraftstoff können Trübungserscheinungen infolge der Paraffinausscheidung sich bereits ab 265 K (-8 °C) ergeben. Winterkraftstoff ist im allgemeinen bis zu 258 K (-15 °C) problemlos. Damit man aber nicht mit unerwarteten Problemen konfrontiert wird, sollte man lieber schon vorher gewisse Maßnahmen treffen. Wenn eine Leitung oder ein Filter einmal durch Paraffinbildung verstopft ist, dann helfen Zusätze nicht mehr. Nur durch Erwärmen der verstopften Teile kann man den Motor dann wieder zum Laufen bringen. Der Fachhandel bietet spezielle Zusätze an. In technischer Hinsicht bewährt sich Motorenpetroleum recht gut. Die folgenden Verhältnisse können dabei für Sommerdiesel angesetzt werden:

Außentemperatur in K Sommerdieselöl in % Motorenpetroleum in %
273 bis 264 80 20
264 bis 258 70 30
niedriger als 258 50 50

Denken Sie daran, daß der Zusatz von Motorenpetroleum gesetzlich zulässig sein muß. Es darf also nur solches Petroleum in den Kraftstoffbehälter gefüllt werden, dem kein Furfurol beigefügt ist. Dafür wurden die Steuern abgeführt. Ist dieses nicht erhältlich, dann läßt sich der Paraffinbildung auch durch Zusatz eines Gemischs aus Benzin und Zweitaktöl vorbeugen. Nur Normalbenzin kommt hier in Frage; kein Super, wegen dessen höherer Oktanzahl oder Klopffestigkeit. Die Verwendung von Benzin muß sich auf 25% beschränken. Füllen Sie das Benzin vor dem Tanken in den Kraftstoffbehälter, damit es sich gleich richtig vermischt. Durch den Benzinzusatz wird die Motorleistung abnehmen. (Mit Benzin im Tank sollte der Motor nur mäßig belastet werden.) Um der Eisbildung durch im Kraftstoff eventuell vorhandenes Wasser vorzubeugen, darf bis zu 0,5% Brennspiritus hinzugefügt werden. Paraffinbildung läßt sich auch vermeiden, indem man den Kraftstoff erwärmt. Natürlich nicht schon im Kraftstoffbehälter, denn das wäre unwirtschaftlich, sondern man erwärmt nur den Kraftstoff, der aus dem Behälter herausgesaugt wird.

Man baut in die Leitung zwischen Kraftstoffbehälter und Filter eine Heizung mit eingebautem Widerstand ein, der mit zwei Temperaturfühlern verbunden ist. Der eine Fühler schaltet den Widerstand ein, wenn die Temperatur unter 275 K sinkt, der andere schaltet den Widerstand aus, wenn die Kraftstofftemperatur im Anwärmblock 344 K beträgt. Eine solche Anwärmvorrichtung darf natürlich nicht in einer Benzin- oder Gasleitung angebracht werden.

Schmutz und Wasser:

Die Dieseleinspritzvorrichtung ist ein besonders empfindliches Präzisionsgerät. Schon kleinste Schmutzteilchen können unreparierbaren Schaden anrichten. Das Tanken sauberen Kraftstoffs, das pünktliche Erneuern des Kraftstofffilters und das rechtzeitige Ablassen des Wassers, welches sich unten im Kraftstofffilter ansammelt, sind unbedingt notwendige Maßnahmen. Wer seinen Kraftstoff selbst in einem überirdischen Tank lagert, muß diesen leicht schräg aufstellen und an der tiefsten Stelle einen Ablaßhahn einbauen, an dem Schmutz und Kondenswasser abgezapft werden können. Der Hahn zur Entnahme des Kraftstoffs muß höher liegen als der soeben genannte Ablaßhahn. Ferner muß der Tank überdacht sein. Nach dem Füllen des Tanks sollte man wenigstens 24 Stunden warten, ehe man Kraftstoff entnimmt, damit Schmutzteilchen sich am Tankboden absetzen können.

Auch wenn beim Tanken kein Wasser mit hereinkam, kann im Kraftstoffbehälter des Fahrzeugs dennoch Wasser sein. Dieses stammt aus der Luft im Kraftstoffbehälter, und es kondensierte am kalten Metall des Behälters. Dieser Kondenswasserbildung kann man vorbeugen, indem man häufiger tankt, also schon bei halbleerem Kraftstoffbehälter. Ferner ist es günstiger abends zu tanken statt morgens.

Da Gasöl leichter ist als Wasser, befindet sich das Wasser am Boden des Behälters, und deshalb .empfiehlt es sich, hin und wieder die Ablaßschraube am Tankboden herauszuschrauben und eventuell vorhandenes Wasser und Schmutz abfließen zu lassen. Ist keine Ablaßschraube vorhanden, so kann man versuchen, Schmutz und Wasser mit einem durchsichtigen dünnen Schlauch herauszusaugen.

21.2 Funktion des 4-Takt-Dieselmotors

Ansaugtakt:

Das Einlaßventil ist geöffnet, das Auslaßventil geschlossen. Der Kolben bewegt sich vom OT zum UT. Durch den dabei entstehenden Unterdruck wird Luft angesaugt. Also kein Luft-/Kraftstoffgemisch, wie beim Benzinmotor.

Verdichten:

Ein- und Auslaßventil sind geschlossen. Der Kolben bewegt sich vom UT zum OT. Die Luft wird komprimiert. Dadurch erhitzt sie sich und kann, je nach Verdichtungsverhältnis, eine Endtemperatur bis zu 973 K (700 °C) erreichen. Beim Benzinmotor ist dies nur 673 K (400 °C).

Arbeitstakt:

Ein- und Auslaßventil sind geschlossen. Unter sehr hohem Druck wird Kraftstoff in

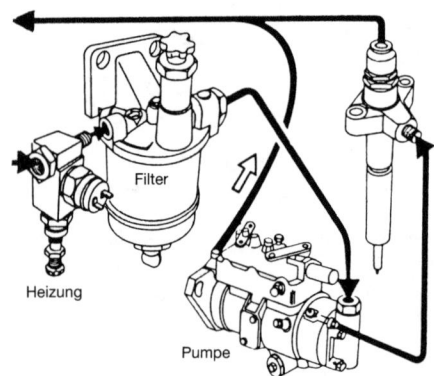

Abb. 21.2: Die Heizung muß **vor** dem Kraftstofffilter angebracht sein.

die stark zusammengepreßte und erhitzte Luft gespritzt und zerstäubt. Infolge der hohen Lufttemperatur entzündet sich der zerstäubte Kraftstoff selbst. Durch den Druckanstieg als Folge der Verbrennung, also der Wärmeentwicklung, wird der Kolben vom OT zum UT gedrückt. Im Gegensatz zum Benzinmotor, bei dem die Verbrennung rasch erfolgt, verläuft diese beim Dieselmotor nur allmählich. Das hat zur Folge, daß der Druck auf den Kolben während der Verbrennung ungefähr konstant bleibt, obwohl der Kolben sich abwärts bewegt.

Ausschieben:

Einlaßventil geschlossen, Auslaßventil offen. Der Kolben bewegt sich vom UT zm OT und schiebt dabei die Abgase hinaus.

21.3 Funktion des 2-Takt-Dieselmotors

Obwohl sie im Pkw nicht verwendet werden, seien die Zweitakt-Dieselmotoren hier der Vollständigkeit halber ebenfalls beschrieben. Wir betrachten den Zweitaktmotor mit Ventilen (Abb. 3).

Da auch ein Zweitakt-Diesel nur Luft ansaugt, bietet sich die Möglichkeit, den Zylinder gründlicher zu spülen, und dies ist dem Benzin-Zweitakter gegenüber ein erheblicher Vorteil, zumal Luft nichts kostet. Zweitakt-Dieselmotoren sind deshalb oftmals auch noch mit einem Spülkompressor ausgerüstet.

Der Kolben geht vom UT zum OT. Im UT sind die Auslaßventile (zuweilen vier pro Zylinder) offen und die Spülöffnungen sind frei. Die Abgase werden durch die vom Kompressor hereingepreßte Luft weiter herausgetrieben. Der Zylinder wird gründlich gespült und mit Luft gefüllt. Bei der Aufwärtsbewegung des Kolbens schließt dieser zuerst die Einlaßöffnungen und gleich darauf die Auslaßöffnungen. Die eingeschlossene Luft wird verdichtet. Unmittelbar ehe der Kolben den OT erreicht, wird der Kraftstoff eingespritzt. Die Verbrennung sorgt dafür, daß der Kolben abwärts gedrückt wird. Ehe der Kolben den UT erreicht, öffnen sich die Auslaßventile, so daß die Abgase schon herausströmen können. Wenn der Kolben gleich darauf die Einlaßöffnungen freigibt, hilft die hereinströmende Luft dabei, die Abgase vollständig herauszudrücken. Beim Zweitakt-Diesel spielt das Kurbelgehäuse also nicht die Rolle, wie beim Benzinmotor.

Der Zweitaktmotor macht also je Zylinder

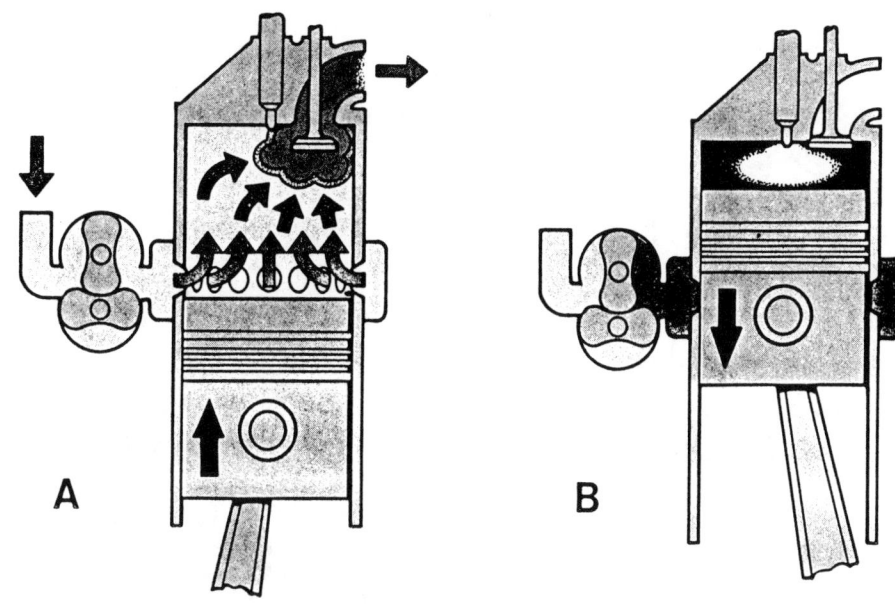

Abb. 21.3: Funktion des Zweitaktmotors mit Auslaßventilen
A Auslaß und Spülung   B Arbeitstakt

und je Umdrehung einen Arbeitstakt. So macht ein Zweitakt-Vierzylindermotor pro Kurbelwellenumdrehung 4 Arbeitstakte.

Bei einem Zweitaktmotor ohne Ventile erfolgt auch das Ausschieben durch Schlitze in der Zylinderwand.

Der Wirkungsgrad eines Zweitakt-Dieselmotors ist besser als der eines Zweitakt-Benzinmotors. Schließlich gibt es ja keinen Kraftstoffverlust, und die Zylinder werden sehr gründlich gespült.

Der Zweitakt-Diesel erbringt im Verhältnis zu einem vergleichbaren Viertakt-Dieselmotor mit gleichem Zylinderinhalt und gleicher Drehzahl eine größere Leistung und ein größeres Drehmoment. Dem steht aber gegenüber, daß der Viertakter weniger Kraftstoff verbraucht und voraussichtlich eine längere Lebensdauer hat.

21.4 Kraftstoffsystem:

Dieses besteht aus dem Kraftstoffbehälter (Abb. 26) mit dem darin enthaltenen Grobfilter, den Einspritz- und Rücklaufleitungen, der Förderpumpe, dem Feinfilter, der Hochdruck-Einspritzpumpe und den Einspritzdüsen.

Die Kraftstofförderpumpe saugt den Kraftstoff aus dem Tank und schiebt ihn zur Einspritzpumpe. Diese befördert den Kraftstoff unter hohem Druck durch die Düsen in die Zylinder. An jede Düse ist eine Rücklaufleitung angeschlossen, durch welche der Leckkraftstoff in den Kraftstoffbehälter zurückfließt. Da die För-

derpumpe mehr Kraftstoff herbeischafft als verbraucht wird, hat auch die Einspritzpumpe eine Rücklaufleitung. Durch den ständigen Kraftstoffdurchfluß wird das Kraftstoffsystem gekühlt, die Dampfblasenbildung verhindert, und manche Ausführungen werden auch automatisch entlüftet.

Einspritzleitungen:

Diese können in recht merkwürdigen Formen gebogen sein. Sämtliche Leitungen müssen schließlich gleichlang sein, um allen Zylindern die gleiche Kraftstoffmenge zuzuführen. Während des Einspritzens dehnen sich die Leitungen, und dadurch würden ungleiche Längen zu einer Differenz an eingespritzter Kraftstoffmenge führen. Zu jeder Leitungslänge wäre auch ein eigenes Druckentlastungsventil erforderlich, was im weiteren Text noch verdeutlicht wird. Wenn eine neue Leitung montiert werden muß, dann muß diese auch von gleichem Innendurchmesser und gleicher Wandstärke sein, wie die ursprüngliche. Dünnere Leitungen erhöhen den Strömungswiderstand. Einspritzleitungen dürfen niemals in warmem Zustand verbogen werden. Durch das Erwärmen bilden sich auch an der Innenseite Oxidationsschuppen, und wenn diese sich lösen, so können sie die Düsen ernsthaft beschädigen. Gebrochene Einspritzleitungen sind oftmals auf nicht spannungsfreie Montage zurückzuführen. Falsch ist es auch, wenn man eine Leitung, die bereits auf einer

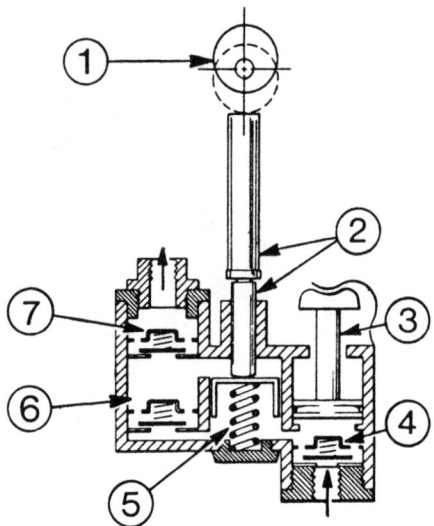

Abb. 21.4: Einfachwirkende Kolbenförderpumpe
1 Nockenwelle, 2 Druckstift
3 Handbedienung, 4 Einlaßventil
5 Druckfeder, 6 Abführventil
7 Auslaßventil

Seite fest verschraubt wurde, beim Anziehen der Überwurfmutter mit Gewalt auf ihren Platz bringt.

Kraftstoff-Förderpumpen

Kraftstoff-Förderpumpen können als Membranpumpe, einfach- oder doppelwirkende Kolbenpumpe ausgeführt sein. Ferner gibt es Förderpumpen als Flügelzellenpumpe und Zahnradpumpe (Cummins PT-System). Die Membranpumpe wirkt in gleicher Weise wie die Benzinpumpe.

Die Funktion der einfachwirkenden Kolbenpumpe geht aus der Abb. 4 hervor. Bewegt sich der Kolben durch Feder 5 aufwärts, dann
öffnet sich Ventil 4, und unter dem Kolben wird Kraftstoff angesaugt. Zugleich öffnet sich Ventil 7, wodurch der sich über dem Kolben befindende Kraftstoff zur Einspritzpumpe gedrückt wird. Ventil 6 schließt sich dann. Bewegt sich der Kolben durch die Nockenwelle abwärts, dann schließt sich 4 und öffnet sich 6, so daß der Kraftstoff sich vom Raum unterhalb des Kolbens in den oberen Raum bewegt. Da der Druckstift in seiner tiefsten Stellung mehr Volumen als in der höchsten Stellung beansprucht, wird bei der Abwärtsbewegung des Kolbens eine geringe Kraftstoffzufuhr erfolgen. Auch bei der Kolbenpumpe ist die Kraftstoffzufuhr vom Verbrauch abhängig. Der Kolben steigt unter dem Einfluß der Feder nur soviel, wie Kraftstoff verbraucht verwendet man eine doppelwirkende Kol-

wurde. Mit Hilfe des Kolbens 3 kann man Kraftstoff von Hand pumpen und das System entlüften.

Bei Motoren mit größerem Kraftstoffbedarf

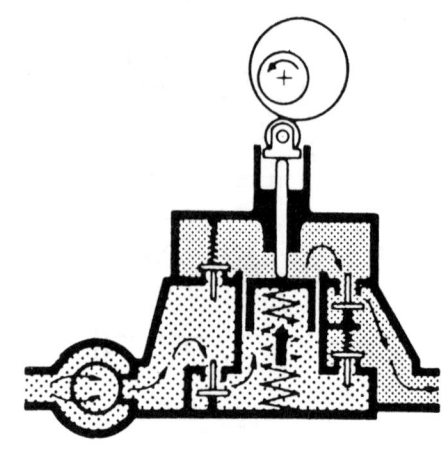

Abb. 21.5: Doppelwirkende Kolbenpumpe (Bosch)

benpumpe (Abb. 5).
Flügelzellenpumpen als Förderpumpen finden wir in Verteilereinspritzpumpen. Im Pumpenrotor, der im Pumpengehäuse exzentrisch aufgestellt ist, befinden sich zwei verschiebbare Flügel. Bei Drehung des Rotors vergrößert sich der Raum zwischen den beiden Flügeln auf der Einlaßseite. Es entsteht Unterdruck, und dadurch wird Kraftstoff angesaugt. Dieser

wird zwischen den Flügeln mitgenommen, bis er auf der Auslaßseite infolge der Raumverkleinerung zwischen den Flügeln hinausgeschoben wird.

Eine Zahnradpumpe funktioniert in gleicher Weise, wie die Zahnradölpumpe.

Bei den meisten Verteilereinspritzpumpen wird die eingebaute Flügelzellenpumpe durch eine Membran-Kraftstoffpumpe gespeist. Dadurch ist man weniger abhängig vom Höhenunterschied zwischen dem Kraftstoffbehälter und der Einspritzpumpe sowie vom Widerstand der Leitungen und des Filters.

Filter:

Es gibt austauschbare Filtereinsätze und Filter, die insgesamt ausgewechselt werden. Letztere haben den Vorteil, daß sich die Reinigung des Filtergehäuses erübrigt. Bei rotierenden Einspritzpumpen ist die Filterstütze, an die das Filterelement geschraubt ist, mit einer Handpumpe zur Entlüftung des Kraftstoffsystems versehen (Abb. 6). Dies ist z.B. nach der Erneuerung des Filters notwendig. Zur Entlüftung des Filters wird die Entlüftungsschraube ein wenig gelokkert, und dann wird der Hebel solange auf und ab bewegt, bis Kraftstoff ohne Luftbläschen ausströmt. Dann wird die Entlüftungsschraube wieder angezogen, während man weiterpumpt.

Um zu verhindern, daß Wasser in die Einspritzpumpe gelangt, haben die Filter un-

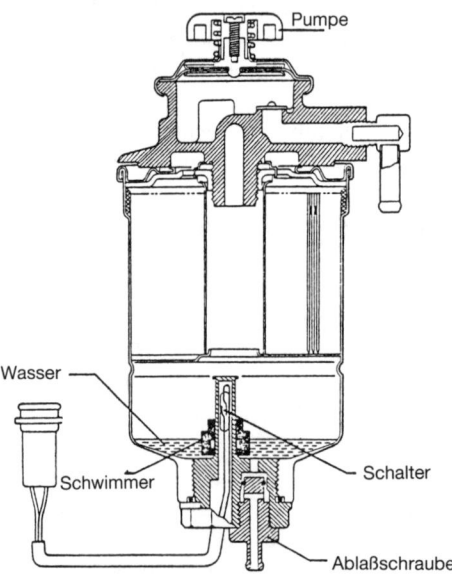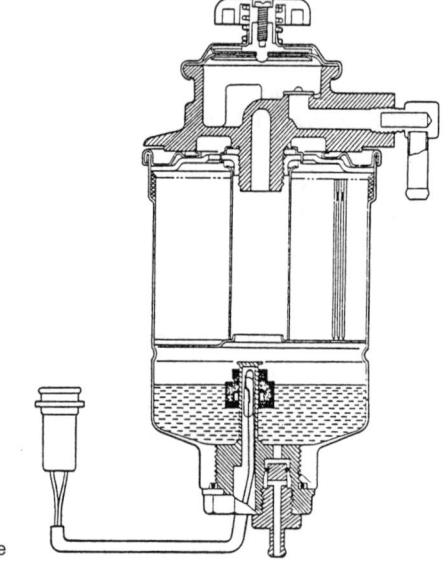

Abb. 21.6: Kraftstofffilter mit Warnsystem für zu hohen Wasserstand und oben einer Handpumpe zum Entlüften (Mitsubishi)

ten einen Wassersammelraum mit Ablaß-
stopfen. Das Wasser sollte alle 5000 km
abgelassen werden. Es gibt Kraftstofffilter
mit einem Warnsystem für zu hohen Wasserstand (Abb. 6). Ein Schwimmer, der auf
dem Wasser treibt, betätigt durch das
Schließen von ReedKontakten eine Warnlampe oder ein akustisches Signal. Manche Schwimmer sperren auch die Kraf-
stoffzufuhr.

Aufgabe der Einspritzpumpe:
– Den Kraftstoff mit dem erforderlichen
  Druck zu den einzelnen Düsen zu
  pumpen.
– Der Einspritzdruck muß so hoch sein,
  daß der Kraftstoff sich als feiner Nebel
  in der komprimierten Luft ausbreitet.
– Die Menge des zugeführten Kraftstoffs
  muß ganz präzise bemessen sein.
– Jedem Zylinder muß jeweils die gleiche
  Kraftstoffmenge zugeführt werden.
– Die Einspritzdauer muß bei allen Zylin-
  dern gleich sein.
– Mit der Motorbelastung muß auch die
  Menge des einzuspritzenden Kraftstoffs
  geändert werden.
– Das Einspritzen muß plötzlich einsetzen und aufhören.
– Während der gesamten Einspritzdauer
  muß der Kraftstoff mit gleichmäßigem
  Druck herbeigeschafft werden.
– Das Einspritzen muß im richtigen Au-
  genblick beginnen, und der Einspritzbe-
  ginn muß in der Funktion der Motor-
  drehzahl und -belastung verstellbar
  sein.
– Bei maximaler Motorbelastung darf die
  Rauchgrenze nicht überschritten
  werden.

21.5 Konstruktion und Funk-
tion der Reihen-Einspritz-
pumpe

Abb. 7 zeigt den Ein- und Aufbau eines
Einspritzelementes. Der Pumpenkolben
wird über den Rollenstößel durch die Nokkenwelle in der Pumpe nach oben bewegt.
Die Kolbenfeder drückt den Kolben wieder
nach unten. Die Nockenwelle wird durch
den Motor angetrieben, und zwar bei einem Viertakter mit der Hälfte der Motordrehzahl. Beim Zweitaktmotor ist die
Drehzahl des Motors und der Nockenwelle der Pumpe gleich.
Wenn der Kolben die niedrigste Stellung

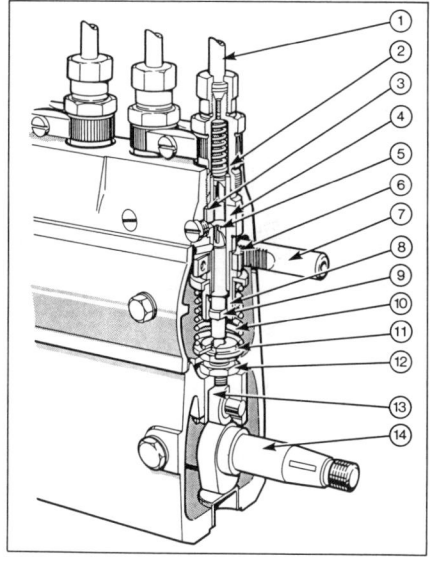

Abb. 21.7: Einspritzpumpe von Ford
1 Einspritzleitung
2 Druckentlastungsventil
3 Kraftstoffgang, 4 Zylinder
5 Pumpenkolben, 6 Zahnsegment
7 Regelstange, 8 Regelhülse
9 Mitnehmernocken, 10 Rückdruckfeder
11 Federteller, 12 Phasenregelung
13 Rollenstößel
14 Antriebsnockenwelle

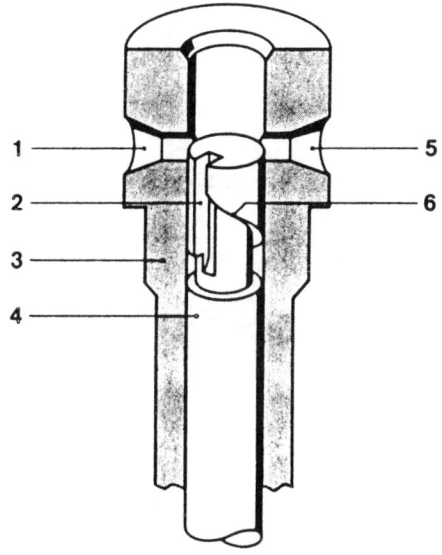

Abb. 21.8: Kolben von Reihenpumpe im
Gehäuse
1 Zufuhröffnung
2 Längsnut oder Entlastungsnut
3 Zylinder, 4 Pumpenkolben
5 Steueröffnung
6 Steuerkante oder Helix

erreicht und Zulauf- und Steueröffnung
frei sind, strömt Kraftstoff durch den Druck
der Kraftstoff-Förderpumpe in den Zylin-

der oberhalb des Kolbens und durch die
Längsnute im Kolben auch unter die Steuerkante, die man auch als Helix bezeichnet. Von dem Augenblick an, in dem die
Oberkante des sich nach oben bewegenden Kolbens die beiden Öffnungen sperrt
(Abb. 9), wird sowohl über dem Kolben als
auch unterhalb der Steuerkante ein Druck
aufgebaut. Das Druckventil öffnet sich,
und der Kraftstoff wird zur Einspritzdüse
gepreßt. Das dauert solange, bis die Steuerkante die Steueröffnung freigibt. Der
Einspritzdruck fällt dann ab, weil der Kraftstoff zurückfließt. Während der weiteren
Aufwärtsbewegung des Kolbens wird kein
Kraftstoff mehr eingespritzt. Bewegt sich
der Kolben wieder abwärts, dann strömt
anfangs Kraftstoff durch die Längsnute
über den Kolben. Das geht solange, bis
die Steuerkante die Zufuhr sperrt. Anschließend entsteht im Pumpenzylinder
ein Unterdruck, bis die Oberkante des Kolbens die Zulauf- und Steueröffnung wieder freigibt.
Die Menge des einzuspritzenden Kraftstoffs wird durch Verdrehen des Kolbens
geregelt. Je weiter der Kolben nach links
gedreht ist, desto länger dauert es, bis die
Steuerkante die Steueröffnung freigibt,
und um so mehr Kraftstoff wird eingespritzt. Steht die Längsnute der Steueröffnung gegenüber, dann kann oberhalb des
Kolbens kein Druck aufgebaut und somit
kein Kraftstoff eingespritzt werden.
Der Kolben wird durch Verschieben der
Regelstange gedreht. Dadurch verdreht
sich das Zahnsegment, welches auf die
Regelhülse geklemmt ist. Mittels des
Schlitzes in der Regelhülse und des Mit-
nehmernockens am Kolben wird der Kolben mitgedreht.

Kolbenarten:
Manche Kolben haben statt einer Steuerkante einen Steuerschlitz (Abb. 10). Bei
einem Kolben mit untenliegender Steuerkante ist der Einspritzbeginn gleich, aber
das Einspritzende variabel. Bei einem Kolben mit obenliegender Steuerkante (Abb.
11) ist es umgekehrt. Es gibt auch Kolben
mit unten- und obenliegender Steuerkante
Manche Kolben haben eine Startnute, die
nur in Startstellung wirkt, also wenn die
Startnute sich gegenüber der Steueröffnung befindet. Die Kraftstoffzufuhr wird
dann später beendet, und somit beginnen
auch der Druckaufbau und das Einspritzen später. Inzwischen hat der Kolben die

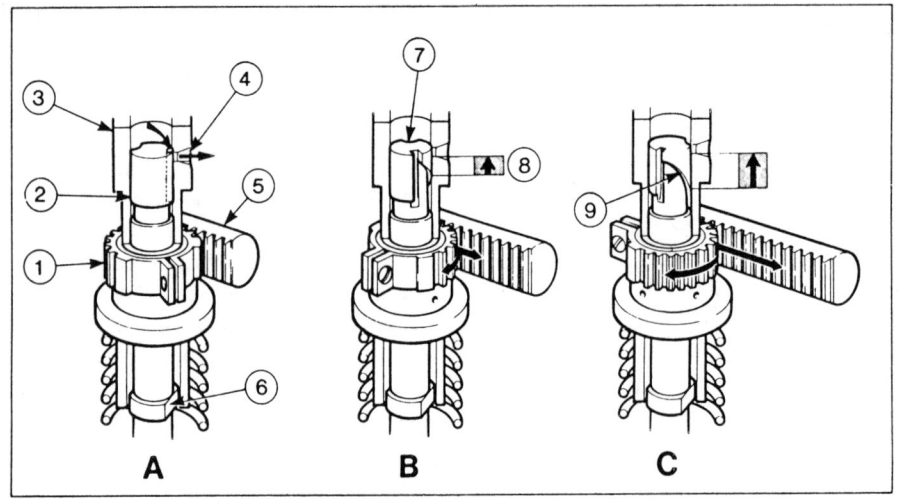

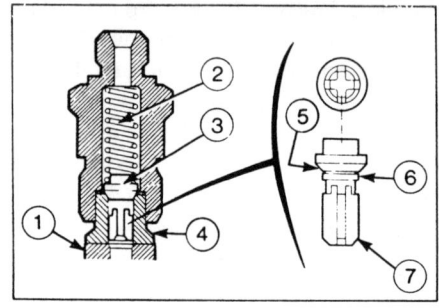

Abb. 21.13: Druckentlastungsventil
1 Zylinder, 2 Feder
3 Druckentlastungsventil
4 Ventilhalter, 5 Abschlußfläche
6 Entlastungsteil, 7 Leitung

Abb. 21.9: Funktion des Verstellmechanismus

1 Zahnsegment	5 Regelstange	9 Steuerkante
2 Pumpenkolben	6 Mitnehmernocken	A Keine Kraftstoffeinspritzung
3 Zylinder	7 Startnut	B Teileweise Zufuhr
4 Steueröffnung	8 effektiver Hub	C Maximale Zufuhr

Luft im Zylinder stärker komprimiert. Die Luft ist also dementsprechend heißer, so daß der eingespritzte Kraftstoff sich leichter entzündet. Kolben mit Startnute finden sich vor allem bei Turbomotoren, weil diese Motoren infolge des Nachlaufens des Turbo bei der Startdrehzahl noch nicht soviel Luft aufgenommen haben.

Druckventil:
Dieses sitzt in einer Ventilführung über

den einzelnen Einspritzelementen. Es hat die Aufgabe, die Düsennadel sich rasch schließen zu lassen, ein Nachtropfen zu verhindern und in der Einspritzleitung einen Druck aufrechtzuerhalten. Dazu hat das Ventil eine konische Verschlußfläche

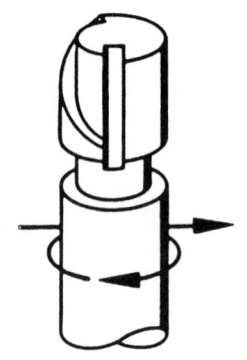

Abb. 21.11: Kolben mit untenliegender Steuerkante

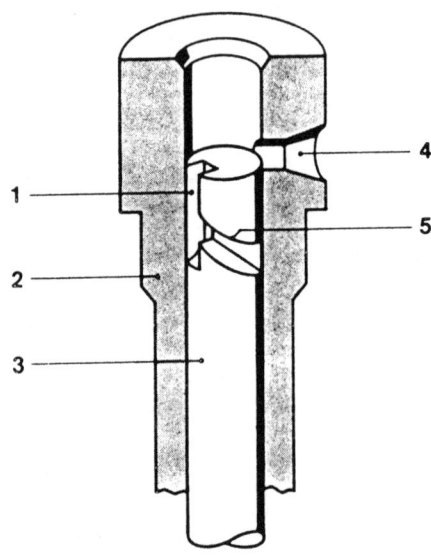

Abb. 21.10: Kolben mit Steuerschlitz
1 Längsschlitz, 2 Zylinder
3 Pumpenkolben
4 Steueröffnung
5 Steuerschlitz

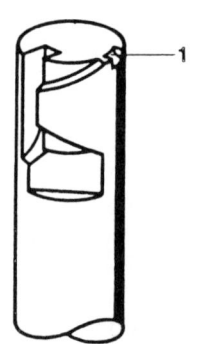

Abb. 21.12: Kolben mit unten- und obenliegender Steuerkante und Startnut (1)

und einen zylindrischen Entlastungsteil. Während der Kraftstoffeinspritzung wird das Ventil so angehoben, daß der Entlastungsteil in das Volumen der Hochdruckeinspritzleitung gelangt. Durch den hohen Einspritzdruck dehnt sich die Leitung. Würde man zum Verschließen der Einspritzleitung am Ende des Preßtaktes z.B. ein einfaches Kugelventil verwenden, so würde die Leitung zwar gut und schnell verschlossen, aber beim Wiedereinfedern der Einspritzleitung würde die Kraftstoffmenge, die der Volumenverminderung entspricht, nicht kompensiert werden. Das würde dazu führen, daß die Düse nachtropft. Der Entlastungsteil verhindert dies. Am Ende des Einspritzvorgangs und vor dem Verschließen der Einspritzleitung durch die Abschlußfläche des Entlastungsventils schiebt sich der Entlastungsteil aus der Einspritzleitung. Falls der Entlastungsteil ein Volumen hat, das dem Dehnungsvolumen der Einspritzleitung gleich ist, fällt der Druck in der Leitung ab, woraufhin die Abschlußfläche die Leitung verschließt. Es sei darauf hingewiesen, daß das Entlastungsventil und die Einspritzleitung aufeinander abgestimmt sind und daß man daran nichts ändern darf.

Drehzahlregler:
Im Gegensatz zum Benzinmotor kommt der Dieselmotor nicht ohne Drehzahlregler aus. Das liegt daran, daß der Dieselmotor immer mit einem Luftüberschuß arbeitet und nicht selbstdrosselnd ist, wie der Benzinmotor. Will die Motordrehzahl beim letzteren, z.B. durch eine verringerte innere Reibung, bei gleicher Drosselklappenstellung ansteigen, so führt dies unverzüglich zu einer schlechteren Zylinderfüllung, und dadurch fällt die Drehzahl

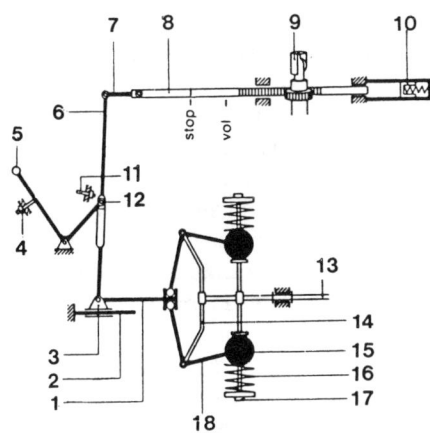

Abb. 21.14: Funktion des Fliehkraft-Leer-
lauf- und Enddrehzahlreglers
(Bosch)

1 Verbindungsstift, 2 Führungsstift
3 Gleitblock, 4 Stoppanschlag
5 Bedienungshebel, 6 Regelhebel
7 Verbindungsstück
8 Regelstange, 9 Pumpenkolben
10 Einfedernder Regelstangenanschlag
11 Vollastanschlag, 12 Gleitstift,
13 Pumpennockenwelle, 14 Regelnabe,
15 Fliehkraftgewichte, 16 Regelfeder,
17 Stellmutter, 18 Winkelhebel

gleich wieder ab. Das Umgekehrte spielt
sich ab, wenn es Einflüsse gibt, welche
die Motordrehzahl verringern wollen. Der
Benzinmotor arbeitet also selbstregelnd.
Der Dieselmotor kann ohne Drehzahlregler nicht ständig in der eingestellten Drehzahl laufen, obwohl die Regelstange stehen bleibt. Nehmen wir einmal an, daß ein
Dieselmotor ohne Drehzahlregler in kaltem Zustand gestartet würde und man ihn
im Leerlauf arbeiten ließe. Wenn der innere Widerstand, ebenso wie der der anzu-
treibenden Teile, durch das Warmlaufen
abnimmt, dann wird der Motor bei gleicher
Stellung der Regelstange ein wenig beschleunigen. Das ist auch der Fall bei den
Kolben der Einspritzpumpe. Dadurch gibt
es an diesen Kolben weniger Leckverluste, und demzufolge wird mehr Kraftstoff
eingespritzt, was zum schnelleren Lauf
des Motors führt usw. ..., bis der Motor
auseinanderfliegt. Der Drehzahlregler
sorgt durch Verschieben der Regelstange
dafür, daß bei zunehmender Drehzahl weniger und bei abnehmender Drehzahl
mehr Kraftstoff eingespritzt wird. Es gibt
zentrifugal, pneumatisch, hydraulisch und

elektronische gesteuerte Regler.
Je nach Funktion des Motors begegnen
uns:
– Endregler. Dieser regelt nur die
Höchstdrehzahl;
– Leerlauf- und Endregler. Die Dreh-
zahlen zwischen Leerlauf und
Höchstdrehzahl werden durch den
Regler nicht geregelt;
– Regler für alle Drehzahlen.
Dem Rahmen dieses Buches entspre-
chend behandeln wird den durch Flieh-
kraft gesteuerten Leerlauf- und Endregler
sowie den pneumatisch gesteuerten
Regler.
Wirkung des Fliehkraft-Leerlauf- und En-
dreglers:
Diese Regler finden sich meist in größeren
Dieselmotoren. In der schematischen
Wiedergabe (Abb. 14) sind die einzelnen
Elemente zu erkennen. Das Gaspedal ist
mit dem Betätigungshebel verbunden. Die
Nockenwelle der Pumpe treibt die Regelnabe an. Darin sind die beiden Hebel mit
den daranhängenden Fliehkraftgewichten
gelagert. Wird der Betätigungshebel in
Richtung »mehr Gas« bewegt, dann verschiebt sich der Gleitstift im Regelhebel
nach unten. Der Scharnierpunkt des Regelhebels kommt in eine tiefere Lage, wodurch seine Hebelwirkung an die Fliehkraft der Gewichte angepaßt wird. Diese
steigt mit dem Quadrat ihrer Drehzahlen.
In der Leerlaufstellung ist die Hebelwirkung so, daß die Fliehkraftgewichte doch
noch hinlängliche Verstellkraft liefern können. Der Regelstangenanschlag, der fest
oder federnd sein kann, begrenzt die Voll-
astmenge an Kraftstoff. Tritt der Fahrer
beim Starten des kalten Motors voll aufs
Gaspedal, dann wird auch die Feder des

Regelstangenanschlags vollständig eingedrückt. Dem Motor wird dann eine zusätzliche Kraftstoffmenge eingespritzt, wie
sie zu einem flotten Kaltstart erforderlich
ist.
Springt der Motor an und läßt der Fahrer
das Gaspedal los, dann sorgt der Regler
weiterhin dafür, daß die eingestellte Leerlaufdrehzahl nicht überschritten wird. Dabei entsteht ein Gleichgewicht zwischen
den Leerlauffedern (Abb. 15) und der
Fliehkraft der Gewichte. Steigt die Motordrehzahl, dann bewegen die Fliehkraftgewichte sich nach außen, wodurch die Regelstange sich in Richtung »weniger Kraftstoffeinspritzung« verschiebt. Bei nach-
lassender Motordrehzahl spielt sich das
Entgegengesetzte ab. Im Leerlaufbereich
wirken nur die Leerlauffedern. Oberhalb
der Leerlaufdrehzahl liegen die Fliehkraftgewichte am inneren Federteller an. Zwischen Leerlauf- und Höchstdrehzahl bewegen sich die Fliehkraftgewichte nicht
weiter nach außen; der Fahrer regelt die
Motordrehzahl mit Hilfe des Gaspedals.
Durch Heruntertreten des Gaspedals bewegt sich der Gleitstift mit dem Scharnierpunkt des Regelhebels nach unten und
nach vorn. Dadurch bewegt sich auch die
Regelstange nach vorn, also in Richtung
»mehr Kraftstoffeinspritzung«. Wird die
eingestellte Höchstdrehzahl überschritten,
dann bewegen die Fliehkraftgewichte sich
weiter nach außen, und die Endregelfedern werden in die Funktion einbezogen.
Auch wenn der Fahrer das Gaspedal ständig gedrückt hält, ist es also möglich, daß
die Regelstange sich durch die Wirkung
der Fliehkraftgewichte in Richtung »weniger Kraftstoffzufuhr« bewegt. In Abb. 15

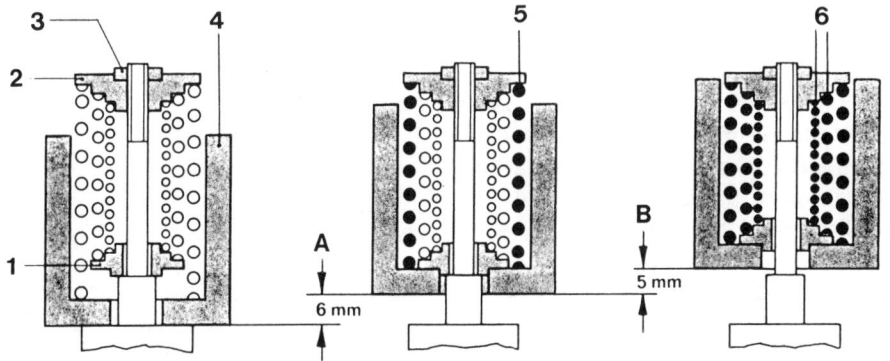

Abb. 21.15: Funktion der Fliehkraftgewichte (Bosch)

1 Innerer Federteller
2 Äußerer Federteller
3 Stellmutter
4 Fliehkraftgewichte

5 Leerlauffeder
6 Endregelfeder
A Leerlaufregelstrecke
B Endregelstrecke

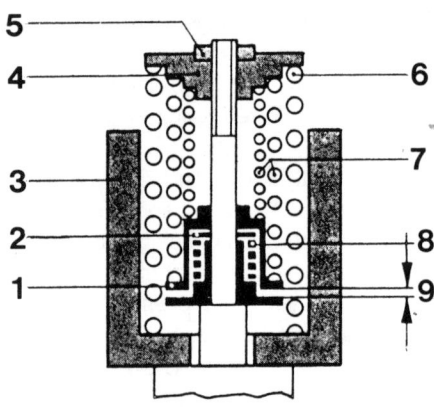

Abb. 21.16: Innerer Federteller mit Ausgleichsvorrichtung (Bosch)
1 Innerer Federteller
2 Ausgleichscheibe
3 Fliehkraftgewicht
4 Äußerer Federteller
5 Stellmutter, 6 Leerlauffeder
7 Endregelfedern, 8 Ausgleichfeder
9 Ausgleichstrecke

ist die Leerlaufregelung 6 mm und der Endregelweg 5 mm. Da die Zylinderfüllung mit steigender Drehzahl ungünstiger wird, dient der innere Federteller meist auch als Ausgleichsvorrichtung (Abb. 16). Eine eingearbeitete Ausgleichsfeder macht es möglich, daß die Fliehkraftgewichte sich schon vor der Endregelung ein wenig nach außen bewegen. So wird die eingespritzte Kraftstoffmenge auf die verminderte Luftfüllung der Zylinder reduziert. Auf diese Weise wird auch die Bildung schwarzen Qualms vermieden.

Funktion des pneumatischen Reglers:
Dieser für alle Drehzahlen vorgesehene Regler besteht aus zwei großen Teilen, dem Membranblock und dem Drosselklappengehäuse. Mit dem Gaspedal bedient der Fahrer die Drosselklappe. Damit beim Starten mehr Kraftstoff zur Verfügung steht, wird der federnde Vollastanschlag durch den scharnierenden Hebel im Membranblock eingedrückt. Die Regelfeder bekommt so Gelegenheit, die Membrane und die damit verbundene Regelstange weiter in Richtung Vollast zu verschieben.
Springt der Motor an und gibt der Fahrer das Gaspedal frei, so schließt die Drosselklappe das Venturirohr fast vollständig ab. Dadurch entsteht in der Unterdruckkammer ein ausreichend starker Unterdruck, um die Regelstange, dem Federdruck ent-

gegen, in den Leerlauf zu ziehen. Würde die Motorbelastung bei gleicher Stellung des Gaspedals ansteigen, die Motordrehzahl also zurückgehen, dann würde weniger Luft angesaugt und der Unterdruck vermindert. Die Regelfeder bekommt die Möglichkeit, die Regelstange in Richtung »mehr Kraftstoffeinspritzung« zu schieben. Würde die Motorbelastung bei gleicher Stellung des Gaspedals abnehmen, so nimmt der Unterdruck zu, und die Regelstange wird weiter in Richtung »Abstellen« gezogen. Auf diese Weise sorgt der Regler dafür, daß die eingestellte Leerlaufdrehzahl eingehalten wird.
Drückt der Fahrer das Gaspedal ganz herunter, dann herrscht in der Unterdruckkammer nur ein geringer Unterdruck, und die Regelfeder schiebt die Regelstange auf Vollast. Überschreitet der Motor die Höchstdrehzahl, dann verschiebt die Regelstange sich durch den zunehmenden Unterdruck in Richtung »Abstellen«. Auch jede Drehzahl zwischen Leerlauf und Maximum wird durch den pneumatischen Regler konstant gehalten.
Zum Abstellen des Motors wird die Regelstange in die Abstellposition gezogen.

Sicherung gegen Starten in entgegengesetzter Drehrichtung:
Um zu verhindern, daß der Dieselmotor in entgegengesetzter Richtung startet, kann

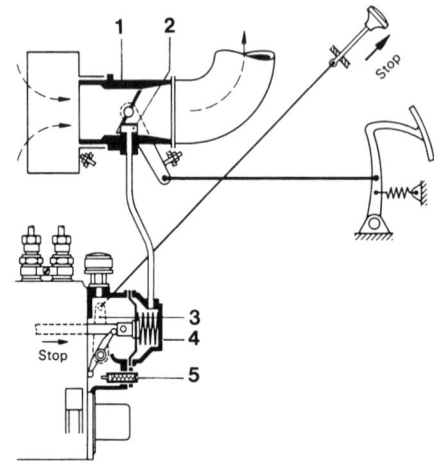

Abb. 21.17: Funktion des pneumatischen Reglers (Bosch). (Hier ist die Abstell-Stellung wiedergegeben)
1 Drosselklappengehäuse
2 Zusätz. Venturi
3 Start- und Stopphebel
4 Membranblock
5 Vollastanschlag

man die Einspritzpumpe mit einer rücklaufsicheren Nockenwelle ausrüsten. Damit erfolgt das Einspritzen bei Änderung der Drehrichtung während des Ausschiebetaktes. Würde ein Motor mit pneumatischem Regler, aber ohne zusätzliches Venturirohr, falsch herum starten, so daß die Abgase durch den Einlaß ausströmen, dann würde in der Unterdruckkammer ein Überdruck entstehen, der die Regelstange so stark in Richtung Vollast drückt, daß sie nicht mehr in die Stoppstellung zu bekommen wäre. Durch das zusätzliche Venturirohr bleibt der Regler in Funktion, und der Motor kann normal zum Stillstand gebracht werden.
Durch Montage eines Rückschlagventils mit exzentrischer Welle zwischen Drosselklappe und Einlaßsammler wird ebenfalls verhindert, daß der Motor falsch herum startet. Die durch den Einlaß ausströmenden Abgase würden das Rückschlagventil dicht schieben.

P-Grad:
Fällt bei einem Motor, der in der höchsten Vollastdrehzahl läuft, die Belastung plötzlich aus, aber bleibt das Gaspedal in derselben Stellung stehen, so wird die Motordrehzahl ansteigen, bis genügend Fliehkraft oder Unterdruck gebildet wurde, um die Regelstange in Richtung Leerlauf zu verschieben. Der Anstieg ist eine Folge des P-Grades oder Proportionalitätswertes (Ungleichförmigkeitsgrades) des Reglers. Er gibt also an, wie hoch die Drehzahl eines Dieselmotors bei der Einstellung der oberen Vollastdrehzahl (nominalen Drehzahl) ansteigt. Die Berechnung erfolgt so:

$$\delta = \frac{n_o - n_v}{n_v} \times 100\%$$

Darin ist:
δ = P-Grad
n_o = unbelastete Höchstdrehzahl
n_v = belastete Höchstdrehzahl
Beispiel in Pumpendrehzahlen:
n_o = 1100, n_v = 1030

$$\delta = \frac{1100 - 1030}{1030} \times 100 = 6,7\%$$

Automatische Einspritzsteuerung
Ebenso wie bei Benzinmotoren muß auch beim Dieselmotor der Zeitpunkt des Einspritzens um so mehr vorverlegt werden, je weiter die Motordrehzahl ansteigt. Man erhält dadurch eine wirtschaftlichere Verbrennung, eine günstigere Zusammenset-

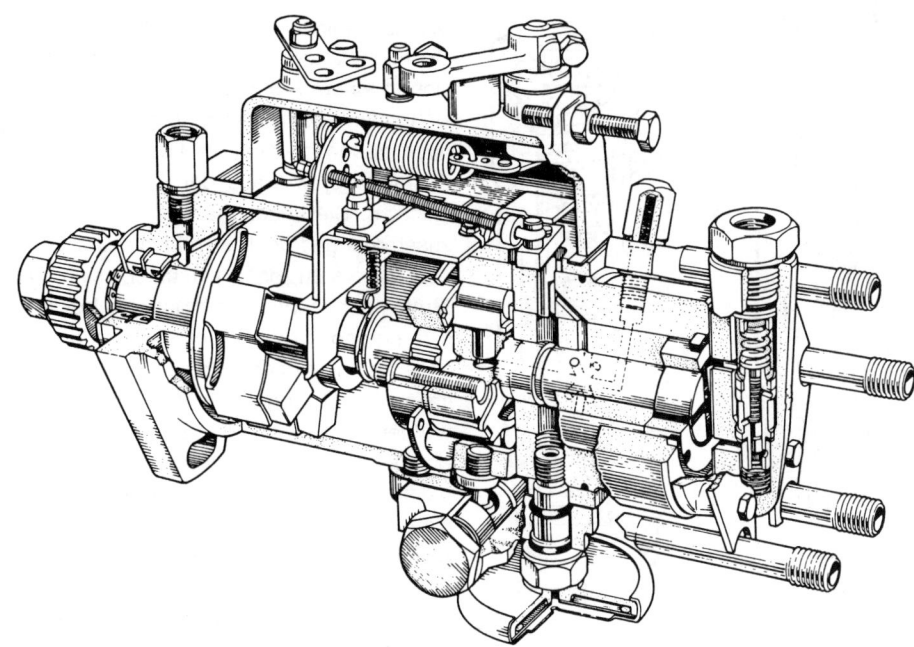

Abb. 21.18: Konstruktion der DPA-Verteilereinspritzpumpe von CAV

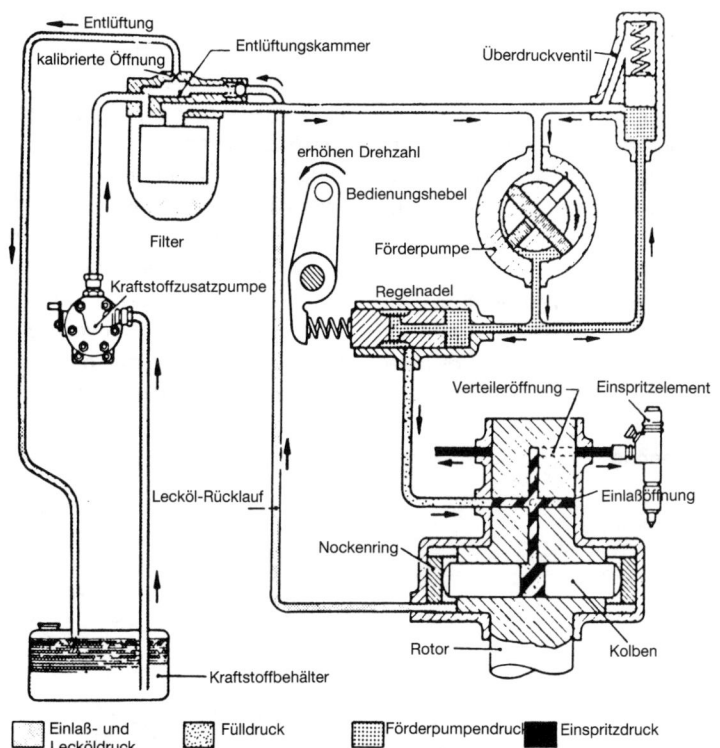

Abb. 19: Schematische Darstellung des Treibstoffkreislaufs bei einer CAV-Verteilereinspritzpumpe

zung der Abgase und verringert den Einfluß der Zündverzögerung. Meist ist der Mechanismus zur Vorverlegung an der Nockenwelle der Einspritzpumpe angebracht. Bei wachsender Drehzahl bewegen Fliehkraftgewichte sich gegen den Federdruck nach außen. Die Gewichte verdrehen Exzenter, die ihrerseits die Nabe, also die Pumpenwelle, in Drehrichtung

verstellen.

21.6 Konstruktion und Funktion der DPA-Verteilereinspritzpumpe von CAV

Eine Verteilerpumpe ist ganz anders konstruiert als eine Reihenpumpe. Anhand der schematischen Darstellung (Abb. 19)

läßt sich die Funktion verfolgen. Die Kraftstoffzusatzpumpe saugt Kraftstoff aus dem Tank und schiebt ihn durch den Filter zur Kraftstoffpumpe. Diese befördert ihn über die Regelnadel zum Verteilerrotor mit Nockenring und Kolben. Bewegen die Kolben sich einwärts, so wird der Kraftstoff durch eine Düse in die Brennkammer gespritzt.

Die Kraftstoffpumpe, die hinten an der Einspritzpumpe befestigt ist, liefert viel mehr Kraftstoff als der Motor verbraucht. Die überschüssige Kraftstoffmenge wandert über das Überdruckventil erneut zum Einlaß der Kraftstoffpumpe. Das Überdruckventil sorgt dafür, daß die Kraftstoffpumpe für jede Drehzahl den angemessenen Druck liefert. Dieser ist auch wichtig zum richtigen Funktionieren des eventuellen hydraulischen Reglers und für die Bewegung des Nockenrings. Wenn die Einspritzpumpe und demnach auch die Kraftstoffpumpe in Betrieb ist (Abb. 20), wird der Kolben oben gegen die Druckregelfeder gedrückt (Abb. 20c) und drückt die Feder zusammen, so daß ein Teil des Kraftstoffs zur Einlaßseite der Kraftstoffpumpe entweichen kann. Bei zunehmendem Kraftstoffpumpendruck wird die Druckregelfeder weiter zusammengedrückt, und es kann mehr Kraftstoff entweichen. Beim Entlüften des Kraftstoffsystems von Hand drückt der Kolben die Entlüftungsfeder zusammen (Abb. 20b), so daß der Kraftstoff durch die Öffnung entweichen kann, die mit der Auslaßseite der Kraftstoffpumpe und mit dem Inneren der Einspritzpumpe in Verbindung steht. Entlüften durch die stillstehende Kraftstoffpumpe ist ja nicht möglich.

Verteilerrotor – Kolben – Nockenring:

Der Rotor wird durch die Pumpenantriebswelle angetrieben. Die Kraftstoffpumpe schiebt Kraftstoff in die Kanäle des Verteilerrotors und zwischen die Kolben, wenn einer der vier radialen Einlaßkanäle im Rotor gegenüber dem Einlaßkanal im Pumpengehäuse steht. In diesem Augenblick sind die Auslaßkanäle gesperrt. Dreht sich der Rotor weiter, dann schließt sich der Einlaßkanal, während ein Auslaßkanal sich öffnet. Inzwischen sind die Rollen mit den Nocken im Nockenring in Kontakt gekommen. Dadurch werden die Rollen und die Kolben nach innen gedrückt, so daß Kraftstoff unter hohem Druck zu den angeschlossenen Düsen gepreßt wird.

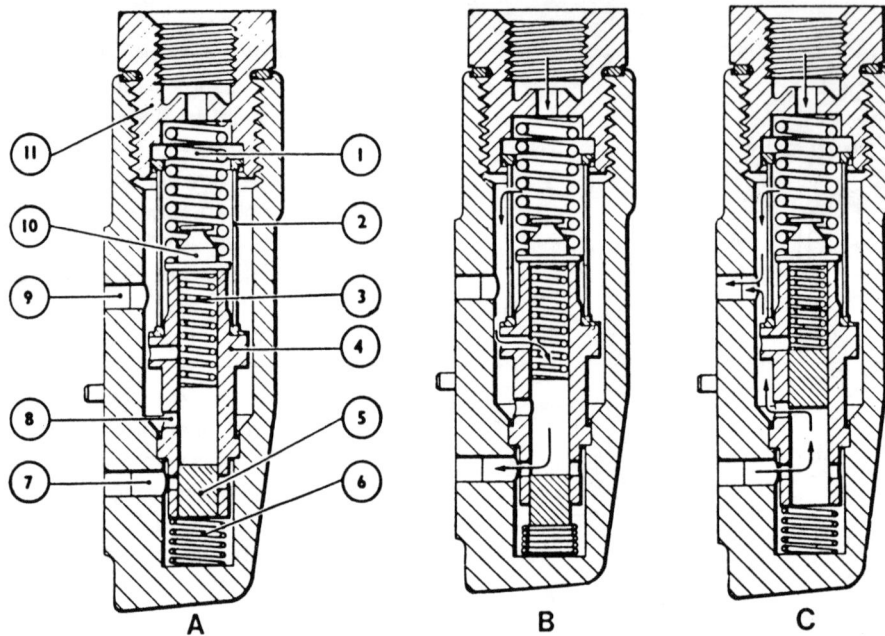

Abb. 21.20: Funktion des Druckregelventils (CAV)

1 Druckfeder	5 Kolben	9 Einlaßseite Förderpumpe
2 Filter	6 Entlüftungsfeder	10 Federteller
3 Druckregelfeder	7 Auslaßseite Förderpumpe	11 Kraftstoffanschluß
4 Zylinder	8 Rückflußöffnung	

Regelung des Einspritzmoments:

Je mehr Kraftstoff zwischen die Kolben gelangt, desto weiter werden diese nach außen gedrückt. Sie kommen also auch früher nach innen, und das Einspritzen beginnt früher. Bei abnehmender Motorbelastung verzögert sich der Einspritzbeginn. Das Einspritzende ist immer gleich. Der in der Abb. 22 wiedergegebene Verfrühungsmechanismus verfrüht den Einspritzbeginn im Verhältnis zur Motordrehzahl. Je schneller der Motor läuft, desto größer ist der Kraftstoffpumpendruck und desto mehr verschiebt sich Kolben B nach rechts. Der Nockenring dreht sich also entgegen der Drehrichtung des Rotors mit den Kolben. So berühren die Rollen die Nocken früher. Im Ruhezustand drücken die Federn den Kolben B nach links.

Drehzahlregler und Dosiernadel:

Die Fliehkraftgewichte (Abb. 23) befinden sich in einem Käfig, und sie verschieben sich nach rechts, wenn die Muffe sich nach außen bewegt. Im Leerlauf ist der Zustand so, wie aus der Abbildung ersichtlich. Die Leerlauffeder ist also nicht zusammengedrückt. Nimmt die Drehzahl des Motors zu, dann verschiebt sich die Muffe nach rechts. Der Kipphebel bewegt sich entgegen dem Druck der Leerlaufregelfeder unten nach rechts und oben nach links. Die Bewegungen des Kipphebels werden durch die Verbindungsstange auf die Dosiernadel übertragen, die dadurch weniger Kraftstoff zum Rotor fließen läßt. Gibt der Fahrer Gas, dann wird die Reglerfeder angezogen, die Leerlauffeder völlig zusammengedrückt und die Dosiernadel anschließend durch den Kipphebel und die Verbindungsstange auf mehr Kraftstoffförderung gedreht. Steigt die Drehzahl über die eingestellte hinaus, dann werden die Fliehkraftgewichte den Kipphebel wieder entgegen der Zugkraft der Reglerfeder bewegen und somit die Dosiernadel drehen, so daß diese weniger Kraftstoff durchläßt.

Bei einer Verteilerpumpe kann kein Kraftstoff eingespritzt werden, wenn die Pumpe falsch herum läuft. Das Timing zwischen dem Nockenring und der Auslaßöffnung ist dann gestört, und der Druck der Kraftstoffpumpe fällt unverzüglich ab.

Es sei noch gesagt, daß das Pumpeninnere stets vollständig mit Kraftstoff gefüllt ist.

Abb. 21.21: Funktion von Verteilerrotor – Kolben – Nockenring

Einlaß an der Dosiernadel, Auslaß zu den Düsen

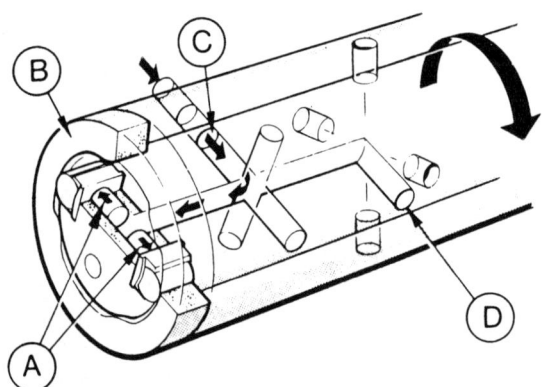

Rotor wird mit Kraftstoff gefüllt
A Kolben (bewegen sich nach außen)
B Nockenring
C Einlaßkanal (geöffnet)
D Auslaßkanal (geschlossen)

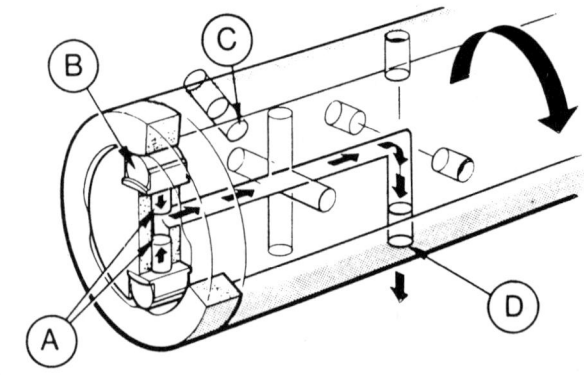

Preßtakt
A Kolben (bewegen sich nach innen)
B Rolle (durch Nocken nach innen gedrückt)
C Einlaßkanal (geschlossen)
D Auslaßkanal (geöffnet)

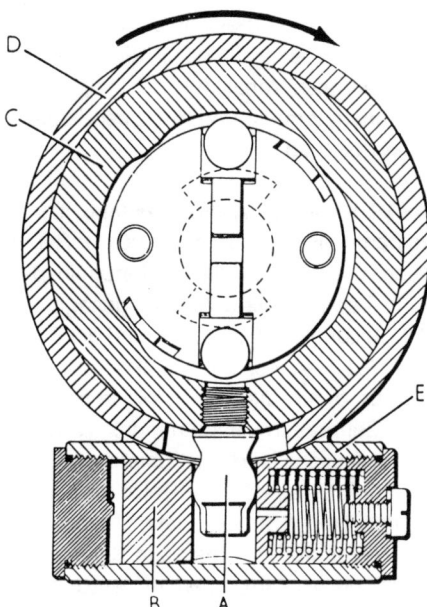

Abb. 21.22: Regelung des Einspritzzeit-
punktes (CAV)
A Kugelschraube, B Kolben
C Nockenring
D Pumpengehäuse,
E Zylinder

21.7 Konstruktion und Funktion der DPA-Verteilereinspritzpumpe mit Tandemkolben

Die zuvor behandelte DPA-Einspritzpumpe kann keinen zusätzlichen Kraftstoff für den Kaltstart liefern. Das kann der Typ mit Tandemkolben dagegen wohl. Der Rotor ist hier mit 2 Kolbenpaaren ausgerüstet, von denen jedes aus einem Kolben mit großem und einem mit kleinem Durchmesser besteht. Mit dem Kolben mit großem Durchmesser wird die normale Kraftstoffmenge eingespritzt. Zwischen die Kolben mit kleinem Durchmesser, man bezeichnet sie auch als Startkolben, gelangt nur während des Startens Kraftstoff.

Abb. 21.23: Drehzahlregler und Dosiernadel (CAV)

1 Leerlauffeder 2 Reglerfeder
3 Bedienungshebel
4 Verbindungsstück
5 Dosiernadelhebel
6 Verbindungsstange
7 Einlaß, 8 Dosiernadel
9 Kipphebelträger, 10 Feder
11 Antriebswelle, 12 Muffe
13 Fliehkraftgewichte, 14 Kipphebel
15 Leerlauffederteller
16 Abstellhebelstange
17 Exzenterwelle
18 Abstell-Betätigungshebel

Wenn der Motor einmal läuft, sorgt der Kraftstoffpumpendruck dafür, daß ein Regelkolben sich so entgegen dem Federdruck verschiebt, daß zwischen die Startkolben kein Kraftstoff mehr gelangen kann. Von diesem Augenblick an drehen die Startkolben sich lose mit herum.

Elektromagnetischer Verschluß
Ein Dieselmotor wird zum Stehen gebracht, indem man die Kraftstoffeinspritzung beendet. Bei der Reiheneinspritzpumpe werden die Kolben so gedreht, daß oberhalb der Kolben kein Druck mehr aufgebaut wird. Bei der Verteilereinspritzpumpe kann der Motor abgestellt werden, indem die Regelnadel so gedreht wird, daß sie keinen Kraftstoff mehr durchläßt. Moderne Verteilerpumpen sind mit einem elektromagnetischen Verschluß ausgerüstet (Abb. 24 und 26). Solange die Zündung eingeschaltet ist, bleibt der Elektromagnet erregt. Durch Abschalten der Zündung bricht das Magnetfeld zusammen, und eine Federventil sperrt die Kraftstoffzufuhr zum Verteilerrotor.

21.8 Konstruktion und Funktion der DPC-Verteilereinspritzpumpe von RotoDiesel

Diese Pumpe, die der DPA-Pumpe sehr ähnlich ist, hat eine andere automatische Vorrichtung für die zusätzliche Kraftstoffzufuhr, die man zum Kaltstart benötigt. Der maximale Ausschlag der beiden

Kolben wird durch eine sogen. Rauchabstellplatte (Abb. 25) begrenzt. Diese ist an den Enden verzahnt, und auch die Rollenhalter sind verzahnt. Im Leerlauf und im Ruhezustand werden die Rollenhalter durch eine Feder so in ihrer Längsrichtung verschoben, daß die Verzahnungen ineinandergreifen. Die Kolben und Rollenhalter können sich so weiter nach außen bewegen, so daß mehr Kraftstoff eingespritzt wird, wenn die Kolben sich weiter aufeinander zubewegen. Nachdem der Motor einmal läuft, wirkt die Kraftstoffpumpe über ein 'Mehr-Kraftstoff-Ventil' auf die in Linksrichtung der Pumpe beweglichen Kolben ein, die ihrerseits die Rollenhalter dem Federdruck entgegen wieder in die Ruhestellung bringen und die Kolben auseinanderschieben. Mit der Regelschraube kann die maximale Kraftstoffzufuhr geregelt werden.

21.9 Konstruktion und Funktion der VE-Verteilereinspritzpumpe von Bosch

In dieser Pumpe (Abb. 26) unterscheiden wir die folgenden Teile: Förderpumpe, Drucksteuerventil, Hochdruckpumpe (Verteilerrotor), Fliehkraftregler mit Antriebszahnrädern, Einspritzvorversteller und elektromagnetischer Kraftstoffverschluß. Auch diese Pumpe ist wartungsfrei. Ihre sämtlichen beweglichen Teile werden durch den Kraftstoff geschmiert, welcher durch die Pumpe fließt.

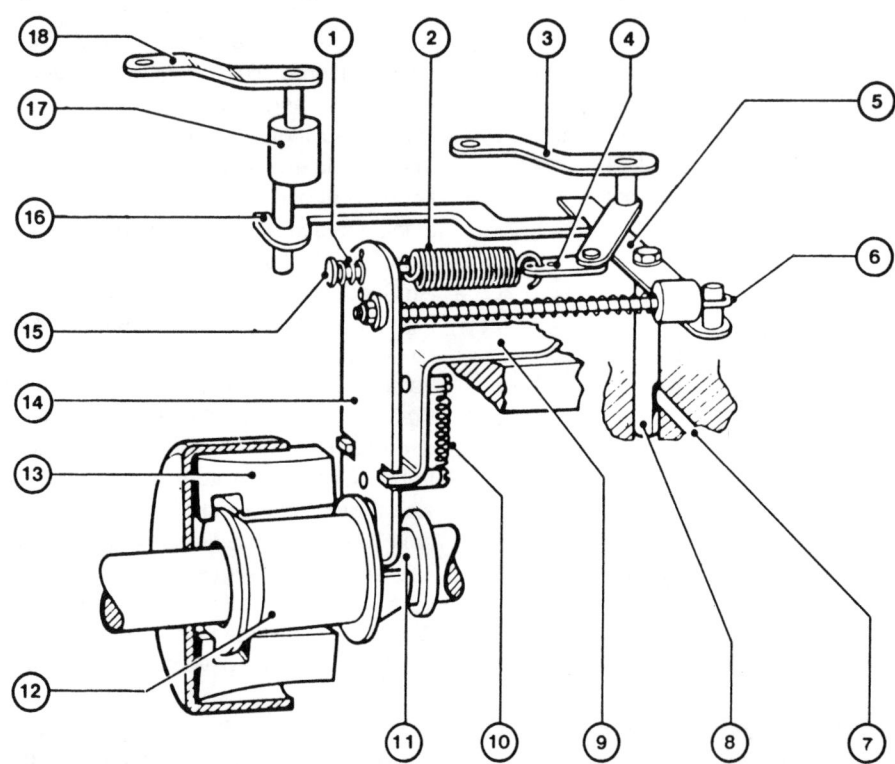

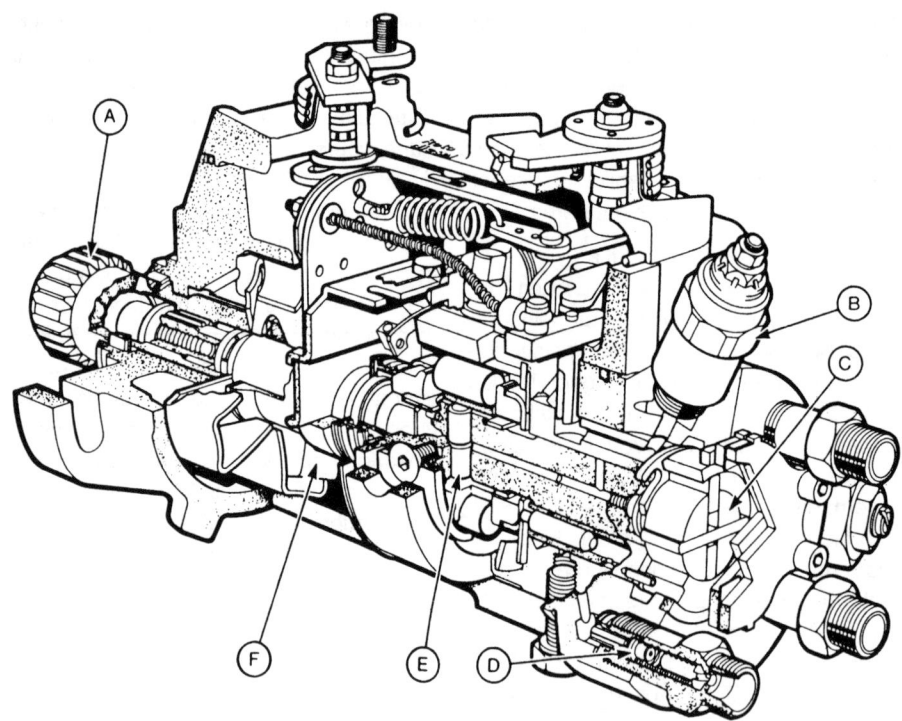

Abb. 21.24: Konstruktion und Funktion der DPC Verteilereinspritzpumpe von Roto-Diesel

A Antriebszahnrad
B elektromagnetischer Verschluß
C Förderpumpe
D Druckentlastungsventil
E Kolben
F Fliehkraftgewichte

Wie bei den übrigen Pumpen füllt die Kraftstoffpumpe die Einspritzpumpe mit Kraftstoff. Der Pumpendruck wird durch das Druckregelventil geregelt. Da die Kraftstoffpumpe mehr Kraftstoff zuführt als verbraucht wird, fließt ein Teil des Kraftstoffs zum Einlaß der Kraftstoffpumpe zurück und ein anderer Teil durch die Rückflußleitung, die an den höchsten Teil der Pumpe angeschlossen ist, in den Kraftstoffbehälter zurück. Der durchfließende Kraftstoff verursacht die ständige

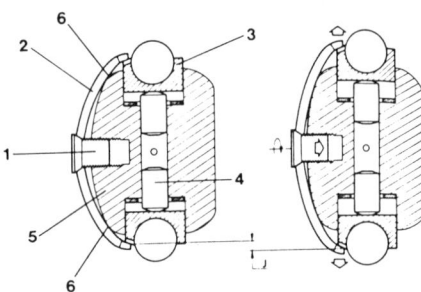

Abb. 21.25: Funktion der Rauchstopplatte

1 Regelschraube, 2 Rauchstopplatte
3 Rollenhalter, 4 Kolben
5 Rotor, 6 Stützpunkt
J Hubverlängerung der Kolben durch
Eindrehen der Regelschraube

Kühlung von Kraftstoff und Pumpe, und er sorgt für eine fortwährende Entlüftung des Kraftstoffsystems.

Die Antriebswelle treibt nicht nur die Kraftstoffpumpe an, sondern auch die Nockenscheibe mit Verteilerrotor. Die Nockenscheibe hat so viele Nocken, wie der Motor Zylinder hat. Sie läuft auf Rollen, die im Rollenhalter angebracht sind. Der Verteilerrotor bewegt sich also nicht nur im Kreis, sondern auch hin und her. Eine Feder sorgt dafür, daß die Nockenscheibe ständig gegen die Rollen gedrückt bleibt. Wenn die Nockenscheibe und der Verteilerrotor sich ganz links befinden, dann befindet sich vorn im Rotor gegenüber dem Einlaßkanal unter dem elektronischen Verschluß eine Nute. Durch sie kann Kraftstoff vom Pumpengehäuse aus in den Raum vor dem Rotor und in den zentralen Kanal des Rotors fließen. Drehen sich Rotor und Nockenscheibe weiter, dann wird der Einlaßkanal verschlossen, aber zugleich bewegt sich der Rotor nach vorn, und der Kraftstoffdruck steigt an. Durch den nächsten Verteilerkanal und das Druckentlastungsventil wird der Kraftstoff zur Düse hin gedrückt.

Die Kraftstoffeinspritzung hört auf, sobald der Querkanal im Verteilerrotor sich an der

Regelbuchse vorbeischiebt. Von diesem Augenblick an fließt der Kraftstoff durch den zentralen Kanal im Rotor in das Pumpeninnere zurück, und der Einspritzdruck sinkt rasch ab.

Funktion des Fliehkraftreglers (Abb. 27)

Es hängt also von der Stellung der Regelbuchse ab, wann die Kraftstoffeinspritzung beendet wird. Anders gesagt: von der Stellung des Gaspedals und der Funktion des Reglers. Die Fliehkraftgewichte werden durch die Antriebswelle mit Hilfe von Zahnrädern angetrieben. Während des Anlassens ist die Startblattfeder nicht angedrückt, so daß der Rotor über einen großen Hub Kraftstoff liefern kann; also mehr Kraftstoff, wie es beim Kaltstart erforderlich ist. Im Leerlauf werden die Fliehkraftgewichte ein wenig nach außen bewegt, die Regelhülse nach rechts, und die Startblattfeder wird angedrückt, so daß die Regelbuchse sich ein wenig nach links bewegt. Wird die Leerlaufdrehzahl überschritten, so wird die Leerlauffeder zusammengedrückt, und die Regelbuchsenfeder bewegt sich weiter nach links, so daß weniger Kraftstoff eingespritzt wird. Beim Gasgeben wird die Reglerfeder je nach Stellung des Gaspedals zusammengedrückt.

Die Regelbuchse bewegt sich nach rechts, und es wird mehr Kraftstoff eingespritzt. Wird die eingestellte Höchstdrehzahl überschritten, so wird die Reglerfeder durch die sich weiter nach außen bewegenden Fliehkraftgewichte weiter zusammengedrückt, und die Regelbuchse bewegt sich so weit nach links, daß der Querkanal im Rotor frei wird.

Funktion des Einspritzvorverstellers:

Je schneller der Motor läuft, desto stärker steigt auch der Kraftstoffpumpendruck an. Dadurch bewegt der Rollenhalter (Abb. 27) sich entgegen der Drehrichtung des Verteilerrotors. Die Nocken berühren die Rollen früher, und demnach wird der Kraftstoff früher eingespritzt.

Zum Erhalt eines ruhigen Leerlaufs spritzt man bei manchen Dieselmotoren den Kraftstoff im Leerlauf nach dem OT ein. Das hat aber den Nachteil, daß der Motor in kaltem Zustand nur schwer in Gang kommt und gleich nach dem Starten eine blaue Qualmwolke abgibt. Das verhindert man, indem man den Einspritzzeitpunkt während des Startens eines kalten Motors vorverlegt. Das kann von Hand geschehen oder automatisch, z.B. durch ein

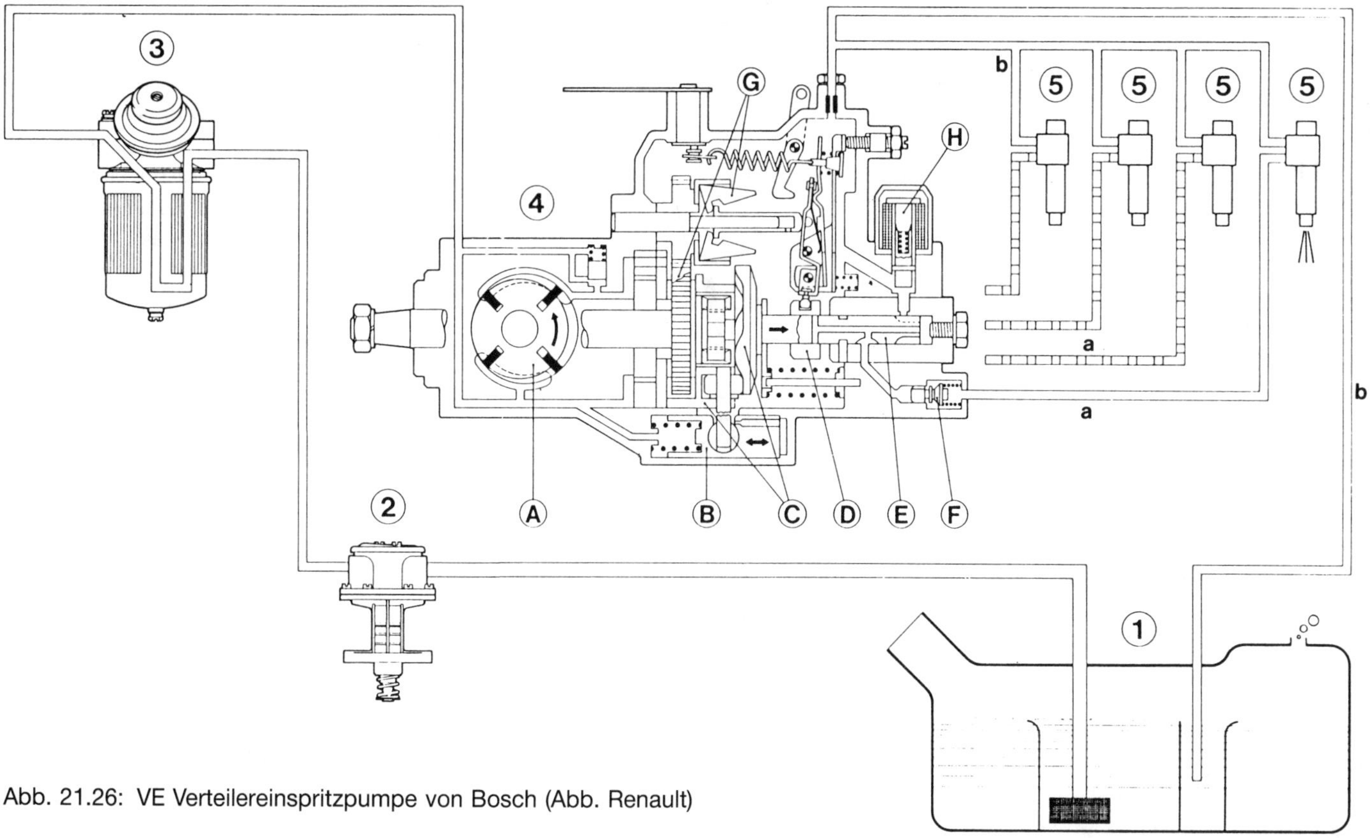

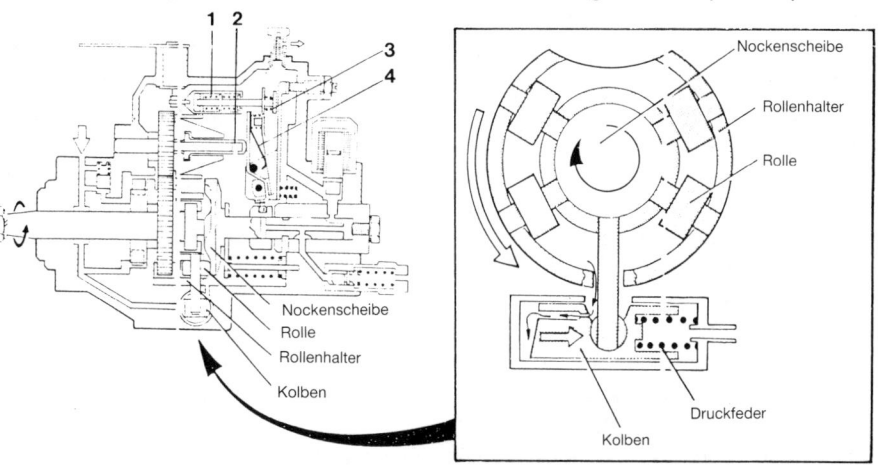

Abb. 21.26: VE Verteilereinspritzpumpe von Bosch (Abb. Renault)

1 Kraftstoffbehälter, 2 Vorpumpe
3 Feinfilter mit Handpumpe zur
  Entlüftung des Kraftstoffkreislaufs
4 Einspritzpumpe
5 Düsen
A Flügelzellenpumpe

B Drucksteuerventil
C Rollenhalter und Nockenscheibe
D Regelbuchse
E Verteilerrotor oder Kolben
F Druckentlastungsventil
G Fliehkraftregler mit Antriebszahnrädern

H Elektromagnetischer Kraftstoffverschluß
a Einspritzleitungen
b Rücklaufleitungen

Wachselement. Wenn der Motor dann wärmer wird, so sorgt die Kühlflüssigkeit dafür, daß das Wachselement sich dehnt und die Vorzündung, die für einen flotten Kaltstart notwendig ist, zurückgeht. Oberhalb einer bestimmten Drehzahl wird die eingestellte Startvorzündung durch die automatische hydraulische Vorzündung unter dem Einfluß des Kraftstoffpumpendrucks überholt.

Blauer Qualm bedeutet, daß der Kraftstoff nicht vollständig verbrennt. Schwarzer Rauch bedeutet, daß sich mangels Luft bei der Verbrennung Ruß bildet oder bei Vollastdrehzahl ein Zuviel an eingespritztem Kraftstoff.

21.10 Einstellen des Einspritzzeitpunktes

Es ist nicht möglich, dafür ein allgemeingültiges Verfahren zu beschreiben. Dazu sind die Unterschiede in den Verfahren der einzelnen Motoren zu groß.
Bei Reiheneinspritzpumpen verwendet man zur Bestimmung des Einspritzzeitpunktes einen sogen. Schwanenhals. Dieser wird am Pumpenelement des ersten

Zylinders angebracht, nachdem das Druckentlastungsventil entfernt wurde.
Während man von Hand Kraftstoff pumpt, muß die Einspritzpumpe in der richtigen Richtung gedreht werden, bis aus dem Schwanenhals kein Kraftstoff mehr austritt. Der Kolben steht dann auf dem Schnittpunkt, d.h. er sperrt die Kraftstoffzufuhr und beginnt mit dem Einspritztakt.

Zur Einstellung des Einspritzzeitpunktes

Abb. 21.27: Bosch VE Einspritzpumpe
         mit um 90° verdrehtem Rollenhalter mit Einspritzvorverlegungsmechanismus
1 Reglerfeder, 2 Regelhülse
3 Leerlauffeder, 4 Startblattfeder

einer rotierenden Einspritzpumpe verwendet man eine Meßuhr. In den meisten Fällen wird diese vor dem Verteilerrotor aufgestellt.

21.11 Düsen

Durch die Düsen wird der Kraftstoff in die Brennkammer gespritzt, und zwar durch den Kraftstoffdruck, der in der Einspritzpumpe aufgebaut wurde. In der Ab. 28 sind die Einzelteile einer Düse mit Düsenhalter deutlich erkennbar.

Der Kraftstoffdruck wirkt in der Druckkammer auf die konische Druckfläche der Düsennadel. Sobald der Kraftstoffdruck größer als der Druck der Druckfeder ist, bewegt sich die Düsennadel nach oben. Dadurch gibt die Unterkante der Düsennadel die Einspritzöffnungen frei, und der Kraftstoff wird in die Brennkammer gespritzt. Obwohl die Düsennadel sehr präzise in den Düsennadelhalter paßt, leckt entlang der Düsennadel doch einiger Kraftstoff weg. Der Leckkraftstoff sorgt dabei für die nötige Schmierung und strömt durch die Rücklaufleitung wieder in den Kraftstoffbehälter zurück. Wenn die Einspritzpumpe die Kraftstoffzufuhr abbricht, drückt die Düsenfeder die Düsennadel wieder auf ihren Sitz.

Düsennadel und -halter müssen immer gemeinsam erneuert werden.

Es gibt Lochdüsen und Zapfendüsen (Abb. 29). Abmessungen und Ausführungen, also der Einspritzstrahl, unterscheiden sich bei beiden Ausführungen entsprechend den Motoren, in denen sie eingesetzt werden. So gibt es Ein- und Mehrlochdüsen. Bei den Zapfendüsen unterscheiden sich die Zapfenformen entsprechend ihrer Verwendung. Lochdüsen verwendet man bei Motoren mit direkter Einspritzung. In diesen Motoren muß der Kraftstoff bereits während des Einspritzens möglichst gründlich zerstäubt werden. Deshalb liegt der Öffnungsdruck meist zwischen 150 und 250 Bar. Zapfendüsen verwendet man in Motoren mit Vorkammer und Wirbelkammer. Hier werden aufgrund des Verbrennungsverlaufs weniger hohe Anforderungen an die Zerstäubung gestellt. Der Einspritzdruck liegt daher im allgemeinen auch zwischen nur 110 und 150 Bar.

Der Öffnungsdruck einer Düse wird mit einem Düsentester überprüft, und er kann durch Änderung des Federdrucks eingestellt werden. Das kann man auch durch Einstellringe oder mittels einer Stell-

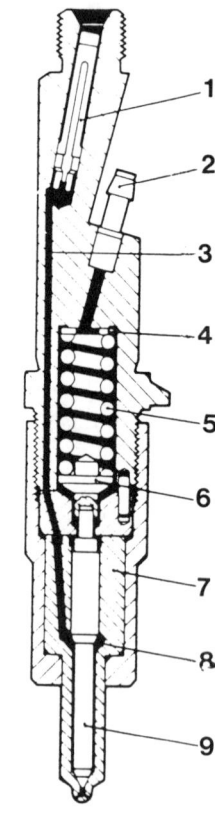

Abb. 21.28: Düse
1 Filter 2 Anschluß für Leckölleitung
3 Kraftstoffzufuhrleitung
4 Stellplatte, 5 Druckfeder
6 Federteller
7 Düsennadelhalter
8 Druckkammer, 9 Düsennadel

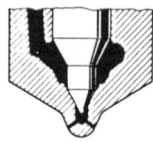 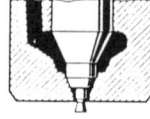

Abb 21.29: Lochdüse (links) und Zapfendüse (rechts)

schraube machen. Auch das Zerstäubungsbild muß richtig sein, und die Düse darf nach dem Einspritzen nicht nachtropfen. Die Innenleckage muß innerhalb gewisser Toleranzen liegen. Wenn der Öffnungsdruck und das Zerstäubungsbild nicht stimmen oder die Düse nachtropft, so führt dies zur unvollständigen Verbrennung und Qualmbildung.

21.12 Direkteinspritzung und Indirekteinspritzung

Bei der direkten Einspritzung (Abb. 30)

wird der Kraftstoff direkt in den Zylinder gespritzt. Die Brennkammer ist ganz im Kolben untergebracht. Die außergewöhnliche Form des Kolbenbodens hat den Zweck, eine möglichst gründliche Vermischung des Kraftstoffs mit der Luft zustandezubringen. In einem Dieselmotor mit direkter Einspritzung gibt es infolge der Oberfläche und Lage der Brennkammer weniger Verlust an Verbrennungswärme, als in einem Diesel mit indirekter Einspritzung. Der Dieselmotor mit direkter Einspritzung ist daher auch sparsamer im Verbrauch.

In einem Vorkammer-Dieselmotor (Abb. 31) wird der Kraftstoff nicht direkt in den eigentlichen Verbrennungsraum einge-

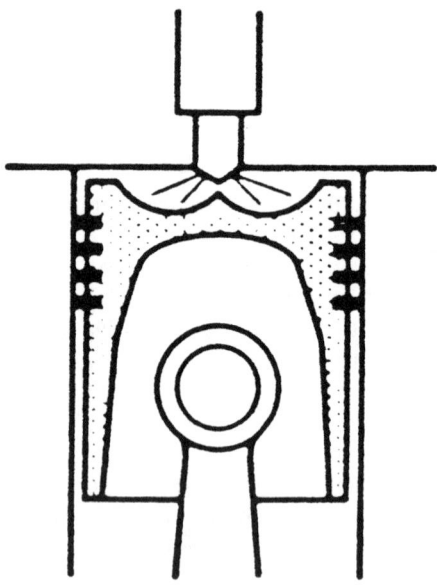

Abb. 21.30: Direkteinspritzung

spritzt, sondern in eine Vorkammer. Diese ist durch eine oder mehr Bohrungen mit dem Verbrennungsraum verbunden. Bei der Ausführung, welche die Abbildung zeigt, hat die Vorkammer einen Kugelstift, der ein besseres Vermischen von Luft und Kraftstoff bewirkt. Sobald der Kraftstoff in die Vorkammer eingespritzt wird, beginnt darin die Verbrennung. Das ist aber nur das Vorspiel zur endgültigen Verbrennung im Zylinder, weil die Vorkammer zuwenig Luft enthält, um den ganzen Kraftstoff verbrennen zu lassen. Der größte Teil der Luft befindet sich schließlich im Zylinder. Durch die teilweise Verbrennung des Kraftstoffs steigt aber der Druck in der Vorkammer. Dadurch werden die bereits entstandenen Verbrennungsgase und die

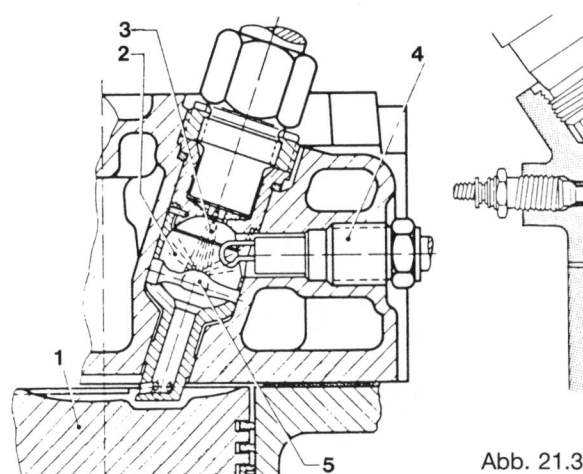

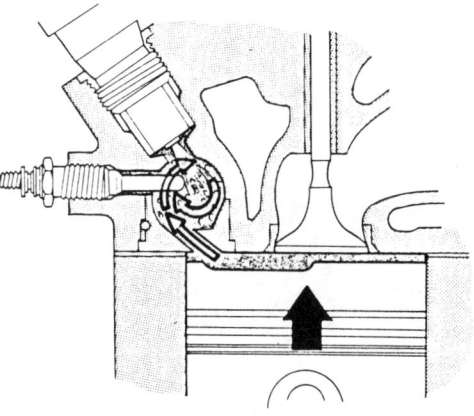

Abb. 21.32: Wirbelkammerkonstruktion

Abb. 21.31: Vorkammerkonstruktion
1 Kolben, 2 reflektierter Kraftstoff
3 eingespritzter Kraftstoff
4 Glühkerze
5 Kugelstift/Reflektor

komprimierten Luft ist bei Vor- und Wirbelkammermotoren schließlich am Ende des Verdichtungstaktes zu niedrig, um den Verbrennungsprozeß spontan einsetzen zu lassen. Das ist auf den bereits erwähnten Wärmeverlust zurückzuführen.

Das Vorheizen erfolgt mittels Glühkerzen oder Glühstiftkerzen, durch die ein elektrischer Strom fließt. Man erkennt die Glühkerze am unten befindlichen Glühdraht. Sämtliche Glühkerzen eines Motors sind in Reihe geschaltet. Glühstiftkerzen sind parallel geschaltet.

21.14 Dieselmotoren mit Lader

Die Steigerung der Motorleistung wurde bereits besprochen. Die bekanntesten Mittel dazu sind: Vergrößerung des Zylinderinhalts, Erhöhung der Drehzahl oder Verwendung eines Laders. Wegen der hohen Drücke im Dieselzylinder sind die Einzelteile schwerer. Das Gewicht der Kolben, der Pleuel und der Kurbelwelle ist daher auch das größte Hindernis bei der Erhöhung der Drehzahl, vor allem bei schwereren Dieselmotoren. Deshalb ist ein Lader das gegebene Hilfsmittel, um aus dem Diesel mehr Leistung herauszuholen. Da nur Luft angesaugt wird, verursacht die Füllung unter Druck hier viel weniger Probleme als beim Benzinmotor. Man kann also die Motorleistung und das

noch nicht verbrannten Kraftstoffteilchen mit großer Kraft durch die Verbindungsbohrungen in den Zylinder gepreßt. Auf diese Weise werden Luft und Kraftstoff zur Hauptverbrennung im Zylinder gründlich vermischt. Der Druck, mit dem der Kraftstoff in die Vorkammer eingespritzt wird, kann ungefähr 1/3 niedriger sein als bei der direkten Kraftstoffeinspritzung.

Auch beim Wirbelkammerverfahren (Abb. 32) erfolgt die Verbrennung in zwei Abschnitten. Gegen Ende des Verdichtungstaktes befindet sich fast die ganze komprimierte Luft in der Wirbelkammer. Durch die Stellung des Lufteinlasses der Wirbelkammer und deren innere sphärische Form wird die Luft darin intensiv herumgewirbelt, und der Kraftstoff wird schnell und gründlich mit ihr vermischt. Die Verbindung zwischen der Wirbelkammer und dem Zylinder ist etwas geräumiger als bei der Vorkammer. Ein Motor mit Wirbelkammer verbraucht weniger Kraftstoff als der Vorkammermotor, aber mehr als der Motor mit direkter Einspritzung.

Wegen der größeren Wärmeverluste in Vor- und Wirbelkammermotoren, vor allem durch die größere Wandfläche des gesamten Verdichtungsraums, müssen diese mit einem höheren Verdichtungsdruck arbeiten, und der spezifische Kraftstoffverbrauch ist höher. Durch die starken Luftwirbelungen, die in Vor- und Wirbelkammermotoren auftreten, sind Luft und Kraftstoff in sehr kurzer Zeit miteinan-

der vermischt. Deshalb finden wir diese Systeme vor allem auch in schnelllaufenden Pkw.

Motoren mit Wirbelkammer laufen geschmeidiger als Vorkammermotoren, und auch das Dieselklopfen ist leiser.

21.13 Glühkerze und Glühstiftkerzen

Obwohl Vor- und Wirbelkammermotoren mit einem höheren Verdichtungsverhältnis arbeiten als Dieselmotoren mit direkter Einspritzung, lassen sich die erstgenannten beim Kaltstart nur dadurch schnell in Gang setzen, daß man die Vor- oder Wirbelkammer vorwärmt. Die Temperatur der

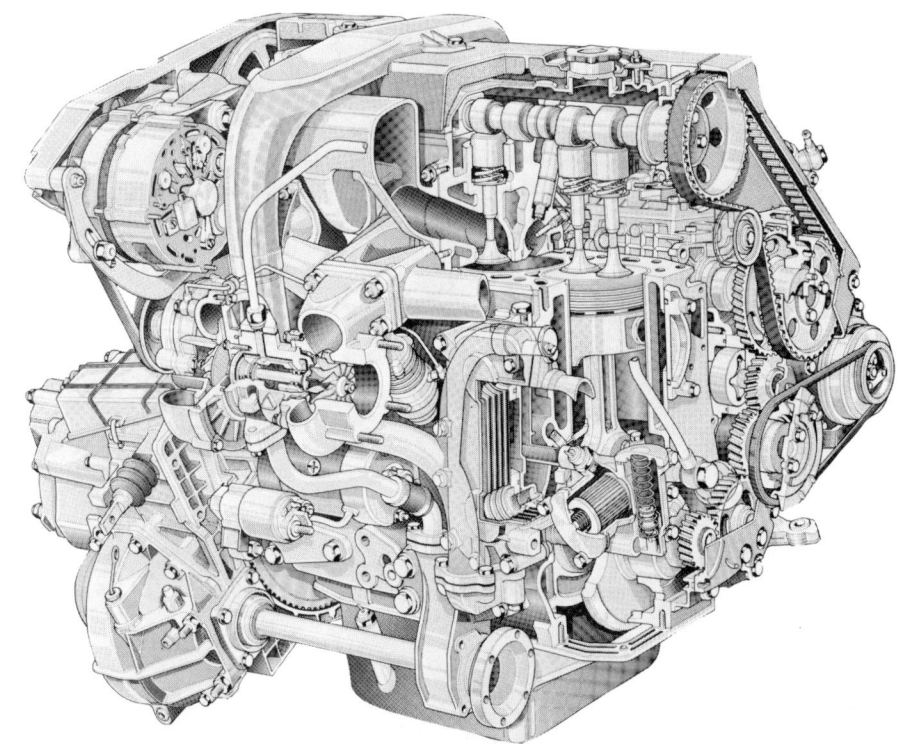

Abb. 21.33: Lancia Turbodieselmotor mit Turbolader

Drehmoment erheblich steigern und dabei die Sparsamkeit des Dieselmotors nutzen. Je mehr Luft der Verbrennungsraum enthält, desto mehr Kraftstoff kann eingespritzt werden. Der durchschnittliche Nutzdruck auf die Kolben steigt deutlich, das maximale Drehmoment erhält man bei niedrigerer Drehzahl, der spezifische Kraftstoffverbrauch ist im allgemeinen günstiger und die Verbrennung verläuft geschmeidiger.

Beim Dieselmotor mit Lader sind wegen der höheren mechanischen und thermischen Belastung folgende Maßnahmen erforderlich: verstärkter Motorblock und Kolbenboden, gesteigerte Kapazität des Kühlsystems, größere Leistung der Ölpumpe, Anpassung der Düsen, der Einspritzpumpe, des Ventildiagramms und des Auspuffsystems. Eventuell Öl- und Luftkühler anbringen.

Die Funktion des Turbokompressors, des Roots-Kompressors und des Comprex-Laders wurde bereits im Kapitel 10 behandelt.

Abb. 21.34: Dieser 2,3-l-Motor leistet mit Comprex-Lader 70 kW. In atmosphärischer Ausführung 52 kW und in der Turbo-Version 63 kW.

Register

DIE AUTO-WELT IM BUCH

Jan Trommelmans
Das Auto und seine Technik
Klar und konsequent wird die
Funktion der kompletten Fahr-
zeugtechnik, die im Prinzip bei
jedem Auto gleich ist, erklärt.
Wie funktioniert der Motor, das
Getriebe, die Zündung? Auch
auf Fragen zu Kolbenformen,
Ventilanordnungen, zu Antrieb,
Fahrgestell, Bremsen, Lenkung,
Karosserie u.v.a. wird aktuell
eingegangen.
44,– Best.-Nr. 01288

de Boer / Dobbelaar / Mom
Das Auto und seine Elektrik
Dieses erstklassige Fachbuch
bietet den vollständigen Über-
blick über das komplexe Gebiet
der Kraftfahrzeug-Elektrik.
Schritt für Schritt wird der Leser
in deren Geheimnisse allgemein-
verständlich eingeführt.
464 Seiten, 456 Abb. und
Diagramme, 27 Tabellen, geb.,
59,– Best.-Nr. 01363

P.H. Olving
Die Karosserie
Neben den theoretischen
Grundlagen beschreibt dieses
Handbuch alle Werkzeuge und
Hilfsmittel, die eine professionelle
Karosserie-Reparatur ermög-
lichen. Ein zusätzliches Kapitel
ist der fachgerechten Lackierung
gewidmet.
344 Seiten, 497 meist farbige
Abbildungen, gebunden,
44,– Best.-Nr. 01073

Lothar Boschen
**Das große Buch
der Volkswagen-Typen**
Alle Fahrzeuge von 1934 bis
heute: Noch nie ist die gesamte
Marken- und Firmengeschichte
des weltweit bekannten Wolfs-
burger Unternehmens so über-
sichtlich und klar dargestellt
worden wie hier. Eine lückenlose
Dokumentation, geschrieben von
einem Experten.
592 Seiten, 630 Abb., geb.,
76,– Best.-Nr. 10799

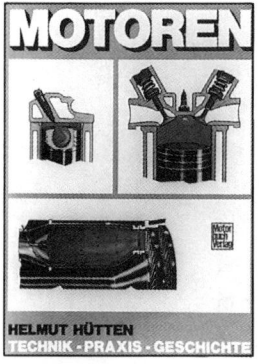

Helmut Hütten
**Motoren —
Technik, Praxis, Geschichte**
Der Bestseller über Technik, Wirkungsweise und Geschichte: von
der Dampfmaschine bis zum lei-
sen, leichten und kraftstrotzen-
den Hochleistungsviertakter von
heute: Die physikalischen Grundlagen werden hierbei ebenso klar
und umfassend erklärt wie sämtliche Aggregate am und im Motor.
484 Seiten, 275 Abb., geb.,
56,– Bestell-Nr. 10326

Götz Weihmann
So fährt sich's besser
Dieser neue Ratgeber für Autofahrer bringt lebenswichtige Tips
und Anregungen für besseres
und sicheres Fahren. Neben rein
technischen Themen für die tägli-
che Praxis werden die Bereiche
»Fahrsicherheit« und »Unfallab-
wehr« besonders ausführlich behandelt. Hier beschreibt der Autor all das, was jeder Fahrer im
Prinzip wissen sollte — aber garantiert längst vergessen hat.
264 Seiten, 138 Abb., geb.,
39,– Best.-Nr. 01364

**Jetzt helfe ich mir selbst:
VW-Camping-Bus
selbstgebaut (Typ II)**
Für viele beginnt der Einstieg ins
Campingbus-Leben mit dem Ei-
genausbau eines serienmäßigen,
auch gebrauchten VW-Transporters. Wie man das perfekt bewerkstelligt, wird in diesem
Sonderband nach dem bewähr-
ten »Jetzt helfe ich mir selbst«-
Konzept beschrieben, wobei
keine Frage offen bleibt.
246 Seiten, 350 Abb., kartoniert
32,– Best.-Nr. 01140

Johannes P. Heymann
**Campingbusse
selbermachen**
Wie man mit relativ geringem
Aufwand an Zeit und Geld sein
Wohnmobil selbst ausbaut wird
hier am Beispiel eines Liefer-
wagens von VW in allen Einzel-
heiten beschrieben. Der Autor
informiert für jeden verständlich
über Material, Werkzeug-Ein-
satz, Kosten usw.
276 Seiten, 210 Abb., gebunden
45,– Best.-Nr. 10713

Änderungen vorbehalten

Der Verlag für Autobücher
Postfach 10 37 43 · 7000 Stuttgart 10

TESTEN SIE AUTO MOTOR UND SPORT.

auto motor und sport testet jedes Jahr über 400 Autos – vom Ford Fiesta mit 50 PS bis zum 420.000 Mark teuren Porsche 959 mit 450 PS. Moderne Meßmethoden, zwei Millionen Testkilometer pro Jahr sowie eine Test-Mannschaft mit langjähriger Erfahrung und sicherem Beurteilungsvermögen bilden die Basis für die anerkannte Testkompetenz von Europas großem Automagazin. Für Ein- und Aufsteiger der mobilen Gesellschaft ist auto motor und sport die kompetente Informationsquelle. Testen Sie uns. Alle 14 Tage neu bei Ihrem Zeitschriftenhändler und an Ihrer Tankstelle.

Unabhängig. Kritisch. Engagiert.